HEIDELBERGER JAHRBÜCHER

2003

47

Herausgegeben
von der
Universitätsgesellschaft
Heidelberg

HANS GEBHARDT · HELMUTH KIESEL
(Herausgeber)

Weltbilder

Mit Beiträgen von

Kai Brodersen · Jürgen Clemens · Wilfried Härle · Jens Halfwassen
Christian Herfarth · Sandra Kluwe · Fritz Peter Knapp · Julia Lossau
Stefan M. Maul · Gabriele von Olberg-Haverkate · Hans J. Pirner
Christian Polke · Oskar Reichmann · Paul Reuber · Peter Sitte
Mario Trieloff · Jürg Wassmann · Günter Wolkersdorfer

Springer

IM AUFTRAG DER UNIVERSITÄTSGESELLSCHAFT HEIDELBERG
herausgegeben von Prof. Dr. Helmuth Kiesel

WISSENSCHAFTLICHER BEIRAT
Martin Bopp · Hans Gebhardt · Helmuth Kiesel · Stefan M. Maul · Reinhard Mußgnug
Veit Probst · Arnold Rothe · Volker Storch · Friedrich Vogel · Michael Wink

SCHRIFTLEITUNG
Dr. Klaus Kempter
Universität Heidelberg, Neuphilologische Fakultät, Hauptstr. 120, 69117 Heidelberg
E-Mail: k.kempter@urz.uni-heidelberg.de

BANDHERAUSGEBER
Prof. Dr. Hans Gebhardt
Universität Heidelberg, Geographisches Institut, Berliner Str. 48, 69120 Heidelberg
E-Mail: hans.gebhardt@urz.uni-heidelberg.de

Prof. Dr. Helmuth Kiesel
Universität Heidelberg, Germanistisches Seminar, Hauptstr. 207–209, 69117 Heidelberg
E-Mail: helmuth.kiesel@gs.uni-heidelberg.de

Mit 124 Abbildungen, davon 77 in Farbe

ISBN 978-3-540-21950-7   ISBN 978-3-642-18959-3 (eBook)
DOI 10.1007/978-3-642-18959-3
Bibliografische Information der Deutschen Bibliothek
Die Deutsche Bibliothek verzeichnet diese Publikation in der Deutschen Nationalbibliografie; detaillierte bibliografische Daten sind im Internet über <http://dnb.ddb.de> abrufbar

springer.de

© Springer-Verlag Berlin Heidelberg 2004
Ursprünglich erschienen bei Springer-Verlag Berlin Heidelberg New York 2004
Umschlaggestaltung: E. Kirchner, Heidelberg
Satz/Umbruch: K. Detzner, Speyer
Gedruckt auf säurefreiem Papier   08/3150 hs   5 4 3 2 1 0

Inhaltsverzeichnis

Autorenverzeichnis

Prof. Dr. phil. KAI BRODERSEN
Historisches Institut, Universität Mannheim, Schloss, Südflügel,
68161 Mannheim

Dr. rer. nat. JÜRGEN CLEMENS
Südasien-Institut, Abteilung Geographie, Universität Heidelberg,
Im Neuenheimer Feld 330, 69120 Heidelberg

Prof. Dr. theol. WILFRIED HÄRLE
Wissenschaftlich-Theologisches Seminar, Universität Heidelberg,
Kisselgasse 1, 69117 Heidelberg

Prof. Dr. phil. JENS HALFWASSEN
Philosophisches Seminar, Universität Heidelberg,
Schulgasse 6, 69117 Heidelberg

Prof. Dr. med. Dr. h. c. CHRISTIAN HERFARTH
Chirurgische Klinik und Poliklinik, Universität Heidelberg,
Im Neuenheimer Feld 110, 69120 Heidelberg

Dr. phil. SANDRA KLUWE
Germanistisches Seminar, Universität Heidelberg,
Hauptstr. 207–209, 69117 Heidelberg

Prof. Dr. phil. FRITZ PETER KNAPP
Germanistisches Seminar, Universität Heidelberg,
Hauptstr. 207–209, 69117 Heidelberg

Dr. rer. nat. JULIA LOSSAU
Geographisches Institut, Universität Heidelberg,
Berliner Str. 48, 69120 Heidelberg

Prof. Dr. phil. STEFAN M. MAUL
Seminar für Sprachen und Kulturen des Vorderen Orients,
Universität Heidelberg, Hauptstr. 126, 69117 Heidelberg

PD Dr. phil. GABRIELE VON OLBERG-HAVERKATE
Klingenweg 26, 69118 Heidelberg

Prof. Dr. rer. nat. HANS J. PIRNER
Institut für theoretische Physik, Universität Heidelberg,
Philosophenweg 16, 69120 Heidelberg

CHRISTIAN POLKE
Bergheimer Str. 110a, 69115 Heidelberg

Prof. Dr. phil. OSKAR REICHMANN
Germanistisches Seminar, Universität Heidelberg,
Hauptstr. 207–209, 69117 Heidelberg

Prof. Dr. rer. nat. PAUL REUBER
Institut für Geographie, Universität Münster,
Robert-Koch-Str. 26, 48149 Münster

Prof. Dr. rer. nat. Dr. h. c. PETER SITTE
Lerchengarten 1, 79249 Merzhausen

PD Dr. rer. nat. MARIO TRIELOFF
Mineralogisches Institut, Universität Heidelberg,
Im Neuenheimer Feld 236, 69120 Heidelberg

Prof. Dr. phil. JÜRG WASSMANN
Institut für Ethnologie, Universität Heidelberg,
Sandgasse 7, 69117 Heidelberg

Dr. rer. nat. GÜNTER WOLKERSDORFER
Institut für Geographie, Universität Münster,
Robert-Koch-Str. 26, 48149 Münster

Einleitung

HANS GEBHARDT UND HELMUTH KIESEL

Weltbilder im Wandel der Zeit

HELMUTH KIESEL

„Welt" und „Weltbild": etymologische Einführung

„Welt" ist ein großes, bedeutungsvolles Wort. Der diesbezügliche Artikel im vierzehnten, 1955 erschienenen Band des Grimmschen ‚Deutschen Wörterbuchs' umfasst 55 dicht bedruckte Spalten und merkt zudem an: „wenn irgendwo, dann gilt für diesen artikel des deutschen wörterbuchs das wort Wilhelm Grimms: ‚definitionen können nicht erschöpfen, was das lebendige wort in sich faszt, aus den reichlichen und mit sinn ausgewählten beispielen musz der wahre begriff hervorgehen und wird sich in den feineren schattierungen oft nur empfinden lassen'."[1] Freilich muss man auch nicht jederzeit wissen, was alles mitschwingt, wenn von der „Welt" die Rede ist; in der alltäglichen wie in der wissenschaftlichen Kommunikation reichen grobe Vorstellungen, die im Bedarfsfall allerdings zu präzisieren sind. Aber trotz der Gewissheit, dass jedermann weiß, was gemeint ist, wenn von „Welt" und „Weltbild" die Rede ist, mag eine etymologische Betrachtung als Einleitung in diesen Band angebracht sein.

Das moderne, jedenfalls neuere einsilbige Wort „Welt"[2] stammt von dem zweisilbigen althochdeutschen Kompositum „weralt" ab, das seit dem 8. Jahrhundert nachweisbar ist und in den betreffenden Texten auch in den Formen „werult", „werolt", „werelt", „werelti" und „werelte" erscheint. Die beiden Wörter, die in diesem Kompositum zusammengefügt wurden, heißen „wer" = „Mann, Mensch" (urverwandt dazu lateinisch „vir") und „alt" oder „eld" und „old" = „Alter", näherhin „Lebensalter" und „Zeitalter". Ursprünglich, so Jacob Grimm, seien damit wohl „räume und zeiten" gemeint gewesen, „die von menschen erfüllt werden":[3] die Welt als geschichtlicher Aufenthaltsort oder

---

[1] *Deutsches Wörterbuch*, Bd. 14, Sp. 1459.
[2] Vgl. zum Folgenden ebd., Sp. 1456 ff.
[3] Vgl. ebd., Sp. 92.

Lebensraum der Menschen. Wann und wo genau das Kompositum „weralt"
entstand, ob schon in vorchristlicher germanischer Zeit oder erst unter
christlichem Einfluss, ist nicht mit Sicherheit auszumachen. Fest steht nur,
dass die Texte, in denen das Wort „weralt" (in seinen verschiedenen Formen)
auftaucht, aus christlicher Zeit stammen und dass in ihnen „weralt" zur Wie-
dergabe des kirchenlateinischen „saeculum" verwendet wird, also im Sinne
von „Menschenalter", „Zeitalter" oder „Weltalter", aber auch „diesseitige, sün-
dige Welt". Über das Christentum und die antike Literatur, die im Rahmen der
so genannten Karolingischen Renaissance wieder Bedeutung erlangte, wurde
der Begriff „Welt" mit verschiedenen Vorstellungen aufgeladen, für die es in
den alten Sprachen unterschiedliche, wenn auch synonym verwendbare Bezeichnungen gab, so vor allem mit „aion" = „Zeitalter, Ewigkeit", „kosmos" =
„Weltall, Himmelsordnung" und „mundus" = „Welt, Weltall, Schöpfung". Solchermaßen erlangte „werelt" oder „werlt", wie in mittelhochdeutscher Zeit
vorzugsweise gesagt wurde, ein breites Spektrum an Bedeutungen. Das
Grimmsche Wörterbuch nennt elf Hauptbedeutungen: 1) Zeitalter, Menschenalter, Weltalter; 2) Zeitlichkeit oder diesseitiges, zeitverhaftetes Dasein;
3) Kreis der Erdbewohner; 4) Außenwelt; 5) Erdkreis; 6) Schöpfung; 7) Makrokosmos, Universum; 8) Mikrokosmos (Welt im Kleinen); 9) Gesamtheit
der Bewusstseinsinhalte oder Seinsvorstellungen; 10) Gesamtheit der sinnlich
und geistig erfassbaren Erscheinungen und Sachverhalte; 11) allumfassende
Menge, Fülle, Totalität. – Die ursprüngliche Bedeutung von „weralt" verblasste
darüber so sehr, dass man das Wort bald nicht mehr als Kompositum wahr-
nahm und ein Otfried von Weißenburg um die Mitte des 9. Jahrhunderts das
neue, eigentlich geminatorisch-pleonastische Kompositum „worolt-altar"
(„Weltalter") bilden konnte.[4]

In den Erläuterungen des Grimmschen Wörterbuchs zu der unter 9) genannten Bedeutung von „Welt" als Gesamtheit der Bewusstseinsinhalte oder
Seinsvorstellungen wird gleichsam als Kurzformel das Wort „Weltbild" verwendet. Auch dieses Wort findet sich – in der Lautung „uuerltpilde" – bereits
im frühmittelalterlichen Deutsch, und zwar im Anschluss an das lateinische
„imago ideaque mundi".[5] Eine häufigere Verwendung fand es jedoch erst seit
dem Beginn des 19. Jahrhunderts, als es zu einem Fachwort der Philosophie
wie der Psychologie wurde, Schlagwortcharakter erhielt und eine gewisse
Ausdifferenzierung erfuhr. Das Grimmsche Wörterbuch verzeichnet folgende
Bedeutungen: „1) sinnbildlich zeichenhafte darstellung der welt. / a) durch
sprachliche schilderung [...] / b) durch die weltbezeichnende und -begreifen-
de sprache an sich [...] / c) durch die bildende kunst [...] / 2) vorstellungs-
mäsziges bild der welt, wie es sich aus der gesamtheit der welteindrücke und
weltanschaulichen vorstellungen ergibt [...] / a) eines individuums [...] / b)

---

[4] Vgl. ebd., Sp. 92.
[5] Vgl. ebd., Sp. 1552.

eines volkes oder kulturkreises, einer gesellschaftlichen schicht oder einer institution [...] / c) einer geistesrichtung oder einer wissenschaftlichen disziplin [...]".[6] Ausdrücklich wird im Artikel „Weltbild" unter 2) gesagt, dass zwischen dem Begriff „Weltbild" und dem Begriff „Weltanschauung", der 1790 durch Kant eingeführt und gängig gemacht wurde, zu unterscheiden sei. Folgt man den im Artikel „Weltanschauung" gebotenen Definitionen und Verwendungsbeispielen, so haben Weltanschauungen einen eher subjektiven, prä- oder transwissenschaftlichen Charakter, während sich Weltbilder eher wissenschaftlich fundiert und objektiv geben. Freilich wird im Grimmschen Wörterbuch eingeräumt, dass es sich bei „Weltbild" und „Weltanschauung" um zwei „sinnverwandte" Begriffe handelt,[7] und die angeführten Verwendungsbeispiele belegen neben den Differenzen auch die Tatsache, dass „Weltanschauung" und „Weltbild" häufig mehr oder minder gleichbedeutend verwendet wurden (und werden). Sucht man nach einer knappen Definition, die diesen Beobachtungen gerecht wird, so wird man in der jüngsten Ausgabe der Brockhaus-Enzyklopädie von 1994 fündig. Dort heißt es unter dem Lemma „Weltbild": „Für den einzelnen meint W. einerseits eine in sich zusammenhängende, relativ geschlossene und umfassende Vorstellung von der erfahrbaren Wirklichkeit, wobei die Umwelt in ihren phys., sozialen und kulturell-histor. Grundzügen den Grundzügen eines W. gemäß einheitlich gedeutet wird, sowie andererseits die Gesamtheit der subjektiven Erfahrungen, Kenntnisse und Auffassungen, die ein Mensch von mehr oder weniger großen Bereichen der Wirklichkeit hat (z. B. das W. des Kolumbus). / Während eine Weltanschauung die Wirklichkeit eher ideologisch als Totalität auffaßt, ist das W. mehr realitätsbezogen und versucht eine möglichst umfassende Darstellung der einzelnen Erfahrungsbereiche; oft werden die Begriffe aber auch synonym verwendet." Hinzugefügt wird dem, dass Weltbilder „kulturell bedingt" sind und „sich im Laufe der Geschichte wandeln".[8]

Grundzüge der abendländischen Weltbildentwicklung

Grundlegend für die Entwicklung des europäischen Weltbilds sind die Weltvorstellungen oder Weltbilder der griechischen und der jüdischen Antike, also der griechischen Mythologie sowie Philosophie und des Alten Testaments, die sich – trotz aller Unterschiede – in Grundzügen gleichen und mit anderen und älteren orientalischen und mediterranen Weltvorstellungen verwandt sind.[9] Die germanischen Weltvorstellungen, die es selbstverständlich auch

---

[6] Vgl. ebd., Sp. 1552ff.
[7] Vgl. ebd., Sp. 1531 und 1553.
[8] Vgl. *Brockhaus Enzyklopädie*, Bd. 24 (1994), S. 21.
[9] Basis der folgenden Skizze sind die einschlägigen Artikel der altertumswissenschaftlichen und theologischen Handbücher.

gab,[10] wurden durch die Christianisierung weitestgehend verdrängt und hatten für die Entwicklung des wissenschaftlich zu nennenden mittelalterlichen und neuzeitlichen europäischen Weltbilds keine Bedeutung; allerdings finden sich Spuren davon in den volkstümlichen Vorstellungen von Welt und Weltgeschehen oder im so genannten Aberglauben.

Das Alte Testament erklärt die Welt als Schöpfung Gottes und gliedert sie in drei Teile: das Firmament oder Himmelsgewölbe, in dem Gott und die Engel wohnen; die auf der chaotischen Urflut schwimmende und durch das gewölbte Firmament von ihr geschiedene Erdscheibe, auf welcher die Menschen leben; die unterirdische Welt, in welcher urzeitliche und widergöttliche Ungeheuer hausen und die zugleich Aufenthaltsort der abgeschiedenen Menschenseelen ist. Diese Vorstellungen finden sich auch im Neuen Testament, das den Blick allerdings weniger auf kosmogonische und kosmologische Aspekte lenkt als vielmehr auf das heilsgeschichtliche Handeln zwischen Gott und Mensch; das Weltbild, das sich aus dem Neuen Testament ergibt, bleibt vage und bildet nur den letztlich nicht sonderlich bedeutungsvollen Horizont dieses Heilsgeschehens.

Nach frühen griechischen Vorstellungen entstand die Welt aus einem nächtlich-chaotischen Zustand und teilte sich in Himmel, Erde und Unterwelt. Man nahm an, die Erde schwimme auf dem endlosen Weltmeer und das Himmelsgewölbe werde durch Berge oder Säulen gestützt. Die Erde war der Aufenthaltsort der Menschen; Götter wohnten im Himmel, zum Teil aber auch im Meer oder in der Unterwelt (einem unterirdischen Himmel); die Seelen der verstorbenen Menschen kamen in die Unterwelt oder auf die Inseln der Seligen jenseits der Erde. Die spätere griechische Philosophie (ab dem 6. Jahrhundert v. Chr.) streifte diese Vorstellungen weitgehend ab und versuchte, aus der Beobachtung der Erde und der Gestirne auf die Entstehung, die Form und die Situierung der Erde im Kosmos zu schließen. Unter anderem wurde die Vorstellung entwickelt, dass der Kosmos durch Rotation aus einem Urnebel entstanden sei und dass die Erde eine Kugelform habe. Der bedeutendste Astronom der Antike, Aristarch von Samos, kam im 3. Jahrhundert v. Chr. sogar zu der Ansicht, dass nicht die Erde, sondern die Sonne den Mittelpunkt des Kosmos bilde, hatte also ein heliozentrisches Weltbild. Die daraus sich ergebenden Annahmen über die Positionierung und den Gang der Planeten waren aber so kompliziert, dass sich das einfachere, plausibler wirkende geozentrische Weltbild durchsetzte. Kodifiziert wurde es um 370 v. Chr. durch Eudoxos von Knidos, der die Theorie der homozentrischen Sphären entwickelte. Demzufolge ruht die Erde im Zentrum einer bestimmten Anzahl von Sphären oder Schalen, die sich um die Erde drehen und dabei die Gestir-

---

[10] Vgl. dazu die informative Darstellung von Bernhard Maier, *Die Religion der Germanen*.

ne mit sich führen. Diese Theorie wurde von dem bedeutendsten Theoretiker der Antike, von Aristoteles (384–322), übernommen und ausgebaut. Demnach ist die Erde von 27 Schalen aus Äther umgeben. An der äußersten, die sich einmal pro Tag um ihre Achse dreht, ist der Fixsternhimmel angebracht. In den anderen, die sich zum Teil gegenläufig bewegen, laufen die Planeten. Um der Zahl der Planeten und ihrer komplizierten Bewegung einigermaßen gerecht zu werden, musste aber die Zahl der Sphären immer wieder korrigiert werden; im Mittelalter rechnete man mit 55 Sphären.

Plausibilisiert und für lange Zeit geltend wurde das aristotelische Weltbild durch den letzten großen Astronomen der Antike, den griechischen Mathematiker und Naturforscher Klaudios Ptolemaios/Claudius Ptolemäus, der um 100 n. Chr. in Ptolemais in Oberägypten geboren wurde und um 160 in der Nähe von Alexandria, wo er gelebt und gewirkt hatte, verstarb. In mehreren Schriften entwickelte er auf der Basis älterer Theorien sowie neuerer Beobachtungen und Berechnungen das nach ihm benannte Weltsystem; die wichtigste dieser Schriften, die ‚Syntaxis mathematike‘, die um 800 von den Arabern den Titel ‚Almagest‘ erhielt und unter diesem Titel in Europa bekannt wurde, bildete bis über Kopernikus hinaus die Basis aller astronomischen Handbücher. In der hier gebotenen Verkürzung und Vereinfachung lässt sich das ptolemäische Weltsystem oder, wie man auch sagen kann, die ptolemäische Himmelskonstruktion folgendermaßen beschreiben: Das Zentrum des Systems bildet die Erde. Um diese kreisen, umfangen von der Fixsternsphäre, Sonne und Mond sowie die Planeten Merkur, Venus, Mars, Jupiter und Saturn, und zwar zum größeren Teil in komplizierten, phasenweise rückläufigen Schleifenbewegungen. Um diese mathematisch darstellen zu können, kombinierte Ptolemäus die Deferententheorie mit der Epizykeltheorie, nahm also an, dass sich die Planeten (mit Ausnahme des Merkur) und der Mond auf exzentrischen Trägerkreisen (Deferenten) bewegten, und dort wiederum in kleineren Kreisbewegungen (Epizyklen). Dies ist eine komplizierte, aber doch einigermaßen befriedigende Erklärung der Mond- und Planetenbewegungen, und auf diese (relative) Plausibilität ist es zurückzuführen, dass sich das geozentrische ptolemäische System so lange behaupten konnte und weder vor Kopernikus ernsthaft in Frage gestellt wurde noch durch die Publikation der kopernikanischen Theorie sofort an Glaubwürdigkeit verlor.

Die mittelalterlichen Vorstellungen von der Geschichte und vom Aufbau der Welt hielten sich an die biblischen Vorgaben und antiken Theorien, die harmonisiert und fraglos hingenommen wurden – bis mit der Renaissance ein neues, empirisch und rationalistisch geartetes Denken einsetzte, die Welt neu ins Auge fasste und die überlieferten Weltvorstellungen abstreifte. Pragmatische Welterkundung, wie sie sich etwa aus der Seefahrt ergab, wissenschaftliche Beobachtungs- und Experimentierlust im Bereich des Physikalischen und ein gesteigertes mathematisches Vermögen wirkten zusammen und ließen ein neues Weltbild entstehen. Die entscheidenden Schritte sind mit den Namen Kopernikus, Kepler und Galilei verbunden:[11]

Nikolaus Koppernigk/Kopernikus, 1473 in Thorn geboren und 1543 in Frauenburg gestorben, war ein vielseitig gebildeter Mann. In jungen Jahren hatte er sich in Krakau humanistischen, mathematischen und astronomischen Studien gewidmet. Von 1496 bis 1503 hielt er sich in Italien auf und studierte in Bologna, Padua und Ferrara Medizin und Jura. 1510 wurden ihm die administrativen Aufgaben eines Domherrn zu Frauenburg übertragen. Veranlasst durch eine astronomische Beobachtung (Verdeckung des Aldebaran durch den Mond am 9. März 1497), versuchte er eine neue Erklärung des Planetensystems und entwickelte das nach ihm benannte heliozentrische System, das er 1514 mit einer kleinen Denkschrift (‚De hypothesibus motuum coelestium commentariolus‘) zur Kenntnis brachte und dann in seinem Hauptwerk ‚De revolutionibus orbium coelestium libri VI‘ genauer beschrieb. Aus Respekt vor Aristoteles hielt er an einer strikten oder idealen Kreisbewegung der Gestirne fest, was seine Berechnungen kompliziert machte und seinem System Überzeugungskraft raubte. Einen Konflikt mit der Kirche suchte Kopernikus nicht, und aus der Publikation des ‚Commentarolius‘ ergab sich ein solcher auch nicht, obwohl über die neue Theorie viel diskutiert wurde und sogar der Papst sich darüber unterrichten ließ. Sein Hauptwerk ‚De revolutionibus orbium coelestium‘ hielt Kopernikus allerdings lange zurück, sei es, weil er es noch für verbesserungsbedürftig hielt, sei es, weil er die ‚weltanschaulichen‘ Konsequenzen sah und eine Kollision mit der Kirche vermeiden wollte. Für den ersten Druck, der dann in Kopernikus‘ Todesjahr 1543 zustande kam, sorgten gelehrte Freunde, und einer von ihnen, der Reformator Andreas Osiander, stellte dem Werk ein Vorwort voran, in dem er die kopernikanische Theorie als Hypothese ausgab. Dies entsprach zwar nicht der Meinung des Verfassers, dürfte aber dazu beigetragen haben, dass das Werk für längere Zeit vertrieben werden konnte, obwohl sich schon bald Theologen, protestantische wie katholische, über die kopernikanische Theorie erregten und sie als irriges Produkt einer gefährlichen Neuerungssucht verwarfen. Erst als die kopernikanische Theorie durch Kepler und Galilei mathematisch und empirisch (teleskopisch) erhärtet und als unabweisbare Wahrheit propagiert wurde, sah sich das Heilige Officium der katholischen Kirche 1616 veranlasst, das Buch auf den Index der verbotenen Bücher zu setzen. 1757 wurde diese Indizierung aufgehoben, aber erst 1822 legitimierte der Heilige Stuhl die Lehre von der Bewegung der Erde um die Sonne.

Johannes Kepler, 1571 in Weil der Stadt geboren und 1630 in Regensburg gestorben, studierte in Tübingen Theologie, Mathematik und Astronomie und wurde durch seinen Tübinger Lehrer mit dem kopernikanischen System ver-

---

[11] Vgl. zu den folgenden – wie schon zu den vorangehenden – Ausführungen neben den Sachartikeln in einschlägigen Handbüchern vor allem Kuhn, *Die kopernikanische Revolution*, und Blumenberg, *Die Genesis der kopernikanischen Welt*.

traut gemacht. 1600 wurde er Assistent des kaiserlichen Mathematikers, Astronomen und Astrologen Tycho Brahe (1546–1601), der durch immer schärfere Beobachtungen der Planetenpositionen eine umfangreiche Sammlung von Daten gewonnen hatte, die weder mit der ptolemäischen noch mit der kopernikanischen Theorie zu vereinbaren waren. Auf der Basis dieser Daten und mit Hilfe neuerer mathematischer Methoden entwickelte Kepler die nach ihm benannten Gesetze der Planetenbewegung, deren erstes und weltbildmäßig wichtigstes besagt, dass sich die Planeten auf einer elliptischen Umlaufbahn bewegen (Kepler-Ellipsen), deren einen Brennpunkt die Sonne bildet. Die Entwicklung und Publikation dieser Gesetze in der ‚Astronomia nova‘ (1609) und in den ‚Harmonices mundi‘ (1619) beseitigte nicht nur die Berechnungsprobleme, die mit dem kopernikanischen wie mit dem ptolemäischen System verbunden waren; sie bedeuteten auch den endgültigen Bruch mit dem aristotelischen Weltbild und seiner Fixierung auf die Idealform des Kreises, an der Kopernikus noch festgehalten hatte. Mit einer gewissen Berechtigung wurde deswegen gesagt, dass erst mit Kepler die nachantike, neuzeitliche Astronomie begonnen habe: eine Astronomie, die sich weder an die Vorgaben des Aristoteles noch an die der Bibel hielt.

Galileo Galilei, 1564 in Pisa geboren und 1642 in Florenz gestorben, studierte in Pisa Geometrie, erhielt 1589 ebendort einen ersten Lehrstuhl für Mathematik, begann mit physikalischen Experimenten und astronomischen Studien, wurde 1599 Professor in Padua und wechselte 1610 nach Florenz, wo er als „Erster Mathematiker und Philosoph des Großherzogs von Florenz" fungierte. 1610 entdeckte Galilei mit dem Fernrohr die vier Jupitermonde, und noch im selben Jahr gelangen ihm weitere Beobachtungen (erdenähnliche Gestaltung des Mondes, Phasen der Venus, Beschaffenheit des Saturn, Natur der Sonnenflecken), die dazu geeignet waren, die kopernikanische Theorie, die Galilei für richtig hielt, zu stützen. In mehreren Schriften sprach sich Galilei für das kopernikanische System aus und wurde deswegen 1616 erstmals von der Inquisition vernommen und „ermahnt", von der Vertiefung und Verbreitung dieser irrtümlichen Meinungen abzulassen. In den folgenden Jahren wurde Galilei von der Kirche misstrauisch beobachtet, aber nicht feindselig behandelt. Erst als 1632 der ‚Dialogo sopra i due massimi sistemi del mondo tolemaico e copernicano‘ erschien, wurde Galilei unter Androhung von Zwang nach Rom beordert und – im Frühjahr 1633 – dreimal von der Inquisition verhört. Ob ihm dabei ausdrücklich mit der Folter gedroht wurde, ist umstritten; aber allein schon die „formale" Erwähnung der Folter, die zum Ritual gehörte, dürfte in dieser Situation bedrohlich genug gewirkt haben. Am 22. Juni 1633 schwor Galilei im großen Saal von Santa Maria sopra Minerva der kopernikanischen Theorie ab und gelobte, derartige ketzerische Meinungen nicht weiter zu vertreten und statt dessen sich an die Vorgaben der Kirche zu halten. Dass er nach der Eidesleistung gemurmelt habe, „und sie bewegt sich doch", ist eine Legende; dass er so gedacht hat, ist sicherlich richtig. Abschrif-

Abb. 1. Nikolaus Kopernikus. Zeitgenössisches Gemälde. Universitätsbibliothek Leipzig.
Vorlage: Johannes Hemleben, Galileo Galilei. Reinbek bei Hamburg: Rowohlt 2002, S. 13

Abb. 2. Johannes Kepler. Zeitgenössisches Gemälde. Universitätsbibliothek Leipzig.
Vorlage: Johannes Hemleben, Galileo Galilei. Reinbek bei Hamburg: Rowohlt 2002, S. 13

Abb. 3. Galilei mit einem optischen Instrument. Gemälde aus der Schule des Justus Sustermans. Galleria Pitti, Florenz. *Vorlage:* Johannes Hemleben, Galileo Galilei. Reinbek bei Hamburg: Rowohlt, 2002, S. 53

ten des Urteilsspruchs gegen Galilei und seiner Abschwörung wurden von Rom aus über ganz Europa verbreitet, damit deutlich wurde, dass die katholische Kirche die kopernikanische Theorie nicht akzeptierte und entschlossen war, gegen die Vertreter dieser Theorie, soweit sie ihrer habhaft werden konnte, mit den Mitteln der Inquisition vorzugehen. Die restlichen neun Jahre seines Lebens verbrachte Galilei als Gefangener der Inquisition im Hausarrest, zunächst in seinem Landhaus in Arcetri (bei Florenz), dann in seinem Stadthaus am Ufer von San Giorgio. Die Verhältnisse waren unerfreulich: Galilei fühlte sich gedemütigt und wurde isoliert; verschiedene Krankheiten und eine zunehmende Sehunfähigkeit machten ihm zu schaffen. Trotzdem gelang es ihm, sein wichtigstes Werk, die ‚Discorsi e dimostrazioni matematiche‘, fertig zu stellen und zum Druck zu bringen (1638). In den protestantischen Teilen Europas fanden Galileis Bücher Verbreitung, und auf die Dauer konnte auch die katholische Kirche ihre Ablehnung nicht aufrechterhalten. 1835 wurde der ‚Dialogo‘ vom Index gestrichen. 1979 hat Papst Johannes Paul II. veranlasst, dass der Fall Galilei von der Päpstlichen Akademie der Wissenschaften erneut untersucht wurde, und 1992 hat er – als Ergebnis dieser Untersuchung – in einer Ansprache vor der Akademie eingeräumt, dass sich die Kirche in der Auseinadersetzung mit Galilei irrtümlich verhalten und falschen Widerstand gegen die Entfaltung eines neuen Weltbilds geleistet habe.

Bilder der Erde – Weltbilder in geographischer Sicht

HANS GEBHARDT

*Die „wahre Welt", wie immer auch man sie bisher konzipiert hat,–
sie war immer die scheinbare Welt noch einmal.*

FRIEDRICH NIETZSCHE

Der Begriff Welt umfasst einen sehr schillernden und im Verlauf der Geschichte wechselnden semantischen Hof (siehe oben). Neben der Himmelsordnung meinte er auch den geographischen Kontext, den Erdkreis, und er wurde teilweise synonym mit Erde verwendet, im Sinne einer Totalität und eines geschlossenen Ganzen. Historisch finden sich die frühesten Reflexionen über das Wesen und die Konsistenz der Welt bei den ionischen Naturphilosophen Thales, Anaximander und Anaximenes aus Milet im 6. Jahrhundert v. Chr. (Sonnabend 2003, S. 82). Griechen unterschieden auch zwischen dem bewohnten Teil der Erde (der Oikumene) und der Erde als ganzes. Die geographischen Kenntnisse von Ökumene und Anökumene wurden u. a. durch die Feldzüge Alexanders des Großen beflügelt, der bis an das Ende der (für die Griechen) damals bewohnten Welt, das Indusdelta, vorstieß. Erathostenes entwarf im 3. Jahrhundert v. Chr. seine berühmte Weltkarte, auf der die Ökumene etwa ein Viertel der Erdoberfläche einnahm. Das römische Weltreich schuf aufgrund seiner Ausdehnung über das Mittelmeer hinaus bis nach Großbritannien, Nordafrika und das Zweistromland das Bewusstsein einer einheitlichen Welt.

Solche Welt- und Erdbilder wurden in der Folgezeit primär aus europäischer Perspektive produziert. Mit den großen Entdeckungsfahrten seit dem 15. Jahrhundert setzte die „Entschleierung" der Erde für Europäer ein, neben Teilen Asiens und Afrikas traten weitere Kontinente, insbesondere die amerikanischen Halbkontinente, in den geographischen und kulturellen Horizont der Europäer. Die Welt wurde ständig größer; heute gibt es, im Zeichen von satellitenbildgesteuerter Erdaufklärung keine „weißen Flecken" mehr auf der Erde, die Welt ist globalisiert (d. h. durch ein enges Netz internationaler Kommunikations- und Finanzströme verflochten), aber zugleich auch fragmentiert (d. h. durch kulturelle und religiöse Grenzen, aber auch zunehmende Wohlstandsdisparitäten getrennt). Globalisierte Orte schwimmen gleichsam auf einem zunehmenden „Meer der Armut" (Scholz 2002).

Die erdbezogenen Wissenschaften hatten eine gesellschaftliche Schrittmacherfunktion seit der Aufklärung, dem „Ausgang des Menschen aus der selbstverschuldeten Unmündigkeit". Immanuel Kant las in Königsberg nicht nur über Philosophie, sondern auch wiederholt über Physische Geo-

graphie und bescheinigte dieser Wissenschaft, dass „nichts so sehr bilde
wie die Geographie". Abb. 1 zeigt das bekannte Symbol des „Schocks" der
Aufklärung sowie die naturwissenschaftliche Aufgabe der Erd-Diagnostik
im 21. Jahrhundert.

Das systematisch-räumliche Wissen über unseren Planeten und seine Entwicklung vermitteln die Geowissenschaften (Geologie, Mineralogie, Geophy-
sik, Physische Geographie etc.), d. h. die Wissenschaften der festen Erde. In
ihrem naturwissenschaftlichen Teil befassen sie sich mit der Entstehung und
Entwicklung der Erde, der Entwicklung der Arten (Paläontologie), mit den
Oberflächenformen, dem Klima sowie den ökologischen Wirkungsgefügen
der Erde (Physische Geographie). In der Humangeographie hingegen stehen

Abb. 1a,b. Zwei Revolutionen der Geowissenschaften. *Quelle:* Schellnhuber 2001, S. 20

Kulturen der Erde, der Zusammenhang von Raum, Gesellschaft und Macht, die Bevölkerungsperspektiven der Menschheit und die Zukunft der Erdgesellschaft im Mittelpunkt.

Geographie steht damit an der Nahtstelle von natur- und kulturwissenschaftlicher Weltsicht und ist damit wie kaum eine andere Wissenschaft zu einem integrierenden Blick aufgerufen. Geographie erforscht die Beziehungen zwischen Erde und Gesellschaft, zwischen Mensch und Umwelt. Sie ist eine empirische und theoretische Wissenschaft, und sie verbindet natur- und sozialwissenschaftliche Methoden und Aspekte. In einer zunehmend globalisierten Welt ist das Fachgebiet wichtiger denn je. *„Denn je näher die Länder und Kulturen zusammenrücken, umso gravierender sind die negativen Folgen und finanziellen Kosten eines geographischen ‚Analphabetismus'"* (Meusburger 2001, S. 7).

Gesellschaft, Macht und Raum – das humangeographische Bild der Erde

In seinem „Weltsystem" unterscheidet Immanuel Wallerstein (1991) drei Entwicklungsstufen im historischen Entwicklungsverlauf der Menschheit, mit unterschiedlichen Formen der gesellschaftlichen Arbeitsteilung und entsprechend verschiedenen Handels- und Informationsverflechtungen zwischen den Regionen der Erde. Standen zunächst Stammesgesellschaften mit kleinräumig segmentierten Tauschökonomien weltweit im Vordergrund, so entstanden, vermutlich im Zweistromland, in einer zweiten Stufe regionale Imperien mit feudalen Klassengesellschaften und redistributiv-tributären Ökonomien, ein Typus, zu dem auch „Quasi-Weltreiche" wie z. B. das Römische Reich oder das Chinesische Kaiserreich gehören. Mit der frühen Neuzeit (15./16. Jahrhundert) trat dann das moderne kapitalistische Weltsystem mit bürgerlichen Klassengesellschaften und kapitalistischer Ökonomie auf den Plan.

Das moderne Weltsystem, verstanden als vernetztes System von Ländern, die durch ökonomische und politische Konkurrenzbeziehungen miteinander verbunden sind, hat seine Wurzeln im Europa des 15. Jahrhunderts. In jener Zeit begann man, die Erforschung fremder Kontinente als Gelegenheit zur Ausweitung des Handels und wirtschaftlicher Expansion zu begreifen; neue Schiffbautechniken und Navigationsverfahren führten dazu, dass mehr und mehr Orte und Regionen über Handelsbeziehungen zueinander in Kontakt traten. Mehrere „Vorherrschaftszyklen" lösen sich dabei, ausgehend von Europa, ab. Von 1450 bis ca. 1580 entfaltete sich unter Führung der Stadtrepubliken Italiens (Bankwesen) und der Königshöfe der frühen Nationalstaaten Portugal und Spanien die moderne kapitalistische Wirtschaft. Gold und Silber aus der Neuen Welt bedeuteten erhebliches zusätzliches Kapital und Expansion des Handels und der Städte. Später traten Holland, England und Frankreich an die Stelle der iberischen Staaten, nach dem Ersten Weltkrieg die USA. Das Weltsystem der Gegenwart ist vor allem von der „Triade" bestimmt, d. h. von der US-amerikanischen, der westeuropäischen und japanischen Wirtschaft (vgl. Wallerstein, 1986).

Mit tiefgreifenden Umbrüchen in der Geschichte veränderten sich auch die jeweiligen Weltbilder. Die Eroberungszüge Alexanders des Großen brachten den Griechen Erdkenntnis bis an den Indus, im römischen Großreich entstand um die Zeitenwende erstmals ein einheitliches Finanz- und Rechtssystem in der damals bekannten Welt, die frühneuzeitlichen Entdeckungsfahrten nach Osten (Marco Polo) und in die Neue Welt ließen das Bewusstsein einer größeren Welt entstehen. Mit dem modernen kapitalistischen Weltsystem wurde eine fast 500-jährige Phase europäischer Kolonisation und imperialistischer Politik eingeleitet, welche bis heute das (europäische) Bild von der Erde und den politischen Umgang mit den Kulturerdteilen prägen (siehe unten).

Die „Entschleierung" der Erde – das eurozentrische und koloniale Weltbild

Bezeichnenderweise sprachen Geographen in diesem Zusammenhang bis weit ins 20. Jahrhundert hinein von „Entschleierung der Erde". So legte 1948 der Frankfurter Geograph Walter Behrmann eine zusammenfassende Publikation dieses Titels vor, deren Karten und Texte in der Folgezeit auch Eingang in die meisten Schul- und Weltatlanten (z. B. den Bertelsmann Weltatlas) fanden und damit zum „Allgemeinwissen" von Schülern und interessierten Laien wurden. Aus heutiger Sicht ist daran natürlich bemerkenswert, dass dieser „Schleier", der da sukzessive von der Neuen Welt und von Ostasien weggezogen wurde, über diesen Kontinenten immer nur aus europäischer Sicht gelegen hatte. Chinesen, Mongolen und Indianer konnten sich ja nicht selbst „entschleiern". Das in Wissenschaft, Kunst und Politik sich entfaltende Weltbild war bis ins 20. Jahrhundert hinein selbstverständlich eurozentrisch, Bilder von der Welt wurden aus europäischer Perspektive konstruiert.

Die so genannte „Entschleierung der Erde" war vornehmlich mit der kolonialen Expansion der europäischen Seefahrernationen seit 1500 sowie der damit verbundenen Ablösung des mittelalterlichen geozentrischen Weltbilds durch das kopernikanische verknüpft (siehe die einführenden Bemerkungen von Helmuth Kiesel). Waren um 400 v. Chr. nur 6 Prozent der Welt den Völkern des Mittelmeerraumes und des Vorderen Orients bekannt, so vergrößerten sich mit den Entdeckungsfahrten der frühen Neuzeit die europäischen Kenntnisse der Welt dramatisch. Im Jahr 1600 waren den Europäern 40 Prozent des Festlands und über 50 Prozent der Wasserflächen bekannt, und um 1900 existierten nur noch wenige „weiße Flecken", in Zentraltibet, in Südarabien, im Inneren Borneos und natürlich im Bereich der Arktis und der Antarktis.

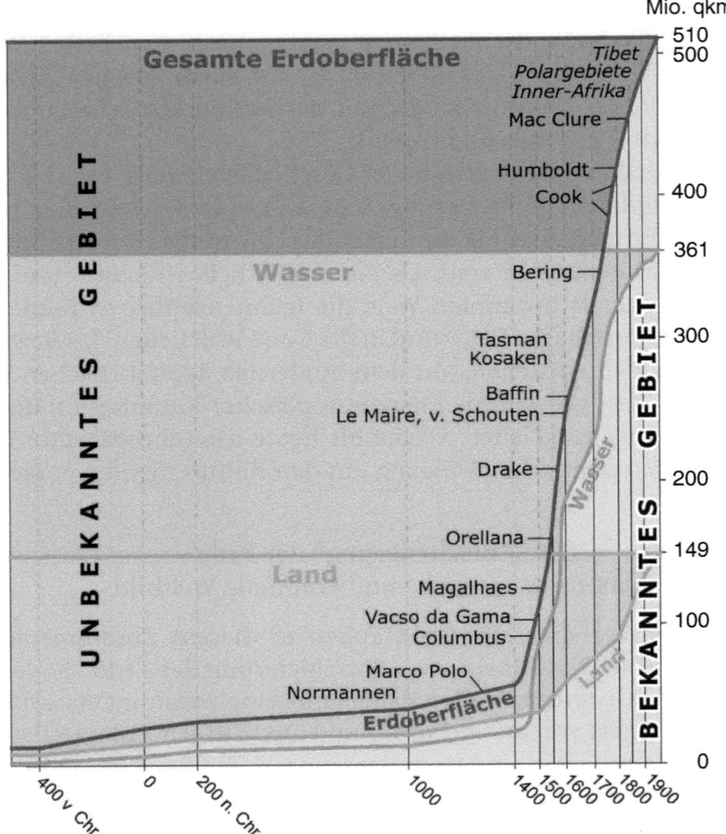

Abb. 2. Entschleierungskurve der Erde. Nach Behrmann 1948, S. 12

Für seine erste historische Phase um 400 v. Chr. bezeichnet Behrmann 6,1 Prozent der Welt als „entschleiert", nämlich den Mittelmeerraum und die Kernräume der alten Kulturräume im Vorderen Orient, das Zweistromland und das Niltal. Bis 200 n. Chr. vergrößerte sich dieser Raum auf das Gebiet des Römischen Reichs zur Zeit seiner größten Entfaltung (inkl. Germanien und die Britischen Inseln), auf die arabische Halbinsel, Zentralasien und das Gebiet Indiens sowie der vorgelagerten Inseln. Bis zum Jahr 1000 hatte sich dieser Raum nur wenig vergrößert, allenfalls die (später wieder in Vergessenheit geratenen) Seefahrten der Wikinger nach Grönland und Neufundland sind hinzuzurechnen. Noch immer sind knapp 85 Prozent der Landfläche der Erde „verschleiert". Bis zum Jahr 1500 kommen aufgrund der Reisen Marco Polos erste Kenntnisse des chinesischen Reiches hinzu. Bereits um 1500 waren dann aber die Küstenräume der Neuen Welt (Nord-

und Südamerika) sowie zahlreiche Küsten Afrikas bekannt, bis 1550 war die südostasiatische Inselwelt hinzugekommen und im Jahr 1600 war den Europäern knapp die Hälfte der Erdoberfläche bekannt. Mit der kolonialen Erschließung Sibiriens und der sukzessiven Durchdringung der beiden Amerika waren um 1800 60 Prozent der Landfläche und 82 Prozent der Erdoberfläche bekannt, und um 1900 waren nur noch wenige Binnenregionen in den Tropen sowie die Polarregionen nicht von Europäern bereist worden.

Erdkarten vom Altertum bis in die frühe Neuzeit

Die „Entschleierung" der Erde aus europäischer Sicht spiegelt sich sehr genau in Erd- und Weltkarten, welche damit exakte Archive des jeweiligen Kenntnisstandes der Erde zu ihrer Zeit bilden. Nirgends lässt sich das Weltbild einer Epoche anschaulicher fassen als in ihren kartographischen Produkten.

Elementare geographische Kenntnisse waren dabei sicher schon in prähistorischer Zeit vorhanden, in der griechischen Antike wurde jedoch erstmals die praktische Bedeutung des geographischen Wissens und der Kartenkunde

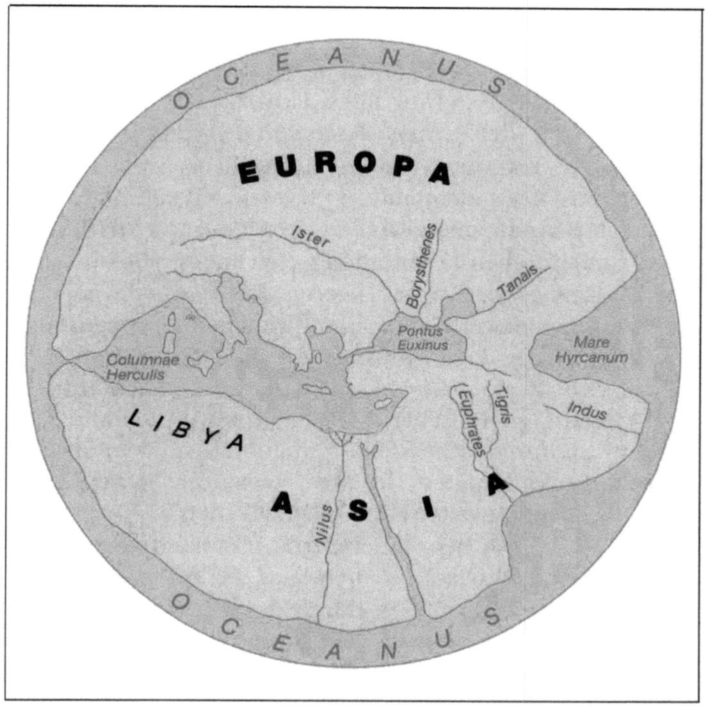

Abb. 3. Die Weltkarte des Anaximander. *Quelle:* Knox-Marston 2001, S. 11

offenkundig. Auch der Begriff Geographie (Erdbeschreibung) stammt aus dem Griechischen.

Die erste Kartendarstellung der damals bekannten Welt schreiben griechische Quellen Anaximander von Milet zu (611–547 v. Chr.). Seine Karte ist zwar nicht überliefert, aus zeitgenössischen Schriften lässt sich jedoch ableiten, wie diese ungefähr ausgesehen haben muss (siehe Abb. 3). Hekataios verbesserte diese Karte und verfasste dazu einen Kommentar mit dem Titel „Umgang um die Welt" (periodos ges) (Olshausen 1999, S. 172).

Einen besonderen Höhepunkt der griechischen Geographie und Kartographie stellte das Werk des Eratosthenes von Kyrene aus dem 2. Jahrhundert v. Chr. dar. Dieser Universalgelehrte hat den methodisch wohl tragfähigsten Versuch unternommen, die kugelgestaltige Erde zu vermessen.

Um die Zeitenwende verfasste Strabo seine 17-bändige „Geographie", gut 100 Jahre später erschien von Ptolemäus das achtbändige Werk zur Geographie. Die so genannte Ptolemäische Weltkarte, welche allerdings nicht von Ptolemäus stammt (Grosjean 1996, S. 15f.), wurde für Jahrhunderte eine wesentliche Grundlage der Kartographie (siehe Abb. 4) und führte zur Vorstellung des Christoph Columbus, dass man über den Seeweg gegen Westen nach China gelangen könne. Ptolemäus (bzw. seine Nachfahren) hatten die Berechnung des Erdumfangs von Eratosthenes nicht berücksichtigt, daher enthielt

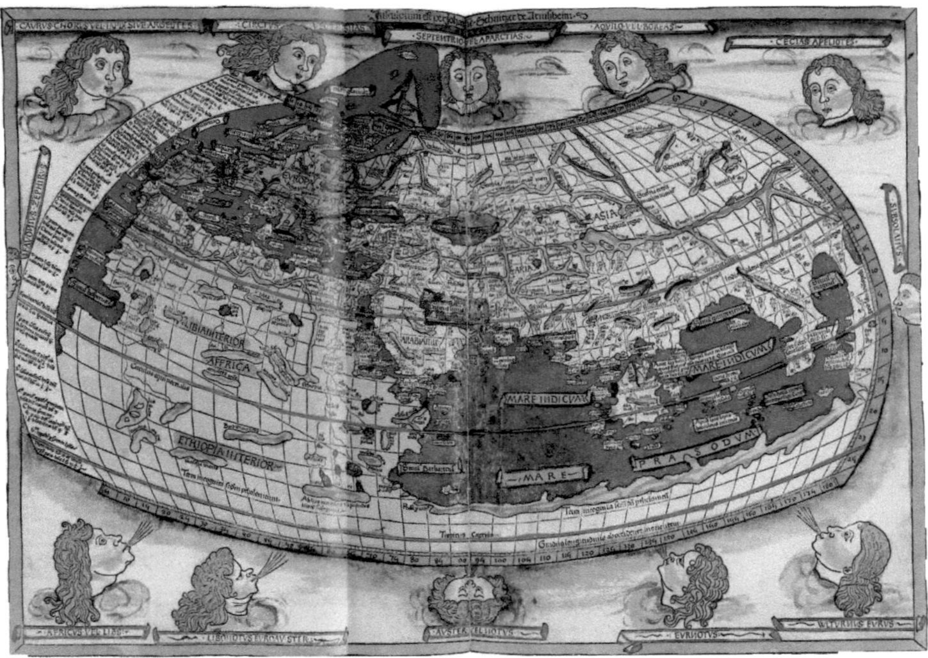

Abb. 4. Die Weltkarte des Ptolemäus. *Quelle:* Zögner 2000, S. 10

diese Karte schwerwiegende Fehler. Insbesondere wurde die Größe des Globus unterschätzt.

Der Erdkreis umfasst bei Ptolemäus 180 Längengrade und reicht von den Kapverdischen Inseln (Fortunate Insule) bis zum Golf von Siam und China (Serica regio). Afrika endet jenseits der Mondberge (mons lune), wo die Quellen des Nils liegen. Südlich schließt sich die ausgedehnte Terra incognita, das unbekannte Land, an.
Die Cosmographie von Ptolemäus aus Alexandria wurde in Mitteleuropa erst im 15. Jahrhundert durch Übersetzung in das Lateinische bekannt. Zu ihrer schnellen Verbreitung hat die Einführung des Buchdrucks (um 1440) wesentlich beigetragen. Die ersten gedruckten ptolemäischen Karten erschienen 1477.

Mit dem Niedergang des römischen Reiches ging dieses Wissen wieder verloren. Es entstanden jedoch in China Karten, die genauer waren als die mittelalterlichen europäischen Kartenwerke (insbesondere bessere Kenntnis der Umrisse von Afrika).

Mit der Ausbreitung des Islam verbreiteten sich im Vorderen Orient und im Mittelmeerraum kartographische Kenntnisse der Araber (7. und 8. Jahrhundert). Die Pilgerfahrten nach Mekka führten Gelehrte aus allen Regionen der islamischen Glaubensgemeinschaft zusammen und beförderten geographische Kenntnisse.

Die um 1450 einsetzende große Seefahrerperiode fand natürlich ihren Niederschlag auch in der Kartographie. Die jetzt entstehenden Karten waren primär als Seekarten angelegt, Beispiele hierfür sind die von Gerhard Mercator geschaffenen Karten aus dem Jahre 1569 oder die Erdkarte in 12 Blättern von Martin Waldseemüller aus dem Jahr 1507. Waldseemüller führte auf dieser Karte erstmals für den neu entdeckten Erdteil im Westen den Namen „America" ein. Um etwa 1570 beginnt mit dem Fortschreiten der Entdeckungen zu einem mehr und mehr abgerundeten Erdbild das Zeitalter der großen Atlanten, das dann im 17. Jahrhundert kulminierte.

Von Gerhard Mercator stammt die erste gebundene Kartensammlung, welche die Bezeichnung Atlas trug. Abb. 5 zeigt „India orientalis" in der Ausgabe von 1606. Bis 1659 erschienen nicht weniger als 46 Ausgaben von Mercators Atlas in lateinischer, französischer, deutscher, holländischer und englischer Sprache.

Die Karten von Gerhard Mercator und fast alle seit damals produzierten Atlanten sind winkeltreu; für diese Eigenschaft verzichten sie auf Flächentreue

Abb. 5. Mercator-Karte von Südasien. *Quelle:* Goss 1994, S. 100

und nehmen damit erhebliche Verzerrungen von Größe, Form und Lage der Länder und Kontinente hin[12]. Der Kartograph Arno Peters hat daher seit den 1970er Jahren wiederholt darauf hingewiesen, dass fast alle Atlanten bis zum heutigen Tag viel zu Europa-zentrisch sind; sie sind in seiner Sicht „signifikanter Ausdruck unseres (verzerrten) Weltbildes" (Peters 1976; siehe auch den Beitrag Clemens). Viele Atlaskarten und damit Vorstellungen von den Kontinenten sind in seiner Sicht ein Überbleibsel aus der Epoche des Kolonialismus und damit, wie er etwas apodiktisch formuliert, „geeignet, die Selbstüberschätzung des weißen Mannes, besonders des Europäers, zu verewigen und die farbigen Völker im Bewusstsein ihrer Ohnmacht zu halten" (Peters 1976, S. 2)[13].

Weltbilder im europäischen Imperialismus und im Faschismus

Der zunehmenden Bekanntheit der Erdoberfläche aufgrund der Entdeckungsfahrten folgte die europäische koloniale Expansion seit 1500 auf dem

---

[12] So erscheint Europa mit seinen 9,7 Millionen Quadratkilometern auf der winkeltreuen Mercatorkarte ebenso groß wie Südamerika, das mit rund 18 Millionen Quadratkilometern in Wirklichkeit fast doppelt so groß ist. Skandinavien sieht auf der Mercator-Karte größer aus als Indien, das aber mit seinen 3,3 Millionen Quadratkilometern genau dreimal so groß ist wie Skandinavien (1,1 Millionen Quadratkilometer).

[13] Peters hat Anfang der 1980er Jahre auch einen eigenen Atlas vorgelegt, auf dem die Erde in gleichmaßstäbigen Karten in der so genannten „Peters-Projektion" dargestellt ist.

Fuß, bei der sich mehrere „Vorherrschaftszyklen" ablösten: erst Portugiesen und Spanier, dann Niederländer, schließlich Franzosen und Briten (siehe oben).

Koloniale Herrschaft von Europäern über große Teile der Erde wurde zum herausragenden Merkmal der Weltgeschichte zwischen 1500 und 1960. Kurz nach dem Ersten Weltkrieg kam der französische Ökonom Arthur Girault zu dem Ergebnis, das Festland der Erde sei zu etwa der Hälfte von Kolonien bedeckt. Mehr als 800 Millionen Menschen, d. h. ungefähr zwei Fünftel der Weltbevölkerung, unterstünden kolonialer Herrschaft: 440 Millionen in Asien, 120 Millionen in Afrika, 60 Millionen in Ozeanien und 14 Millionen in Amerika (nach Osterhammel 1995, S. 29). Heute hat die direkte koloniale Abhängigkeit einer häufig wirtschaftlich bestimmten Abhängigkeit und Verschuldung zahlreicher Staaten des Südens Platz gemacht; wir sprechen in diesem Zusammenhang von Postkolonialismus (siehe unten).

Vor allem die Eroberung der Neuen Welt war die Ursache für zwei globale demographische Katastrophen der frühen Neuzeit, die in der Geschichte ihresgleichen suchen: zum einen wurde die eingeborene Bevölkerung in Nord- und Südamerika praktisch ausgerottet, zum zweiten wurde Afrika verwüstet, als der Sklavenhandel sich rapide ausweitete, um die Bedürfnisse der Eroberer zu befriedigen. Dabei fiel der ganze Kontinent unter das Joch fremder Herren. Aber auch große Teile Asiens erlitten ein höchst beklagenswertes Schicksal.

Der amerikanische Linguist und Bürgerrechtler Noam Chomsky beschreibt Kolonialismus in seinem Buch „Wirtschaft und Gewalt. Vom Kolonialismus zur neuen Weltordnung" (1995) etwas einseitig wertend, aber höchst drastisch:

„Der 11. Oktober 1992 bezeichnete das Ende des 500. Jahres der alten Weltordnung, die bisweilen auch die weltgeschichtliche Ära des Kolumbus oder des Vasco da Gama genannt wird, je nachdem welcher plünderungsbegierige Abenteurer zuerst die jeweilige Küste der Verheißung betrat.… Das wichtigste Kennzeichen dieser alten Weltordnung war die weltweite Konfrontation von Eroberern und Eroberten. Sie hat unterschiedliche Formen angenommen und unterschiedliche Namen erhalten: Imperialismus, Neokolonialismus, Nord-Süd-Konflikt, Zentrum vs. Peripherie, G-7 (die sieben führenden kapitalistischen Industriegesellschaften) und ihre Satelliten vs. den Rest der Welt. Oder einfacher: die europäische Welteroberung" (Chomsky 1995, S. 27).
Was hier, nicht selten im Namen der christlichen Religion, vorging, hatte schon der Nestor der Volkswirtschaftslehre Adam Smith 1776 in seinem epochemachenden Werk „Wealth of Nations" auf folgenden Punkt gebracht:

> „Die brutale Ungerechtigkeit der Europäer ließ ein Ereignis, das sich für alle zum Vorteil hätte auswirken müssen, für einige dieser unglücklichen Länder zum Ruin und zur Zerstörung werden. … Für die Eingeborenen … der Ostindischen wie der Westindischen Inseln sind alle Handelsvorteile, die sich aus diesen Ereignissen hätten ergeben können, von dem furchtbaren Unglück, das diese Länder befiel, in den Abgrund gerissen worden … Mit der Überlegenheit, die Gewalt verleiht …, konnten sie in diesen entlegenen Ländern ungestraft jede Ungerechtigkeit begehen" (zit. nach Chomsky 1993, S. 28).

Die imperialistische Weltsicht zur Zeit der kolonialen Hochphase um 1900 spiegelt sich sehr deutlich in den geopolitischen Karten[14] jener Zeit. Zur Rechtfertigung des strategischen Wertes der Kolonisation und zur Erklärung der durch eine imperialistische Politik eröffneten Möglichkeiten entwickelten politische Geographen der Jahrhundertwende „Weltkarten" wie diejenige von Halford J. Mackinder (siehe Beitrag Reuber/Wolkersdorfer in diesem Band), auf welcher der ewige Kampf der „Seereiche" gegen die „Landreiche", konkret: des eurasischen Herzlands gegen ein seegestütztes Amerika, dargelegt und damit eine Machtdichotomie der Welt vorstellt wird, welche die Grundlage für viele bis in die jüngste Vergangenheit gültige geopolitische Modelle liefern sollte. Interessant an den geopolitischen Vorstellungen Mackinders ist vor allem sein Vorgehen, große Teile der Erde mit sehr unterschiedlichen Strukturen, Menschen und Lebensformen mit einem einzigen räumlichen Etikett zu versehen, „labeling huge swaths of the world's territory with a singular identity" (Ó Tuathail et al. 1998, S. 17). Bis heute findet sein Vorgehen seine Entsprechung in den mitunter reichlich holzschnittartigen geopolitischen Raumbildern der US-Außenpolitik, seien es nun „rogue states" (Schurkenstaaten) oder „axes of evil" (Achsen des Bösen).

Eine neue Blütezeit erlebte solche Form imperialen Denkens in der Geopolitik des Dritten Reiches, das seine Blut-und-Boden-Ideologie in wesentlichen Teilen aus dem geopolitischen Denken der ersten Nachkriegsjahrzehnte des 20. Jahrhunderts mit ihren organisch-quasibiologischen Denkansätzen bezog: völkischer Lebensraum, großdeutsches Reich etc. (vgl. Reuber/Wolkersdorfer in diesem Band).

---

[14] Geopolitik ist eine Wortschöpfung des schwedischen Staatswissenschaftlers Rudolf Kjellén, der den Terminus erstmals in einer Untersuchung über Schweden im Jahre 1899 verwandte. Kjelléns Staatslehre suchte, ähnlich wie die politische Geographie Ratzels, die Ende des 19. Jahrhunderts tonangebenden biologistischen Vorstellungen (Darwinismus) auf die Staatslehre zu übertragen. Der Staat war dabei mit den Eigenschaften eines Lebewesens, eines Organismus, ausgestattet, das nur dann Gesundheit und Stärke ausstrahlte, wenn es zu beständigem Wachstum, d.h. zur ständigen Territorialexpansion fähig war.

„Geographical Imaginations" – postkoloniale Weltbilder

Imperialistische Machtpolitik und Kolonialreiche wurden mit dem Ende des Zweiten Weltkriegs bzw. in den ersten Nachkriegsjahrzehnten abgelöst durch den sich rasch aufbauenden Ost-West-Gegensatz zwischen kapitalistischer und sozialistischer Staatenwelt. Der erstmals von Winston Churchill 1946 so bezeichnete „Iron curtain" teilte die Welt in zwei weltanschauliche Lager, denen auch diametral entgegengesetzte Wirtschaftssysteme entsprachen. Die Gruppe der so genannten „blockfreien" Staaten bildete einen zwar beachteten, aber politisch einflusslosen Zusammenschluss. Für fast fünf Jahrzehnte wurde das politische Weltbild des 20. Jahrhunderts durch den „Kalten Krieg" bestimmt; die politisch-geographische Weltwahrnehmung verengte sich, „became the geopolitical monochrome of good versus evil, capitalism versus communism, the West versus the East, America versus the Soviet Union" (Ó Tuathail et al. 1998, S. 48).

Geopolitische Weltbilder seit dem Ende des Zweiten Weltkriegs

In der so genannten „Truman Doctrine" des amerikanischen Präsidenten wurde erstmals das Bild eines universalen Kampfes zwischen Freiheit und Totalitarismus entworfen, das in der Folgezeit die amerikanische Außenpolitik, auch noch über den Ost-West-Konflikt hinaus, bestimmen sollte. „I believe that it must be the policy of the United States to support free peoples who are resisting attempted subjugation… I believe that we must assist free peoples to work out their own destinies in their own way" (Truman 1947, zit. n. Ó Tuathail et al. 1998, S. 58). Seit dem Koreakrieg Anfang der 1950er Jahre und besonders im Vietnamkrieg machte ein geopolitisches Raumbild Karriere, mit dem ein kriegerisches Engagement der USA weitab von ihrem Kernraum begründet wurde: die Domino-Theorie. Es musste verhindert werden, dass ein (weiterer) Staat in Südostasien in den kommunistischen Machtbereich fiel, da hierdurch alle benachbarten Staaten in ähnlicher Weise umfallen würden. Containment, „Eindämmung" des sowjetischen Einflusses und „Dominotheorie" waren die wesentlichen geopolitischen Bilder des Kalten Krieges. Die amerikanische Sicht fand dabei ihre Entsprechung in der sowjetischen, wenn Zhdanow in seinem Aufsatz „Soviet Policy and World Politics" aus dem Jahre 1947 davon spricht, dass die USA eine imperialistische und antidemokratische Macht seien, während die Sowjetunion das antiimperialistische und demokratische Lager verkörpere.

Eine gewisse Entsprechung des weltpolitischen Ost-West-Gegensatz fand sich im entwicklungspolitischen Nord-Süd-Gegensatz, der sich seit dem Ende der Kolonialherrschaft Anfang der 1960er Jahre aufbaute. Die „Dritte Welt" entstand neben der ersten (kapitalistischen) und der zweiten (kommunistischen); im Diskurs um ihren zukünftigen Entwicklungspfad stritten sich kapitalismusaffine Modernisierungstheoretiker und kapitalismuskritische Dependenzanhänger (siehe Menzel 1992). Nicht wenige der zahlreichen kriegerischen Konflikte zwischen 1950 und 1990 entwickelten sich als Stellvertreterkriege des übergeordneten Ost-West-Gegensatzes.

Nach dem Ende der dualistischen Weltbilder: „one world" vs. „many worlds"

Mit dem Ende des Ost-West-Konflikts um 1990 brach diese Weltsicht zusammen und sowohl der politische Ost-West- wie der ökonomische Nord-Süd-Gegensatz verschwanden aus dem öffentlichen Diskurs. Klare Fronten und Feindbilder verwischten sich, neue Projektionen von „wir und die anderen" und Konstruktionen von „Weltbildern" traten an deren Stelle. Die Rollen der politischen Akteure und damit die „geographical imaginations" veränderten sich, und es schälten sich in den 1990er Jahren die beiden aktuellen „Megadiskurse" zur räumlichen Ordnung der Welt heraus: jener einer umfassenden Globalisierung sowie der einer zunehmenden räumlichen Fragmentierung der Erde, „one world" vs. „many worlds", oder in polemischer und zudem einseitiger Zuspitzung: McWorld vs. Jihad (siehe den Beitrag Lossau in diesem Band). Dabei scheint die Idee einer neuen kulturellen Fragmentierung sich inzwischen vor allem auf dem Feld der Internationalen Beziehungen einer gewissen Popularität zu erfreuen. Der US-amerikanische Politologe Samuel Huntington hat dies ebenso apodiktisch wie öffentlichkeitswirksam mit seinem „clash of civilizations" (Kampf der Kulturen) auf den Punkt gebracht. Solchen „Fragmentierungsdiskursen" stehen andererseits „Globalisierungsdiskurse" gegenüber, welche von interkulturellem Austausch, Reziprozität zwischen einzelnen Nationen und Kulturen und der zunehmenden Auflösung kultureller Unterschiede im „globalen Dorf" der Weltgesellschaft träumen (vgl. Weidenfeld 1999; siehe die Beiträge von Reuber/Wolkersdorfer und Lossau in diesem Band).

Globalisierung und „Ende der Geschichte"

Universalistische Leitbilder beherrschten die ersten Jahre nach dem Ende des Ost-West-Konflikts. Auf wirtschaftlichem Gebiet wurde der Globalisierungsdiskurs zunächst als „all winners game" verstanden, auf politischem Gebiet spielte die These vom „Ende der Geschichte" (Fukuayama) eine wichtige Rolle.

Eine geoökonomische Weltkonstellation zunehmend zusammenwachsender Kommunikation jenseits von Nationalstaaten und politischen Systemen entwickelte Castells mit seinem Entwurf einer „Netzwerkgesellschaft". Er sieht, wie nicht wenige ökonomische Theoretiker der Globalisierung, die Zukunft der Welt weniger in territorialen Einheiten (space of places), als vielmehr in Netzwerken verfasst (space of flows), welche die neue soziale Morphologie unserer Gesellschaften bilden und prinzipiell in der Lage sind, grenzenlos zu expandieren (Castells 2001, S. 527ff.).

Der wichtigste Protagonist des „universalistischen" Leitbildes auf politischem Feld wurde zweifellos Francis Fukuyama mit seiner These vom „Ende der Geschichte". Der Umbruch seit 1990 ist in seiner Sicht nicht einfach das Ende des Kalten Krieges, sondern das Ende der Geschichte überhaupt, mit der definitiven universalen Ausbreitung der westlichen Demokratie als Staatsform, *„the triumph of the western idea: the ineluctable spread of consumerist Western culture. ... an unabashed victory of economic and political liberalism ..."* (Fukuyama 1998, 114). Fukuyama stellt dabei, Hegels idealistischer Philosophie folgend, die USA bzw. generell die westliche Welt als humanistisch-demokratische(n) Klimaxstaat(en) der Weltzivilisation dar.

„Kampf der Zivilisationen", Kulturerdteile und globale Fragmentierung

Vor allem der konfliktreiche Zerfall Jugoslawiens in den 1990er Jahren, aber auch ein zunehmend in den Blick geratener islamischer Fundamentalismus, haben in der zweiten Hälfte der 1990er Jahre universalistische Weltvorstellungen in den Hintergrund gedrängt und die Rhetorik vom „Kampf der Kulturen" zu einem diskursiven Erfolgsmodell ohnegleichen gemacht, das nach dem 11. September 2001 einen neuen Schub erfuhr.

Die Botschaft im Bestseller von Huntington (1996) ist düster: „Die Welt ist nicht geeint. Kulturen haben die Menschen geeint und gespalten. ... Es sind Rasse und Glaube, womit sich Menschen identifizieren, wofür sie zu kämpfen und zu sterben bereit sind" (Huntington 1996, S. 122). Religion und Kultur – so seine These – werden künftig globale Auseinandersetzungen bestimmen, und die schärfsten Konflikte werden an den Grenzen von Kulturerdteilen – ähnlich wie Erdbeben an den Grenzen von geologischen Platten – entbrennen. Dabei unterscheidet er insgesamt sieben Zivilisationen, wobei die entschei-

Abb. 6. Wenn Ihnen das alte Feindbild zu sehr verblasst ist – wie wär's denn mit diesem hier?
Quelle: Böge et al. 2002b, S. 15

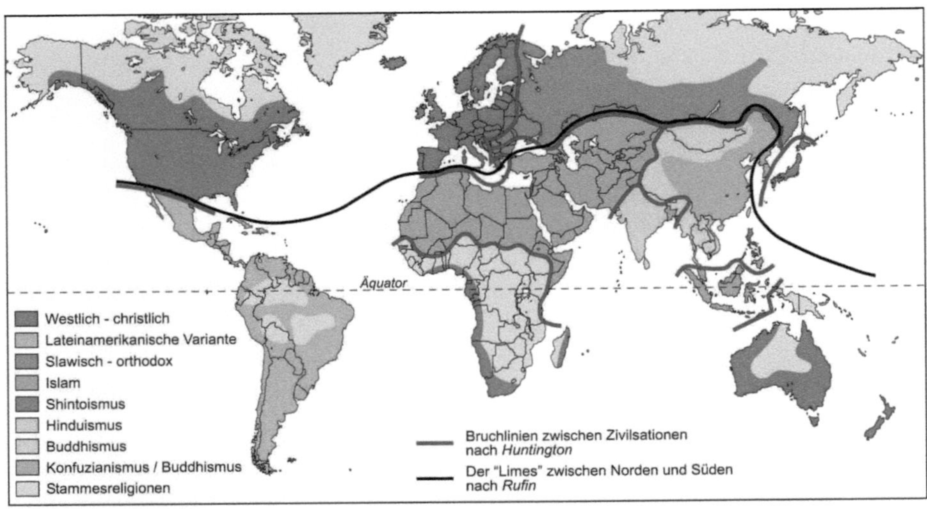

Abb. 7. Zivilisationen bei Huntington. *Quelle:* Ehlers 1996

dende neue Kluft sich zwischen „the west and the rest", insbesondere zwischen dem Westen und dem Islam bzw. generell Asien, auftut. Huntington empfindet ein Bröckeln des westlichen Machtmonopols einerseits und die demographische, ökonomische und militärische Zunahme des Gewichts nichtwestlicher Anschauungen andererseits als bedrohlich für den Westen.

Dabei ist sein Raumbild der sieben Zivilisationen „Western, Confucian, Japanese, Islamic, Hindu, Slavic-Orthodox and possibly African" (1993, S. 25) keineswegs neu, sondern es greift Konstruktionen von Kulturerdteilen auf, welche die Geographie kontinuierlich während des 20. Jahrhunderts entwickelt hat (siehe Abb. 8 und 9). Neu ist auch nicht das alte geopolitische Prinzip, höchst komplexe und in sich differenzierte Wirtschafts-, Sozial- und Kultursysteme mit einfachen, globalen Etiketten zu „labeln" (siehe Ó Tuathail 1996). Neu ist im Gegensatz zu den universalistischen Weltmodellen aber, dass Huntington systematisch Furcht, Angst und Abgrenzung schürt. Es geht ihm nicht um Völkerverständigung oder Friedensmoderation, sondern um die Rettung des westlichen (= nordatlantischen, christlich-abendländischen) Machtmonopols gegenüber konkurrierenden Ansprüchen. „Es geht nun nicht mehr um eine globale Ausbreitung westlicher Werte mit universalistischem Anspruch, sondern vielmehr um die Schaffung eines Reservates, in dem Eliten die Geschicke der Welt bestimmen und gegebenenfalls auch militärisch eingreifen" (Kreutzmann 2000, S. 476). Die militärisch-strategische Dominanz des Westens soll vor aufstrebenden asiatischen Zivilisationen gesichert werden. Dies geschieht strategisch durch das Schüren von Angst vor der „grün-gelben Gefahr", d. h. vor der vermeintlich doppelten Bedrohung durch die islamischen Gesellschaften und durch Ostasien (China).

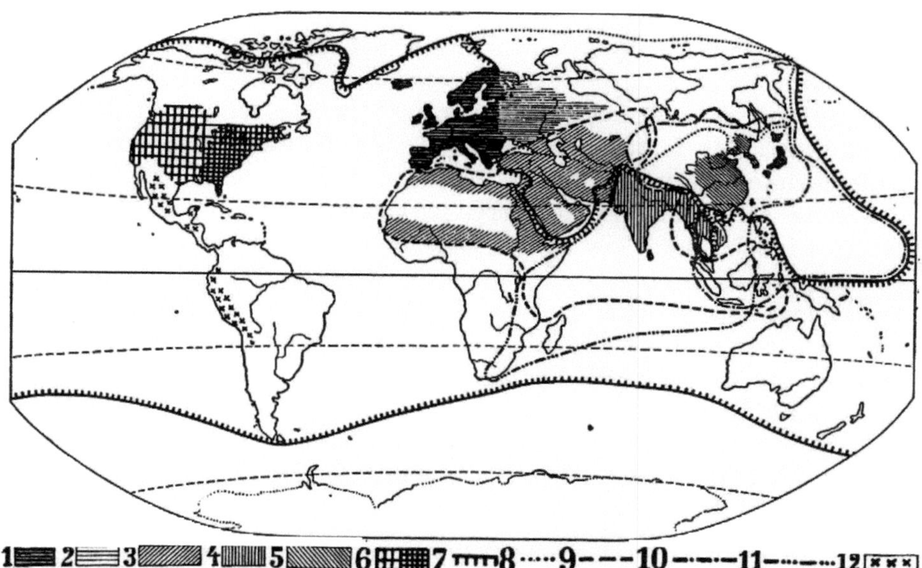

Abb. 8. Geographische Vorbilder für Huntingtons Zivilisationen: Heinrich Schmitthenner.
Quelle: Schmitthenner 1932

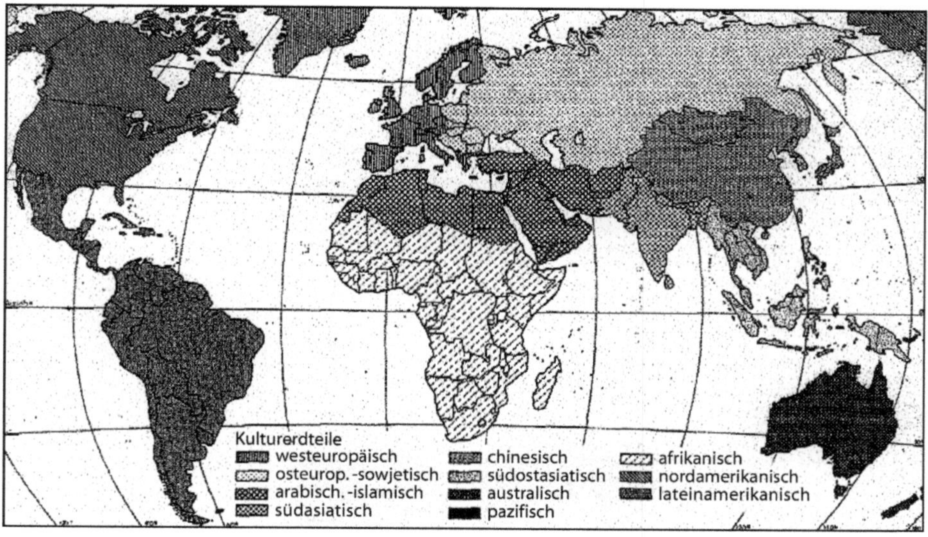

Abb. 9. Geographische Vorbilder für Huntingtons Zivilisationen: Albert Kolb.
Quelle: Ehlers 1996, S. 339

Im deutschen geographischen Schrifttum sind schon seit Ende des Ersten Weltkrieges Versuche nachweisbar, verschiedene Kulturräume auszugliedern und zu begründen. So postulierte der Heidelberger Geograph Alfred Hettner (1923) eine auf der evolutionären Kulturstufentheorie basierende Differenzierung der Erde, die primär historisch-genetisch aufgebaut ist und in der europäischen Kultur ihren vorläufigen Abschluss sieht. Hettner zeichnet in „Der Gang der Kultur über die Erde" ein allmähliches Fortschreiten der Kultur in Kulturstufen nach, das seinen Ausgang bei primitiven Kulturen nimmt, über die alten Hochkulturen im Zweistromland fortschreitet und für die Gegenwart neben der europäischen die orientalische, indische, ostasiatische und altamerikanische Kultur anführt.

Auch Heinrich Schmitthenners Buch über „Lebensräume im Kampf der Kulturen" (1938) greift das Thema konkurrierender Kulturen und ihrer sich daraus ergebenden territorialen Konflikte auf. Neben dem Abendland unterscheidet er die osteuropäische Kultur, die orientalische, indische und ostasiatische Kultur. Die USA werden als neues Abendland bezeichnet, die untergegangenen einheimischen Hochkulturen Amerikas eigens hervorgehoben.

Während in diesen Arbeiten noch unreflektiert ein Modernisierungsleitbild, d. h. eine Modernisierung nach europäischem Vorbild, die Argumentation prägte, geht Albert Kolb (1962) in seinen Arbeiten aus den frühen sechziger Jahren insofern darüber hinaus, als er Kulturerdteile als eigenständige Gebilde, die aus sich selbst heraus verstanden und akzeptiert werden sollen, begreift.

Kolb versteht unter einem Kulturerdteil einen „Raum subkontinentalen Ausmaßes, ... dessen Einheit auf dem individuellen Ursprung der Kultur, auf der besonderen einmaligen Verbindung der landschaftsgestaltenden Natur- und Kulturerdteile, auf der eigenständigen, geistigen und gesellschaftlichen Ordnung und dem Zusammenhang des historischen Ablaufs beruht" (zit. nach Ehlers 1996, S. 340). Kolb nennt zehn Kulturerdteile, deren Grenzen er mehr oder weniger dynamisch auffasst.

Von den Oberflächenstrukturen her betrachtet unterscheidet sich somit die alte Kolb'sche Einteilung von Kulturerdteilen kaum von den Huntington'schen Zivilisationen. Der Kern, das strategische Ziel dieser beiden geographischen bzw. geopolitischen Konstruktionen ist aber diametral verschieden. Kolb geht es nicht um Abgrenzung oder das Schüren vor Ängsten, sondern um Völkerverständnis, darum, fremde Kulturen „aus den Bedingungen ihrer eigenen raumbezogenen Entwicklung verstehen und achten zu lernen" (Schöller 1978, S. 11).

Diskurse über den Kampf der Kulturen knüpfen an zentrale, vor dem Kalten Krieg verbreitete, dann aber zeitweise in den Hintergrund getretene Argumentationsmuster an, welche man als postkolonial, d. h. als Weiterwirken kolonialer Weltbilder bezeichnen kann. „Geographical imaginations" (Gregory 1994) über fremde Kulturerdteile speisen sich bis heute aus solchen Vorstellungen, wie der arabischstämmige Soziologe Edward Said beispielhaft für den Vorderen Orient verdeutlicht hat.

Schon Begriffe wie „Naher Osten", „Vorderer Orient" spiegeln eine europäische „Konstruktion", nah ist dieser Osten nur in der Sicht der Mitteleuropäer, nicht im Selbstverständnis seiner Bewohner. Said bezeichnet den Orient in diesem Sinne als *europäische Erfindung*", als „Ort der Romantik, des exotischen Wesens, der besitzergreifenden Erinnerungen und Landschaften" (Said 1981, S. 8).

„Geographical imaginations" und bewusste oder unbewusste postkoloniale Vorstellungen von den Großräumen der Erde bestimmen bis heute wirtschaftliches und politisches Handeln. Wirtschaftlich insofern, als sie das räumliche Investitionsverhalten in einer zunehmend globalisierten Wirtschaft in hohem Maße lenken und dazu führen, dass die Staaten des Orient, ähnlich wie die Schwarzafrikas, zunehmend von weltweiten Investitionsströmen abgekoppelt werden. Politisch insofern, als die Behandlung von Menschen sehr unterschiedlich ausfällt, ob diese in Nordamerika, in Europa oder in Afghanistan bzw. im Irak zu Hause sind. Westliche Menschenrechte sind zunehmend räumlich begrenzt, sie enden mitunter kurz hinter der letzten jüdischen Siedlung in Palästina; Guantanamo Bay ist ein rassistisches Gefangenenlager. Die indische Journalistin Arundhati Roy hat dies drastisch, aber anschaulich auf den Punkt gebracht: „Seit dem Zweiten Weltkrieg bombardieren vorwiegend weiße Amerikaner vorwiegend nicht-weiße Menschen. Von Korea über Vietnam bis zu Afghanistan und dem Irak führen sie Kriege, aus denen die rassistische Botschaft spricht: Ihr in der Dritten Welt zählt nicht" (Arundhati Roy im Spiegel vom 7. April 2003, S. 168).

Der frühere Experte für Entwicklungs- und Rüstungskontrollpolitik der CDU im deutschen Bundestag, Jürgen Todenhöfer, hat in seinem jüngst erschienenen Buch „Wer weint schon um Abdul und Tanaya? Die Irrtümer des Kreuzzugs gegen den Terror" (2003) ein eindrucksvolles Beispiel für das Fortwirken postkolonialen Denkens in der aktuellen Politik geliefert: „Im Juli 2002 sprengten amerikanische Bomber vom Typ C-130 Herkules im Dorf Kakrakhel, nördlich von Kandahar, eine Hochzeitsgesellschaft in die Luft, weil sie deren Freudenschüsse angeblich für einen Angriff gehalten hatten. Über 40 Afghanen wurden getötet, mehr als 100 zum Teil schwer verletzt. ...
Verteidigungsminister Donald Rumsfeld trat kurz nach Bekanntwerden des ‚Zwischenfalls' in Washington im hellen Sommeranzug lachend vor die Presse und erklärte, bei dem bombardierten Ziel habe es sich eindeutig um

> ein militärisches Ziel gehandelt … Kurze Zeit später schob er nach: ‚So was passiert, ist immer schon passiert und wird auch wieder passieren‘.
> Man muss sich vorstellen, etwas Vergleichbares wäre in den USA geschehen. Ein französischer Pilot hätte bei einer Übung in Texas versehentlich eine Hochzeitsgesellschaft bombardiert und ein Dutzend amerikanischer Staatsbürger getötet. Anschließend wäre der französische Verteidigungsminister im hellen Sommeranzug vor die Presse getreten und hätte lachend erklärt, man solle sich nicht so aufregen. So was passiere und werde immer wieder passieren" (Todenhöfer 2003, S. 126f.).

Auf wirtschaftlichem Gebiet wird der Globalisierungsdiskurs, anders noch als Anfang der 1990er Jahre, zunehmend kritisch geführt. Globalisierungskritiker, welche in militanten Aktionen gegenüber den mächtigen Akteuren einer transnationalen Ökonomie Stellung beziehen (ATTAC, Protestaktionen bei Weltbank-, IWF- oder G8-Gipfeln) sehen diesen Prozess als Projekt der Ersten Welt zum Schaden der Dritten. „Die Akteure und Institutionen vereinheitlichen durch Neoliberalismus und mit Hilfe der digitalen Revolution die Handels- und Finanzmärkte der Welt, deregulieren Produktionsprozesse … und setzen die Privatisierung von industriellen Schlüsselunternehmen auch in der Dritten Welt im Rahmen der Strukturanpassungsprogramme von Weltbank bzw. IWF durch … Verkürzt ausgedrückt stürzen aufgrund von Machtwirtschaft und Globalisierung immer mehr Menschen insbesondere in den Entwicklungsländern in Armut und ‚Verwundbarkeit‘" (Escher 1999, S. 659). Wirtschaftlichen und kulturellen Globalisierungstendenzen stehen somit als Kehrseite der Medaille weltweit Entwicklungen gegenüber, die sich mit dem Begriff „Fragmentierung" umschreiben lassen (Menzel 1998). Scholz (2000, 2002) interpretiert diese Dialektik als beginnenden „Weltzerfall" und bewertet sie als Festschreibung bestehender Benachteiligungen und Schaffung neuer Gegensätze. Am globalen Wettbewerb und seinen Segnungen partizipieren nicht Länder an sich und nicht deren Bevölkerung als Ganzes, sondern nur bestimmte Örtlichkeiten/Regionen und auch da lediglich Teile der Bevölkerung. Dem davon ausgegrenzten Rest der Welt und damit der Masse der Weltbevölkerung steht zwar prinzipiell die Option zur Partizipation am Wettbewerb offen. Strukturell jedoch bleiben diesem „neuen Süden" mehrheitlich nicht viele Alternativen, oder wie Scholz (2000, S. 13) zynisch formuliert: „Er kann als Absatzmarkt für Gebrauchtwaren aller Art und von Billigerzeugnissen dienen, gelegentlich von Almosen und Katastrophenhilfe profitieren oder Ziel militärischer Befriedungsaktionen sein. Auch mag er als abrufbarer Lieferant mineralischer und agrarer Rohstoffe sowie vereinzelt von Spezialisten, Hochleistungssportlern, exotischen Frauen und seltenen Haustieren sowie als touristisches Tummelfeld fungieren".

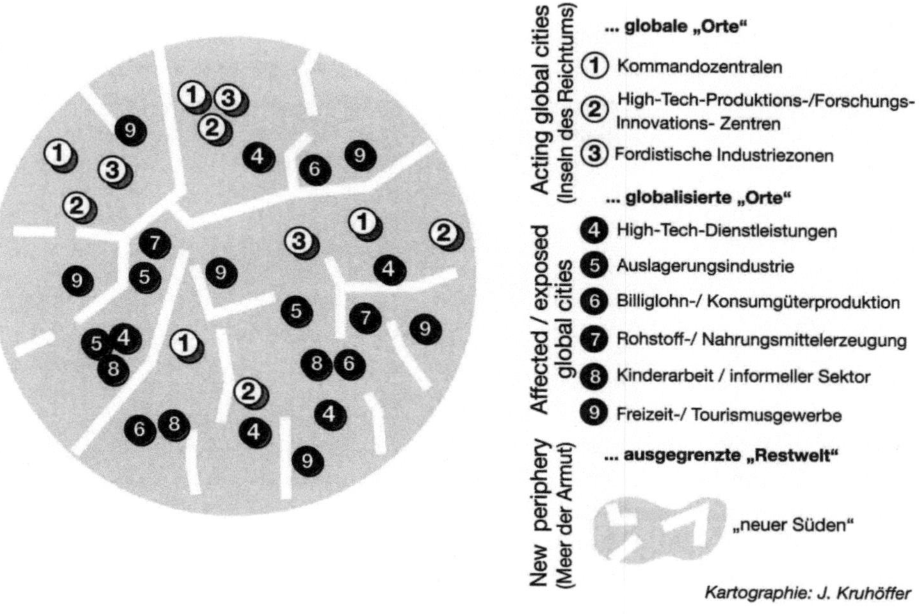

Abb. 10. Modell der globalen Fragmentierung. *Quelle:* Scholz 2002

Schaltstellen des wettbewerbsgesteuerten Weltgeschehens sind globale Orte, in denen die Kommandozentralen der als global players agierenden Unternehmen bzw. Weltorganisationen stehen. Virtuell eng verbunden mit diesen und ihnen funktional hierarchisch nachgeordnet sind die „globalisierten Orte". Dabei handelt es sich um Orte oder Zonen der Hightech-Dienstleistungen, des offshore-bankings und der Steuerparadiese, der Billiglohn- und Massenkonsumgüterproduktion. Dazu zählen auch die Orte der montanen und agraren Rohstoffgewinnung und des global funktionalisierten informellen Sektors (inkl. Prostitution und Kinderarbeit) sowie des Freizeit- und Tourismusgewerbes. Beispiele sind Banglore, Dhaka, Shanghai oder Mauritius. Der übrige Erdkreis bildet die „ausgegrenzte Restwelt", auch als new periphery oder metaphorisch als „Meer der Armut" bezeichnet. Diese Restwelt besteht aus nominalen Nationalstaaten, häufiger aber aus Territorien von Milizenherrschaft und Schauplatz „neuer Kriege" (Kaldor 2000) mit privatisierter Gewalt. Ganz oder teilweise stellen sie den sich weltweit erstreckenden Lebensraum der ausgegrenzten und entbehrlichen Mehrheit der Weltbevölkerung dar. Diese ist dreifach überflüssig. Als Arbeitskraft wird sie nicht benötigt, als Konsument ist sie unerheblich und als Produzent uninteressant, da ihre Erzeugnisse nicht gebraucht werden (nach Scholz 2002).

Der alte Nord-Süd-Gegensatz löst sich damit auf. „Zitadellen" des Nordens liegen auch in umzäunten „gated communities", den geschützten Wohnarealen der Reichen und Integrierten, in den Metropolen des Südens oder in den „Clubexklaven" des Tourismus in Drittweltstaaten, die „Vororte" des Südens hingegen sind auch in den Vorstädten von europäischer Metropolen mit ihrer Ausländerbevölkerung, z. B. in Paris, angekommen.

Zur Problematik der Reterritorialisierung politischer und ökonomischer Phänomene

Geoökonomische und geopolitische Weltbilder haben wieder Konjunktur, der klassische imperiale Blick teilt die Welt erneut in „Gut und Böse". Verständlicherweise suchen viele Menschen nach dem Zusammenbruch der alten Ost-West-Ordnung nach neuen Kategorien und Positionierungen. Gerade die Reterritorialisierung komplexer sozialer und ökonomischer Phänomene, das „Labeling" von Großregionen der Erde unter einheitlichen kulturellen oder religiösen Gesichtspunkten, eignet sich hierfür hervorragend, baut aber zugleich neue, plausibel erscheinende Freund-Feind-Schemata auf, „im Golfkrieg ebenso wie auf dem Balkan, beim Anschlag auf das World Trade Center und das Pentagon ebenso wie im nachfolgenden Krieg gegen Afghanistan" (Kreutzmann/Reuber 2002, S. 144).

Eine kritische politische Geographie stellt sich solchen Trends entgegen, indem sie auf den strategischen und oftmals manipulativen Charakter der neuen Weltbilder, der „Kulturerdteile", „Achsen des Bösen" etc. hinweist. Sie erinnert uns daran, dass geopolitische Weltbilder einschließlich ihrer kartographischen oder photographischen Repräsentationen aus einseitigem Blickwinkel konstruiert sind (siehe den Beitrag Clemens) und zu politischen Zwecken instrumentalisierte Regionalisierungen, d. h. eine Form von sozialer und politischer Konstruktion, darstellen, „dass sie von den politisch Mächtigen, von Militärstrategen, von Journalisten und Medien bewusst ‚gemacht' werden" (Kreutzmann/Reuber 2002, S. 145).

Sowohl Vertreter einer universalistischen Weltsicht wie jene des Fragmentierungsdiskurses stecken im selben „stählernen Gefängnis" der kulturellen Zuschreibung und territorialen Verortung (Lossau 2002); gesucht wird jedoch eine Repräsentationspraxis, die ohne Mittelpunkt auskommt und vertraute Ordnungen in Frage stellt (siehe Lossau in diesem Band).

Wer konstruiert und verbreitet geopolitische Weltbilder? Welchen Zwecken dienen sie? Mit welchen geographischen Inhalten wird hier Politik gemacht und welche Interessen verbergen sich dahinter? So oder so ähnlich lauten zentrale Fragen einer kritischen Geopolitik.

Kritische politische Geographie will, anders als die klassische Geopolitik, vermeiden, immer wieder in dieselben räumlichen Fallen, „territorial traps"

(Agnew 1994) zu geraten, den immer neuen Konstruktionen von „Schurken-staaten", „kultureller Plattentektonik" etc. auf den Leim zu kriechen und mit vermeintlich realistisch-objektivistischen Ansätzen sich in den Kampf um Raum und Macht einzumischen. Ihr Ziel ist es, die geopolitischen Semanti-ken, Metaphern, Bilder, Zeichen und Symbole zu beobachten und deren ver-meintliche (geopolitische) Logik, die den kursierenden Argumentationen und Leitbildern innewohnt, zu dekonstruieren.

Ihre Aufgabe ist damit in demokratischen Gesellschaften eine ganz zentra-le: sie bietet eine Betrachtungsperspektive, welche die Menschen zu einem kritischen, selbstverantwortlichen Blick auf die Welt anleitet. „Sie demaskiert die räumlichen Ausgrenzungsphantasien der Neuen Rechten ebenso wie die ethnisch-territorialen Machtspiele eines Slobodan Milosevic, sie warnt vor der kritiklosen Übernahme geopolitischer Pauschalvorstellungen vom globa-len ‚Kampf der Kulturen' und sie schärft ganz generell die Sensibilität der Menschen für die Gefahr einer schleichenden geopolitischen Instrumentali-sierung durch Politik und Medien" (Kreutzmann/Reuber 2002, S. 146).

System Erde –
Erkenntnisse der naturwissenschaftlichen Geowissenschaften

Die Erde ist ein höchst dynamischer Planet, der seit 4,53 Millionen Jahren ei-nem stetigen Wandel unterworfen ist. Der Motor dieser Dynamik sind einer-seits die innerbürtigen Kräfte aus dem Erdinneren (siehe Beitrag Trieloff in diesem Band) und andererseits die in der Atmosphäre, welche die Vielfalt des Lebens auf der Erde erst möglich machen.

Die Erde ist nicht nur ruhelos, sondern sie bewegte auch Herrscher, Reli-gionen und Wissenschaften. Erderkenntnis bezahlten Menschen mit dem Le-ben, „nur weil sie die Erde anders verstanden als ihre Zeitgenossen. Die Fra-ge, ob die Erde eine Scheibe oder eine Kugel sei, bewegte schon die alten Grie-chen … Die Inquisition warf Giordano Bruno auf den Scheiterhaufen und er-teilte Galileo Galilei lebenslanges Berufsverbot, nur weil sie meinten, im Son-nensystem drehe sich nicht alles um die Erde" (Harjes/Walter 1999, S. 5). Am Ende des 18. Jahrhunderts fochten „Neptunisten" und „Plutonisten" ihre Kon-troverse um den Ursprung der Erde gelegentlich handgreiflich aus. Zu Anfang des 20. Jahrhunderts wurde Alfred Wegener ausgelacht, als er behauptete, die Erdkruste sei nicht starr und die Kontinente seien beweglich. In den siebziger Jahren schließlich schockierten die Mitglieder des Club of Rome die Welt mit der simplen Erkenntnis, dass die auf der Erde verfügbaren Rohstoffe endlich seien und zunehmend die „Grenzen des Wachstums" erreicht würden. Aktu-ell ist der „global change", insbesondere die Veränderung des Erdklimas und seine Folgen, der Renner unter den populärwissenschaftlichen Forschungs-ergebnissen der Geowissenschaften.

Seit der ersten Publikation des „Club of Rome" 1972 über die „Grenzen des Wachstums" sowie der „Entdeckung" der Umwelt und ihrer globalen Schädigung in den 1980er Jahren wird unser Bild der Erde zunehmend von den vielfältigen Facetten des globalen Umweltwandels als „wohl komplexestem Gegenwartsproblem der Menschheit" (Ehlers/Leser 2002, S. 9) bestimmt. Die Debatte über „sustainable development" (Nachhaltigkeit) seit dem Brundlandt-Bericht 1987, d. h. das Einfordern eines Entwicklungspfades, der unseren Kindern und Kindeskindern noch die gleichen Lebenschancen auf der Erde überlässt wie uns selbst, ist sicher der markanteste Ausfluss dieses Denkens. Geowissenschaftliche Forschung hat inzwischen eine Vielzahl von Systemzusammenhängen und Syndromen ermittelt, welche globale Umweltveränderungen (global change) anzeigen. Als die sechs drängendsten Umweltprobleme gelten Klimawandel, globale Umweltwirkungen von Chemikalien (Ozonabbau, persistente organische Schadstoffe), Gefährdung der Weltmeere, Ver-

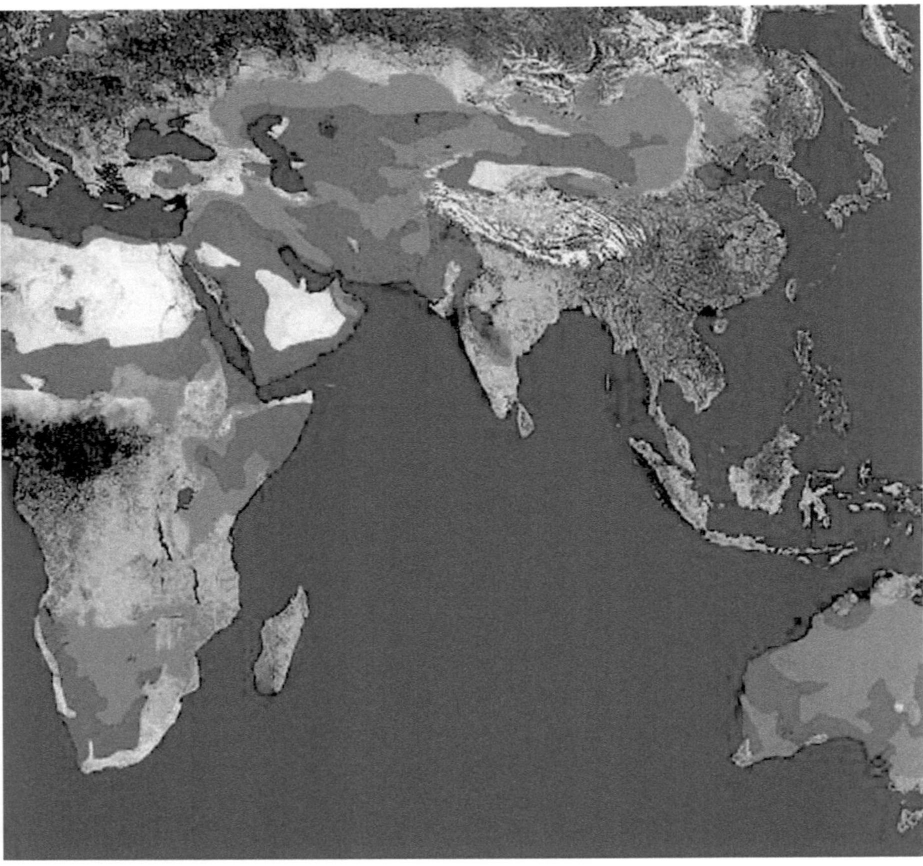

Abb. 11. Die Ausbreitung der Wüsten (Ausschnitt). *Quelle:* Beckel 1996, S. 43

lust biologischer Vielfalt und Entwaldung, Bodendegradation und Südwasser-verknappung bzw. -verschmutzung (Welt im Wandel 2001, S. 21f.). Eingriffe in natürliche Ökosysteme haben heute z. T. Ausmaß und Charakter von Natur-gewalten angenommen. So ist der CO_2-Gehalt der Lufthülle seit Beginn der industriellen Revolution um ca. 30 Prozent angestiegen, das in künstlichen Stauseen gespeicherte Süßwasser entspricht dem fünffachen Volumen aller Flüsse der Erde. In den letzten 100 Jahren ist fast ein Drittel der fruchtbaren Böden der Erde verlorengegangen oder entwertet, die von tropischen Primär-wäldern bedeckte Fläche der Erde in den letzten 50 Jahren etwa halbiert wor-den (nach Schellnhuber 1999, S. 170).

Syndrome globalen Umweltwandels

Insgesamt wurden von internationalen und nationalen wissenschaftlichen Institutionen in den letzten Jahre versucht, die vielfältigen Facetten und Syn-drome globalen Wandels zu systematisieren. Mit „Syndromen" gemeint sind unerwünschte charakteristische Fehlentwicklungen (oder Umweltdegrada-tionsmuster) von natürlichen oder zivilisatorischen Trends, die sich in vielen Regionen dieser Welt identifizieren lassen (Welt im Wandel 2001, S. 21). Bis heute umfasst die Sammlung global relevanter Entwicklungen etwa 80 Trends, aus denen sich eine Reihe wichtiger „Krankheitsbilder" der Erde ab-leiten lassen. Es handelt sich dabei um „Syndrome", die aufgrund einer unan-gepassten Nutzung von natürlichen Ressourcen auftreten, um solche, die sich aus nicht-nachhaltigen Entwicklungsprozessen ergeben und solche, die aus einer unangepassten Entsorgung von Stoffen in Umweltmedien resultieren.

Ausgewählte Syndrome des globalen Wandels

Unangepasste Nutzung von natürlichen Ressourcen

Sahel-Syndrom: landwirtschaftliche Übernutzung marginaler Standorte
Raubbau-Syndrom: Zerstörung natürlicher Ökosysteme
Dust-Bowl-Syndrom: Umweltdegradation durch industrielle Landwirt-schaft
Katanga-Syndrom: Umweltdegradation durch Abbau nicht erneuerbarer Ressourcen
Verbrannte-Erde-Syndrom: Umweltzerstörung durch militärische Nutzung

Nicht-nachhaltige Entwicklungsprozesse

Aralsee-Syndrom: Umweltprobleme durch großflächige Umgestaltung von Naturräumen
Grüne-Revolution-Syndrom: Umweltprobleme durch Verbreitung standort-fremder landwirtschaftlicher Produktionsverfahren

Kleine-Tiger-Syndrom: Vernachlässigung ökologischer Standards in rasch wachsenden Wirtschaftsräumen der Dritten Welt
Favela-Syndrom: Umweltdegradation und Verelendung in Städten durch ungeregelte Urbanisierung
Havarie-Syndrom: Singuläre menschengemachte Umweltkatastrophen mit Langzeitwirkung

Unangepasste Entsorgung von Stoffen in Umweltmedien

Hoher-Schornstein-Syndrom: Umweltdegradation durch weiträumige Verteilung oft langlebiger Wirkstoffe
Müllkippen-Syndrom: Umweltdegradation durch Deponierung von Abfällen
Altlasten-Syndrom: Umweltdegradation im Einzugsbereich von Altindustriestandorten

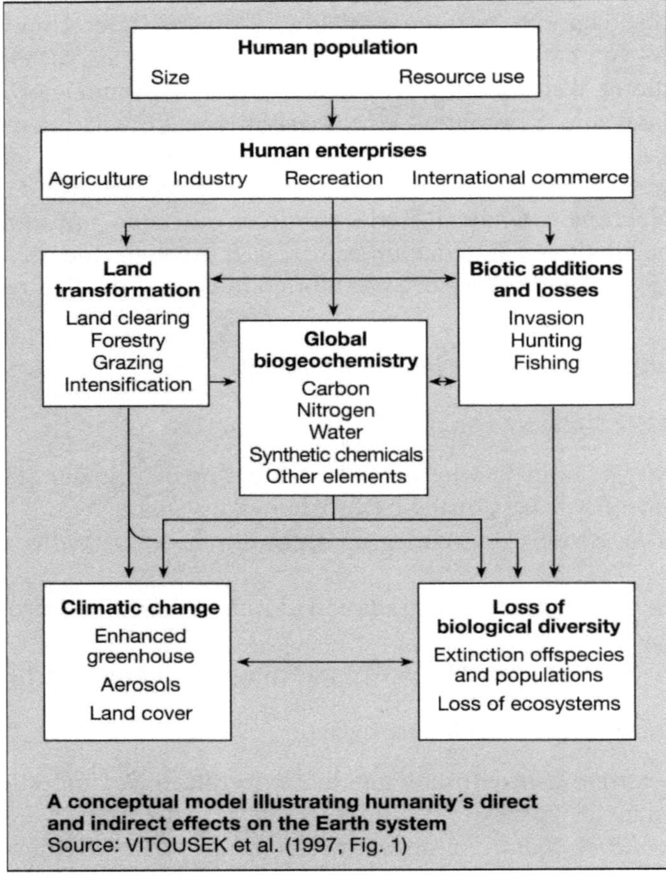

Abb. 12. Anthropogene direkte und indirekte Effekte auf das System Erde. *Quelle:* Ehlers und Leser 2002, S. 12

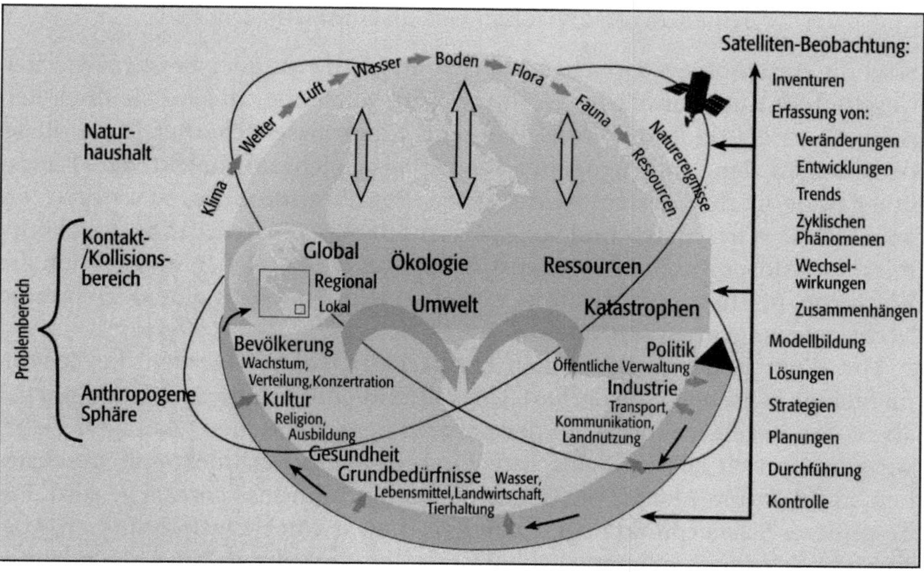

Abb. 13. Erdbeobachtung und das globale System. *Quelle:* Beckel 1996, S. 16

Diese Aufzählung macht deutlich, dass viele Syndrome von global change weniger Veränderungen im natürlichen Ökosystem entspringen, als vielmehr dem Einfluss wirtschaftender Akteure zuzuschreiben sind, d. h. von menschlichen Eingriffen bestimmt und gesteuert werden. Waren Forschungen zum globalen Wandel zunächst fast ausschließlich auf naturwissenschaftliche Systemzusammenhänge gerichtet, so wurde seit den 1990er Jahren zunehmend die „human domination" erdsystemarer Zusammenhänge deutlich. Erdgeschichtlich gesehen leben wir, nach Pleistozän und Holozän heute sozusagen im „Anthropozän", wenn wir uns die vielfältigen menschlichen Eingriffe in Atmosphäre, Geosphäre und Biosphäre vor Augen führen (Crutzen/Stoermer 2000, S. 17f.).

Die derzeit gängigen Schlagworte vom „Raumschiff Erde", vom „global village" oder vom „globalen Denken und lokalen Handeln" spiegeln diese Erkenntnis. Was immer in einem Teil der Erde passiert, hat Auswirkungen auf andere Teile, sei es im Bereich der Bio- oder der Geosphäre, der Atmosphäre oder der Anthroposphäre. Die Folgen einer Reaktorkatastrophe in der Ukraine kommen eben in Nord- und Westeuropa ebenso an wie die Folgen des Treibhauseffektes mit dem weltweiten Klimaanstieg in den Küstenregionen dieser Erde. Das räumliche Auseinanderklaffen von Ursache und Wirkung erschwert dabei die politische Lösung der Probleme. Zum Meeresspiegelanstieg tragen primär die Industrieländer bei, untergehen werden aber als erste einige Inseln und Küstensäume, die zu dem sie bedrohenden Umweltproblem fast nichts beigetragen haben.

Beziehungen zwischen Gesellschaft und Umwelt

Sind die Beziehungen zwischen Mensch und Umwelt, oder besser: zwischen Gesellschaft und Umwelt im „Anthropozän" auch eng, so sind sie doch keineswegs eindeutig und einfach. Während Naturwissenschaftler in der Regel dazu neigen, den „anthropogenen Faktor" als gleichsam „objektiven" Kausalitätsfaktor in ihre systemtheoretischen Regelkreismodelle zu integrieren, betonen die Wirtschafts- und Sozialwissenschaften die Bedeutung des ökonomischen und politischen Handelns mächtiger Akteure, z. B. multinationaler Konzerne, politischer Institutionen und zunehmend auch global agierender Nichtregierungsorganisationen.

Vor allem in der so genannten Politischen Ökologie werden die Zusammenhänge zwischen Gesellschaft, Umwelt und politischem System deutlicher als in den Regelkreismodellen der naturwissenschaftlichen Ökologen. Dabei wird die Umwelt „als ein ‚Schlachtfeld unterschiedlicher Interessen' beschrieben, auf dem um Macht, Verfügungsrechte und Einfluss gerungen wird. Ein besonderer Schwerpunkt liegt … auf der Analyse von Umweltkonflikten, Auseinandersetzungen um natürliche Ressourcen, Verteilungs- und Machtkämpfen unterschiedlicher Akteure auf unterschiedlichen Handlungsebenen, bei denen es ‚Sieger' und ‚Verlierer' gibt" (Krings 1999, S. 130). Die politische Ökologie verbindet damit Anliegen der Ökologie mit einer weiter gefassten politischen Ökonomie (Blaikie 1999), sie untersucht Mensch-Umwelt-Beziehungen anhand des Zusammenhangs zwischen den Mustern des Ressourcenverbrauchs und politischen wie ökonomischen Kräften (Knox/Marston 2001, S. 266f.).

In Ansätzen der politischen Ökologie, welche natürliche Ressourcen, Verfügungsrechte und Verwundbarkeit von Gruppen zu kombinieren sucht, aber auch in humanökologischen Konzepten (Weichhart 2003) wird die klassische Trennung zwischen Natur und Kultur, gerade im „Brückenfach" Geographie immer wieder diskutiert, letztlich aufgebrochen. Die gängige Natur-Kultur-Dichotomie kann dabei, Bruno Latour (1995, 2002) oder Wolfgang Zierhofer (1997, 2003) folgend, als „Kind" der Moderne, als sprachliche Konstruktion begriffen werden, um „dahinter" Dinge tun zu können, die bei Beachtung der vielfältigen „hybriden" Beziehungen so nicht durchgeführt würden (Beispiel: Umgang mit Radioaktivität, Massentierhaltung, Gentechnologie etc.; siehe Gebhardt/Reuber/Wolkersdorfer 2003). Ansätze der politischen Ökologie ebenso wie die handlungs- und akteursbezogene politische Geographie und „Critical Geopolitics" (siehe Beitrag Reuber/Wolkersdorfer) eröffnen ein weites Feld der Analyse von Konflikten mit Umweltbezug, angefangen vom „Regenwaldschutzdiskurs" über Wassernutzungskonflikte („water wars") und das „great game" um die weltweiten Erdölressourcen bis hin zum Thema „natural and man-made hazards" in einer „Risikogesellschaft". „Umwelt" ist in diesem Verständnis kein primär naturwissenschaftliches Problem, sondern kann letztlich nur diskursanalytisch, sozialwissenschaftlich behandelt werden.

Hazard-Scapes: Risikoregionen und Umweltkatastrophen

Global change wird nicht nur von langandauernden Prozessen in „geologischen Zeiträumen" wie Klimawandel, Änderungen der Artenzusammensetzung etc. bestimmt, sondern zunehmend auch von kurzfristigen Risiken und Hazards[15], welche aber z. T. langfristige Folgen haben (vgl. Gruppe Havarie in Abb. 4).

Ein Mega-Hazard war hier der Atomunfall von Tschernobyl in der Ukraine 1986. Ein kurzfristig ablaufendes Katastrophenereignis hatte nicht nur räumlich, sondern auch zeitlich weitreichende Folgen. Der radioaktive Fallout war innerhalb weniger Tage von der Ukraine bis nach Nordeuropa gelangt und verseuchte dort auf Jahre Pilze, Rentierfleisch und Böden. Die weitere Umgebung des Reaktors wird auf unabsehbare Zeit radioaktiv verseucht und unbewohnbar bleiben.

Unsere Wahrnehmung der Welt wird zunehmend durch Bedrohungspotenziale und entsprechende Krisenszenarien geprägt. Die vielen Hundert Einrichtungen der Kernkraftnutzung weltweit, aber auch sensible Waffensysteme, Massenvernichtungswaffen aus chemischen und biologischen Labors, sind hier nur die prominentesten. Zu nennen sind aber auch die weltweiten

Länderkundliches Schema	Beispiele für Hazards (natural, man-made, social)
Gesellschaft	Drogen, Verbrechen, Alkohol, Krieg
Verkehr	Schnee, Nebel, Glatteis
Siedlung	Umweltverschmutzung
Industrie	Emissionen, technologische Gefahren
Bodenschätze	Bergschäden, Schlagwetter
Landwirtschaft	Bodenzerstörung, Dürre
Tierleben	Seuchen, Schädlinge
Vegetation	Trockenheit
Gewässer	Verschmutzung, Hochwasser
Klima	Hurrikan, Dürre, Schnee, Frost
Relief	Bergsturz, Lawine
Böden	Bodenerosion, Versalzung
geologische Verhältnisse	Erdbeben, Vulkanausbrüche

Abb. 14. Risiken als „Filter" im Mensch-Natur-Verhältnis. *Quelle:* Lexikon der Geographie, Bd. 2, S. 99

---

[15] Hazards sind Naturrisiken, welche aus der Interaktion zwischen der Umwelt und einer Gesellschaft entstehen, z. B. tropische Wirbelstürme, Erdbeben, Bodenzerstörung und Dürre. Die Hazardforschung beschäftigt sich insbesondere mit den Fragen, in welcher Weise von Hazards bedrohte Gebiete von Menschen genutzt werden, welche Gegenmaßnahmen sich einleiten lassen und wie Menschen in von Hazards bedrohten Gebieten diese wahrnehmen bzw. deren Risiko einschätzen, schließlich wie im Schadensfall optimal reagiert werden kann.

Tankerrouten mit ihrer Bedrohung der Küstenräume durch Ölverschmut-
zung, die globale Ausbreitung von Seuchen wie AIDS, Bedrohung von Mega-
städten durch terroristische Anschläge wie im Falle von New York und andere Risikoszenarien.

Neben solchen man-made hazards treten, via weltweiter Medienpräsenz,
auch typische natural hazards als Bedrohungspotential zunehmend ins Bewusstsein der Menschheit und bestimmen ihre Weltwahrnehmung. Flutwel-
len und Tsunamis, welche Küstenregionen innerhalb weniger Minuten über-
schwemmen, in Jahreszyklen wiederkehrende El-Nino-Phänomene mit ihren
Schäden für die Landwirtschaft, die Bedrohung der Regionen an den geotek-
tonischen Plattengrenzen durch Erdbeben und Vulkanausbrüche, tropische
Wirbelstürme, welche in zunehmend dichter besiedelten Megastadtregionen
verheerende Schäden anrichten, sind hier nur die bedeutendsten. Gerade
„natural disasters in the context of mega-cities" (Mitchell 1999) sind zu einem
zentralen Thema der Mediengesellschaft geworden. Satellitenüberwachung
und weltweites Monitoring, aber auch die Omnipräsenz der Medien machen
solche Katastrophen zum täglichen Ereignis vor den Fernsehbildschirmen.

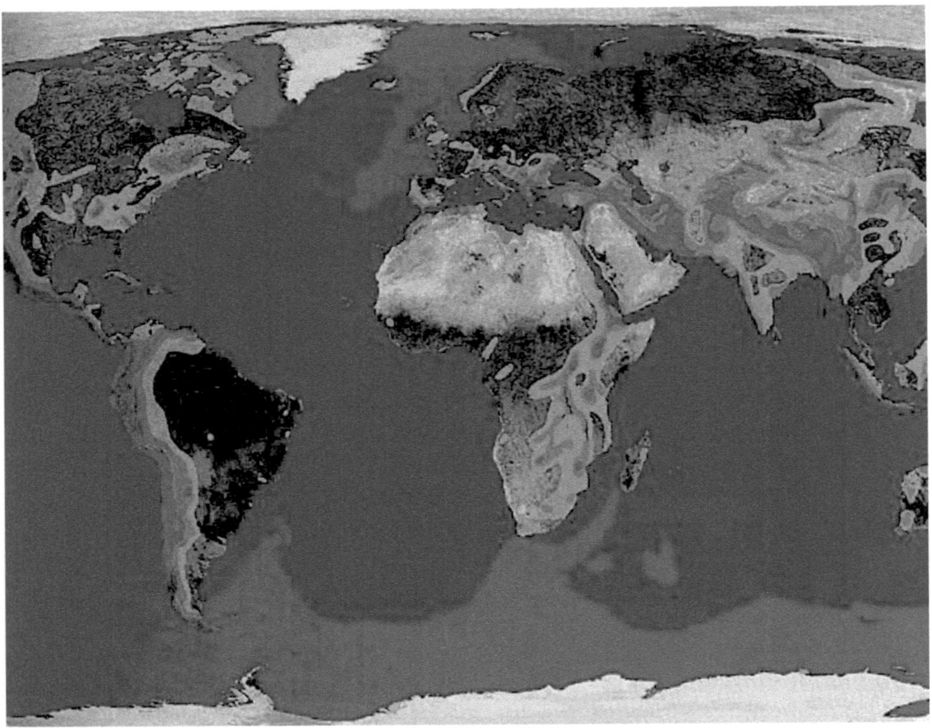

Abb. 15. Gefährdung durch Erdbeben. *Quelle:* Beckel 1996, S. 35

In den modernen Geowissenschaften rücken zunehmend gerade diese kurzfristig ablaufenden, aber katastrophenträchtigen „Hazards" bzw. „Events" in den Vordergrund des Interesses. Von einer „Risikogesellschaft", in der wir leben, sprechen inzwischen nicht nur Soziologen und Theoretiker der Postmoderne (Beck 1987), sondern auch Naturwissenschaftler. Der Begriff „Risiko" ist dabei nicht nur zu einem Symbolbegriff der Krise im Verhältnis der Gesellschaft zu Wissenschaft und Technik geworden, sondern auch zur Natur. „Risiko-Kommunikation" bildet inzwischen ein eigenes Forschungsfeld (Wiedemann et al. 1991).

Hazardscapes, d. h. Landschaften und Regionen, in denen aufgrund des Zusammenwirkens mehrerer natural oder man-made hazards ein besonders hohes Bedrohungspotential besteht, lassen sich in vielen Teilen der Erde finden. Ein besonders eindrucksvolles Beispiel bieten hier die Gebiete der ehemaligen Sowjetunion, in der jahrzehntelanges Wirtschaften ohne Rücksicht auf die Umwelt eine der eindrucksvollsten hazardscapes dieser Erde entstehen ließ. Neben den durch Nuklearnutzung entstandenen Schäden in Kerntestzonen und den atomaren Verseuchungen auf dem Festland sowie in küstennahen Bereichen sind hier Gebiete mit Waldschäden aufgrund sauren Regens in der sensiblen borealen Zone (Taiga) sowie allgemein ökologisch krisenhafte Regionen zu nennen, deren Schädigungsparameter im einzelnen sehr unterschiedlich sein können.

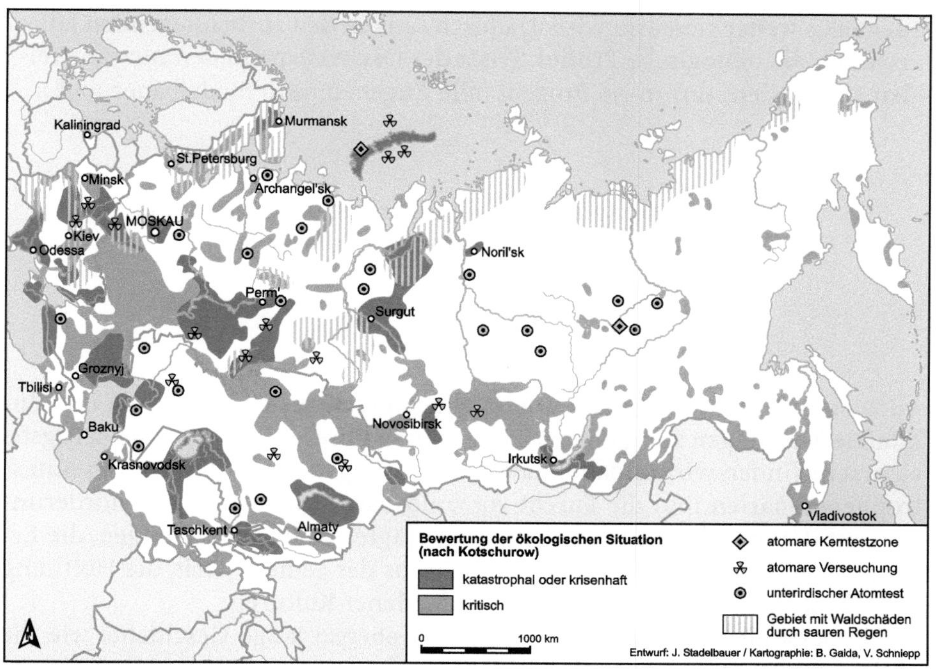

Abb. 16. Hazardscapes in der Gemeinschaft unabhängiger Staaten. *Quelle:* Stadelbauer 1998

Typische Umweltbelastungen in der früheren Sowjetunion sind starke Gewässerverschmutzungen an Standorten der Holz- und Zelluloseindustrie (z. B. die Bergbaugebiete von Workuta oder der Halbinsel Kola) sowie die Aluminiumverhüttung an vielen Gewässern, die Schwermetallurgie im südlichen Hüttenbezirk, im Ural und im Kuznezker Becken oder die chemische Industrie und die Rüstungsindustrie im Ural. Zu schweren Belastungen der Umwelt führen aber auch der flächenhafte Einsatz von toxischen Agrochemikalien in den agrarischen Intensivgebieten sowie die Bodenversalzung aufgrund unsachgemäßer Wassernutzung. In Westsibirien und in der Republik Komi treten an vielen Stellen Erdöl und Erdgas aus defekten Rohrleitungen aus, welches die arktischen und subarktischen Ökosysteme belastet. Riesige Mengen radioaktiven Abfalls aus der militärisch bedingten Kernkraftnutzung bilden eine kaum zu bewältigende Altlast. So wurden 135 Reaktoren von 91 stillgelegten Atom-U-Booten nicht ausreichend entsorgt. Die früheren Testgebiete von Atombomben auf Novaja Semlja und in Ostsibirien gelten als hochgradig verstrahlt. Auch die eher klassischen Umweltschädigungen wie Bodenerosion haben sehr große Areale erfasst. 1991 galten 82 Millionen Hektar in Russland als hiervon betroffen, d. h. 37 Prozent der gesamten landwirtschaftlichen Nutzfläche. Neben Russland erlebt ganz Mittelasien eine Phase zunehmender Desertifikation, die vor allem durch ineffiziente Bewässerungsmethoden und Bodenversalzung hervorgerufen und durch das Einschwemmen toxisch wirkender Salze weiter verstärkt wird. Dadurch sank in den zurückliegenden Jahrzehnten die biologische Produktivität der Ökosysteme in den meisten Teilen Mittelasiens um 30–50 Prozent (alle Angaben nach Stadelbauer 1998).

Future Geographies – Kolonisierung des Weltraums vs. Untergang des Raumschiffs Erde

„Ich denke nie an die Zukunft, sie kommt früh genug"
ALBERT EINSTEIN

Auch zu Beginn des 21. Jahrhunderts widersprechen sich Prognosen und Zukunftserwartungen zur globalen Entwicklung unseres Erdballs aufs heftigste: einerseits finden wir fundamentale Zukunftsängste, das Schwelgen in Katastrophenszenarien und die Furcht vor unlösbaren globalen Herausforderungen, auf der anderen Seite ähnlich ausgeprägte Zukunftshoffnungen, die Erwartung eines weiteren Zusammenwachsens der „einen" Welt, die Hoffnung auf globale Solidarität im Kontext verschiedener Kulturen.

Die pessimistische Perspektive hat eine ebenso lange Geschichte wie die optimistische. Schon der englische Landpfarrer und Bevölkerungswissenschaftler Thomas Robert Malthus prophezeite 1798 in seinem „Essay on Population", dass „die Kraft der Bevölkerung unendlich viel größer ist als die Kraft der Erde, Unterhalt für den Menschen hervorzubringen" (zit. nach Kennedy 2002, S. 17), mithin die Tragfähigkeit der Erde überschritten, die Bevölkerungsexplosion unaufhaltsam und der Untergang der Menschheit damit vorprogrammiert sei, und zwar bei einer Bevölkerungszahl von nur einem Bruchteil der heute tatsächlich auf dem Erdball wohnenden Menschen. Heute wird von manchen Protagonisten der so genannten „deep ecology" dem Menschen als „Parvenü der Biosphäre" der unentrinnbare Untergang vorausgesagt, da er genetisch bedingt, mit kollektiver Blindheit für die Bedingungen des Überlebens geschlagen sei (Ditfurth 1987). In dieser extremen Sicht erledigt sich die Frage nach der Zukunft der Menschen, auch nach einer politischen Verantwortung quasi von selbst.

> Dennis Meadows, Mitverfasser des ersten Berichts des Club of Rome, stellt in seinem neuen Buch „Beyond the Limits of Growth" die These auf, dass die Grenzen der globalen Tragfähigkeit bereits unwiderruflich überschritten sind und dass der Zusammenbruch des Weltsystems Mitte des 21. Jahrhunderts unvermeidlich sein wird.

Die optimistische Perspektive ist vielleicht noch älter. Sie spiegelt sich in den Verheißungen der großen Religionen, im Warten auf den Messias, das gelobte Land, in den Zukunftshoffnungen des beginnenden Industriezeitalters: oh

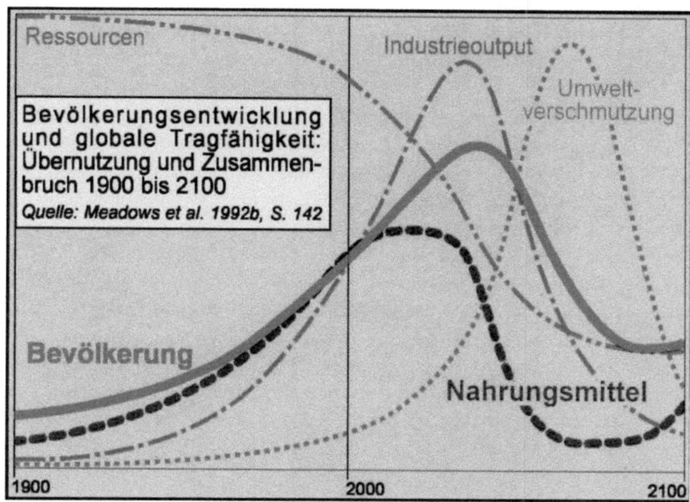

Abb. 17. Zusammenbruch des Weltsystems in naher Zukunft?
Quelle: Ehlers und Leser 2002, S. 24

Künste, oh Wissenschaften, es ist eine Lust zu leben. Heute postulieren Wissenschaftler, dass „noch nie ... die Menschheit über so vielfältige technische und finanzielle Ressourcen verfügt (habe), um mit Hunger und Armut fertig zu werden. Die gewaltige Aufgabe lässt sich meistern, wenn der notwendige gemeinsame Wille mobilisiert wird" (Brandt-Report, zit. nach Nuscheler 1997, S. 2).

Letztlich ähneln, das hat die Geschichte vergangener Zukunftsvisionen gezeigt, alle diese Versuche einem Blick in den Kaffeesatz. Anhänger eines stärker naturwissenschaftlich-szientistischen Weltbildes sehen die Zukunft der Menschheit häufiger auf fernen Planeten und Galaxien, ihr Weltbild ist das von Informationstheorie, Operations Research, Bio- und Gentechnologie und Controlling. Interpretativ-geisteswissenschaftliche Denker hingegen betrachten nicht selten die großen aufklärerischen Zukunftsentwürfe als gescheitert und schaudern sich vor der „brave new world" des Informationszeitalters – und projizieren diese Sicht auf einen generellen Untergang des Raumschiffes Erde. Die Zukunft wird weisen, welche Entwicklungspfade die Erdgesellschaft nimmt.

Literatur

Agnew JA (1994) The Territorial Trap: The Geographical Assumptions of International Relations Theory. In: Review of International Political Economy 1:53–80

Beck U (1987) Risikogesellschaft. Auf dem Weg in eine andere Moderne. Frankfurt

Behrmann W (1948) Die Entschleierung der Erde. Frankfurt

Blaikie P (1999) A Review of Political Ecology. In: Zeitschrift für Wirtschaftsgeographie 43:131–147

Blumenberg H (1975) Die Genesis der kopernikanischen Welt. Frankfurt a. M.

Büchner H-J (1998) Ein Jahrhundert Politische Geographie in Deutschland. In: Mitteilungen der Geographischen Gesellschaft in München 83:15–43

Castells M (2001) Das Informationszeitalter Bd. 1: Die Netzwerkgesellschaft. Leverkusen

Chomsky N (1995) Wirtschaft und Gewalt. Vom Kolonialismus zur neuen Weltordnung. München

Crutzen PJ, Stoermer WF (2000) The „Anthropocene". In: IGBP Global Change Newsletter 41:17–18

Ditfurth H v (1987) So lasst uns denn ein Apfelbäumchen pflanzen. München

Ehlers E (1996) Kampf der Kulturen. In: Geographische Rundschau 48:338–334

Ehlers E, Krafft T (Eds.) (2001) Understanding the Earth System. Compartments, Processes and Interactions. Berlin/Heidelberg/New York

Ehlers E, Leser H (2002) Geographie heute – für die Welt von morgen. Eine Einführung. In: Ehlers E, Leser H (Hrsg.) Geographie heute – für die Welt von morgen. Gotha/Stuttgart, 9–18

Escher A (1999) Der informelle Sektor in der Dritten Welt. Plädoyer für eine kritische Sicht. In: Geographische Rundschau 51:658–661

Fukuyama F (1998) Das Ende der Geschichte. München

Galtung J (1990) International development in human perspective. In: Burton J (Ed.) Conflict: human needs theory. Basingstoke/London, 301–335

Gebhardt H (2001) Globalisierung. In: Brunotte E et al. (Hrsg.) Lexikon der Geographie. Bd. 1., Heidelberg/Berlin, 61–63

Gebhardt H, Reuber P, Wolkersdorfer G (2003) Kulturgeographie – Leitlinien und Perspektiven. In: Gebhardt H, Reuber P, Wolkersdorfer G (Hrsg.) Kulturgeographie. Neue Ansätze und Entwicklungen. Heidelberg/Berlin, 1–30

Geipel R (1992) Naturrisiken. Katastrophenbewältigung im sozialen Umfeld. Darmstadt

Giese E, Bahro G, Betke D (1998) Umweltzerstörungen in Trockengebieten Zentralasiens (West- und Ost-Turkestan). Ursachen, Auswirkungen, Maßnahmen. Stuttgart

Gregory D (1994) Geographical Imaginations. Oxford

Grosjean G (1996) Geschichte der Kartographie. Bern

Harjes H-P, Walter R (Hrsg.) (1999) Die Erde im Visier. Die Geowissenschaften an der Schwelle zum 21. Jahrhundert. Berlin/Heidelberg

Hettner A (1923) Der Gang der Kultur über die Erde. Leipzig/Berlin

Huntington S (1993) The Clash of Civilizations? In: Foreign Affairs 72:22–49

Huntington S (1996) Kampf der Kulturen. München/Wien

Jungermann H, Rohrmann B, Wiedemann PM (Hrsg.) (1991) Risikokontroversen. Konzepte, Konflikte, Kommunikation. Berlin/Heidelberg/New York

Kaldor M (2000) Neue und alte Kriege. Organisierte Gewalt im Zeitalter der Globalisierung. Frankfurt a. M.

Kennedy P (2002) In Vorbereitung auf das 21. Jahrhundert. Frankfurt

Knox PL, Marston SA (2001) Humangeographie. Hrsg. v. Gebhardt H, Meusburger P, Wastl-Walter D. Heidelberg/Berlin

Kolb A (1962) Die Geographie und ihre Kulturerdteile. In: Leidlmeier A (Hrsg.) Festschrift Hermann von Wissmann. Geographisches Institut, Tübingen, 42–49

Kreutzmann H (2000) Von der Modernisierungstheorie zum „clash of civilizations". Gemeinsamkeiten und Widersprüche strategischer Entwicklungsvorstellungen. In: Dickmann I et al. (Hrsg.) Geopolitik. Grenzgänge im Zeitgeist. Bd. 1.2. Potsdam, 453–477

Kreutzmann H, Reuber P (2002) „Kulturerdteile" im Wandel? Politische Konflikte und der „Kampf der Kulturen". In: Ehlers E, Leser H (Hrsg.) Geographie heute – für die Welt von morgen. Gotha/Stuttgart, 139–146

Krings T (1999) Editorial: Ziele und Forschungsfragen der Politischen Ökologie. In: Zeitschrift für Wirtschaftsgeographie 43:129–130

Krings T, Müller B (2001) Politische Ökologie: Theoretische Leitlinien und aktuelle Forschungsfelder. In: Reuber P, Wolkersdorfer G (Hrsg.) Politische Geographie. Handlungsorientierte Ansätze und Critical Geopolitics. Heidelberg, 93–116

Kuhn T (1980) Die kopernikanische Revolution. Braunschweig/Wiesbaden

Latour B (1995) Wir sind nie modern gewesen. Versuch einer symmetrischen Anthropologie. Berlin

Latour B (2002) Die Hoffnung der Pandora. Untersuchungen zur Wirklichkeit der Wissenschaft. Frankfurt

Lossau J (2002) Die Politik der Verortung – Eine postkoloniale Reise zu einer ‚anderen' Geographie der Welt. Bielefeld

Maier B (2003) Die Religion der Germanen: Götter, Mythen, Weltbild. München

Menzel U (1992) Das Ende der Dritten Welt und das Scheitern der großen Theorie. Frankfurt a. M.

Menzel U (1998) Globalisierung versus Fragmentierung. Frankfurt a. M.

Meusburger P (2002) Die Geographie und die Herausforderungen des 21. Jahrhunderts. In: Ehlers E, Leser, H (Hrsg.) Geographie heute – für die Welt von morgen. Gotha/Stuttgart, 7f.

Mitchell JK (1999) Natural disasters in the context of mega-cities. In: Mitchell JK (Ed.) Crucibles of Hazard. Mega-Cities and disasters in transition. Tokyo/New York/Paris

Nuscheler F et al. (1997) Globale Solidarität. Die verschiedenen Kulturen und die Eine Welt. Stuttgart

Olshausen E (1999) Geographie. In: Sonnabend H (Hrsg.) Mensch und Landschaft in der Antike. Lexikon der Historischen Geographie. Stuttgart/Weimar

Osterhammel J (1995) Kolonialismus. Geschichte, Formen, Folgen. München

Ó Tuathail G (1996) Critical geopolitics. The politics of writing global space. Minneapolis

Ó Tuathail G, Dalby S, Routledge P (Eds.) (1998) The geopolitics reader. London

Peters Atlas (1980) Alle Länder und Kontinente in ihrer wirklichen Größe. Vaduz

Peters A (1976) Der europa-zentrische Charakter unseres geographischen Weltbildes und seine Überwindung. Vortrag am 30. Oktober 1974 auf Einladung der Deutschen Gesellschaft für Kartographie in Berlin. Dortmund (www.heliheyn.de/Maps/Lecto2.html)

Ratzel F (1903) Politische Geographie oder die Geographie der Staaten, des Verkehrs und des Krieges. München/Berlin

Reuber P (2002) Die Politische Geographie nach dem Ende des Kalten Krieges – Neue Ansätze und aktuelle Forschungsfelder. In: Geographische Rundschau 54: 4–9

Said E (1981) On Orientalism. London

Schöller P (1978) Ostasien. Frankfurt a. M. (Fischer Länderkunde 1)

Schultz J (2002) Die Ökozonen der Erde. Stuttgart

Schellnhuber H-J (1999) Globales Umweltmanagement oder: Dr. Lovelock übernimmt Dr. Frankensteins Praxis. In: Jahrbuch Ökologie. München, 168–186

Schellnhuber H-J (2001) Earth Analysis and Management. In: Ehlers E, Krafft T (Eds.) (2001) Understanding the Earth System, 17–56

Schmitthenner H (1938) Lebensräume im Kampf der Kulturen. Leipzig

Scholz F (2000) Perspektiven des „Südens" im Zeitalter der Globalisierung. In: Geographische Zeitschrift 88: 1–20

Scholz F (2002) Globalisierung und Fragmentierung. Eine Welt in „Bruchstücken". In: Ehlers E, Leser H (Hrsg.) Geographie heute – für die Welt von morgen. Gotha/Stuttgart, 121–127

Sonnabend H (2001) Welt. In: Weltbilder. Journal für Philosophie. Der Blaue Reiter 13: 82f.

Steiner D, Nauser M (Eds.) (1993) Human ecology. Fragments of anti-fragmentary views of the world. London

Todenhöfer J (2003) Wer weint schon um Abdul und Tanaya?. Die Irrtümer des Kreuzzugs gegen den Terror. Freiburg/Basel/Wien

Villiers M de (2000) Wasser. Die weltweite Krise um das blaue Gold. München

Wallerstein I (1986) Das moderne Weltsystem: Kapitalistische Landwirtschaft und die Entstehung der europäischen Weltwirtschaft im 16. Jahrhundert. Frankfurt

Wallerstein I (1991) Geopolitics and Geoculture. Essays on the changing World-System. Cambridge

Weichhart P (2003) Gesellschaftlicher Metabolismus und Action Settings. Die Verknüpfung von Sach- und Sozialstrukturen im alltagsweltlichen Handeln. In: Meusburger P, Schwan T (Hrsg.) Humanökologie. Ansätze zur Überwindung der Natur-Kultur-Dichotomie. Stuttgart, 15–44

Weidenfeld W (1999) Dialog der Kulturen. Orientierungssuche des Westens – zwischen gesellschaftlicher Sinnkrise und globaler Zivilisation. Gütersloh

Welt im Wandel. Neue Strukturen globaler Umweltpolitik (2001). Hrsg. vom Wissenschaftlichen Beirat der Bundesregierung Globale Umweltveränderungen. Berlin/Heidelberg/New York

Wiedemann PM et al. (1991) Das Forschungsgebiet „Risiko-Kommunikation". In: Jungermann H, Rohrmann B, Wiedemann PM (Hrsg.) (1991) Risikokontroversen. Konzepte, Konflikte, Kommunikation. Berlin/Heidelberg/New York, 1–10

Wolkersdorfer G (2001) Politische Geographie und Geopolitik zwischen Moderne und Postmoderne. Heidelberg

Zierhofer W (1997) Grundlage für eine Humangeographie des relationalen Weltbildes. Die sozialwissenschaftliche Bedeutung von Sprachpragmatik, Ökologie und Evolution. In: Erdkunde 51: 81–99

Zierhofer W (2003) Natur – das Andere der Kultur? Konturen einer nicht-essentialistischen Geographie. In: Gebhardt H, Reuber P, Wolkersdorfer G (Hrsg.) Kulturgeographie. Neue Ansätze und Entwicklungen. Heidelberg/Berlin, 193–212

Heidelberger Jahrbuch, Band 47 (2003)
H. Gebhardt/H. Kiesel (Hrsg.): Weltbilder
© Springer-Verlag Berlin Heidelberg 2004

Die Entstehung der Erde

MARIO TRIELOFF

Weltbilder und der Ursprung der Erde

Die Problematik eines Weltbildes, sich also ein „Bild von der Welt" zu machen, fängt an mit der Frage, was man unter der „Welt" eigentlich versteht. Unter den verschiedenen wissenschaftlichen Teildisziplinen wird die Antwort zwangsläufig sehr unterschiedlich ausfallen, was man an den Beiträgen zu diesem Band unschwer erkennen wird. Für den *Geo*wissenschaftler scheint die Antwort einfach und naheliegend: *Geos*, griech. die Erde (Abb. 1), und zwar in ihrer Gesamtheit: nicht nur die „belebte" Oberfläche, sondern auch

Abb. 1. Unsere Erde vom Weltraum aus von der Raumsonde Galileo fotografiert. Fragen nach Ursprung und Alter unseres Heimatplaneten faszinieren uns heute noch genauso wie unsere Vorfahren und die Menschen frühester Kulturen

das tiefe Innere, nicht nur das Jetzt, sondern auch die Vergangenheit, in der es lange Zeit kein mehrzelliges Leben gab, und schließlich auch die Frage nach dem Anfang, dem Ursprung unseres Heimatplaneten.

Die Frage nach dem Ursprung und dem Alter der Erde hat die Menschen schon immer brennend interessiert.[1] In den frühen Kulturen der Hindus und Chaldäer gab es die Vorstellung eines unbegrenzten Fortdauerns des Kosmos, der zyklisch neu entstand und wieder zerstört wurde. Die Vorstellung einer begrenzten Lebensdauer und somit eines festen Alters findet man im Persien des 17. vorchristlichen Jahrhunderts bei Zoroaster und im hebräisch-christlichen Kulturkreis.[2]

Naturwissenschaftliche Ansätze zur Entstehung der Erde bzw. zur Bestimmung des Erdalters lassen sich bis ins Zeitalter der Aufklärung zurückverfolgen. Diese Epoche und die nachfolgende Zeit bis Ende des 19. Jahrhunderts war einerseits geprägt von der Emanzipation von damaligen kirchlichen Vorstellungen, und andererseits von der Suche nach einem gleichmäßig ablaufenden natürlichen Prozess, der – einem Uhrwerk gleich – eine messbare Größe des Erdalters liefern sollte.[3]

Beispielsweise beobachtete De Maillet 1748 die langsame Veränderung von Küstenlinien im Mittelmeer. Ausgehend von der Annahme, dass die Erde einmal völlig überflutet gewesen sei (die „panthalassische" Erde) und der Meeresspiegel kontinuierlich und gleichmäßig absinkt, berechnete er das Alter der ältesten menschlichen Siedlungen zu 2,4 Millionen Jahren, das Erdalter auf einige tausend Millionen Jahre. Er konnte natürlich nicht wissen, dass die Annahme einer ursprünglich vollständig überfluteten Erde nicht korrekt war, und dass das vermeintliche „Absinken" des Meeresspiegels auf geologische Hebungsprozesse zurückzuführen war. Reade (1876 und 1879) schätzte ab, wie lange es gedauert haben müsste, bis die Flüsse der Welt entsprechende Mengen von Sulfaten bzw. Chloriden aus den Kontinenten ausgewaschen und in die Weltmeere transportiert haben, um deren hohen Salzgehalt zu erklären. Er kam auf Akkumulationsdauern von 25 bzw. 200 Millionen Jahren. Er berücksichtigte aber nicht, dass durch Abscheiden den Meeren die Salze wieder entzogen werden, und seine berechneten „Alter" somit nur durchschnittliche Verweilzeiten entsprechender Stoffe in den Ozeanen darstellten. Phillips (1860) und Walcott (1893) berechneten aus der Mächtigkeit von Sedimenten und Sedimentationsraten Erdalter von etwa 50 Millionen Jahren, berücksichtigten aber nicht, dass die Sedimentationsraten sehr variabel sein können. Was den damaligen Wissenschaftlern hauptsächlich fehlte, war die Stetigkeit eines physikalischen Prozesses, denn um Alter richtig zu bestimmen, benötigt man vor allem eine gleichmäßig tickende Uhr.

---

[1] Dalrymple, *The age of the Earth*.
[2] Ebd.
[3] Ebd.

Ein weiterer Ansatz war die Abkühlung der Erde: Bereits Isaac Newton (Abb. 2a) schätzte im 17. Jahrhundert, dass eine Eisenkugel von der Größe der Erde etwa 50.000 Jahre zum Auskühlen bräuchte. Im 18. Jahrhundert experimentierte der Comte de Buffon mit Eisenkugeln variabler Größe und kam auf ein ähnliches Alter von 100.000 Jahren. Im 19. Jahrhundert konnten diese Ideen verfeinert werden, denn einerseits wusste man, dass die Erde in ihrem Inneren heiß ist, und auch die Temperaturzunahme mit der Tiefe war quantitativ recht genau bekannt. Andererseits stand auch die physikalische Theorie der Wärmeleitung zur Verfügung. William Thomson, der spätere Lord Kelvin (Abb. 2b), nahm 1862 bei seinen Berechnungen an, dass die Erde einmal 3870 °C heiss war (dem damals *angenommenen* Schmelzpunkt von Gestein) und dass ihre innere Wärme durch Wärmeleitung verlorenging, wobei er für Sand, Sandstein oder Diabas typische Wärmeleitfähigkeiten annahm. Nach der Theorie der Wärmeleitung sollten sich bei Abkühlung eines Körpers nach gewissen Zeiten typische Temperaturprofile an der Oberfläche einstellen. Um auf die damals bekannte Temperaturzunahme im Erdinnern von etwa 1/28 °C pro Tiefenmeter zu kommen, musste Thomson ein Alter von 100 Millionen Jahren annehmen. Dieses Modell wurde 1893 von King ergänzt: dieser nutzte die experimentell bestimmten Schmelztemperaturen von Diabas, und schloss Modelle aus, bei denen diese Schmelztemperatur überschritten wurde. Denn wie er richtig beobachtete, konnte das äußere Viertel der Erde nicht geschmolzen sein, da sonst wegen der Gezeitenkräfte des Mondes die Erdkruste nicht stabil sein könnte. King erlaubte nur Modelle, bei denen diese Schmelztemperatur nicht überschritten wurde und kam auf wesentlich niedrigere Alter von < 24 Millionen Jahren, was dann auch von Thomson bestätigt wurde.

Heute wissen wir, dass all diese Modellalter viel zu niedrig waren, und auch schon damals plädierten einige Geologen und Biologen wie Darwin für ein wesentlich höheres Erdalter. Der Hauptfehler dieser Modelle war die Annahme, dass die Erde in ihrem Inneren keine Wärme mehr produziert. Diese Wärmequelle wurde erst gegen Ende des 19. Jahrhunderts von Wilhelm Konrad Röntgen, Henri Becquerel und dem Ehepaar Curie entdeckt, nämlich die Radioaktivität. Bei diesem Prozess „zerfallen" Atomkerne spontan in andere, und setzen dabei Strahlung (α, β, γ-Strahlung) frei. Beim radioaktiven Zerfall wird sog. Zerfallswärme freigesetzt. Diese Zerfallswärme macht man sich bei Kernreaktoren zunutze, und die natürliche Radioaktivität im Erdinneren, hauptsächlich von radioaktivem Uran, Thorium und Kalium, ist einer der Hauptgründe, warum die Erde heute noch warm ist. Somit konnten in den Kelvin'schen und King'schen Theorien Modelle zugelassen werden, bei denen Wärme ständig nachproduziert wird, und bei denen die Erde wesentlich älter ist. Die Entdeckung der Radioaktivität hatte jedoch auch eine andere Konsequenz: Radioaktive Zerfallsprozesse sind Prozesse, die sich innerhalb von Atomkernen abspielen, unbeeinflusst vom chemischen Milieu, dem Aggregatzustand des Stoffes und anderen äußeren Einflüssen. Der Zerfall findet mit ei-

Abb. 2. a–c Isaac Newton, William Thomson (Lord Kelvin) und Ernest Rutherford: Alle hatten ihre Vorstellung vom Alter der Erde, ermittelt anhand verschiedener Methoden: Newton und Kelvin versuchten die Abkühldauer des Erdballs abzuschätzen, kamen aber auf viel zu junge Alter, weil sie die Wärmeproduktion durch natürliche Radioaktivität im Erdinneren nicht kannten. Rutherford nutzte den neuentdeckten radioaktiven Zerfall zur Zeit der Jahrhundertwende als neues Altersbestimmungs-Prinzip. Bis heute ist es noch die effektivste und präziseste Datierungsmethode, inzwischen mit hochverfeinerten Verfahren betrieben

ner sehr präzisen Rate bzw. Geschwindigkeit statt. Ein Maß dafür ist die Halbwertszeit, nach der nur noch die Hälfte der ursprünglich vorhandenen Atome vorhanden ist. Das heute noch in der Erde radioaktive Uran, Thorium und Kalium haben Halbwertszeiten zwischen 700 und 14 000 Millionen Jahren, es handelt sich um langlebige Atomkerne. Mit dem radioaktiven Zerfall stand endlich auch die gleichmäßig tickende Uhr zur Verfügung, nach der man Jahrhunderte gesucht hatte. Die ersten Datierungen dieser Art wurden kurz nach der Jahrhundertwende von Ernest Rutherford (Abb. 2c) durchgeführt, und nutzten den Zerfall[4] von Uran und das dabei entstehende Helium. Durch die Messung von Uran- und Helium-Konzentrationen in alten Uranerzen kam Rutherford sofort auf Alter von einigen hundert Millionen Jahren, ein großer Schritt in die richtige Richtung. Heute nutzt man routinemäßig den Zerfall natürlich vorkommender radioaktiver Atomkerne eines bestimmten Elements zur so genannten radiometrischen Altersbestimmung.[4] Dazu muss man die entsprechenden Isotope messen können, d. h. Atomkerne eines chemischen Elementes, die aufgrund unterschiedlicher Neutronenzahl im Kern zwar die gleiche elektrische Ladung haben, aber unterschiedlich schwer sind. Beispielsweise zerfällt nur Kalium-40, das relativ seltene Kalium-Isotop mit 40 Kernbausteinen (19 Protonen und 21 Neutronen) radioaktiv. Kalium-39 (19 Protonen und 20 Neutronen) und Kalium-41 (19 Protonen und 22 Neutronen)

---

[4] Kirsten, *Time and the solar system*; Jessberger, *The ^{40}Ar-^{39}Ar dating technique*.

sind stabil. Das zur Altersbestimmung verwendete Zerfallsprodukt ist Argon-40, dieses muss man messtechnisch von Argon-36 und Argon-38 trennen, die nicht durch Kalium-40 Zerfall entstanden sind. Zur Isotopentrennung werden so genannte Massenspektrometer verwendet. Mit der heutigen Generation solcher Geräte (Abb. 3) kann man noch Isotopenverhältnisse auf ein Prozent oder genauer bestimmen, wenn die Elementkonzentration in Gesteinsproben äußerst niedrig liegt. Z.B. können vom Edelgas Xenon noch Isotopenmengen von einigen 10 000 Atomen nachgewiesen werden. Dies entspricht Konzentrationen von einem Xenonatom auf etwa 1 000 000 000 000 000 000 (10^{18}) Fremdatome.

Wenn auch das ungefähre Alter der Erde erst Anfang des 20. Jahrhunderts annähernd richtig bestimmt wurde, so waren doch die Grundideen von der Entstehung der Erde bereits vor mehr als 200 Jahren recht weit entwickelt. Eine der frühesten und bedeutendsten naturwissenschaftlichen Errungenschaften der Neuzeit waren die Erkenntnisse der Himmelsmechanik durch Galileo Galilei, Nikolaus Kopernikus, Johannes Kepler, Isaac Newton und deren Nachfolger. Bereits Immanuel Kant und Pierre Simon de Laplace (Abb. 4) versuchten, daraus eine Theorie der Entstehung unseres Sonnensystems ab-

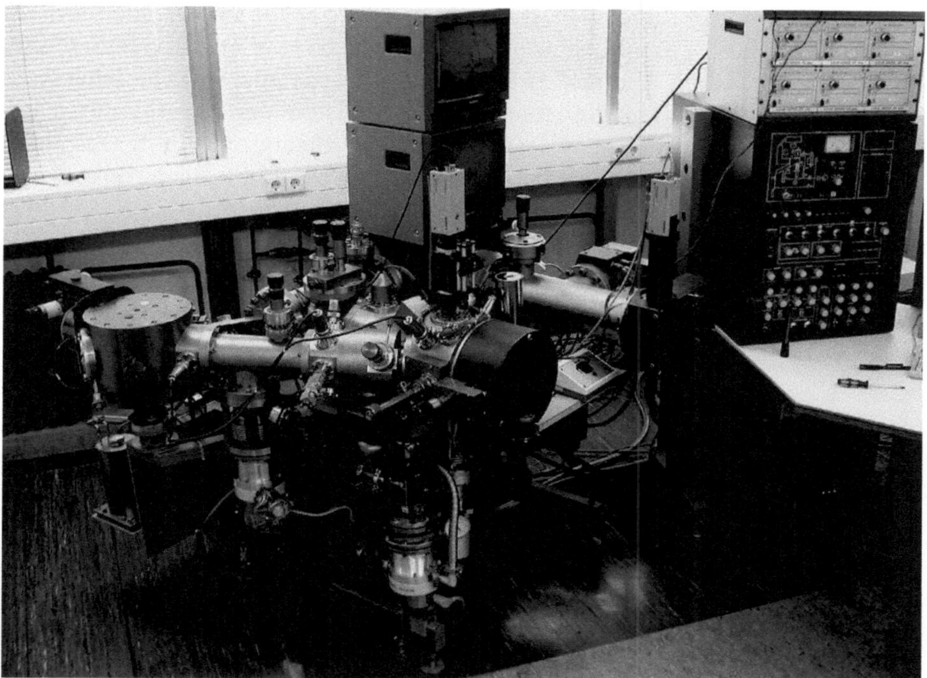

Abb. 3. Massenspektrometer am Mineralogischen Institut der Universität Heidelberg. Zum Nachweis unterschiedlich schwerer Atomkerne werden diese ionisiert, in den Flugrohren beschleunigt und mittels elektromagnetischer Felder nach Massen getrennt

Abb. 4. Immanuel Kant (*links*) und Pierre Simon Laplace (*rechts*): Ihre Idee der Entstehung der Planeten aus einer sich drehenden Gas- und Staubscheibe fand immer wieder Bestätigung und hat bis heute Bestand

zuleiten. Ihnen war aufgefallen, dass alle damals bekannten Planeten sich im selben Umlaufssinn um die Sonne bewegen, und zwar in etwa derselben Ebene, der so genannten Ekliptik. Dieser Befund wurde auch für die nach Kant und Laplace entdeckten Planeten und die meisten der Kleinplaneten bestätigt. Auch von der Sonne wissen wir, dass ihr Eigenumdrehungssinn dem Umlaufssinn der Planeten entspricht, so wie auch die Richtung der Eigenrotation der meisten Planeten. Dies ließ eine gemeinsame Entstehung unserer Sonne und aller Planeten aus einer Gas- und Staubwolke vermuten, die zunächst unter ihrer eigenen Schwerkraft kollabiert, um sich dann beim Zusammenfall – wie bei der Pirouette eines Eiskunstläufers – immer schneller zu drehen und in einer rotierenden Gas- und Staubscheibe zu enden.

Beobachtung von Sternentstehungsgebieten

Die Hypothesen von Kant und Laplace sind bereits mehr als zweihundert Jahre alt. In dieser langen Zeit war es völlig unklar, ob es um andere Sterne ebenfalls Planeten gibt oder nicht. Dass andere Sterne ebenfalls „Sonnen" ähnlich unseres eigenen Zentralgestirns sind, ist an sich schon eine relativ neue Erkenntnis.

Eine der bedeutendsten naturwissenschaftlichen Entwicklungen der letzten Jahre ist, dass sich Empfindlichkeit und Auflösung astronomischer Teleskope so weit entwickelt haben, dass wir seit Mitte der neunziger Jahre mögliche Geburtsstätten von Planeten direkt beobachten können:[5] Abb. 5a zeigt beispielsweise das Sternentstehungsgebiet des Orion-Nebels. In diesem Nebel findet man helle junge Sterne, die ein Mehrfaches der Masse unserer eigenen Sonne haben (Abb. 5b). Um unter ihrer enormen Schwerkraft nicht zu kollabieren, müssen sie ihrem Eigendruck einen erhöhten Strahlungsdruck entgegensetzen, also entsprechend mehr Energie als masseärmere Sterne erzeugen. Daher verbrauchen sie ihren „Brennstoff" – den Wasserstoff – sehr schnell. Sie entwickeln sich innerhalb von nur wenigen Millionen Jahren bis in ihr Endstadium. In diesem geben sie einen Großteil ihrer Masse wieder an ihre Umgebung ab, entweder über längere Zeit als intensiven Sternenwind im Stadium eines „Roten Riesen", oder in Form einer plötzlichen „Explosion", einer Supernova. Dabei geben sie auch schwere Elemente ab, die sie in ihrem Inneren durch Kernverschmelzungsprozesse erbrütet haben, darunter sowohl langlebige radioaktive Isotope (etwa Uran-238 und Kalium-40, s.o.) als auch kurzlebige radioaktive Isotope (wie z. B. Aluminium-26 und Hafnium-182, s.u.) mit Halbwertszeiten von nur wenigen Millionen Jahren. Dieses Material gelangt auch in Sterne, die weniger Masse haben (vergleichbar unserer eigenen Sonne) und die sich deswegen auch sehr viel langsamer entwickeln: Im Orion-Nebel befinden sich Sterne mit einer Sonnenmasse erst im Anfangsstadium ihrer Entwicklung. Man findet diese jungen „Protosterne" innerhalb von Scheiben aus Gas und Staub, so genannten „protoplanetaren" Scheiben. Manche dieser Scheiben werden von der intensiven Strahlung der umgebenden Sterne zum Leuchten angeregt und fortgetrieben (Abb. 5c). Andere Scheiben bilden sich nur als Silhouette gegen den helleren Hintergund ab und sind sehr regulär, nahezu kreisförmig (Abb. 5d,e).

Ob und in welchem Umfang sich in protoplanetaren Scheiben der verschiedenen Sternentstehungsgebiete tatsächlich Planeten bilden, ist bislang der direkten Beobachtung nicht zugänglich. Es ist trotzdem sehr wahrscheinlich, dass wir hier genau die „Planetenkinderstube" beobachten, die Kant und Laplace nur erahnen konnten: Eine sich drehende Scheibe aus Gas und Staub, aus der sich zunächst größere Staubkörner, kilometergroße Kleinplaneten (sog. „Planetesimale") und schließlich „ausgewachsene" Planeten bilden, indem kleinere Körper zu immer größeren „verklumpen" (Abb. 6).

Meteoriten von den Kleinplaneten zwischen Mars und Jupiter: Steinerne Zeugen der Planetenentstehung

Wie kann man nun als Geowissenschaftler feststellen, wann, wie und auch wie schnell sich unsere Erde und unser Planetensystem gebildet haben, insbesondere auch hinsichtlich des eben erwähnten Wachstumsprozesses von klei-

---

[5] McCaughrean/O'Dell, Direct imaging of circumstellar disks in the Orion Nebula.

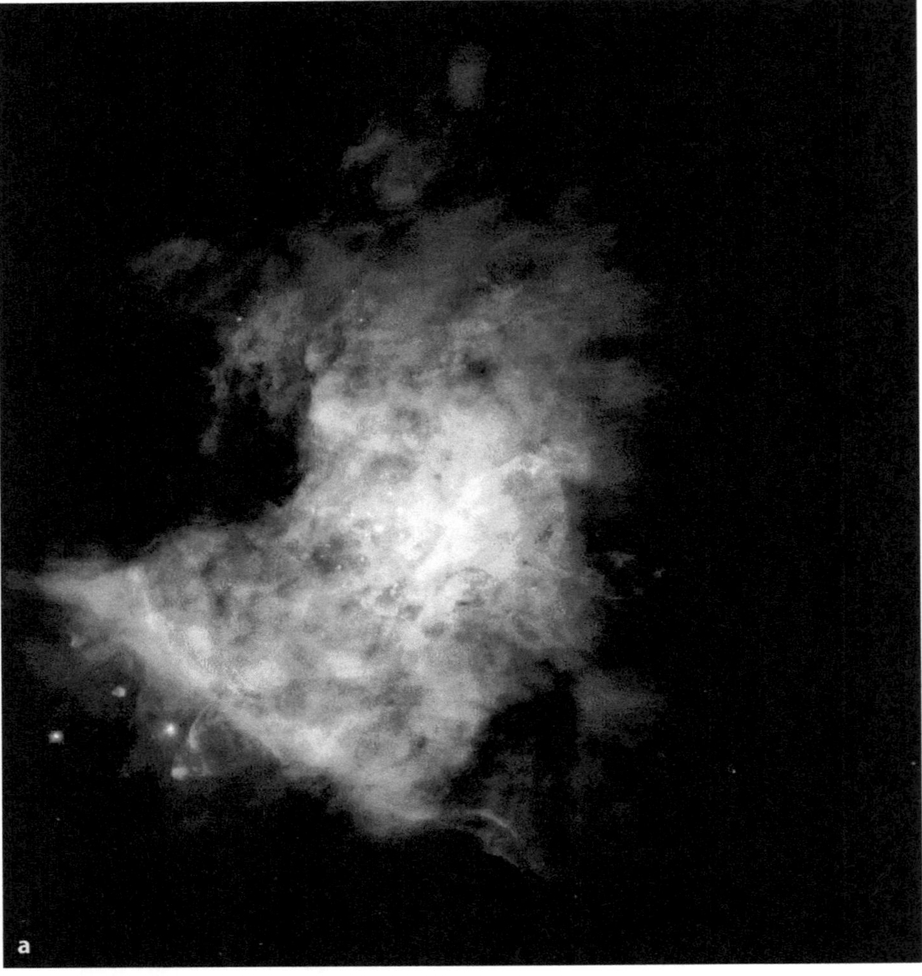

Abb. 5 a–e. a Das Sternentstehungsgebiet des Orion-Nebels, aufgenommen durch das Hubble Space Telescope. „Spaziergucker" können den Nebel leicht mit bloßem Auge finden: Unter den drei auffälligen waagrechten Gürtelsternen des Jägers Orion findet man 3 weitere senkrecht angeordnete helle Objekte: das „Schwert" des Orions. Das mittlere Objekt ist kein Stern, sondern der Orionnebel, dessen Details man nur mit hochauflösenden, modernsten Teleskopen erkennen kann. **b** Das sog. Trapezium, vier helle massereiche Sterne, die sich innerhalb weniger Millionen Jahre bis in ihr Endstadium entwickeln. **c** Protoplanetare Scheiben: Einige Scheiben sind irregulär, weil das intensive Licht der jungen Sterne sie auseinandertreibt. **d** Andere Scheiben sind fast kreisrund, der Protostern beleuchtet im Zentrum Teile der Scheibe. **e** Von der Seite ist die abgeflachte Form zu erkennen. Vor mehr als 200 Jahren folgerten Immanuel Kant und Pierre Simon de Laplace aus den Umlaufbahnen der damals bekannten Planeten, die gleichsinnig in der Ekliptik-Ebene unsere Sonne umkreisen, dass unser Sonnensystem aus einem solchen sich drehenden Gas- und Staubnebel entstanden sein müsste

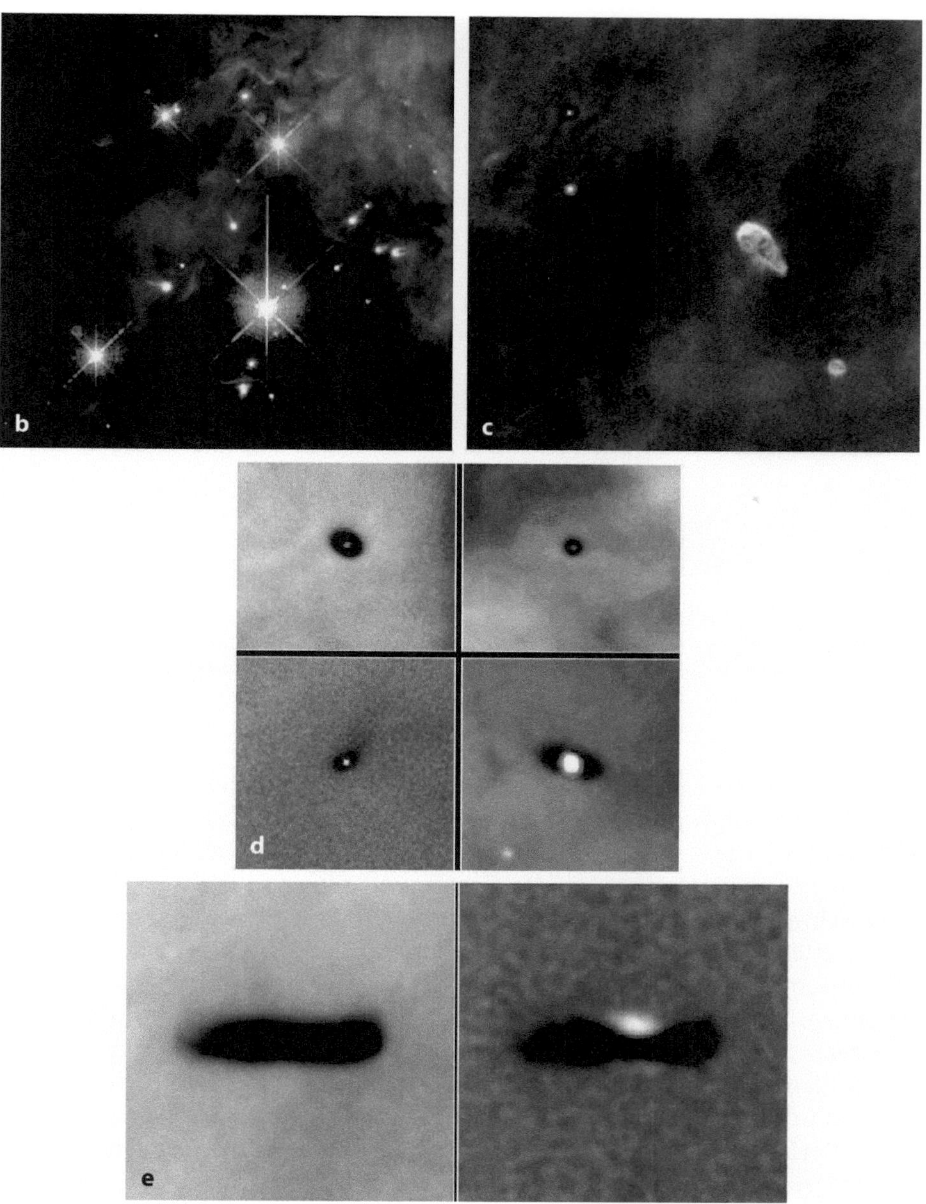

Abb. 5 b–e

Abb. 6. Kleine Planeten bilden sich aus Staub und kleineren Körpern innerhalb der Gas- und Staubscheibe unseres frühen Sonnensystems, des solaren Urnebels. Künstlerische Darstellung von William K. Hartmann, Planetologe und Mitbegründer der Entstehungstheorie des Mondes durch eine kosmische Kollision

nen zu größeren Gesteinskörpern, der so genannten Akkretion? Als Geowissenschaftler benötigt man Proben, die mit Labormethoden auf Zusammensetzung und Alter hin untersucht werden können. Eine Altersbestimmung ist aber nur dann sinnvoll, wenn das Gestein seit seiner Entstehung nicht mehr aufgeschmolzen wurde. Leider ist die Erde ein äußerst aktiver Planet, „Wind und Wetter" in Atmosphäre und Hydrosphäre, aber insbesondere auch ihre tektonische Aktivität, haben alle aus der Urprungsphase stammenden Gesteine überprägt. Selbst die ältesten Minerale sind einige hundert Millionen Jahre jünger als die Erde, wie wir später sehen werden. Die anderen terrestrischen Planeten Merkur, Venus und Mars sind zwar geologisch nicht so aktiv, aber von diesen haben wir kein von Raummissionen zurückgebrachtes Probenmaterial zur Verfügung. *In situ* Messungen von Raumsonden sind nicht so präzise wie die Analytik irdischer Labore. Außerdem haben auch diese Planeten eine äußerst lebhafte und „heiße" Entstehungsphase hinter sich, wie z. B. die Entstehung eines großen Metallkerns in ihrem Zentrum oder Einschläge im Spätstadium des Akkretionsprozesses auf den Oberflächen. Somit ist hier kein Einblick auf die Details des frühen Akkretionsprozesses kleiner Planetesimale mehr möglich.

Uns kommen jedoch gewisse „glückliche" Umstände zu Hilfe: In der Gas- und Staubscheibe unseres frühen Sonnensystems, dem sog. solaren Urnebel,

Abb. 7. Das Sonnensystem – nur die Größenverhältnisse der Planeten sind hier maßstabs-
gerecht

ballten sich kleine Staubkörner zunächst zu größeren Aggregaten und
schließlich zu kilometergroßen Planetesimalen zusammen. Aus diesen Kleinplaneten bildeten sich dann im inneren Sonnensystem Merkur, Venus, Erde
und Mars (Abb. 7). Zwischen Mars und Jupiter jedoch kam dieser Prozess zum
Stillstand – dort entstand nie ein großer Planet, sondern es blieb bei einem
Schwarm von Planetesimalen, den Asteroiden, von denen es mehrere Tausend
Körper mit mehr als 10 km Durchmesser gibt (Abb. 8). Der größte ist Ceres
mit etwa 950 km Durchmesser, dies entspricht aber lediglich einem Promille
der Erdmasse, also vergleichsweise wenig. Dies bedeutet, dass im Asteroidengürtel der Akkretionsprozess auf der Stufe einiger bis hundert Kilometer
großer Planetesimale eingefroren wurde. Und der zweite „glückliche" Umstand ist, dass wir auf der Erde mehr als 20 000 Proben dieser kleinen Körper
in Form von Meteoriten für Laboruntersuchungen zur Verfügung haben. Die
Meteorite (Abb. 9) gelangen als metergroße Körper auf die Erde, weil es im
Asteroidengürtel aufgrund der hohen „Verkehrsdichte" häufig Kollisionen
gibt, die die Asteroiden immer weiter zertrümmern, bis schließlich nur noch
metergroße Brocken übrigbleiben. Kleine und große Bruchstücke werden dabei auf Umlaufbahnen gelenkt, die das innere Sonnensystem durchkreuzen,
so dass einige dieser Fragmente auf den inneren Planeten einschlagen.[6]
Die Meteoriten in den weltweiten Sammlungen kann man nach verschiedenen Eigenschaften in verschiedene Klassen einteilen, hauptsächlich nach
ihrer chemischen und isotopischen Zusammensetzung. Meteoriten innerhalb
einer Klasse sind sich so ähnlich, dass man annimmt, dass diese Meteoriten
vom selben Mutterkörper bzw. Asteroiden kommen. Bei einigen unterschiedlichen Klassen ist es auch möglich, dass diese vom selben Mutterkörper, aber

---

[6] McSween, *Meteorite and their parent planets.*

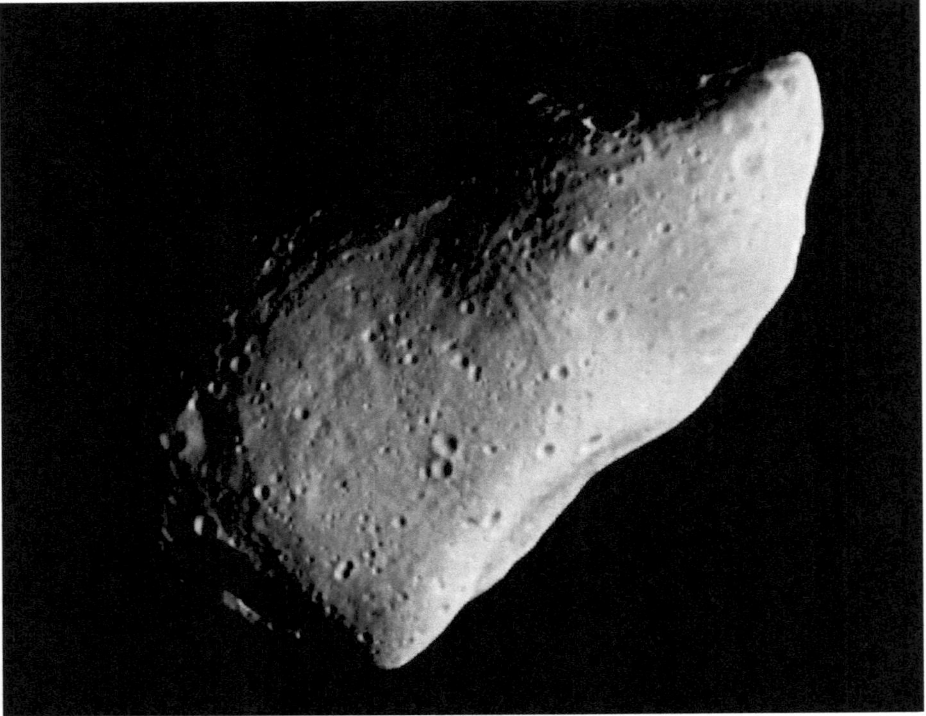

Abb. 8. Asteroiden sind Kleinplaneten an der Grenze zwischen innerem und äußerem Sonnensystem, zwischen Mars und Jupiter. Sie bildeten niemals einen großen Planeten, hier kam der Akkretionsprozess zum Stillstand

von verschiedenen Regionen, etwa aus zentralen und randlichen Bereichen stammen. Es gibt aber Meteoritenklassen, die sich so fundamental in ihren Eigenschaften unterscheiden, dass man verschiedene Mutterasteroiden benötigt, um diese Diversizität zu erklären. Nach heutigen Erkenntnissen benötigt man mehr als 50 verschiedene Mutterkörper für die in den weltweiten Sammlungen vertretenen Meteoriten.[7] Allein aus diesem Grund ist es nicht möglich, dass alle Asteroiden von einem ehemals großen und zerstörten Planeten stammen. Dafür gibt es aber auch weitere Gründe, z. B. dass einige dieser Körper nie sehr stark erwärmt wurden, weil eben kleine Körper schnell auskühlen (s.u.). Der Grund, warum diese Körper niemals einen großen Planeten bildeten, war wahrscheinlich der in unmittelbarer Nachbarschaft entstandene Gasplanet Jupiter, der durch seine Schwerkraft die kleinen Planetesimale an der weiteren Akkretion hinderte.

---

[7] Ebd.; Lipschutz et al., *Meteoritic parent bodies.*

Abb. 9. Meteorit mit schwarzer Schmelzkruste und furchenartigen Vertiefungen, die beim Flug durch die irdische Atmosphäre durch Reibungshitze entstanden sind. Das Innere des Steins wurde dabei kaum erwärmt

Relikte Minerale aus heißen und kühlen Zonen des solaren Urnebels

Wir kennen Meteoriten (Abb. 10), die auf ihrem Mutterasteroiden als Ganzes auf nicht mehr als wenige hundert Grad Celsius erwärmt wurden, denn sie enthalten flüchtige Verbindungen wie Wasser und organische Moleküle in einer feinkörnigen Grundmasse, der sog. Matrix. Daneben enthalten diese Meteorite aber auch Millimeter bis Zentimeter große Strukturen, die bei hohen Temperaturen in heißen Zonen des solaren Nebels gebildet wurden. Dazu gehören die sog. Chondren (Abb. 10), die sehr häufig sind und diesen Meteoriten auch ihren Namen Chondrite gaben. Chondren sind ehemals geschmolzene Gesteinskügelchen, die sich bei etwa maximal 1500°C bildeten und relativ schnell abkühlten. Seltener sind die bei noch höheren Temperaturen entstandenen sog. Kalzium-Aluminium-reichen Einschlüsse (Abb. 10). Diese haben eine extrem niedrige Konzentration an flüchtigen Elementen und entsprechen mineralogisch dem, was man als erste Kondensate aus einem heißen solaren Urnebel erwarten würde. Das radiometrische Alter dieser Einschlüsse

Abb. 10. Undifferenzierte Meteoriten haben ihren Namen Chondrite durch die in ihnen häufig vorkommenden Gesteinskügelchen, sog. Chondren erhalten. Daneben enthalten sie Kalzium-Aluminium-reiche Einschlüsse, die als erste Kondensate aus dem solaren Urnebel angesehen werden (helle, unregelmäßige Struktur am unteren Rand des rechten Bildes, das eine angeschliffene Scheibe des kohligen Chondriten Axtell zeigt)

liegt bei 4566 ± 2 Ma vor heute[8]. Festgestellt wurde dies mittels der U-Pb Methode, die den Zerfall von Uran-238 zu Blei-206 bzw. Uran-235 zu Blei-207 nutzt. Dieser Zeitpunkt wird heute gemeinhin als Beginn der Akkretion und der Entstehung von festen Körpern in unserem Sonnensystem angesehen.

---

[8] Chen und Wasserburg, *The isotopic composition of uranium and lead in Allende.*

Meteoriten von heißen Asteroiden:
Bruchstücke von Kernen und Krusten kleiner Planeten

Wir kennen dagegen auch Meteoriten, die auf ihrem Mutterasteroiden immerhin fast bis zum Schmelzpunkt des Gesteins erhitzt wurden, bis zu 900 °C. Dies führte zur Rekristallisation, d. h. zur Neubildung von Mineralen (Abb. 11a). Dadurch gingen natürlich primäre Gebilde wie Chondren und Kalzium-Aluminium-reiche Einschlüsse verloren. Ein Vorteil dabei ist aber, dass die neugebildeten Minerale größer als die ursprünglichen sind (Zehntel Millimeter statt Tausendstel Millimeter) und solche Minerale physisch separiert werden können, wodurch die Datierung mit Radioisotopen wesentlich präziser erfolgen kann. Auf solchen Mutterasteroiden wurden aber nicht alle Bereiche bis nahe an die Schmelzgrenze von 900 °C erhitzt, einige wurden nur etwa 700 °C heiß. Radiometrische Datierungen mittels der Isotope Uran-238, Uran-235, Kalium-40 und Plutonium-244 zeigten, dass die heißesten Chondrite am längsten abkühlten (etwa 100 Millionen Jahre von 900 °C bis 120 °C), also aus zentralen, d. h. „wärmeisolierten" Bereichen des Mutterasteroiden stammen müssen, während die kühlsten Chondrite innerhalb von wenigen Millionen Jahren abkühlten.[9] Letztere stammen daher von Regionen nahe der Oberfläche, die an der kalten Grenzfläche zum Weltraum recht schnell auskühlte. Ein solches Abkühlungsverhalten erwartet man nur von einem intern geheizten Körper.

Es war lange Zeit unklar, welche Wärmequelle die kleinen Asteroiden im frühen Sonnensystem bis an die Schmelzgrenze erhitzte.[10] Die Zerfallswärme der langlebigen Radioisotope Uran-238, Kalium-40 und Thorium-232 ist nur im Falle großer Planeten wie der Erde effektiv genug, ebenso die Einschlagsenergie großer Planetesimale im Endstadium der Planetenbildung. Es wurden somit auch alternative Möglichkeiten in Betracht gezogen, etwa die Aufheizung durch eine extrem hohe Leuchtkraft der Ursonne, oder durch elektromagnetische Induktion aufgrund eines frühen intensiven Ionenstroms von der Sonne.[11] Solche Heizmechanismen würden aber die Oberflächen am stärksten aufheizen, d. h. den Asteroiden extern erwärmen, im Widerspruch zu obigem Befund. Eine mögliche interne Wärmequelle, die man lange in Verdacht hatte, war die Zerfallsenergie kurzlebiger radioaktiver Isotope, insbesondere Aluminium-26, das wahrscheinlich von massereichen Sternen in der Umgebung unserer Ursonne erzeugt wurde (s.o.). Dieses hat eine Halbwertszeit von lediglich 0,7 Millionen Jahren. Man konnte schon in den siebziger Jahren nachweisen, dass Aluminium-26 in Kalzium-Aluminium-reichen Einschlüssen aktiv war, weil dort in Aluminium-reichen Mineralen ein Über-

---

[9]   Trieloff et al., *^{244}Pu and ^{40}Ar-^{39}Ar thermochronometries of the H-chondrite parent asteroid.*
[10] Wood und Pellas, *What heated the parent meteorite planets?.*
[11] Herbert et al., *Protoplanetary thermal metamorphism.*

Abb. 11. a, b Im Durchlicht mikroskopisch vergrößerte dünne Schnitte durch Steinmeteorite, die in ihrem Mutterkörper stark erhitzt wurden: es bildeten sich zwar neue Minerale, zur großräumigen Aufschmelzung kam es aber nicht. **c** Eisenmeteorit: Metallkerne der Kleinplaneten entstanden in aufgeschmolzenen Planetesimalen

schuss seines Zerfallsproduktes Magnesium-26 nachgewiesen wurde.[12] Auch in anderen meteoritischen Mineralen fand man solche Überschüsse, man hatte also Beweise für dessen weite Verbreitung. Jedoch erst der relativ neue obige Befund konnte zeigen, dass sich wirklich ein Asteroid so erwärmte, wie es die Theorie für Aluminium-26 vorhersagt.[13] Diese Bestätigung impliziert auch eine sehr schnelle Akkretion (innerhalb von 3–4 Millionen Jahren) der chondritischen Asteroide, denn wenn die Akkretion zu langsam ist, ist der

---

[12] Lee et al., *Demonstration of ²⁶Mg excess in Allende.*

[13] Trieloff et al., *²⁴⁴Pu and ⁴⁰Ar-³⁹Ar thermochronometries of the H-chondrite parent asteroid.*

Großteil des Aluminium-26 zerfallen und die Wärme im solaren Nebel wirkungslos verpufft. Nur wenn der Zerfall in einem etwa 100 km großen Asteroiden erfolgt, kann dieser effektiv aufgeheizt werden.

Zusammenfassend lässt sich sagen, dass die Akkretion in unserem Sonnensystem innerhalb weniger Millionen Jahre bis zu etwa einhundert Kilometer großen Planetesimalen fortgeschritten war (d. h. vor etwa 4563 Millionen Jahren). Die vollständige Auskühlung aber selbst von solch kleinen Körpern nahm längere Zeit (bis zu etwa 100 Millionen Jahren) in Anspruch. Jupiter – und eventuell auch die anderen Gasplaneten – gab es zu dieser Zeit bereits, andernfalls hätte er nicht effektiv genug die Akkretion im Asteroidengürtel verhindern können.

Akkretion und Bildung von Eisen-Nickel-Kernen in kleinen und großen Planeten und der Erde

Einige wenige Asteroiden – die im Asteroidengürtel deutlich in der Minderheit sind – wurden durch diesen Aufheizprozess so stark erhitzt, dass es zur Aufschmelzung kam. Dabei konnten sich flüssiges Metall und Silikate voneinander trennen, das Metall sammelte sich im Zentrum des Körpers, eines sog. differenzierten Asteroiden. Auch von diesen Kernen kennt man Meteoriten, wie etwa die in Abb. 11c gezeigten Eisenmeteoriten. Diese bestehen tatsächlich aus einer fast puren Eisen-Nickel-Legierung, obwohl es völlig natürlich gebildete Objekte sind. Aus radiometrischen Datierungen weiß man auch von diesen Objekten, dass sie schnell entstanden sind, d. h. dass die Kernbildung dieser Asteroiden ebenfalls sehr schnell innerhalb weniger Millionen Jahre erfolgte.

Die großen terrestrischen Planeten haben allesamt einen Metallkern ähnlich den differenzierten Asteroiden (Abb. 12). Dieser Prozess der Kernbildung ist erst dann abgeschlossen, wenn der Planet annähernd seine heutige Masse erreicht hat. Somit gibt die Datierung dieses Prozesses so etwas wie die „Fertigstellung" des Planeten wieder, auch wenn dies bei näherem Hinsehen etwas willkürlich erscheint – wer will schon sagen, ob die Erde bei 90, 50 oder 30 Prozent ihrer heutigen Masse „fertiggestellt" war? Selbst eine Protoerde von nur 30 Prozent der heutigen Erdmasse wäre innerhalb ihres auf der Erdbahn verteilten Planetesimalschwarmes gut zu erkennen. Die Kernbildung eines Planeten lässt sich mit dem Zerfallsprozess des Isotops Hafnium-182 datieren. Es gehört, wie Aluminium-26, zu den kurzlebigen radioaktiven Isotopen, die in unserem frühen Sonnensystem präsent waren (s.o.). Es zerfällt mit einer Halbwertszeit von 9 Millionen Jahren zu Wolfram-182. Wolfram ist ein metallliebendes Element – wenn flüssiges Metall und Gestein vorhanden ist, reichert es sich im Metall und somit im entstehenden Kern an. Wenn dieser früh entsteht, ist noch kein oder nur wenig Wolfram-182 vorhanden, es entsteht erst später durch den Hafnium-182-Zerfall und bleibt dann im Silikatmantel,

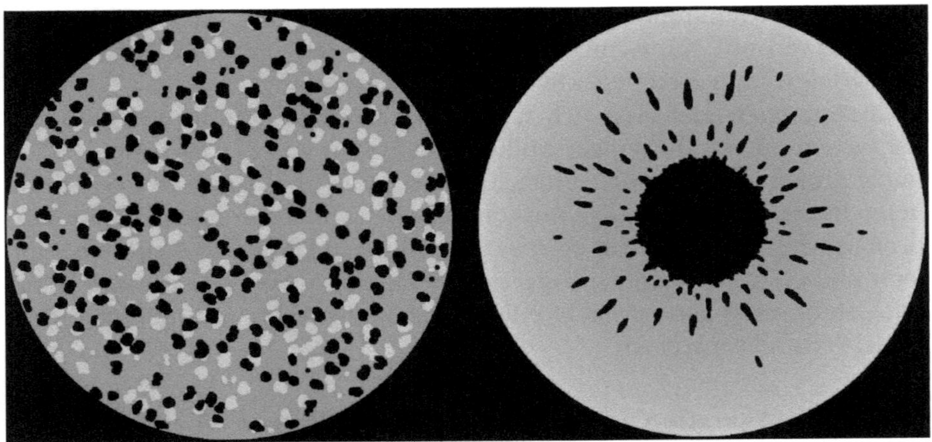

Abb. 12. Schematische Skizze der Entstehung eines differenzierten Planeten. Der Körper wird so stark erhitzt, dass Metall schmilzt und sich aufgrund der Schwerkraft im Zentrum sammelt. Alle erdähnlichen Planeten und wenige Asteroiden sind so strukturiert

weil dieser nicht mehr mit dem Metallkern wechselwirkt. Für die Silikatgesteine einiger differenzierter Asteroiden (s.o.), des Planeten Mars und der Erde lassen sich aus den Isotopenüberschüssen des Wolfram-182 deren Kernbildung auf 4 ± 1, 13 ± 2 und 33 ± 2 Millionen Jahre nach Akkretionsbeginn datieren.[14] Mit anderen Worten, je größer der Körper, desto später erfolgte die Kernbildung bzw. die „Fertigstellung" des Planeten. Wir können also daraus ableiten, dass sich bis zu 100 km große Planetesimale im Bereich der Erdbahn innerhalb weniger Millionen Jahre bildeten, unsere Erde aber dann noch fast 30 Millionen Jahre brauchte (also bis vor 4530 Millionen Jahren), um bis etwa zur heutigen Größe anzuwachsen.

Die frühe Atmosphäre der Erde

Die Endstadien der Entstehung der Erde waren geprägt von recht großen Kollisionen mit den letzten großen Planetesimalen, die die Erde sozusagen „aufsammelte". Dabei entgasten diese Planetesimale und bildeten eine erste Protoatmosphäre aus ihren flüchtigen Bestandteilen.[15] Diese Atmosphäre war aber gänzlich anders beschaffen als unsere heutige Atmosphäre. Aus Datierungen mit dem Edelgasisotop Xenon-129, das aus dem Iod-129-Zerfall stammt, wissen wir, dass die junge Erde noch bis 100 Millionen Jahre nach ih-

---

[14] Kleine et al., *Rapid accretion and early core formation.*
[15] Trieloff et al., *The nature of pristine noble gases in mantle plumes*; Trieloff und Althaus, *Aus den Tiefen der Erde.*

rer Entstehung Gase aus dem Erdinneren abgab, die dann auch teilweise in den Weltraum verloren gingen.[16] Die Erde entgast auch heute noch, die meisten der Gase (bis auf extrem leichten Wasserstoff und Helium) verbleiben jedoch in ihrer Atmosphäre, oder werden wieder dem Erdinneren zugeführt.[17]

Entstehung des Erde-Mond-Systems

Wendet man die Hafnium-182-Wolfram-182-Datierungsmethode auf das Mondgestein an, das von den bemannten Mondmissionen zur Erde gebracht wurde, ergibt sich seltsamerweise ein ähnliches Alter wie das der Erde.[18] Der Grund liegt in der wahrscheinlich gemeinsamen Frühgeschichte von Erde und Erdmond (Abb. 13). Seit der Zeit der Apollo-Missionen wissen wir, dass der Mond aus differenziertem Silikatgestein besteht. In seinem Inneren besitzt er aber nur einen sehr kleinen Eisenkern. Er hat also einen Großteil seines Metalls irgendwie verloren. Außerdem ist der Mond „knochentrocken" d. h. es gibt so gut wie kein Wasser, und auch moderat flüchtige Elemente (z. B. Natrium und Kalium) sind im Vergleich zur Erde stark verarmt. Trotzdem ist

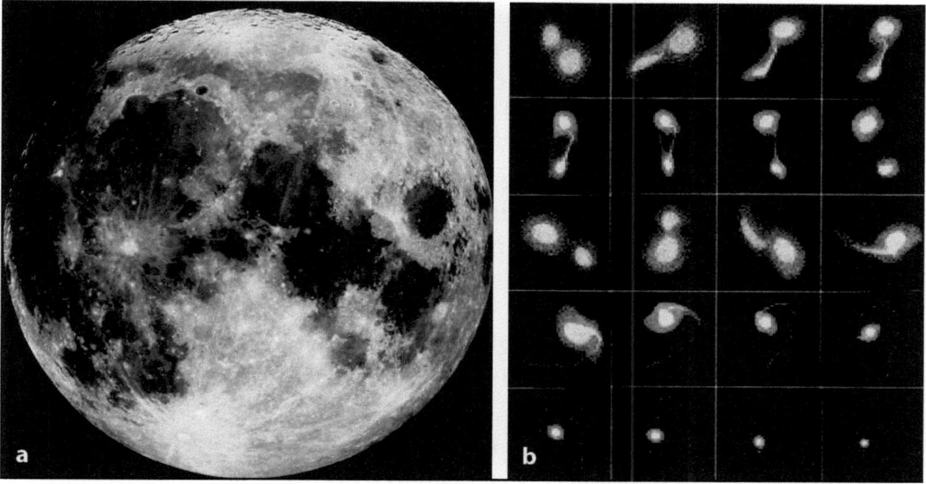

Abb. 13. a Bild unseres Erdmondes. Die großen dunklen Gebiete (die Mare) sind mit Lava gefüllte Einschlagskrater. Die hellen Gebiete feldspatreiche Hochländer (die Terrae). **b** Die rechnerische Simulation zeigt die Bildung des Erdmondes durch Impakt eines etwa marsgroßen Planetesimales genannt „Theja" auf die frühe Erde. Blau: Metallkerne, Rot: Silikatmäntel der Körper

---

[16] Allègre et al., *The age of the Earth.*
[17] Trieloff et al., *The nature of pristine noble gases in mantle plumes.*
[18] Kleine et al., *Rapid accretion and early core formation.*

er der Erde teilweise sehr ähnlich, was einige Elementverhältnisse oder die Zusammensetzung von Sauerstoffisotopen angeht. Verschiedene Theorien wurden für die Mondentstehung diskutiert, etwa die Entstehung als Schwesterplanet, dann sollte er aber einen entsprechend großen Metallkern haben und eine ähnliche Häufigkeit moderat flüchtiger Elemente wie die Erde aufweisen. Eine andere Theorie diskutiert die Mondentstehung durch Abspaltung von der sich schnell drehenden frühen Erde, sozusagen ein Teil des frühen Erdmantels aus Silikatgestein. Dafür hat er aber wiederum zuviel Metall.

Die seit 2 Jahrzehnten zunehmend favorisierte Theorie geht davon aus, dass in der späten Phase der Akkretion der Erde, kurz nach der fast vollständigen Bildung des Erdkerns vor 4530 Millionen Jahren, ein marsgroßes Planetesimal, genannt „Theja", mit der Erde zusammenstieß (Abb. 13b).[19] Auch „Theja" war zu diesem Zeitpunkt bereits in Metallkern und Silikatmantel differenziert. Bei diesem kosmischen Treffer muss es sich um einen „Streifschuss" gehandelt haben, denn bei einem (auch unwahrscheinlichen) zentralen Stoß wären beide Körper vermutlich vollständig zerstört worden. Trotzdem wurden große Teile der Silikatmäntel beider Körper auf extrem hohe Temperaturen erhitzt. Der Metallkern und Teile des Silikatmantels von Theja löste sich wie bei einem teilelastischen Stoß wieder kurzzeitig von der Erde, stürzte aber kurz darauf wieder zurück. Dabei vereinigte sich der Metallkern Thejas mit dem Erdkern. Ein Teil des Mantelmaterials von Theja und Erde verblieb in einer Umlaufbahen um die Erde und bildete dort den Erdmond. So kann man erklären, dass der Mond nur sehr wenig Metall und nur sehr wenig moderat flüchtige Elemente und Wasser hat, die eben nicht durch die hohen Temperaturen nach dem Einschlag verloren gingen. Rechnerische Simulationen wie in Abb. 13b zeigen, dass ein solcher Vorgang auch von der theoretischen bzw. dynamischen Seite her möglich ist.

Der Mond: stiller Begleiter, aber eifriger Sekretär
der kosmischen Ereignisse

Unabhängig davon, wie der Mond exakt entstanden ist – wir wissen, dass er seit etwa 4530 Millionen Jahren der Begleiter der Erde ist. Geophysikalische Untersuchungen und die Datierung von Mondgesteinen zeigen, dass er ein sehr stiller Begleiter ist: Im Gegensatz zur Erde, die geologisch höchst aktiv ist, und auf der Verwitterungsprozesse durch Atmosphäre und Hydrosphäre eine große Rolle spielen, ist dem Mond eigene geologische Aktivität weitestgehend fremd. Seine Oberfläche ist uralt, und geprägt durch Meteoritenein-

---

[19] Benz et al., *The origin of the Moon*; Hartmann, *Origin of the Moon*.

schläge. Die alte Kraterlandschaft des Mondes ist aber ein Spiegelbild unserer direkten kosmischen Nachbarschaft – wenn der Mond häufig getroffen wurde, muss auch unsere Erde etwas „abbekommen" haben. Dadurch avanciert unser stiller Begleiter zum fleißigen Sekretär der kosmischen Ereignisse.

Sie kennen das „Mondgesicht"? Die „Augen" des Mondes erscheinen uns deswegen rund, weil es kreisförmige Einschlagskrater sind, die durch große Meteoriteneinschläge entstanden. Diese so genannten Mare erscheinen uns dunkel (Abb. 13a), weil sie später mit Lava aus dem Mond-Inneren aufgefüllt wurden. Auch die hellen Hochländer des Mondes entstanden durch Schmelzprozesse, aber sehr früh, kurz nach Entstehung des Erdmondes vor 4530 Millionen Jahren. Diesen frühen Schmelzen standen noch genügend Elemente zur Verfügung, die für hellen Feldspat benötigt werden, so dass eine ausschließlich feldspatführende (anorthositische) Kruste aufgebaut wurde. Die großen Einschlagsbecken entstanden allesamt vor etwa 3800 bis 4000 Millionen Jahren, innerhalb eines erstaunlich begrenzten Zeitraumes. Ob es sich dabei nur um das Ende eines heftigen „Bombardements" großer Meteorite handelte, oder ob ein bis heute unbekannter Mechanismus diese Körper episodisch zu diesem Zeitpunkt ins innere Sonnensystem lenkte, ist bis heute unklar. Sicher ist nur, dass es nach 3800 Millionen Jahren relativ ruhig war auf dem Mond. Einschläge waren danach sehr viel seltener, die großen Krater wurden über einen Zeitraum von mehreren hundert Millionen Jahren mit dunkler Lava aufgefüllt.[20]

Die frühe Erdgeschichte

Die Erde muss als kosmischer Nachbar des Mondes auch solche gewaltigen Impakte erlebt haben. Wenn sich wie auf dem Mond eine frühe Kruste gebildet haben sollte, ist diese wahrscheinlich zum großen Teil wieder zerstört worden Dabei spielen nicht nur die großen Einschläge eine Rolle, sondern auch die intensive geologische Aktivität, die wir heute noch auf der Erde beobachten können und die in der Erdvergangenheit wahrscheinlich viel intensiver war. Tatsächlich ist es auffällig, dass die ältesten Gesteine auf der Erde (Isua, Grönland, Abb. 14) etwa 3800 Millionen Jahre alt sind, also mit dem Ende des heftigen lunaren Bombardements zusammenfallen. (Die ältesten datierten Einzel-Minerale – nicht Gesteinsverbände – auf der Erde sind bis zu 4200 Millionen Jahre alt).

Diese ältesten Gesteine enthalten sowohl reduzierten Kohlenstoff als auch oxidierten Kohlenstoff in Form von Karbonaten. Dies ist zunächst nicht unbedingt ungewöhnlich, denn auch im nachfolgenden Verlauf der Erdgeschichte findet man beide Formen koexistent. Erstaunlich ist jedoch, dass be-

---

[20] Jessberger, *The ⁴⁰Ar-³⁹Ar dating technique*; Turner, *Potassium-argon chronology of the Moon*.

Abb. 14. Sedimente der Isua-Formation auf Grönland wurden vor etwa 3800 Millionen Jahren gebildet. Sie gehören zu den ältesten Gesteinen unserer Erde

reits in diesen frühen Gesteinen der reduzierte Kohlenstoff isotopisch „leichter" ist, d. h. er hat ein etwas höheres Verhältnis von Kohlenstoff-12 gegenüber Kohlenstoff-13 im Vergleich zu den Karbonaten. Diese Eigenschaft zeigt der reduzierte Kohlenstoff über den gesamten Verlauf der nachfolgenden 3800 Millionen Jahre.[21] Wir wissen heute, dass dieser Effekt durch die Bevorzugung des leichten Kohlenstoff-Isotopes bei biogenen Aktivitäten verursacht wird, die reduzierten Kohlenstoff produzieren. Mit anderen Worten, auch vor 3800 Millionen Jahren wurde Kohlenstoff bereits biogen prozessiert.[22] Nicht nur der erste feste Gesteinsverbund, sondern auch das frühe Leben war nach dem Ende des lunaren Bombardements sofort präsent.

Auf der Erde ist das meiste Kohlendioxid in Karbonatgestein fixiert, im Gegensatz zu den Atmosphären von Venus und Mars, deren Hauptbestandteil CO_2 ist. Auf der Erde konnte der Stickstoff dadurch zum Hauptbestandteil werden, der Sauerstoff-Anteil begann erst vor etwa 2000 Millionen Jahren signifikant anzusteigen, durch zunehmende photosyntheseähnliche Aktivitäten von Blaualgen-ähnlichen Einzellern. Mehrzelliges Leben entwickelte sich erst seit etwa 600 Millionen Jahren, ab diesem Zeitraum hat das Leben seine unübersehbaren Spuren in den geologischen Schichten hinterlassen. Diese Schichten bezeugen ständiges Werden und Vergehen, verursacht durch große Artensterben in der Geschichte, wofür sowohl Episoden gewaltiger vulkanischer Aktivität, aber auch vereinzelte große Meteoriteneinschläge verantwortlich gemacht wurden. Die Geschichte der Menschheit schließlich macht mit 2–4 Millionen Jahren nur einen Bruchteil der Erdgeschichte aus, der kul-

---

[21] Schidlowski, *A 3,800-million-year isotopic record of life from carbon.*
[22] Ebd.

turhistorische bzw. zivilisatorische Teil ist noch bedeutend kürzer. Das Geschehen von Werden und Vergehen spielt sich auf dem Rücken der – manchmal bebenden – Erde ab, die ihr Gesicht langsam, aber stetig verändert.

Zusammenfassung

Das Bild der Entstehung unserer Erde ist heute eine Synthese aus astronomischen, planetologischen und geowissenschaftlichen Erkenntnissen. Die in Sternentstehungsgebieten beobachteten protoplanetaren Scheiben um junge Protosterne sind das Analogon zur Entstehung unseres eigenen Planetensystems, denn heute noch erinnert der gleichsinnige Umlaufsinn der Planeten um unsere Sonne in einer gemeinsamen Ebene an die ursprüngliche Scheibenstruktur. Studien von Meteoriten, Bruchstücken von Kleinplaneten des Asteroidengürtels, zeigen uns die Vorstufen des Planetenbildungsprozesses, angefangen von den ersten Mineralen im solaren Urnebel vor 4566 ± 2 Millionen Jahren, bis zur Bildung von bis zu 100 Kilometer großen Planetesimalen, die innerhalb weniger Millionen Jahre erfolgte (Abb. 15). Während sich der Gasplanet Jupiter zu dieser Zeit bereits gebildet hatte, benötigten die terrestrischen Planeten noch einige 10 Millionen Jahre, um ihre heutige Masse durch immer energiereichere Kollisionen zu erreichen. Bei der Erde geschah dies vor etwa 4530 Millionen Jahren, zu dieser Zeit hatte sich auch einer der wesentlichsten planetaren Differenzierungsprozesse vollzogen, die Bildung des Erdkerns. Kurz darauf erlebte die Erde ihre größte Kollision mit einem Planetesimal, woraus sich dann der Erdmond bildete. Heftige Einschläge von etwa 100 km großen Asteroiden oder Kometen bildeten bis vor 3800 Millionen Jahren die großen Ringbecken auf dem Mond, auch die Erde wurde sicherlich von Körpern dieser Größe getroffen. Obwohl deren Auswirkungen weitaus geringer waren als der viel gewaltigere Theja-Impakt, waren sie doch erheblich und störten die frühe Bildung einer festen Kruste.

Zusammenfassend kann man sagen, dass die mehr als 200 Jahre alten Thesen von Kant und Laplace in ihren Grundzügen bestätigt wurden, gerade auch angesichts der direkt beobachteten protoplanetaren Scheiben in Sternentstehungsgebieten unserer Galaxis. Darüber hinaus weiß man von der systematischen Beobachtung verschieden alter Sternentstehungsgebiete, dass diese protoplanetaren Scheiben etwa maximal 6 Millionen Jahren existieren, danach ist der feine Staub entweder vom Zentralstern verschluckt oder geht anderweitig aus dem System verloren.[23] Es gibt dann also kein „Rohmaterial" mehr für die Planetenentstehung, wenn sich nicht größere Körper gebildet haben, die nicht vom Gas mitgerissen werden und mit diesem verschwinden. Angesichts des raschen Akkretionsprozesses zu Planetesimalen in unserem

---

[23] Haisch et al., *Disk frequencies and lifetimes in young clusters.*

Abfolge der für die Entstehung der Erde relevanten Ereignisse im frühen Sonnensystem

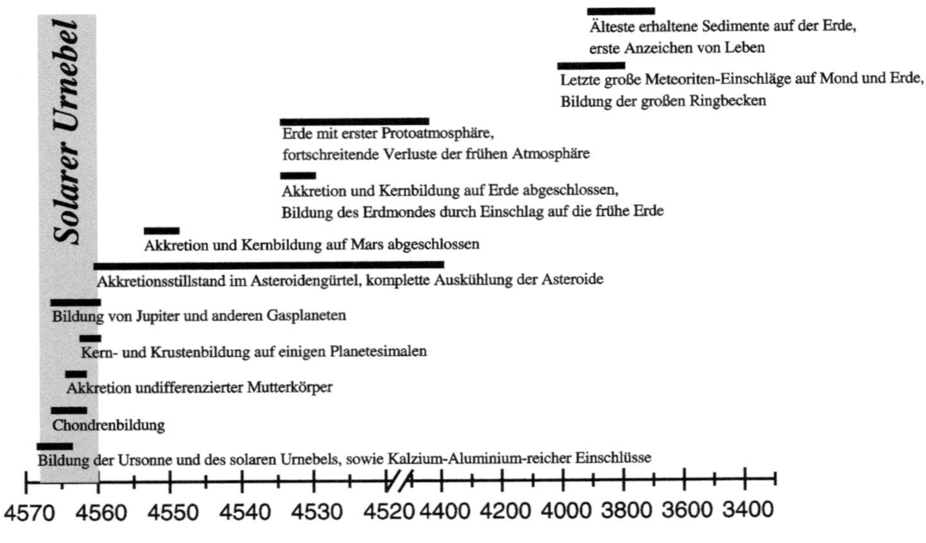

Zeit vor heute [Millionen Jahre]

Abb. 15. Zeitskala der wichtigsten Ereignisse der Planetenbildung in unserem frühen Sonnensystem

eigenen Sonnensystem wissen wir aber,[24] dass die Bildung erdähnlicher Planeten wohl kein Ausnahmeprozess ist, sondern eher häufig erwartet werden kann. Der Nachweis großer Gasplaneten um andere Sterne ist inzwischen nichts Besonderes mehr, es wurden inzwischen mehr als 100 jupiterähnliche Exoplaneten entdeckt. In den nächsten 5 bis 10 Jahren wird die Detektionstechnik soweit verbessert sein, dass man auch erdähnliche Planeten entdecken kann. Dieser Entwicklung darf man mit Spannung entgegensehen, insbesondere da wir bereits wissen, dass bei dieser Suche eine gehörige Portion Optimismus gerechtfertigt ist.

Weltbilder wechselwirken: Das geisteswissenschaftliche Weltbild war immer verknüpft mit dem naturwissenschaftlichem Weltbild, und umgekehrt, insbesondere wenn es um Fragen ging, wie „zentral" denn die Rolle des Menschen auf der Erde oder im Kosmos ist. Die kopernikanische Wende entfernte unseren Heimatplaneten aus dem Zentrum der „Welt" – nicht aber die Einzigartigkeit unsere Planetensystems. Die nächste kopernikanische Wende bahnt sich bereits an und könnte uns auch diese „Einzigartigkeit" kosten. Wie

---

[24] Trieloff et al., *^{244}Pu and ^{40}Ar-^{39}Ar thermochronometries of the H-chondrite parent asteroid*; Kleine et al., *Rapid accretion and early core formation.*

viele solcher Wenden mögen noch folgen? Ob man dies als Verlust oder Bereicherung sieht, hängt ebenfalls vom „Weltbild" ab: Vielleicht ist die Bescheidenheit, die daraus resultieren kann, nicht immer im Zentrum zu stehen und einzigartig zu sein, eine wertvolle Bereicherung unseres Menschseins: Eine Chance zum verantwortungsvollen Handeln auf gleicher Augenhöhe, ohne sich über das zu erheben, was den Menschen hervorgebracht hat.

Literatur

Allègre CJ, Manhès G, Göpel C (1995) The age of the Earth. In: Geochimica et Cosmochimica Acta 59:1445–1456

Alvarez LW, Alvarez W, Asaro F, Michel HV (1980) Extraterrestrial cause for the Cretaceous-Tertiary extinction. In: Science 208:1095–1108

Benz W, Slattery WL, Cameron AGW (1987) The origin of the Moon and the single impact hypothesis II. In: Icarus 71:30–45

Binzel RP, Gehrels T, Matthews MS (eds.) (1989) Asteroids II. Tucson: University of Arizona press

Chen JH, Wasserburg GJ (1981) The isotopic composition of uranium and lead in Allende inclusions and meteoritic phosphates. In: Earth and Planetary Science Letters 5:15–21

Dalrymple, BG (1991) The age of the Earth. Stanford: Stanford University press

Dermott SF(ed) (1978) The origin of the solar system. London: Wiley & Sons

Haisch jr KE, Lada EA, Lada CJ (2001) Disk frequencies and lifetimes in young clusters. In: The Astrophysical Journal 553:L153–L156

Hartmann WK (1986) The Origin of the Moon. In: Hartmann WK, Philipps RJ, Taylor GJ (eds.) Orgin of the Moon, 579–608

Hartmann WK, Phillips RJ, Taylor GJ (eds.) (1986) Origin of the Moon. Houston: Lunar and Planetary Institute

Herbert F, Sonett CP, Gaffey MJ (1991) Protoplanetary thermal metamorphism: The hypothesis of electromagnetic induction in the protosolar wind. In: Sonett, CP, Giampapa MS, Matthews MS (eds.) The Sun in Time, 710–739

Jessberger EK (1982) The ^{40}Ar-^{39}Ar dating technique: Principles, developments, and applications in cosmochronology. In: Chemie der Erde 41:40–94

Kirsten T (1978) Time and the solar system. In: Dermott SF (ed) The origin of the solar system, 267–336

Kleine T, Münker C, Mezger K, Palme H (2002) Rapid accretion and early core formation on asteroids and the terrestrial planets from Hf-W chronometry In: Nature 418:952–955

Lee T, Papanastassiou DA, Wasserburg GW (1976) Demonstration of ^{26}Mg excess in Allende and evidence for ^{26}Al. In: Geophysical Research Letters 3:109–112

Lipschutz ME, Gaffey MJ, Pellas P (1989) Meteoritic parent bodies: Nature, number, size, and relation to present-day asteroids. In Binzel RP, Gehrels T, Matthews MS (eds.) Asteroids II, 740–777

Matthews MS, Kerridge JF (eds.) (1988) Meteorites and the Early Solar System. Tucson: University of Arizona press

McCaughrean MJ, O'Dell CR (1996) Direct imaging of circumstellar disks in the Orion Nebula. In: Astronomical Journal 111 (1996), S. 1977–1986

McSween jr. HY (1999) Meteorites and their parent planets, 2nd ed. Cambridge: Cambridge University Press

Press F, Sievers R (1995) Allgemeine Geologie. Heidelberg et al.: Spektrum Akademischer Verlag

Schidlowski MA (1988) 3,800-million-year isotopic record of life from carbon in sedimentary rocks. In: Nature 333:313–318
Sonett CP, Giampapa MA, Matthews MS (eds.) (1991) The Sun in Time. Tucson: University of Arizona Press
Trieloff M, Althaus T (2002) Aus den Tiefen der Erde in die Tiefen des Sonnensystems – Edelgase und die Entstehung der Erde. In: Sterne und Weltraum 5:30–38
Trieloff M et al. (2003) ^{244}Pu and ^{40}Ar-^{39}Ar thermochronometries reveal structure and thermal history of the H-chondrite parent asteroid. In: Nature 422:502–506
Trieloff M et al. (2000) The nature of pristine noble gases in mantle plumes. In: Science 288:1036–1038
Turner G (1977) Potassium-argon chronology of the Moon. In: Physics and Chemistry of the Earth 10:145–195
Wood JA, Pellas P (1991) What heated the parent meteorite planets? In: Sonett CP, Giampapa MS, Matthews MS (eds.) The Sun in Time, 741–760

Heidelberger Jahrbuch, Band 47 (2003)
H. Gebhardt/H. Kiesel (Hrsg.): Weltbilder

Wesen, Werden und Wachsen der Lebenswelt

PETER SITTE*

Zusammenfassung

Was ist Leben? Diese Frage, die im Denken der Menschheit seit je eine besondere Rolle gespielt hat, ist heute konkret beantwortbar. Leben ist an komplexe organische Systeme gebunden, die unter Energieaufnahme und Entropieabgabe gleichartige Systeme erzeugen können. Organismen funktionieren dabei zweckmäßig und entwickeln sich zielgerichtet. Das setzt aber kein teleologes Prinzip voraus, wie lange Zeit angenommen worden war. Vielmehr beruht die Finalität der Lebewesen auf artspezifischen genetischen Programmen, die digital verschlüsselt in Riesenmolekülen von DNA gespeichert sind. Deren überaus präzise Vervielfältigung ist heute in allen Details verstanden. Damit können jetzt auch Vorstellungen über die Entstehung einfachster Lebensformen vor etwa 4 Milliarden Jahren konkretisiert werden. Die Entwicklung der zahllosen Organismenformen in der Erdgeschichte lässt sich inzwischen ebenfalls detailreich rekonstruieren. Die Lebensevolution verlief lange Zeit auf Einzellerniveau, seit dem späten Präkambrium aber ständig beschleunigt auch unter Ausbildung immer komplexer gebauter Vielzeller. DNA-Sequenzvergleiche lassen die abgestuften Verwandtschaften der heute lebenden Organismen immer deutlicher erkennen und weisen auf einen gemeinsamen Ursprung der gesamten Lebenswelt hin.

In der fortdauernden Diskussion um die bei der Lebensevolution wirkenden Kräfte spielt nach wie vor die Darwinsche Selektionstheorie eine zentrale Rolle. Heute lassen sich auch große Typensprünge in der Evolution verstehen, die lange Zeit rätselhaft waren. Sie beruhen vielfach auf Interaktionen zwischen zunächst getrennt evoluierten Einheiten, deren Vernetzungen zu neuen Systemen höherer Komplexität führen (Komplexifikation). So sind alle kernhaltigen Zellen eigentlich Mosaikzellen, hervorgegangen aus dem Zusammenbau ganz unterschiedlicher Zellen (Symbiogenese). Die zunehmende Komplexifizierung verleiht trotz aller Zufälligkeiten der Lebensevolution eine Richtung („Musterwachstum" durch immer weiter gehende Kombinatorik).

---

* In Anlehnung an den Eröffnungsvortrag der Reihe „Evolution: Von der Entstehung der Erde bis zur Entfaltung des Geistes", veranstaltet vom Zoologischen Institut der Universität Heidelberg, 20. Oktober 2002).

Allerdings machen die zahllosen gegenseitigen Abhängigkeiten in hochkomplexen Systemen diese auch besonders labil, wie durch mehrere Phasen von Massenaussterben in der Erdgeschichte dokumentiert wird.

Ein besonderer Typensprung ist die Stammesentwicklung des Menschen und die mit seiner besonderen, sozio-kulturellen Evolution verbundene Entfaltung geistiger Welten. Die auch in diesem Bereich rasch zunehmenden Erkenntnisse berühren unmittelbar unser Selbstverständnis und werden dementsprechend auf verschiedenen Ebenen kontrovers diskutiert. Dabei werden freilich immer noch ältere Missverständnisse fortgeschleppt, z. B. die scheinbare Rechtfertigung gesellschaftlicher oder rassistischer Repressionen durch den sog. Sozialdarwinismus oder der vermeintliche Widerspruch der Evolutionstheorie zum biblischen Schöpfungsmythos.

*

Von uns selbst wissen wir, dass jedes individuelle, persönliche Leben stets Entwicklung bedeutet: Es beginnt mit der Verschmelzung zweier Keimzellen, der vom Mann stammenden Spermazelle mit der in der künftigen Mutter gebildeten Eizelle; damit setzt die Entwicklung des Embryo ein, der zum Fetus heranwächst und sich dabei ständig weiterbildet zu einem komplexen Organismus, der den künftigen Körperbau immer deutlicher erkennen lässt. Bei uns Menschen und allen Säugetieren folgt schließlich die Geburt – und das Weitere kennen wir dann ja aus x-facher Anschauung und mehr und mehr auch aus eigener, persönlicher Erfahrung und Erinnerung. So wissen wir auch, dass schließlich ein Alterungsprozess in Gang kommt und unerbittlich abläuft, der letztlich zum Tode führt, auch dann, wenn äußere Unfälle ausgeblieben sind. Man kann statistisch eine ‚mittlere Lebensdauer' ermitteln, sie liegt heute in Mitteleuropa für Frauen bei gut 80 Jahren, bei Männern sind es 6 Jahre weniger. Das sind statistische Mittel; manche Menschen werden erheblich älter, 90, ja 100, einige ganz wenige sogar über 110 Jahre.

Aber wie immer: Solche Zeiträume schrumpfen vor dem, was hier unser Thema ist, zu einem schieren Nichts zusammen. Und wenn sich auch in der knappen Spanne eines vollen Menschenlebens, in jeder neuen Generation neu, der menschliche Geist entfalten kann bis an die Horizonte des bisher vom Menschengeist Erreichten, so treibt doch gerade dieses unser Forschen und Denken unsere Vorstellungen längst ins Unvorstellbare hinaus. Den Umfang des Universums oder die Dauer seines Werdens können wir zwar beziffern, wir können Berechnungen über die Welt der Elementarteilchen anstellen; aber zu den uns gefühlsmäßig vertrauten Dimensionen des menschlichen Mesokosmos können wir keinen Bezug mehr herstellen.

Es kommt hinzu, dass das einzig Beständige in dieser Welt der ständige Wandel ist. Vor zweieinhalb Jahrtausenden hat Iraklitos von Ephesos gelehrt, dass alles fließe und sich fortwährend verändere – freilich nach einem Logos, einem ewigen Gesetz. Heute können wir das detailreich konkretisieren. Es gibt schon ziemlich klare Vorstellungen über Entstehung und Entwicklung des Universums, der Galaxien, des Sonnensystems, der Erde und ihrer Atmosphäre, der Ozeane, der Kontinente und Gebirgssysteme – und eben auch der Welt des Lebens, der wir selbst vorübergehend zugehören.

Nicht nur das individuelle Leben, sondern das Leben insgesamt, die Lebenswelt mit ihren Billionen verschiedenster Einzelorganismen, ist Manifestation und Produkt einer gigantischen Entwicklung, einer Evolution, deren Verlauf wir Biologen zu rekonstruieren und deren Ursachen wir zu ergründen trachten. Ein Turm von Fragen: Wann und wie ist das Leben entstanden? Wie hat es sich so unglaublich reich entwickeln und vervielfältigen können, wie konnte sich die ganze Biodiversität herausbilden, die wir staunend registrieren und für deren Erhalt uns verantwortlich zu fühlen wir endlich beginnen; die so verschiedene Organismen wie Rickettsien und Riesenwale, wie Mikroalgen und Mammutbäume, wie Milchsäurebakterien und Menschen umfasst?

In diesem Beitrag soll es also um eben diese Entwicklung des Lebens gehen, nicht mit Lupenblick auf Details, sondern in einer Überschau, die uns immer wieder an die Grenzen des biologischen Weltbildes und zu uns selbst führen wird.

Was ist denn überhaupt ‚Leben‘? Das glauben wir zu wissen, wir selbst leben ja schließlich. Aber hören wir Goethe: „Was ist das Schwerste von allem? Was Dir am leichtesten dünkt: Mit den Augen zu sehen, was vor den Augen Dir liegt." Tatsächlich konnte die Philosophie die auch für sie zentrale Frage nach der Eigenart alles Lebens nie überzeugend beantworten, und die Biologie lange Zeit auch nicht. Immerhin trat immer klarer Folgendes hervor:

Erstens, alle Lebewesen betreiben *Stoffwechsel*. Dabei werden auch zahllose organische Moleküle und Makromoleküle gebildet, die auf der heutigen Erde sonst niemals so entstehen könnten (außer in unseren Labors, also letztlich doch wieder nur durch Lebewesen).

Zweitens: Leben setzt *Wachstum, Fortpflanzung und Vermehrung* voraus. Im Unbelebten gibt es keine fortgesetzte Neubildung so komplexer Systeme. Von der Rasanz dieser Vermehrungsprozesse macht man sich gewöhnlich keine Vorstellung. Eine Bakterienzelle, die man im Mikroskop gerade noch sieht und die nur 1 Promille der Masse einer einzigen unserer 60 000 Milliarden Körperzellen besitzt, kann unter Optimalbedingungen in 20 Minuten auf doppelte Größe heranwachsen, dann teilt sie sich in zwei Zellen, und so weiter und so fort. Nehmen wir einmal an, diese Zelle und alle ihre Abkömmlinge könnten sich ungehemmt immer weiter vermehren. Wie lange würde es dann dauern, bis die entstehende Bakterienmasse das Volumen der Erde erreicht hätte? Nicht einmal zwei Tage! Gut – das ist zum Glück reine Gedankenspinnerei. Aber bei Infektionen, Parasitenbefall, bei Gärprozessen, bei Tumoren, ja schon beim normalen Wachstum höherer Organismen kommt man in die Nähe solcher Bio-Explosionen. Und wie steht es mit uns Menschen? Heute leben viermal so viele Menschen auf dieser Erde als vor 70 Jahren. Täglich wächst die Erdbevölkerung um 200 000 Individuen. Diese so genannte ‚Bevölkerungsexplosion‘ ist für unsere Umwelt und für uns selbst zu einer existenziellen Bedrohung geworden. In den Jahren des Kalten Krieges hat der französische Wirtschafts-Nobelpreisträger Maurice Allais gewarnt: „Alle reden mit Recht von der Gefahr der Atombombe. Aber diese Gefahr ist gar nichts verglichen mit der Gefahr, die aus der Bevölkerungsexplosion resultiert. Wenn die Atombombe eingesetzt wird, dann wegen der Folgen des Bevölkerungswachstums." Kann man es unter diesen Umständen verstehen, dass auf einschlägigen internationalen Mammutkonferenzen – Rio, Kyoto, Johannesburg – dieses Quellübel praktisch ausgeblendet blieb?

Doch zurück zu den bekannten Lebenskriterien. Als *drittes* ist zu nennen, dass Lebewesen ständig aus ihrer Umwelt *Energie* aufnehmen, entweder in Form energiereicher organischer Nahrung oder durch die Verwertung von Strahlungsenergie des himmlischen Fusionsreaktors Sonne, wie das bei der Photosynthese der grünen Pflanzen, Algen und Bakterien geschieht. Ohne ständige Energiezufuhr wäre kein Stoffwechsel möglich, von Wachstum ganz zu schweigen.

Viertens: Lebewesen sind ständig darauf angewiesen und zeichnen sich dadurch aus, dass sie *Ordnung* erzeugen, dass sie in sich *negative Entropie (‚Negentropie‘) anhäufen*. Tatsächlich ist die strukturelle, nun erst recht funktionelle Ordnung schon bei einfachsten Organismen extrem hoch. Der bekannte Wiener Zoologe und Evolutionstheoretiker Rupert Riedel hat einmal gesagt: „Es gibt in dem uns bekannten Kosmos kein Phänomen, dessen Gehalt an Ordnung auch nur annähernd jenem der Lebenserscheinungen gleichkäme." So ist es, und das kann man oft genug einfach sehen. Denn es äußert sich häufig in Orgien komplexer, quasisymmetrischer Strukturen, wie sie viele Organismen erkennen lassen und deretwegen wir sie dann oft auch als besonders schön empfinden. Die Abbildungen 1–3 zeigen einige Beispiele aus dem Pflanzenreich.

Als *fünftes* Lebenskriterium ist anzufügen die *Vererbung*. Bei der Fortpflanzung entstehen nicht irgendwelche, sondern artgleiche Organismen. Schon Aristoteles hatte postuliert, dass Lebewesen genetische Botschaften von Generation zu Generation weitergeben, die in verschlüsselter Form die Programme für artgemäße Entwicklung enthalten. Wie nun allerdings diese Programme konkret aussehen könnten, blieb 2300 Jahre lang ein Rätsel. Als ich vor 55 Jahren mein Studium begann, sagte uns einer unserer Professoren, niemand wisse, was man sich unter einem ‚Gen‘, einem ‚Erbfaktor‘ konkret vorzustellen habe und ob das überhaupt etwas Materielles sei. Aber noch bevor ich promoviert wurde, wusste man es. In den linearen Riesenmolekülen der *DNA* – sie sind oft mehrere Zentimeter lang, ihre Molekulargewichte liegen dann im Gigabereich – ist die Erbinformation digital gespeichert in unperiodischen Sequenzen seitlich aufgereihter Basen, entsprechend der Buchstabensequenz in einer Schriftzeile bzw. der durch sie symbolisierten zeitlichen Lautsequenz einer Sprache. Und mit einem Schlag wurde damit auch klar, was der Vermehrungsfähigkeit aller Lebewesen zugrunde liegt – die *identische Vermehrung eben dieser DNA* und damit die des genetischen Programms. DNA liegt als Doppelmolekül vor, als Doppelhelix, wie sie Jim Watson und Francis Crick 1953 vorgestellt haben. Und im Inneren dieser *double helix* stehen sich jeweils zwei Basen der beiden Stränge einander gegenüber, und da passen dank einer molekularen Komplementär-Symmetrie von den vier Basen-Buchstaben, die überhaupt in der DNA vorkommen, nur jeweils zwei zusammen, A (Adenin) und T (Thymin) bzw. G (Guanin) und C (Cytosin). Wenn man also die Basensequenz des einen Stranges kennt, kann man auch die des Partnerstranges sofort hinschreiben. Z. B. passt zur Sequenz CAATGACTAG als Partnersequenz nur GTTACTGATC. Trennen sich die beiden Stränge, kann an jedem Einzelstrang mit jeweils passenden Bausteinen aus dem Zellstoffwechsel ein neuer, komplementärsymmetrischer Partnerstrang zusammengebaut werden. So liegen dann letztlich zwei Doppelstränge vor, die untereinander und mit dem ursprünglichen identisch sind. Das ist die molekulare Grundlage jeder Art von Vererbung.

Wir sehen also: Leben ist an besondere, überaus komplexe Systeme gebunden, an Organismen, die sich fortpflanzen und vermehren, d. h. unter Energieverbrauch und Entropieverminderung Systeme gleicher Art erzeugen können. Bei allen Organismen enthält die je artspezifische genetische Information, die in Riesenmolekülen von DNA verschlüsselt ist, den Entwicklungsplan für eine komplexe molekulare und übermolekulare Maschinerie, deren Hauptfunktion ihre eigene Reproduktion ist. In der unbelebten Natur gibt es nichts Vergleichbares.

Aber es geht noch weiter. Bisher wurde eine nun wirklich ganz zentrale Eigenschaft aller Lebewesen noch gar nicht erwähnt, nämlich die bei ihnen immer und andererseits nur bei ihnen beobachtbaren *Zweckmäßigkeiten*. Lebewesen reagieren ‚zweckmäßig‘, sie entwickeln sich ‚zielgerichtet‘, sie erscheinen ‚sinnvoll konstruiert‘. In der Biologie (und unter den Naturwissenschaften *nur* in der Biologie) tritt daher neben die Frage „warum?" gleichberechtigt die Frage „wozu?". Augen sind „zum" Sehen da, Ohren „zum" Hören, Flügel „zum" Fliegen usw. Die meisten Strukturen von Organismen kann man tatsächlich am besten von den Funktionen her verstehen, die sie erfüllen sollen. Das griechische Wort *organon* bedeutet Werkzeug.

Das war an sich längst bekannt; aber wie ist es zu verstehen? Für uns Menschen ist zielstrebiges, geplantes, zielintendiertes, sog. teleologes Handeln so selbstverständlich, dass wir, wo immer wir zielgerichtet ablaufende Vorgänge in der Natur beobachten, diese dann ebenfalls für teleolog halten. Unser Gehirn vermag für sich ein Bild der Welt zu entwickeln und zu speichern, das diesseits der von uns unabhängigen äußeren Realität unsere subjektive ‚Wirklichkeit' ausmacht, in der wir eigentlich leben und die unser Handeln bestimmt. Wir vermögen eine schier unbegrenzte Vorstellungswelt zu entwickeln, wir können rein geistig – ‚virtuell' – mögliche Szenarien durchspielen, schnelle und gefahrlose Gedankenexperimente anstellen und dann zwischen bloß gedachten Optionen wählen. Das erlaubt uns konsequentes Planen und zielgerichtetes Handeln. Das bedeutet: Ein nur gedachtes, real überhaupt noch nicht existierendes künftiges Ziel wird zur Ursache für mein jetziges Handeln gemacht und verschafft mir so u. a. die Illusion eines freien Willens. Und genau das ist es eben, was unter der Markenbezeichnung *Teleologie* läuft (Zielgesteuertheit: *telos* bedeutet ‚Ziel'; in der Philosophie wird auch von Zweckursache, *causa finalis*, gesprochen).

Auch große Denker hatten es nun die längste Zeit für selbstverständlich gehalten, dass auch jeder andere zielgerichtete Ablauf in der Natur eine das Ziel ansteuernde geistige Kraft voraussetzt. Und gerade wenn man weiß, wie phantastisch ‚sinnvoll', ‚zweckgemäß', ‚zielgerichtet' fast alles bei Lebewesen gestaltet ist und abläuft, dann fällt es ja tatsächlich schwer, nicht sofort an eine sinngebende, zweckesetzende, zielebestimmende Kraft zu glauben, eine besondere Lebenskraft, eine Entelechie, ein Pneuma, eine Seele, eine Gottheit. Allerdings hatte schon im 17. Jahrhundert Baruch Spinoza darauf hingewiesen, dass damit Prinzipien auf die Natur übertragen würden, die eigentlich nur auf menschliche Handlungen anwendbar sind. Und tatsächlich sind ohne weiteres zielgerichtete Vorgänge vorstellbar, die nicht dank einer Zielvorstellung so und nicht anders ablaufen, sondern infolge eines vorgegebenen Programms – etwa aufgrund einer bereits vorhandenen genetischen Information. Vor knapp 50 Jahren hat der Biologe Colin S. Pittendrigh dafür den Begriff *Teleonomie* eingeführt.

Teleonome und teleologe Prozesse sind im Ergebnis nicht unterscheidbar. Aber die Begriffsinhalte sind wesensverschieden. ‚Teleolog' bedeutet eben nicht nur zielgerichtet, sondern zusätzlich auch noch zielintendiert; nicht nur kausal, sozusagen zeitlich von hinten her gesteuert, sondern auch final, von einem angepeilten, in der Zukunft liegenden und im Moment nur vorgestellten Endziel her gelenkt. Mit Ernst Mayr, einem der Großen der Biologenzunft, lässt sich dagegen Teleonomie definieren als programmgesteuerte, arterhaltende Zweckmäßigkeit als Ergebnis eines evolutiven Prozesses und nicht als Werk eines planenden, zweckesetzenden Wesens; diese Art der programmierten Zweckmäßigkeit setzt kein Bewusstsein voraus. Also Teleologie: zielgerichtet, weil zielintendiert; Teleonomie: zielgerichtet, weil so programmiert.

Soviel zu einigen zentralen Wesenszügen alles dessen, was die Fülle der Lebenswelt ausmacht. Über ein besonderes wichtiges weiteres Charakteristikum der Lebenswelt, das zumal für ihre Evolution von größter Bedeutung ist, wird später noch zu sprechen sein. Zunächst drängt sich nun aber die Frage auf, wie das Leben, dieses fragile, eigentlich ja beliebig unwahrscheinliche Phänomen, auf dieser Erde überhaupt entstehen konnte.

Die Erde ist, wie wir von den Himmelskundigen erfahren, durch das Zusammenstürzen unterschiedlich großer Himmelskörper vor 4,6 Milliarden (also 4.600 Millionen) Jahren entstanden. Zunächst war sie glutflüssig, aber schon vor etwa 4,2 Milliarden Jahren war eine feste Erdkruste entstanden. Die ältesten Ablagerungsgesteine (Sedimente), die man heute bei Grönland findet, sind nach Isotopenmessungen fast 4 Milliarden Jahre alt. Damals hat es also schon flüssiges Wasser gegeben. Aber die Atmosphäre war zu dieser Zeit noch praktisch frei von Sauerstoff. Atmung wäre also nicht möglich gewesen, die größeren Lebewesen von heute, wir selbst eingeschlossen, hätten damals nicht existieren können. Die Urorganismen mussten ohne Atmung ausgekommen sein, sie waren Anaerobier; solche gibt es auch heute noch, doch sind sie eine Minderheit. Kein Sauerstoff in der Atmosphäre, das bedeutet weiter: kein Ozonschild. Der Erde fehlte also sozusagen die Sonnenbrille in der oberen Atmosphäre, die lebensfeindliche UV-Strahlung der Sonne konnte ungehemmt zur Erdoberfläche gelangen. Leben konnte sich daher nur im Wasser entwickelt haben, wo es vor der UV-Strahlung geschützt war. Der heutige Sauerstoffgehalt der Luft von gut 20 Prozent geht übrigens auf den Stoffwechsel von Lebewesen zurück, genauer: auf die Photosynthese von Cyanobakterien, Algen und Pflanzen, bei der Wasser mit Hilfe von Sonnenenergie in Wasserstoff und Sauerstoff gespalten wird.

Seit wann gibt es Leben auf der Erde? Diese Frage ist von der *Paläontologie* zu beantworten, der Lehre von Lebenswelten vor unserer heutigen. Lange Zeit hat man nur die mit freiem Auge sichtbaren Fossilien gut untersuchen können und damit immerhin die Lebensevolution im sog. Phanerozoikum immer besser rekonstruieren können, vom Paläozoikum (dem sog. Erdaltertum) über das Mesozoikum (,Erdmittelalter', in dem die Saurier lebten) bis zum Neozoikum und zur Jetztzeit. Die älteste Phase des Paläozoikums ist als Kambrium bekannt. Damals gab es schon Ahnenformen vieler heute lebender Organismengruppen. Andere haben sich erst später entwickelt, so die Säugetiere und die Blütenpflanzen. Das Kambrium begann vor etwa 570 Millionen Jahren. Aber was gab es an Leben in der sehr langen Zeit davor, im ,*Präkambrium*'?

Mit dieser Frage hat sich die Paläontologie lange Zeit schwer getan. Das hat sich aber in den letzten 50 Jahren gründlich geändert. Vor allem kann jetzt mit sehr präzisen Isotopen-Uhren das absolute Alter von Ablagerungen verlässlich bestimmt werden. Auch mikroskopisch kleine Fossilien lassen sich heute gut erforschen. Das ist deswegen besonders wichtig, weil die Evolution die längste Zeit – über 80 Prozent ihrer Gesamtdauer – auf Einzellerniveau ablief.

Übrigens gibt es auch relativ große Fossilien aus präkambrischen Zeiten, in denen es noch gar keine größeren Organismen gab, nämlich die sog. Schichtsteine oder ‚*Stromatolithen*‘, die zwar von mikroskopisch kleinen Lebewesen gebildet wurden, aber bis metergroß werden können. Solche Stromatolithen wachsen auch heute noch in warmen Meeren, man kann sie etwa auf den Bahamas oder an den Küsten Westaustraliens besichtigen (Abb. 4). Diese Schichtsteine wachsen durch die Lebenstätigkeit winziger Algen und Bakterien, die in ausgedehnten Verbänden aus dem Meereswasser Kalk abscheiden und dabei absterben; aber bald bilden sich auf der entstandenen Kalkschicht neue Mikrobenmatten, die eine weitere Kalkschicht formen und so fort. Stromatolithen sind von vornherein beliebig haltbar. Man findet sie daher auch in sehr alten Ablagerungen, z. B. in denen der Gunflint-Formation in Nordamerika, die zwei Milliarden Jahre alt sind. Der älteste bisher bekannte Stromatolith wurde in Australien gefunden, er ist fast 3,6 Milliarden Jahre alt. Inzwischen wurden diese Superoldies auch auf Mikrofossilien untersucht – und dabei fanden sich tatsächlich Reste von Cyanobakterien, die den heute lebenden erstaunlich ähnlich sehen.

Aber es geht noch weiter. Man kann mit Isotopenanalysen an Spuren von ungeformtem Kohlenstoff in uralten Gesteinen prüfen, ob es sich womöglich um letzte Reste von Lebewesen handelt. Das geht deswegen, weil das Isotopenverhältnis in von Organismen gebundenem Kohlenstoff von dem in anorganischem Kohlenstoff messbar abweicht: Bei der Photosynthese wird das schwerere Kohlenstoffisotop ^{13}C ‚diskriminiert‘, d. h. in etwas geringerem Anteil in organische Verbindungen eingebaut als seinem Anteil in der Atmosphäre, in den Ozeanen und Gesteinen (ca. 1,1 Prozent) entspricht. Aus entsprechenden Untersuchungen haben sich nun Hinweise darauf ergeben, dass es wohl schon vor knapp 4 Milliarden Jahren Leben auf dieser Erde gegeben hat. 4 Milliarden Jahre, das sind 4.000 Jahrmillionen bzw. 4 Jahrtausend-Millionen – eine unvorstellbar lange Zeit! Versuchen wir, sie uns aber doch anschaulich zu machen durch eine extrem starke Zeitraffung (nämlich 1 zu 2 Billionen). Dann schrumpft die Existenzdauer der Erde auf etwa einen 24-Stunden-Tag zusammen. Und in diesem einen Schöpfungstag würde das Leben knapp nach 4 Uhr früh entstanden sein. Der älteste heute bekannte Stromatolith wäre um 5:45 Uhr gewachsen. Die ältesten Vielzeller wären erst gegen 20 Uhr aufgetreten, die Besiedlung des Festlandes hätte (nach Bildung eines wirksamen Ozonschildes) erst um 21:50 begonnen. Die legendäre Lucy, jene kleinwüchsige, bereits aufrecht gehende Dame aus unserer Ahnenreihe, hätte nur eine halbe Minute vor Mitternacht gelebt; und Menschen im heutigen Sinn erst vier Sekunden vor – jetzt.

Nun ein weiterer Aspekt. Die explosiven Fortschritte der Molekularbiologie haben den Grund gelegt für Gentechnik und moderne Biotechnik. Aber auch für die Evolutionsforschung haben sie ganz neue Möglichkeiten eröffnet. Die Basensequenzen von DNAs kann man heute lesen. Man kennt bereits die kompletten Sequenzen vieler Viren und Bakterien, auch die sehr viel längeren von höheren Organismen: Blütenpflanzen, Insekten, Säugetieren und auch die Gen-Sequenzen der Menschen-DNA. Das heißt schon einiges. Denn während die Basensequenz von Viren noch auf eine Druckseite passt, ist bei Bakterien schon ein dickes Buch nötig, für uns Menschen eine über 600-bändige Bibliothek. So kann man jetzt nicht nur Gestalten und Lebensweisen verschiedener Organismen miteinander vergleichen, um daraus Verwandtschaftsgrade abzuleiten und *Stammbäume* zu rekonstruieren, sondern auch DNA-Sequenzen. Denn auch die Basensequenzen der Organismenarten sind letztlich Dokumente ihrer Evolution. Diese beruhte ja mit darauf, dass es in der Erbsubstanz immer wieder zu Mutationen gekommen ist, bis sich schließlich eine neue Art gebildet, der Stammbaum sich verzweigt hatte.

Mit dieser molekularen Methode hat sich nun zeigen lassen, dass letztlich *alle* heute lebenden Organismen – wenn natürlich auch in sehr unterschiedlichen Graden – *miteinander verwandt* sind, weil offenbar alles Leben vor 4 Milliarden Jahren aus einer Wurzel entsprossen ist. Die Basensequenzen von uns Menschen stimmen zu über 98 Prozent mit denen unserer nächsten Verwandten im Tierreich – den Schimpansen – überein. Seit einigen Monaten weiß man allerdings, dass dies zwar für Gensequenzen gilt, nicht aber im Bereich der Genomik, also der Genanordnung im Genom – da sind die Unterschiede bezeichnenderweise größer. Aber wie immer: Fast 2/3 der Gene der Essigfliege, eines Insekts, sind Genen von uns Menschen sehr ähnlich. Und selbst in Sequenzen der uns ganz fernstehenden Bakterien finden sich noch so viele Übereinstimmungen mit unseren Gensequenzen, dass eine bloß zufallsmäßige Ähnlichkeit auszuschließen ist.

Damit sind wir bei einem besonders beachtlichen Ergebnis der molekularen Evolutionsforschung angekommen: Sequenzvergleiche erlauben die Konstruktion *universeller Stammbäume*, die also alle noch so verschiedenen Organismen umfassen. Carl Woese, der schon vor über zwei Jahrzehnten mit dem Entwurf solcher Stammbäume begonnen hat, konnte dabei auch zeigen, dass das Bakterienreich in Wirklichkeit aus zwei Reichen besteht, dem der eigentlichen Bakterien und dem der Archaebakterien. Es gibt also drei Großreiche in der heutigen Lebenswelt, Bakterien, Archaeen und Eukaryer. Wir Menschen gehören zusammen mit den Tieren, Pilzen, Pflanzen, Algen und den zellkernhaltigen Einzellern zu den Eukaryern. Diese riesige Gruppe ist u. a. dadurch ausgezeichnet, dass die Zellen ihrer Mitglieder viel größer sind als die der Bakterien und Archaeen und einen durch Membranen abgegrenzten Zellkern besitzen. Auch sonst gibt es viele Unterschiede im Zellbau, so dass man von *Protocyten* und *Eucyten* spricht. Die einfacher gebauten Zellen der Archaeen und Bakterien sind Protocyten, die der Eukaryer Eucyten.

Im universellen Stammbaum stehen die heute lebenden, ,rezenten' Organismen an den Zweig-Enden. Geht man von der Peripherie der Stammbaumkronen zurück gegen das Zentrum des Schemas, geht man zugleich in der Zeitskala zurück in jene Epochen der Erdgeschichte, in denen die Fossilien, schließlich die präkambrischen Mikrofossilien entstanden sind. Irgendwann müsste man dann schließlich in jener Zeit landen, in der die letzten gemeinsamen Vorläufer der Bakterien, Archaeen und Eukaryer gelebt haben, an der Wurzel alles irdischen Lebens.

Natürlich möchte man gerne wissen, von wo weg die getrennten Stammesentwicklungen der drei Großreiche starteten. Das lässt sich aber leider aus Sequenzvergleichen kaum abschätzen – je tiefer man in die Vergangenheit hinuntersteigt, desto unsicherer werden die Berechnungen. Schade – denn gerade aus einer überzeugenden Lösung des ‚Wurzelproblems‘ könnten sich Antworten auf weitere interessante Fragen ergeben: Wie waren die urtümlichsten Zellen gebaut? Wenn es, wie zu vermuten ist, primitive Protocyten waren, wie sind dann die Eucyten entstanden? Wie sind überhaupt die ersten Zellen zustande gekommen?

Drehen wir jetzt unsere Betrachtungsrichtung um, nicht von Jetzt zurück auf Einst, sondern von ganz Früh herauf zum Jetzt. Welche Vorstellungen macht man sich zur Zeit über die *Lebensentstehung*? Wir haben schon gesehen, dass wir etwa vier Jahrmilliarden zurückspringen müssen, um an diesen Startpunkt zu kommen. Wenn wir jede Sekunde um ein Jahr zurückgehen könnten, würden wir zwar an einem Tag fast 90 Jahrtausende zurücklegen, aber doch erst nach mehr als 125 Jahren dort ankommen, wohin wir uns jetzt virtuell begeben wollen.

Dass man je irgendwelche Überreste allererster Lebewesen, nun gar von Vorstadien des Lebens finden könnte, ist praktisch ausgeschlossen. So bleibt nur, auf der Basis des heutigen Wissens Vorstellungen zu entwickeln, wie es gegangen sein *könnte* und diese Hypothesen dann, so gut es eben geht, in Simulationsexperimenten zu prüfen. Dabei muss der Phantasie breiter Raum gewährt sein, weil auch Singularitäten, das sind ganz unwahrscheinliche und entsprechend seltene Ereignisse, sehr wohl eine entscheidende Rolle gespielt haben könnten. Die Zeiträume waren ja gigantisch, so dass sich auch ganz Außergewöhnliches immer wieder ereignen konnte. (Dazu ein Vergleich: Zehn mal nacheinander eine Sechs zu würfeln, ist extrem unwahrscheinlich; aber wenn man oft genug würfelt, kann es nicht nur, dann muss es letztlich doch einmal passieren.)

Die einfachsten Zellen, die wir heute kennen, finden sich im Bereich der Bakterien bei den Mycoplasmen und Rickettsien. Diese Protocyten sind volumensmäßig 10.000-mal kleiner als unsere Körperzellen und damit die kleinsten für sich lebensfähigen Einheiten, die man kennt. So wie sie könnten auch die urtümlichsten Zellen ausgesehen haben. Aber auch solche Minimalorganismen sind schon so komplex gebaut und funktionell so hoch geordnet, dass die Annahme, sie wären plötzlich komplett dagewesen, absurd wäre. Man kann sich aber vorstellen, dass die für solche Primitivlinge nötigen Bauelemente zunächst auf der Urerde abiotisch entstanden sind im Zuge einer ‚*prä-*

biotischen' Evolution und dann zu allerersten Zellen zusammengewürfelt wurden. Nach dieser u.a. von den Nobelpreisträgern Manfred Eigen und Christian de Duve vertretenen ‚Vielschritt-Hypothese' hätten sich also nach und nach alle Voraussetzungen ergeben für die schließliche Zündung von Leben.

Konnten sich alle wichtigen chemischen Bausteine, wie sie jede lebende Zelle braucht, auf der Urerde auch ohne Lebewesen gebildet haben? Die Antwort ist „Ja". 1953 zeigte Stanley Miller, damals junger Doktorand bei Harold Urey in Chicago, dass in einer simulierten ‚Uratmosphäre' bei Energiezufuhr in Form elektrischer Funkenentladungen reihenweise organische Verbindungen entstehen, darunter auch viele Aminosäuren. Heute ist man sehr viel weiter, nicht zuletzt auch dank der Erfolge der Arbeitsgruppe von Günter Wächtershäuser in München. Hier ist es allerdings nicht möglich, auf Details einzugehen – das würde zu viel spezielle Chemie voraussetzen. Doch kann wenigstens ein grober Überblick über die weiteren vermuteten (und zum Teil in Labors erfolgreich simulierten) Stationen der präbiotischen Evolution präsentiert werden.

Aus den vielen organischen Molekülen, die sich auf der Urerde nach und nach anhäuften, haben sich sicher bald auch Makromoleküle gebildet, darunter zwar noch nicht DNA, wohl aber die in mancher Hinsicht einfacher gebaute RNA (Ribonucleinsäure). Für bestimmte RNAs konnte Thomas Czech schon 1982 zeigen, dass sie – wie sonst nur Proteine – auch als Enzyme wirken können, d. h. als Biokatalysatoren, die bestimmte chemische Reaktionen beschleunigen oder überhaupt erst ermöglichen. Solche RNAs nennt man *Ribozyme*. Es erscheint geradezu unvermeidlich, dass unter den präbiotischen Ribozymen auch solche auftauchten, die ihre eigene Vermehrung steuern konnten. Damit wäre *Leben entstanden*. Denn jetzt hätte es Makromoleküle gegeben, die aus geeigneten, in den Urmeeren herumschwirrenden kleineren Molekülen ihresgleichen neu zu bilden vermochten, die sich fortpflanzen und vermehren konnten und die insoweit zweckmäßig gebaut waren. Diese ‚lebenden Ribozyme' waren Katalysatoren und Informationsträger in einem. Ihre Replikation war vermutlich stark fehleranfällig. Aber es gab jetzt immerhin Vererbung, und damit waren alle wesentlichen Voraussetzungen für Evolution im Sinne Darwins gegeben: Vermehrung, Vererbung, erbliche Variation durch Mutationen, Konkurrenz und damit Selektion. So konnten sich jetzt Verbesserungen einspielen durch die Zuschaltung von Proteinen, die zu einer präziseren RNA-Vervielfältigung führten und eine Art selbstgesteuerten Stoffwechsel ermöglichten, durch das Entstehen definierter Gene für die Synthese immer besserer Enzymproteine, und schließlich durch Informationsspeicherung in den größeren, stabileren, doppelsträngigen DNAs. Spätestens mit dem Erreichen dieser Evolutionsphase sind wohl auch die ersten Zellen entstanden, indem sich solche komplexe Selbstvermehrungspakete in Lipidmembranen einschlossen, wie sie auch heute noch jede Zelle umhüllen und den Stoffaustausch mit der Umwelt kontrollieren.

Seit Darwins Tagen konnte immer überzeugender gezeigt werden, dass *die Evolution der Lebewesenwelt ein Faktum* ist. Das wird durch eine kaum noch überblickbare Fülle von Belegen aus der vergleichenden Morphologie und Systematik, aus Anatomie und Embryologie, aus der Paläontologie und Biogeographie bezeugt, und es sei auch nochmals erinnert an die neuesten Beweise, die aus der molekularen Biologie kommen.

In den knapp 150 Jahren seit dem Erscheinen von Darwins Hauptwerk hat sich die Evolutionstheorie ständig weiter entwickelt im Umfeld der immer rasanter wachsenden Lebenswissenschaften. Im großen Überblick beeindruckt dabei am meisten, dass immer wieder neue Erkenntnisse aus anderen Bereichen sich letztlich nahtlos einfügen ließen. So schien die nach 1900 rasch aufblühende Genetik anfänglich der Evolutionstheorie zu widersprechen, weil man die Gene zunächst für unveränderlich hielt (so wie früher in der Systematik die Arten). Aber bald hatte sich die Genetik, zumal in den Bereichen Mutationsforschung und Populationsgenetik, zu einer der wichtigsten Stützen der Evolutionstheorie entwickelt. So konnte man schließlich von einer *Synthetischen Evolutionstheorie* sprechen, die mit einer Reihe großer Namen verbunden ist: Julian Huxley, Theodosius Dobshansky, George Simpson, Ernst Mayr, Bernhard Rensch, George Stebbins u.a. Umgekehrt sind praktisch alle die weiten Bereiche der Biologie durch den Evolutionsgedanken befruchtet worden. So konnte Dobshansky mit Recht sagen: *„Nothing in biology makes sense except in the light of evolution"*. Es wird auch immer deutlicher, dass nicht nur in der Biologie, sondern auch in anderen Kulturbereichen dieses *„light of evolution"* vieles ganz anders aussehen lässt als früher. Z.B. hat die *Evolutionäre Erkenntnistheorie* das uralte Rätsel zu lösen vermocht, wie wir ohne einschlägige persönliche Erfahrung dennoch zutreffende Aussagen über die Welt machen können, synthetische Urteile *a priori* richtig zu fällen vermögen, die Fähigkeit zu logischem Denken nicht lernen müssen, weil wir auf die in unserem Erbgut fixierten Erfahrungen unserer fernen Ahnen zurückgreifen können. Damit hat sich das in Philosophie und Theologie endlos disputierte Empirismus-Rationalismus-Problem als Scheinproblem entpuppt. Höchstwahrscheinlich ließe sich auch vieles aus der Tiefenpsychologie viel besser verstehen, wenn unsere genetisch fixierte geistige Erbschaft aus vergangenen Evolutionsphasen konsequent berücksichtigt würde, die uns noch beeinflusst, obwohl sie uns nicht mehr bewusst ist.

Das alles heißt nun aber nicht, dass wir auch über alle *Faktoren der Evolution* rundum Bescheid wüssten, d. h. über die Gesetze, nach denen sie ablief und weiter abläuft. Die Basispostulate von Charles Darwin und Russel Wallace besagen bekanntlich, dass es immer wieder zu Erbänderungen – Mutationen – kommt, die hinsichtlich der Lebens- und Fortpflanzungsfähigkeit (der sog. Fitness) der betroffenen Organismen nachteilig, belanglos oder auch von Vorteil sein können. Aber während diese Mutationen ungerichtet sind, gibt dann die Selektion – die Auswahl der bezüglich ihrer Fitness Begünstigten – dem Evolutionsgeschehen eine Richtung, primär hin zu immer besserem Angepasstsein, aber schließlich auch zur Bildung neuer Arten.

Diese Basispostulate der ‚Selektionstheorie‘ sind heute unbestritten. Nun führen allerdings die allermeisten Mutationen nur zu minimalen Veränderungen. Die Evolution erfolgt über weite Strecken in kleinen, sich erst nach und nach aufsummierenden Schritten, eine Vorstellung, die unter der Bezeichnung *Gradualismus* gängig ist. Aber offenbar hat es immer wieder auch größere Sprünge gegeben, die plötzlich zu ganz neuartigen Organismen führten. Es zeigt sich nun, dass selbst solche Quantensprünge der Evolution verstanden werden können, ohne Darwins Grundkonzept zu verlassen. Vor wenigen Jahren haben John Maynard Smith und Eörs Szathmáry darauf hingewiesen, dass sich immer wieder Fortpflanzungseinheiten, die sich zunächst selbständig diversifizierend entwickelt hatten, zu größeren und komplexeren Systemen kombiniert haben und durch ihre Interaktionen zu Ausgangspunkten ganz neuartiger Entwicklungslinien werden konnten. Ein besonders illustratives Beispiel für solche *evolutive Großübergänge* bietet die Entstehung von Vielzellern aus Einzellern, die bei den Eukaryern nachweislich x-mal erfolgt ist. Die einzelne Zelle entspricht bei Einzellern ja einem ganzen Organismus; in Vielzellern ist sie nur mehr eines von vielen Elementen eines einzigen Individuums. Die Selektion greift dann nicht mehr wie bisher an einzelnen Zellen an, sondern am vielzelligen System – geht dieses zugrunde, sind auch alle seine Zellen verloren. Sie büßen überhaupt viel von ihrer Selbständigkeit ein. Steuernde Einflüsse des Gesamtsystems diktieren z. B. die Teilungstätigkeit der einzelnen Zellen und entscheiden über ihre je spezielle Entwicklung und ihre Lebensdauer. Andererseits können sich Zellen auf bestimmte Teilfunktionen spezialisieren und diese nun dank der Arbeitsteiligkeit mit besonderer Effizienz ausführen. Die dadurch gegebenen Synergiepotentiale führten schon sehr früh in der Entwicklung der Vielzeller zur Bildung von Geweben und Organen. In der Evolution können außerdem spezialisierte Zellen und Gewebe wie Baukastenelemente, wie Module verschoben und neu kombiniert, auch zahlenmäßig vermehrt oder vermindert werden. Dieser Kombinatorik verdanken wir letztlich die ungeheure Vielfalt an Pflanzen, Pilzen und Tieren, die uns in der Biosphäre umgeben. (*Kombinatorik* ist ja überhaupt so etwas wie ein Zaubertrick, um aus wenigen Elementen ein Riesenreich von komplexeren Dingen zu machen: Aus nur 10 Ziffern kann eine unbegrenzte Zahl von Zahlen zusammengebaut werden; mit weniger als 100 Atomsorten zahllose Molekülarten; mit weniger als 60 Lauten alle Sprachen dieser Welt.) Und dank solcher Kombinatorik konnten eben auch mit relativ wenigen verschiedenen Zellsorten und nur geringen genetischen Veränderungen (!) fast beliebig viele verschiedene und sehr verschieden große vielzellige Systeme

Abb. 1. Bilaterale (Spiegel-)Symmetrie beherrscht nicht nur den Körperbau der allermeisten Tiere, sondern ist auch bei Pflanzen häufig (Blätter, Blüten). Als Beispiel hier die Blüte einer Orchidee (*Cambria*)

Abb. 2. Schraubige Blattstellung bei einer Wolfsmilchart (*Euphorbia myrsinites*)

Abb. 3. Kreuzgegenständige (,dekussierte') Blattstellung bei der Buntnessel (*Coleus*)

Abb. 4. Stromatolithen in der Shark Bay World Heritage Area, Westaustralien, bei Ebbe.
Photo: Michael Kleber und Nicole Rober-Kleber

entwickelt werden. Zwergspitzmaus und Blauwal gehören beide zur erdgeschichtlich jungen Klasse der Säuger, sind also relativ nahe miteinander verwandt; aber ihre Körpermassen stehen im Verhältnis von 1:40 Millionen!

In jüngster Zeit rücken Gesichtspunkte dieser Art immer mehr in den Vordergrund. Für sie beginnen sich Bezeichnungen wie *Komplexifikation* (ein Terminus, den Teilhard de Chardin geprägt hat) oder *Interaktionstheorie* zu etablieren. Gemeint ist folgendes: Die klassische Selektionstheorie hat sich schwer damit getan, die in der Evolution der Lebenswelt offensichtlich vor-

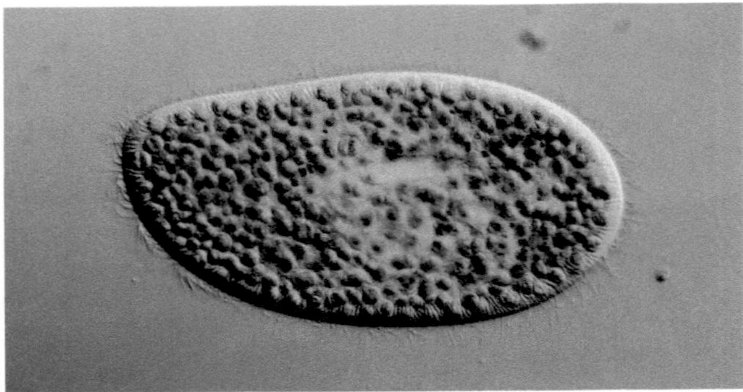

Abb. 5. Das ‚Grüne Pantoffeltierchen' (*Paramecium bursaria*), ein Einzeller aus der Klasse der Ciliaten, enthält in seiner großen Zelle bis über 300 einzellige Grünalgen (Chlorella) und wird durch diese intrazelluläre Symbiose (‚Endocytobiose') von organischer Nahrung unabhängig

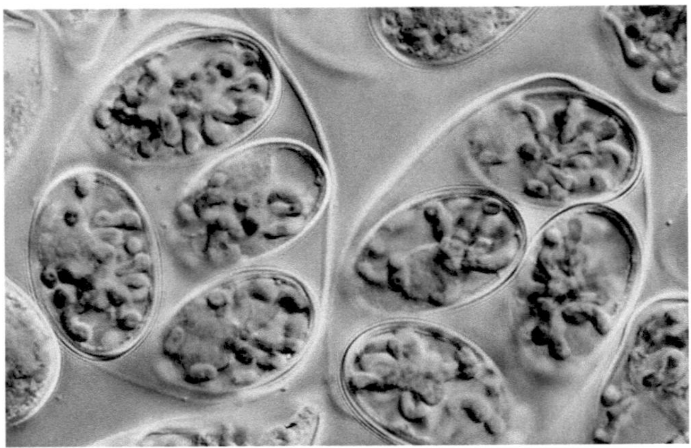

Abb. 6. Der Einzeller *Glaucocystis nostochinearum* betreibt Photosynthese durch ‚Cyanellen' (endocytobiotische Abkömmlinge von Cyanobakterien)

herrschende Höherentwicklung zu immer komplexeren und meist auch größeren Organismen verständlich zu machen, neben der es dann aber doch auch wieder ein erstaunliches Konstantbleiben bestimmter anderer Organismengruppen gab. Während sich etwa die Wirbeltiere in den letzten 400 Millionen Jahren von den Fischen bis herauf zu den Vögeln und Säugern entwickelt haben, finden sich in den ältesten Stromatolithen fossile Überreste protocytischer Mikroorganismen, die in allen erkennbaren Strukturen mit heutigen Cyanobakterien übereinstimmen. Es zeigt sich nun, dass durch eine geänderte Betrachtungsweise ein Verständnis dieser scheinbar widersprüchlichen Befunde erreicht werden kann. Schlüsselkonzepte dieser neuen Blick-

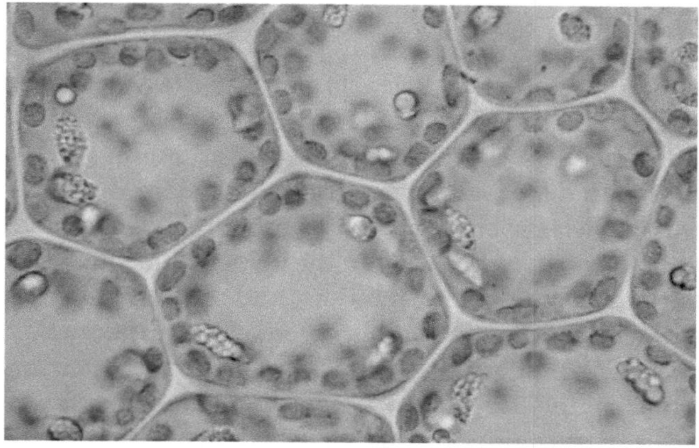

Abb. 7. Zellen im Blättchen eines Lebermooses (*Plagiochila asplenioides*) mit grünen Chloroplasten, den Organellen der Photosynthese

1   10   20   30   40

AAAT**TGA**AG**AGAGTTT**GATCA**TGGCTCAG**ATT**GAACGCTGGC**...

CTCA**TGG**AG**AGTTC**GATCC**TGGCTCAG**GA**TGAACGCTGGC**...

1510   1520   1530   1540

...**GTAACAAGGTA**GG**GGAA**CC**TGCGG**T**TGGATCACCTCCTT**A

...**GTAACAAGGTA**CT**GGAA**GG**TGCGG**C**TGGATCACCTCCTT**T

Abb. 8. Sequenzvergleich der Gene für die 16S rRNA (RNA der kleinen Ribosomen-Untereinheit) des Colibakteriums (*Escherichia coli*, jeweils obere Zeile) und von Mais-Chloroplasten (untere Zeilen). Dargestellt sind von den Gesamtsequenzen die ersten und letzten 40 Basen. Übereinstimmende Sequenzbereiche unterstrichen. Sie machen in den gezeigten Teilsequenzen 81,3 Prozent aus, in der 1541 umfassenden Gesamtsequenz 74,8 Prozent. Nach Schwarz und Kössel

richtung sind Verdoppelung (Duplikation) mit nachfolgender Diversifikation, vor allem aber unterschiedliche Kombination und variierte Interaktion der so entstandenen neuen Systeme. Dadurch kommt deren Vernetzung und – wie schon erwähnt – eine u. U. explosive Evolution durch simple Kombinatorik zustande, die unter geeigneten Bedingungen genützt werden kann, unter anderen unterbleibt.

Alle diese Interaktionen zwischen artverschiedenen Lebewesen und ihren Subsystemen waren lange Zeit in ihrer grundlegenden Bedeutung für die zu immer größerer Komplexität fortschreitende Evolution der Lebenswelt nicht voll erkannt worden, weil man zunächst verständlicherweise vor allem die leichter analysierbaren Einzelelemente (Gene, Zellen, Organismenarten …) im Auge hatte. Die synoptische Betrachtungsweise lässt jetzt aber eine breite Fülle bisher kaum erklärbarer Erscheinungen gut verstehen. Zugleich zeigt sich, dass es sich bei der evolutiven Komplexifikation um eine weitere fundamentale Eigenschaft der gesamten Lebenswelt handelt.

Wenn etwa das Gen für ein bestimmtes Protein im Genom dupliziert wird (was relativ häufig vorkommt), werden die beiden zunächst identischen Genkopien mutativ unterschiedlich verändert, und die von ihnen codierten Proteine können schließlich ganz unterschiedliche Funktionen übernehmen. Tatsächlich kennt man etwa unter zellulären *Membranproteinen* viele Ionenkanäle, Rezeptoren und Träger von Sensorpigmenten, deren Gen- bzw. Aminosäuresequenzen trotz ihrer ganz verschiedenen Funktionen verblüffend ähnlich sind, deren Gene also offensichtlich auf ein einziges, gemeinsames ‚Ahnen-Gen' zurückgehen, das sich mehrfach dupliziert hatte und dessen Abkömmlinge dann unterschiedliche Veränderungen durchliefen. Besonders überraschend war weiterhin die extreme Ähnlichkeit von Genen, die bei der Entwicklung von *Augen* eine entscheidende Rolle spielen, und zwar sowohl bei Insekten mit Facettenaugen wie auch bei den grundlegend anders gebauten und funktionierenden Linsenaugen, wie sie sich ganz unabhängig voneinander bei Tintenfischen und Wirbeltieren evolviert hatten. Durch virtuose gentechnische Experimente ließ sich zeigen, dass entsprechende Gene der Maus die Augenbildung bei Insekten auslösen bzw. steuern können. Dieser zunächst geradezu paradoxe Befund wird aber verständlich, wenn bei der Bildung von noch so unterschiedlichen Augen in verschiedenen Stämmen des Tierreiches immer wieder auf gleichartige, längst optimierte und daher im wesentlichen konstant gebliebene Gensätze für die Ausformung lichtempfindlicher Zellen zurückgegriffen werden konnte. Bei den höheren Pflanzen tritt das Grundorgan *Blatt* bei allgemeiner Ähnlichkeit im anatomischen Bau in schier unendlicher Formenvielfalt auf, und das auch schon bei ein und derselben Pflanzen in der sog. Blattfolge – vom Keimblatt über Laubblätter bis zu den sehr unterschiedlichen Blütenblättern (Kelch-, Kron-, Staub- und Fruchtblättern) und weiteren Variationen wie Niederblättern, Knospenschuppen oder Blattdornen. Hier werden offenbar durch Interaktionen mit anderen, stadienspezifischen Entwicklungsfaktoren verschiedene Gengruppen aktiviert. Bei einigen Pflanzen werden umgekehrt Seitensprosse wie Laubblätter ausgeformt, man spricht von *Phyllokladien*. Hier wird das genetische Programm ‚Blattbildung' von den eigentlichen Blattanlagen verschoben auf sich bildende Seitensprosse. Es liegt auf der Hand, dass die in der vergleichenden Morphologie und Systematik üblichen Begriffe ‚Homologie' (Anlagegleichheit: unterschiedliche Ausformung identisch angelegter Organe bei unterschiedlicher Funktion) und ‚Analogie' (Ähnlichkeit bei Funktionsgleichheit trotz unterschiedlicher Anlage) in bestimmten Fällen neu präzisiert werden müssen.

Als fundamentaler Aspekt der biologischen Evolution tritt jedenfalls immer deutlicher die zunehmende (und zwar immer rascher anwachsende) *Komplexifikation* hervor. Die Richtung der Evolution ist durch eine wachsende Zahl von Interaktionen und Vernetzungen bestimmt. Carsten Bresch prägte dafür die sehr treffende Bezeichnung ,*Musterwachstum*'. Dieses evolutive Musterwachstum erfolgt um so schneller, je komplexer das bisher entstandene Netzwerk ist. Extreme Beispiele liefern die erstaunlich rasche evolutive Entwicklung des überaus komplexen adaptiven Immunsystems bei den Wirbeltieren, zumal bei den Säugern, oder die des Großhirns in der Hominiden-Evolution. Je weiter die Komplexierung der Lebenswelt fortgeschritten ist, desto mehr beschleunigt sich die Evolution. Es ist nicht überraschend, dass entsprechendes auch für die sozio-kulturelle Evolution der Menschheit gilt, wie uns heute, im Zeitalter rasanter Globalisierung, täglich neu bewusst wird.

Für *Interaktionen* zwischen getrennt evoluierten Systemen, die dadurch zu Untereinheiten von neuen, auf höherer Komplexitätsstufe stehenden Systemen werden konnten, kannte man längst zahllose Beispiele. Jede Form von Co-Evolution, d.h. von fremdgesteuerter Evolution durch Interaktion zwischen ganz verschiedenen Organismengruppen, liefert dafür eindrucksvolle Exempel. Man denke etwa an die gegenseitige Anpassung von Blütenpflanzen und ihren tierischen Bestäubern, oder von Parasiten und ihren Wirten, entsprechend auch an delikate Räuber/Beute-Beziehungen, oder schließlich an die vielen Fälle und Formen von Mimikry, diese oft unglaublich raffinierten Quellen von Täuschung und Desinformation.

Ganz allgemein stellt ja jedes Ökosystem ein Übersystem zahlloser interagierender Organismen und Populationen dar, die sich nicht nur unmittelbar gegenseitig beeinflussen, sondern längerfristig auch in ihrer Evolution. Der selbst unter einigermaßen konstanten Außenbedingungen immer leicht labile Zustand von Ökosystemen und Biomen beruht auf einer Vernetzung gegenseitiger Beeinflussungen und Beziehungen. Nicht nur äußere Veränderungen wie Dürre, Überschwemmung o. dgl., sondern auch das Eindringen neuer Schädlinge und Räuber oder das Abreißen einzelner Nahrungsketten kann zu dramatischen Reduktionen der Biodiversität im System, ja zu seinem weitgehenden Zusammenbruch führen. Die Bedeutung solcher Verflechtungen wird dramatisch dokumentiert durch die *Massenextinktionen* in verschiedenen Epochen der Erd- und Lebensgeschichte. Extrem war das am Übergang vom Paläozoikum zum Mesozoikum, am Ende des Perm vor 250 Millionen Jahren. Damals starben innerhalb von 10 Millionen Jahren – vermutlich infolge extremer Klimaschwankungen – allein über 80 Prozent aller Meerestierarten aus, unter ihnen die artenreichen Trilobiten. Viele der ausgestorbenen Arten waren durch die abiotischen Umweltveränderungen nicht unmittelbar betroffen, wohl aber solche Glieder des Ökosystems, auf die sie zu ihrem dauerhaften Überleben angewiesen waren.

Solche Großkatastrophen haben freilich auch zu gewaltigen Evolutionsschüben geführt, da viele vorher dicht besetzte Lebensräume frei geworden waren. So kam es nach dem Ende des Perm u. a. zur vergleichsweise raschen und massiven Evolution von Korallen und Landwirbeltieren (besonders Reptilien). Entsprechend entwickelten sich die schon im Mesozoikum vorhandenen, aber zunächst unbedeutend gebliebenen Säugetiere nach dem Massensterben an der Kreide-Tertiär-Grenze, dem auch die Dinosaurier zum Opfer gefallen waren, rasch zu enormer Artenfülle und entsprechender ökologischer Bedeutung.

Nicht erst heute, sondern schon vor gut 140 Jahren hat das Erscheinen des Hauptwerkes von Charles Darwin die geistige Situation der Menschheit dramatisch verändert. Die Aufregung war entsprechend groß. Nicht zu Unrecht sprach Sigmund Freud von der „biologischen Kränkung" als der zweiten, nach der kopernikanischen ersten: In beiden Fällen musste ja der Glaube an eine Zentralstellung des Menschen in einer auf ihn zentrierten Schöpfung durch Erkenntnisse der Wissenschaft verlassen werden. Das Universum dreht sich nicht um uns Menschen, und – fast noch schlimmer – der Mensch ist ein Säugetier, ein ganz besonderes immerhin (dazu später ein paar Worte mehr), aber er entstammt dem Tierreich.

In dieser Situation hat es an Kritik am sog. ‚Darwinismus' natürlich nicht gefehlt. Drei hauptsächliche Kritikpunkte, die in Gesellschaft und Öffentlichkeit nach wie vor eine besondere Rolle spielen, betreffen den Sozialdarwinismus, dann die angeblich dominierende Rolle des Zufalls in der Evolution, und schließlich den sog. Creationismus.

Darwins Erklärungsversuch der Evolution wird oft mit dem Etikett ‚*Selektionstheorie*' versehen. Tatsächlich spielt die Selektion, das ominöse ‚*survival of the fittest*' in einem allgemeinen, ständigen ‚*struggle for life*' darin zwar nicht die einzige, aber doch eine zentrale Rolle. Nicht umsonst tauchte diese Metapher schon im vollen Titel von Darwins epochalem Werk von 1859 auf: *On the Origin of Species by Means of Natural Selection, or Preservation of Favoured Races in the Struggle for Life.* Man kann in der genetischen Variabilität und in der Selektion unschwer die von der fernöstlichen Philosophie postulierten Urkräfte Yin und Yang erkennen, das explorativ Vorwärtsdrängende einerseits und seinen (nicht Gegen-, sondern) Mitspieler, das einschränkend Bewahrende andererseits. *Struggle for life* – diese Metapher, bei uns unrichtig und sehr unglücklich mit dem Schlagwort „Kampf ums Dasein" übersetzt, hat immer dann Schlimmes, Fürchterliches, ja bis zur Unglaublichkeit Grauenhaftes bewirkt, wenn es zum Prinzip menschlichen Handelns gemacht wurde. Darwin selbst hatte sich sehr bemüht, das eigentlich Gemeinte, nämlich den ständig zu besonderen Aktivitäten zwingenden Lebenstrieb (‚Selbsterhaltungstrieb'), klar zu machen und durch Beispiele zu erläutern; etwa wenn er schreibt: „Mit Recht kann man sagen, dass […] Raubtiere in Mangelzeiten um Nahrung und Dasein kämpfen; aber man kann auch sagen, eine Pflanze kämpfe am Rand der Wüste mit der Dürre […]“. Tatsächlich bedeutet rein sprachlich *struggle* ja nicht nur Kampf mit Sieg oder Niederlage, sondern auch das angestrengte Überwinden von bedrohlichen Schwierigkeiten. Und keinesfalls hat erst Darwin den brutalen Ellbogentyp, den hemmungslosen Machtmenschen oder den verblendeten Ideologen erfunden – dergleichen hat es immer schon gegeben. Aber jetzt glaubten solche Unmenschen sich auf eine großartige naturwissenschaftliche Theorie berufen zu können und durch sie gerechtfertigt zu sein. Der sog. *Sozialdarwinismus* wurde für manche, und zwar gerade auch für besonders Einflussreiche und Mächtige, zur ethischen Maxime. Aggressiver Nationalismus, Imperialismus, rücksichtslose Ausbeutung des sozial Schwächeren bis hin zu brutaler Sklaverei, physische Ausschaltung sog. lebensuntüchtiger Individuen, Rassismus bis hin zu den unfasslichen Greueln des Holocaust – all das sind erschütternde Beispiele dafür, wie schrecklich naturwissenschaftliche Theorien verbogen und missbraucht werden können, wenn sie in den Dienst politischer Ideologien gepresst werden. Sie sind warnende Beispiele für *Biologismen*, d. h. für die unkritische und immer irgendwie schiefe Übertragung rein wissenschaftlicher Erkenntnisse in ethische und moralische Bereiche. Hans Mohr: „Die Wissenschaft [kann] […] keine Werturteile, keine Sinnkriterien, keine Zielmodelle begründen, die den Charakter und die Verbindlichkeit wissenschaftlicher Sätze hätten. Die Wissenschaft kann […] nicht verbindlich sagen, was im moralischen Sinne ‚gut‘ ist […]“. Ja, tatsächlich – das Verhältnis von Naturwissenschaft und Ethik entspricht eben dem von Sein und Sollen. Wie eine Welt aussehen würde, in der kalte, egoistische Rationalität und Rücksichtslosigkeit dominierten und in der Vernunft, Klugheit, Güte, nun gar hingebungsvolle Liebe und letztlich dann auch jede Freude verkümmern müssten, das sich auszumalen unternimmt man besser nicht.

Nun zum zweiten Punkt. Natürliche Mutationen sind vereinzelte *Zufallsereignisse*; nicht akausal, aber doch so, dass wir ihr Zustandekommen im konkreten Fall nicht prognostizieren können. Und nun soll durch solche Zufälle die Evolution der Lebenswelt zustande gekommen sein, diese schier unglaubliche Höherentwicklung, die zu so phantastischen Organismen wie den Riesenbäumen, den Vögeln, den Menschen geführt hat und zu Organen wie dem Adlerauge, der Hundenase oder dem Menschengehirn. Nach einem Vortrag sagte mir ein Diskussionsredner: „Wer solchen Wahnsinn glaubt, verfügt doch nicht einmal über die einfachste Logik.“ Und tatsächlich sah selbst Darwin angesichts der immensen Komplexität des Wirbeltierauges ernste Schwierigkeiten für seine Theorie (Darwin: „Wenn ich an das menschliche Auge denke, bekomme ich Fieber“). Kann Zufall eine Höherentwicklung, eine Steigerung von zweckmäßiger Komplexität und Ordnung wirklich bewirken? Nun, er kann –

unter geeigneten Rahmenbedingungen, die eben auch nicht vernachlässigt werden dürfen. Wie ist denn das z. B. bei jeder Lotterie? Zunächst ist eine unstrukturierte Anzahl von Mitspielern vorhanden. Dann wird der Zufallsgenerator zu Rate gezogen, und siehe da – mit einem Schlag ist eine steile Hierarchie entstanden, der Spitzengewinner bekommt den enormen Spitzengewinn, zwei Nebengewinner kommen halb so gut (also immer noch sehr gut) weg, und so geht es weiter abwärts bei immer weiter fallenden Gewinnen mit immer mehr minderen Günstlingen des Glücks, bis man schließlich im weiten Feld der Nichtgewinner landet, jener zahlenmäßig erdrückenden Mehrheit, die der Versuchung ausgesetzt ist, den Glauben an den Zufall zu verlieren.

Wenn eine Organismenart, deren Vertreter in einer bestimmten Umwelt leben – Rahmenbedingungen! – eine bestimmte Evolutionsstufe erreicht hat, müssen zufällige Mutationen Anpassungsgrad und Fitness entweder vermindern, gleich lassen oder verbessern. Dann greift die Selektion zu und bald werden solche Individuen in der Population immer häufiger zu finden sein, die besser angepasst sind. Das genau ist ja die Grundvorstellung der Selektionstheorie. Man darf nur eben die Rahmenbedingungen nicht außer Acht lassen, Stichworte Umwelt, Konkurrenz, aber auch innere Zwänge wie Körperbau, Ernährungsweise u. dgl., die gewisse Veränderungen erlauben, andere ausschließen.

Eindrucksvolle Beispiele für dramatische Evolutionsereignisse, die erkennbar auf Zufälligkeiten beruhen, haben sich immer wieder dann ergeben, wenn sich verschiedene Organismen, die sich zufällig in gleichen Umwelten finden, durch intimes Zusammenleben und Interaktion, sog. *Symbiose*, zu einem einzigen neuen Organismus vereinigten und damit einen veränderten Typus entstehen ließen, der nun zum Ausgangspunkt weiterer, bisher nicht möglicher Evolutionsprozesse wurde. In solchen Fällen spricht man von *Symbiogenese*, ein Terminus, den der russische Biologe Constantin Mereschkowsky schon 1910 geprägt hat. Symbiogenese bedeutet, dass sich Stammbäume nicht nur verzweigen, sondern in ihrem Gezweig auch wieder vernetzen können. Ein allbekanntes Beispiel sind die Flechten; sie sind eigentlich Doppelwesen aus Pilz und Alge. Verschiedene ‚grüne' Tiere – Amöben, Pantoffeltierchen (Abb. 5), Süßwasserpolypen – nehmen grüne Algenzellen in ihre eigenen Zellen auf und können durch deren Photosynthese das riesige Energiereservoir des Sonnenlichtes anzapfen. Solche intrazelluläre Symbiosesysteme (‚Endocytobiosen') finden sich auch bei anderen Einzellern (Abb. 6): Ihre grünen Zelleinschlüsse würde man zunächst gar nicht für endocytobiotische Cyanobakterien halten, die sie eigentlich sind bzw. waren, sondern einfach für Chlorophyllkörner, wie sie ja auch in den Blattzellen aller Pflanzen als *Chloroplasten* enthalten sind (Abb. 7). Waren vielleicht auch diese Chloroplasten ursprünglich in die Pflanzenzellen eingebaute, wie man sagt: endosymbiontische Cyanobakterien? Nach und nach hat sich gezeigt, dass es tatsächlich so ist, und dass entsprechendes auch für die *Mitochondrien*, die Atmungsmaschinchen der Eucyten, gilt, die auf farblose Proteobakterien zurückgehen. Eucyten sind also eigentlich *Mosaikzellen*, entstanden aus ganz verschiedenartigen Zellen durch Symbiogenese. Jede Algen- und Pflanzenzelle ist in Wirklichkeit aus drei ganz verschiedenen Zellen zusammengesetzt, ein grünes Pantoffeltierchen bereits aus fünfen. Es hat sich zeigen lassen, dass viele Einzeller in Wirklichkeit aus bis zu sieben Zellen zusammengebaut sind, was man ihnen heute freilich nicht mehr ansieht. Etwa ein Fünftel unserer eigenen Lebendmasse entfällt auf Mitochondrien, hat also ihren evolutiven Ursprung im Bakterienreich. Die letzten Zweifel an der Richtigkeit dieser konkreten Aussagen der Endosymbionten-Theorie konnten inzwischen durch Sequenzvergleiche beseitigt werden (Abb. 8). Die Hypothesenbildung geht freilich noch viel weiter. Es ist denkbar, dass schon die urtümlichsten Eucyten durch Symbiogenese entstanden sind, nämlich aus einer Symbiose von Proteobakterien mit methanogenen Archaeen, deren unterschiedliche Stoffwechsel sich optimal ergänzen können. Nach dieser ‚Wasserstoff-Hypothese‘ von Bill Martin und Miklós Müller verdankt also das Riesenreich der Eukaryer seinen stammesgeschichtlichen Ursprung einem symbiogenetischen Evolutionsprozess.

Es bedarf kaum des rückblickenden Hinweises, dass die vielen Fälle von Symbiogenese, die man nach und nach entdecken konnte, eine sehr eindrucksvolle Sammlung von Beispielen für Komplexifizierung durch Interaktion verschiedener Organismen darstellen.

Nun zum dritten Punkt. Wir alle wissen, dass sich immer noch – wie zu Darwins Zeiten – viele Menschen von der Evolutionstheorie abgestoßen, ja verletzt fühlen. Oft wurde und wird z. B. angenommen, sie widerspreche dem wunderbaren Schöpfungsmythos der Bibel, eine Ansicht, die vor allem von den sog. Creationisten vertreten wird. Was sie dabei an Argumenten gegen die Evolutionstheorie vorbringen, kann der Kundige kaum ernst nehmen. Immerhin wurden die Creationisten jahrelang von den Medien gehätschelt. Nach Umfragen glaubt in den USA (zumindest im mittleren Westen, dem so genannten ‚Bible Belt‘) mehr als die Hälfte der Bevölkerung, dass die Creationisten Recht haben, dass also die Welt wirklich in 6 Tagen erschaffen wurde und es erst einige tausend Jahre her ist, dass nur zwei Menschen lebten und der Löwe noch ein Vegetarier war. In einer großen deutschen Zeitschrift erschien 1984 ein langer Artikel über die Evolutionstheorie unter dem Titel „Der Irrtum des Jahrhunderts". Unseren Studikern mussten wir damals geduldig klarmachen, wie sehr die Creationisten die Biologie als Naturwissenschaft missverstanden hatten. (Wenigstens konnten wir dabei Karl Poppers Wissenschaftlichkeits-Kriterium anschaulich machen.) Peinlicher ist, dass offenbar auch die Bibel missverstanden wird, die man – nach Carl Friedrich v. Weizsäcker – *entweder* ernst nehmen kann *oder* wörtlich. Kann man es wirklich ignorieren, dass die Erschaffung des Menschen im Buche Genesis zweimal knapp nacheinander dargestellt wird, wobei sich diese Darstellungen widersprechen, wenn man sie nicht – wie sie offenbar gemeint sind – metaphorisch nimmt, sondern wörtlich? Immerhin gibt es inzwischen immer mehr gläubige Menschen und sogar Theologen, die auch in Evolution *creatio*, Schöpfung zu sehen vermögen.

In Vorträgen wird vor allem über positive Erkenntnisse gesprochen. Über die Löcher im Käse wird notgedrungen hinweggesehen, auch wenn es genug davon gibt, zumal in einem dem Experiment so schwer zugänglichen Terrain wie dem dieses Beitrags. Aber das ist ja gerade das Spannende an der Wissenschaft, dass man nicht schon vorher weiß, was letztlich herauskommen wird; dass ihr Weltbild nicht statisch ist, sondern dynamisch, ständig weiterwächst. Heute sind noch viele Fragen der Bio-Evolution offen, und jede neue Antwort produziert neue Fragen. Ganz zu schweigen davon, wie in diesem beinahe kosmischen Prozess schließlich wir Menschen entstehen konnten. Die Stammesentwicklung der Hominiden bedeutet einen Quantensprung der Evolution. Während des späten Plio- und frühen Pleistozäns kam es dabei in nur 2 Millionen Jahren (das sind weniger als 0,5 Promille der Gesamtdauer der biologischen Evolution) zu einer Verdreifachung des Großhirnvolumens. Durch diese Komplexifikation war die Voraussetzung geschaffen für Ichbewusstsein, Rationalität, Symbolsprache und -schrift, Technik und Kunst, kurz für die soziokulturelle Evolution der Menschheit, die nach ganz anderen Regeln und viel schneller abläuft als die rein biologische, und in der die Memetik, der unlimitierte Informationsaustausch, die reine Genetik an Bedeutung weit überholt hat. Das hat uns Menschen herauskatapultiert aus dem Tierreich, wir sind über das Niveau des Teleonomischen hinausgewachsen in den Bereich des Teleologischen: Wir handeln eben nicht nur instinktgesteuert, sondern oft auch zielintendiert. In Kunst und Technik tritt der *Mensch als Schöpfer* auf. Die Technik hat unser Können und unsere Macht ins Gigantische gesteigert. Von Natur aus unfähig zu fliegen, können wir heute mit unseren Flugmaschinen schneller und weiter fliegen als irgendein Lebewesen sonst – auch zum Mond und wieder zurück. Wir können über Zehntausende von Kilometern hinweg miteinander sprechen, als stünden wir nebeneinander. Unsere Rechenmaschinen führen Billionen von Einzeloperationen in der Sekunde aus. Wir ersetzen langwieriges Züchten durch gezielte Veränderung von genetischer Information. Und längst schon hat sich der Mensch zu jenem Lebewesen entwickelt, das nicht sich seiner Umwelt anpasst, sondern umgekehrt diese Umwelt sich anpasst, sie nach seinen Bedürfnissen verändert und ja nur dadurch als eine einzige Art die Erde ringsum besiedeln konnte, von den arktischen bis in die tropischen Regionen – mit allen gravierenden Folgen, die das für unsere belebte und unbelebte Umwelt hat.

Nun, Macht im Sinne von ‚machen können‘ hat eine Zwillingsschwester – die Verantwortung. Werden wir nicht nur die Intelligenz, sondern auch genügend Vernunft und Klugheit haben, unser Wissen und Können nicht destruktiv zu missbrauchen, sondern sinnvoll zu gebrauchen? Hoffen wir es!

Literatur

Bresch C (1977) Zwischenstufe Leben. Evolution ohne Ziel. München: Piper

Cramer F (1988) Chaos und Ordnung. Die komplexe Struktur des Lebendigen. Stuttgart: Deutsche Verlags-Anstalt

Darwin C (1859) On the origin of species by means of natural selection, or the preservation of favoured races in the struggle for life. London: John Murray

De Duve C (1994) Ursprung des Lebens. Präbiotische Evolution und die Entstehung der Zelle. Heidelberg: Spektrum Akadem. Verlag

De Duve C (1995) Aus Staub geboren: Leben als kosmische Zwangsläufigkeit. Heidelberg: Spektrum Akadem. Verlag

Eigen M (1987) Stufen zum Leben. Die frühe Evolution im Visier der Molekularbiologie. München: Piper

Eigen M, Winkler R (1976) Das Spiel. Naturgesetze steuern den Zufall. München: Piper, 2. Aufl.

Fischer EP, Wiegandt K (Hg.) (2003) Evolution. Geschichte und Zukunft des Lebens. Frankfurt am Main: Fischer Taschenbuch

Gehring WJ (1997) Die genetische Steuerung von Morphogenese und Evolution der Augen. Nova Acta Leopoldina NF 76:303–312

Hahlbrock K (1991) Kann unsere Erde die Menschen noch ernähren? Bevölkerungsexplosion – Umwelt – Gentechnik. München: Piper

Hertel R (2003) Complexification: Some examples of biological evolution. In: Contributi del Centro Linceo Interdisciplinare ‚Beniamino Segré‘, N. 106, 31-49. Roma: Acc. Naz. dei Lincei

Holland HD (1997) Evidence for life on earth more than 3850 million years ago. In: Science 275:38–39

Kämpfe L (Hg.) (1992) Evolution und Stammesgeschichte der Organismen. Jena: Gustav Fischer, 3. Aufl.

Kauffman SA (1993) The Origins of Order: Self-organization and selection in evolution. New York, Oxford: Oxford Univ. Press

Kuckenburg M (2001) Als der Mensch zum Schöpfer wurde. An den Wurzeln der Kultur. Stuttgart: Klett-Cotta

Kutschera U (2001) Evolutionsbiologie. Berlin: Parey

Leipe D, Hausmann K (1993) Neue Erkenntnisse zur Stammesgeschichte der Eukaryoten. In: Biologie in unserer Zeit 23:178–183

Lorenz K (1965) Darwin hat recht gesehen. Pfullingen: Neske

Lorenz K (1975) Die Rückseite des Spiegels. Versuch einer Naturgeschichte menschlichen Erkennens. München: Piper

Maier UG, Hofmann CJB, Sitte P (1996) Die Evolution von Zellen. In: Naturwiss. 83:103-112

Margulis L (1981) Symbiosis in Cell Evolution. San Francisco: Freeman

Margulis L, Sagan D (1997) Leben: Vom Ursprung zur Vielfalt. Heidelberg: Spektrum Akadem. Verlag

Margulis L, Schwartz KV (1989) Die fünf Reiche der Organismen. Heidelberg: Spektrum Akadem. Verlag

Markl H (1993) Übervölkerung – die ökologische Perspektive. In: Futura 1:4-12

Martin W, Müller M (1998) Schweißte Wasserstoff den ersten Eukaryoten zusammen?. In: Spektrum d. Wiss. 6:18-20

Mohr H (1981) Biologische Erkenntnis. Ihre Entstehung und Bedeutung. Stuttgart: Teubner

Osche G (1979) Zur Evolution optischer Signale bei Blütenpflanzen. In: Biologie in unserer Zeit 9:161–170

Penzlin H (1994) „Leben" – was heißt das?. In: Biologie in unserer Zeit 6:81-86

Raible W (1993) Sprachliche Texte – Genetische Texte. Sprachwissenschaft und molekulare Genetik. Heidelberg: C. Winter

Riedl R (1975) Die Ordnung des Lebendigen. Systembedingungen der Evolution. Hamburg: Parey

Riedl R (1981) Biologie der Erkenntnis. Die stammesgeschichtlichen Grundlagen der Vernunft. Berlin: Parey, 3. Aufl.

Ruf M (2003) Die Interaktionstheorie: Steigende Komplexität durch Vermehrungsprozesse. Würzburg: Deutscher Wissenschafts-Verlag

Ruthmann A (2000) Evolution und die Vielfalt des Lebens. Aachen: Shaker

Schwarz Z, Kössel H (1980) The primary structure of 16S rDNA from Zea mays chloroplast is homologous to E. coli 16S rRNA. Nature 283:739–742

Sitte P (1999) Die ‚listenreiche' Evolution: Täuschung bei Tieren, Pflanzen, Bakterien und Viren. In: Senger H von (Hg.) Die List. Frankfurt am Main: Suhrkamp, 475–498

Smith JM, Szathmáry E (1995) The Major Transitions in Evolution. Oxford: Freeman

Storch V, Welsch U, Wink M (2001) Evolutionsbiologie. Berlin u.a.: Springer

Thompson JN (1994) The Coevolutionary Process. Chicago: University of Chicago Press

Vollmer G (1985) Was können wir wissen? Band 1: Die Natur der Erkenntnis. Stuttgart: Hirzel

Wickler W (1968) Mimikry. Nachahmung und Täuschung in der Natur. München: Kindler

Wieser W (Hrsg.) (1994) Die Evolution der Evolutionstheorie. Heidelberg: Spektrum Akadem. Verlag

Wieser W (1997) A major transition in darwinism. In: TREE 12:367–370

Woese CR (2000) Interpreting the universal phylogenetic tree. In: Proc. Natl. Acad. Sci. USA 97:8392–8396

Wuketits FM (2001) Evolution. Die Entwicklung des Lebens. München: Beck

Ziegler H (1992) Der Mensch als Störfaktor der evolutionären Entwicklung. In: Naturwiss. Rundschau 45:463–468

Heidelberger Jahrbuch, Band 47 (2003)
H. Gebhardt/H. Kiesel (Hrsg.): Weltbilder
© Springer-Verlag Berlin Heidelberg 2004

Das Band zwischen allen Dingen –
Wissenskultur und Weltbild im Alten Orient

STEFAN M. MAUL

I

Die Kunst des Schreibers ist die Mutter derer, die lesen, und der Vater der Gelehrten.

Die Kunst des Schreibers bringt Freude, aber niemals kann man sich an ihr sättigen;

Die Kunst des Schreibers ist zwar nicht einfach zu erlernen, aber der, der sie erlernt, fürchtet sie nicht.

Bemühe dich um die Kunst des Schreibers, und sie wird dich bereichern.

Sei arbeitsam in der Kunst des Schreibers, und sie wird dich auch mit Gütern versorgen.

Sei der Kunst des Schreibers gegenüber nicht gleichgültig, lasse den Arm nicht ruhen: denn die Kunst des Schreibers ist ein „Haus der Schönheit", das dir die Weisheit des Enki eröffnet.

Wenn du dich ihr unermüdlich widmest, wird sie dir ihre Geheimnisse enthüllen.

Nur wenn du ihr gegenüber gleichgültig bist, wird man Schlechtes über dich sagen.

Die Kunst des Schreibers ist ein gutes Los, das auch Reichtum und Überfluss bringt.

Wenn du noch jung bist [und lernst], dann stöhnst du, bist du aber groß, dann ist sie [ein Vergnügen].

Die Kunst des Schreibers ist das Band zwischen allen Dingen.[1]

Ein jeder, der beseelt ist von seiner Wissenschaft, der gerungen hat um Erkenntnis, der das Verschlungene zu entwirren versucht und nach langem Mühen eine Erklärung für das zuvor Unverständliche gefunden hat, wird die tiefe Freude an Einsicht kennen, der in diesem Preislied auf n a m - d u b - s a r,

---

[1] Die Übersetzung aus dem Sumerischen richtet sich nach der Edition von Sjöberg, *In Praise of the Scribal Art*.

die Kunst des (Tontafel-)Schreibers, Ausdruck verliehen ist. In den Skriptorien der berühmten Bibliothek des assyrischen Königs Assurbanipal (668–631 v. Chr.) zu Ninive wurde dieser sumerische Text, der vielleicht schon vor nahezu 4000 Jahren entstand, gleich mehrfach abgeschrieben. Auch den Fachfremden lässt er erahnen, dass ein tieferes Verständnis der Geisteswelt des Alten Orients, dessen schriftliche und archäologische Quellen auf den ersten Blick oft fremd und wenig gefällig wirken, durchaus möglich, vor allem aber lohnenswert ist. Das Gedicht lässt keinen Zweifel daran, dass auch im Alten Orient Studium und Gelehrsamkeit dem forschenden Geist dieselbe Ernsthaftigkeit, Selbstdisziplin und Begeisterungsfähigkeit abverlangte, die auch heute noch unabdingbare Voraussetzungen für jede gute, seriöse Wissenschaft sind. In den Schreibstuben Assurbanipals, der in seiner Palastbibliothek das gesamte Wissen seiner Zeit zusammentragen wollte, wirkten wohl nur die fähigsten Gelehrten Assyriens und Babyloniens. Bereits ein oberflächliches Studium der Bibliothekstafeln, die man in den Ruinen des Königspalastes in Ninive fand, stellt dies eindrucksvoll unter Beweis. Die elegant geformten, mit einer ebenmäßigen, geradezu genormten neuassyrischen Keilschrift beschriebenen Tontafeln zählen schon äußerlich zu den schönsten Schriftstücken, die der Alte Orient hervorgebracht hat. Betrachtet man sie genauer, stellt man fest, dass sie das Produkt einer wahrhaft wissenschaftlich zu nennenden philologischen Recherche sind. Zur Erstellung der Editionen von literarischen, religiösen, medizinischen und divinatorischen Texten wurden zahlreiche Textvertreter aus allen Landesteilen herangezogen und unter größter Sachkenntnis stets die beste Textvariante ausgewählt. Einmalig in der Philologie alter Kulturen dürfte der Umstand sein, dass inhaltliche Abweichungen von Textzeugen in einer Art Variantenapparat verzeichnet und die Stellen, die in den Textvorlagen zerstört waren, auch dann in den neuen Ausgaben als Textlücke gekennzeichnet wurden, wenn die Ergänzung des Textes auf der Hand lag. Eine solche philologisch-pedantische Arbeitsweise unterscheidet sich von der Tätigkeit des modernen Assyriologen nur geringfügig. Mit der gleichen Gewissenhaftigkeit wurden in den Schreibstuben des Königspalastes Gebete, Ritualbeschreibungen und exorzistische Fachliteratur, medizinische Texte und Omensammlungen unterschiedlichster Provenienz gesammelt, gesichtet und in Kompendien, Serien und Handbüchern zusammengefasst, die von da an bis zum Ausklingen der Keilschriftkultur im 1. Jh. n. Chr. als kanonisch angesehen wurden. Darüber hinaus legten gelehrte Schreiber – modernen Assyriologen gleich – paläographische Zeichenlisten an, die im Elementarunterricht Verwendung fanden und bereits den jugendlichen Keilschriftstudenten ein Mittel in die Hand gaben, eigenständig die auch damals stets bei Ausschachtungsarbeiten gefundenen Schriftzeugnisse älterer Perioden zu erschließen. An dem Hofe neuassyrischer Könige kursierten sogar Keilschriftzeichenlisten, die synoptisch die zeitgenössischen neuassyrischen Zeichenformen den noch deutlich bildhaften Zeichenformen der Jahrtausende zurückliegenden Zeit der Schrifterfindung gegenüberstellten. Wenige Tafelbruchstücke zeugen sogar davon, dass neuassyrische Schreiber sich darin versuchten, Texte in diesem urtümlichen Duktus zu verfassen. Daher muss die auf den ersten Blick prahlerische Angabe Assurbanipals, er habe gar „Steine aus den Zeiten vor der Flut" lesen können, ernst genommen werden, zumal sich die Abschrift einer zweisprachigen Schülerfibel erhalten hat, die eigens für das Studium des damals noch jungen Prinzen Assurbanipal geschrieben worden war. Wie dem auch sei, die paläographischen und sprachhistorischen Kenntnisse neuassyrischer und neubabylonischer Schreiber waren durch stetes Studium derart perfektioniert, dass sie offenbar mit Leichtigkeit sowohl Faksimiles als auch Neuschöpfungen von Schriftstücken in der Machart des 3. und 2. Jahrtausends v. Chr. herstellen konnten, die so formvollendet erscheinen, dass auch moderne Assyriologen noch über das wahre Alter der Dokumente streiten.

II

Das Interesse altorientalischer Schreiber an der Schriftgeschichte ihrer Kultur war nicht unmotiviert. Im Auftrage der Könige fertigten sie Inschriften, niedergeschrieben in altertümlichen Keilschriftzeichenformen, die im zeitgenössischen Alltagsleben schon mehr als anderthalb Jahrtausende außer Gebrauch waren. Die Schreiber und Gelehrten bedienten sich auch einer babylonischen Kunstsprache, die sich – weit entfernt von der zeitgenössischen Sprache des Alltags – an der altertümlichen, als klassisch empfundenen akkadischen Sprache orientierte, die zu Beginn des 2. Jahrtausends v. Chr. gesprochen wurden, und pflegten unbeirrt das bereits um 2000 v. Chr. als gesprochene Sprache ausgestorbene Sumerische. Dies zeigt, welch' mächtige, alles durchdringende normative Kraft das Althergebrachte in den Kulturen des Alten Orients besaß, und wie man durch das Wiederbeleben der Formen des eigenen ‚Altertums‘, die Zeiten überbrückend, nach der klaren uranfänglichen Ordnung der ‚fernen Zeit‘ strebte, der die Götter selbst im Schöpfungsakt ihre Gestalt gegeben hatten.[2]

Obgleich nicht zuletzt die Gelehrten am Hofe Assurbanipals, die Zeugen einer nie zuvor gesehenen Machtentfaltung des assyrischen Reiches wurden, aus engster Nähe sahen, welche „Fortschritte" astronomische Beobachtungsformen und technische Entwicklungen machten, und das Phänomen der Kulturentwicklung am Beispiel ihrer paläographischen Studien genau beobachteten, war ihr Bild von Wissenschaft und Erkenntnis weit weniger als das unsere von einem Fortschrittsgedanken geprägt. Sie lehrten, dass das gesamte Wissen bereits im Uranfang der Welt den Menschen an die Hand gegeben

---

[2] Hierzu vgl. auch Maul in: Kuhn/Stahl (Hrsg.), *Die Gegenwart des Altertums*, S. 117–124.

worden war. Sämtliche kulturellen Errungenschaften, auch die neuesten der Gegenwart, seien es die Fertigkeiten und Techniken der Baukunst, die Kunst der Schreiber, Goldschmiede und Schreiner sowie alle weiteren Technologien galten ihnen als Offenbarungen der Götter, die diese den Menschen zum Anbeginn der Zeiten geschenkt hatten. Noch Berossos, ein Marduk-Priester des 3. Jh. v. Chr., der mit seinem griechischsprachigen Werk *Babyloniaka*[3] der hellenistischen Welt Geschichte und Kultur des alten Babyloniens nahe brachte, hielt dieses Selbstverständnis der babylonischen Gelehrsamkeit für wesentlich: Ein fischgestaltiges Wesen namens Oannes sei, so Berossos, im ersten Jahr der Welt, also *unmittelbar* nach Erschaffung von Himmel, Erde und Menschen, aus dem persischen Golf gestiegen und habe „die Menschen die Schriftkunde und die mannigfaltigen Verfahrungsweisen der Künste, die Bildungen von Städten und die Gründungen von Tempeln, auch der Gesetze Handhabung, die Geometrie und die Rechenkünste, sowie das Einbringen von Saatgut und Früchten [gelehrt], was nur immer der Häuslichkeit des Lebens der Welt zustatten kommt, überlieferte es (d. h. das „Tier" [τό ζῷον] Oannes) den Menschen; und seit jener Zeit werde von keinem anderen mehr etwas erfunden".[4] Ferner habe Oannes über das Werden der Welt und das Staatswesen geschrieben und den Menschen Sprache und Kunstfertigkeit verliehen.[5]

Auch in Keilschriftquellen selbst lässt sich die Vorstellung nachweisen, dass Wissen und Künste nicht als menschliche Errungenschaften galten. Das Wirken der Gelehrten bestand in diesem Selbstverständnis darin, jeweils in ihrer Zeit das offenbarte Wissen zu durchdringen, zu bewahren und zum Wohle der Welt anzuwenden. Im folgenden Text wird dies für die Verfahren der Divination geschildert, welche die Götter Enmeduranki, einem vorsintflutlichen König von Sippar, offenbarten:

„Den Enmeduranki, den König der Stadt Sippar, den Liebling [der Götter] Anu, Enlil und Ea, ernannte [der Sonnengott] Schamasch im [Tempel] Ebabbar. Schamasch und Adad[6] ließen ihn in ihrer Versammlung Platz nehmen und Schamasch und Adad ehrten ihn. Schamasch und Adad ließen ihn vor sich Platz nehmen auf einem goldenen Thron. Sie ließen ihn sehen [die Kunst], das …l in Wasser zu betrachten, das Geheimnis von Anu, Enlil und Ea. Die Tafel der Götter, die Leber, das Geheimnis von Himmel und Erde, gaben sie ihm [...] Und er ließ, gemäß ihrem Ausspruch, die Söhne [der Städte] Nippur, Sippar und Babylon vor sich eintreten und ehrte sie. Auf Thronen ließ er sie vor sich Platz nehmen. Er ließ sie sehen [die Kunst], das Öl in Wasser zu betrachten, das Geheimnis von Anu, Enlil und Ea. Die Tafel der Götter, die

---

[3] Siehe Schnabel, *Berossos und die babylonisch-hellenistische Literatur*, und die Übersetzung: Burstein, *The Babyloniaca of Berossus*.

[4] Vgl. Schnabel, *Berossos und die babylonisch-hellenistische Literatur*, S. 253.

[5] Ebd., S. 254.

[6] Sonnen- und Wettergott.

Leber, das Geheimnis von Himmel und Erde, gaben er ihnen [...]. Was die Tafel der Götter, die Leber, das Geheimnis von Himmel und Erde, und [die Kunst] anbetrifft, das Öl in Wasser zu betrachten, das Geheimnis von Anu, Enlil und Ea und das, was in den Kommentaren steht, was *Enuma Anu Enlil*[7] anbetrifft und die Kunst, Multiplikationen zu errechnen: Der wissende Gelehrte, der das Geheimnis der großen Götter bewahrt, möge seinen Sohn, den er liebt, vereidigen mit Tafel und Griffel und ihn lernen lassen."[8]

Es erscheint nur folgerichtig, dass im mesopotamischen Sintflutmythos Uta-napischti, der babylonische Noah, nicht nur die Lebewesen in seine Arche lud, um sie in die neue Zeit zu retten, sondern auch dafür sorgte, dass das Wissen und die Künste das göttliche Weltengericht überdauerten. Im Gilgamesch-Epos berichtet der Sintflutheld:

> Alles, was mir zur Verfügung stand, lud ich ein.
> Alles, was mir zur Verfügung stand an Silber, lud ich ein.
> Alles, was mir zur Verfügung stand an Gold, lud ich ein.
> Alles, was mir zur Verfügung stand an jeglichem Samen des Lebens, lud ich ein.
> An Bord des Schiffes ließ ich steigen meine gesamte Familie und meine Sippe. Das Vieh der Steppe, das Getier der Steppe [und] die Vertreter jeglicher Künste ließ ich einsteigen.[9]

Berossos weiß gar zu berichten, dass der Weisheitsgott der babylonischen Noah-Gestalt den Auftrag erteilte „die ersten, die mittleren und die letzten Schriftwerke" zu vergraben und so vor ihrem Untergang zu retten. Nach der Flut sollten sie dann wieder ausgegraben[10] und „der Menschheit übergeben" werden.[11]

Für den mesopotamischen Menschen ist, abweichend von unserem Wissenschaftsverständnis, so Erkenntnisgewinn und „wissenschaftlicher Fortschritt" nicht in erster Linie „Neues", sondern ein aktives (durchaus mit persönlicher Leistung verbundenes) Näherrücken an die im Uranfang gegebene und stets vom Menschen zu durchdringende göttliche Offenbarung. Es ist nur folgerichtig, dass – anders als in der griechisch-hellenistischen Kultur, in deren Tradition wir uns sehen – in Mesopotamien Erkenntnisse, Erfindungen und Neuschöpfungen in der Regel nicht mit dem Namen von Menschen, sondern mit dem von Göttern in Verbindung gebracht werden.

---

[7] *Enuma Anu Enlil* wurde das sehr umfangreiche keilschriftliche Werk genannt, in dem die Gesetzmäßigkeiten der Astrologie niedergelegt waren.

[8] Lambert, *The Qualifications of Babylonian Diviners*, S. 148.

[9] Gilg. XI, 81–86.

[10] Zweifelsfrei verbirgt sich hinter dieser Erzählung eine Ätiologie für den Umstand, dass man in den alten Städten Mesopotamiens bei Bauarbeiten immer wieder auf uralte Schriftzeugnisse stieß.

[11] Siehe Schnabel, *Berossos und die babylonisch-hellenistische Literatur*, S. 264f., und Burstein, *The Babyloniaca of Berossus*.

III

Betrachten wir das Schrifttum der bereits im 2. Jahrtausend v. Chr. hochent-wickelten mesopotamischen Mathematik, sehen wir babylonische Gelehrte komplexe Gleichungen 1. und 2. Grades lösen, mit einem Näherungswert der Zahl π operieren und mathematische Probleme lösen, welche die Kenntnis des „Satzes des Pythagoras" vorauszusetzen scheinen. Gleichwohl finden sich in dem mathematischen Texten Mesopotamiens weder Beweisführungen noch explizit formulierte mathematische Gesetze. Vergleichbares gilt für die Geometrie und die beobachtende und rechnende Astronomie. Wenn Astrono-miehistoriker von „babylonischen Mond- oder Planetentheorien sprechen", so schreibt W. von Soden, „so meinen sie nirgendwo formulierte Auffassun-gen, die man aus den sehr komplizierten Zahlenreihen der Texte ablesen kann und die die Griechen als eine Theorie hätten formulieren können."[12] Der sich in diesem Befund offenbarende Mangel an Theorie und Abstraktionsvermö-gen, so sind sich die heutigen Wissenschaftshistoriker einig, habe dazu ge-führt, dass sich in Mesopotamien „trotz zahlreicher guter Beobachtungen und Berechnungen keine echte Wissenschaft"[13] habe entwickeln können. Diese aus der Perspektive unseres heutigen Wissenschaftsverständnisses getroffene Wertung, die so durchaus ihre Berechtigung haben mag, möchte ich hier nicht weiterverfolgen. Denn sie ist kaum hilfreich, wenn man in das Wesen der Wis-senskultur des Alten Orients eindringen möchte. Verharren wir also bei dem eigentümlichen Phänomen, dass mesopotamische Gelehrte Daten und Er-kenntnisse sammelten und systematisierten, aber nie die den Daten innewoh-nenden Prinzipien in abstrakten Lehrsätzen und Gesetzen formulierten.

In den mathematischen Texten sammelten sie anstelle von Beweisen und Lehrsätzen Aufgaben desselben Typs mit geringfügigen Abweichungen, um ein Problem von verschiedenen Seiten zu beleuchten. Vergleichbares ist für alle weiteren Wissensbereiche zu verzeichnen. So wurden für das Studium der sumerischen Sprache zahlreiche Paradigmata angelegt, ohne dass eine Gram-matik formuliert worden wäre. In Hunderttausenden von Omina werden zwar Protasis[14] und Apodosis[15] in einen kausalen Zusammenhang gestellt. Aber Lehrbücher, die die zugehörige Hermeneutik liefern, fehlen vollständig (sieht man einmal von den Kommentaren ab). Im Kodex Hammurapi und in anderen Rechtsbüchern finden wir Zusammenstellungen von Rechts-sprüchen, die keineswegs alle Bereiche des Rechtes abdecken. Die Rechtsnor-men, die den Rechtssprüchen und aller richterlicher Tätigkeit letztlich zu-grunde liegen, sind jedoch nirgendwo schriftlich fixiert. Sie offenbaren sich

---

[12] v. Soden, *Einführung in die Altorientalistik*, S. 163.
[13] Pichot, *Geburt der Wissenschaft*, S. 124f.
[14] Protasis wird in der Omenlehre der Satz genannt, in dem das beobachtete Vorzeichen beschrieben ist.
[15] Apodosis heißt der auf die Protasis folgende Satz, in dem das mit dem Vorzeichen verknüpfte, in der Zu-kunft stattfindende Ereignis beschrieben ist.

erst demjenigen, der die paradigmatischen Rechtssprüche des großen Gerechten der mesopotamischen Kultur immer wieder studiert. Aus diesem Grunde wurde der Kodex Hammurapi immer wieder abgeschrieben, der Text immer wieder auswendig gelernt und wohl auch immer wieder im Kreise der Gelehrten diskutiert. Abschreiben und Auswendiglernen, Auswendiglernen und Aufschreiben, so zeigt es auch die Didaktik mesopotamischer Schultexte, sollten den Adepten der Wissenschaft in den Gegenstand seiner Disziplin einführen. „Mit Tafel und Griffel" (so hieß es in dem oben zitierten Enmeduranki-Text) sollte er die zugrunde liegenden Lehren und Erkenntnisse tastend und angeleitet durch die ihm im Studienmaterial bereitgestellten Exempla erspüren und durch stetiges Studium in sich immer deutlicher erstehen lassen. Unter diesem Gesichtspunkt lässt sich im übrigen auch verstehen, warum alle sog. Fachbibliotheken mesopotamischer Gelehrter fast ausschließlich aus Tontafelabschriften bestehen, die junge, angehende Gelehrte anfertigten. Die erst durch ein dauerhaftes Studium erkannten grundlegenden Weisheiten zu formulieren und so den Lernenden zugänglich zu machen, hätte, so will mir scheinen, in der mesopotamischen Wissenskultur bedeutet, das Ziel vor den Weg zu stellen. Sollte sich also in der mesopotamischen „Theorieverweigerung" etwa doch nicht mangelndes Abstraktionsvermögen, sondern eine sich von der unseren grundlegend unterscheidende Wissenskultur offenbaren, die den Vorteil gehabt hätte, *jeden* Gelehrten mit den Grundlagen seines Tuns ringen zu lassen, um diese umso besser kennen zu lernen? Wir sollten darüber nachdenken, ob den Gelehrten Mesopotamiens das Formulieren von Lehrsätzen nicht als ein letztlich schädliches Banalisieren des eigentlich Unaussprechlichen erschienen ist. In dem oben zitierten Enmeduranki-Text war der Gelehrte als derjenige charakterisiert, der „das Geheimnis der großen Götter bewahrt". Das unaussprechliche und im Uranfang von den Göttern gegebene Gesetz, das unsere Kultur in Lehrsätzen zu fassen versucht, ist, so meine ich, das, was die Babylonier als *nisirti ilani rabuti* bezeichneten, das unaussprechliche „Geheimnis der großen Götter", das aller Wissenschaft zugrunde liegt.

Aus der jüdischen Kultur ist uns Vergleichbares bekannt. Mit dem Ziel, das Unfassbare der Weltenschöpfung fassbar zu machen, das Unaussprechliche in sprachliche Form zu bringen, hat der Redaktor der Thora gleich zwei sich grundlegend widersprechende Schöpfungsberichte nebeneinandergestellt, obgleich beide als das Wort des *einen* Gottes gelten. Während das Judentum in guter altorientalischer Tradition die auf der Oberfläche sichtbaren Widersprüche als unerschöpflichen Quell der in Studium und Gelehrtengespräch entfalteten Erkenntnis nutzt, kapriziert sich die moderne westliche Rezeption mit ihrem „digitalen Denken" darauf, die Widersprüche durch Quellenscheidung aus dem Weg zu räumen.

Hiermit dürfte die christliche Bibelexegese der jüdischen Kultur der Bibelauslegung ebenso wenig gerecht werden wie die moderne Wissenschaftsgeschichte der Wissenskultur des Alten Orients.

IV

Blättert man in den gängigen modernen Wissenschaftsgeschichten, so entdecken die Wissenschaftshistoriker in Mesopotamien eine „erwachende Wissenschaft" in den Bereichen der Mathematik, der Astronomie und der Medizin. Bezeichnenderweise fehlen Darstellungen über die Philologie, die Theologie und die nichtmedizinischen Therapieformen, die offenbar ebenso wenig „wissenschaftsverdächtig" sind wie Historiographie oder gar Divination. Auch hier gilt das bereits zuvor Gesagte. Wenn man so aus dem Blickwinkel des modernen europäisch-westlichen Wissenschaftsverständnisses auf die Gelehrsamkeit einer fernen und fremden Kultur schaut, wird man wenig über diese andere Kultur erfahren können. Über die zweifelhafte Erkenntnis, dass diese ferne Kultur zwar wenige, aber immerhin einige erste mehr oder weniger unbeholfene Schritte auf einem Weg eingeschlagen hat, den die eigene Kultur zielstrebig gegangen ist, wird man nie hinauskommen. Darum schieben wir diesen wenig fruchtbar erscheinenden Blickwinkel einfach beiseite. Denn André Pichots Urteil, „dass [in Mesopotamien] die Vernunft noch nicht zum obersten Wahrheitskriterium erhoben worden ist"[16] (dies sollten ja bekanntlich erst die Griechen leisten), wird uns dem Verständnis mesopotamischer Wissenschaft nicht näher bringen können. Dies sei anhand eines Beispiels aus dem Bereich der babylonischen Heilkunde deutlich gemacht. In einer Therapiebeschreibung, die im 7. Jh. in Assur niedergeschrieben wurde, aber erheblich ältere Vorläufer besitzt, sind die Symptome einer Krankheit aufgeführt, die, wenn sie unbehandelt bleibt, zum Tode führt. Ich zitiere:

Wenn einem Mann ein ungutes Vorzeichen erscheint (...) und er beständig und immer wieder Verlust und Abgang erleidet; (er) einen Abgang an (den Zahlungsmitteln) Gerste und Silber (erfährt); (er) einen Abgang an (den Arbeitskräften) Knecht und Magd (erfährt); (wenn) Rinder, Pferde und Kleinvieh, Hunde, Schweine und Menschen gleichermaßen immer wieder sterben (und) er immer wieder sein Selbstvertrauen verliert; er Anweisung gibt, ohne dass dem willfahren wird; er ruft, ohne dass geantwortet wird; er sich dem Begehren, das die Leute formulieren, bereitstellt; (wenn) er in seinem Bett immer wieder in Schrecken gerät (und) Lähmungszustände bekommt; seine Gliedmassen immer wieder ‚hingeschüttet' sind (und) er dann und wann erschrickt; (wenn) er bei Tage und bei Nacht nicht schlafen kann; (wenn) er immer wieder schreckliche Träume sieht; (wenn) er, während er kaum zu essen und zu trinken vermag, das, was er sagt, (gleich) wieder vergisst.

Was diesen Mann anbetrifft: Der Zorn von Gott und Göttin ist ihm immer wieder auferlegt (...).

---

[16] Pichot, *Geburt der Wissenschaft*, S. 145.

Für diesen Mann (gilt): (?): an der „Hand des Bannes", der „Hand des Gottes", der „Hand der Menschheit", der „Krankheit des Zusammengewehten" ist er erkrankt.

Die Schuldenlasten des Vaters und der Mutter, des Bruders und der Schwester, der Familie, des Geschlechtes und der Sippe packten ihn.

Um (dies) zu lösen, so dass die Verfinsterungen, (die) ihn (betreffen), nicht mit (schlimmeren Folgen) an ihn herankommen können.

Es würde zu weit führen, in alle Einzelheiten zu gehen. Eines aber ist klar: Der Rahmen dessen, was wir Medizin nennen, ist hier bei weitem überschritten. Die Krankheitssymptome werden keineswegs nur am Körper des Kranken erkannt. Die Babylonier sehen die Krankheit schon mit einem Vorzeichen in den Lebensbereich des Menschen einbrechen und dann immer engere Kreise um den ‚Infizierten' ziehen. Erst sind die Symptome nur ökonomischer Natur. Dann gehen Geld und Arbeitskräfte nicht nur verloren, sondern Mensch und Tier sterben im Umkreise des Betroffenen. Daraufhin schwinden Selbstvertrauen und Autorität des Betroffenen. Und schließlich kommt es zu ersten physischen Symptomen, denen auch wir medizinische Natur zusprechen würden. Obgleich die Babylonier wussten, dass die Krankheit übertragen werden konnte (wie zum Beispiel durch das Trinken aus dem Becher eines Unreinen) und danach noch Zeit ins Land ging, bis sie ausbrach, kam für sie die Übertragung nicht durch Unachtsamkeit oder gar einen unglücklichen Zufall zustande, sondern auf Beschluss der Götter, die wegen lange ungeahndet gebliebener Vergehen von Vorfahren oder Familienmitgliedern verärgert waren.

Haben wir es wirklich mit einer Krankheit zu tun? Aus dem Blickwinkel der modernen Medizin macht sich ratloses Unverständnis breit. War die Therapie der Babylonier ein Fall für den Wahrsager, den Priester, den Magier, den Medizinmann oder für den Arzt, den Psychologen oder gar den Vermögensberater? Der rührende Versuch der Assyriologie, die nicht in Frage zu stellende Leistungsfähigkeit mesopotamischer Heilkunde dadurch für sich und den modernen Zeitgenossen verdaulicher zu machen, dass sie (übrigens in einem Zirkelschluss) die Heilkunde Mesopotamiens in den Verantwortungsbereich eines vorwissenschaftlich arbeitenden Beschwörers und in den eines rational, mit pharmakologisch wirksamen Mitteln arbeitenden Arztes einteilt, ist nicht haltbar. So unbequem und bedrohlich es auch erscheinen mag: der Heiler, der um die auch uns einsichtige Wirkkraft von Heilkräutern genau weiß und sie als Medizinen einsetzt, ist derselbe, der zu Beginn der Therapie die Götter mit Opfer und Gebet besänftigt; der das zurückliegende Vergehen der Vorväter durch Figurenzauber ungeschehen macht; der in einem magischen Gerichtsverfahren den Omenanzeiger des unrechtmäßigen Zugriffs auf den Patienten beschuldigt und ihn mit Hilfe der Götter verurteilt. Er ist es, der nach den strengen Regeln göttlicher Offenbarung die keimende Krankheit von dem Patienten mit Getreideschrot herunterreibt und die Rückstände verbrennt und dann die Krankheit mit dem sakramentalen Segen der Götter in ein Tonfigürchen bannt, um sie nun doch noch mit dem Patienten zu vermählen: denn der der Krankheit zugrunde liegende Beschluss der Götter, den Patienten zu strafen, kann nicht rückgängig gemacht werden. Er muss sich vollziehen, wenngleich auch nur an einem Abbild des Patienten, auf das dessen Identität übertragen wurde. Erst jetzt kann der so dem Gottesurteil entgangene Patient mit den Mitteln behandelt werden, die wir annähernd medizinisch nennen.

In übersichtlich aufgebauten, sehr umfangreichen (und immer noch nicht erschlossenen) keilschriftlichen Nachschlagewerken auf Tontafeln konnte sich der Heiler über Aussehen und Heilwirkung von Pflanzen und Mineralien informieren. Diese Werke muten in ihrem rationalen Aufbau und mit den exakten Beschreibungen sehr modern an. Und in der Tat kann die Wirkkraft mancher Heilverfahren und Heilmittel auch von der modernen Medizin nachvollzogen werden. Gleichwohl ist auch in diesen Fällen vor einem vorschnellen und vielleicht nur vermeintlichen Gefühl der Vertrautheit zu warnen. Denn auch die nach der Einschätzung der modernen europäischen Medizin wirksamen mesopotamischen Medikamente galten keineswegs als aus sich selbst heraus wirkkräftig. Erst ein sakramentaler Segen konnte ihnen diese Kraft verleihen. In wichtigen Fällen, etwa dann wenn dem König selbst eine Medizin verabreicht werden sollte, erschien es den mesopotamischen Ärzten ratsam, die Wirksamkeit der Medizin zu testen. Dies geschah weder im klinischen, noch im Tier- oder im Selbstversuch. Man holte mittels Leberschau die Meinung der Götter ein.

Spätestens an dieser Stelle wird, so hoffe ich, offenbar, dass ein Projizieren unserer zeit- und kulturgebundenen Wissenschaftsdisziplinen auf die Heilkunde des Alten Orients oder auf andere Wissensbereiche nur zu unzulässiger selektiver Wahrnehmung oder zu hoffnungslos irreführenden Zerrbildern führen würde.

V

Auf einen weiteren, m. E. sehr wichtigen Punkt gilt es noch hinzuweisen. Um zu einem tieferen Einblick in die mesopotamische Wissenskultur zu gelangen, ist eine ernsthafte Beschäftigung mit den mesopotamischen Vorstellungen von Wesen und Wirkkraft der Materie vonnöten. An anderer Stelle[17] habe ich versucht aufzuzeigen, worin Heilkraft und magische Wirkung dreier, in Heilungs- und Reinigungsritualen sehr häufig und fast immer gemeinsam verwendeter Pflanzen und Pflanzenteile besteht, nämlich *binu*, ‚Tamariske‘; *maschtakal*, ein alkalihaltiges, für die Herstellung einer Seifenlauge geeigne-

---

¹⁷ Maul, *Zukunftsbewältigung*, S. 62ff.

tes Kraut; und *libbi gischimmari*, der ‚Vegetationskegel der Dattelpalme‘. Dies soll hier nicht im einzelnen nachvollzogen werden. So viel sei jedoch gesagt. Eine jede der drei Pflanzen steht für eine klar definierte Phase in der Reinigung und Heilung eines Patienten. Die Tamariske (*binu*) hatte die Aufgabe, das Voranschreiten des „Bösen“, das von einem Menschen oder auch einer Sache Besitz zu ergreifen begann, so zu verhindern oder genauer abzubrechen, wie „eine [einmal] ausgerissene Tamariske nicht mehr an ihren ursprünglichen Ort zurückkehren kann und auf ihr Früchte nicht mehr wachsen können“[18]. Das Seifenkraut *maschtakal* stand dafür, dass das Böse von dem Betroffenen „heruntergewaschen“ wurde. Und der Vegetationskegel der Dattelpalme (*libbi gischimmari*) schließlich, als „Motor“, als treibenden Kraft der Pflanze, der (das südliche) Mesopotamien seine Lebensgrundlage und seinen Reichtum verdankt, verkörperte das Sich-segensreich-Entwickeln, in dessen Genuss der Patient gelangen sollte. Gemeinsam verwendet stehen sie nicht nur für den sich aus den soeben benannten drei Phasen zusammensetzenden Prozess des Heil-, des Reinwerdens, sondern tragen ihn in sich, bewirken ihn. Demnach trägt die leblose, *statische Materie* (jedenfalls der assyrisch-babylonischen Anschauung zufolge) die *Dynamik eines Ablaufes* in sich und vermag diese freizusetzen oder hervorzurufen. Wer an dieser Stelle nicht folgen mag, lässt sich vielleicht durch ein anderes Beispiel dem vorgetragenen Gedanken geneigter machen: aus einem jüngst publizierten Text wissen wir, dass ein apotropäisches Figürchen, eingesetzt zum magischen Schutz des Hauses, damit es wahrhaft wirksam sei, nicht nur aus mit Wasser geschmeidig gemachtem Ton gefertigt werden sollte, sondern der Ton sollte mit *me qiddati* aufbereitet werden, mit „abwärts fließendem Wasser“. Dieses aber, nach unserer modernen Sicht der Dinge, ist ebenso gut oder schlecht geeignet zur Herstellung einer Statuette wie etwa das stehende Wasser einer Zisterne. Für den altorientalischen Menschen aber trägt es die (in Gebeten und Ritualen häufig namentlich genannte) Kraft des Wassers in sich, das Schmutz und Verunreinigung nicht nur abwäscht, sondern so unwiederbringlich abtransportiert, wie – so vermerkt ein einschlägiger Text – „das flussabwärts fließende Wasser nicht zurück flussaufwärts fließen kann“.[19]

Spätestens an dieser Stelle zeigt sich, – ohne dass wir hier den einzelnen Beispielen weiter nachgehen könnten oder müssten – dass sich die assyrisch-babylonischen Vorstellungen von der Materie und ihrer Wirkkraft sehr deutlich von den unseren unterscheiden und ein Studium sog. „esoterischer“ Keilschrifttexte für ein tieferes Verständnis der Kulturgeschichte und der Archäologie des Alten Orients nicht nur lohnenswert, sondern unerlässlich ist.

---

[18] Siehe ebd., S. 65.
[19] Ebd., S. 88f.

VI

Wir sind, man muss es leider zugeben, sehr weit davon entfernt, auch nur ansatzweise das komplexe Geflecht von Bezügen zu verstehen, das in den zahllosen Keilschrifttexten ganz unterschiedlicher Gattungen offensichtlich oder versteckt zwischen Farben, Pflanzen, Tieren, Steinen, Mineralien und Metallen, Körperteilen und Planeten, Göttern sowie irdischen und kosmischen Bereichen und Kräften aufgestellt wird. Die sogenannten esoterischen Listen liefern uns hierzu einen Schlüssel. Da erscheinen Metalle als Emanationen von Göttern, Pflanzen haben ihre Entsprechungen im Tierreich und Körperteile sind Monaten zugeordnet. Der Hintergrund dieser Lehren liegt noch weitestgehend im Dunkeln und ist in Theorien und Lehrsätzen nie formuliert worden. Ihn zu erforschen, wird uns zweifelsohne dem Wesen mesopotamischer Gelehrsamkeit bedeutend näher bringen.

Schon jetzt wissen wir, dass die ggf. unklare Bedeutung bestimmter beobachteter astronomischer Befunde durch Leber- und Eingeweideschau verifiziert werden konnte und dass, wie uns ein „Handbuch eines babylonischen Sehers" übermittelt, die astronomischen Befunde nicht wirklich aussagekräftig waren ohne genaueste Beobachtungen der terrestrischen Zeichen, die als Spiegel und Gegenstück der himmlischen galten. In dem einen, dem astronomischen, spiegelte sich das andere System, das der terrestrischen Zeichen, das seinerseits in dem System der Lebertopographie eine weitere Emanation fand. Auf Lebermodellen wiederum finden wir bestimmten Leberteilen Himmelsregionen zugewiesen. All dies zeigt deutlich, dass die Babylonier von dem Gedanken getragen waren, dass in der von ihnen erfahrbaren materiellen Welt alle Dinge mit allen Dingen in Verbindung standen und jeweils nur unterschiedliche Emanationen des Einen waren: Ausdrucksformen der nicht benennbaren und sprachlich nicht fassbaren göttlichen Ordnung, die mit einem eigenen Willen den Bereich des Irdisch-Menschlichen leitete. Ein wesentlicher Teil der „wissenschaftlichen Energie" des Alten Orients wurde in die „Entdeckung" dieses Bezugssystems, des „Bandes zwischen allen Dingen" investiert, ein Bezugssystem, in dem sich das eine durch das andere offenbart. Dieses dem europäisch-westlichen Denken völlig fremde Erkennen des einen im anderen ist der Gelehrtentradition Mesopotamiens durchaus angemessen. Denn die Keilschriftgelehrten waren es von Kindheit an gewohnt, eine Schrift zu beherrschen, in der Keilschriftzeichen grundsätzlich vieldeutig waren und neben ihrem intendierten, jeweils kontextbezogenen Sinn immer die übrigen potentiellen Bedeutungen virtuell mittrugen. Über viele Jahrhunderte nahmen sie die beiden Sprachen (das Sumerische und das Akkadische), in denen sie schrieben und dachten, keineswegs als zwei gänzlich unverwandte Sprachen wahr, sondern als zwei analoge Emanationen von *einer* Sprache, die selbst sich dem Sprachlichen entzog und somit ein Geheimnis blieb.

Auch das Erforschen der Zeichenhaftigkeit der Welt stand für die Gelehrten Mesopotamiens im Dienste der Divination, die heute als übler Aberglaube gilt. Dies mag sein. Über einer solchen Wertung wird allerdings allzu leicht vergessen, dass im Alten Orient mit der Divination eine Idee Gestalt annahm, die – in bisweilen fataler Weise – unsere Gesellschaft bis heute bestimmt: nämlich die Vorstellung, dass die gesamte Welt einem Gefüge von strengen Gesetzmäßigkeiten unterworfen sei, die es nur zu erkennen gilt, um dann – sich ihrer bedienend – die Welt in Harmonie lenken zu können. Nichts anderes bezweckt schließlich moderne Wissenschaft. Der großangelegte Versuch der altorientalischen Kulturen, mit der im Omen durch die Verknüpfung von Protasis und Apodosis erkannten Kausalität Gesetzmäßigkeiten im historischen Geschehen zu ermitteln, um diese dann für das eigene politische Handeln nutzbar zu machen, findet in seiner Kühnheit doch nicht einmal im Historischen Materialismus sein Gegenstück!

Wenn wir Werte, Kategorien und Leistungen einer fremden Kultur erschließen möchten, gelingt dies nur, wenn wir die eigenen Werte und Kategorien nicht zum Maß aller Dinge machen. Nur ehrfürchtiger Respekt, Offenheit, genaues Hinsehen und große Sachkenntnis werden uns hier weiterbringen. Sind wir, dies zu leisten, nicht bereit, wird es uns ergehen, wie dem Fuchs in der folgenden Geschichte:

Gevatter Fuchs hat einst in Kosten sich gestürzt
und den Gevatter Storch zum Mittagbrot gebeten.
Nicht allzu üppig war das Mahl und reich gewürzt;
denn statt der Austern und Lampreten
gab's klare Brühe nur – viel ging bei ihm nicht drauf.
In flacher Schüssel ward die Brühe aufgetragen;
indes Langschnabel Storch kein Bisschen in den Magen
bekam, schleckt Reineke, der Schelm, das Ganze auf.
Doch etwas später lädt der Storch, aus Rache
für diesen Streich, den Fuchs zum Mahle auf seinem Dache.
„Gern", spricht Herr Reineke, „da ich nach gutem Brauch
mit Freunden nie Umstände mache."
Die Stunde kommt; es eilt der list'ge Gauch
nach seines Gastfreunds hohem Neste,
lobt dessen Höflichkeit aufs beste,
findet das Mahl auch schon bereit,
hat Hunger – diesen hat ein Fuchs zu jeder Zeit –,
und schnüffelnd atmet er des Bratens Wohlgerüche,
des leckren, die so süß ihm duften aus der Küche.
Man trägt ihn auf, doch – welche Pein! –
in Krügen eingepresst, langhalsigen und engen;
leicht durch die Mündung geht des Storches Schnabel ein,

umsonst sucht Reineke die Schnauze durchzuzwängen.
Hungrig geht er nach Haus und mit gesenktem Haupt,
klemmt ein den Schwanz, als hätt' ein Huhn den Fuchs geraubt,
und lässt vor Scham sich lang nicht sehen.

Ihr Schelme, merkt euch das und glaubt:
Ganz ebenso wird's euch ergehen.[20]

Literatur

Burstein SM (1978) The Babyloniaca of Berossus. In: Sources from the Ancient Near East 1/5:143–181
Kuhn D, Stahl H (Hrsg.) (2001) Die Gegenwart des Altertums. Formen und Funktionen des Altertumsbezugs in den Hochkulturen der Alten Welt, Heidelberg: Edition Forum
Lambert WG (1998) The Qualifications of Babylonian Diviners. In: Maul SM (Hrsg.) Festschrift für Rykle Borger zu seinem 65. Geburtstag am 24. Mai 1994. *tikip santakki mala baschmu ....* Cuneiform Monographs 10, Groningen: Styx, 141–158
Maul SM (1994) Zukunftsbewältigung. Eine Untersuchung altorientalischen Denkens anhand der babylonisch-assyrischen Löserituale (Namburbi). Baghdader Forschungen, Bd. 18. Mainz: Zabern
Pichot A (1995) Die Geburt der Wissenschaft, Darmstadt: Wissenschaftliche Buchgesellschaft
Schnabel P (1923) Berossos und die babylonisch-hellenistische Literatur. Leipzig: Teubner
Sjöberg A (1971/72) In Praise of the Scribal Art. In: Journal of Cuneiform Studies 24:126–131
v. Soden W (1985) Einführung in die Altorientalistik. Darmstadt: Wissenschaftliche Buchgesellschaft

---

[20] Jean de La Fontaine, *Die Fabeln*. Gesamtausgabe in deutscher und französischer Sprache, mit über 300 Illustrationen von Gustave Doré (aus dem Französischen übersetzt von Ernst Dohm), Wiesbaden o. J. [1978], S. 29.

Heidelberger Jahrbuch, Band 47 (2003)
H. Gebhardt/H. Kiesel (Hrsg.): Weltbilder

Antike Weltbilder im Widerspruch
zwischen Theorie und Praxis

KAI BRODERSEN[1]

Grau(enhaft) ist alle Theorie

Vor dem Schreiben habe ich ein wahres Grauen. Denn die Geographie, zu der ich mich entschlossen hatte, ist eine schwierige Aufgabe, wo Eratosthenes, den ich mir als Vorbild genommen hatte, von Serapion und Hipparchos so stark bekämpft wird; was meinst Du, wenn nun noch Tyrannion dazukommt? Außerdem sind die Dinge wahrlich nicht leicht darzustellen, sind eintönig und eigentlich doch nicht recht für einen blumenreichen Stil, wie ich zunächst gedacht hatte, geeignet.

Kein Geringerer als der große römische Gelehrte, Redner, Politiker und Philosoph Marcus Tullius Cicero hat im April 59 v. Chr. diesen Stoßseufzer in einem Brief an einen Freund[2] von sich gegeben – einen Freund, dem er ein Exemplar von Serapions griechischem Werk zur geographischen Theorie verdankte und dem er ein paar Monate zuvor geschrieben hatte:

Mit der Übersendung von Serapions Buch hast Du mir einen großen Gefallen getan. Freilich – unter uns darf man es ja wohl sagen – ich verstehe kaum den tausendsten Teil davon ...[3]

Bemüht hat sich Cicero freilich immer wieder um die geographische Theorie: Einige Jahre später hatte er im Vertrauen auf ein anderes Buch zu diesem Thema in seinem staatsphilosophischen Werk *De re publica* geschrieben, auf der Peloponnes gebe es keine Poleis (außer Phleius), deren Gemeindeland

---

[1] Für die Chance, in meinem Buch von 1995/²2003 und weiteren Publikationen vertretene Auffassungen hier weiterzuentwickeln, aber auch für die Geduld und Mühewaltung bei der Redaktionsarbeit danke ich H. Kiesel und K. Kempter.

[2] Cicero, ad Atticum 2, 6, 1 (Edition und – hier wiedergegebene – Übersetzung: Kasten ⁴1990): *a scribendo prorsus abhorret animus. etenim* geographika *quae constitueram, magnum opus est. ita valde Eratosthenes, quem mihi proposueram, a Serapione et ab Hipparcho reprehenditur; quid censes, si Tyrannio accesserit? et hercule sunt res difficiles ad explicandum et* homoeideis *nec tam possunt* antherographeistai, *quam videbantur* (die hervorgehobenen Begriffe stehen bei Cicero in griechischer Schrift).

[3] Cicero, ad Atticum 2, 4, 1 (Anfang 59 v. Chr.): *fecisti mihi pergratum, quod Serapionis librum ad me misisti; ex quo quidem ego, quod inter nos liceat dicere, millesimam partem vix intellego ...*

nicht am Meer läge.[4] Wie jeder wissen konnte, der Reisende – Händler oder Boten, Pilger oder Soldaten – befragte oder selbst gereist war, entsprach das nicht den geographischen Tatsachen und wurde deshalb auch von Ciceros Freund kritisiert – zu Unrecht, wie Cicero ihm schrieb:

Dafür, dass alle Staaten auf der Peloponnes am Meer liegen, habe ich mich auf die Angaben eines keineswegs oberflächlichen, auch nach deinem Urteil bewährten Mannes, des Dikaiarchos, verlassen. … So habe ich denn die betreffende Stelle ganz wörtlich aus Dikaiarchos übertragen.[5]

Was ein griechischer Theoretiker wie Dikaiarchos angab, war offenbar allemal „verlässlicher" als die in der Praxis gewonnenen Angaben etwa von Reisenden, wie sie sich in den praktischen Handbüchern niederschlugen, die Listen von Stationen entlang einer Küste oder einer Straße wiedergaben: im sogenannten Periplus, der für die antike Küstenschifffahrt wichtigsten Form geographischer Information, oder im Itinerar, das die Stationen an Straßen und die Entfernungen zwischen diesen Stationen verzeichnete.[6]

In der Praxis nützlich sind diese aus der Praxis gewonnenen geographischen Listen sicher seit jeher gewesen – anders als die (von Cicero freilich als ihm kaum verständlich geschmähten) Schriften zur geographischen Theorie. Doch erfassen Periplus und Itinerar nur einzelne Regionen und vermitteln daher nicht ein eigentliches *Welt*-Bild: Dafür wandten sich Gelehrte vom Schlage eines Cicero an die theoretischen Schriften, und war es auch eine noch so „schwierige Aufgabe", sie zu verstehen und dann darzustellen, da der Stoff „eintönig und eigentlich doch nicht recht für einen blumenreichen Stil geeignet" war.

Summarische Weltbilder

Fragen wir als Althistoriker also nach den Weltbildern der geographischen Theorie, so stehen wir sogleich vor dem – uns auch sonst wohlvertrauten – Problem, dass uns kaum direkte Quellen vorliegen. Das Werk des Serapion etwa, von dem Cicero spricht, ist ebenso verloren wie die Arbeiten des Eratosthenes, Hipparchos und Tyrannion und auch die des Dikaiarchos. Suchte man gar nach Welt-*Bildern* im engeren Sinne, also nach Karten (oder sogar maßstäblichen Karten), wie sie uns heute die sicher vertrauteste Form von Weltbild sind, würde man in der griechisch-römischen Antike erst recht nicht

---

[4] Cicero, de republica 2, 4, 8: *nam et ipsa Peloponnesus fere tota in mari est, nec praeter Phliuntios ulli sunt, quorum agri non contingant mare.*

[5] Cicero, ad Atticum. 6, 2, 3 (50 v. Chr.): *Peloponnesias civitates omnes maritimas esse hominis non nequam sed etiam tuo iudicio probati, Dicaearchi, tabulis credidi. … itaque istum ego locum totidem verbis a Dicaearcho transtuli.*

[6] Dazu ausführlich Brodersen 1995/²2003, 2001a und 2001b; siehe zuletzt die Beiträge in Talbert/Brodersen 2004 (auch zum Sonderfall der *Tabula Peutingeriana*).

fündig;[7] hier sind allenfalls graphische Umsetzungen eines Periplus und *itineraria picta* erhalten,[8] aber keine Weltbilder der geographischen Theorie.

Für deren Rekonstruktion sind wir auf Zitate, summarische Referate und einzelne Bezugnahmen in der späteren geographischen Literatur angewiesen. Die Zahl der erhaltenen einschlägigen Werke ist allerdings gering: Nicht vollständig, aber zumindest in großen Teilen erhalten sind in griechischer Sprache die 17 Bücher umfassenden *Geographika* des Strabon von Amaseia[9] (spätes 1. Jh. v. Chr.) sowie vollständig das Lehrgedicht *Oikumenes Periegesis* des Dionysios von Alexandria (2. Jh. n. Chr.);[10] in lateinischer Sprache liegen uns vollständig das 3 Bücher umfassende Werk *De Chorographia* des Pomponius Mela (erste Hälfte 1. Jh. n. Chr.),[11] die geographischen Bücher 3–6 der *Naturalis Historia* des älteren Plinius (Mitte 1. Jh. n. Chr.)[12] und einige spätantike geographische Schriften vor.[13] Wir wollen im Folgenden exemplarisch die älteste erhaltene lateinische Geographie, eben das Werk des Pomponius Mela, als Führer zum Thema nutzen, werden aber auch sehen, dass das an diesem Beispiel Beobachtete bei den anderen genannten Werken ebenso deutlich ist.

Die Lage des Erdkreises zu beschreiben unternehme ich, eine hindernisreiche und für eine elegante Darstellung ganz ungeeignete Arbeit – sie besteht ja fast nur aus Namen von Völkern und Stätten sowie deren recht komplizierter Anordnung, der nachzugehen eine eher weitschweifige als dankbare Aufgabe ist. Trotzdem verdient sie es sicherlich, betrachtet und kennengelernt zu werden, und lohnt, wenn schon nicht durch die geistreiche Art des Autors, dann doch durch die Betrachtung an sich aufmerksamen Lesern ihre Mühe.[14]

Mit diesen – an Ciceros eingangs zitierten Seufzer erinnernden – Worten beginnt das Werk *De chorographia* des Pomponius Mela. Anders als Cicero führte dieser Autor seinen Plan eines geographischen Werkes durch; dieses wurde seinerseits Vorlage späterer geographischer Werke, so der etwa eine Generation später entstandenen geographischen Bücher in der *Naturalis Historia* des älteren Plinius,[15] die – wie auch das Werk des Pomponius Mela – im

---

[7] Hierzu *ad nauseam* Brodersen 1995/²2003, 2001a und 2001b.

[8] Dazu zuletzt Brodersen 2003a.

[9] Zu den Editionen und zur Überlieferung von Strabons Werk vgl. zuletzt Brodersen 2003b.

[10] Edition und Übersetzung (nach Gottfried Gabriel Bredow 1816) bei Brodersen 1994b.

[11] Edition und Übersetzung bei Brodersen 1994a.

[12] Edition und Übersetzung: Winkler 1988 und 1993 sowie Brodersen 1996a.

[13] Etwa Solinus' *Collectanea* (Edition: Mommsen 1864) und die im Anhang von Brodersen 1996a gesammelten spätantiken Werke.

[14] Pomponius Mela 1,1: *orbis situm dicere aggredior, impeditum opus et facundiae minime capax – constat enim fere gentium locorumque nominibus et eorum perplexo satis ordine, quem persequi longa est magis quam benigna materia – verum aspici tamen cognoscique dignissimum, et quod, si non ope ingenii orantis, at ipsa sui contemplatione pretium operae attendentium absolvat.*

[15] Plinius, nat. hist. 3, 4, 5, 6, 8, 12, 13, 19, 21 und 22, nennt Pomponius Mela jeweils im Index unter seinen ,römischen Autoren'; eine Zusammenstellung der Plinius-Passagen, denen Pomponius Mela zugrundeliegt, bietet Ranstrand 1971; vgl. G. Parroni bei Gormley/Rouse/Rouse 1984, S. 269 Anm. 11.

3. Jahrhundert für die *Collectanea* des Solinus vorlagen,[16] und die von den Juvenal-Scholiasten ebenso benutzt wurden wie von dem Vergil-Kommentator Servius.[17] Mit der – u.a. um Angaben über das bei Pomponius Mela nicht erwähnte, weil erst ein Jahrtausend später entstandene Nürnberg erweiterten – Pomponius-Mela-Ausgabe des Humanisten Johannes Dobneck (Cocleus, Cochlaeus)[18] sollte dann der neuzeitliche Geographie-Unterricht beginnen, der jahrhundertelang auf antike Texte zumeist in deren Originalsprache zurückgriff[19] und in dem sich das Werk des Pomponius Mela in weit über hundert verschiedenen Druckausgaben behauptete,[20] bis im späten 19. Jahrhundert ein eigenständiger Erdkunde-Unterricht eingeführt wurde,[21] für den bald eigens verfasste Lehrwerke und Schulatlanten erschienen.[22]

Folgen wir also der ältesten lateinischen Geographie und fragen wir nach dem in ihr vermittelten Weltbild! Seinen eben zitierten Einleitungssatz setzt Pomponius Mela wie folgt fort:

Ich werde freilich andernorts mehr genauer besprechen, jetzt nur knapp, was am berühmtesten ist; zuerst werde ich nämlich darüber sprechen, wie die Gestalt des Ganzen, was seine Hauptteile und von welcher Art und wie bewohnt diese sind, dann wieder über all deren Küsten und Gestade inner- und außerhalb und wie sie das Meer bespült und umflutet; hinzufügen will ich hierbei auch, was an der Natur dieser Gegenden und ihrer Bewohner bemerkenswert ist.

Damit man dies leichter verstehen und aufnehmen kann, soll zunächst etwas ausführlicher die summa *wiederholt werden.*[23]

Der Autor kündigt also drei Schritte an: Zunächst will er das allen Wohlbekannte darlegen, nämlich die Form des Ganzen sowie dessen Hauptteile in ihrer Form und mit ihren Bewohnern; erst dann wird er die Details in einem den Küsten und Gestaden gewidmeten Periplus schildern. Zuvor aber scheint es ihm günstig, zunächst die *summa* etwas ausführlicher zu wiederholen – er rechnet offenbar damit, dass die diesbezüglichen Aussagen über das, was wir

---

[16] Siehe Mommsen 1864, S. XI.

[17] Scholien zu Juvenal, Satiren 2, 160; Servius, zu Aeneis 9, 30 f und 4, 146. Vgl. zuletzt Brodersen 1994a, S. 14.

[18] Cocleus 1512. Zur Bedeutung dieses Werks, das übrigens zugleich die erste Darstellung Deutschlands von einem Deutschen enthält (so Langosch, 1960, S. 8), s. Birkenhauer 1986, S. 68, und ausführlich Brodersen 1996b.

[19] Auch die erste deutsche Pomponius-Mela-Übersetzung, Dietz 1774, diente „zum Gebrauch in Schulen“.

[20] Näheres bei Brodersen 1994a, S. 20ff.

[21] In Deutschland etwa wurde Erdkunde erst 1872 eigenständiges Schulfach (s. Birkenhauer 1986, S. 69; Kuhlemann 1991, S. 203f.), und zwar zunächst an den preußischen Volksschulen, zehn Jahre danach an den Gymnasien; Abiturfach ist es seit 1887 (Brockhaus 1988).

[22] Siehe Grün 1986 und den Katalog von Badziag/Mohs 1982.

[23] Pomponius Mela 1,2: *dicam autem alias plura et exactius, nunc ut quaeque erunt clarissima et strictim; ac primo quidem quae sit forma totius, quae maximae partes, quo singulae modo sint atque habitentur expediam, deinde rursus oras omnium et litora ut intra extraque sunt, atque ut ea subit ac circumluit pelagus, additis quae in natura regionum incolarumque memoranda sunt. id quo facilius sciri possit atque accipi, paulo altius* summa *repetetur.*

‚Weltbild' nennen könnten, zum ‚Allgemeinwissen' seines Publikums gehören und nurmehr der ‚Wiederholung' bedürfen. Auch wir wollen hier auf diese Weise die Weltbilder der antiken geographischen Theorie rekapitulieren:

All das also, was es auch sei, dem wir die Bezeichnung Welt und Himmel beigelegt haben, ist ein und dasselbe und umschließt sich und alles in einem einzigen Umkreis. In seinen Teilen unterscheidet es sich; wo die Sonne aufgeht, nennt man es Osten oder Sonnenaufgang, wo sie sinkt, Westen oder Untergang, wo sie entlangläuft, Süden, auf der gegenüberliegenden Seite Norden. In dessen Mitte ist die Erde schwebend allenthalben vom Meer umschlossen; durch es wird sie in zwei Seiten, Hemisphären genannt, geteilt und in fünf von Osten nach Westen (verlaufende) Zonen geschieden. Die mittlere macht Gluthitze unsicher, die beiden äußersten Frost; die übrigen sind bewohnbar und haben die gleichen Jahreszeiten, wenn auch nicht in gleicher Weise. Die eine bewohnen die Antichthonen, die andere wir. Die genaue Lage jener Zone ist wegen der Gluthitze der dazwischen liegenden Gegend nicht bekannt, von der Lage dieser Zone jedoch muss man sprechen.[24]

In seiner Wiederholung des seinem Publikum Bekannten geht Pomponius Mela vom Großen zum Kleinen vor: Zunächst bespricht er „alles" (*omne*), also das „All"[25] und die vier Kardinalrichtungen, dann als „in dessen Mitte schwebend" die Erde, die in zwei Hemisphären und fünf Zonen aufgeteilt werde, von denen zwei bewohnbar seien. Pomponius Mela gibt damit in grober, aber eingängiger Weise die *summa* theoretischer Weltbilder wieder. Die Kugelgestalt der Erde und ihre Einteilung in zwei Hemisphären mit einer Umkehrung der Jahreszeiten[26] sowie die Einteilung in fünf Klimazonen standen für die griechisch-römische Antike spätestens seit der hellenistischen Epoche fest.[27] Es ist übrigens bemerkenswert, dass diese Theorie die Existenz einer temperierten Zone auf der Südhalbkugel und deren Besiedlung durch die „Antichtonen", die „Gegenerde-Bewohner", postulierte, ohne dass dafür seinerzeit ein aus der Praxis gewonnener Beweis – etwa durch Forschungsreise – möglich war.[28]

---

[24] Pomponius Mela 1, 3-4: *omne igitur hoc, quidquid est cui mundi caelique nomen indidimus, unum id est et uno ambitu se cunctaque amplectitur. partibus differt; unde sol oritur oriens nuncupatur aut ortus, quo demergitur occidens vel occasus, qua decurrit meridies, ab adversa parte septentrio. huius medio terra sublimis cingitur undique mari, eodemque in duo latera quae hemisphaeria nominant ab oriente divisa ad occasum zonis quinque distinguitur. mediam aestus infestat, frigus ultimas; reliquae habitabiles paria agunt anni tempora, verum non pariter. anticthones alteram, nos alteram incolimus. illius situs ob ardorem intercedentis plagae incognitus, huius dicendus est.*

[25] Offenbar vermuteten die mittelalterlichen Kopisten des Textes hier einen Fachterminus und schrieben statt *omne* das sinnlose *omme*; s. Brodersen 1994a ad loc.

[26] Grundlegend Schlachter 1927; s. auch Arnaud 1984.

[27] Grundlegend Abel 1974; s. zuletzt Geus 2004.

[28] Vgl. die bei Brodersen 1998 zusammengestellte Literatur.

Die *Oikumene* und ihre Teile

Dass die Welt, die „wir" bewohnen – der griechische Fachbegriff hierfür ist *Oikumene*, die „bewohnte" Erde –, im Süden durch die allzu heiße Zone begrenzt sei, im Norden durch die allzu kalte, war in der Tat Teil der ‚Allgemeinbildung', auf die etwa der von Kaiser Augustus nach Tomis (Constanza im heutigen Rumänien) verbannte Dichter Publius Ovidius Naso (Ovid) in den ebenso berühmten wie sachlich falschen Aussagen über das Klima an seinem Verbannungsort Bezug nehmen konnte:[29]

Weder bekommst du den Frühling im Schmuck seines blühenden Kranzes / oder des Schnittervolks nackende Leiber zu sehn, / noch beschenkt dich der Herbst mit Trauben am rankenden Weinstock; / maßlos aber regiert Kälte zu jeglicher Zeit.[30]

In dieser nicht mehr temperierten, also nördlich der *Oikumene* liegenden Zone gebe es keinen Wechsel der Jahreszeiten, sondern nur ewigen Schnee:

Einsam lieg' ich am Strande des äußersten Endes der Erde, / wo der Boden bedeckt bleibt von beständigem Schnee; / dieses Land hier erzeugt nicht Äpfel, nicht köstliche Trauben; / weder grünen am Strand Weiden noch Eichen am Berg.[31]

Ja, die dauernde Kälte lässt selbst Wein gefrieren:

Wein steht, ohne Gefäß, die Form des Kruges bewahrend, / wird nicht trinkend geschlürft, sondern in Brocken verzehrt.[32]

Von der Begrenzung der *Oikumene* durch den „eisigen" Araxes (Aras) im Norden und durch das der heißen Zone nächstgelegene Indien im Süden spricht aber auch im frühen 1. Jahrhundert n. Chr. der Philosoph und Literat Lucius Annaeus Seneca in seiner Tragödie *Medea*, wenn er auf die zeitgenössischen Versuche der Erweiterung der Weltgrenzen – sogar jenseits des (auch bei Pomponius Mela oben genannten) weltumfassenden, von der Göttin Tethys beherrschten Meeres – mit folgenden Versen Bezug nimmt:

Es durchsteuert schon jeder Nachen die Flut. / Kein Markstein verbleibt. In Neuland verlegt / nun manch eine Stadt ihrer Mauern Ring. / Nichts läßt, wo es war, die erschlossene Welt. / Das eisige Naß des Araxes schlürft / der Inder, es trinkt der Perser bereits / aus Elbe und Rhein. Es wird kommen die Zeit, / wenn die Jahre vergeh'n, wo des Ozeans Strom / den Erdenring sprengt und ein riesi-

---

[29] Vgl. gegen Fitton Brown 1985 etwa Batty 1994, S. 94f. und zuletzt Brodersen 1995/²2003, S. 103.

[30] Ovid, ex Ponto 3, 1, 11 (Edition und – hier wiedergegebene – Übersetzung von Willige 1990/²1995): *tu neque ver sentis cinctum florente corona, / te neque messorum corpora nuda vides / nec tibi pampineas autumnus porrigit uvas: / cuncta sed inmodicum tempora frigus habet.*

[31] Ovid, ex Ponto 1, 3, 49 : *orbis in extremi iaceo desertus harenis,/ fert ubi perpetuas obruta terra nives. / non ager hic pomum, non dulces educat uvas, / non salices ripa, robora monte virent.*

[32] Ovid, Tristia 3, 10, 23f.: *nudaque consistunt, formam servantia testae / vina, nec hausta meri, sed data frusta bibunt.*

ges Land / sich weithin erstreckt, wo Tethys enthüllt / was an Räumen sie barg – das Ende der Welt / ist Thule nicht mehr.[33]

Kehren wir aber zurück in die wohltemperierte Zone, die von uns bewohnt wird, und kehren wir zurück zu Pomponius Mela:

Diese Zone also erstreckt sich von Osten nach Westen, und weil sie so liegt, misst ihre Länge um einiges mehr als selbst ihre größte Breite. Sie wird völlig vom Ozean umgeben und nimmt aus ihm vier Meere auf: eines im Norden, im Süden zwei, das vierte im Westen.[34]

Über die Form ‚unserer‘ von Osten nach Westen erstreckten Zone macht Pomponius Mela also bis darauf, dass die Länge größer als die größte Breite sei, keine näheren Angaben; es ergibt sich jedenfalls, dass sie nicht kreisförmig, sondern langgestreckt und in der Breite offenbar nicht einheitlich ist. Der die bewohnte Zone umgebende Ozean dringt nun Pomponius Mela zufolge im Norden, Süden und Westen in die Landmasse ein; dass damit das (als Ozeanbucht angesehene) Kaspische, das „Arabische“ (heute: Rote) und Persische Meer sowie das Mittelmeer gemeint sind, erwähnt der Autor hier nicht, sondern erst später und begnügt sich vorerst mit einer völlig schematischen, gleichsam auf Symmetrie bedachten Darstellung der Fläche der Welt. Entsprechendes gilt auch für seine Vorstellung des Mittelmeers:

Das letztgenannte Meer ist erst schmal, öffnet das Land nicht weiter als zehn Meilen und tritt in es ein. Dann aber drängt es, lang und breit ausgedehnt, die ihm weiten Raum gebenden Ufer zurück, bis es dadurch, dass sich diese von verschiedenen Seiten her fast vereinigen, so beengt wird, dass es nurmehr weniger als eine Meile offensteht. Danach weitet es sich wieder, aber nur ganz mäßig, und läuft wiederum in einen engeren Raum aus, als es der vorige war. Sobald es hier aufgenommen ist, wird es wiederum riesig und verbindet sich mit einem großen Sumpfsee, übrigens durch eine schmale Öffnung. In seiner Gesamtheit wird es, wohin es auch kommt und sich ausbreitet, mit einem einzigen Wort ‚Unser Meer‘ genannt.[35]

Das Mittelmeer beschreibt Pomponius Mela also ebenfalls völlig schematisch, und zwar als Linie, ohne dass Distanzen oder Richtungswechsel er-

---

[33] Seneca, Medea v. 368 (Edition und – hier wiedergegebene – Übersetzung von Häuptli 1993): *quaelibet altum cumba pererrat; / terminus omnis motus, et urbes / muros terra posuere nova / nil qua fuerat sede reliquit / pervius orbis: Indus gelidum / potat Araxen, Albin Persae / Rhenumque bibunt – venient annis / saecula seris, quibus Oceanus / vincula rerum laxet et ingens / pateat tellus Tethysque novos / detegat orbes nec sit terris / Ultima Thule.*

[34] Pomponius Mela 1,5: *haec ergo ab ortu porrecta ad occasum, et quia sic iacet aliquanto quam ubi latissima est longior, ambitur omnis oceano, quattuorque ex eo maria recipit: unum a septentrione, a meridie duo, quartum ab occasu.*

[35] Pomponius Mela 1,6: *hoc primum angustum nec amplius decem milibus passuum patens terras aperit atque intrat. tum longe lateque diffusum abigit vaste cedentia litora, iisdemque ex diverso prope coeuntibus adeo in artum agitur, ut minus mille passibus pateat. inde se rursus sed modice admodum laxat, rursusque etiam quam fuit artius exit in spatium. quo cum est acceptum, ingens iterum et magnae paludi, ceterum exiguo ore, coniungitur. id omne qua venit quaque dispergitur uno vocabulo nostrum mare dicitur.*

wähnt würden; vielmehr entsteht der Eindruck einer entlang einer Geraden aufgereihten Kette von Meerengen und -weiten, deren Küsten sich jeweils symmetrisch gegenüberliegen:

Ozean

Enge

sehr große Weite

Enge

mäßige Weite

Enge

sehr große Weite

Enge

Sumpfsee

Erst dann werden die Namen der einzelnen Glieder dieser Kette nachgetragen, und zwar noch immer ohne einen Hinweis darauf, dass die Meeresteile nicht in ein- und derselben Richtung aneinandergereiht sind:

Die Enge sowie den Eintritt des Meeres bezeichnen wir als ,fretum‘, die Griechen als ,porthmos‘ (Straße von Gibraltar). Wo es breiter wird, erhält es in den verschiedenen Gegenden verschiedene Namen. Wo es sich erstmals verengt, heißt es Hellespont (Dardanellen), wo es sich ausbreitet, Propontis (Marmarameer), wo es sich zum zweiten Mal zusammenzieht, Thrakischer Bosporus, wo es dann wieder breit strömt, Pontus Euxinus (Schwarzes Meer) und wo es sich mit dem Sumpfsee vereinigt, Kimmerischer Bosporus (Straße von Kertsch), der Sumpfsee selbst Mäotis (Asowsches Meer).[36]

Schließlich erwähnt Pomponius Mela die schematische Dreiteilung der bewohnten Welt durch das Mittelmeer sowie Don und Nil:

Durch dieses Meer und durch zwei berühmte Ströme, Don und Nil, wird die ganze Welt in drei Teile geteilt. Der Don läuft von Norden nach Süden und mündet etwa in der Mitte der Mäotis; aus der gegenüberliegenden Gegend fließt der Nil ins Meer. Was an Land von der Meerenge an bis zu diesen Flüssen reicht, nennen wir auf der einen Seite Afrika, auf der anderen Europa: bis zum Nil Afrika, bis zum Don Europa. Alles, was jenseits davon liegt, ist Asien.[37]

Auch diese beiden Flüsse liegen sich offenbar symmetrisch gegenüber; während das Mittelmeer zunächst als West-Ost-Achse vorgestellt wurde, erscheinen nun als weitere Grenzen zwei symmetrisch gegenüberliegende (*ex*

---

[36] Pomponius Mela 1,7: *angustias introitumque venientis nos fretum, Graeci porthmon appellant. qua diffunditur alia aliis locis cognomina acceptat. ubi primum se artat, Hellespontus vocatur, Propontis ubi expandit, ubi iterum pressit Thracius Bosphorus, ubi iterum effudit Pontus Euxinus, qua paludi committitur Cimmerius Bosphorus, palus ipsa Maeotis.*

[37] Pomponius Mela 1,8: *hoc mari et duobus inclutis amnibus, Tanaï atque Nilo, in tres partes universa dividitur. Tanaïs a septentrione ad meridiem vergens in mediam fere Maeotida defluit; et ex diverso Nilus in pelagus. quod terrarum iacet a freto ad ea flumina ab altero latere Africam vocamus, ab altero Europen: ad Nilum Africam, ad Tanaïn Europen. ultra quicquid est, Asia est.*

diverso), eine Nord-Süd-Achse bildende Flüsse, zu denen ebenfalls hier nicht angegeben wird, dass sie anders als in einer geraden Linie verlaufen. So ergeben sich die drei durch Mittelmeer, Don und Nil getrennten Kontinente Afrika, Europa und Asien.

Damit hat Pomponius Mela die *summa* des theoretischen Wissens über die Form der Welt zusammengefasst. Wollte man das von ihm bisher Gesagte graphisch darstellen – was er freilich nicht anregt –, ergäbe sich ein durch die Gewässer gebildetes großes T, dessen langen ‚Fuß' die ‚Perlenkette' des Mittelmeers und dessen ‚Arme' Don und Nil bilden. Dieses schematische Weltbild findet sich tatsächlich in der Folge in der spätantiken und mittelalterlichen Literatur und liegt vielen mittelalterlichen Weltschema-Karten zugrunde: Es ist dies die seit Isidor von Sevilla nachzuweisende Form der sogenannten T-O-Karte, bei der ein T in ein kreisrundes O einbeschrieben ist, womit zugleich die runde Form der Welt und die Lage der drei Kontinente Asien (oben), Europa (unten links) und Afrika (unten rechts) bezeichnet sind.[38]

Weltbilder im Widerspruch

Im Folgenden behandelt Pomponius Mela nun, wie angekündigt, was man über die einzelnen Teile der Welt wissen sollte:

Asien berührt auf drei Seiten der Ozean, der je nach den Gegenden verschiedene Namen hat: der Östliche im Osten, im Süden der Indische, im Norden der Skythische. Asien selbst wendet sich mit einer riesigen und ununterbrochenen Vorderseite nach Osten und nimmt dort eine so große Breite an, wie sie Europa, Afrika sowie das von diesen beiden eingeschlossene Meer zusammen haben. Nachdem Asien sich von hier aus ein gutes Stück in festgeschlossener Form ausgedehnt hat, nimmt es von jenem Ozean, den wir gerade als den Indischen benannt haben, das Arabische und Persische Meer auf, vom Skythischen das Kaspische; und deshalb wird Asien dort, wo es diese aufnimmt, schmaler, dehnt sich dann aber wieder aus und wird schließlich ebenso breit wie es war. Sobald es darauf an sein Ende und ans Grenzgebiet anderer Länder gekommen ist, wird es in seiner Mitte von Unseren Fluten abgefangen; in seinen übrigen Teilen setzt es sich mit dem einen Horn zum Nil, mit dem anderen zum Don fort. ... – Europa hat als Grenzmarken im Osten den Don, die Mäotis und den Pontus, im Süden die übrigen Teile Unseres Meeres, im Westen den Atlantischen, im Norden den Britannischen Ozean. ... – Afrika ist auf seiner östlichen Seite vom Nil begrenzt, auf den übrigen durch das Meer. Zwar ist es kürzer als Europa, weil es weder irgendwo den Meeresküsten Asiens noch den gesamten Küs-

---

[38] Isidor von Sevilla, Etymologiae 14, 2-5. Andere Bezeichnung für diesen Typ von Schemakarte sind T-, Ökumene-, Mönchs- und Radkarte, im englischsprachigen Raum findet sich auch die Bezeichnung „tripartite type of mappamundi"; vgl. Lindgren 1985; von den Brincken 1986, Woodward 1987, Kliege 1991, S. 24, sowie allgemein die Sammlung von Destombes 1964.

*ten Europas gegenüberliegt, doch ist es selbst wieder eher länger als breiter,
und zwar da, wo es den Fluß (Nil) berührt, am breitesten ...*[39]

Auch die Formen der drei Erdteile werden also zunächst jeweils sehr summarisch und auf Symmetrie bedacht wiedergegeben: Die von den genannten Flüssen und dem Mittelmeer im Westen sowie von drei Ozeanen im Norden, Osten und Süden begrenzte Landmasse Asiens ist im Osten so groß wie Europa, Afrika und das Mittelmeer zusammen, wird dann von den wiederum zusammen genannten und damit als gegenüberliegend erscheinenden Meerbuchten des Arabischen und des Persischen Meeres im Süden sowie des Kaspischen Meeres im Norden eingeschnürt, ist danach aber wieder ebenso breit wie zuvor; erst am Westende wird es vom Mittelmeer in zwei „Hörner" geteilt.[40]

Erst jetzt also wird deutlich, dass Don, Mittelmeer-Ostküste und Nil offenbar nicht eine gerade Linie (die ‚Arme' des T) bilden, sondern das Mittelmeer weiter als die Verbindungslinie der beiden Flüsse in das asiatische Festland eindringt. Europa ist ebenfalls auf einer Seite von der Flussgrenze des Don und den – erst jetzt als eher in dessen Richtung als in die des Mittelmeers liegend erkennbaren – Teilmeeren Mäotis und Pontus begrenzt, auf den weiteren drei Seiten vom Mittelmeer bzw. dem Ozean umgeben, während Afrika als langgezogene Viertel-Ellipse erscheint: Am Nil ist es am breitesten, aber noch kürzer als das ihm dort ja gegenüberliegende Asien, sonst länglich, aber auch kürzer als das ihm am Mittelmeer gegenüberliegende Europa.

Wollte man auch diese Angaben zu den Grenzen der Kontinente in graphischer Form darstellen, so ergäben sich also nicht unerhebliche Unterschiede zum ersten Schema; diese fallen freilich eben erst dann auf, wenn man die Angaben des Pomponius Mela in einer ‚rekonstruierten' Karte wiedergeben will. Während nämlich die den mittelalterlichen Handschriften dieses Werks beigegebenen Karten in keiner Beziehung zum Text stehen,[41] haben in der Neuzeit Gelehrte versucht, die ‚Karte des Pomponius Mela' zu ‚rekonstruieren',

---

[39] Pomponius Mela 1,9 und 15 und 20: *tribus hanc e partibus tangit oceanus, ita nominibus ut locis differens, Eous ab oriente, a meridie Indicus, a septentrione Scythicus. ipsa ingenti ac perpetua fronte versa ad orientem tantum ibi se in latitudinem effundit quantum Europe et Africa et quod inter ambas pelagus immissum est. inde cum aliquatenus solida processit, ex illo oceano quem Indicum diximus, Arabicum mare et Persicum, ex Scythico Caspium recipit; et ideo qua recipit angustior, rursus expanditur et fit tam lata quam fuerat. dein cum iam in suum finem aliarumque terrarum confinia devenit, media nostris aequoribus excipitur, reliqua altero cornu pergit ad Nilum, altero ad Tanaïn. ... – Europa terminos habet ab oriente Tanaïn et Maeotida et Pontum, a meridie reliqua nostri maris, ab occidente Atlanticum, a septentrione Britannicum oceanum. ... – Africa ab orientis parte Nilo terminata, pelago a ceteris, brevior est quidem quam Europe, quia nec usquam Asiae et non totis huius litoribus obtenditur, longior tamen ipsa quam latior, et qua ad fluvium attingit latissima ...*

[40] Zum geographischen Gebrauch von *keras* bzw. *cornu* s. zuletzt Desanges 1989.

[41] Codex Reims, B.M. 1321, fol. 13ʳ und Codex Vaticanus, Arch. S. Pietro H 31, fol. 8ᵛ (Destombes 1964, 185f. nr. 51.27 – vgl. die Umschrift bei Miller 1895, 139 Abb. 69 bzw. 187f. nr. 51.34); Abbildungen auch bei Brodersen 1994a, S. 18 Abb. 3 und S. 19 Abb. 4; weitere Nachweise ebd. S. 189.

sind aber zu ganz unterschiedlichen Ergebnissen gekommen.[42] Was bedeutet dies nun aber für das ‚Weltbild'? Ganz offenbar ist das, was Pomponius Mela als dessen *summa* wiedergegeben hat, nicht kompatibel zu dem, was er an Details über die Kontinente berichtet.

Inkompatibel sind aber insbesondere die Weltbilder der *summa* einer- und des nun bei Pomponius Mela folgenden Periplus andererseits, in dem der Autor, wie von ihm angekündigt, „über all deren Küsten und Gestade inner- und außerhalb und wie sie das Meer bespült und umflutet" schreibt. Seine Angaben stehen dabei wiederholt nicht im Zusammenhang mit dem Weltbild der *summa*, ja mehr noch: Pomponius Mela versucht gar nicht, einen solchen Zusammenhang herzustellen. Nun ist nicht mehr der Nil die Grenze zwischen Afrika und Asien; vielmehr wird Ägypten ganz zu Asien gerechnet und der Katabathmos – eine bei der Küstenschifffahrt wahrnehmbare Senke westlich von Ägypten – als Grenze angesehen, ohne dass auf den Widerspruch zum schematischen ‚Weltbild' auch nur hingewiesen würde.[43]

Die Darstellung des Pomponius Mela weist also eine Trennung zwischen der *summa* der theoretischen Weltbilder, den Geographie- und den Schemabildern einer- und der eigentlichen Beschreibung der Völker und Stätten andererseits auf: Zur schematischen Geographie gehören neben den Weltmodellen auch Angaben zur ‚Form', also zum Umriss der einzelnen Regionen (nicht aber zu deren ‚Inhalt'), während für die als Periplus durchgeführte Einzelbeschreibung der Völker und Stätten die Form der Kontinente keine Rolle mehr spielt, ja – etwa im Falle Ägyptens – selbst die schematischen Einteilungen der drei Teile der Welt gar nicht mehr beachtet werden.

Pomponius Mela ist dabei durchaus nicht der einzige antike Geograph, der die Darstellung der theoretischen Weltbilder von dem praktischen Periplus trennt: Das geographische Werk des Strabon von Amaseia umfasst 17 Bücher, deren erste zwei die Leistungen von Strabons Vorgängern – allen voran die Homers – erörtern und nach einem ausdrücklich als solchem bezeichneten „zweiten Anfang"[44] einen Überblick über die theoretische Geographie bieten. Erst mit Buch 3 beginnt, deutlich von diesen Prolegomena getrennt, die als Periplus angelegte Detailbeschreibung der Welt, angefangen mit dem westlichsten Punkt Spaniens.[45] Zwischen den ersten beiden und den anderen Büchern treten Widersprüche auf, etwa bei der Beschreibung der Form Afrikas (Trapez bzw. Dreieck).[46]

---

[42] Vgl. die ‚Rekonstruktionen' von P. Bertius (1628), K. Miller (1898) und H. Philipp (1912) bei Brodersen 1994a, S. 23 Abb. 6, S. 4 Abb. 2 und S. 24f. Abb. 7.

[43] Pomponius Mela 1, 40: *Catabathmos vallis devexa in Aegytum finit Africam*; 1, 49: *Asiae prima pars Aegyptus inter Catabathmon et Arabas*.

[44] Strabon 2, 5, 1 C 109: *arche hetera*.

[45] Strabon 3, 1, 1 C 136. Ein besonders übersichtliches Hilfsmittel zum Verständnis des Aufbaus von Strabons Geographika sind die *argumenta librorum* von Aly 1968, S. 9*–100*.

[46] Afrika erscheint bei Strabon 2, 5, 33 C 130 als Trapez, 17, 3, 1 C 825 aber als Dreieck.

Auch Plinius der Ältere behandelt Fragen der Kosmologie *vor* dem Beginn seines an den Säulen des Herakles in Spanien einsetzenden Periplus, also bevor er im ersten seiner vier geographischen Bücher über die Teile der Erde (*de partibus*) zu sprechen beginnt,[47] und erst *nach* dem Ende dieses Periplus fügt er in deren letztem Buch hinzu:

Nachdem wir aber den Erdkreis nach außen und innen ausführlich angegeben haben, müssen wir wohl auch die Ausdehnung der Meere in kurzem Umriss geben. ... Jetzt soll die Größe der Teile selbst verglichen werden, welche Schwierigkeit auch immer sich aus den Unterschieden bei den Autoren ergeben mag. Am geeignetsten gesehen werden wird sie, wenn die Breite der Länge hinzugefügt wird ...[48]

Anschließend behandelt Plinius noch die Maßangaben zur Größe der Erdteile; ein zweiter, wiederum unverbunden hinzugestellter Nachtrag beginnt sodann mit den Worten:

Wir wollen nun noch eine Wissenschaft von griechischer Erfindung und ausgezeichnetem Scharfsinn hinzufügen, damit es bei der Betrachtung der Länder an nichts fehle.[49]

Und auch Dionysios Periegetes stellt keinen Zusammenhang zwischen den Weltbildern der griechischen Theorie und der im Periplus wiedergegebenen ‚praktischen' Geographie her.

Zu Beginn seines Werkes spricht auch dieser Autor über die vom Okeanos bestimmte Form der ganzen Welt.

... denn er / kränzet das sämtliche Land, gleich einer unendlichen Insel / rings umflossen, doch nicht als gerundeter Kreis, sondern eigens / geht in des Helios Bahn es enger in Spitzen zusammen, / gleich der Schleuder gedehnt.[50]

Mit „Schleuder" (*sphedone*) bezeichnet man gewöhnlich die Form eines Tuches, das für eine Kopfbinde oder einen Verband, aber auch für die Schlinge eines zum Säckeverladen genutzten Lastkrans oder eine Steinschleuder verwendet wird; es handelt sich dabei stets um ein elliptisches oder rautenförmiges Tuch.[51] Dionysios präzisiert dieses summarische Weltbild im Laufe seines Werkes: Die „Schleuder" besteht aus zwei Dreiecken („Kegel"),[52] die entlang einer vom Don im Norden zum Nil im Süden laufenden Linie eine gemeinsame Seite und an der Spitze jeweils „Säulen" haben, im Westen die des

---

[47] Plinius, nat. hist. 3, 1 .

[48] Plinius, nat. hist. 6, 205 und 208: *et abunde orbe terrae extra intra indicato colligenda in artum mensura aequorum videtur. ... nunc ipsarum partium magnitudo conparabitur, utcumque difficultatem adferet auctorum diversitas, aptissime tamen spectabitur ad longitudinem latitudine addita ...*

[49] Plinius, nat. hist. 6, 211: *his addemus etiamnum unam Graecae inventionis scientiam vel exquisitissimae subtilitatis, ut nihil desit in spectando terrarum situ.* – Den Bezug auf Griechisches hatte schon Cicero in dem eingangs zitierten Text durch die Verwendung griechisch geschriebener Begriffe augenfällig gemacht.

[50] Dionysios Periegetes a.a.O. v. 4ff.

[51] Vgl. Liddell/Scott/Jones 1968, s.v.

[52] Dionysios Periegetes v. 277 und 621: *konoi.*

Herakles und im Osten die des Dionysos.[53] Über das eine dieser Dreiecke, das von den durch das Mittelmeer getrennten Erdteilen Afrika und Europa gebildet wird, heißt es:

Einerlei Lini' ist beiden gen Asia äußerste Grenze, / diesem gen Nord und jenem zum Südwind; doch wenn du setztest / beid' Erdteile zusammen zu einem Land, so erschiene / dir des Kegels Gestalt mit zwei gleichlaufenden Seiten, / spitz im Westen und breit zum Aufgang mitten durchs Land hin.[54]

Auch Asien bildet in diesem summarischen Weltbild ein solches Dreieck:

Willst du Asias Bild: Hinstreckt es den anderen beiden / Vesten sich lang, als die Hälfte der Erde des Kegels Gestalt gleich.[55]

Und wie Afrika und Europa durch das Mittelmeer geteilt sind, so ist auch Asien in einen Nord- und einen Südteil getrennt, nämlich durch den Tauros.[56] So ergibt sich für Dionysios' Weltbild das geometrische Bild des ‚Drachens‘, der aus vier Dreiecken gebildet wird und dessen kreuzförmig aufeinanderstehende Diagonalen (‚Speichen‘) Don und Nil sowie Tauros und Mittelmeer darstellen; an deren Kreuzungspunkt liegt übrigens – natürlich – Dionysios' Heimat Alexandria.[57]

Auch bei Dionysios finden sich dann Widersprüche zwischen diesem summarischen Weltbild und dem im Periplus Gebotenen. So erscheint Afrika dort nicht als Dreieck, sondern als vierseitiges Trapez, und auch Südasien ist hier nicht dreieckig, sondern „nach vier Seiten gerichtet"; die Grenze zwischen Afrika und Asien verläuft hier auch nicht am Nil, sondern weiter östlich, auf dem Landstrich zwischen diesem Strom und dem Roten Meer.[58]

Weltbilder im Widerspruch finden wir also bei allen hier behandelten geographischen Werken: Einerseits können wir (nicht immer identische!) summarische Weltbilder erkennen, die eine aus der geographischen Theorie gewonnene Beschreibung der Gestalt der *Oikumene* und die Einteilung der drei Kontinente bieten, andererseits die aus der Reisepraxis von Periplus und Itinerar gewonnenen Angaben zu den Regionen, die mit den summarischen Weltbildern der Theorie durchaus nicht immer kompatibel sind. Hätte man – was in der Antike aber eben weitestgehend unterblieb[59] – versucht, die unterschiedlichen Angaben in eine Karte umzusetzen, wären die Widersprüche sogleich offenbar geworden.

---

[53] Don v. 14ff. und 66off. – Nil v. 18 und 230 – gemeinsame Seite v. 62of. – Säulen des Herakles v. 64, 184, 281 und 334, des Dionysos v. 622ff. und 164.

[54] Dionysios Periegetes v. 274ff. (zur Übersetzung s.o. Anm. 10).

[55] Dionysios Periegetes v. 62of.

[56] Dionysios Periegetes v. 638ff. und 890. Bereits Eratosthenes Frg. III A 1 (Berger 1880, S. 169) hielt den Tauros für eine solche Teilungslinie; vgl. Berger ²1903, S. 417ff.

[57] Siehe Brodersen 1994b, S. 15 mit Abb. 1.

[58] Dionysios Periegetes v. 174f. Afrika als Trapez, 887 Südasien als Viereck, 23ff. und 178ff. zur Grenze zwischen Afrika und Asien.

[59] Vgl. allgemein Brodersen 1995/²2003, S. 33ff.

Bemerkenswert ist dabei dennoch weniger die Unterschiedlichkeit der einzelnen Weltbilder, bemerkenswert ist vielmehr vor allem, dass die antiken Autoren diese Widersprüche überhaupt nicht thematisieren. Strabon und Pomponius Mela bieten die *summa* zum theoretischen Weltbild vorab, Plinius d. Ä. und Dionysios Periegetes reichen die Angaben aus der „Wissenschaft von griechischer Erfindung und ausgezeichnetem Scharfsinn" nach – und keiner von ihnen registriert die Differenzen.

Woran liegt dies? Hatten auch sie – wie Cicero – „kaum den tausendsten Teil" der geographischen Theorie verstanden? Fanden auch sie, dass „die Dinge wahrlich nicht leicht darzustellen" seien? Wahrscheinlicher ist, dass die Ursache in der Differenz zwischen Theorie und Praxis liegt, die auch sonst in der Antike zu konstatieren ist: Für die praktische „Anwendung" geographischen Wissens genügte ja, was die aus der Praxis gewonnenen Angaben in Periplus und Itinerar boten; ein Rückgriff auf die Überlegungen der theoretischen Geographie war für Reisende – seien es Händler, Boten, Pilger oder Soldaten – nicht erforderlich.

Vom praktischen Wert der Theorie

Die aus der Theorie gewonnenen summarischen Weltbilder, die uns in den Werken der antiken Autoren begegnen und die dort jeweils getrennt von den praktischen Angaben in Periplus und Itinerar geboten werden, betrafen nicht zuletzt Gebiete jenseits der *Oikumene.* Deshalb gewannen diese Weltbilder schließlich Jahrhunderte später – im Zeitalter der Entdeckungen – ungeahnte praktische Bedeutung, waren sie doch der explizite Beleg dafür, dass es bewohnbare Welten jenseits unserer *Oikumene* gebe. So notierte der Sohn des Christopher Columbus, Ferdinand, in seinem Handexemplar von Senecas Werken zu den oben zitierten Versen aus der *Medea:*

Diese Prophezeiung ist erfüllt worden durch meinen Vater Christoforus Colon, Admiral, im Jahr 1492.[60]

Und Pedro Álvares Cabral hatte eine (übrigens erhaltene) lateinische Ausgabe der Geographie des Pomponius Mela mit der *summa* der geographischen Theorie und der Erwähnung der Existenz von „Gegenerde-Bewohnern" bei sich, als er Brasilien entdeckte.[61] Wer weiß, was früher geschehen wäre, wenn das Weltbild der geographischen Theorie nicht nur in summarischen Angaben in „eintönigen" und in stilistisch wenig „blumenreichen" Werken wie dem des Pomponius Mela dargelegt und gleichsam im Hintergrund einer

---

[60] *Haec prophetia expleta est per patrem meum Christoforum Colon almirantem anno 1492.* Siehe Damsté 1918.

[61] Cabrals Exemplar der Ausgabe Salamanca 1498 (Hain 1831, 392 Nr. 11021) wird in der Huntington Library, San Marino, Kalifornien, unter der Signatur acc. 87547 bewahrt. Belege und Abbildung bei Brodersen 1994a, S. 20.

Seneca-Tragödie erwähnt gewesen wäre, sondern wenn Cicero das „Grauen vor dem Schreiben" überwunden hätte?

Literatur

Abel K (1974) Zone 1. In: Pauly AF, Wissowa G et al. (Hrsg.) Real-Encyclopädie der classischen Altertumswissenschaft. Suppl. XIV. München, 989–1188

Aly W (1968) Strabonis Geographica. Hrsg. v. E. Kirsten und F. Lapp. Bd. 1: Praemonenda de nova Geographicorum editione, Libri I-II. Antiquitas I 9. Bonn

Arnaud P (1984) L'Image du globe dans le monde romain: Science, iconographie, symbolique. In: Mélanges d'archéologie et d'histoire de l'École française de Rome: Antiquité 96: 53–116

Badziag A, Mohs P (1982) Schulatlanten in Deutschland und benachbarten Ländern vom 18. Jahrhundert bis 1950: Ein bibliographisches Verzeichnis. München/New York/Paris

Batty RM (1994) On Getic and Sarmatian Shores: Ovid's Account of the Danube Lands. In: Historia 43: 88-111

Berger H (1880) Die geographischen Fragmente des Eratosthenes. Leipzig

Berger H (1903) Geschichte der wissenschaftlichen Erdkunde der Griechen. Leipzig, 2. Aufl.

Birkenhauer J (1986) Erziehungswissenschaftlicher Rahmen. In: Köck H (Hrsg.) Handbuch des Geographieunterrichts. Bd. 1: Grundlagen des Geographieunterrichts. Köln, 59–128

Brockhaus (1988) Erdkundeunterricht. In: Brockhaus-Enzyklopädie. 19. Aufl. Bd. 6. Mannheim

Brodersen K (1994a) Pomponius Mela: Kreuzfahrt durch die Alte Welt. Darmstadt: Wissenschaftliche Buchgesellschaft

Brodersen K (1994b) Dionysios von Alexandria: Das Lied von der Welt. Hildesheim: Olms

Brodersen K (1995/²2003) Terra Cognita. Studien zur römischen Raumerfassung. Spudasmata 59. Hildesheim: Olms

Brodersen K (1996a) Plinius, Naturkunde, Buch 6. Sammlung Tusculum. Zürich/Düsseldorf: Artemis

Brodersen K (1996b) Principia geographiae: Antike Texte im frühen Erdkunde-Unterricht. In: Anregung 42: 29–43

Brodersen K (1998) Forschungsreisen. In: Der Neue Pauly. Enzyklopädie der Antike, Bd. IV, Stuttgart, 593–594

Brodersen K (2001a) Neue Entdeckungen zu antiken Karten. In: Gymnasium 108: 137–148

Brodersen K (2001b) The Presentation of Geographical Knowledge for Travel and Transport in the Roman World. In: Adams C, Laurence R. (Eds.), Travel and Geography in the Roman World. London/New York, 7–21

Brodersen K (2003a) Die Tabula Peutingeriana: Gehalt und Gestalt einer „alten Karte" und ihrer antiken Vorlage. In: Unverhau D (Hrsg.) Geschichtsdeutung auf alten Karten. Archäologie und Geschichte. Wiesbaden, 289–297

Brodersen K (2003b), Strabo VII-IX. In: Classical Review n.s. 53: 316–318

Cocleus J (1512) Cosmographia Pomponij Mele: Authoris nitidissimi Tribus Libris digesta. Nürnberg

Damsté PH (1918) Seneca fatidicus. In: Mnemosyne N.S. 46: 134

Desanges J (1989) Le Sens du terme 'corne' dans le vocabulaire géographique des grecs et des romains. In: Bulletin archéologique du comité des travaux historiques et scientifiques, fasc. B 20/21: 29–34

Destombes M (1964) Mappemondes AD 1200-1500. Monumenta Cartographica Vetustioris Aevi 1. Amsterdam

Dietz JC (1774) Pomponius Mela drey Bücher von der Lage der Welt ins Teutsche übersetzt und mit einem vollständigen Geographischen Commentar zum Gebrauch in Schulen erläutert. Gießen

Fitton Brown AD (1985) The Unreality of Ovid's Tomitan Exile. In: Liverpool Classical Monthly
    10.2:19–22
Geus K (2004) Measuring the Earth and the Oikoumene. In: Talbert R, Brodersen K (Eds.)
    Space in the Roman World. Its Perception and Presentation. Münster, 11–26
Gormley CM, Rouse MA, Rouse RH (1984) The Medieval Circulation of the 'De Chorographia'
    of Pomponius Mela. In: Mediaeval Studies 46:266–320
Grün W-D (1986) Schulatlas. In: Kretschmer I, Dörflinger J, Wawrik F (Hrsg.) Lexikon zur Ge-
    schichte der Kartographie von den Anfängen bis zum Ersten Weltkrieg. Die Kartographie
    und ihre Randgebiete: Enzyklopädie C. Wien 1986, II 717–721
Hain L (1831) Repertorium Bibliographicum II 1. Stuttgart/Paris
Häuptli BW (1993) L. Annaeus Seneca: Medea. Stuttgart
Kasten H (1990) Cicero, Atticus-Briefe. Sammlung Tusculum. München/Zürich: Artemis,
    4. Aufl.
Kliege H (1991) Weltbild und Darstellungspraxis hochmittelalterlicher Weltkarten. Münster
Kuhlemann F-M (1991) Schulsystem – Niedere Schulen. In: Berg C (Hrsg.) Handbuch der deut-
    schen Bildungsgeschichte IV: 1870–1918, München 1991, 179–227
Langosch K (1960) Johannes Cochlaeus: Brevis Germanie Descriptio (1512). Freiherr vom
    Stein-Gedächtnisausgabe, Reihe B 1. Darmstadt: Wissenschaftliche Buchgesellschaft
Liddell HG, Scott R, Jones HS (1968) A Greek-English Lexicon. Rev. v. Barber EA. Oxford
Lindgren U (1985) Eine Abstraktion des Weltbildes: Schemakarten. In: Geschichte in Wissen-
    schaft und Unterricht 36:23–32
Miller K (1895) Mappaemundi: Die ältesten Weltkarten. Bd. 3: Die kleineren Weltkarten. Stutt-
    gart
Mommsen T (1864) C. Iulii Solini Collectanea Rerum Memorabilium. Berlin
Ranstrand G (1971) Pomponii Melae de chorographia libri tres. Studia Graeca et Latina Gotho-
    burgensia 28. Göteborg
Schlachter A (1927) Der Globus: Seine Entstehung und Verwendung in der Antike nach den li-
    terarischen Quellen und den Darstellungen in der Kunst. Hrsg. v. Gisinger F. Leipzig/Berlin
Talbert R, Brodersen K (Hrsg.) (2004) Space in the Roman World. Its Perception and Presenta-
    tion. Münster
von den Brincken A-D (1986), TO-Karte. In: Kretschmer I, Dörflinger J, Wawrik F (Hrsg.) Lexi-
    kon zur Geschichte der Kartographie von den Anfängen bis zum Ersten Weltkrieg. Die Kar-
    tographie und ihre Randgebiete: Enzyklopädie C. Wien, II 812–15
Willige W (1990) Publius Ovidius Naso: Briefe aus der Verbannung. Hrsg. v. Holzberg N. Mün-
    chen/Zürich
Winkler G (1988) Plinius, Naturkunde, Buch 3–4. München/Zürich
Winkler G (1993) Plinius, Naturkunde, Buch 5. München/Zürich
Woodward D (1987) Medieval 'Mappaemundi'. In: Harley JB, Woodward D (Eds.) The History
    of Cartography. Bd. 1. Chicago/London, 286–370

Heidelberger Jahrbuch, Band 47 (2003)
H. Gebhardt/H. Kiesel (Hrsg.): Weltbilder
© Springer-Verlag Berlin Heidelberg 2004

Das Weltbild des Mittelalters

FRITZ PETER KNAPP

> Es waren schöne glänzende Zeiten, wo Europa ein christliches Land war, wo *eine* Christenheit diesen menschlich gestalteten Weltteil bewohnte; *ein* großes gemeinschaftliches Interesse verband die entlegensten Provinzen dieses weiten geistigen Reichs.

Dies die berühmten Anfangsworte der Schrift *Die Christenheit oder Europa* von Novalis (1799), Worte, welche auf eine historisch höchstens ansatzweise konkretisierte harmonische „Urzeit", eine Art rückwärtsgewandter Utopie, zielten, den Zeitgenossen des romantischen Dichters aber von Anfang an als Lobpreis des „christlichen Mittelalters" erschienen. Von der konservativen Restauration und dem politischen Katholizismus vereinnahmt, von deren Gegnern als Ausdruck finsterster Reaktion verdammt, an der viel heterogeneren historischen Wirklichkeit gemessen und falsifiziert, enthalten die Worte, von ihrer subjektiven Wertungshaltung abgesehen, doch ein gar nicht so kleines Körnchen Wahrheit.

Gewiss, die Christenheit war seit Anfang gespalten. Es gab neben und inmitten der katholischen, der „allgemeinen" Kirche Arianer, Donatisten, Pelagianer, Monophysiten, Patarener, Amalrikaner, Waldenser, Averroisten usw., seit 1054 das Schisma zwischen Papstkirche und Orthodoxie, später weitere Spaltungen in verschiedene päpstliche Obödienzen. Selbst an Nichtchristen fehlte es nicht. Es lebten nicht nur an den Rändern Europas die heidnischen Skandinavier, Slawen (im Frühmittelalter) und Balten (die Preußen bis ins 14. Jahrhundert), die muslimischen Araber in Spanien und Sizilien, sondern auch in christlichen Ländern die manichäischen Bogumilen und Katharer sowie die Juden. Aber die Anhänger aller dieser Religionen und Sekten stimmten in Teilen ihres Weltbildes überein, mit gradmäßigen Abstufungen natürlich. Und das okzidentale, das abendländische Europa war im großen und ganzen tatsächlich katholisch und damit in seiner Weltanschauung einheitlich ausgerichtet wie später nie mehr, auch nicht zur Zeit des päpstlichen Zentralismus und königlichen Absolutismus im 17. Jh. Diese Einheit wurde nicht zuletzt durch die eine Sprache der Religion und der Wissenschaft, das Lateinische, gewährleistet.

Nur von den Grundzügen des mittelalterlichen katholischen Weltbildes kann hier im weiteren die Rede sein. Es muss auch so behandelt werden, als sei es keiner ständigen Entwicklung vom 6./7. bis zum 15. Jh. unterworfen gewesen und als habe es die großen Bildungsunterschiede zwischen Laien und Klerus und innerhalb der beiden Gruppen von den Höhen akademischer Theologie bis in die Niederungen kruden Aberglaubens nicht gegeben, sondern nur eine „mittlere" Bildungsschicht.

Die Darstellung soll dabei möglichst quellennah erfolgen, häufig sogar aus Quellenzitaten, allerdings stets übersetzten, bestehen, und zwar vornehmlich aus lateinischen populärwissenschaftlichen Schriften des 12. Jh., allen voran aus der *Imago mundi (Weltbild)* und dem *Elucidarium (Das Erhellende [Buch])* des Honorius Augustodunensis (Canterbury, später Regensburg, erste Hälfte des 12. Jh.). Zur Veranschaulichung dienen vor allem Bilder aus dem *Hortus deliciarum (Paradiesgarten)*, einem in der zweiten Hälfte des 12. Jahrhunderts im elsässischen Augustinerkanonissenstift Hohenburg (Sainte-Odile) unter Leitung der Äbtissin Herrad zusammengestellten enzyklopädischen Lehrbuch, das seinerseits sehr viel Honorius verdankt. Leider haben sich von diesem Buch, da die Handschrift 1870 in Straßburg verbrannt ist, nur Kopien des 19. Jh. erhalten, welche hier zum Teil reproduziert werden. Nur wenig weiteres Bildmaterial soll hinzutreten.

Das Weltbild der Naturkunde

Was die Welt ist: *Mundus* heißt sie, so als würde sie von allen Seiten bewegt (*motus*). Sie ist nämlich in ständiger Bewegung. Ihre Form ist rund in der Art eines Balles. Aber sie ist unterschieden nach Elementen wie ein Ei. Außen wird das Ei ja überall von einer Schale umgeben; eingeschlossen ist unter der Schale das Eiweiß, unter dem Eiweiß das Eidotter, unter dem Eidotter ein Fetttropfen. Ebenso wird die Welt allenthalben vom Himmel wie von einer Schale umgeben, eingeschlossen unter dem Himmel ist aber der reine Äther (*ether* [=*aether* ~ *ignis*]) wie das Eiweiß, unter dem Äther die bewegte Luft (*aer*) wie das Eidotter, unter der Luft die Erde (*terra*) wie der Fetttropfen.

So beginnt Honorius Augustodunensis seine Weltbeschreibung (*Imago* I,1). Er bedient sich dabei wie im Folgenden oft des spätantiken etymologisierenden Verfahrens. Die Benennung einer Sache soll deren Wesen erschließen und wird daher aus ähnlich klingenden Ausdrücken (die nach unseren linguistischen Maßstäben meist gar nicht verwandt sind) hergeleitet. Nicht nur die Methode, sondern auch der Inhalt ist antiker, ursprünglich heidnischer, inzwischen aber längst verchristlichter Tradition entnommen. Diese Tradition geht v.a. auf Aristoteles (4. Jh. v. Chr.) und Ptolemaeus (1. Jh. n. Chr.) zurück, war allerdings im Abendland bis ca. 1200 in der Regel nur indirekt über lateinische Enzyklopädien und Handbücher zugänglich. Der Kosmos wird rund, bestehend aus vier konzentrischen Kugeln, in der Mitte die Erde vorgestellt. Der Grund für diesen Aufbau besteht im Wesen der vier von Gott geschaffenen Elemente (*Imago* I,3):

> [...] aus ihnen besteht alles, nämlich aus Feuer, Luft, Wasser, Erde. Sie drehen sich in sich selbst im Kreise, bis sich das Feuer in Luft, die Luft in Wasser, das Wasser in Erde verwandelt und sich wiederum die Erde in Wasser, das Wasser in Luft, die Luft in Feuer verändert. Sie halten sich jeweils mit ihren eigenen Qualitäten wie mit Armen gegenseitig fest und mischen die ihnen widerstrebende Natur wechselseitig in einträchtigem Bunde zusammen. Denn die trockene und kalte Erde verbindet sich dem kalten Wasser, das kalte und feuchte Wasser fesselt sich an die feuchte Luft, die feuchte und warme Luft gesellt sich zum warmen Feuer; das warme und trockene Feuer verknüpft sich mit der trockenen Erde. Von ihnen nehmen die Erde als das Schwerste den untersten, das Feuer als das Leichteste den obersten Platz ein, die andern beiden die Mitte, gleichsam als Band des Ganzen. Von ihnen nimmt das schwerere Wasser den Platz zunächst der Erde, die leichtere Luft den zunächst dem Feuer ein. Für die Erde bestimmt sind aber die schreitenden Wesen wie Mensch und (Land-)Tiere, für das Wasser die schwimmenden wie die Fische, für die Luft die fliegenden wie die Vögel, für das Feuer die leuchtenden wie Sonne und Sterne.

An der Kugelgestalt der Erde wird nicht gezweifelt, aber die ältere Vorstellung von der Erde als Scheibe, eingeschlossen vom Saum des Okeanos, schimmert noch durch (*Imago* I,5):

> Die Gestalt der Erde ist rund, weshalb sie auch Kreis (*orbis*) genannt wird. Wenn sie nämlich einer von der Luft aus ansähe, so würden die ganze Größe der Berge und die Höhlung der Täler an ihr sich geringer ausnehmen als jemandes Finger, wenn er einen sehr großen Ball in der Hand hielte. [...] Sie ist als Zentrum in der Mitte der Welt plaziert wie der Mittelpunkt genau in der Mitte eines Kreises und wird (dort) durch keine Stützen als durch Gottes Macht festgehalten, so wie man liest: „Fürchtet mich nicht, spricht der Herr, der ich die Erde im Nichts aufgehängt habe. Gegründet ist sie nämlich auf ihre eigene Festigkeit" [frei nach Psalm 103,5 (Vulgata)], so wie ein anderes Element, welches das Ziel seiner Eigenschaft erreicht. Sie wird rundherum vom Ozean wie von einem Saum umschlossen, wie geschrieben steht: „Der Abgrund ist wie ein Kleid seiner Umhüllung" (Ps 103,6). Nach innen wird sie von Wasserläufen durchdrungen wie der Körper von den Blutgefäßen, wodurch ihre Trockenheit überall durchfeuchtet wird. Daher findet sich überall, wo die Erde ein Loch hat, Wasser.

Zwar ist noch von den zwei unbewohnbaren kalten Zonen (an den Polen) und der unbewohnbaren heißen Zone (am Äquator) die Rede (I,6). Aber die nun beschriebene, eine, nördliche, tatsächlich bekannte Ökumene hat dann eben doch die Kreisform. Diese

> ist in drei Teile durch das Mittelmeer geteilt, wovon ein Teil Asien, der zweite Europa, der dritte Afrika genannt wird. Asien reicht vom Norden über den Osten bis zum Süden, Europa vom Westen bis zum Norden, Afrika vom Süden bis zum Westen (I,7).

Dieses abstrakte Schema taucht in mittelalterlichen Handschriften oft graphisch als Kreis, der in Form eines T aufgeteilt wird, auf, eines T deshalb, weil mittelalterliche Karten nicht wie die neueren genordet, sondern stets geostet sind, nach oben ausgerichtet auf das irdische Paradies, worüber Honorius schreibt:

> Asiens äußerstes Gebiet im Osten grenzt an das Paradies; dies ist ein Ort, ausgezeichnet durch jegliche Lieblichkeit, unzugänglich den Menschen; bis zum Himmel ist es von einer Feuermauer umgeben. In ihm befindet sich das Holz des Lebens. Wer von diesem Baum eine Frucht ißt, wird für immer im Stande der Unsterblichkeit bleiben. Im Paradies entspringt auch eine Quelle, die sich in vier Flüsse teilt. Diese Flüsse bergen sich zwar unterhalb [d. h. westlich] des Paradieses in der Erde, aber in weit entfernten Gebieten ergießen sie sich dann (I,9).

Dieser Ort gilt trotz seiner Unerreichbarkeit als ebenso real wie die nun der Reihe nach beschriebenen Gebiete von Indien bis Sardinien (I, 10–35). Nach solchen und ähnlichen Beschreibungen hat man auch Karten angefertigt wie diese (Abb. 1).

Wie üblich bildet die heilige Stadt Jerusalem den Mittelpunkt, den Honorius wohl aus Versehen zu erwähnen vergisst. Sein größtes Interesse gilt den Gegenden Indiens mit ihren Monstren und exotischen Tieren. Daraus ein paar kleine Auszüge:

> Dort sind auch goldene Berge, die man wegen der Drachen und Greifen nicht betreten kann. In Indien ist der Kaspische Berg, von dem das Kaspische Meer den Namen hat. Zwischen ihm und dem Meer sollen die schrecklichsten Völker Gog und Magog von Alexander dem Großen eingeschlossen worden sein. Sie nähren sich von Menschenfleisch und rohen Tieren [...] In den Bergregionen hat Indien die Pygmäen, Menschen von zwei Ellen Länge, die im Krieg mit den Greifen stehen und im dritten Jahr werfen, im achten altern, [...] ebenso die Makrobier von 12 Ellen Länge, die gegen die Greifen kämpfen, welche den Leib von Löwen, Flügel und Klauen von Adlern aufweisen [...] (*Imago* I,10). [...] Dort gibt es auch die Einäugigen

Abb. 1. Mappa mundi aus einem Londoner Psalter des 13. Jh. (Miller, Mappae mundi, Tabula III)

(*Monoculi*), auch Arimaspen genannt, und die Kyklopen, desgleichen die Schattenfüßler (*Sciapodes*, verballhornt zu *Scenopode*), welche, nur gestützt auf einen Fuß, den Lufthauch im Laufe besiegen und, wenn sie sich auf die Erde legen, sich selbst mit der darübergehaltenen Fußsohle Schatten spenden. […] (I,11). […] Dort gibt es auch das Einhorn (*Monoceros*), das den Leib eines Pferdes hat, den Kopf eines Hirsches, die Füße eines Elefanten, den Schwanz eines Schweines, als Waffe ein Horn auf der Stirnmitte, vier Fuß lang, leuchtend und wunderbar schneidend. (I,12).

Wiederum gilt es zu betonen, dass hier nicht ein mittelalterlicher Schriftsteller einfach seiner Phantasie freien Lauf gelassen, sondern sich auf antike Autoritäten gestützt, dabei allerdings kaum zwischen Fabeleien, wie sie etwa

Pseudo-Kallisthenes im 3. Jh. n. Chr. in seinem *Alexanderroman* bietet, und wissenschaftlicher Naturkunde eines Plinius (1. Jh. n. Chr.), Solinus (3./4. Jh. n. Chr.) oder anderer unterschieden hat. Diese Unterscheidung war schon deshalb schwer möglich, weil auch die wissenschaftlichen Erkenntnisse der Antike vielfach auf Irrtümern und bloßen Gerüchten beruhten, vor allem aber, weil es erst im Spätmittelalter Leute wie Marco Polo (1254–1324), Odorico da Pordenone († 1339) oder Wilhelm von Boldensele († um 1339) unternahmen, selbst ferne Länder Asiens zu erkunden. Aber auch diese unterlagen dann so manchen bloßen Einbildungen und gaben auch viele Nachrichten nur nach dem Hörensagen wieder, so dass es bald darauf Jean de Mandeville († 1372?) gelingen konnte, zum berühmtesten Reiseschriftsteller des Mittelalters aufzusteigen, obwohl er höchstwahrscheinlich gar nichts selbst entdeckte, sondern alles aus älteren Berichten abschrieb oder frei erfand.

Die Beschreibung Europas bei Honorius Augustodunensis fällt natürlich realistischer aus, folgt aber auch vielfach antiken Vorgaben. So erfahren wir von *Germania superior* (I,23):

> Von der Donau bis zu den Alpen befindet sich das obere Germanien, das vom Hervorbringen der Völker (*populos germinare*) den Namen hat. Es wird begrenzt nach Westen vom Rhein, gegen Norden von der Elbe. Darin gibt es die Region Schwaben, benannt nach dem *mons Suevus* [Schwarzwald]. Es wird auch Alemannien nach dem *lacus Lemanus* (Lac Léman [Genfer See]) genannt, und auch Rhätien. Darin entspringt die Donau, die sich durch 60 hervorragende Flüsse erweitert und in 7 Mündungen wie der Nil geteilt ins Schwarze Meer eintritt. In Germanien gibt es auch Noricum, auch Baiern (genannt), worin sich die Stadt Ratisbona (Regensburg) befindet. Dann gibt es auch Ostfranken, an das sich Thüringen anschließt, dem Sachsen folgt.

Der Blick schweift dann von Niederdeutschland über Griechenland, Italien, Gallien, Spanien, Britannien bis Afrika und zurück zu den Mittelmeerinseln, denen sich überraschend die Hölle anschließt (I,36):

> Der *Infernus* wird deshalb unterirdisch (*inferus*) genannt, weil er tiefer (*inferius*) gelegen ist. So wie nämlich die Erde in der Mitte der Luft gelegen ist, so die Hölle in der Mitte der Erde. Daher wird sie auch die letzte Erde genannt. Sie ist aber ein Ort, grauenhaft durch Feuer und Schwefel, weiter unten ausgeweitet, weiter oben verengt. Sie heißt See oder Erde des Todes, weil die Seelen, die dort hinabsteigen, wahrhaft sterben.

Das Inferno ist also ebenso geographisch zu verorten wie das irdische Paradies und bleibt es selbst in Dantes *Divina Commedia* (1307–1321) trotz aller poetischer Stilisierung. Allerdings weiß man im Mittelalter nicht nur von der unterirdischen Hölle: „Es gibt auch viele andere Orte der Strafe auf Erden oder auf Inseln, strafend mit Kälte und Wind oder schrecklich kochend von Feuer und Schwefel" (I,37). Die berühmte Legende von der Seefahrt des irischen Heiligen St. Brandan weiß davon zu berichten.

Honorius verspricht, nun in seiner Darstellung aus dem Höllenfeuer zur Erfrischung der Gewässer zu fliehen. Dementsprechend schreitet die Darstellung von der Erde zu den übrigen drei Elementen fort, dem Wasser, der Luft und dem Feuer, und deren Erscheinungsformen, zu denen, wiederum unerwartet für uns, auch übernatürliche gehören. In der Luft etwa „halten sich die Dämonen auf und erwarten mit Qualen den Tag des Gerichts. Aus ihr nehmen sie die leiblichen Gestalten an, wenn sie den Menschen erscheinen" (I,58). Aus dem feurigen Äther hingegen „nehmen die Engel ihre Körper, wenn sie als Boten zu den Menschen kommen" (I,72). Das Feuer „erstreckt sich vom Mond bis zum Firmament. Es ist um soviel feiner als die Luft, wie die Luft dünner als das Wasser und das Wasser dünner als die Erde. Es wird auch Äther, d. h. reine Luft, genannt und erfreut sich immerwährenden Glanzes" (I,72). Hier kreisen die sieben Planeten, Mond, Merkur, Venus, Sonne, Mars, Jupiter und Saturn, und erzeugen dabei die Sphärenmusik, die wir nicht mehr hören können. Darüber aber steht die Sphäre des Fixsternhimmels unbeweglich fest, das *firmamentum*, „mit Sternen geschmückt nach allen Richtungen, […] aus Wasser erhärtet gleich dem Eis oder vielmehr dem Kristall" (I,93). Zuoberst schließlich befindet sich der geistige Himmel *(spiritale celum)*, das jenseitige Paradies, jenseits eben des Firmaments.

Antikes paganes Wissen wird hier so weit möglich oder nötig mit dem biblischen Weltbild in Einklang gebracht, dessen Ausgangspunkt natürlich der Schöpfungsbericht darstellt. Der Schöpfer der Welt *(creator mundi)* ist fester Bestandteil des Bildprogramms vieler liturgischer Bücher, so etwa auch des berühmten Evangeliars Heinrichs des Löwen (um 1185), das Christus in der Mandorla, umrahmt von den Werken der Schöpfung (Licht, Kosmos, Erde, den Gestirnen, den Pflanzen, Tieren und dem Menschen) und von menschlichen Kündern der Offenbarung (Moses, David, Salomo, Boethius sowie den vier Evangelisten in Gestalt ihrer Symbole) zeigt (Abb. 2).

Aus dem Bild blickt Adam wie Christus frontal auf den Beschauer, wiewohl kleiner und tiefer stehend, doch auf der Mittelachse des Bildes wie der Schöpfer und Erlöser. Der Mensch ist zwar keineswegs das Maß aller Dinge wie bei den griechischen Sophisten, aber doch die Krone der Schöpfung. Daher konnte der alte aus vorsokratischen, platonischen und gnostischen Ideen entwickelte Gedanke einer wesensmäßigen Entsprechung von Kosmos und Mensch auch leicht im Christentum Fuß fassen (Abb. 3).

Die nackte (aus ethischen Gründen geschlechtslose) Menschengestalt, um das Haupt den Strahlenkranz der Planeten, steht zwischen Abbildungen der vier Elemente, deren Eigenschaften auch den Menschen bestimmen. Wie die Beischriften sagen, gibt das brennende Feuer die Sehkraft und die Bewegungsfähigkeit, die wehende Luft Gehör und Geruchssinn, das feuchte Wasser

Abb. 2. Das Evangeliar Heinrichs des Löwen, Blatt 172 recto: Creator mundi
(erläutert v. Elisabeth Klemm, Tafel 35)

den Geschmack und das Blut, die feste Erde Knochen und Fleisch als Gewicht
und Stütze des Körpers. Im Text werden weitere Parallelen gezogen, meist
wieder nach Honorius. Dieser bringt – nicht zuletzt dank der mittelalterlichen Vorliebe für die Zahlensymbolik – verschiedene Tetraden aus der Natur
zusammen. So entsprechen die vier Jahreszeiten den Elementen. Die vier Säf-
te (*humores*) des Menschen aber vereinen in sich jeweils die Eigenschaften
zweier Elemente (*Imago* II, 59–60):

Aus eben diesen Eigenschaften ist der menschliche Leib gemischt, weshalb
er auch Mikrokosmos genannt wird, d. h. kleine Welt. Denn das Blut (*san-
guis*), das im Frühling wächst, ist feucht und warm, und es ist kräftig in den
Kindern. Die rote [auch gelbe] Galle (*cholera rubea*), wachsend im Sommer, ist heiß und trocken, und sie ist in Fülle bei den Jungen, in den Erwachsenen (hingegen) die schwarze, im Herbst wachsende [kalte und

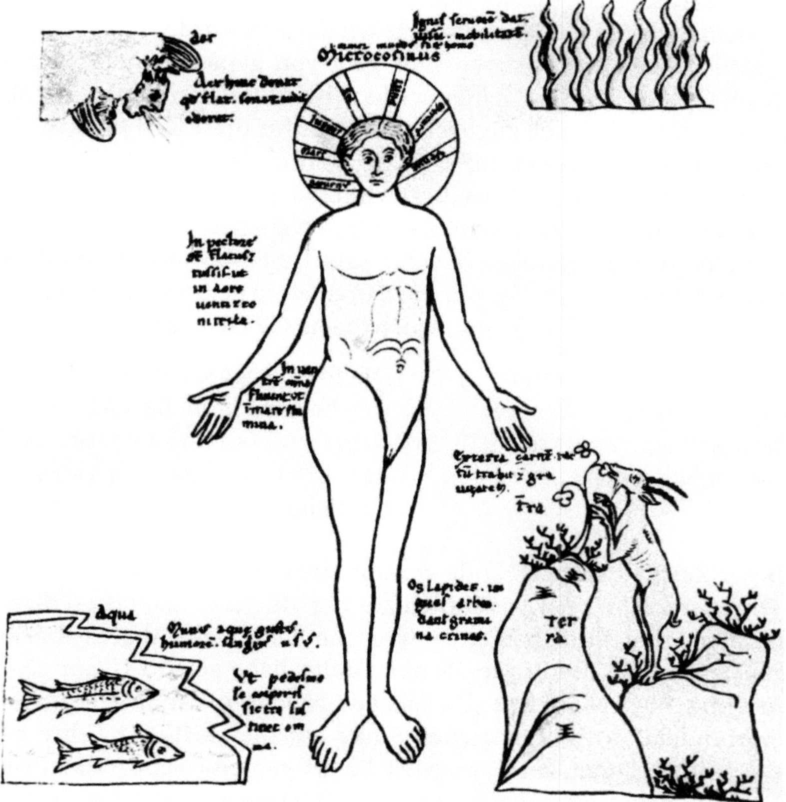

Abb. 3. Hortus deliciarum, Blatt 16 verso: Der Mensch als Mikrokosmos, Ausgabe Abb. 9

trockene] Galle (*cholera nigra*), in den Greisen herrschen dagegen die [kalten und feuchten] Schleime (*flegmata*). In denen das Blut Kraft hat, die sind heiter, milde, lachend, gesprächig. In denen die rote Galle Kraft hat, die sind mager, gierig, fahrig, kühn, zornig, agil. In denen die schwarze Galle Kraft hat, die sind beständig, schwermütig, von gesetztem Benehmen, schmerzerfüllt. In denen die Schleime Kraft haben, die sind langsam, schläfrig, vergeßlich.

Hier haben wir, simplifiziert, die antike Humoralpathologie vor uns, kombiniert mit der daraus abgeleiteten Charakterlehre, die heute noch die vulgärpsychologischen Begriffe des Sanguinikers, Cholerikers, Melancholikers (griechisch *mélan chólion* = lateinisch *cholera nigra*) und Phlegmatikers liefert. Ebenso fehlt übrigens der bis heute unausrottbare astrologische Aberglaube in kaum einer mittelalterlichen Naturlehre, obwohl schon Augustinus

(354–430), der einflussreichste aller Kirchenväter, davor gewarnt hatte und seine Warnung durch die Jahrhunderte wiederholt wurde.

Die antike Idee vom Mikrokosmos geht von gemeinsamen Naturkräften aus, die im Großen wie im Kleinen wirken. Im Mittelalter konnte sie aber nur so beliebt werden, weil sich zugleich darin das für diese Zeit typische Denken in zeichenhaften Analogien äußert. Der Mensch ist ein Abbild des Kosmos und umgekehrt. Auf diese Weise bezeichnet aber alles von Gott Geschaffene zugleich ein anderes. „Diese ganze sinnlich wahrnehmbare Welt ist wie ein Buch, geschrieben vom Finger Gottes," sagt Hugo v. St. Victor (gest. 1141) im *Didascalicon* 7,3 (MPL 176, Sp. 814 B). In Versen drückt es der populäre deutsche Reimsprecher Freidank um 1220/30 so aus (*Bescheidenheit* 19,9–12):

Diu erde keiner slahte treit,	Die Erde trägt keine Spezies,
daz gar sî âne bezeichenheit.	welche ganz ohne Bezeichnung wäre.
nehein geschepfede ist sô frî,	Kein Geschöpf ist so unabhängig,
sin bezeichne anderz, dan sie sî.	dass es nichts anderes als sich selbst bezeichnet.

Wie dieser Zeichenwert zustande kommt, demonstriert Augustinus (*De doctrina christiana* II,10), der wesentlich zur christlichen Adaptation dieser neuplatonischen Vorstellung beigetragen hat, an dem oben (Abb. 2) abgebildeten Evangelistensymbol des Rindes. Schon Paulus habe gelehrt (I Cor 9,9f.), dass das Wort im 5. Buch Mose 25,4 „Du sollst dem Ochsen, der da drischt, nicht das Maul verbinden!" im übertragenen Sinne auf die geistliche Lehre gemünzt sei. Dass ausgerechnet der Evangelist Lukas gemeint sein müsse, ist damit zwar nicht gesagt, doch entspricht dies bloß der grundsätzlichen spirituellen Mehrdeutigkeit der irdisch-realen Gegenstände, Sachverhalte und Ereignisse (*res et facta*). Sie haben in der Schöpfung ebensoviele spirituelle Bedeutungen wie reale Eigenschaften erhalten.

Diese Eigenschaften (*proprietates*) lehrt uns die Naturkunde, jene Bedeutungen aber die Bibel, das Wort Gottes. Daher kommt gerade die Bibelexegese nicht wie das Verstehen profaner Texte mit den philologisch-philosophischen Wissenschaften aus, sondern bedarf naturwissenschaftlicher Kenntnisse. Den Kanon hat einmal mehr die Antike geprägt: das Trivium, den Dreiweg, mit Grammatik, Rhetorik und Dialektik auf der einen Seite, das Quadrivium, den Vierweg, mit Musik, Arithmetik, Geometrie und Astronomie auf der anderen. Der *Hortus deliciarum* ordnet sie im Kreis um die Philosophie, die Weisheitslehre, an, zu deren Füßen zwar die Philosophen Sokrates und Platon sitzen, die aber in der Beischrift über alles Irdische erhöht wird: *Omnis sapientia a domino deo est* (Alle Weisheit stammt vom Herrgott) (Abb. 4).

Für den heutigen Betrachter am überraschendsten aber die hier außerhalb des Kreises der Weisheit gemalten Gestalten: *poete vel magi*, Dichter oder Magier, die in Bücher schreiben oder aus Büchern lehren, was ihnen ein unreiner

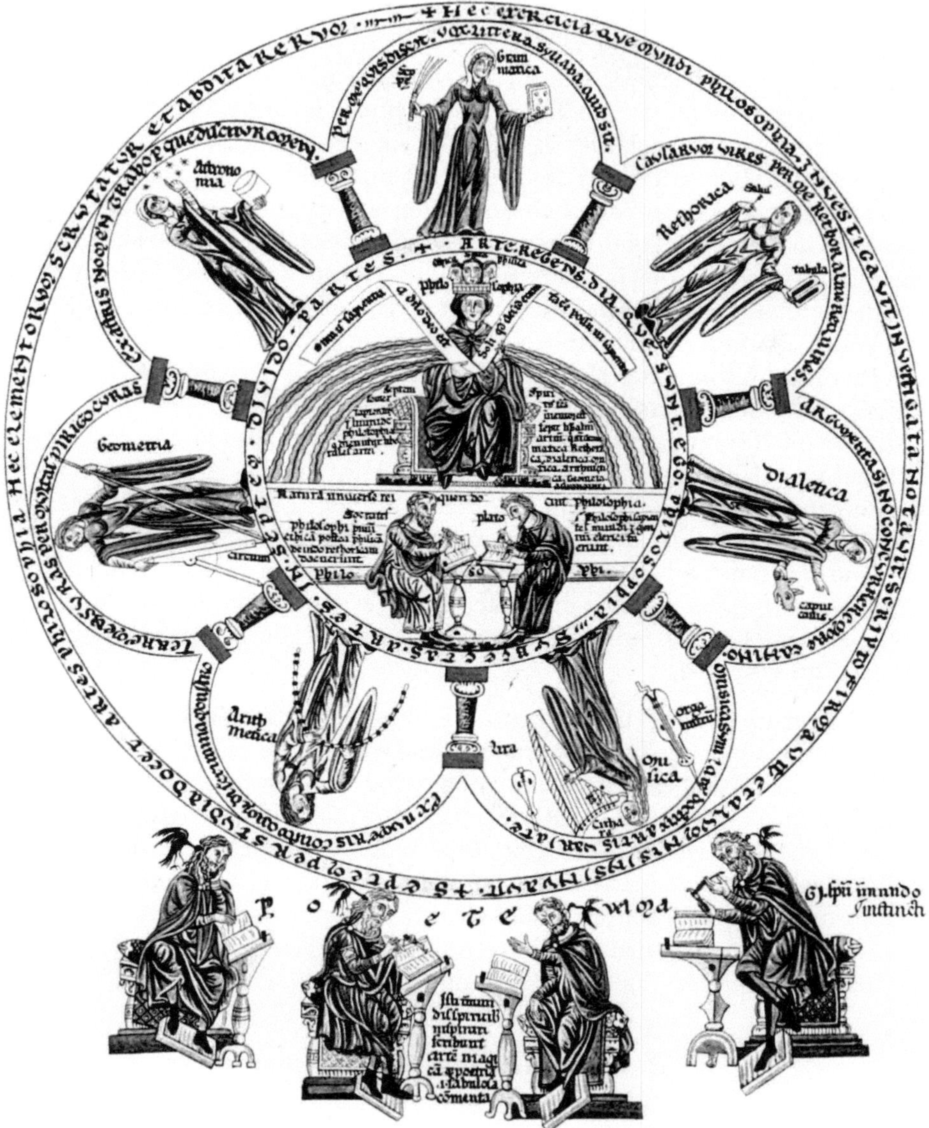

Abb. 4. Hortus deliciarum, Blatt 32 recto: Septem artes liberales, Ausgabe Abb. 18

Geist in Gestalt eines schwarzen Vogels ins Ohr raunt. Poetische Fiktion (*fabulosa commenta*) kann nichts zur menschlichen Erkenntnis beitragen, heißt die religiöse Botschaft. Da es nun aber im Mittelalter selbstverständlich Dichtung gab, dürfen wir erwarten, dass sie sich in aller Regel bemüht haben wird, nicht als Fiktion zu erscheinen, sondern als Darstellung der gottgeschaffenen Wirklichkeit.

Bevorzugte Gegenstände epischer Dichtung sind daher biblische und profane Historie, Heiligenviten, Mirakel und Exempel, auch wenn andere, demgegenüber prekäre Sujets natürlich ebenfalls aufgegriffen werden. Den heiligen Gegenständen begegnet man dafür aber oft mit einer erstaunlichen Freiheit. Das manifestiert sich am deutlichsten in den apokryphen Evangelien von der Kindheit und der Höllenfahrt Jesu, aber auch in der teilweise überaus phantasievollen Auslegung der kanonischen Bibel. Woran wir jedoch eine gewisse poetische Imagination bewundern mögen, das sahen die Exegeten als Mittel der Wahrheitsfindung und Wahrheitsvermittlung. Dafür nur ein Beispiel aus der Predigtsammlung des Honorius Augustodunensis, welches im *Hortus deliciarum* verbildlicht erscheint (Abb. 5).

In der Bibel fragt Gott den an seiner Gerechtigkeit zweifelnden schwer geprüften Hiob (Iob 40,20f. Vulg.): „Kannst Du etwa den Leviathan mit der Angel fangen und seine Zunge mit einem Seil binden? Legst du ihm etwa einen Nasenring an und durchbohrst ihm mit einem Armreif die Kinnbacke?" Dies alles vermag natürlich nur der Allmächtige, ist doch der Leviathan ein gewaltiges Meerungeheuer. Hier knüpft der Prediger an. Nach alter Tradition begreift er das Meer als Sinnbild des menschlichen Lebens, den Leviathan als Teufel, und setzt fort:

> Gott aber, im Himmel thronend, warf in dieses Meer die Angel aus, als er seinen Sohn zum Fang des Leviathan in diese Welt sandte. Die Angelschnur war die von den Evangelisten zusammengestellte Abstammung Christi. Der Haken ist Christi göttliche, der Köder aber seine menschliche Natur. Des weiteren ist die Rute, womit die Angelschnur in die Wogen gehalten wird, das heilige Kreuz, woran Christus zur Täuschung des Teufels aufgehängt wird. Da nun der Leviathan den Fleischköder mit dem gierigen Zahn des Todes zu zerfleischen sucht, wird er vom verborgenen Haken durchbohrt [...] (*Speculum ecclesiae*, Predigt zur Oktav von Ostern, MPL 172, Sp. 937 BC).

Das Weltbild der Heilsgeschichte

Die Schöpfung ist nach jüdisch-christlichem Glauben der Anfang alles irdischen Seins, des Raumes und der Zeit, des Kosmos, des Menschen und der Geschichte. Auf der oben abgebildeten Schöpfungsminiatur (Abbildung 2) enthalten die Beischriften zu den Werken des Hexaemerons nicht nur deren biblische Identifikation, sondern auch Verweise auf die damit zahlensymbolisch in Bezug gesetzten sechs Weltzeitalter, wie sie der Kirchenvater Augustinus in *De civitate Dei* abgegrenzt und dergestalt dem Abendland vermacht hat: (1) Von Adam bis Noe; (2) bis Abraham; (3) bis David; (4) bis zur Babylonischen Gefangenschaft; (5) bis Christus; (6) bis zum Weltende.

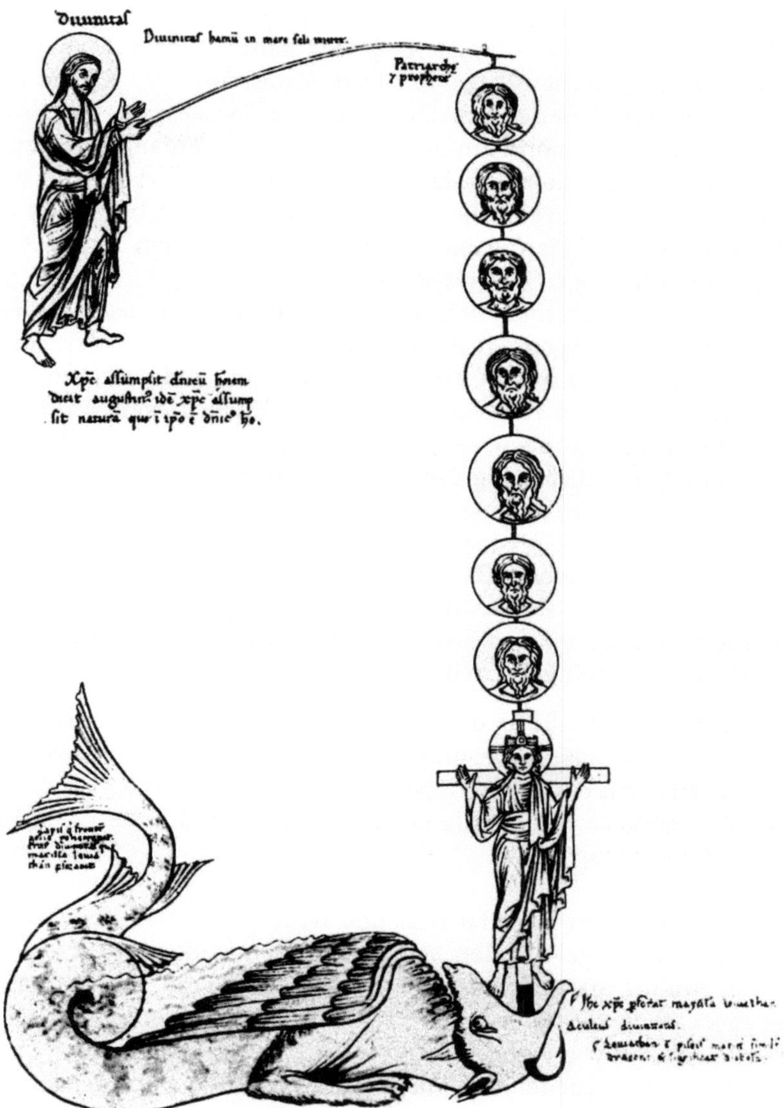

Abb. 5. Hortus deliciarum, Blatt 84 recto: Der Fischzug des göttlichen Erlösers, Ausgabe Abb. 49

Dementsprechend widmet auch Honorius den zweiten Teil (Buch II) der *Imago mundi* der Weltgeschichte. Die von Augustinus übernommenen *sex aetates mundi* sucht er möglichst genau zeitlich auszumessen und kommt insgesamt auf die Dauer von 4763 Jahren nach der hebräischen Bibel und von 5228 Jahren nach der Septuaginta bis Christi Geburt (was beides enorm von der jüdischen Zeitrechnung abweicht, welche seit dem 9. Jh. die Schöpfung auf das Jahr 3761 vor Christi Geburt festgelegt hatte). In der Festlegung des Grunddatums des Kirchenjahres, des Osterfestes, folgt die Kirche (und so auch Honorius) dagegen der jüdischen Feier des Passahfestes jeweils am ersten Sonntag nach Vollmond am oder nach Frühlingsanfang. Die neue Zählung des sechsten Zeitalters erfolgt jedoch nicht von Christi Auferstehung, sondern von seiner Geburt an, die allerdings im 6. Jh. falsch berechnet worden war. Der Text der Bibel lässt ja ein Geburtsdatum nach dem Tode des Königs Herodes des Großen (4 v. Chr.) nicht zu.

Das christliche Geschichtsbild ist im Gegensatz zum heidnisch-antiken von Linearität und Finalität geprägt. Alles läuft zuerst auf die erste, dann die zweite Ankunft (*adventus, parusia*) des Erlösers und den Weltuntergang zu. Welt und Zeit entstehen und vergehen gemeinsam. Einen neuen Himmel (bzw. nach damaliger Auffassung: neue Himmel im Plural – s.o.) und eine neue Erde wird es erst außer aller Zeit geben. Auf die Zeit beschränkt ist aber auch die Macht des Satans, die zu Anfang der Schöpfung begonnen hat, und zwar mit dem Engelssturz nach dem Wort des Apostels Petrus, dass „Gott die sündigen Engel nicht verschonte, sondern sie in Fesseln der Hölle herabstürzte und der Unterwelt übergab, um sie für Marter und Gericht zu bewahren" (II Pt 2,4 Vulg.). Aus jüdischen apokryphen Schriften entnahmen christliche Theologen die Sünde des Erzengels Lucifer:

> Als er sah, dass er alle Ordnungen der Engel an Glorie und Schönheit überrragte, verachtete er alle und wollte Gott gleich, ja überlegen sein. [...] Er wurde aus dem Palast vertrieben, in den Kerker gestoßen, und so wie er zuvor der schönste war, wurde er danach der schwärzeste [...] (*Elucidarium* I,7 MPL 172, Sp.1114A).

Da Gott den durch den Sturz Lucifers und seiner Gefährten frei gewordenen zehnten Chor der Engel mit den Menschen füllen wollte, verfolgte diese der Teufel von Anfang an und verführte Eva, die erste Frau, die aus der Rippe Adams geschaffen worden war. So erscheint es bildlich etwa in einer *Heilsspiegel*-Handschrift von 1360 (Abb. 6).

Links oben sucht Lucifer sich über Gott zu erheben, darunter stürzt er in den Höllenrachen. Die weiteren drei Bilder zeigen die Schaffung Evas, ihre Vermählung mit Adam und ihre Begegnung mit der Schlange. Im Kapitel 2 folgen dann Sündenfall und Vertreibung aus dem Paradies, das Arbeitsleben des ersten Menschenpaares und die Sintflut, in Kapitel 3 sogleich der Beginn der Erlösung mit Mariä Verkündigung.

Die Weltgeschichtsschreibung, so auch Honorius, hatte dagegen auch die folgenden Jahrtausende bis zum ersten *adventus Christi* zu beschreiben, auch wenn sie nicht die gleich hohe heilsgeschichtliche Bedeutung besaßen. Die Beschränkung der Weltzeitalter sah ursprünglich natürlich keine beliebige

Abb. 6. Speculum humanae salvationis, Codex 2505 der Hessischen Landesbibliothek
Darmstadt (um 1360), Kap. 1: Engelssturz und Anfang der Menschheit, Heilsspiegel,
hg. v. Horst Appuhn, Dortmund 1981, S. 8–9

Ausdehnung des sechsten Zeitalters vor, sondern eine von höchstens tausend
Jahren wie bei den vorhergehenden *aetates* auch. Dementsprechend groß war
die Erwartung des Weltendes im Jahr 1000 n. Chr., schwächte sich dann allerdings ab, ohne je in einer Generation völlig zu schwinden. Auch die vom Kirchenvater Hieronymus (gest. 419/20) nach der Prophezeiung Daniels ins Spiel
gebrachte Annahme von nur vier Weltreichen im Laufe der Zeiten, den Reichen der Babylonier, Perser, Griechen und Römer, ließ den Untergang der Welt
mit dem des Imperium Romanum, des Endpunktes der Herrschaftsübertra-
gung (*translatio imperii*), zusammenfallen. Die Erneuerung des Römischen
Reichs im Mittelalter brachte zwar eine Atempause. Aber jede schwere Reichs-
krise beschwor in den Augen der Zeitgenossen das Kommen des Antichrist
herauf, das nach Gregor dem Großen (gest. 604) und anderen dem Weltende
vorausgehen musste.

Mochte der Weltuntergang so nahe oder fern wie auch immer sein, der individuelle Tod war jedem Menschen gewiß. So überstieg denn auch de facto

die überzeitliche Bedeutung der Heilstatsachen ihre historische, auch wenn diese – anders als im Mythos – eben als historische unbedingte Anerkennung forderten. Dem Mythos nähert sich freilich die alljährlich, allwöchentlich oder alltäglich wiederkehrende Vergegenwärtigung in der liturgischen Feier. Nach der Gottesdienstordnung lief nicht nur das tägliche Leben des Klerus ab. Auch viele Laien richteten sich, selbst wenn sie nur an Sonn- und Feiertagen oder noch seltener zur Kirche gingen, nach dem Läuten der Glocken mehrmals am Tage. Und auch ihr Jahresrhythmus gehorchte nicht nur dem Wechsel der – für eine überwiegend agrarische Gesellschaft natürlich lebensbestimmenden – Jahreszeiten, sondern auch der Abfolge der großen Feste Weihnachten, Epiphanie, Ostern, Himmelfahrt und Pfingsten. Hinzu kamen die kleineren Herrenfeste, die Marien- und Heiligenfeste. Sie alle erinnern nicht bloß an heilige Ereignisse, sondern sollen diese in das Hier und Heute hereinnehmen, zugleich aber auch immer den gesamten heilsgeschichtlichen Zusammenhang wachrufen, dies, soweit nötig, auch explizit durch Gebet und Predigt. Zentraler Ort dafür ist das Glaubensbekenntnis, welches Schöpfung, Inkarnation, Passion, Auferstehung, Wiederkunft, Auferstehung der Toten, Gericht und Ewiges Leben immer wieder als fundamentale Heilstatsachen benennt. Aber es bedarf der Ergänzung durch die alttestamentlichen Prämissen, durch die bereits genannten wie auch durch den Weg des auserwählten Volkes Israel zu und mit Gott.

Wiederum bedeuten diese Ereignisse keineswegs nur sich selbst. Wie aus dem Bereich der Natur der Stier oder Ochse *spiritualiter* den geistlichen Lehrer, aber auch anderes, meinen kann (s.o.) oder der Löwe Christus (nach Apc 5,5) oder den Teufel (nach 1 Pt 5,8), so weist die alte biblische Geschichte auf die neue voraus. Adam ist nach dem *Brief an die Römer* 15,14 „ein Bild (griechisch *týpos*, lateinisch *forma*) des Zukünftigen", und zwar Christi, des neuen Adam, der die Sünde des ersten Adam tilgte. So entsprechen einander jeweils Typus und Antitypus, der Lebensbaum des Paradieses dem Kreuzesbaum der Passion, der Durchzug durchs Rote Meer der Taufe usw. Denn „dies alles aber widerfuhr jenen [den Juden des Alten Testaments] als Vorbild (*in figura*) und wurde zur Ermahnung für uns aufgeschrieben", sagt der Apostel (1 Cor 10,11). Nicht nur durch die Weissagungen der Propheten, sondern auch durch die „Realprophetien" der genannten Art bildeten Altes und Neues Testament eine untrennbare Einheit, so dass Christen, die nur die Schriften des Neuen Bundes gelten lassen wollten, dem Verdikt der Häresie verfallen mussten. Vor allem der Wahrung der Rechtgläubigkeit, aber auch der Belehrung der weniger Gebildeten dienten die Bildprogramme der Biblia pauperum und Heilsspiegel, wo meist drei Typen einem Antitypus beigesellt werden, so z.B. der Turmbau zu Babel (Gn 11,1-9), die Gabe der Zehn Gebote (Ex 20) und Elischas Ölwunder (IV Rg 4,1-7) der Ausgießung des Heiligen Geistes zu Pfingsten (Act 2,1f.) (Abb. 7).

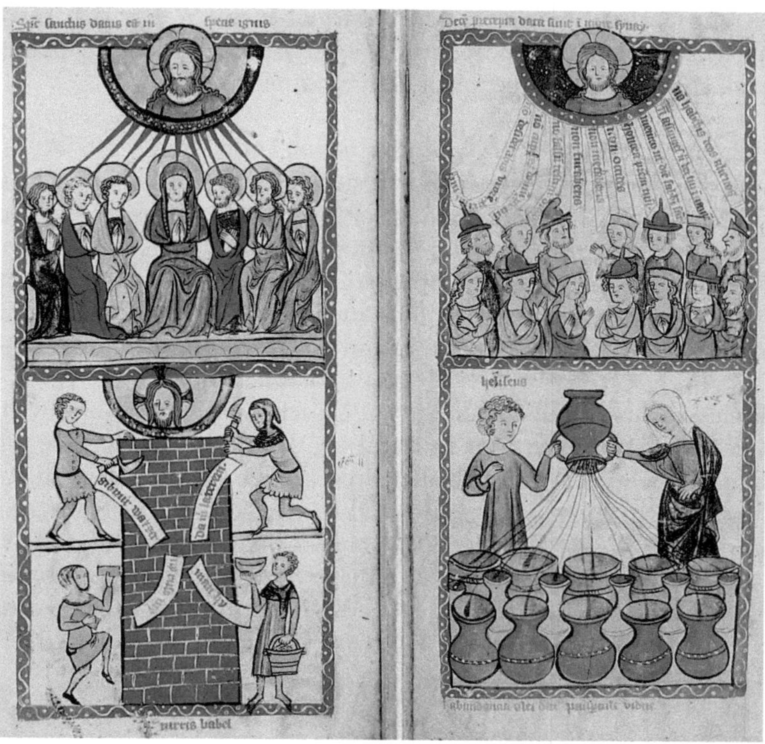

Abb. 7. Speculum humanae salvationis, Kap. 32: Pfingsten, Heilsspiegel, Ausg. S. 70–71

Der erste Typus zeigt die Möglichkeit, dass ein solcher auch ex negativo auf
den Antitypus verweisen konnte. Die von Gott gesandte Sprachverwirrung
entspricht deren Überwindung durch die wundersame Vielsprachigkeit der
Apostel. Daß als Antitypus keine biblische Szene gewählt wird, geschieht hingegen in solchen Heilsspiegeln höchst selten, in Einzeldarstellungen etwas
häufiger. Da kann schon einmal Julius Caesar, der als erster Römischer Kaiser
galt, dem Apostelfürsten Petrus, Bischof von Rom, gegenübergestellt werden
oder sogar der am Mast festgebundene, den Sirenen lauschende Odysseus
dem am Kreuz hängenden Erlöser. Honorius verwendet diese Parallele freilich nicht im typologischen, sondern nur im tropologischen (moralischen)
Sinne in der Predigt zum Septuagesima-Sonntag (*Speculum ecclesiae*, MPL
172, Sp. 857A):

Ulixes heißt „der Weise". Er segelt unbeschadet [an den Sirenen] vorbei,
weil das wahrhaft weise Christenvolk im Schiff der Kirche das Meer dieser
Welt überquert. Es bindet sich mit Gottesfurcht an den Schiffsbaum, d. h. an

das Kreuz Christi. Den Gefährten versiegelt es mit Wachs, d. h. mit Christi Menschwerdung, das Gehör, damit sie ihr Herz von den Lastern und Begierden abwenden und nur nach dem Himmel streben.

Das erscheint wiederum im *Hortus deliciarum* (Abb. 8).

Für die wundersamen Sirenen beruft sich Honorius auf heidnische Gelehrte, Odysseus (lateinisch Ulixes) hält er auf jeden Fall für eine historische Gestalt. Die spirituelle Auslegung profanhistorischer Ereignisse konnte sich zwar nicht auf die Autorität der Bibel stützen, war aber insofern legitim, als Gott als Herr der Geschichte galt und auch die Bibel ja nur Ausschnitte aus größeren historischen Zusammenhängen bot, also geradezu nach Ergänzung rief.

Viele Geschichtsschreiber scheuten sich auch nicht, Gottes unmittelbar lenkende, belohnende und strafende Hand im Verlauf der Ereignisse erkennen zu wollen. Vorsichtige zogen sich allerdings auf die Position des Anicius Manlius Severinus Boethius (gest. 524) zurück, der in seiner Schrift *De consolatione philosophiae (Vom Trost der Philosophie)* zwar Gottes gütige Vorsehung hinter allen Geschehnissen der Welt sah, freilich ohne dass aus immanenter Perspektive der Sinn der verborgenen Wege Gottes erkennbar würde. Dem Menschen müssen die irdischen Wirrnisse wie das Werk der antiken Göttin

Abb. 8. Hortus deliciarum, Blatt 221 verso: Odysseus und die Sirenen, Ausgabe Abb. 126

Fortuna erscheinen, die nach ihrer Willkür ihr Rad dreht und Fürsten ihrer
Wahl zur Herrschaft emporhebt und ebenso wieder herabstürzt. Dieses von
Boethius eingeführte Sinnbild hat sich im Mittelalter neben all den biblischen
Bildern fest etabliert, selbst an Kirchenwänden und in theologischen Schrif-
ten (Abb. 9).

Ganz leicht fällt es dennoch nicht, den Abstand zu überbrücken, der zwischen diesem und dem folgenden etwa derselben Zeit angehörigen Bild liegt
(Abb. 10).

Christus thront unter Engeln und Heiligen und hält ein Schriftband mit
den (lateinischen) Worten: „Wer mir nachfolgen will, verleugne sich selbst
und nehme sein Kreuz auf sich [...]" (Mt 16,24; Lc 9,23). In der unteren Zone
empfängt das kniende Herzogspaar von Händen aus dem Himmelskreis die
Krone. Rechts und links von ihnen stehen die Verwandten aus kaiserlichem
und königlichem Geschlecht. Über das Bild ist viel gerätselt worden. Die Betonung der geblütsadeligen Ausnahmestellung von Heinrich dem Löwen und
seiner Gemahlin, der Tochter des englischen Königs, ist außergewöhnlich. Soviel geht aber aus den Beischriften hervor, dass das Bild keinen irdischen
Herrschaftsanspruch, etwa gar auf die Kaiserkrone, erhebt, sondern für das
Herzogspaar die himmlische Krone erbittet. Streng hierarchisches genealogi-
sches Denken verbindet sich sichtbar mit der Anerkennung christlicher Ge-

Abb. 9. Hortus deliciarum, Blatt 215 recto: Das Rad der Fortuna, Ausgabe Abb. 123

Abb. 10. Das Evangeliar Heinrichs des Löwen, Blatt 171 verso: Krönung des Herzogspaares, Insel Taschenbuch 1121. Tafel 34

bote. Die fürstlichen Gestalten in all ihrer Würde tragen das Kreuz Christi, um ihm nachzufolgen.

Wieweit eine solche Kompromisshaltung mit den Lehren Christi und der Apostel vereinbar war, stellte von Anfang an eine ungelöste Frage christlicher Soziallehre dar. Durch das gesellschaftliche Weltbild ging in der Praxis ein Riss, den die offizielle Lehre der Kirche nur theoretisch zu überdecken vermochte. Die asketischen Mönche und Einsiedler folgten dem Aufruf, diesem seelengefährdenden Weltleben ein für allemal den Rücken zu kehren, die meisten Laien und Kleriker führten es dagegen weiter, wenn auch sehr oft mit schlechtem Gewissen. Die Hoffnung, man könne Gott und der Welt zugleich gefallen, liegt zwar dem Lebensideal zugrunde, welches die großen volkssprachigen Werke der höfischen Dichter um 1200 dem adeligen Publikum vor Augen stellten. Doch dieses Ideal blieb der Realität enthoben und verlor selbst als utopische Zielvorstellung rasch an Strahlkraft. Der riesige französische

Prosaroman von Lancelot und dem Gral inszeniert selbst (etwa 1215–1230) auf großartige Weise den Untergang des Königs Artus und seiner Tafelrunde, also der ganzen herrlichen ritterlich-höfischen Welt. An deren Existenz und Weltbild hält dagegen offenbar noch der italienische Lancelot-Freskenzyklus von ca. 1400 fest, der im Anhang zu diesem Band kurz vorgestellt werden soll.

Eisern fest hielt man im ganzen Mittelalter auch am hierarchischen Aufbau der Gesellschaft, an der Herrschaft der Wenigen über die Vielen, auch von Seiten des Klerus, der sich die Kirche, die Gemeinschaft der Gläubigen, auch nur streng geordnet vorstellen wollte (Abb. 11).

Abb. 11. Hortus deliciarum, Blatt 225 verso: Der Aufbau der Kirche, Ausgabe Abb. 128

Unter dem Dach der Kirche thront Maria, flankiert von den Aposteln, Prälaten, dem Papst und den Bischöfen, über den Laien und den asketischen Religiosen (*spiritales*). Alle vier Gruppen weisen auch in sich eine hierarchische Sitzordnung auf. Zusammengefasst erscheinen alle allerdings in der allegorischen Personifikation der Jungfrauen (*adolescentule*) zu Füßen Marias. Es sind die Jungfrauen von Jerusalem, welche nach den Worten des Hohenliedes (Ct 1,2) den Bräutigam einst umschwärmten. Den Bräutigam identifizierte die Kirche seit Alters her mit Christus, Honorius dann die Jungfrauen mit den Seelen der Gläubigen (*Expositio in Cantica Canticorum*, Ad versum 2, MPL 172, Sp. 364C).

Da Gott alles in der Schöpfung nach Maß, Zahl und Gewicht geordnet hatte (*Buch Weisheit* 11,12), durfte man eine solche Ordnung auch für Engel und Menschen voraussetzen. Die Scheidung nach Herren und Knechten galt allerdings allgemein als Folge menschlicher Sünde – man dachte v.a. an Noes Fluch (Gn 9,20–27) –, so dass Augustinus nur eine bloße Analogie der gesetzlichen zur natürlichen Ordnung annehmen konnte (*De civitate Dei* 19,15). Aber was wog denn überhaupt dieses kurze irdische Leben, mochte es äußerlich noch so glanzvoll oder elend verlaufen, im Verhältnis zur Ewigkeit? Die verheißene jenseitige Gerechtigkeit würde doch ohnehin alles wieder ins Lot bringen. Die Prediger wurden nicht müde, den Gläubigen die unendlichen Freuden des Himmels und die entsetzlichen Qualen der Hölle auszumalen, und sie müssen damit durchschlagenden Erfolg erzielt haben, sonst ließe es sich kaum begreifen, dass rund tausend Jahre lang in dieser Welt die „Knechte" kaum je gegen ihre „Herren" aufstanden.

Ein kleines Problem bestand freilich in der Zeitspanne zwischen dem Tode des Einzelnen und dem Jüngsten Gericht am Ende der Zeiten, wenn die Auferstandenen mit Leib und Seele in den Himmel oder in die Hölle verwiesen werden. Die Vorstellung vom Fegefeuer, dem Feuer der Reinigung, dem Purgatorium, entwickelte sich erst allmählich. Erst im 13. Jh. unterschied man klar zwischen individuellem Gericht nach dem Tode und allgemeinem Gericht am Jüngsten Tage. Da die platonische Trennung von Leib und Seele im Tode ins Christentum übernommen wurde, nahm man an, nur die Seele komme, während der Leib vorläufig in der Erde verblieb, ins Purgatorium, sofern sie nicht direkt von Engeln in den Himmel oder die Hölle getragen werde. Wer im Stande der Todsünde ohne priesterliche Absolution verstarb, hatte die Hölle verdient:

> [...] Wenn die Bösen an ihr Ende kommen, kommen die Dämonen scharenweise mit großem Lärm, schrecklich anzuschauen, mit furchtbaren Gesten, die die Seele mit härtester Qual aus dem Körper herausschlagen und grausam zu den Gefängnissen der Hölle (*infernus*) zerren (*Elucidarium* III,4 MPL 172, Sp. 1159BC).

Aber selbst die vergebenen Sünden bedurften der Strafen im Fegefeuer. Erst nach vielen, vielen Jahren der Reinigung konnte die Seele in den Himmel kommen.

Nach dem Tod aber wird es eine Reinigung geben oder eine sehr große Feuerhitze oder eine große Kälte oder irgendeine Art von Pein, von denen jedoch die geringste größer ist als die größte, die man in diesem Leben sich vorstellen kann. Während sie dort untergebracht sind, erscheinen ihnen bisweilen heilige Engel oder andere Heilige, zu deren Ehre sie in diesem Leben etwas taten, und führen sie zur Luft oder zu einem süßen Duft oder verschaffen ihnen irgendeine Erleichterung, bis sie befreit in jene Halle eintreten werden, die keinen Makel empfängt (*Elucidarium* III,3 MPL 172, Sp. 1158CD).

Nur die Heiligen bedurften solcher Reinigung nicht. Sie wurden vielmehr um Fürbitte bei Gott für eine Strafmilderung angefleht, zu der auch fromme Gebete und Werke der Lebenden zugunsten der armen Seelen beitragen konnten. Die Lehre ist nicht frei von Widersprüchen, und im 12. Jh. unterscheidet man schon rein sprachlich noch nicht immer zwischen Hölle und Fegefeuer. Honorius muss auch postulieren, dass die Seelen für die Reinigungsqual irgendwie wieder ihre körperliche Gestalt annehmen. Und eine Lokalisierung des Purgatoriums riskiert er gar nicht. Anders bei der Hölle, wie wir schon oben gesehen haben. Auch von den Höllenqualen kennt er mehr als das Feuer, das Heulen und Zähneknirschen aus den Worten Jesu (Mt 5,22; 13,42 etc.), nämlich beschämende Nacktheit, feurige, ins Fleisch schneidende Fesseln, im ewigen Feuer lebende Würmer, Schlangen und Drachen, unerträglichen Gestank, schwerste Schläge, undurchdringliche Finsternis, den Anblick feuriger Dämonen. Mit dem Kopf nach unten, den Füßen nach oben werden die Sünder zu allen Strafen gezerrt. Jeder Art von Sünde wird die „passende" Strafe zugedacht werden. An Arten der Sünder zählt Honorius auf: „Hochmütige, Neider, Betrüger, Treulose, Schlemmer, Säufer, Vergnügungssüchtige, Totschläger, Diebe, Grausame, Räuber, Wegelagerer, Unanständige, Geizhälse, Ehebrecher, Hurer, Lügner, Verräter, Gotteslästerer, Zauberer, Verleumder, Unversöhnliche" (*Elucidarium* III,4 MPL 172, Sp. 1160D). In den zahllosen Höllendarstellungen an den Kirchenportalen trat dieser Horror den Gläubigen natürlich noch viel eindringlicher vor Augen. Wir wählen wieder ein Bild aus dem *Hortus deliciarum* (wie stets nur in schwarz-weiß, da die Kolorierung noch weniger Authentizität beanspruchen kann als die Zeichnung) (Abb. 12).

Der Erfindungsreichtum ist natürlich noch aus weiteren Quellen gespeist. Hervorgehoben seien nur die durch Beischriften besonders markierten Sünder: die Juden, die bewaffneten Krieger und der Mönch. Ohne Taufe galt das Heil von vornherein für unerreichbar. Die Krieger aber leben nach Honorius

Abb. 12. Hortus deliciarum, Blatt 25 recto: Die Hölle, Ausgabe Abb. 146

zumeist vom Raub, und auch im Kloster war niemand vor der Sünde sicher. Ja,
Honorius münzt auf die Religiosen, die ihre Gelübde brechen, das Wort im
4. Buch Mose 16,30: „Sie werden lebendig in die Hölle hinabsteigen!" Wenig
Chancen, der Hölle zu entrinnen, räumt er auch den Kaufleuten und Hand-
werkern ein, gar keine den Spielleuten, weit mehr den stets arbeitenden und
darbenden Bauern, die größte den Kleinkindern, wenn sie getauft sind und
vor dem fünften Lebensjahr sterben (*Elucidarium* II,18 MPL 172, Sp. 1148f.).

Die Welt erscheint von Sünde verdüstert, seit Adam und Eva aus dem Paradies vertrieben wurden. Christi Erlösungstat hat nicht das Böse ausgelöscht, sondern nur das Tor in den Himmel wieder geöffnet, und zwar zu allererst den Gerechten des Alten Testaments, zu denen er nach seinem Tode „hinabstieg in die Hölle" (*descendit ad inferos*), wie es im Apostolischen Glaubensbekenntnis heißt, was das apokryphe *Nikodemus-Evangelium* lebhaft ausmalt.

Jüdische und christliche biblische Apokryphen gehören auch neben heidnischen Jenseitsschilderungen zu den Vorlagen der zahlreichen Jenseitsvisionen des Mittelalters, angefangen von der *Visio Pauli* aus dem 3. Jh., die dem Apostel eine vom Erzengel Michael geleitete Himmels- und Höllenfahrt zuschreibt und in Orient und Okzident enorme Beliebtheit erlangt. Das Aufhängen, Stechen, Schneiden, Brennen der Verdammten, Pech und Schwefel, Wurmfraß und die sich um die Menschenleiber windenden Schlangen begegnen dort alle schon. Augustinus verwarf die Vision, konnte damit ihren Siegeszug aber nicht aufhalten. Sie fand allenthalben, insbesondere bei den Iren, reiche Nachfolge. Obwohl die Theologen dieser Literatur gegenüber immer skeptisch blieben, trug sie zum mittelalterlichen Weltbild Wesentliches bei, das ja stets Diesseits und Jenseits viel enger verbunden sah, als spätere Zeiten dies taten. Allegorisch, kosmologisch, geschichtstheologisch, poetisch überhöht tritt uns die jenseitige Welt dann im 14. Jh. in Dantes *Divina Commedia* entgegen.

Es überrascht nicht, dass hier wie auch sonst meist in den Visionen die Hölle viel farbiger dargestellt wird als der Himmel, war jene doch in vieler Hinsicht nur die gesteigerte negative Seite des Irdischen. Die Nähe Gottes musste dagegen wie dieser selbst in allererster Linie durch Negationen des sinnlich Erfaßbaren beschrieben werden. Die Annäherung auf dem Wege der Bewunderung der Schönheit des Kosmos galt nur als theologisches Hilfsmittel für den in sinnlicher Wahrnehmung gefangenen irdischen Menschen. Der von den Toten auferstandene Mensch bedarf dieser Krücken nicht mehr. „Denn wir sehen jetzt mittels eines Spiegels in Form eines Rätsels, dann aber von Angesicht zu Angesicht," sagt Paulus (1 Cor 13,12). So wird denn zuvor laut Evangelium (Mc 13, 24–27 = Mt 24,29) „die Sonne verfinstert werden und der Mond seinen Schein nicht geben; und die Sterne werden vom Himmel herabfallen." Die *Geheime Offenbarung* baut das in der Vision von dem Buch mit den sieben Siegeln gewaltig aus (Apc 5-8). Hier begegnet auch das eindrucksvolle Bild vom Himmel, der wie eine Buchrolle zusammengerollt wird (Apc 6,14) (Abb. 13).

Links neben dem Engel, der den Himmel einrollt, sehen wir, wie die von wilden Tieren und Fischen einst verschlungenen Leiber und Glieder auf Gottes Geheiß wieder zum Vorschein kommen. Auch dieses Detail geht auf das *Elucidarium* (III,11 MPL 172, Sp. 1164D) zurück.

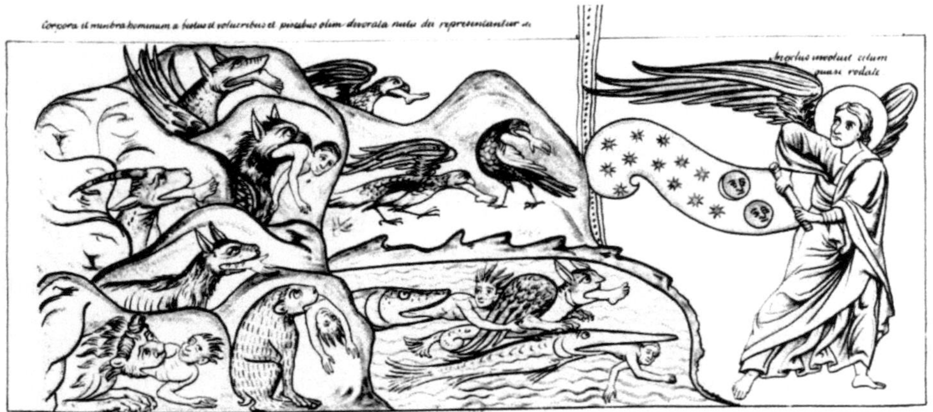

Abb. 13. Hortus deliciarum, Blatt 251 recto: Das Weltende, Ausgabe Abb. 141 unten

Fast alle wesentlichen Züge der christlichen Weltuntergangsvorstellung stammen aus der jüdischen Apokalyptik, so auch der letzte Akt. „Wir erwarten aber," schreibt Petrus in seinem zweiten Brief, „neue Himmel und eine neue Erde" (II Pt 3,13 ~ Apc 21,1). Was aber beim Propheten Jesaja als eine durchaus irdische Endzeithoffnung gemeint war (Is 65,17), ist nun in die Ewigkeit außerhalb von Zeit und Raum verlegt, wo nur noch das göttliche Licht leuchtet und so nur abstrakte Symbolik übrig bleibt (Abb. 14).

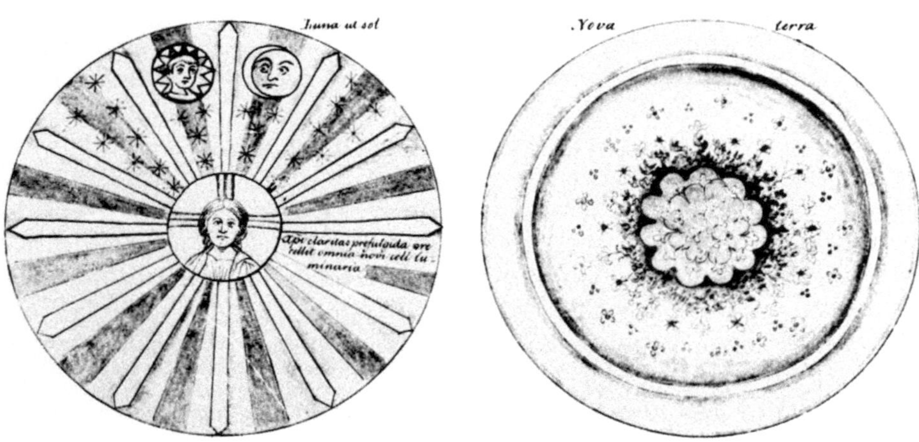

Abb. 14. Hortus deliciarum, Blatt 247: Neue Himmel und neue Erde, Ausgabe Abb. 140 unten

Literatur*

Angenendt A (1997) Geschichte der Religiosität im Mittelalter. Darmstadt: Wissenschaftliche Buchgesellschaft

Appuhn H (Hrsg.) (1981) Heilsspiegel. Die Bilder des mittelalterlichen Erbauungsbuches „Speculum humanae salvationis". Codex 2505 der Hessischen Landesbibliothek Darmstadt (um 1360), Dortmund

Augustinus, Aurelius (1928/29) De civitate Dei. Hrsg. v. Bernhard Dombart B, Kalb A, 4. Aufl. Leipzig: Teubner

Augustinus, Aurelius (1962) De doctrina christiana. Hrsg. v. Martin J. Corpus Christianorum, Series Latina 32. Turnhout: Brepols

Biblia Sacra iuxta vulgatam versionem (1983). Hrsg. v. Weber R. 3. Aufl. Stuttgart: Deutsche Bibelgesellschaft

Boethius, Anicius Manlius Severinus (1960) De consolatione philosophiae. Hrsg. v. Büchner K, 2. Aufl. Heidelberg: Winter

Brinkmann H (1980) Mittelalterliche Hermeneutik. Tübingen: Niemeyer

Curschmann M (1981) Herrad von Hohenburg (Landsberg). In: Ruh K, Wachinger S u. a. (Hrsg.) Verfasserlexikon, Bd. III, Sp. 1138–1114

Dante Alighieri (1965) Tutte le opere. Hrsg. v. Blasucci L, Florenz: Sansoni

Das Evangeliar Heinrichs des Löwen, erläutert v. Klemm E. (1988) Frankfurt a. M.: Insel

Freidank (1872) Bescheidenheit. Hrsg. v. Heinrich E. Bezzenberger, Halle

Green R, Evans M, Bischoff C, Curschmann M (Hrsg.) (1979) Herrad of Hohenburg: Hortus deliciarum. Studies of the Warburg Institute 36. 2 Bde. Leiden: Brill

Honorius Augustodunensis: Opera Omnia. In: MPL (s. u.) 172, Sp. 9–1270

Honorius Augustodunensis (1982) Imago mundi. Hrsg. v. Flint V. In: Archives d'histoire doctrinale et littéraire du Moyen Age 57: 7–153

Hugo v. St. Victor, Didascalicon. In: MPL 176, Sp. 739–838

Lexikon der christlichen Ikonographie (1990) Hrsg. v. Kirschbaum E u. a. Freiburg i. Br.: Herder

Lexikon des Mittelalters (1980–98) 9 Bände, Zürich/München: Artemis, später LexMa

Miller K (1895–98) Mappae mundi, Die ältesten Weltkarten, Heft 1–6. Stuttgart: Roth

MPL (1844ff.) = Patrologia Latina. Hrsg. v. Migne JP, 221 Bände. Paris

Novalis (Friedrich von Hardenberg) (1962) Werke und Briefe. Hrsg. v. Kelletat A. München: Winkler

Ruh K, Wachinger B u. a. (Hrsg.) (1978ff.) Verfasserlexikon. Die deutsche Literatur des Mittelalters. 2. völlig neu bearbeitete Auflage. Berlin: de Gruyter

Schwering M (1994) Romantische Geschichtsauffassung – Mittelalterbild und Europagedanke. In: Schanze H (Hrsg.) Romantik-Handbuch. Stuttgart: Kröner, 541–555

Silverstein T (Hrsg.) (1935) Visio Sancti Pauli. Studies and Documents 4. London

---

* Da es sich beim obenstehenden Beitrag im Wesentlichen um Handbuchwissen und Quellentexte handelt, schienen Einzelnachweise in Fußnoten wenig sinnvoll.

Heidelberger Jahrbuch, Band 47 (2003)
H. Gebhardt/H. Kiesel (Hrsg.): Weltbilder
© Springer-Verlag Berlin Heidelberg 2004

Das ‚Buch von der Welt' – Entwicklung und Wandel des geschichtlichen Weltbildes im Mittelalter

GABRIELE VON OLBERG-HAVERKATE

Das geschichtliche Weltbild des christlichen Mittelalters

Das mittelalterliche Bild der Welt versteht die Welt als Schöpfung Gottes, die alles umgreift. Der Ursprung des christlichen Weltbildes ist sein Geschichtsbild, so wie es in der biblischen Geschichte dargestellt wird.[1] Das historische Weltbild des Mittelalters zeigt sich vor allem anhand der Universalchroniken, einer Textsorte, die vom frühen bis zum späten Mittelalter scheinbar ungebrochen tradiert wird. Die mittelalterliche Weltgeschichte knüpft unmittelbar an die biblische Geschichtsauffassung an und führt sie bis in die eigene Gegenwart fort. Weltgeschichte, Universalgeschichte umspannt also die Zeit von der Erschaffung der Welt bis zur Gegenwart des Chronisten. Profane Themen sind in das historische Weltbild des christlichen Mittelalters eingeschlossen und gehören ebenso dazu wie religiöse. Weltgeschichte ist Heilsgeschichte.

In ihren Ursprüngen musste sich die christliche Weltgeschichtsschreibung mit ihren Vorläufern, der antiken Universalgeschichtsschreibung, auseinandersetzen. Orosius (Historia adversus paganos 417/18) durchsuchte – angeregt durch Augustinus – mit deutlich apologetischen Zielen als Theologe die Menschheitsgeschichte nach Kriegen, Seuchen, Elementarkatastrophen und Schandtaten, um anhand historischer Beispiele nachzuweisen, dass der Niedergang Roms nicht erst mit dem Aufstieg des Christentums eingesetzt hatte. Weil Orosius sein Material ohne Einschränkung aus den Werken römisch-lateinischer Historiker zusammengestellt hat, blieb er innerhalb des geschichtlichen Weltbildes der römischen Antike. Dieses war nicht mehr vorrangig von einer zyklischen Geschichtsauffassung geprägt, sondern beherrscht von der Vorstellung einer Vielzahl selbständiger geschichtlicher Linien, die irgendwann in das Imperium Romanum einmündeten.[2] Die Chronisten strukturierten den Ablauf der Zeit auf verschiedene Weise: durch die Einteilung in Weltalter (aetates), durch Regierungszeiten (regna) oder durch die Lehre von vier aufeinanderfolgenden Weltreichen. Als letztes Weltreich galt das römische Reich.[3] In diese Vor-

---

[1] Vgl. Härle/Polke in diesem Band.
[2] Siehe dazu: Vittinghoff 1969.
[3] Siehe dazu: von den Brincken 1969; Krüger 1976; Schmale 1978; Schmale 1985.

stellung fügte sich das lineare christliche Weltbild nahezu problemlos ein. Die Einteilung in Weltalter und Weltreiche verbindet sich im Mittelalter in aller Regel mit dem zweigliedrigen biblischen Weltbild, das in der Makrostruktur: Altes Testament – Neues Testament sichtbar wird. Die Zäsur ist die Menschwerdung Christi. Die Eckpfeiler des geschichtlichen mittelalterlichen Weltbildes, wie es in Universalchroniken begegnet, sind damit (spät-)antike Geschichtskenntnisse und die Gewissheiten des biblisch-christlichen Glaubens.

Das konkrete, datierbare Wissen war gleichzeitig Tatsachenwissen und Glaube. Es war Wahrheit, wie der mittelalterliche Chronist der sogenannten Sächsischen Weltchronik, dem ‚Buch von der Welt‘, im 13. Jahrhundert[4] in der Reimvorrede (Abb. 1 und 2) sagt.

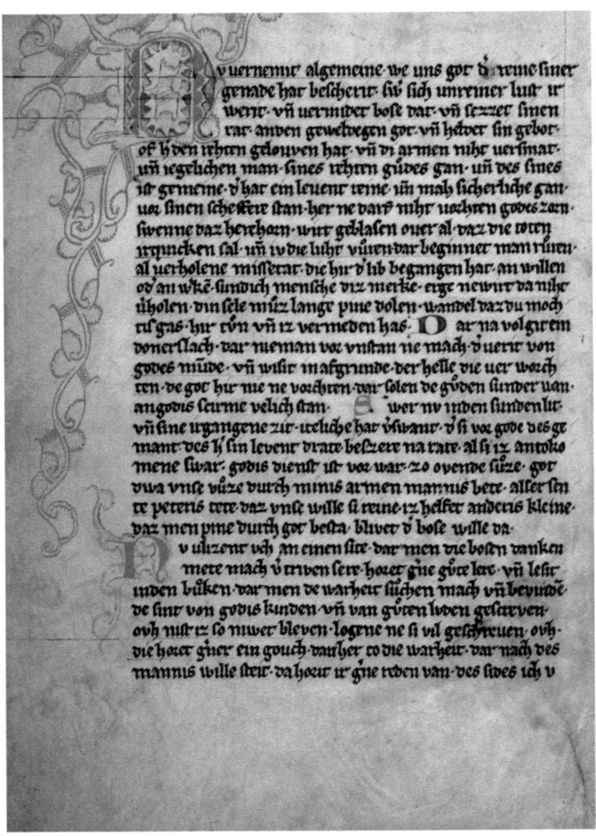

Abb. 1. Reimvorrede. Bl. 9v, Bilderhandschrift Gotha Forschungs- und Landesbibliothek Schloss Friedenstein, Ms. Memb. I 90

---

[4] Das Entstehungsdatum der Sächsischen Weltchronik ist in der Forschung strittig: Die Historiker Menzel 1985, Wolf 1997 gehen von einer 1229/30 entstandenen reichshistorisch orientierten Kurzfassung aus, die

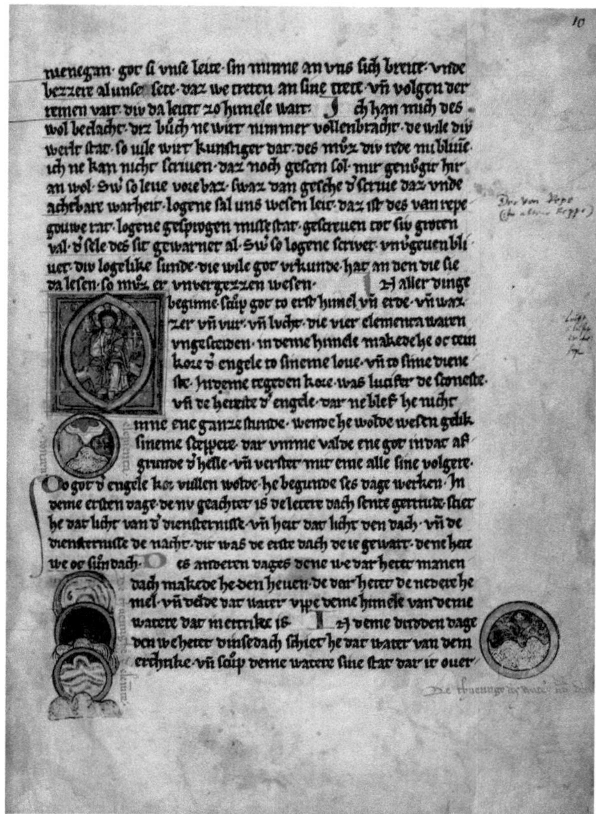

Abb. 2. Reimvorrede und der Beginn der Schöpfungsgeschichte Bl. 10r, Bilderhandschrift Gotha
Forschungs- und Landesbibliothek Schloss Friedenstein, Ms. Memb. I 90

Die Reimvorrede (Abb. 1 und 2) hebt die zentralen Themen des historisch
orientierten christlichen Weltbildes hervor. Übersetzt lautet die Reimvorrede:

‚Erfahrt jetzt alle, was uns der vollkommene Gott durch seine Gnade geschenkt hat. Wer sich gegen unreine Lust verteidigt, wer schlechtes Handeln vermeidet, die Vorsorge für sein gesamtes Leben auf den mächtigen
Gott überträgt und dessen Gebote befolgt, der hat den richtigen Glauben
und verachtet den Armen nicht und auch sonst keinen Menschen. Wenn er

im Laufe der Zeit (vom 13. bis zum 17. Jahrhundert) erweitert und fortgesetzt worden sei. Der Germanist
Herkommer 1972 (und ders., Einführung. In: Das Buch der Welt 2000) dagegen vertritt die Auffassung,
die Sächsische Weltchronik sei zwischen 1260 und 1275 entstanden. Der Ursprung sei eine Langfassung
gewesen, die man später gekürzt habe. Meiner Ansicht nach ist das sächsische ‚Buch von der Welt‘ um
1230/35 entstanden, in einer heute verschollenen Fassung, die kürzer war als die uns heute bekannte älteste Überlieferung (die Gothaer Bilderhandschrift). Siehe dazu v. Olberg-Haverkate, *Zeitbilder – Weltbilder*, in Vorbereitung. Vgl. auch hier: S. 163 f.

sich nach Gottes Güte richtet und mit dem, was er besitzt, zufrieden ist, kann er ein Leben ohne Sünde führen, in Sicherheit sterben und vor seinem Schöpfer stehen. Er braucht Gottes Zorn nicht zu fürchten, wenn das Heerhorn an allen Orten ertönt, das die Toten erwecken und in die Höhe führen soll. Dann wird all die verborgene Missetat zum Vorschein gebracht, die hier der Leib in Gedanken und Taten begangen hat. Sündiges Menschengeschlecht, präge dir das ein, deine Bosheit wird dann nicht verborgen sein, deine Seele muss lange Qualen erdulden, bessere dich noch schnell hier (auf Erden), damit du die Qualen vermeidest.

Darnach folgt ein Donnerschlag, den niemand aushalten kann. Der fährt aus dem Munde Gottes und weist die Verdammten, die Gott hier niemals fürchteten, in den Abgrund der Hölle. Dann werden die Guten ganz gewiss unter Gottes Schutz sicher sein.

Wer jetzt sündigt und seine vergangene Zeit eitel verschwendet hat, der sei von Gott daran erinnert, dass er sein Leben auf diesen Rat hin schnell bessere, soweit es durchführbar ist.

Gottes Dienst auszuüben, ist wahrhaft süß. Der gütige Gott wasche, ebenso wie er es für Sankt Petrus tat, unsere Füße, das bitte ich armer Mann, damit unser Wille rein sei. Wenn der böse Wille bleibt, hilft nichts, um Gottes Strafe zu entgehen.

Nun entscheidet Euch mit Eifer dafür, die bösen Gedanken zu vermeiden und gänzlich zu vertreiben. Hört gerne gute Lehren und leset in den Büchern, in denen man die Wahrheit suchen und erfahren kann. Die sind von Gotteskindern und von guten Leuten geschrieben. Dabei ist es jedoch nicht geblieben, es sind auch viele Lügen aufgezeichnet worden. Die hört ein Narr gerne, anstatt auf die Wahrheit zu hören. Wonach der Sinn des Narren steht, davon hört er gerne reden. Auf diese Seite begebe ich mich nicht. Gott sei unser Geleit, seine Liebe breite sich über uns aus und bessere uns, damit wir in seine Schritte treten und dem makellosen Weg folgen, der da himmelwärts führt.

Ich habe das gut überlegt, dieses Buch wird niemals vollendet. Solange die Welt besteht, wird es nur kenntnisreicher (cunstiger). Deshalb muss die Erzählung nun aufhören. Ich kann nicht mehr schreiben, was noch geschehen wird. Mir genügt das hier vollkommen. Wer später noch lebt, der schreibe das auf und bleibe bei der Wahrheit. Lügen sollen uns verhasst sein. Das ist der Rat des von Repgow. Die Lüge ist ein gesprochenes Vergehen. Geschrieben ist sie der Seele ein vollkommener Untergang, davor sei jeder gewarnt: sobald er eine Lüge aufschreibt, bleibt sie unvergeben. Die Sünde der Lüge muss unvergessen sein, weil Gott sie bezeugt, durch diejenigen, die sie lesen.'

In der Reimvorrede entwickelt der Chronist programmatisch das historische Weltbild seiner Chronik:

- die Einordnung des Textzusammenhanges in die Heilsgeschichte: *Nu vornemet alghemeyne . waz uns got der reyne . siner gnaden hat bescheret.*
- die Berufung auf ein traditionelles christliches Weltbild, das sowohl durch die schriftliche Tradition: *leset an den bochen . dar men de warheyt sochen . mach . vnde bevinden* als auch durch die mündliche Tradition vermittelt ist: *horet gherne ghute lere.*
- die Forderung nach wahrer Geschichtsdarstellung: *der scriue daz . unde achtbare warheit.*
- die Ausrichtung auf die Zukunft, die über ein Menschenleben hinausweist: *de wile de werlt stat so vele wert cunstiger dat des moz de rede nu bliuen . ich ne kann nicht srciuen . dat noch gheschen sol . mir ghenoghet hiran wol . swer so leue vorbaz waz danne ghesche der scriue daz .*

Die Reimvorrede der sogenannten Sächsischen Weltchronik, des ‚Buchs von der Welt‘, scheint die Auffassung von einem einheitlichen, heilsgeschichtlichen christlichen Weltbild des Mittelalters[5] zu bestätigen. Schauen wir uns dazu das ‚Buch von der Welt‘ näher an.

Interessengebundene Geschichtsauffassungen im ‚Buch von der Welt‘

Die Überlieferungssituation[6] der sogenannten Sächsischen Weltchronik steht in einem deutlichen Gegensatz zu der Annahme eines einheitlichen, über allen Partikular-Interessen stehenden christlichen mittelalterlichen Weltbildes. Diese erste deutschsprachige Prosachronik erfreute sich jahrhundertelang großer Beliebtheit. Ihre umfangreiche Überlieferung beginnt im 13. Jahrhundert, erlebt im 15. Jahrhundert eine besondere Blütezeit und endet im 16. Jahrhundert, ohne dass von ihr Inkunabeln oder frühe Druckzeugnisse bekannt sind. Handschriften aus dem 17. und 18. Jahrhundert sind auszugsweise Abschriften und zeugen von einer ersten wissenschaftlichen Beschäftigung mit den Textzeugen der sogenannten Sächsischen Weltchronik. Die Weltchronik wurde vielfach bearbeitet und weitergeführt. Zur Zeit sind 59 volkssprachige und lateinische Handschriften und Fragmente bekannt, die den Textzusam-

---

[5] So z. B. Gurjewic 1997.

[6] Versucht man die differenzierte und komplizierte Forschungssituation zur Sächsischen Weltchronik zusammenzufassen, so herrscht Konsens darüber, dass drei sogenannte Rezensionen (A–C) unterschieden werden können: eine Kurzfassung, die sich im Wesentlichen am Stil (brevitas) der lateinischen Chronistik ausrichtet (Rezension A), eine vor allem um bremische Nachrichten erweiterte Kurzfassung (Rezension B) und eine Langfassung (Rezension C), die die ursprünglich gereimte, volkssprachige „Kaiserchronik“ aus dem 12. Jahrhundert fast vollständig übernimmt und die um viele weitere Interpolationen bereichert ist.

menhang Sächsische Weltchronik überliefern, und es steht zu vermuten, dass noch weitere hinzukommen werden. Darüber hinaus wurde die Chronik vielfach rezipiert, z. B. durch die Braunschweigische Reimchronik, die Schöffenchronik, Jakob Twinger von Königshofen, durch Fritsche Closeners Straßburger Chronik und viele andere mehr.

Der Überlieferungszusammenhang der Sächsischen Weltchronik zeigt vier interessengebundene Geschichtsauffassungen, die zur Entwicklung und zum Wandel des mittelalterlichen historischen Weltbildes beigetragen haben[7]:

1. Reichshistorische und mehr oder weniger auch an den Päpsten orientierte Prosa-Universalchroniken – Schwerpunkte im 12. bis 14. Jahrhundert;
2. höfische bzw. partikular-dynastische Universalchroniken mit deutlich franziskanischer Prägung – Schwerpunkt im 12./13. Jahrhundert;
3. städtische Universalchroniken – Schwerpunkt vom 14. bis zum 16. Jahrhundert;
4. lateinische und volkssprachige Universalchroniken für antiquarisch interessierte Sammler und Gelehrte – Schwerpunkte: Ende 15. bis 17. Jahrhundert.

Die Emanationen dieser vier Interessenlagen folgen zeitlich zunächst aufeinander, sie überschneiden sich seit dem 13./14. Jahrhundert und existieren im 15./16. Jahrhundert nebeneinander. Durch diese Überschneidungen kommt es in den Schwellenzeiträumen zu neuen Varianten. Auffällig ist vor allem die Regionalisierung des Weltchronikzusammenhanges: Es lassen sich neben der Ausrichtung auf Sachsen verschiedene andere regionale Zuordnungen feststellen. Es begegnen z. B. oberrheinische bzw. bayrische, thüringische Ausrichtungen und eine Fülle von Stadtweltchroniken, die auf dem Textzusammenhang der so genannten Sächsischen Weltchronik basieren. Die regionale Eingrenzung auf das sächsische Gebiet, die in der Bezeichnung Sächsische Weltchronik zum Ausdruck kommt, widerspricht vom Gesamttextzusammenhang her gesehen sowohl den reichs- und universalhistorischen Vorstellungen als auch den Regionalisierungen, die in ihrer Mehrheit nicht nach Sachsen weisen. Die Bezeichnung Sächsische Weltchronik setzte sich erst seit der kritischen Edition von Ludwig Weiland 1877 in der Forschung durch. Sie hat keine Entsprechung in den Handschriften; die Chronisten verwenden *Chronik, Römische Chronik, Buch* oder verzichten auf eine Benennung.[8] In einer Handschrift aus der ersten Hälfte des 15. Jahrhunderts (Frankfurt am Main, Stadt- und Universitätsbibliothek, Mgq 11) beginnt die Überlieferung der Chronik mit der Einleitung: *In dem namen der heiligen triualtickait vnd vnser lieben frawen hebt sich an* **das půch von der welt...** Die Bezeichnung

---

[7] Vgl. dazu im Einzelnen demnächst: v. Olberg-Haverkate, *Zeitbilder – Weltbilder*, in Vorbereitung.
[8] v. Olberg-Haverkate 1993.

‚Buch von der Welt‘ ist insgesamt treffender für den gesamten Textzusammenhang als die von vorneherein regional einschränkende Bezeichnung Sächsische Weltchronik.[9] Anstelle von Sächsischer Weltchronik möchte ich den gesamten Textzusammenhang ‚Buch von der Welt‘ nennen, da diese Benennung keinerlei Vorentscheidung über die in den einzelnen Textvorkommen zutage tretende Weltsicht enthält. Im Folgenden zeige ich, ausgehend vom Textzusammenhang des ‚Buchs von der Welt‘, die Ausdifferenzierung und den Wandel des universalhistorischen Weltbildes vom 13. bis zum 16./17. Jahrhundert.

Die universalhistorischen Vorstellungen von der Welt und die reichshistorische Ausrichtung der Weltchronistik

Universalchronistik beginnt mit dem Stoffkreis des Alten Testaments seit der Erschaffung der Welt und der Menschen, sie erzählt die Geschichte des auserwählten Volkes, der Juden: das erste Weltalter reicht von Adam bis Noah, das zweite von Noah bis Abraham, das Dritte von Abraham bis David, das vierte von David bis Nabuchodonosor (Nebukadnedsar), das fünfte von Nabuchodonosor bis Julius Cesar und das sechste und letzte von Octavianus Augustus, Christus und den Aposteln bis in die Gegenwart. Das Bild von der Welt beschränkt sich so auf die Darstellung der vier Weltreiche: Babylonier, Perser, Griechen bis zu den Römern als letztem Weltreich. Der Untergang des römischen Reiches hätte nach dieser Auffassung das Weltende einleiten müssen. Durch die translatio-imperii-Theorie[10] aber gab es einen Übergang vom römischen zum deutschen Reich, das historisch als Nachfolger des römischen Reiches auftrat. Diese Weltgeschichtsauffassung war von großer Bedeutung für das Selbstverständnis der karolingischen und nachfolgenden Herrscherdynastien. Im deutschen Hochmittelalter ist Universalgeschichte zunächst immer Reichsgeschichte. Die Folge von Weltherrschaften wird in Anlehnung an die antike Weltgeschichtsvorstellung übernommen und in einen christlichen Zusammenhang gestellt, obwohl ihre Profanität nicht zu verkennen ist und sie offenkundig in keiner Beziehung zur israelitischen Geschichtslinie und zum Heilgeschehen steht. Man beruft sich auf das Zeugnis der Bibel, auf das Buch Daniel und die apokalyptische Bildersprache von Traumdeutung und Tiervisionen, um die Lehre von den Weltreichen theologisch zu stützen. Weltgeschichte ist also nur am Anfang der Menschheitsgeschichte wirklich universal. Universalhistorisch bedeutet nicht, dass über alles in der Welt berichtet wird. Nur das Schicksal des Gottesvolkes war für das Heil der gesam-

---

[9] Herkommer verwendet für sein Faksimile der Gothaer Bilderhandschrift die Bezeichnung ‚Buch der Welt‘, Buch der Welt 1996, 2000.
[10] Goetz 1984.

ten Menschheit bedeutsam. In der Tradition des Gottesvolkes steht nach hochmittelalterlicher Geschichtsauffassung das deutsche Reich, präziser noch: stehen die Herrscherdynastien seit den Karolingern. In diesem Rahmen der Reichspolitik ist die Mensch-Gott-Beziehung der Mittelpunkt des universalhistorischen Weltbildes. Es führt das Scheitern des Menschen (in reichshistorischen Bezügen) vor, der sich von Gott abwendet, und es zeigt ebenso das erfolgreiche Leben in Gehorsam und Gottesliebe. Positive Vorbilder werden auch durch die zahlreichen interpolierten Heiligenviten geboten, die das annalistische Schema der Chronik immer wieder unterbrechen.

Diesen Traditionsstrang repräsentieren die meisten Handschriften des Buchs von der Welt. Der Textzusammenhang schöpft aus verschiedenen lateinischen reichshistorisch orientierten Weltchroniken. Bis zum Beginn des 12. Jahrhunderts ist die Hauptquelle die lateinische Chronik des Mönchs Frutolf von Michelsberg in der Bearbeitung des Ekkehard von Aura[11]. Was die Stoff- und Themenkreise betrifft, so ist das ,Buch von der Welt' in allen seinen Textzeugen seinen Vorlagen treu – oft sogar bis zur vollständigen Quellenübernahme. Die eigentlichen Vorlagen werden dabei nicht genannt, wohl aber verweisen die Chronisten auf Autoritäten wie Orosius, Lucanus und die Historia Scholastica. Auf Grund dieses Befundes kann man, wie zuletzt Jürgen Wolf, den Eindruck bekommen, die sogenannte Sächsische Weltchronik sei nichts anderes als die Fortsetzung der lateinischen Weltchronistik in deutscher Sprache. „Prinzipiell lassen sich zwischen der lat. Universalchronistik und der durch die SW repräsentierten volkssprachigen Universalchronistik kaum signifikante Unterschiede ausmachen. Die Idee vom göttlichen Heilsplan, die Gliederung („Translatio imperii"), die Form (meist Prosa), der stoffliche Rahmen und die Intentio (,historiographische Wissensvermittlung im Stil eines Nachschlagewerks'; ,Exemplum' und Propaganda) waren ähnlich, wenn nicht identisch. Auch die Tendenz zu immer neuen Bearbeitungen und Fortsetzungen bis in die Gegenwart bzw. bis zum Ende der Weltgeschichte decken sich mit der lateinischen Universalchronistik. Selbst die Kompilations- und Kombinationsprinzipien unterscheiden sich nicht."[12]

In der Tat lässt sich die Variante reichshistorisch ausgerichtete Weltchronik schon in den frühen Handschriften des ,Buchs von der Welt' feststellen. Sechs Handschriften aus dem 13. und 14. Jahrhundert stammen alle wie ihre lateinischen Vorbilder aus dem Kommunikationszusammenhang der Klöster und zeigen keine wesentlichen Abweichungen von den Prinzipien der hochmittelalterlichen lateinischen Weltchronistik. Drei der Handschriften sind in deutscher Sprache verfasst, drei sind Rückübersetzungen in die lateinische Sprache. Die Handschriften aus dem 15. und 16. Jahrhundert knüpfen an diesen Überlieferungsstrang an, auch hier begegnen Rückübersetzungen – zwei aus

---

[11] Vgl. auch: Frutolfs und Ekkehards Chroniken 1972. Autograph: Jenaer Universitätsbibliothek Bose q 19.
[12] Wolf 1997, S. 2f.

dem 15. und eine aus dem 16. Jahrhundert. Die Schreiberintention ist bei den Textzeugen der reichshistorischen Variante darauf gerichtet, historisches Wissen zu vermitteln, sie ist auf Überregionalität ausgerichtet. Das zeigt sich auch in der Sprache: signifikant ist einmal die Rückkehr zum Latein in den verschiedenen Rückübersetzungen des volkssprachigen ‚Buchs von der Welt‘. Auch anhand der Volkssprache wird innerhalb der reichshistorischen Variante das Bemühen um eine überregional verstehbare, kanzleimäßige Sprache deutlich. Es lassen sich innerhalb dieser Variante verschiedene Kompilationstechniken unterscheiden: 1. die Erweiterung des Gesamttextzusammenhanges durch Interpolation oder die Kürzung des Textes und 2. die Erweiterung durch die Fortsetzung der Chronik.

Die universalhistorischen Vorstellungen von der Welt und die sächsisch-welfische Ausrichtung der Weltchronistik

Die Ansicht, das ‚Buch von der Welt‘ sei eine bloße Fortsetzung lateinischer reichshistorisch ausgerichteter Prosa-Weltchronistik, scheint aufgrund vieler Textzeugen zunächst einmal plausibel. Sie wird aber der Tatsache nicht gerecht, dass die älteste Überlieferung des ‚Buchs von der Welt‘ – die Gothaer Bilderhandschrift (Hs. 24) – explizit sächsisch-welfisch ausgerichtet ist. Sie berücksichtigt auch nicht, dass diese Handschrift die älteste eines Textzusammenhanges ist, der eben nicht nur auf die lateinische reichshistorisch geprägte Weltchronistik rekurriert, wie sie im Zusammenhang der Klöster entstanden ist, sondern zusätzlich auch noch die volkssprachige gereimte Kaiserchronik des 12. Jahrhunderts nahezu vollständig (z. T. prosaisiert, z. T. in Versform) übernimmt. Die mittelniederdeutsche Gothaer Bilderhandschrift zeigt die Ursprungsintention eines Chronisten, der im Auftrag der sächsischen Welfen schrieb. Man kann davon ausgehen, dass sie auf einer älteren sächsisch-welfischen Weltchronik-Fassung basiert.

Aufgrund meiner Textanalyse[13], die hier im einzelnen auszubreiten nicht der Ort ist, bin ich zu der Überzeugung gekommen, dass der Ursprung des Überlieferungszusammenhanges des ‚Buchs von der Welt‘ eine heute verschollene sächsisch-welfische Fassung war: eine *sächsische* Weltchronik aus den 30er Jahren des 13. Jahrhunderts – der Zeit der Erbauseinandersetzungen der Welfen in Sachsen (1235). Die späteren reichshistorischen, sowie die regional ausgerichteten Weltchroniken und die Stadtweltchroniken sind auf der Textgrundlage einer sächsisch-welfischen Weltchronik entstanden. Sie haben die volkssprachige Vorlage, die ja selbst auf einer lateinischen reichshistorischen Weltchronik (Frutolf-Ekkehard) gründet, aus ihrem partikular-dynas-

---

[13] v. Olberg-Haverkate, *Zeitbilder – Weltbilder*, in Vorbereitung.

tischen Zusammenhang gelöst und den Textzusammenhang in die ursprüng-liche reichshistorische Perspektive zurückversetzt.

Die volkssprachige Prosachronistik beginnt nicht mit der reichshistori-schen Interpretation der Weltgeschichte, sondern mit einer sächsisch-welfi-schen Weltchronik, die sich durch ihre partikular-dynastische Weltsicht deut-lich von der reichshistorisch ausgerichteten lateinischen Weltchronistik des hohen Mittelalters unterscheidet. Es ist auffällig, dass lateinische Rücküber-setzungen nur in der reichshistorisch orientierten Variante des ‚Buchs von der Welt‘ auftreten, nicht im Zusammenhang mit der sächsisch-welfisch dynasti-schen Ausrichtung. Möglicherweise erfolgte die Rückführung von der ur-sprünglich sächsisch-dynastischen Weltsicht auf die spätere reichshistorische Weltsicht über eine lateinische Rückübersetzung. In der sächsisch-dynasti-schen Version stellt sich jedenfalls ein vollkommen anderes Weltbild dar als in den reichshistorischen Varianten.

Das soziale Umfeld, in dem das ‚sächsisch-welfische Buch von der Welt‘ ent-standen ist, war der Welfenhof im 13. Jahrhundert. Auf das Mäzenatentum Ottos IV., des Sohnes von Heinrich dem Löwen, hat Bernd Ulrich Hucker[14] hingewiesen. Unter Otto IV. tritt jedoch die Affirmation welfischer Memoria gegenüber imperialer Memoria deutlich zurück. Eine sächsisch-welfische Weltchronik ist in jener Zeit eher nicht denkbar. Das Andenken an die Welfen lebt erst mit Ottos Nachfolgern in Sachsen wieder auf. Gleichwohl ist der Plan für eine sächsisch-dynastische Weltchronik wahrscheinlich schon älter: Hein-rich der Löwe hatte kurz vor seinem Tode (1195) den Plan entwickelt, eine dy-nastisch ausgerichtete Weltchronik schreiben zu lassen.[15] Mit der ersten volkssprachigen Prosachronik, die der Sache nach an diesen Plan anknüpft, wird eine deutliche Veränderung des reichshistorischen Weltbildes intendiert. Sie entwirft ein Gegenbild zur historisch-politischen Ausrichtung der bis da-hin vorherrschenden Weltchronistik. Sie zeigt den welfischen Griff nach der Macht bzw. den Wunsch nach Einigung im Zusammenhang der Erbstreitig-keiten. Die uns überlieferte Gothaer Bilderhandschrift ist wohl eine Abschrift und Weiterführung eines um ca. 1235 entstandenen ‚sächsischen Buches von der Welt‘. Sie ist die einzige der drei vollständigen Bilderhandschriften des ‚Buchs von der Welt‘, die in einer prächtig ausgestatteten Miniatur die Be-lehnung Ottos des Kindes mit dem Herzogtum Braunschweig durch Kaiser Friedrich II. im Jahre 1235 darstellt (Abb. 3). Das Bildprogramm der Gothaer Handschrift stammt bereits aus einer älteren Vorlage.[16]

Auch die Gothaer Bilderhandschrift (Hs. 24) ist ganz eindeutig das Produkt sächsisch-welfischer Präsentation. Renate Kroos[17] kommt aufgrund ihrer In-

---

[14] Hucker 1995.
[15] Nass 1995.
[16] Vgl. Kroos 2000. Renate Kroos datiert die Vorlage in die 30er Jahre des 13. Jahrhunderts.
[17] Kroos 2000.

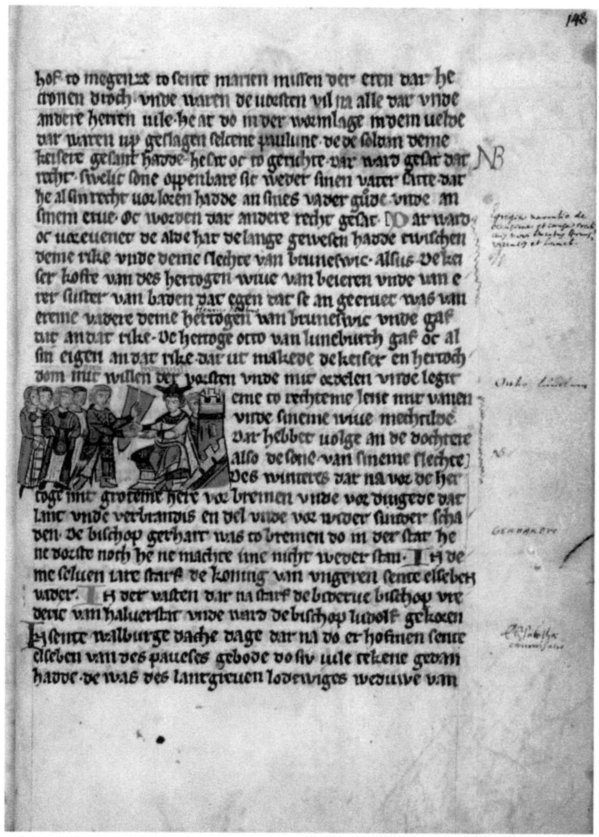

Abb. 3. Belehnung Ottos des Kinds. Bl. 148r, Bilderhandschrift Gotha Forschungs- und Landesbibliothek Schloss Friedenstein Ms. Memb. I 90

terpretation des Bildprogramms zu der sehr plausiblen und auch zu meinen Beobachtungen passenden Hypothese, dass die Gothaer Bilderhandschrift für die Tochter Ottos des Kindes – Helena, in zweiter Ehe die Gemahlin des Sachsenherzoges Albrecht I. – bestimmt gewesen sein könnte und in der Zeit um 1270 entstanden sei. Die dynastisch welfische Umdeutung der ursprünglich reichshistorisch ausgerichteten Chronikvorlagen wie z. B. der lateinischen Frutolf-Ekkehard-Chronik gelang durch die feste Textallianz mit alter Welfenüberlieferung, wie z. B. der Ursprungssage der Sachsen oder der ‚Genealogie der Welfen‘, die auf eine ‚sächsische Welfenquelle‘ aus den 30er Jahren des 12. Jahrhunderts zurückgeht und die vermutlich im Lüneburger Michaeliskloster angefertigt worden war.[18] Die Gothaer Bilderhandschrift be-

---

[18] Vgl. Oexle 1968 und 1985.

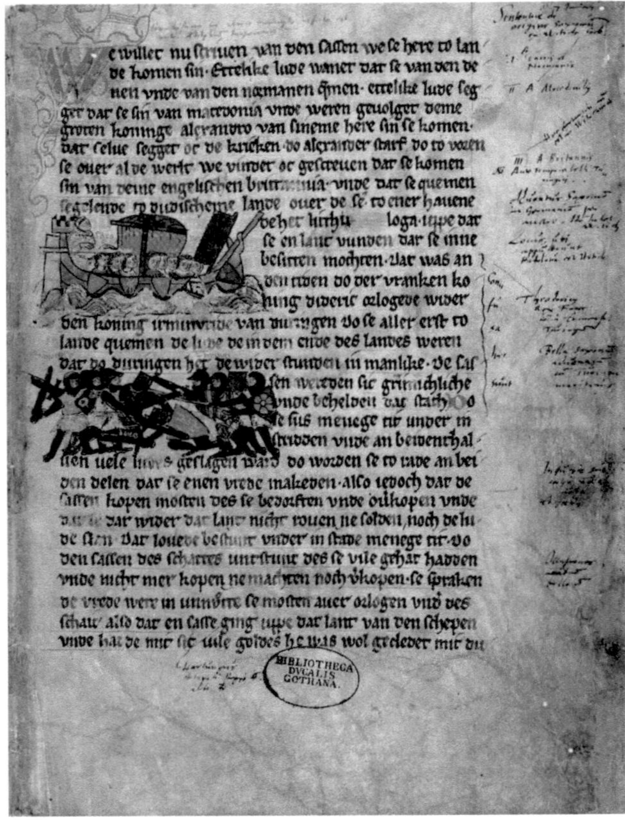

Abb. 4. Herkunft der Sachsen, Bl. 2r Bild 1: Das Schiff der Sachsen mit der Sachsenfahne. Bilderhandschrift Gotha Forschungs- und Landesbibliothek Schloss Friedenstein Ms. Memb. I 90

ginnt – abweichend vom universalhistorischen Konzept des Mittelalters –
nicht mit der Schöpfungsgeschichte, sondern mit der Herkunftssage der
Sachsen (Abb. 4). Sie kommt der ursprünglichen Intention des Chronisten am
nächsten: Die Handschrift wurde in der Absicht geschrieben, dem reichshistorisch zentrierten Weltbild der mittelalterlichen Weltchronistik eine sächsisch-welfische Sichtweise entgegenzusetzen. Der Blick auf den Menschen
wird von dem eigenen Interessenstandpunkt her präzisiert: auch die Sachsen
werden in diesem neu interpretierten Weltbild zum Gottesvolk, ihr Siegen
und Scheitern wird in der Wechselbeziehung zu Gott gesehen.

Signifikant für diesen Weltbildwechsel ist auch der Sprachwechsel: abweichend von aller bisheriger Prosachronistik ist dieses ‚sächsisch-welfische
Buch von der Welt' in der mittelniederdeutschen Volkssprache geschrieben.
Mit der Herkunftssage in der Gothaer Handschrift ist uns die früheste volkssprachige Übersetzung der Origo Saxonum überliefert, die in der Weltchronik

des Frutolf von Michelsberg – eine der Hauptvorlagen des ‚sächsisch-welfischen Buches von der Welt‘ – im Zusammenhang mit den Kämpfen Karls des
Großen gegen die Sachsen erzählt wird. Sie wird für das ‚sächsisch-welfische
Buch der Welt‘ aus dem chronologisch aufgebauten Text herausgenommen
und erhält im Rahmen dieser neuen Weltchronik-Kompilation eine exponier-
te Position.

Die Herausnahme aus dem fortlaufenden Chroniktext und die Voranstel-
lung der Herkunftssage der Sachsen noch vor die Schöpfungsgeschichte
bringt das veränderte Weltbild deutlich zum Ausdruck. Die Erzählung von der
Herkunft der Sachsen gehört fortan zum festen Überlieferungsbestand aller
Handschriften, die dem Textbestand nach in der Nachfolge der sächsisch-welfischen Weltchronik stehen. Die Ursprungssage nimmt im Überlieferungsver-
bund später aber nicht mehr diese zentrale Stellung ein. Keine andere spätere
Handschrift beginnt mit der Herkunftssage. Gattungshistorisch gesehen be-
halten zwölf von 59 Handschriften eine deutlich sächsisch-welfische Ausrichtung. Alle diese Handschriften – außer der Gothaer Bilderhandschrift – haben
aber weitere Umdeutungen erfahren, ihr Hauptanliegen ist es nicht mehr, eine
dynastische Weltchronik zu präsentieren. Es stehen andere Themen im Vordergrund: wie etwa das Verhältnis Papsttum-Kaisertum, was an der jeweils
anderen Kombination des Chroniktextes mit den Kaiser- und Papstlisten ab-
lesbar ist. Die Position entscheidet über die Gewichtung der Textverbindung
und damit über die primäre Akzentuierung des jeweiligen Textzeugen. Die
partikular-dynastische Form der Weltgeschichtsschreibung bedient sich damit neben der Kürzung, Interpolation und der Fortsetzung noch anderer
Kompilationstechniken als die ältere reichshistorische Variante: Sie greift in
den Textzusammenhang ein, indem sie bestimmte Zusammenhänge isoliert
und als eigenständige Texte je nach Interessengewichtung besonders hervor-
hebt; ebenso werden weitere wichtige Texte (Welfengenealogien, Papst-Kai-
serlisten, eschatologische Texte) nicht in die Chronik integriert, sondern ihr
beigefügt. Das Ergebnis sind signifikante Textverbindungen.

Die partikular-dynastische Weltgeschichtsschreibung beruht auf den Vorgaben der reichshistorischen Weltgeschichtsschreibung und ihrem Verständnis einer engen Gott-Mensch-Beziehung, die sich von der Schöpfung bis in die
Gegenwart fortsetzt. Neu am ‚sächsischen Buch von der Welt‘ ist die Kombination von Volkssprache und Prosa und die dynastisch-welfische Ausrichtung, die sich nicht zuletzt in der veränderten Kompilationstechnik zeigt. Mit
dem ‚sächsisch-welfischen Buch von der Welt‘ setzt die Regionalisierung der
Universalgeschichte ein, wie sie im späten Mittelalter geradezu kennzeichnend für die neue Sicht von der Weltgeschichte wird.[19] Der Hauptstrang der
Überlieferung des ‚Buchs von der Welt‘ repräsentiert zwar die Rückkehr zu ei-

---

[19] Siehe Johanek 1987.

nem reichshistorisch geprägten Weltbild: zu einem ‚Buch von der Welt' im traditionellen Sinne. Es lässt sich aber eine wichtige Veränderung feststellen: Prägend hat die sächsische Sicht der Welt auf die spätere reichshistorische Weltchronistik gewirkt, indem sie im Rahmen des universalhistorischen Deutungsmusters besonders für die Gegenwartsgeschichte den Blick auf die regionalen Verhältnisse gelenkt hat. Es gibt im 15. Jahrhundert Gruppen von regionalgeschichtlichen Bearbeitungen: wie die bairische bzw. oberrheinische (= mit 10 Handschriften die größte Gruppe dieser Textzeugen), die thüringische Bearbeitung, es gibt die Straßburger Bearbeitungen, städtische Ausrichtungen (Lübeck, Basel etc.) und noch zahlreiche andere eigenständige, regional umgeformte Überarbeitungen des ‚Buchs von der Welt'.[20] Das mittelniederdeutsche ‚Buch von der Welt' ist nicht nur ins Lateinische zurückübersetzt worden, sondern auch in viele deutsche Dialekte; jede sprachliche Veränderung signalisiert eine Änderung des Weltbildes.

Ludwig Weilands Titelgebung Sächsische Weltchronik ist im eigentlichen sächsisch-dynastischen Sinne nur gerechtfertigt für den frühesten Überlieferungszeugen: für die Gothaer Bilderhandschrift, die als einzige die sächsischwelfische Ursprungsintention des Textzusammenhanges wiedergibt. Hubert Herkommers an sich gelungene Titelgebung: „Buch der Welt" ist für *seinen* Gegenstand – das Faksimile der Gothaer Bilderhandschrift – allerdings viel zu allgemein. Denn *sein* Gegenstand ist gerade ein ‚sächsisch-dynastisches Buch von der Welt'.[21]

Das christliche Weltbild und die franziskanische Akzentuierung im ‚Buch von der Welt'

Anstelle des vierteiligen antiken, christlich umgedeuteten Weltreiche-Schemas, wie es auch in der Frutolf-Ekkehard-Chronik begegnet, betont das ‚Buch von der Welt' in allen Überlieferungszeugen eine Zweiteilung der Welt. Angelpunkt dieser Zweiteilung der Welt ist nicht wie in der biblischen Geschichte die Geburt Jesu. Die Zäsur liegt vielmehr im Übergang vom dritten zum letzten Weltreich. So z. B. unterbricht das Buch von der Welt im Übergang vom dritten zum vierten, dem römischen Weltreich, die zum größten Teil wörtlichen Frutolf-Ekkehard-Übersetzungen durch die Betonung der Sonderstellung des römischen Reiches: *Sint we der herschap ouer mere to ende kommen sint, so scolle we seggen, wo romesch rike sich irhove Dat romesche rike was an sinem aneginne aller rike minnest . dar na wart it aller rike sterkest vnde wert no och aller rike crenkest.*

---

[20] v. Olberg-Haverkate 1993 und 1997.
[21] Das Buch der Welt 1996 und 2000.

Diese Zweiteilung ist auch für die oberdeutsche gereimte Kaiserchronik signifikant. Dagmar Neuenhoff hat anhand der Herrscherdarstellungen für die gereimte Kaiserchronik herausgearbeitet, dass auch hier das entscheidende Gliederungselement eine Zweiteilung der Weltgeschichte ist.[22] Die Kaiserchronik ist ihrem Anspruch nach keine Universalchronik. Sie beginnt mit Julius Cäsar und schließt 1146 mit der Kreuznahme König Konrads III. In der Kaiserchronik legt der Chronist besonderen Wert auf die Unterscheidung zwischen guten und schlechten Herrschern. Die schlechten Herrscher sind die heidnischen und die guten die christlichen. Es findet sich also hier ein deutlich wertendes christliches Geschichtsbild, das den Wandel vom Heidentum zum Christentum als den entscheidenden Fortschritt begreift.

In Bezug auf die Zweiteilung der Weltgeschichte lehnt sich das ‚Buch von der Welt‘ deutlich an die Kaiserchronik an, die in seiner sächsisch-dynastischen Variante nahezu vollständig übernommen wird. Im Unterschied zur Kaiserchronik wertet die sächsisch-welfische Weltchronik aber die Christianisierung der römischen Kaiser seit Konstantin I. (311) durchaus nicht positiv. Die Wende des römischen Kaisertums zum Christentum wird im ‚Buch von der Welt‘ nicht als Fortschritt, sondern als Verfall gedeutet.[23] In der ganz überwiegenden Zahl der Textzeugen wird an dieser Stelle (der Erwähnung der Bekehrung Konstantins) (Abb. 5) eine franziskanische Mahnrede – die so genannte Predigt – überliefert. Sie beginnt mit einigen Seligpreisungen aus der Bergpredigt, die in Beziehung zum Leiden Christi gestellt werden. Ganz im

Abb. 5. Taufe Konstantins durch Papst Silvester. Bl. 48r, Bilderhandschrift Gotha Forschungs- und Landesbibliothek Schloss Friedenstein Ms. Memb. I 90

---

[22] Neuendorff 1982.
[23] Vgl. auch die Verfallstheorie der christlichen Historiographie: Jedin 1973.

Sinne der minoritischen Demuts- und Armutsvorstellungen stellt der Chronist in dieser Passage dem Zeitgenossen das vorbildliche Leiden und Leben der *frühen* Christen vor Augen. Er führt aus, dass die guten Päpste, Bischöfe, Priester, Ritter, Frauen und andere gute Menschen in der Nachfolge der leidenden Apostel unbekümmert um ihre irdische Existenz gelebt hätten, da sie in ihren Gedanken bei Gott waren. Sie mussten sich deshalb trotz täglicher Lebensgefahr keine Sorgen machen (*der gemuode was mit godde in deme himele unde de lif uppe de erde*). Der Chronist verurteilt scharf die Verbindung von Staat und Kirche, die Doppelmoral der Geistlichen, die nur auf Besitz und Macht aus sind. Er stellt der Amtskirche das Armutsideal der Urkirche entgegen. Anders als in der Kaiserchronik wird in der Mahnrede die Christianisierung der römischen Herrscher also als Verfall des Christentums gesehen. Vor allem in der Mahnrede begegnet damit franziskanisches Gedankengut.[24]

Die Zweiteilung der Weltgeschichte ist im ‚Buch von der Welt' eindeutig franziskanisch geprägt. Die Franziskaner hatten schon früh Kontakt zu den sächsischen Welfen. Es war ein Kontakt, der die Zeiten überdauerte.[25] Das ‚franziskanische Buch von der Welt' definiert das Verhältnis zwischen Gott und den Menschen neu, indem es in der Mahnrede verdeutlicht, dass nicht die christlichen Herrscher zum Vorbild für ein gottwohlgefälliges Leben taugen, sondern die *guoden lude*, die Gläubigen, nach dem Vorbild der frühen Christen.

An diese kritische Auffassung der Verbindung von Staat und Kirche ließ sich leicht eine andere als die reichshistorisch orientierte Weltgeschichtsbetrachtung anknüpfen. Der Perspektivenwechsel von der Reichsdynastie auf das sächsisch-welfische Herrscherhaus liegt von hier aus nahe und ist durch den Bezug auf die Urchristen auch theologisch gerechtfertigt. Die franziskanische Zweiteilung der Weltgeschichte hat im Rahmen der sächsisch-dynastischen Ausrichtung des ‚Buchs von der Welt' die Funktion, den Blick wegzulenken von der Reichsgeschichte, von der Geschichte der christlichen Herrscher. Die Kombination mit den „sächsischen" Textverbindungen (Herkunft der Sachsen, Genealogie der Welfen, Genealogie der Grafen von Flandern) sowie das Bildprogramm der Gothaer Bilderhandschrift, das auf ältere Quellen zurückgeht, machen unmissverständlich deutlich, wer die *guoden lude* der franziskanischen Mahnrede sind: die sächsischen Welfen.

Während die meisten späteren Textzeugen die sächsisch-welfische Ausrichtung des ‚Buchs von der Welt' wieder zugunsten einer reichshistorisch orientierten Universalgeschichtsschreibung aufgeben, so wird die franziskanische Prägung nur in wenigen Textzeugen zurückgenommen: Nur sieben

---

24 Siehe zur franziskanischen Geschichtsschreibung Berg 1983.
25 Siehe Hucker 1990, S. 268ff.; Logemann 1996, S. 12ff.

Handschriften verzichten ganz auf die so genannte Predigt: Eine der Handschriften stammt aus einem Zisterzienserkloster, eine andere steht im Zusammenhang mit einem Dominikanerkloster; die übrigen fünf Handschriften oder ihre Vorlagen wurden an Adelshöfen geschrieben. Ganz offensichtlich kollidierte das franziskanische Weltbild mit den Vorstellungen jener Kommunikationszusammenhänge. Die franziskanische Tendenz der Weltchronik wird dagegen in vielen Textzeugen durch Übernahmen aus der Chronik des ehemaligen Benediktiners und späteren Franziskaners Albrecht von Stade noch verstärkt. Insgesamt lässt sich zusammenfassen: das Gros der Überlieferung repräsentiert ein ‚franziskanisches, reichshistorisch orientiertes Buch von der Welt‘.

Das heilsgeschichtliche Weltbild und die städtische Weltchronistik

Universalgeschichte ist im mittelalterlichen Verständnis immer Heilsgeschichte. Mittelalterliche Weltgeschichte beginnt in der Regel mit der Erschaffung der Welt und schließt mit der eigenen Zeit als Endzeit ab. Der christliche Glaube führt aber das geschichtsbezogene Weltbild über die eigene Gegenwart hinaus und richtet es aus auf die Zukunft, die Erlösung der Menschen. Weltgeschichte zielt auf das Jüngste Gericht, auf das Ende der Welt.

Die Erschaffung der Welt ist Ausdruck des göttlichen Heilswirkens (vgl. Abb. 2, 6). Die Schöpfungsgeschichte, der Stoffkreis, der die sieben Schöpfungstage beschreibt, wird mit einigen wenigen Ausnahmen von den meisten Handschriften überliefert.

Auf das Jüngste Gericht verweisen die Handschriften des ‚Buchs von der Welt‘ in der eingangs übersetzten Reimvorrede. Hier betont der Chronist nicht so sehr den Anfang der Welt, sondern vielmehr das Ende. Er beginnt die Reimvorrede damit, dass er an die Gottesfurcht seiner Zeitgenossen appelliert und ihnen die Schrecken des Jüngsten Gerichts vor Augen führt. Die Reimvorrede wird nur von 14 Handschriften überliefert und in einer Handschrift allerdings wird die Reimvorrede gerade um die Passagen gekürzt, die die Schrecken des Jüngsten Gerichts beschwören. Vor allem Handschriften, die selbst oder deren Vorlagen aus dem höfischen Bereich stammen, überliefern die Reimvorrede. Diejenigen Textzeugen des ‚Buchs von der Welt‘, die die lateinische, reichshistorisch orientierte Weltchronistik repräsentieren, haben keine Reimvorrede. Sie beginnen in der Regel mit der Schöpfungsgeschichte.

Des Weiteren gehören eine Reihe eschatologischer Texte fest zum Überlieferungszusammenhang des sächsisch-dynastischen Traditionszusammenhanges des ‚Buchs von der Welt‘. Sechs Handschriften verstärken die apokalyptische Aussage der Reimvorrede, indem sie dem Chroniktext eine Übersetzung der Fünfzehn Zeichen des Jüngsten Gerichts aus der Historica Scholastica des Petrus Comestor beigeben.

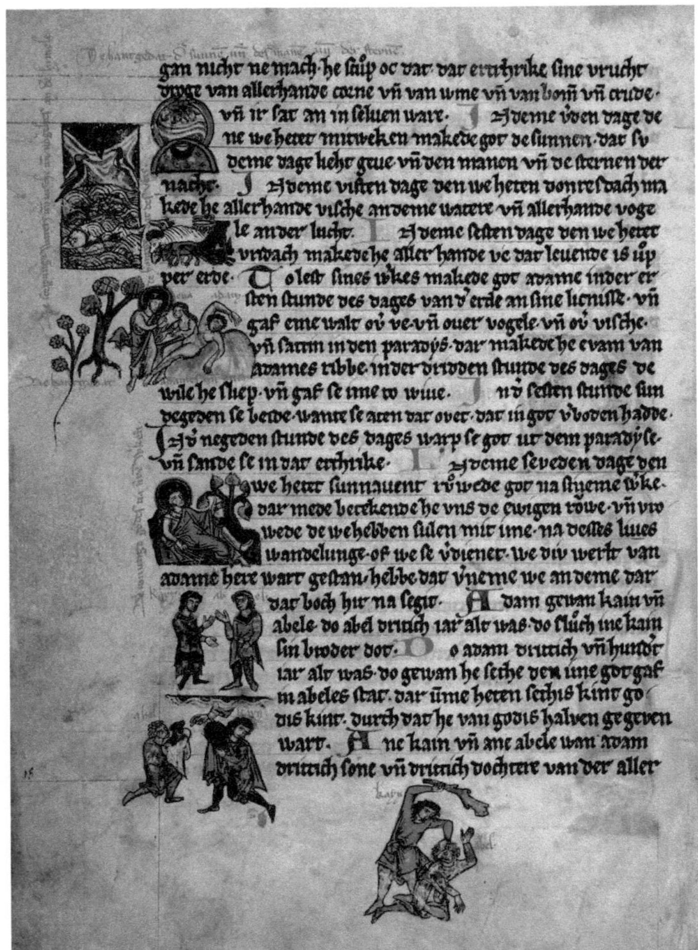

Abb. 6. Vierter bis sechster Schöpfungstag, Erschaffung Evas aus Adams Rippe, Gott ruht von seinen Werken (Bild 1–5). Bl. 10v, Bilderhandschrift Gotha Forschungs- und Landesbibliothek Schloss Friedenstein Ms. Memb. I 90

Allein bei den Handschriften, die im direkten Traditionszusammenhang mit der ursprünglich sächsisch-welfischen Ausrichtung des ‚Buchs von der Welt‘ stehen, lässt sich eine konstante Überlieferung der Reimvorrede, der Schöpfungsgeschichte und eschatologischer Zusätze beobachten. Die Reimvorrede wird vom 13. bis zum 16. Jahrhundert tradiert, die eschatologischen Zusätze erst seit dem 14. Jahrhundert.

Im 15. Jahrhundert kann man ein starkes Anwachsen der städtischen Chronistik beobachten. Diese frühen Stadtchroniken hatten in der Regel einen universalhistorischen Anspruch. Das führte vielfach zu Kompilationen mit Textteilen des ‚Buches von der Welt‘. Z. B. übernahmen einige städtische Kompilatoren aus Augsburg, Lübeck und dem Kölner Raum als Einleitung ihrer Chroniken bzw. Chronikübersetzungen den alttestamentarischen Teil der Weltgeschichte aus dem ‚Buch von der Welt‘. Im Anschluss daran verließen sie häufig die welthistorische Perspektive und wandten sich den regionalen, städtischen Ereignissen zu.

Eher als auf die Einleitung mit der Schöpfungsgeschichte verzichten die städtischen Chronisten des 15. Jahrhunderts auf den Ausblick auf das Jüngste Gericht. Sechzehn Textzeugen des ‚Buchs von der Welt‘, alle aus dem 15. Jahrhundert und alle mit ausgesprochen städtischer Ausrichtung, überliefern weder die Reimvorrede noch eschatologische Zusätze. Auf die Schöpfungsgeschichte verzichten sieben städtisch orientierte Textzeugen aus dem 15. Jahrhundert.

Weltgeschichte wurde insgesamt als ein dynamischer Prozess erlebt, war aber in der Überzeugung der Zeitgenossen trotzdem ein abgerundetes Ganzes, ein Produkt des göttlichen Willens. Der Bogen spannt sich von der Schöpfungsgeschichte bis hin zur Androhung des Jüngsten Gerichts. Im 15. Jahrhundert – besonders in der städtischen Chronistik – zeigen sich hier deutliche Traditionsbrüche. Der Weltbildwandel lässt sich auch hier an den Kompilationstechniken festmachen: Städtische Kompilatoren verzichten häufig auf Passagen wie die Reimvorrede oder auf eschatologische Zusätze, in einigen Fällen sogar auf die Schöpfungsgeschichte. Auffällig und neu im Rahmen des ‚Buchs von der Welt‘ ist innerhalb der Stadtchroniken auch eine explizite Antikenrezeption, die sich z. B. an der Interpolation der Troja- und der Alexandergeschichte in die Chronik zeigt. Damit verliert die heilsgeschichtliche Einbettung der Weltgeschichte deutlich an Bedeutung.

Wahre Geschichtsdarstellung

Mein Ausgangspunkt war die Reimvorrede des ‚Buchs von der Welt‘, in der der Chronist die Forderung nach wahrer Geschichtsdarstellung ausspricht. Was bedeutet im Mittelalter und in der frühen Neuzeit wahre Geschichtsdarstellung? Dieses Problem ist in der Spätantike und im frühen Mittelalter im Anschluss an Platons Ablehnung der Dichtkunst und der Rhetorik viel diskutiert worden. In der mittelalterlichen Geschichtsschreibung gab es seither einen Historikerstreit um die Wahrheit. Die Historiographen forderten eine schlichte Sprache (im Stile des sermo humilis der Bibel), sie forderten vor allem Kürze (brevitas) in der Darstellung und Verzicht auf ‚Redeschmuck und kunstvolle Sprache‘, d. h. Verzicht auf den Reim. In der Reimvorrede des Lucidarius steht beispielsweise, dass Heinrich der Löwe befohlen habe, das Werk ohne Reime abzufassen und sich an die Wahrheit zu halten, wie sie in lateinischer Sprache geschrieben sei. Johannes Rothe bittet dagegen die Landgräfin

Anna von Schwarzenburg zu Beginn des 15. Jahrhunderts nachdrücklich, seine Thüringische Weltchronik nicht zu verschmähen, weil sie nicht in Reimen abgefasst sei.

Es zeigt sich an den beiden Beispielen – der Lucidarius-Vorrede und der Bitte Johannes Rothes –, wie auch an der Überlieferung der frühen gereimten volkssprachigen Chronistik ganz deutlich, dass im hohen und späten Mittelalter die Form (Reim oder Prosa) der Chronik im Zusammenhang mit dem sozialen Umfeld und seinen Interessen zu verstehen ist: Gereimte Chroniken wurden bei Hofe vorgezogen, sie dienten vor allem der Unterhaltung. Ging es um die Darstellung politisch bedeutsamer Wissensinhalte oder Glaubenswahrheiten, so wurde allgemein die Prosaform vorgezogen. Der Entstehungsort der lateinischen Prosaweltchronistik war das Kloster. Das ‚sächsisch-dynastische Buch von der Welt‘ ist zum Zeitpunkt seiner Niederschrift in der ersten Hälfte des 13. Jahrhunderts eine Neuheit: Es bietet auch der Form nach wahre Geschichtsschreibung, ganz wie es die Reimvorrede betont – obschon ein Adelshof das Entstehungsumfeld des ‚sächsischen Buches von der Welt‘ war. Der franziskanische Chronist schreibt im Auftrag der sächsischen Welfen eine Prosaweltchronik und bedient sich dabei erstmals der deutschen Sprache.

Anhand der Überlieferung des ‚Buches von der Welt‘ zeigt sich ganz klar:

- Es gab kein einheitliches historisches Weltbild im Mittelalter. Das ‚sächsisch-dynastische Buch von der Welt‘ verbindet die im 13. Jahrhundert vorherrschenden Traditionen der Weltchronistik. Es kombiniert die reichshistorisch motivierte Wissens- und Glaubensvermittlung mit der höfischen Tradition der Volkssprachigkeit.
- Die erste volkssprachige Prosaweltchronik – ‚das sächsisch-welfische Buch von der Welt‘- schließt sich keinem traditionellen Weltbild direkt an, sondern deutet die unterschiedlichen Vorstellungen wiederum in ihrem Sinne um: In Bezug auf das Christentum und die Glaubensinhalte, die die Weltchronik vermitteln möchte, nimmt sie in ihrer franziskanischen Orientierung eine eindeutige Position ein gegen die Papstkirche. Politisch wendet sie sich gegen die reichshistorische Orientierung. Sie setzt ihr ein eindeutig sächsisch-dynastisches Weltbild entgegen.
- Die sächsisch-dynastische Weltchronik hatte offensichtlich keine politische Wirksamkeit: es ist uns nur ein Textzeuge überliefert, der das sächsisch-welfische Interesse deutlich – in Text und Bild – artikuliert. Dafür aber setzte mit ihr eine weitere wirkungsvolle Veränderung des mittelalterlichen Weltbildes ein.
- Das mit dem ‚sächsisch-welfischen Buch von der Welt‘ verbundene Konzept einer volkssprachigen Prosachronik war erfolgreich und erreichte vor allem das städtische Publikum.

- Das Konzept einer Regionalisierung der Weltchronistik setzte sich durch, wie die zahlreichen Bearbeitungen des ‚Buchs von der Welt‘ und die Fülle regionaler Weltchroniken im Spätmittelalter zeigen.
- Das Konzept der franziskanischen Geschichtsschreibung erzielte nicht zuletzt durch das volkssprachige ‚Buch von der Welt‘ eine große Breitenwirkung.

In der Reimvorrede fordert der Chronist die nachfolgende Generation auf, das ‚Buch von der Welt‘ weiterzuschreiben. Diese Forderung steht in der Tradition der mittelalterlichen Weltchronistik. Die Folge dieser ‚Offenheit‘ ist ein fortwährender Wandel des geschichtlichen Weltbildes. Lange Zeit kann das Deutungsmuster ‚christliches, historisches Weltbild‘ unterschiedliche Sichtweisen in einer gewissen ausgleichenden Spannung halten. Mit dem volkssprachigen ‚sächsischen Buch von der Welt‘ beginnt eine Entwicklung, die schließlich im Zusammenwirken mit anderen Faktoren (Buchdruck, Reformation) zum Ende der christlichen Weltchronistik führte. Das Deutungsmuster ‚christliche Weltchronik‘ kann seit dem 16. Jahrhundert die verschiedenen Bilder von der Welt nicht mehr einen. Gegen Ende des 15., Anfang des 16. Jahrhunderts lässt die Produktivität der Textsorte Universalchroniken nach. Es zeigt sich nun eine deutliche Tendenz zu einer bewahrenden, sammelnden Weltgeschichtsschreibung. Diese Universalchroniken entstanden in gelehrtem, z. T. auch humanistischem Zusammenhang. Reiche und gebildete Personen der unterschiedlichsten sozialen Schichten sind die Auftraggeber der häufig in professionellen Schreiberwerkstätten hergestellten Weltchroniken. Je nach Quellenlage werden die Weltbilder der Vorlagen übernommen und konserviert, nicht mehr modifiziert. Es zeigen sich keine neuen Interessenlagen. Es bleibt schließlich nur noch ein antiquarisches, sammelndes Interesse an der Weltchronistik und ihren Wissensbeständen.

Literatur

Berg D (1983) Studien zur Geschichte und Historiographie der Franziskaner im flämischen und norddeutschen Raum im 13. und 14. Jahrhundert. In: Frühmittelalterliche Studien 65:114–155

Berger P, Luckmann T (1986) Die gesellschaftliche Konstruktion der Wirklichkeit. Eine Theorie der Wissenssoziologie. Frankfurt a. M.: Fischer

Das Buch der Welt (1996). Die Sächsische Weltchronik Ms. Memb. I 90 Forschungsbibliothek Gotha, Faksimile Band und Wegweiser. Hrsg. von Herkommer H. Luzern: Faksimile Verlag

Das Buch der Welt (2000). Die Sächsische Weltchronik Ms. Memb. I 90 Forschungsbibliothek Gotha, Faksimile Band und Wegweiser. Hrsg. von Herkommer H, Kommentarband, Luzern: Faksimile Verlag

Brincken A-D von den (1969) Die lateinische Weltchronistik. In: Mensch und Weltgeschichte. Zur Geschichte der Universalgeschichtsschreibung. Hrsg. v. Randa A, Salzburg: Pustet, 43–86

Frutolfs und Ekkehards Chroniken (1972) und die anonyme Kaiserchronik. Hrsg. von Schmale-Ott I, Schmale F-J. Darmstadt: Wissenschaftliche Buchgesellschaft

Goetz H-W (1999) Geschichtsschreibung und Geschichtsbewusstsein im hohen Mittelalter. Berlin: Akademie Verlag

Goetz H-W (1984) Das Geschichtsbild des Otto von Freising. Ein Beitrag zur historischen Vorstellungswelt und zur Geschichte des 11. Jahrhunderts. Köln u.a.: Böhlau

Gurjewic AJ (1997) Das Weltbild des mittelalterlichen Menschen. München: Beck, 5. Aufl.

Habermas J (1985) Theorie des kommunikativen Handelns 1. Frankfurt a. M.: Suhrkamp, 3. Aufl.

Herkommer H (1972) Überlieferungsgeschichte der ‚Sächsischen Weltchronik‘. München: Beck

Härle W, Polke C (2003) Das Weltbild des christlichen Glaubens (in diesem Band, 241–262)

Hucker BU (1995) Literatur im Umkreis Ottos IV. In: Schneidmüller B (Hrsg.) Die Welfen und ihr Braunschweiger Hof im hohen Mittelalter, 377–406

Hucker BU (1990) Kaiser Otto IV. Hannover: Hahn

Jedin H (1973) Einleitung in die Kirchengeschichte. In: Handbuch der Kirchengeschichte, Jedin H, Baus K (Hrsg.) Bd. I. Freiburg u.a.: Herder, 3. Aufl., 1–55

Johanek P (1987) Weltchronik und regionale Geschichtsschreibung im Spätmittelalter. In: Patze H (Hrsg.) Geschichtsschreibung und Geschichtsbewusstsein im späten Mittelalter. Sigmaringen: Thorbecke, 287–330

Kroos R (2000) Die Miniaturen. In: Das Buch der Welt. Die Sächsische Weltchronik Ms. Memb. I 90 Forschung Gotha, Kommentarband. Luzern: Faksimile Verlag, 47–97

Krüger KH (1976), Universalchroniken. Turnhout: Brepols

Logemann S (1996) Die Franziskaner im mittelalterlichen Lüneburg. Werl: Dietrich Coelde

Menzel M (1985) Die Sächsische Weltchronik: Quellen und Stoffauswahl. Sigmaringen: Thorbecke

Nass K (1995) Geschichtsschreibung am Hofe Heinrichs des Löwen. In: Schneidmüller B (Hrsg.) Die Welfen und ihr Braunschweiger Hof im hohen Mittelalter, 122–161

Neuendorff D (1995) Vom erlösten Heidenkönig zum Christenverfolger. Zur ‚Kaiserchronik’ und ihrer Integration in die ‚Sächsische Weltchronik‘. In: Fiebig A, Schiewer H-J (Hrsg.) Deutsche Literatur und Sprache von 1050–1200. Festschrift für Ursula Hennig zum 65. Geburtstag. Berlin: Akademie-Verlag, 181–198

Neuendorff D (1982) Studie zur Entwicklung der Herrscherdarstellung in der deutschsprachigen Literatur des 9.-12. Jahrhunderts. Stockholm: Alqvist & Wiksell Internat.

Oexle O-G (1968) Die ‚sächsische Welfenquelle’ als Zeugnis der welfischen Hausüberlieferung. In: DA 24, S. 435–497

Oexle O-G (1987) Deutungsschemata der sozialen Wirklichkeit im frühen und hohen Mittelalter. Ein Beitrag zur Geschichte des Wissens. In: Graus F (Hrsg.) Mentalitäten im Mittelalter. Methodische und inhaltliche Probleme. Simaringen: Thorbecke, 65–117

Oexle O-G (1995) Welfische Memoria. Zugleich ein Beitrag über adlige Hausüberlieferung und die Kriterien ihrer Erforschung. In: Schneidmüller B (Hrsg.) Die Welfen und ihr Braunschweiger Hof im hohen Mittelalter, 61–94

v. Olberg(-Haverkate) G (1993) Möglichkeiten der Bestimmung von Textfunktionen in mittelalterlicher handschriftlicher Überlieferung am Beispiel der sogenannten Sächsischen Weltchronik und ihrer ‚Mitüberlieferung‘. In: Simmler H (Hrsg.) Probleme der funktionellen Grammatik. Bern u. a.: Lang

v. Olberg(-Haverkate) G (1997) Die Makrostrukturen der Sächsischen Weltchronik als Beispiel für Textsortentraditionen und Textsortenwandel. In: Simmler F (Hrsg.) Textsorten und Textsortentraditionen. Bern u.a.: Lang, 287–323

v. Olberg(-Haverkate) G (2002a) Loghene schal uns wesen leyt, dat is der van repegowe rat. Textsortentraditionen von Universalchroniken vom 11. bis zum 18. Jh.. In: Simmler F (Hrsg.) Textsorten deutscher Prosa vom 12./13. Jh. bis 18. Jh. und ihre Merkmale, Akten zum internationalen Kongress in Berlin 10. bis 22. September 1999. Bern u.a.: Lang, 268–283

v. Olberg(-Haverkate) G (2002b) Offene Formen? Funktionen mittelalterlicher und neuzeitlicher Textallianzen im Zusammenhang der Weltchroniküberlieferung. In: Schwarz A, Abplanalp Luscher L (Hrsg.) Textallianzen am Schnittpunkt der germanistischen Disziplinen. Bern u. a.: Lang, 273–289

v. Olberg-Haverkate G (im Druck) Überlegungen zur Edition der Sächsischen Weltchronik

v. Olberg-Haverkate G (in Vorbereitung) Zeitbilder – Weltbilder: Die Sächsische Weltchronik. Eine textlinguistische Untersuchung. Berlin: Weidler

Röcke W (1997) Weltbilder – Mentalitäten – kulturelle Praxis. Perspektiven einer interdisziplinären Mediävistik. In: Mittelalter und Moderne. Entdeckung und Rekonstruktion der mittelalterlichen Welt. Kongressakten des 6. Symposiums des Mediävistenverbandes in Bayreuth 1995. Hrsg. v. Segl P. Sigmaringen: Thorbecke, 3–13

Schmale F-J (1985) Funktionen und Formen mittelalterlicher Geschichtsschreibung. Eine Einführung. Darmstadt: Wissenschaftliche Buchgesellschaft

Schmale F-J (1978) Mentalität und Berichtshorizont, Absicht und Situation hochmittelalterlicher Geschichtsschreiber. Historische Zeitschrift 226, 1–16

Schneidmüller B (Hrsg.) (1995) Die Welfen und ihr Braunschweiger Hof im hohen Mittelalter. Vorträge gehalten anlässlich des 33. Wolfenbütteler Symposions vom 16. bis zum 19. Februar 1993. Wiesbaden: Harassowitz

Schneidmüller B (2000) Die Welfen. Herrschaft und Erinnerung (819-1252). Stuttgart, Berlin, Köln: Kohlhammer

Vittinghoff F (1969) Christliche und nichtchristliche Anschauungsmodelle. In: Randa A (Hrsg.) Mensch und Weltgeschichte. Zur Geschichte der Universalgeschichtsschreibung. Salzburg: Pustet, 17–27

Weber M (1988) Gesammelte Aufsätze zur Religionssoziologie 1, Tübingen: Mohr-Siebeck, 9. Aufl.

Weiland L (1877) Sächsische Weltchronik. In: Deutsche Chroniken und andere Geschichtsbücher des Mittelalters II, MGH Scriptorum qui vernacula lingua usi sunt tomus II (MGH DtChron 2) Hannover: Hahn

Wolf J (1997) Die Sächsische Weltchronik im Spiegel ihrer Handschriften. Überlieferung, Textentwicklung, Rezeption. München: Wilhelm Fink

Heidelberger Jahrbuch, Band 47 (2003)
H. Gebhardt/H. Kiesel (Hrsg.): Weltbilder
© Springer-Verlag Berlin Heidelberg 2004

Trauma und Triumph:
Die kopernikanische Wende in Dichtung und Philosophie

Stationen der Rezeptionsgeschichte von Gryphius bis Nietzsche

SANDRA KLUWE

Mit Hans Blumenberg versteht vorliegender Aufsatz die ‚kopernikanische Wende' als Metapher für die Randstellung des Menschen in der Welt. Die mit dieser Randstellung verbundene narzisstische Kränkung wurde von den postkopernikanischen Dichtern und Denkern mit teilweise triumphalem Gestus kompensiert, wie an Gryphius, Brockes und Haller, vor allem aber an Klopstock gezeigt wird, dessen ‚Frühlingsfeier' den Auftakt zu einer kopernikanischen Wende der Lyrik bildete. Auch die kopernikanische Wende der kantischen Transzendentalphilosophie bedeutete eine Aufwertung des erkennenden Ichs, die von Lichtenberg allerdings als sprachpragmatisches Bedürfnis entlarvt wurde. Goethes ‚neuer Copernikus' gab diesem Bedürfnis unangefochten nach: Die kopernikanische Wende der Astronomie und die der Philosophie hinderten ihn nicht, Sonnen, Planeten und Monde um den alleinigen Zweck kreisen zu lassen, dass sich „zuletzt ein glücklicher Mensch unbewußt seines Daseins freut". Die Romantik suchte und fand den Weltraum in ihrem Innern, verlor sich dabei allerdings, etwa bei Jean Paul, im Abgrund eines zum Nihilismus gewordenen Idealismus. Nietzsche entwickelte seine Lehre vom Über-Menschen als einer Über-Kompensation der kopernikanischen Kränkung – und erst Freud befand, dass die dreifache Entwertung durch Kopernikus, Darwin und durch die Lehre vom Unbewussten ein heilsames Mittel auf dem Wege zu einer realistischen Selbsteinschätzung der Menschheit sei.

Die kopernikanische Wende als kopernikanische Kränkung

„Der kopernikanische Umsturz ist nicht als theoretischer Vorgang Geschichte geworden, sondern als Metapher: die Umkonstruktion des Weltgebäudes wurde zum Zeichen für den Wandel des menschlichen Selbstverständnisses."[1]

---

[1] Blumenberg, *Die kopernikanische Wende*, S. 100.

Erst Blumenbergs metaphorologische Umdeutung der kopernikanischen Wende macht verständlich, warum die Erkenntnis, dass sich die Erde um die Sonne dreht und nicht im Zentrum des Weltalls steht, über Jahrhunderte hinweg eine so nachhaltige Erschütterung hervorrufen konnte: Das Welt-Bild war Spiegel des Selbst-Bildes, und die Randstellung der Erde schien mit der Besonderheit des Menschen nicht vereinbar zu sein. Während nun *Nikolaus Kopernikus* (1473–1542) noch die Position eines rational-teleologischen Anthropozentrismus vertreten hatte – in der Überzeugung, dass die Welt „propter nos ab optimo et regularissimo omnium opifice" geschaffen sei –[2]; während Geozentrik und Heliozentrik für ihn noch keinerlei metaphorische, d. h. eine „Rangstellung des Menschen in der Welt anzeigende Bedeutung" gehabt hatten,[3] wurde die Dezentrierung der Erde spätestens ab dem 17. Jahrhundert als Bild im metaphorischen Sinne verstanden: als ein Uneigentliches, dessen eigentliche Bedeutung in der Abwertung der menschlichen Würde zu liegen schien. Pointiert formuliert: Der historische Kopernikus – ein Mann des Mittelalters – war „kein ‚Kopernikaner'" im Sinne der ‚kopernikanischen Wende';[4] erst die Rezeptionsgeschichte machte ihn infolge einer Rückprojektion neuzeitlicher Unsicherheiten und Verlusterfahrungen zu einem solchen. Nicht also die wissenschaftliche Neuerung, sondern mehr noch deren „Metaphorisierung" sicherte Kopernikus seine „weitreichende geschichtliche Wirkung": „Seine Tat wurde zum Zeichen, unter dem sich Generationen zu erkennen glaubten. Sie wurde zur Metapher eines neuzeitlichen Selbstverständnisses: mehr ein Faktum der Bewußtseins- als der Wissenschaftsgeschichte."[5]

Dieses Selbstverständnis war nun zunächst durch eine tiefgreifende narzisstische Kränkung geprägt.[6] Sah sich doch der selige Kinderglaube der Menschheit, im Zentrum göttlicher Aufmerksamkeit zu stehen und das schlagende Herz des zweckmäßig geordneten Makrokosmos zu bilden, unversehens als Wunschphantasie entlarvt: *„His Majesty the Baby"*,[7] die Menschheit in ihrem infantilen Narzissmus, musste erkennen, dass sich in der Welt nicht alles um sie selber drehte. Diese Erkenntnis aber schloss den Verlust des gläubigen Vertrauens auf die *providentia* als Garantin kosmischer und heilsge-

---

[2] Widmungsrede an Papst Paul III. Zit. nach Ritter/Gründer, *Historisches Wörterbuch*, Sp. 1094. Generell steht das anthropozentrische Weltbild am Anfang der Phylogenese wie auch der Ontogenese. Vgl. hierzu Lurker, *Wörterbuch*, S. 825: „Das erste Weltbild, das der Mensch sich macht, ist anthropozentrisch; er erlebt sich in der Mitte seiner Umwelt [...]. Bei dem Versuch der Orientierung wird die Welt als ein Umschließendes erfahren". Ebd., S. 826: „Wer sich selbst im Mittelpunkt der Welt erlebt, für den muß auch die Erde in der Mitte des Alls stehen; das anthropozentrische Weltbild ist zugleich ein geozentrisches".

[3] Ritter/Gründer, *Historisches Wörterbuch*, Sp. 1095.

[4] Ebd.

[5] Richter, *Die kopernikanische Wende*, S. 135. Mit der ‚kopernikanischen Wende' in diesem Sinne sind auch die Weiterführungen des Modells durch Galilei und andere gemeint (vgl. ebd., S. 136).

[6] Vgl. Freud, Vorlesungen zur Einführung in die Psychoanalyse [1917] (*Studienausgabe* I, S. 283f.). Vgl. zu Freud ausführlicher den Schlussabschnitt vorliegender Ausführungen.

[7] Freud, *Zur Einführung des Narzißmus* [1914] (*Studienausgabe* III, S. 57).

schichtlicher Teleologie ein: Wenn sich die unzähligen Welten des Alls nicht um den Menschen drehten, so konnte auch nicht mehr ohne weiteres daran geglaubt werden, dass diese Welten einen Sinn, d. h. ein für den Menschensinn einsehbares Worumwillen, einen den Menschen befriedigenden Letztzweck hatten.

Trauma und Triumph:
Kompensationen der kopernikanischen Kränkung

Ausgehend von der durch Freud diagnostizierten ‚zweiten narzisstischen Kränkung der Menschheit‘,[8] nämlich der Evolutionslehre Darwins, stellt sich die Herausbildung des menschlichen Geistes als eine Strategie dar, die dem „Mängelwesen" Mensch im „struggle for life" das Überleben sicherte.[9] Demgemäß stehen die dichterischen und denkerischen Reaktionen auf die kopernikanische Wende, die in äußerster Konsequenz eine völlige Entwertung des Menschen *sub specie universi* bedeutete, im Dienste des geistigen Überlebenskampfes, im Dienste der Erhaltung des aus der menschlichen Reflexivität hervorgehenden Selbstwertgefühls. So erstaunt es nicht, dass die geistige *Kompensation* der durch die kopernikanische Wende bewirkten Kränkung das Grundmotiv beinahe aller dichterischen und philosophischen Reaktionen auf das heliozentrische Weltbild darstellt. Im Anklang an Blumenbergs Begriffspaar „Säkularisierung und Selbstbehauptung"[10] ist also festzuhalten: Auf die existenzielle Verunsicherung, die der Verlust des Urvertrauens auf eine teleologische *providentia* kosmischer Größenordnung mit sich brachte, reagierte der Mensch mit dem gesteigerten Willen zur Selbstbe*haupt*ung: mit der gesteigerten Aktivierung seines *geistigen* Autonomiestrebens, also mit dem Versuch, den Intellekt als Waffe gegen das Gefühl niederschmetternder Ohnmacht und Sinnlosigkeit einzusetzen. Im Hinblick auf diesen Kompensationsversuch muss die kopernikanische Wende als „*ambivalentes* Orientierungsmodell für die Rangindikation des Menschen in der Welt" angesehen

---

8 Vgl. Freud, *Vorlesungen zur Einführung in die Psychoanalyse* (*Studienausgabe* I, S. 283f.).

9 Gehlen, *Der Mensch*, S. 20 und ebd., S. 33:„Morphologisch ist nämlich der Mensch im Gegensatz zu allen höheren Säugern hauptsächlich durch *Mängel* bestimmt, die jeweils im exakt biologischen Sinne als Unangepaßtheiten, Unspezialisiertheiten, als Primitivismen, d. h. als Unentwickeltes zu bezeichnen sind: also wesentlich negativ. Es fehlt das Haarkleid und damit der natürliche Witterungsschutz; es fehlen natürliche Angriffsorgane, aber auch eine zur Flucht geeignete Körperbildung; der Mensch wird von den meisten anderen Tieren an Schärfe der Sinne übertroffen, er hat einen geradezu lebensgefährlichen Mangel an Instinkt und er unterliegt während der ganzen Säuglings- und Kinderzeit einer ganz unvergleichlich langfristigen Schutzbedürftigkeit. Mit anderen Worten: innerhalb *natürlicher*, urwüchsiger Bedingungen würde er als bodenlebend inmitten der gewandtesten Fluchttiere und der gefährlichsten Raubtiere schon längst ausgerottet sein."

10 Vgl. die gleichnamige Studie.

werden:[11] „Kopernikanisches Pathos und kopernikanische Resignation", Kränkung und Kompensation, traumatisierende Erniedrigung und triumphale Selbsterhöhung stehen in einem nicht zuletzt psycho-logischen Wirkungszusammenhang. Anhand der wichtigsten dichterischen[12] und philosophischen Rezipienten des kopernikanischen Weltbilds ist dies im folgenden zu konkretisieren.

Auf dem Triumphwagen der Erkenntnis: Die kopernikanische Wende in der Dichtung des Barock – Andreas Gryphius

Die späte kirchliche Legitimierung der kopernikanischen Lehre führte dazu, dass noch im gesamten 17. Jahrhundert das geozentrische Weltbild vorherrschte.[13] So verwundert es nicht, dass aus dieser Zeit nur spärliche Belege für dichterische Auseinandersetzungen mit Kopernikus vorliegen und dass diese wenigen Belege keineswegs immer ein eindeutiges Bekenntnis zum heliozentrischen Weltbild enthalten.[14] Wo in der Lyrik des 17. Jahrhunderts vom Himmel die Rede ist, dominieren zumeist Metaphern wie „Dach", „Haus", „Saal" –[15] man schien in der solchermaßen „gedeuteten Welt" des Universums also noch „sehr verläßlich zu Haus" zu sein.[16] Erst gegen Ende des 17. Jahrhunderts, im zeitlichen Umfeld von Newtons *Principia mathematica* (1687), kam eine „auch durch kirchliche Opposition nicht mehr aufzuhaltende populärwissenschaftliche Auseinandersetzung mit der kopernikanischen Astronomie in Gang, die die wirkungsvolle Verbreitung ihrer zentralen Grundsätze einschloß."[17]

Andreas Gryphius (1616–1664) freilich hatte bereits als junger Mann eine Disputation mit dem Titel ‚de igne non elemento' geschrieben, die in rechtgläubigen Kreisen Anstoß erregt hatte, weil sie mit der kopernikanischen Lehre zu sympathisieren schien.[18] Und Gryphius' Epigramm ‚Uber Nicolai Copernici Bild.' (1663) stellt einen der ersten dichterischen Versuche dar, die kopernikanische Wende als solche zu metaphorisieren:

---

[11] Ritter/Gründer, *Historisches Wörterbuch*, Sp. 1098, Hervorh. v. Verf.

[12] Dass es sich bei der auf dem „Boden des kopernikanischen Bewußtseins" erwachsenen Literatur vorwiegend um Lyrik handelt (Richter, *Die kopernikanische Wende*, S. 136), ist eine bemerkenswerte Tatsache, der hier aber nicht weiter nachgegangen werden soll. Ein entscheidender Grund hierfür liegt darin, dass keine andere Gattungen vergleichbare Möglichkeiten für einen intensiven Gefühlsausdruck bot.

[13] Vgl. Rieder, *Contemplatio*, S. 2. Erst im Jahre 1757 wurde die 1616 erlassene Indizierung von Kopernikus' Hauptwerk ‚De revolutionibus orbium coelestium' aufgehoben.

[14] Vgl. ebd., S. 11.

[15] Richter, *Die kopernikanische Wende*, S. 138.

[16] Rilke, Erste Duineser Elegie (*Sämtliche Werke* I, S. 685).

[17] Alt, *Kopernikanische Lektionen*, S. 143.

[18] Vgl. Guthke, *Der Mythos der Neuzeit*, S. 116.

Du dreymal weiser Geist / du mehr denn grosser Mann!
Dem nicht die Nacht der Zeit die alles pochen kan /
Dem nicht der herbe Neyd die Sinnen hat gebunden /
Die Sinnen / die den Lauff der Erden new gefunden.
Der du der Alten Traum und Duenckell widerlegt:
Und Recht uns dargethan was lebt und was sich regt:
Schaw itzund blueht dein Ruhm / den als auff einem Wagen /
Der Kreiß auff dem wir sind muß umb die Sonne tragen.
Wann diß was irrdisch ist / wird mit der Zeit vergehn /
Soll dein Lob unbewegt mit seiner Sonnen stehn.[19]

Bereits der Verstypus des heroischen Alexandriners, der im Unterschied zum Kreuzreim des elegischen Alexandriners Paarreime aufweist, kennzeichnet dieses Epigramm als eine emphatische Eloge auf Kopernikus.[20] Dessen heldenhafte ‚Größe' und ‚Weisheit' wird nicht allein aus der umwälzenden Erkenntnis über den tatsächlichen „Lauff der Erden" hergeleitet, sondern auch aus der Souveränität eines individuellen, um nicht zu sagen individualistischen Denkers, der den Mut besaß, sich der „Nacht" einer unaufgeklärten Zeit sowie dem „Neyd" der Zeitgenossen auszusetzen – also eine spezifisch neuzeitliche Autonomie und Autarkie an den Tag zu legen. Die Antithese zum „Traum und Duenckell", d. h. zum geozentrischen Weltbild der „Alten", bildet denn auch das formale Zentrum des Epigramms. Dieser Antithese zur Antike steht eine Art Synthese von Mittelalter und Neuzeit zur Seite: Das theonom fundierte Weltbild des Mittelalters wird in Gryphius' programmatisch neuzeitlichem Gedicht aufgehoben, also bewahrt, indem es mit der Autonomie des modernen Geistes erfasst wird. Der Umstand, dass die Erde um die Sonne kreist, braucht so nicht als Depotenzierung, sondern kann als Steigerung menschlicher Würde angesehen werden: Der „Kreiß auff dem wir sind", die Umlaufbahn der Erde, muss Kopernikus' personifizierten Ruhm wie „auff einem Wagen" um die Sonne tragen; und dieser Wagen ist kein schmachvoller Karren, sondern ist der vom Gold der Sonne erglänzende Triumphwagen der Erkenntnis.

Der triumphale Gestus des Gedichts, der die Gewissheit einschließt, dass Kopernikus' Ruhm den Lauf der Zeiten „unbewegt" überdauern werde, scheint also selbst das barocke Vanitasgefühl in den Hintergrund zu drängen. Von der Vergänglichkeit all dessen, „was irrdisch ist", ist zwar die Rede, jedoch nicht ohne das feste Vertrauen auf die dem göttergleichen Helden zukommende Unsterblichkeit: Jene Säkularisierung der *theologia gloriae*, die in der

---

[19] Gryphius, *Gesamtausgabe*, Bd. 2, S. 186f. Vgl. hierzu den Kommentar ebd., S. 220: „Gryphius beschäftigte sich schon in Danzig mit Astronomie. Sein Lehrer Peter Crüger war ein eifriger Anhänger des kopernikanischen Weltsystems, das die Sonne als von den Planeten umkreist in den Mittelpunkt der Welt stellt."

[20] Gryphius' Gedicht wäre somit Beleg für die These, dass die „Barockisierung des Kopernikus" mit der „Verkehrung des Theoretischen ins Heroische" einherging – „als Ausdruck barocken Machtgefühls gegenüber der Natur" (*Historisches Wörterbuch*, Sp. 1095).

Geniezeit vollends zum Tragen kommen wird, klingt in Gryphius' Epigramm
bereits an.

Die kosmologische Dichtung der Frühaufklärung –
Ichverlust und metaphysische Rückversicherung
bei Barthold Heinrich Brockes

Steht Gryphius' Loblied auf Kopernikus in der Lyrik des 17. Jahrhunderts noch
ziemlich allein da, so setzt mit der Frühaufklärung, namentlich mit *Barthold
Heinrich Brockes* (1680–1747), eine weitreichende Integration der kopernikanischen Wende und ihrer Fortführungen ein.[21] Charakteristisch ist in diesem
Zusammenhang zweierlei: zum einen der aufklärerische Impuls,[22] der sich in
der „auf Allgemeinverständlichkeit und Veranschaulichung zielende[n]
frühaufklärerischen Rezeption der Astronomia nova"[23] konkretisierte, zum
andern der Versuch, die wissenschaftlich fundierte Aufklärung metaphysisch
rückzuversichern durch das Konzept der Physikotheologie, die eine methodische Synthese aus moderner Naturwissenschaft und orthodox-theistischem
Gottesbegriff[24] und zugleich eine Kompensation des drohenden Teleologie-
verlusts darstellt.[25]

Ein gutes Beispiel für diese doppelte Intention bietet Brockes' Gedicht ‚Das
Firmament‘, das den Auftakt der 1721 erschienenen Sammlung ‚Irdisches
Vergnügen in Gott‘ bildet:

> „Als jüngst mein Auge sich in die Sapphirne Tieffe,
> Die weder Grund, noch Strand, noch Ziel, noch End' umschrenckt,
> Ins unerforschte Meer des holen Luft = Raums, senckt',
> Und mein verschlungner Blick bald hie = bald dahin lieffe,
> Doch immer tieffer sanck; entsatzte sich mein Geist,
> Es schwindelte mein Aug', es stockte meine Seele
> Ob der unendlichen, unmäßig = tiefen Hoele,
> Die, wol mit Recht, ein Bild der Ewigkeiten heisst,
> So nur aus Gott allein, ohn' End' und Anfang, stammen.
> Es schlug des Abgrunds Raum, wie eine dicke Fluht
> Des Boden = losen Meers auf sinckend Eisen thut,
> In einem Augenblick, auf meinen Geist zusammen.
> Die ungeheure Gruft voll unsichtbaren Lichts,
> Voll lichter Dunckelheit, ohn' Anfang, ohne Schranken,

---

[21] Vgl. Junker, *Das Weltraumbild.*

[22] Vgl. Richter, *Die kopernikanische Wende,* S. 134: „Zwischen der kopernikanischen Lehre und der Auf-
      klärung besteht eine innere Affinität, die es noch verständlicher macht, warum sich gerade mit der Auf-
      klärung die allgemeine Rezeption vollzog."

[23] Alt, *Kopernikanische Lektionen,* S. 144.

[24] Vgl. ebd., S. 145.

[25] Wolfgang Philipp betrachtet die Physikotheologie als Reaktion auf die Gefahr eines „Brunoischen" oder
      kopernikanischen „Weltschocks", eines kosmischen Nihilismus, der sich bereits in der Vanitasstimmung
      des Barock zu erkennen gebe (*Das Werden,* S. 78ff.).

> Verschlang so gar die Welt, begrub selbst die Gedancken ;
> Mein gantzes Wesen ward ein Staub, ein Punct, ein Nichts,
> Und ich verlohr mich selbst. Dieß schlug mich plötzlich nieder ;
> Verzweiflung drohete der gantz verwirrten Brust:
> Allein, o heylsams Nichts! glückseliger Verlust!
> Allgegenwärt'ger GOtt, in Dir fand ich mich wieder."[26]

Der Zeitgenosse Gottlieb Stolle erklärte in seiner ‚Anleitung zur Historie der Gelahrtheit' (1718), Brockes „sey der erste Poete, der in seinen teutschen Versen einen Copernicaner abgegeben" habe.[27] Auf den ersten Blick scheint das heliozentrische Weltbild des Kopernikus in diesem Gedicht jedoch gar nicht in Rede zu stehen: Die Metaphorik der Anfangsverse lässt den „Geist" des lyrischen Ichs nicht deshalb Schiffbruch erleiden, weil die Erde sich um die Sonne dreht, sondern weil aus dem Kosmos, der Ordnung des Weltraums, ein Chaos, ein gähnender ‚Abgrund' geworden ist. Erschreckend scheint nicht so sehr die Randstellung der Erde im Weltall als vielmehr die Unendlichkeit desselben.[28] Bei näherer Betrachtung zeigt sich jedoch, dass die Schrankenlosigkeit des Alls nur eine konsequente Folgerung aus dem kopernikanischen Weltbild ist – eine Folgerung, die von vielen Naturwissenschaftlern des 16. und 17. Jahrhunderts gezogen wurde; zuerst von *Giordano Bruno*, dem ‚Märtyrer' der kopernikanischen Wende, der die Lehre von der Unendlichkeit des Universums zuerst in seinen Dialogen ‚Das Aschermittwochsmahl' (‚La cena de le ceneri') und ‚Vom unendlichen All und den Welten' (‚De l'infinito universo e mondi') aus dem Jahre 1584 vertreten hatte, sodann in seinem astronomischen Lehrgedicht ‚De immenso' (1591), das gleichzeitig eine Hymne auf den kühnen Geist des Nikolaus Kopernikus ist.[29]

---

[26] Brockes, *Irdisches Vergnügen in Gott*, S. 5.

[27] Stolle, *Anleitung zur Historie der Gelahrtheit*, S. 229. Zit. nach Alt, *Kopernikanische Lektionen*, S. 144.

[28] Auch in anderen Gedichten als dem oben zitierten reflektierte Brockes – teilweise unter direktem Rückgriff auf die naturphilosophischen und theologischen Debatten der Zeit – nicht nur die heliozentrische Lehre, sondern auch die Lehre von der Mehrheit bzw. Unendlichkeit der Welten. Vgl. hierzu Richter, *Die kopernikanische Wende*, S. 138: „Barthold Heinrich Brockes hat die neuen kosmischen Größen und die auf sie gerichtete Ergriffenheit des Menschen als ein zentrales Thema des *Irdischen Vergnügens in Gott* in zahllosen Versen ausgesagt. Daß sich die Erde um die Sonne bewegt, ist in ihnen bereits so selbstverständlich geworden, daß es nur selten ausdrücklich festgestellt wird. Mehr an Erregung knüpft sich an das Wissen von den zahllosen ‚Welten' und ‚Sonnen'". Vgl. auch Guthke, *Der Mythos der Neuzeit*, S. 274: Brockes spielte „die philosophische Motivik des für Deutschland relativ neuen Gedankens, ‚daß wir nicht allein' seien, mit einiger Originalität und erheblicher Wachheit für die Frage nach dem Rang des Menschen in einem unendlich belebten Kosmos durch. Und als einer der einflußreichsten und populärsten Schriftsteller deutscher Sprache in der Frühzeit der Aufklärung hat er mehr als irgend ein anderer Autor […] das Lesepublikum, das in seiner Zeit sprunghaft anwächst, mit dem Gedanken der Mehrheit der Welten bekannt gemacht – mit dem Gedanken und mit den Problemen." Die Popularisierung der Lehre von der Pluralität der Welten wurde durch den Aufklärer Johann Christoph Gottsched (1700–1766), der 1743 eine emphatische Rede auf Nikolaus Kopernikus hielt (vgl. Pilling, *Kopernikus*), fortgesetzt – vor allem durch Gottscheds Übersetzung der ‚Entretiens sur la pluralité des mondes' (1687) von Bernhard Le Bovier de Fontenelles.

[29] Vgl. Guthke, *Der Mythos der Neuzeit*, S. 67f. Vgl. zu Bruno auch *Historisches Wörterbuch*, Sp. 1095: „G. Bruno hat als erster die kopernikanische Reform mit dem Bild des Aufgangs eines neuen Lichtes ver-

Abb. 1. Giordano Bruno. Anonymer zeitgenössischer Kupferstich [1]

Von Bruno ausgehend ist das Entsetzen des lyrischen Ichs aus Brockes' Gedicht leicht nachzuvollziehen – war Bruno doch im Grunde „mehr an seinem grandiosen kosmologischen Gesamtprospekt interessiert als an dem Menschen, dem er zumutet, in diesem unendlichen und nirgends unbewohnten Universum zu leben und sich zu orientieren"[30] – den Geschwisterneid der Erden-Kinder, die Gott-Vaters Liebe nun auch anderen Planeten zugewandt sahen, nicht zu erwähnen.

Eine naturwissenschaftlich-empirische Basis für Brunos Kosmologie der Unendlichkeit lieferte *Galileo Galilei* (1564–1642), der in den Jahren 1609/10 mit Hilfe des nach ihm benannten Galileischen Fernrohrs zeigte, dass die Sterne der Milchstraße Sonnen waren, es also nicht nur eine Sonne und eine Erde, sondern deren unzählige gab.[31] Die Unendlichkeit des Alls wurde damit

---

bunden. Sein als Befreiung des Menschen aus dem ‚Kerker' der Welt verstandenes Unendlichkeitspathos nimmt die Leistung des Kopernikus als absolute Metapher für die neue Standortbestimmung des Menschen in der Welt".

[30] Guthke, *Der Mythos der Neuzeit*, S. 74.

[31] Vgl. ebd., S. 60f.

zu einer physikalischen Grundannahme, der es sich philosophisch und theologisch zu stellen galt. *Blaise Pascal* (1623–1662), der in seinen postum erschienenen ‚Pensées sur la religion‘ (1669) die auch bei Brockes dargestellten
Extreme des vertrauensvollen Glaubens und der zweifelnden Verzweiflung
voll auslotete, beantwortete die Frage „Qu'est-ce qu'un homme dans l'Infi-
ni?"[32] mit „un grand sujet d'humiliation".[33] Der Mensch, so Pascal, habe seinen
Platz zwischen den zwei Abgründen der Unendlichkeit und des Nichts:[34] Er
sei ein Nichts im Hinblick auf die Unendlichkeit und ein All im Hinblick auf
das Nichts; die Unendlichkeit verschlinge ihn, und er sei außerstande, Ziel
und Zweck in ihr ausmachen zu können. Nun wird diese intellektuelle Ohnmacht allerdings in einer an Descartes erinnernden Volte aufgehoben: „Ce
n'est point de l'espace que je dois chercher ma dignité, mais c'est [...] de la
pensée. [...] L'univers me comprend et m'engloutit comme un point; par la
pensée je le comprends" (Pascal, *Oeuvres* II, S. 574).

Das den Menschen gleich einem „Punct" ‚verschlingende‘ Universum begegnet bei Brockes ebenfalls. Es wird in einer ausgeweiteten, stellenweise hy-
perbolischen Metaphorik[35] als ‚unerforschtes Meer‘, als ‚holer Luft = Raum‘,
als ‚unendliche, unmäßig = tiefe Hoele‘, als ‚Abgrund‘ und als ‚Gruft‘ verbildlicht. Mit Ausnahme der ‚Gruft‘, die als metaphorische Klimax für das Tödli-
che der Unendlichkeitserfahrung steht, betonen diese Bilder die unendliche
Leere des Weltraums und geben der kosmologischen ‚Versenkung‘ des lyrischen Ichs ein beinahe schon nihilistisches Gepräge.[36] Und doch: Höhle und
Gruft sind ausgewiesene „Zentrumssymbole".[37] Wohl ohne dichterisches Bewusstsein wendet sich die Metaphorik also gegen ihren eigentlichen Sinn,
nämlich Bild für die Dezentrierung des Menschen im All, für die irrlichternde
Verwirrung des „bald hie = bald dahin" laufenden Blickes zu sein. Anders gesagt: Da der Ausflug ins All ein rein imaginärer ist, ver"senkt" sich der Blick
des lyrischen Ichs in Wahrheit in sich selbst und erreicht auf diese Weise sogar eine meditative Verstärkung des eigenen Zentrums. Der fiktive Selbstver-
lust im „*uterus mundi*", der ‚kosmischen Höhle‘, kann so zum Ausgangspunkt
einer geistig-seelischen „Wiedergeburt" werden,[38] wobei die unbewusste Bedrohung durch Meer, Höhle und Grab als den Symbolen der Großen Mutter[39]

---

[32] Pascal, *Oeuvres*, S. 1106.
[33] Ebd., S. 1105.
[34] Ebd., S. 1106.
[35] Vgl. Richter, *Literatur und Naturwissenschaft*, S. 86: „Daß auch das größte, räumlich und zeitlich Begrenzte noch keinen Maßstab für die Dimension der Ewigkeit in ihrer Unendlichkeit abgibt, ist der hyperbolische Sinn der kosmischen Gleichnisse."
[36] Vgl. Blumenberg, *Säkularisierung*, S. 94: „Der Raum ertrug [...] das Attribut der Unendlichkeit nur
schwer, weil er als ein überwiegend leerer Raum metaphysische Beschwerden bereiten mußte. Das Unendliche ist, nicht zuletzt auch durch die mittelalterliche Mystik, eher ein Abgrund als die Erhabenheit,
zu der es werden sollte."
[37] Lurker, *Wörterbuch*, S. 853.
[38] Ebd.
[39] Vgl. hierzu Neumann, *Die Große Mutter*, S. 56f. u. ö.

einen besonders starken Anstoß zur dichterisch-denkerischen Selbstbehauptung gibt.[40] Aus dem Schwarzen Loch der Sinnleere, welches das lyrische Ich
zu verschlingen droht: aus dem Bewusstsein, *sub specie universi* ein bloßer
„Punct", ja ein „Nichts" zu sein, erwächst die Internalisierung der göttlichen
Größe und Allmacht – die Krisis schlägt, auf eine an *Angelus Silesius*
(1624–1677) erinnernde Weise, zum Heil aus:

> „Allein, o heylsams Nichts! glückseliger Verlust!
> Allgegenwärt'ger GOtt, in Dir fand ich mich wieder."

Auf das Entsetzen angesichts der abgründigen Unermesslichkeit des Weltraums folgt die religiöse Geborgenheit; die bedrohliche Entgrenzung des Ichs
angesichts des ‚boden = losen' Weltraums wird in die ebenso ‚plötzlich' wieder geschenkte Glaubensgewissheit gewendet – Carsten Zelle hat vom ‚Zweitakt' des Erhabenheitserlebnisses bei Brockes gesprochen.[41] Grundlegend für
diesen Zweitakt ist die Korrelation von Selbsterniedrigung und Selbsterhöhung, kopernikanischer Kränkung und kopernikanischer Kompensation:
Das „Bewußtsein der eigenen Kleinheit wird zur Vergewisserung eines um so
größeren Gottes; und die momentan scheinbar ausgelöschten Seelenkräfte
wurden in Wahrheit über ihr gewöhnliches Maß hinausgehoben."[42] Hierdurch vollzieht sich jener Umschlag vom Schrecklichen ins Schöne, den Walter Erhart treffend als „Bewegung des Erhabenen" bezeichnet[43] und als „doppelte Bewegung von Ich-Vernichtung, Schmerz, Sprach- und Wahrnehmungs-
verlust einerseits, Lust, Erhebung und Erlösung im Zeichen einer rettenden
oder widerständigen Macht andererseits" expliziert:[44] In der „Abfolge von
Bestürzung und Beseligung, Erniedrigung und Erhöhung, die gerade im Zusammenhang kosmischer Bezüge bei Brockes und Klopstock häufig zu beobachten ist",[45] formuliert die Lyrik des 18. Jahrhunderts eine „Erhöhung des
Menschen", die gleichwohl ein „gewisses Bewußtsein der Degradierung vor-

---

[40] Alt zufolge gelingt diese Selbstbehauptung dank der kopernikanischen Lehre: „Die ‚Erhebung' des Betrachters ist das Resultat eines perzeptiven Akts, der ergänzt wird durch die bewußte Reflexion über den
Erhebungsvorgang selbst; im Fall der Brockesschen Himmelsgedichte versieht die kopernikanische Lehre diese Rationalisierungsfunktion, indem sie dem Betrachtersubjekt die Bestätigung verschafft, daß
das, was seine Augen als unendlichen Raum wahrnehmen, tatsächlich unermeßlich ist" (Alt, *Kopernikanische Lektionen*, S. 149).
[41] Zelle, *Angenehmes Grauen*, S. 236. Vgl. auch Alt, *Kopernikanische Lektionen*, S. 142: „An Brockes' *Firmament*-Gedicht lassen sich diese Verlusterfahrung ebenso wie die ihr folgende Entlastungsstrategie exemplarisch studieren".
[42] Richter, *Literatur und Naturwissenschaft*, S. 141.
[43] Erhart, *Verbotene Bilder?*, S. 88.
[44] Ebd., S. 87. Adorno wird das Erhabene der Aufklärung, das letztlich der Selbstermächtigung des Subjekts
dient, dahingehend transformieren, dass sich die „Erfahrung des Erhabenen" als „Selbstbewußtsein des
Menschen von seiner Naturhaftigkeit" enthüllt (*Ästhetische Theorie*, S. 295). Solchermaßen mimetisch
sich gestaltend, gelinge es der Erfahrung des Erhabenen, den Menschen – ästhetisch und für Augenblicke – vom Subjektivitätsprinzip und der „Verstrickung in blinde Herrschaft" zu befreien (Welsch,
Adornos Ästhetik, S. 120).
[45] Richter, *Literatur und Naturwissenschaft*, S. 141.

aussetzt".[46] Beide werden, „bald mehr im sukzessiven Nacheinander, bald mehr im simultanen Nebeneinander", zu jener „eigentümlich paradoxen, ‚gemischten' Wahrnehmung verbunden", die sich in dem Oxymoron „voll lichter Dunckelheit" artikuliert.[47]

Festzuhalten bleibt: Die wissenschaftliche Neuorientierung, die das kopernikanische Weltbild eröffnete und die literarisch zu vermitteln sich die Frühaufklärung zum Ziel setzte, war für Brockes kein autonomer Selbstzweck, sondern blieb in den Dienst theonom gesteuerter Glaubensbekenntnisse gestellt: Die Darstellung des kopernikanischen Traumas folgte dem Zweck der Erbauung und ist infolgedessen nur bedingt als Ausdruck eines authentischen Erlebens zu werten – das künstlich-rhetorische Moment didaktischer Gedankenlyrik dominiert.[48] Der eigentliche Sinn der lyrischen Erbauung war es aber – kritisch betrachtet –, die Entwertung des Menschen, der sich angesichts des unermesslichen Weltraums zu einem „Nichts" degradiert sah, aufzufangen und der Implosion menschlicher Größe auf einen „Punct" die Teilhabe an der göttlichen Unendlichkeit folgen zu lassen.[49] Letztlich vermied es Brockes also, die Perspektive jenes ‚kopernikanischen Komparativs' einzunehmen, von dem Hans Blumenberg sagt, dass sie derjenigen „eines fernen Sonnenbewohners entspräche, der in die Himmelssphäre schaut und den Menschen dabei übersehen würde":[50] Indem Brockes die Lehre von der Pluralität der Welten *ad maiorem gloriam Dei* wandte – der Glaube an die Pluralität der Welten „vermindert nicht, er mehret GOttes Ehre" –,[51] sicherte er auch des Menschen eigene Ehre. Mit der Entgrenzung an den ‚allgegenwärt'gen Gott' schließlich deutet Brockes auf die pantheistische Naturlyrik der Geniezeit voraus: „GOtt ist kein alter Mann [...]. / Er ist ein ewiges allgegenwärtges All", heißt es in einem anderen Gedicht des ‚Irdischen Vergnügens',[52] und diese Absage an anthropomorphe Gottesbilder schließt nicht nur eine Absage

---

[46] Richter, *Die kopernikanische Wende*, S. 143.

[47] Ebd.

[48] Vgl. Saine, *Von der Kopernikanischen bis zur Französischen Revolution*, S. 90: Die „psychologische Wirkung des ‚kopernikanischen Schocks'" werde „im Grunde nur rhetorisch angewendet, um didaktisch die Moral des Gedichts vorzubereiten. Wenn der Dichter sich schon in Gedanken an das Unendliche verloren hat, findet er doch Gott und in Gott sich selbst wieder".

[49] Vgl. Alt, *Kopernikanische Lektionen*, S. 157f.: Die kopernikanische Astronomie, wie Brockes sie auffasse, sei „eher ein Medium des Gottesdienstes als ein Spielfeld autonomer Erkenntnisprozesse. [...] Entscheidend bleibt, daß auch in Brockes' erhabener Himmelswelt die anthropozentrische Perspektive stets mit im Spiel ist und noch dort regiert, wo die Erfahrung der kosmischen Verkleinerung des Menschen zum Leitmotiv literarischer Darstellung avanciert. Hinter der Zumutung, die die neue azentrische Ordnung des Weltraums für den Menschen bedeutet, tauchen, vermittelt durch das Motiv des Erhabenen, veränderte Möglichkeiten einer anthropozentrischen Sichtweise auf, die dem Individuum in der Rolle des Zuschauers, Betrachters und Interpreten des Himmelsschauspiels die ambivalente Freiheit der Teilhabe an der Unendlichkeit des Kosmos verschafft."

[50] Alt, *Kopernikanische Lektionen*, S. 158; Blumenberg, *Die Genesis der kopernikanischen Welt*, S. 609f.

[51] Brockes, *Irdisches Vergnügen* I, S. 436.

[52] Ebd., S. 436f.

an anthropozentrische Weltbilder ein, sondern bahnt überdies den Weg hin zu einer kosmologischen Ausdeutung des ‚deus sive natura'.[53]

Die kopernikanische Wende der Lyrik: Klopstocks ‚Friedensfeier'

„Es gibt in der Kunst keinen Fortschritt in der Horizontale, sondern nur das immer neue Aufreißen einer Vertikale. Nur die Mittel und Techniken in der Kunst machen den Eindruck, als handele es sich um Fortschritt."[54] Die Erneuerung der Lyrik durch *Friedrich Gottlieb Klopstock* (1724–1803) ist zweifellos als „Aufreißen" einer literaturgeschichtlichen „Vertikale" anzusehen: Klopstocks freie Rhythmen und das pindarisierende Pathos seiner Sprache schufen eine „neue Erde der Sprache", „von der im Absprung Goethes Genius" – und mit ihm die innovative Lyrik des Sturm und Drang – „sich erheben" konnten.[55] Anders gesagt: Erst Klopstock gelang es, der kopernikanischen Revolution, die bislang lediglich stofflich-motivisch Eingang in die Lyrik gefunden hatte, auch durch die Sprachform Ausdruck zu verschaffen. Robert Uhlshöfers Diagnose, dass Klopstock als erster Dichter die „kopernikanische Wendung vollzogen" habe und dass er deshalb auch als „der erste moderne Dichter" anzusehen sei,[56] ist richtig, insofern Klopstock als erster Dichter auf die *Sprache* übertrug, was Kopernikus für die Erde bewiesen hatte: Sie war kein Fixpunkt mehr, sie bewegte sich selbst – so auch Klopstocks Dichtung, die alle metrischen Fesseln abwarf, um in freier Rhythmik und sprunghafter Bildlichkeit eine möglichst weitreichende Dynamisierung zu erreichen. Nicht jedoch ist Klopstock der erste kopernikanische Dichter, weil er „das Erlebnis des Verlorenseins des Menschen", das „Erlebnis der absoluten Verlassenheit, der absoluten Leere, das Gefühl des Versinkens der Seele von Milchstraßensystem zu Milchstraßensystem ins Bodenlose" zur dichterischen Darstellung brachte – *diese* kopernikanische Wendung ist, wie Karl Richter zu Recht eingewandt hat, bereits vor Klopstock vollzogen worden.[57] Ein kurzer Rückblick auf die Vorläufer soll Klopstocks sprachliche Innovation verdeutlichen:

---

[53] Vgl. hierzu Kühlmann, *Das Ende der ‚Verklärung'*, S. 417f.: Ein Prozess, der den Gang der Aufklärung wesentlich mitbestimmte, sei die „Erhebung der ‚Natur' (begrifflich erörtert, modellhaft vorgestellt oder empfindsam-symbolisch imaginiert) zu einer sich von theologischen Vorgaben langsam abkoppelnden, philosophisch verselbständigten Legitimationsinstanz." Brockes' Lyrik zeigt, dass es freilich zunächst noch „offenbarungsgebundener, vor allem teleologischer Prämissen" bedurfte, „um im Vertrauen auf die Natur als stabiler Grundkategorie weltimmanenter Selbstverständigung die Harmonie- und Glücksansprüche des Einzelnen abzusichern und zugleich als vernunftgemäß zu deklarieren".

[54] Bachmann, *Frankfurter Vorlesungen*, S. 195.

[55] Kraft, *Der Nahe*, S. 24. Weniger pathetisch, aber doch entschieden spricht Böckmann von Klopstock als dem „Wendepunkt innerhalb der deutschen Dichtungsgeschichte und besonders der Lyrik" (*Die Sprache*, S. 98).

[56] Uhlshöfer, *Friedrich Gottlieb Klopstock*, S. 174.

[57] Ebd.

In Brockes' Darstellung des kopernikanischen Traumas, so wurde bereits gesagt, dominiert das Rhetorisch-Didaktische; die Metaphern wirken wie Topoi aus dem Zitatenschatz des *poeta doctus*. Erst recht gilt dies für den Göttinger Professor der Anatomie, Chirurgie und Botanik *Albrecht von Haller* (1708–1777). Haller, der die kopernikanische Wende als Mittel zur Demütigung der menschlichen Hybris ausdrücklich begrüßte,[58] reproduziert in seinem ‚Unvollkommenen Gedicht über die Ewigkeit' (1736) die zum Teil schon abgeleiert wirkenden Topoi des ‚Meeres', des ‚Grabs' und des verschlingenden ‚Schlundes'[59] und kann die überwältigende Wirkung des unendlichen Universums damit doch nur unzureichend mitteilbar machen:

> „Furchtbares Meer der ersten Ewigkeit!
> Uralter Quell von Welten und von Zeiten!
> Unendlichs Grab von Welten und von Zeit!
> Beständigs Reich der Gegenwärtigkeit!
> Die Asche der Vergangenheit
> Ist dir ein Keim von Künftigkeiten.
> Unendlichkeit! wer misset dich?
> Bei dir sind Welten Tag und Menschen Augenblicke.
> Vielleicht die tausendste der Sonnen welzt itzt sich,
> Und tausend bleiben noch zurücke."[60]

> „O Gott! du bist allein des Alles Grund!
> Du, Sonne, bist das Maaß der ungemessnen Zeit,
> Du bleibst in gleicher Zeit und stetem Mittag stehen,
> Du giengest niemals auf und wirst nicht untergehen,
> Ein einzig Itzt in dir ist Ewigkeit!
> Ja, könnten nur bei dir die festen Kräfte sinken,
> So würde bald, mit aufgesperrtem Schlund,
> Ein allgemeines nichts des Wesens ganzes Reich,
> Die Zeit und Ozean zugleich,
> Als wie der Ocean ein Tröpfchen Wasser, trinken."[61]

Klopstock bediente sich in seiner Lyrik zwar ganz ähnlicher Bilder – gleichwohl gelang ihm im „Zeichen der Astronomie" die „Erneuerung einer Gattung":[62] Das kosmische Trauma schlug – teilweise wohl noch unbewusst – in die triumphale Selbstfeier der poetischen Sprache um: Das existenzielle ‚Leiden' an der Nichtigkeit von Erde und Mensch verwandelte sich in poetisches

---

[58] Von Haller, *Tagebuch seiner Beobachtungen über Schriftsteller und über sich selbst* (1787), S. 114f.: „Die Ptolomäische Einrichtung war falsch, niemand zweifelt mehr an ihrem Ungrunde [...]. Endlich ist der Tag gekommen, und hat den krystallenen Himmel, die übermüthige Lage der Erde in der Mitte der Welt, die unnöthige Geschwindigkeit der Sonne und der Fixsterne, und die andern Fehler dieses Lehrgebäudes, von dem Wahren getrennet."

[59] Vgl. Guthke, *Der Mythos der Neuzeit*, S. 273: „Stereotyp schon wiederholen sich [...] immer wieder die Millionen Welten, die neuen Welten, die andern Welten, die Welten über Welten, Sonnen über Sonnen".

[60] Von Haller, *Gedichte*, S. 151.

[61] Ebd., S. 153.

[62] Richter, *Literatur und Naturwissenschaft*, S. 131.

Pathos und damit zur aktiven Leistung der schöpferischen Seele; in „emotio-
naler, gehobener, überindividueller Sprache von erhabenem Schwung, feier-
licher Glut und begeisternder Kraft"[63] wirkten selbst die kosmologischen
Topoi der Brockes und Haller herrlich wie am ersten Tag. Dass der ‚große Stil'
in letzter Instanz menschliche Größe *sub specie universi* bezeugen oder allererst stiften sollte,[64] belegt Klopstocks Gedicht ‚Die Allgegenwart Gottes', das
Brockes' Schlussverse „Allgegenwärt'ger GOtt, in Dir fand ich mich wieder"
auf bezeichnende Weise umschreibt:

> „Hier steh ich Erde!
> Was ist mein Leib
> Gegen diese selbst den Engeln
> Unzählbaren Welten!
> Was sind diese selbst den Engeln
> Unzählbaren Welten
> Gegen meine Seele!"[65]

Die pietistische Aufwertung der „Seele", also der Innerlichkeit, samt dazu-
gehöriger „Subjektivierung der Ausdrucksformen" ist Karl Richter zufolge als
Reaktion auf das „Weltbild der Naturwissenschaften" sowie den allgemeinen
Trend zur wissenschaftlichen „Versachlichung" zu verstehen.[66] Klopstocks
‚Frühlingsfeier' (1759), die Naturphänomene nur insoweit wiedergibt, „als sie
Gefühlsenergien im lyrischen Subjekt freizusetzen imstande sind",[67] kann als
Musterbeleg hierfür gelten. Insbesondere aber bezeugt diese Ode die oben
formulierte These, dass Klopstock im Zeichen der kopernikanischen Wende
das „Aufreißen einer neuen Vertikale", die Erneuerung der Lyrik gelang:

> NICHT in den Ozean der Welten alle
> Will ich mich stürzen! schweben nicht,
> Wo die ersten Erschaffnen, die Jubelchöre der Söhne des Lichts,
> Anbeten, tief anbeten! und in Entzückung vergehn!
>
> Nur um den Tropfen am Eimer,
> Um die Erde nur, will ich schweben, und anbeten!
> Halleluja! Halleluja! Der Tropfen am Eimer
> Rann aus der Hand des Allmächtigen auch!

---

[63] Wilpert, *Sachwörterbuch*, S. 667.

[64] Guthke spricht von der „Umfunktionierung der Größe des Weltalls in die Größe der Seele. Die kosmische Dimension wird verinnerlicht" (*Der Mythos der Neuzeit*, S. 198).

[65] Klopstock, *Ausgewählte Werke*, S. 81.

[66] Vgl. Richter, *Die kopernikanische Wende*, S. 157: „Das Erhabene wie das hymnische Sprechen lassen sich aus Impulsen ableiten, die vom Weltbild der Naturwissenschaften ausgingen." Ebd, S. 163: „Die Versachlichung wissenschaftlicher Denkweise gehört mit zu den geschichtlichen Voraussetzungen jener Situa-
tion, in der der Pietismus seine Wirksamkeit entfaltete und die im Bereich der Dichtung auf eine Subjektivierung der Ausdrucksformen drängte." Vgl. ferner ebd., S. 157: „In der zunehmenden inneren Be-
teiligung, der Reduktion des Fiktionalen im lyrischen Ich, der Überordnung des Empfindungsaus-
drucks über rationale Gedanklichkeit prägen sich Tendenzen einer Verinnerlichung des lyrischen Spre-
chens aus."

[67] Žmegač, *Geschichte der deutschen Literatur*, S. 101.

Da der Hand des Allmächtigen
Die größeren Erden entquollen!
Die Ströme des Lichts rauschten, und Siebengestirne wurden,
Da entrannest du, Tropfen, der Hand des Allmächtigen!

Da ein Strom des Lichts rauscht', und unsre Sonne wurde!
Ein Wogensturz sich stürzte wie vom Felsen
Der Wolk' herab und den Orion gürtete,
Da entrannest du, Tropfen, der Hand des Allmächtigen!

Wer sind die tausendmal tausend, wer die Myriaden alle,
Welche den Tropfen bewohnen, und bewohnten? und wer bin ich?
Halleluja dem Schaffenden! mehr wie die Erden, die quollen!
Mehr, wie die Siebengestirne, die aus Strahlen zusammenströmten! –

Aber du Frühlingswürmchen,
Das grünlichgolden neben mir spielt,
Du lebst; und bist vielleicht
Ach nicht unsterblich!

Ich bin herausgegangen anzubeten,
Und ich weine? Vergieb, vergieb
Auch diese Träne dem Endlichen,
O du, der sein wird!

Du wirst die Zweifel alle mir enthüllen,
O du, der mich durch das dunkle Tal
Des Todes führen wird! Ich lerne dann,
Ob eine Seele das goldene Würmchen hatte.

Bist du nur gebildeter Staub,
Sohn des Mais, so werde denn
Wieder verfliegender Staub,
Oder was sonst der Ewige will!

Ergeuß von neuem du, mein Auge,
Freudenthränen!
Du, meine Harfe,
Preise den Herrn!

Umwunden wieder, mit Palmen
Ist meine Harf' umwunden! ich singe dem Herrn!
Hier steh ich. Rund um mich
Ist alles Allmacht! und Wunder alles!

Mit tiefer Ehrfurcht schau ich die Schöpfung an,
Denn Du!
Namenloser, Du!
Schufest sie!

Lüfte, die um mich wehn, und sanfte Kühlung
Auf mein glühendes Angesicht hauchen,
Euch, wunderbare Lüfte,
Sandte der Herr! der Unendliche!

Aber jetzt werden sie still, kaum atmen sie.
Die Morgensonne wird schwül!
Wolken strömen herauf!
Sichtbar ist, der kommt, der Ewige!

Nun schweben sie, rauschen sie, wirbeln die Winde
Wie beugt sich der Wald! wie hebt sich der Strom!
Sichtbar, wie du es Sterblichen sein kannst,
Ja, das bist du, sichtbar, Unendlicher!

Der Wald neigt sich, der Strom fliehet, und ich
Falle nicht auf mein Angesicht?
Herr! Herr! Gott! barmherzig und gnädig!
Du Naher! erbarme dich meiner!

Zürnest du, Herr,
Weil Nacht dein Gewand ist?
Diese Nacht ist Segen der Erde
Vater, du zürnest nicht!

Sie kommt, Erfrischung auszuschütten,
Über den stärkenden Halm!
Über die herzerfreuende Traube!
Vater, du zürnest nicht!

Alles ist still vor dir, du Naher!
Rings umher ist alles still!
Auch das Würmchen mit Golde bedeckt, merkt auf!
Ist es vielleicht nicht seelenlos? ist es unsterblich?

Ach, vermöcht' ich dich, Herr, wie ich dürste, zu preisen!
Immer herrlicher offenbarest du dich!
Immer dunkler wird die Nacht um dich,
Und voller von Segen!

Seht ihr den Zeugen des Nahen, den zückenden Strahl?
Hört ihr Jehovas Donner?
Hört ihr ihn? hört ihr ihn,
Den erschütternden Donner des Herrn?

Herr! Herr! Gott!
Barmherzig, und gnädig!
Angebetet, gepriesen
Sei dein herrlicher Name!

Und die Gewitterwinde? sie tragen den Donner!
Wie sie rauschen! wie sie mit lauter Woge den Wald durchströmen!
Und nun schweigen sie. Langsam wandelt
Die schwarze Wolke.

Seht ihr den neuen Zeugen des Nahen, den fliegenden Strahl?
Höret ihr hoch in der Wolke den Donner des Herrn?
Er ruft: Jehova! Jehova!
Und der geschmetterte Wald dampft!

Aber nicht unsre Hütte!
Unser Vater gebot
Seinem Verderber,
Vor unsrer Hütte vorüberzugehn!

Ach, schon rauscht, schon rauscht
Himmel, und Erde vom gnädigen Regen!
Nun ist, wie dürstete sie! die Erd' erquickt,
Und der Himmel der Segensfüll' entlastet!

Siehe, nun kommt Jehova nicht mehr im Wetter,
In stillem, sanftem Säuseln
Kommt Jehova,
Und unter ihm neigt sich der Bogen des Friedens![68]

Die revolutionäre Wirkung, die diese Ode hervorbrachte, liegt in ihrer freirhythmischen und dadurch regellos scheinenden „Sprache der Ergriffenheit und Erschütterung" begründet.[69] Dass sich eben diese Wirkung einem Effektkalkül verdankte, dass ein „Rest von rhetorischer Demonstration und Disposition" am Werke war,[70] schmälerte die Wirkung nicht. Natürlich, im Vergleich mit der Erlebnislyrik Goethes fällt auf, „daß es Klopstock noch im intimen Sprechen um die Darbietung der musterhaften Empfindung, nicht um einen individuellen Seelenton" ging:[71] Die Subjektivierung des Ausdrucks steht auch hier noch im Dienste jener religiöser Didaxe, um die es Brockes und Haller zu tun war; noch wird das „Dionysische als Rede*weise* dem biblischen Rede*inhalt*" untergeordnet.[72] Das „fast auftrumpfend" verkündete „Programm des Erlebens",[73] das die kopernikanische Kränkung in einen Triumphgesang aufzuheben vermag, ist demgegenüber aber gewichtiger.

---

[68] Klopstock, *Ausgewählte Werke*, S. 89–92.
[69] Kaiser, *Geschichte der deutschen Lyrik* I, S. 73.
[70] Ebd.
[71] Ebd. Ketelsen betonte in diesem Zusammenhang die Gleichzeitigkeit von „sinnliche[r] Reflexion" und „reflexive[r] Sinnlichkeit, die Verschwisterung von Gedanken und Bild, von Enthusiasmus und Kühle" in Klopstocks Lyrik, die einerseits aufklärerisch-wissenschaftlich, andererseits empfindsam grundiert sei (*Poetische Emotion*, S. 251).
[72] Kaiser, *Geschichte der deutschen Lyrik* I, S. 503.
[73] Ebd., S. 73.

Schon der Auftakt der Hymne ist eine wahrhaft triumphale Selbstermächtigung: Scheinbar bescheiden lehnt es das lyrische Ich ab, sich in den „Ozean der Welten alle" zu stürzen oder sich unter die Jubelchöre der „ersten Erschaffnen", also der Engel, zu mischen und begnügt sich mit Jesajas „Tropfen am Eimer",[74] der Erde, die es umschweben will. Dass das lyrische Ich damit selbst, dank seiner *erhabenen* Gemütsstimmung, zu einem Beflügelten *erhoben* wird,[75] der die Erde gleich einem Himmlischen umkreist, wird als selbstverständlich ausgegeben.[76] Von dieser Höhe[77] aus kann das lyrische Ich nun, als gehörte es zu den „ersten Erschaffnen", Aufklärung über die Kosmogonie und die Entstehung der Erde geben und der Dramatik dieser Geschehnisse durch *figura etymologica* („Wogensturz sich stürzte wie vom Felsen"), Alliteration („aus *Str*ahlen zusammen*str*ömten") und hyperbolische Steigerung („tausendmal tausend", „Myriaden") sprachgewaltigen Ausdruck verleihen. An dieser Stelle der Hymne bricht der begeisterte Ausruf allerdings ab und mündet in die Pause eines Gedankenstrichs: Suggeriert wird, dass der Blick des lyrischen Ichs, das sich zur Gottesanbetung in die freie Natur begab, auf ein kleines „Frühlingswürmchen" fällt und dadurch getrübt wird.[78] Der radikale Wechsel zwischen den zwei von Pascal unterschiedenen Unendlichkeiten, zwischen dem unendlich großen Weltall und dem vergleichsweise unendlich kleinen Frühlingswürmchen, geht allein auf die Perspektive des lyrischen Ichs zurück: Dieses blickt, metaphorisch gesprochen, zuerst durch ein Teleskop, um den unendlich entfernten Weltraum und sogar noch die Jubelchöre der Engel sehen zu können, und sonach durch ein Mikroskop, um die grün-

---

[74] Böckmann (*Die Sprache*, S. 102, Anm. 1) wies nach, dass sich das Bild vom „Tropfen am Eimer" auf Jesaja 40,15 bezieht: „Siehe, die Völker sind geachtet wie ein Tropfen am Eimer und wie ein Sandkorn auf der Waage".

[75] Vgl. Alt, *Kopernikanische Lektionen*, S. 162: „Bei Klopstock ist zu beobachten, daß der bereits von Ps.-Longin vertretene Ansatz, das Erhabene von der Dimension der Naturqualität auf die Ebene des menschlichen Gemüts zu übertragen, im Ausgang der Aufklärung aktiv aufgegriffen wird."

[76] Vgl. Böckmann, *Die Sprache*, S. 102f.: „Auch die Frühlingsfeier gewinnt ihr auszeichnendes und besonderes Gepräge erst durch einen kosmischen Horizont, der über alles Begreifen hinausführt und zu einer Metaphorik weitertreibt, die nicht mehr an die Anschauung gebunden ist, sondern sie im erhabenen Bild überfliegt. Dafür ist der Anfang der *Frühlingsfeier* am kennzeichnendsten: der Blickpunkt des alltäglichen Daseins wird auf geradezu gewaltsame Weise verleugnet und so getan, als sei es natürlich, mit den Erzengeln, den ‚Jubelchören der Söhne des Lichts', im ‚Ocean der Welten' zu schweben; als sei eine besondere Bescheidung nötig, um sich allein auf die Erde zu richten. Aber in dieser Umkehrung aller gewohnten Maßverhältnisse gelingt dann jene, das ganze Gedicht beherrschende Bildprägung, die die Erde als ‚Tropfen am Eier' zu sehen wagt."

[77] Vgl. zur Metapher des Schwebens um die Erde auch Richter, *Die kopernikanische Wende*, S. 156: „Auf zweifache Weise mit Bewegung verbunden, der gleichsam in sich kreisenden des Schwebens wie der kosmischen um die Erde, wird die Metapher ebenso zum Ausdruck der enthusiastischen Erregtheit wie der Bezogenheit von Ich und Außer-Ich, auf denen sie basiert. Sie wird zugleich zum Ausdruck einer vom Enthusiasmus getragenen stilistischen Höhenlage, die ihre Kraft und Spannweite gerade daran dokumentiert, daß sie auch das Einfache und selbst Alltägliche, das im biblisch vorgeprägten Bild vom Tropfen am Eimer noch immer liegen könnte, umgreift."

[78] Das Bild des Würmchens begegnet schon bei Brockes (*Auszug*, S. 245). Auch dieses Bild ist also ein Beleg für Klopstocks Fähigkeit, schon erstarrte Topoi poetisch neu zu beleben.

lichgoldene Haut des Würmchens genau zu betrachten – so weit folgt Klopstock der aufklärerischen Perspektive der Wissenschaften und den Neuerfindungen der Technik. Die Tränen, die das lyrische Ich nun vergießt, weil das grünlichgolden glänzende und dadurch Anteil an der göttlichen Glorie erheischende Würmchen „vielleicht / Ach nicht unsterblich!" ist, sprengen diese aufklärerische Perspektive jedoch und deuten auf den Epochenhintergrund des Pietismus und der Empfindsamkeit. Dabei fungiert das Würmchen teils als Objekt des Mitleids, teils als Spiegel der menschlichen Nichtigkeit *sub specie universi*: Wenn das lyrische Ich sich gewiss gibt, am Tage der Auferstehung zu erfahren, ob „eine Seele das goldene Würmchen hatte", so ist damit auch die eigene Seele gemeint. Im festen Vertrauen auf deren Unsterblichkeit kann die vorübergehende Krise des lyrischen Ichs flugs überwunden werden – zwecklos war sie freilich nicht: Die Steigerung der Empfindsamkeit, welche der Blick auf das Würmchen bewirkte, eröffnete dem lyrischen Ich eine gesteigerte Vertraulichkeit gegenüber Gott, der nunmehr erstmals mit „Du" angeredet wird: „Vergieb, vergieb / Auch diese Träne dem Endlichen, / O du, der sein wird!" Das lyrische Ich kann kraft dieses erstarkten Vertrauens aus seiner vorübergehenden Traurigkeit und dem vorweggenommenen „Tal / Des Todes" hervorgehen wie der Pietist aus seiner religiösen Neugeburt – im unerschütterlichen Glauben an die providentielle Teleologie dessen, was „der Ewige will". Die Tränen verwandeln sich in „Freuenthränen", und der Dichter greift zu seiner Harfe, die im christlichen Kontext ein „Symbol der Welterlösung" ist,[79] um als ein zweiter David Preislieder auf Gott zu singen. Mit Palmen, also wohl Palmwedeln, dem Symbol ewigen Lebens,[80] umwindet er seine Harfe und bekundet damit seinen messianischen Anspruch, ein neuer Erlöser sein oder demselben zumindest den Weg bereiten zu wollen – immerhin waren es „Palmzweige", mit denen Jesus bei seinem Einzug in Jerusalem begrüßt wurde. Dieser nicht eben geringe Anspruch des lyrischen Ichs, also – man sollte in diesem Fall nicht allzu pedantisch trennen wollen –: Klopstocks, des ‚Messias'-Dichters, ein neuer David, ein Erlöser zu sein, lässt sich in seiner radikalsten Wendung so interpretieren, dass *nur* ein Sänger, nur ein Dichter diesen Anspruch auf geistig-seelische Erneuerung überhaupt erheben dürfe:[81] „hier steh ich" – ,Ich kann nicht anders. Gott helfe mir! Amen!'.

In der fiktionalen Heils-Geschichte dieses Gedichts hilft Gott wirklich, und nicht etwa nur aus seinem „Fehl" heraus:[82] Göttliche „Allmacht" und göttli-

---

[79] Lurker, *Wörterbuch*, S. 275.

[80] Ebd., S. 550.

[81] Vgl. Kaiser, *Geschichte der deutschen Lyrik* I, S. 502: Es war Klopstock, der „in Deutschland den Prophetenanspruch des Dichters" vorlebte und „als Sprechhaltung auch auf die dichterische Darstellung höchster weltlicher Gegenstände wie Liebe, Vaterland, Natur" übertrug. Zwar verkündete er „als religiöser Dichter das alte und immer neue biblische Evangelium, aber in einer Vollgültigkeit, die nach seinem Selbstverständnis nur der Dichter erreicht."

[82] Hölderlin, ‚Dichterberuf' (*Sämtliche Werke* 1, S. 307).

ches „Wunder" sind allüberall, die „Ehrfurcht" des lyrischen Ichs erweckend: Der „Ewige" offenbart sich, er wird „sichtbar" in den Naturerscheinungen: „Wie beugt sich der Wald! wie hebt sich der Strom! / Sichtbar, wie du es Sterblichen sein kannst, / Ja, das bist du, sichtbar, Unendlicher!" Die parodoxe Formulierung scheint nun allerdings doch heimliche Zweifel des lyrischen Ichs zu verhehlen, ob das, was als Theophanie ausgegeben wird, in Wahrheit nicht nur die Vision eines ästhetisch autonomen Ichs ist. Derart „zwischen Autonomie und Gnade gespannt", wird sich das hymnische Sprechen „selbst problematisch":[83] Es bedarf der Erlösung durch die Offenbarung eines wahrhaft transzendenten Gottes, der daher um Barmherzigkeit und Gnade angefleht wird: „Herr! Herr! Gott! barmherzig und gnädig! / Du Naher! erbarme dich meiner!" Dieser Anruf, der, wie Gerhard Kaiser gezeigt hat, „aus den Worten der Selbstprädikation Gottes bei seiner Erscheinung in der Wolke vor Moses auf dem Sinai (2. Mos. 34,6)" besteht,[84] leitet über zur Offenbarung der ‚Segensfülle' des Herrn, der adventisch naht, um „Erfrischung auszuschütten, / Über den stärkenden Halm! / Über die herzerfreuende Traube!", auf dass Brot und Wein daraus werden mögen, die heiligen Sakramente. Also ‚zürnt' der Herr wahrhaftig nicht, vielmehr weckt die Spende seines Sakraments Hoffnung beim lyrischen Ich, dass auch das goldene Würmchen „unsterblich" sein könne: „Immer herrlicher" und gnädiger, immer „voller von Segen" offenbart sich der Herr und scheint selbst noch die Natur zur Anbetung zu bewegen: „Höret ihr hoch in der Wolke den Donner des Herrn? / Er ruft: Jehova! Jehova! / Und der geschmetterte Wald dampft!" Im „Donner Gottes wird der Dichter erschüttert und zur prophetischen Verkündigung berufen."[85] Dieser steht „wie einst Moses mit seinem Volk in der Gewitteroffenbarung am Berg Sinai (2. Mos. 19, 16ff.), aber auch wie Hiob, zu dem der Herr im Gewitter spricht (Hiob 38, 31)".[86] „Anruf und Antwort, überirdische Kraft im metereologischen Geschehen und biologisch-irdische Wirklichkeit sind einander zugeordnet und ergänzen sich. Hier offenbart sich Ursprung und Prinzip neuzeitlichen Denkens und Naturgefühls: das Wechselspiel von Transzendenz und Immanenz als ein Wechselspiel von höherem Anruf und irdischem Antworten":[87] Es herrscht eine feste, präkopernikanische Ordnung und eine unerschütterliche Harmonie zwischen Außenwelt und Innenwelt – wenn auch der von Klopstock erneuerte, durch die Frühlingskraft eines Regens verjüngte Topos des

---

[83] Gabriel, *Studien zur Geschichte der deutschen Hymne*, S. 71. Vgl. ausführlicher ebd., S. 57: „So blickt das poetische Subjekt zum einen auf einen überindividuellen und allgemein verbindlichen Zusammenhang, der sich durch die göttliche Gnade erschließt und in dem es gleichsam aufgehoben ist, zum anderen jedoch drängt es dahin, sich in der je individuellen und einzigartigen Weise seiner Gefühls- und Erlebniswelt zu artikulieren, strebt es zur Verwirklichung seiner Autonomie. Aus dieser polaren Spannung entwickelt sich die moderne deutsche Hymnendichtung."

[84] Kaiser, *Geschichte der deutschen Lyrik* I, S. 503.

[85] Ebd., S. 502.

[86] Ebd., S. 502f.

[87] Uhlshöfer, *Friedrich Gottlieb Klopstock*, S. 181.

natura loquitur auf einer „pathetic fallacy" beruht.[88] Der Mensch, in Klopstocks ‚Frühlingsfeier' erklärter Liebling der Fürsorge Gottes und Erwählter seiner Gnade, wird vor zerstörerischen Naturgewalten geschützt: Sie ziehen an seiner „Hütte" vorbei wie der Engel des Todes vor den mit dem Blut des Passahlamms bestrichenen Häusern der Israeliten. Das ‚stille sanfte Säuseln' des Heiligen Geistes und der „Bogen des Friedens" besiegeln den Neuen Bund, den der Herr kraft seines Dichters und Propheten mit den Menschen geschlossen hat.

Da jedoch allem Anschein nach keine authentische Schilderung eines bestimmten Gewitters, keine naturmimetische Erlebnislyrik vorliegt, bleibt als einzige mögliche Folgerung: Der Dichter selbst, seine schöpferische Einbildungskraft *lässt* es donnern und regnen, er selbst agiert als Wettergott, im Dröhnen des Donners feiert er die eigene Sprachgewalt, im „Rauschen" des Regens die Be-Rauschung durch die eigene Schöpferkraft – das „Halleluja dem Schaffenden!" singt der Dichter sich selbst.[89] Nur weiß er dies nicht: Im Unterschied zu den Originalgenies der Goethezeit, die in den Bildern des reißenden Stroms und des Donners die eigene Schöpferkraft preisen und dies auch bekennen, verbleibt Klopstock in naiver Unbewusstheit bezüglich der indirekten Selbstanbetung seiner triumphalen Sprach„feier", die, dem „Frühling" gleich, eine Erneuerung bewirkt, die es auf dem Terrain der Lyrik mit der revolutionären Wirkung des kopernikanischen Weltbildes auf sich nehmen kann.

Wie genau kommt nun diese revolutionäre Wirkung von Klopstocks Sprache zustande? In erster Linie verdankt sie sich der neuartigen Dynamik, die Klopstock mit „ungeheurer Kühnheit und Sicherheit von Bild zu Bild, Aussage zu Aussage schweifen" lässt,[90] das Frühlingswürmchen und die Unermesslichkeit des Alls in einem lyrischen Erlebnis umgreifend. „Durch das plötzliche Hinüberspringen von einer Größenordnung zur anderen" überrascht Klopstock „den Leser und nötigt ihn, unfaßbar verschiedene Größenordnungen", das unendlich Kleine wie das unendlich Große, „ins Auge zu fassen. Dadurch schon erweckt er den Eindruck einer ungeheuren Bewegung im All."[91] Diese kopernikanische Dynamisierung wird durch die Wortwahl zusätzlich verstärkt: Die von Klopstock eingesetzten Verben sind „nicht nur Intensiva einer starken physikalischen Bewegung wie ‚stürzen', ‚entrinnen', ‚entquellen', sondern auch Intensiva einer starken akustischen Bewegung wie ‚rauschen'

---

[88] J. Ruskin prägte 1856 die Bezeichnung der ‚pathetic fallacy' „für die von ihm als Fehler betrachtete, in der Literatur jedoch seit jeher als Zug der Personifikation geübte Zuschreibung menschlicher Gefühle an Unbelebtes als poetische Anthropomorphisierung" (Wilpert, *Sachwörterbuch*, S. 667).

[89] Vgl. Alt, *Kopernikanische Lektionen*, S. 161: „Der Gedanke an Gott, der sich im Akt fühlender, empfindsamer Annäherung einstellt, wird jedoch von Klopstocks Ich zugleich als Möglichkeit erfahren, eine Ahnung von der eigenen Würde zu gewinnen."

[90] Kaiser, *Aufklärung*, S. 114.

[91] Uhlshöfer, *Friedrich Gottlieb Klopstock*, S. 177.

[…] und Intensiva seelischer Bewegung wie ‚in Entzücken vergehen‘“.[92] So findet auf jeder Ebene des lyrischen Ausdrucks eine kopernikanische Wende und intensivierende Verwandlung statt – und wie nebenbei ist aus der einstmals als Ketzerei angesehenen Lehre von Nikolaus Kopernikus „ein neues Evangelium geworden“.[93]

Die kopernikanische Wende der Philosophie: Immanuel Kant

Mit der Verinnerlichung des Kosmos bei Klopstock ist ein erster Schritt in Richtung der kopernikanischen Wende kantischer Prägung getan: Für *Immanuel Kant* (1724–1804) fällt der *mundus sensibilis*, den Klopstock, überhöht in der Offenbarung des ‚sichtbaren‘ Gottes, noch einmal beschwört, auf den *mundus intelligibilis* zurück: Wie die Zeit, so wird auch der Raum von Kant nicht mehr ontologisch, sondern als Konstituens transzendentaler Aisthesis begriffen: als „die Form des innern Sinnes, d. i. des Anschauens unserer selbst“,[94] als „eine subjektive Bedingung unserer (menschlichen) Anschauung“, die „an sich, außer dem Subjekte, nichts“ ist.[95] Der Mensch ist so zwar nicht mehr Mittelpunkt des Weltalls, aber Dreh- und Angelpunkt im Reich des Intelligiblen. In der Vorrede zur zweiten Auflage der ‚Kritik der reinen Vernunft‘ von 1787 stellt Kant diese erkenntnistheoretische Revolution ausdrücklich in die Tradition der kopernikanischen Wende:

„Bisher nahm man an, alle unsere Erkenntnis müsse sich nach den Gegenständen richten; aber alle Versuche, über sie a priori etwas durch Begriffe auszumachen, wodurch unsere Erkenntnis erweitert würde, gingen unter dieser Voraussetzung zu nichte. Man versuche es daher einmal, ob wir nicht in den Aufgaben der Metaphysik besser damit fortkommen, daß wir annehmen, die Gegenstände müssen sich nach unserem Erkenntnis richten, welches so schon besser mit der verlangten Möglichkeit einer Erkenntnis derselben a priori zusammenstimmt, die über Gegenstände, ehe sie uns gegeben werden, etwas festsetzen soll. Es ist hiemit eben so, als mit dem ersten Gedanken des Kopernikus bewandt, der, nachdem es mit der Erklärung der Himmelsbewegungen nicht gut fort wollte, wenn er annahm, das ganze Sternheer drehe sich um den Zuschauer, versuchte, ob es nicht besser gelingen möchte, wenn er den Zuschauer sich drehen, und dagegen die Sterne in Ruhe ließ.“[96]

Bemerkenswert an dieser programmatischen Passage ist zunächst, dass nicht der Himmel als ontische Größe, sondern dessen methodische „Erklärung“ durch Kopernikus den Vergleichspunkt für die von Kant vollführte transzen-

---

[92] Ebd.

[93] Guthke, *Der Mythos der Neuzeit*, S. 282.

[94] Kant, Kritik der reinen Vernunft, *Werke* II, S. 80 (B 49).

[95] Ebd., S. 82 (B 51).

[96] Ebd., S. 25 (B XVII).

dentale Wende abgibt.[97] Nicht mehr um das physische oder metaphysische Sein ist es Kant zu tun, sondern um die Bedingungen der Möglichkeit von Erkenntnis. Diese Bedingungen liegen nun aber nicht in den Gegenständen oder Phainomena begründet, deren wahres Sein sich als ‚Ding als sich' verhüllt, sondern in den apriorischen Gedankendingen oder Noumena, d. h. in *„unserer Erkenntnisart* von Gegenständen"[98]. Die Analogie zwischen der kopernikanischen und der kantisch-transzendentalen Wende wird damit vollends deutlich: Kant setzt in seinem Vergleich das Ich mit der Erde und die Gegenstände mit der Sonne gleich. Er lässt nun zwar das Ich um die Gegenstände kreisen, aber die Ermöglichungsbedingung dieser Kreisbewegung liegt in der Eigenrotation des Ichs, das sich bei der reflexiven Umkreisung der Dinge um die Achse der Selbstreflexivität dreht. Und nur diese letztere Reflexion könne einen Anspruch auf wahre Erkenntnis erheben.

Mit dieser selbstreflexiven Wende war die vormals so existenziell erlebte Bedrohung eines ontisch unendlichen Weltalls intellektuell gebannt: Kant ließ seine transzendentale Grenzpolizei[99] darüber wachen, dass sich der menschliche Geist nicht mehr mit der räumlichen Unendlichkeit oder der zeitlichen Ewigkeit selbst, sondern nur noch mit unseren Ideen davon befasste. Diese Ausgrenzung des Grenzenlosen mag freilich nicht nur philosophiegeschichtliche, sondern durchaus auch psychisch-individuelle Gründe gehabt haben. So haben die Brüder Böhme gezeigt, dass Kant als „Landvermesser der Vernunft" von einem starken „Bedürfnis nach Sicherheit und festem Grund" getrieben wurde und zeit seines Denkens bestrebt war, die vom – mit Brockes zu sprechen – ‚boden-losen Meer' „des Wahns und der irrationalen Bedrohung umspülte Vernunft einzudämmen und zur Königsburg" des „gepanzerten Subjekts zu machen."[100]

Ein Blick auf den „Beschluss" der ‚Kritik der praktischen Vernunft' (1788) legt in der Tat den Schluss nahe, dass Kant die narzisstische Kränkung, die das *empirische* Ich angesichts der Unermesslichkeit des Alls und der Vielheit der Welten erfuhr, durch die transzendentale Aufwertung des *intelligiblen* Ichs

---

[97] Vgl. Alt, *Kopernikanische Lektionen*, S. 163: „in Entsprechung zur Erkenntnistheorie tritt hier nicht der Himmel, sondern dessen Erforschung im Gefolge der kopernikanischen Lehre. Die alte Analogie von Himmel und Menschengeist wird damit ersetzt durch einen methodischen Vergleich zwischen Astronomie und Erkenntnistheorie, der seinerseits die Funktion hat, das Ende des Denkens in Analogien zu verkünden." Zum Begriff des Transzendentalen vgl. Schultz, *Immanuel Kant*, S. 98: „Die kopernikanische Wende, abstrakt in der Formel von den synthetischen Urteilen a priori ausgedrückt, hat bei Kant die terminologische Einkleidung *transzendental*. Der Überstieg erfolgt nicht im Sinne einer Transzendenz über die wirklichen Gegenstände hinaus zu auf (platonische oder religiöse) Ideen, sondern ist Rückstieg als Rückbesinnung auf die Bedingungen im Subjekt, die dem erkannten Gegenstand ihre Struktur mitteilen. Transzendental ist somit jede Erkenntnis, die auf Art und Umfang ihrer eigenen Wirkungsweise gerichtet ist und damit nichts anderes als Kritik der Vernunft an sich selbst bedeutet".
[98] Kant, *Kritik der reinen Vernunft* (*Werke* II), S. 63 (B 26).
[99] Vgl. ebd., S. 30 (B XXVI).
[100] Böhme/Böhme, *Das Andere der Vernunft*, S. 85.

Abb. 2. Kant rührt Senf an. Zeichnung von Friedrich Hagemann [2]

kompensierte. Gegenübergestellt und gleichzeitig beigeordnet werden hier der *„bestirnte Himmel über mir, und das moralische Gesetz in mir."*[101]

Beide, ‚bestirnter Himmel' und ‚moralisches Gesetz', erfüllen das „Gemüt" laut Kant „mit immer neuer und zunehmender Bewunderung und Ehrfurcht".[102] Im Falle des Firmaments beruhe die erhabene Gemütsstimmung allerdings auf dem Vorgefühl der eigenen Vernichtung, während sie im Falle der Sittlichkeit gerade aus der unendlichen Wertsteigerung des Ichs als einer Intelligenz resultiere:

„Das erste fängt von dem Platze an, den ich in der äußern Sinnenwelt einnehme, und erweitert die Verknüpfung, darin ich stehe, ins unabsehlich-Große mit Welten über Welten und Systemen von Systemen, überdem noch in grenzenlose Zeiten ihrer periodischen Bewegung, deren Anfang und Fortdauer. [...] Der erstere Anblick einer zahllosen Weltenmenge vernichtet gleichsam meine Wichtigkeit, als eines tierischen Geschöpfs, das die Materie, daraus es ward, dem Planeten (einem Punkt im Weltall) wieder zurückgeben muß, nachdem es eine kurze Zeit (man weiß nicht wie) mit Lebenskraft versehen gewesen. Der zweite erhebt dagegen meinen Wert, als einer Intelligenz, unendlich, durch meine Persönlichkeit, in welcher das moralische Gesetz mir ein von der Tierheit und selbst von der ganzen Sinnenwelt unabhängiges Dasein offenbart".[103]

---

[101] Kant, *Kritik der praktischen Vernunft* (*Werke* IV), S. 300 (A 289).
[102] Ebd.
[103] Ebd.

Abb. 3. Kants Grabstein [3]

Nicht nur in der Erkenntnistheorie, sondern auch in der Moral vollzog Kant also seine Wende von der unendlichen Fremdbestimmung empirischer Natürlichkeit zur unendlichen Selbstbestimmung ideeller „Intelligenz". In der ‚Kritik der Urteilskraft' (1790) wurde dann noch der letzte Ankerpunkt metaphysischer Rückversicherung einer transzendentalen Reflexion unterzogen: Die Teleologie der äußeren Natur, der Glaube an die zweckmäßige, von göttlicher Providenz gelenkte Einrichtung der Schöpfung fand sich als teleologische Urteilskraft des Subjekts wieder. Nicht darüber sei zu befinden, ob die Natur ihrer Objektivität nach zweckmäßig verfasst ist, sondern unser Urteil hierüber gelte es zu kritisieren: Das dogmatische Verfahren, nach Maßgabe der bestimmend-subsumierenden Urteilskraft einen konstitutiven Anspruch zu erheben, müsse als Trug denunziert und das einzige uns gemäße Urteil über Naturzwecke in dem lediglich subjektiv-regulativen Urteil der reflektierenden Urteilskraft erkannt werden, die hierbei einem bloß heuristischen, nicht aber konstitutiven Prinzip folge. Die Natur, so heißt es in der Einleitung zur zweiten Fassung, „muß folglich so gedacht werden können, daß die Gesetzmäßigkeit ihrer Form wenigstens zur Möglichkeit der in ihr zu bewirkenden Zwecke nach Freiheitsgesetzen zusammenstimme", und allein über diese Als-ob-Analogie kann eine „Einheit des Übersinnlichen, welches der Natur zum Grunde liegt, mit dem, was der Freiheitsbegriff praktisch enthält", als existent *gedacht* werden.[104] Ein unmittelbarer Rückschluss von der Schönheit der Natur auf die Vollkommenheit des Weltenurhebers war damit unmöglich geworden – ebenso ein Rückschluss von der erhebenden Wirkung der Natur, etwa des ‚Mathematisch-Erhabenen' der unermesslichen ‚Milchstraßensysteme',[105] auf die Erhabenheit der Natur selbst:

„Man sieht hieraus auch, daß die wahre Erhabenheit nur im Gemüte des Urteilenden, nicht in dem Naturobjekte, dessen Beurteilung diese Stimmung desselben veranlaßt, müsse gesucht werden. Wer wollte auch ungestalte Gebirgsmassen, in wilder Unordnung über einander getürmt, mit ihren Eispyramiden, oder die düstere tobende See, u.s.w. erhaben nennen? Aber das Gemüt fühlt sich in seiner eigenen Beurteilung gehoben, wenn, indem es sich in der Betrachtung derselben, ohne Rücksicht auf ihre Form, der Einbildungskraft, und einer, obschon ganz ohne bestimmten Zweck damit in Verbindung gesetzten, jene bloß erweiternden Vernunft, überläßt, die ganze Macht der Einbildungskraft dennoch ihren Ideen unangemessen findet."[106]

Wenn der Mensch gleichwohl sein „Gefühl des Erhabenen" mit einem „Objekte der Natur" in eins setze, so sei eine „gewisse Subreption (Verwechselung einer Achtung für das Objekt statt der für die Idee der Menschheit in unserm Subjekte)" am Werke,[107] die insofern – so das idealistische Ethos – überwunden werden müsse, als allein die Begeisterung für die „Idee der Menschheit in unserm Subjekte" die Entfaltung der freiheitlich-humanistischen Kräfte des Ichs bewirken könne. In diesem Sinne heißt es in einem Epigramm *Friedrich Schillers* (1759–1805), des wohl bedeutendsten literarischen Adepten der kantischen Philosophie:

„An die Astronomen

Schwatzet mir nicht so viel von Nebelflecken und Sonnen,
Ist die Natur nur groß, weil sie zu zählen euch gibt?
Euer Gegenstand ist der erhabenste freilich im Raume,
Aber, Freunde, im Raum wohnt das Erhabene nicht."[108]

---

[104] Kant, *Kritik der Urteilskraft* (*Werke* V), S. 247f. (B XIX). Blumenberg (*Säkularisierung*, S. 251) zufolge wurde die „kosmologische Illusion der auf den Menschen zentrierten Teleologie", die „Ausdruck einer zumindest für den Menschen vorsorglich ‚fertig' gewordenen Natur" gewesen war, erst durch die transzendentale Selbstkritik der Vernunft entmachtet: „die ‚unvollendete Welt' ist nicht mehr aus sich und für sich selbst zu immer höherer Vollendung unterwegs, um auf ihrem Kulminationspunkt den Menschen als den Zuschauer ihrer immanenten Mächtigkeit hervorzubringen, der ihre Geschichte nur am Resultat registriert, aber nicht im Prozeß erfährt und betreibt. Fortschritt wird jetzt zu einer Kategorie akosmischer Provenienz, zu einer Struktur der menschlichen Geschichte, nicht der physischen Entwicklung. Die ‚unvollendete Welt' wird zur Metapher einer Teleologie, die die Vernunft als ihr eigenes, immanentes und bis dahin auf die Natur projiziertes Gesetz entdeckt. Erst indem der Mechanismus dieser Projektion bloßgelegt wird, kommt die Geschichte des Telosschwundes in die Phase der bewußten und entschiedenen Destruktion."

[105] Kant, *Kritik der Urteilskraft* (*Werke* V), S. 343 (A 94).

[106] Ebd. (B 95, 96).

[107] Ebd., S. 344 (B 96).

[108] Schiller, *Werke* II, S. 727. Zur Fortführung der transzendentalen Wende bei Schiller vgl. Alt, *Kopernikanische Lektionen*, S. 164: „Nicht der naturwissenschaftlich erkannte und dadurch entzauberte Himmel,

Nicht im Raume, nicht im Gegenstand, sondern in der Seele des Menschen wohnt das Erhabene – Schiller zufolge und Kant zufolge.[109] Es versteht sich von selbst, dass in *dieser* kopernikanischen Wende gerade ein bedeutender Unterschied zu den Ansätzen von Kopernikus lag. War dieser doch stets von einer ontologischen Analogie zwischen den Gesetzen der Geometrie und der realen Ordnung der Natur ausgegangen. Eine *more geometrico* konzipierte Naturphilosophie konnte der ‚Kritik der Urteilskraft' zufolge aber gerade nicht mehr vertreten werden. Indessen: Bereits bei den nachkantischen Idealisten finden sich Ansätze zu einer Reontologisierung – vor allem bei *Friedrich Wilhelm Schelling* (1775–1854), der, beeinflusst von Brunos Konzeption der Weltseele, eine identitätsphilosophisch fundierte Naturmetaphysik entwarf, worin die Subjektivität zum Weltall mutierte.

Kopernikanische Wende und ‚linguistic turn':
Lichtenbergs „Berichtigung des Sprachgebrauchs"

„Aber, Freunde, im Raum wohnt das Erhabene nicht": Wenn *Georg Christoph Lichtenberg* (1742–1799) den Namen „Nicolaus Copernicus", dieses „Heroen der Astronomie", mit der „Vorstellung von Größe und Erhabenheit der Werke der Natur" in Verbindung bringt,[110] so doch stets unter dem erkenntniskritischen Vorbehalt Kants, dass sich in der Erhabenheit der Natur unsere eigene Gemütsstimmung spiegelt. Mit den Worten Lichtenbergs: „Wir können nicht anders, wir müssen Ordnung und weise Regierung in der Welt erkennen, dieß folgt aus der Einrichtung unserer Denkkraft".[111] ‚Ordnung' wäre demnach eine bloße Projektion, wäre Kosmos aus dem Geiste philosophischer Kosmetik – und es käme nur auf einen Wechsel der Perspektive an, Ordnung und Schönheit als deren Gegenteil wahrzunehmen:

„Die Welt, die so schön mit Bäumen und Kraut bewachsen ist, hält ein höheres Wesen als wir vielleicht eben deswegen für verschimmelt. Der schönste gestirnte Himmel sieht uns durch ein umgekehrtes Fern-Rohr leer aus."[112]

---

sondern der Mensch mit seinen sittlichen Möglichkeiten zeigt sich im Sinne des Kantianers Schiller zum Erhabenen tauglich [...]; die Allianz zwischen Astronomie und anthropozentrischer Betrachtung des Himmels, die für die Physikotheologie charakteristisch bleibt, ist aufgekündigt. An ihre Stelle tritt das Vertrauen in die Fähigkeit des Menschen, sich seinen je individuellen Himmel auf der Basis freier Selbstbestimmung eigenmächtig zu erschaffen."

[109] Vgl. hierzu auch Hegel, *Wissenschaft der Logik*, S. 245: Die „m o d e r n e Erhabenheit" mache „nicht den Gegenstand groß, welcher vielmehr entflieht, sondern nur das S u b j e k t, das so große Quantitäten in sich verschlingt."

[110] Lichtenberg, *Nicolaus Copernicus* (*Gesammelte Werke* II), S. 445.

[111] Lichtenberg, *Sudelbücher* I, S. 71, J 1021.

[112] Ebd., S. 302, D 469.

Der „experimentelle Wechsel intellektueller Perspektiven",[113] den Lichtenberg hier praktiziert, radikalisiert die kopernikanische Wende,[114] indem er die Erde als zentralen Ausgangspunkt verlässt und sie in einem Gedankenexperiment aus dem grotesk verzerrenden Blickpunkt der Sterne als „verschimmelt" erscheinen lässt. Diese „konsequente Relativierung anthropozentrischer Selbstherrlichkeit"[115] wird nun von Lichtenberg, über Kant hinausgehend, auch auf die transzendentale Apperzeption angewandt: auf jenes *„Ich denke"* also, das nach der ,Kritik der reinen Vernunft' alle meine Vorstellungen" „begleiten *können*" muss.[116]

„Es denkt, sollte man sagen, so wie man sagt: *es blitzt.* Zu sagen cogito, ist schon zu viel, so bald man es durch *Ich denke* übersetzt. Das *Ich* anzunehmen, zu postulieren, ist praktisches Bedürfnis".[117]

Mit dieser Wendung der transzendentalen Apperzeption ins Praktische verleiht Lichtenberg der Kopernikanisierung der Philosophie eine eigentümliche Verschärfung, zu der Kant freilich bereits den Weg gewiesen hatte.[118] Eindeutig neu ist jedoch Lichtenbergs Überführung dieser praktischen Wende ins *Sprach*pragmatische:

„Ich und *mich. Ich* fühle *mich* – sind zwei Gegenstände. Unsere falsche Philosophie ist der ganzen Sprache einverleibt, wir können so zu sagen nicht raisonnieren, ohne falsch zu raisonnieren [...]. Unsere ganze Philosophie ist Berichtigung des Sprachgebrauchs, also die Berichtigung einer Philosophie, und zwar der allgemeinsten. [...] Es wird also immer von uns wahre Philosophie mit der Sprache der falschen gelehrt".[119]

Da es kein richtiges Denken im falschen Sprachgebrauch geben kann, mutiert Philosophie für Lichtenberg zur „Unphilosophie".[120] Weit davon entfernt, diese Abwertung menschlichen Erkenntnisvermögens als Trauma zu erleben, triumphiert Lichtenbergs Kritizismus nun aber gerade dadurch, dass er den „Betrug" beim Namen nennt: „Aus nichts leuchtet, glaube ich, des Menschen höherer Geist so stark hervor, als daraus, daß er sogar den Betrug ausfindig zu machen weiß, den ihm gleichsam die Natur spielen wollte. Sobald ich es weiß, so ist kein Betrug mehr."[121] Wenn also das kantische ,Ich denke', Dreh- und

---

[113] Alt, *Kopernikanische Lektionen*, S. 158.
[114] Vgl. zu Lichtenbergs konsequentem Kopernikanismus auch Blumenberg, *Die Genesis*, S. 336f.
[115] Alt, *Kopernikanische Lektionen*, S. 159.
[116] Kant, Kritik der reinen Vernunft, *Werke* II, S. 136 (B 132).
[117] Lichtenberg, *Sudelbücher* II, S. 412, K 76.
[118] Vgl. *Historisches Wörterbuch*, Sp. 1098: „Die ,Wahrheit' der Metapher der Kopernikanischen Wende ist ,pragmatischer' Natur." Sie ist – in der Sprache Kants – „ein Prinzip nicht der theoretischen Bestimmung des Gegenstandes [...], was er an sich [ist], sondern der praktischen, [461] was die Idee von ihm für uns und den zweckmäßigen Gebrauch derselben werden soll" (Kritik der Urteilskraft, *Werke* V, S. 460f., A 254).
[119] Lichtenberg, *Sudelbücher* II, S. 197f., H II 146.
[120] Ebd., S. 200, H II 151.
[121] Ebd.

Angelpunkt der kopernikanisch um sich selbst rotierenden Transzendentalphilosophie, erstens ein Gegenstand des *Sprachgebrauchs*, zweitens der Gegenstand eines *theoretisch falschen* Sprachgebrauchs ist, so hat dieser Sprachgebrauch angesichts der *praktischen* Bedürfnisse des Menschens durchaus
seine Berechtigung: „Unsere Sprache darf [...] in diesem Stücke nicht philosophisch sein, so wenig sie in Rücksicht auf das Weltgebäude kopernikanisch
sein darf".[122] Der sprechende Mensch kommt nicht umhin, seine Sprechakte
um das philosophisch falsche ‚Ich denke' kreisen zu lassen, wenn er sich und
anderen verständlich sein will.

Unangefochtener Anthropozentrismus:
Goethes ‚Winkelmann'-Aufsatz und sein ‚neuer Copernikus'

Der von Lichtenberg als sprachpragmatisches Bedürfnis entlarvten Gewohnheit, das Ich ins Zentrum des Dichtens und Denkens zu stellen, gab *Johann
Wolfgang Goethe* (1749–1832) einigermaßen unangefochten nach. Nicht, dass
er die traumatisierende Wirkung, welche die „Lehre des Kopernikus" auf „den
menschlichen Geist" ausübte, nicht zur Kenntnis genommen hätte. Ausdrücklich heißt es in Goethes ‚Farbenlehre' (1808–1812):

„unter allen Entdeckungen und Überzeugungen möchte nichts eine größere Wirkung auf den
menschlichen Geist hervorgebracht haben, als die Lehre des Kopernikus. Kaum war die Welt als
rund anerkannt und in sich selbst abgeschlossen, so sollte sie auf das ungeheure Vorrecht Verzicht tun, der Mittelpunkt des Weltalls zu sein. Vielleicht ist noch nie eine größere Forderung an
die Menschheit geschehen: denn was ging nicht alles durch diese Anerkennung in Dunst und
Rauch auf: ein zweites Paradies, eine Welt der Unschuld, Dichtkunst und Frömmigkeit, das
Zeugnis der Sinne, die Überzeugung eines poetisch-religiösen Glaubens; kein Wunder, daß
man dies alles nicht wollte fahren lassen, daß man sich auf alle Weise einer solchen Lehre entgegensetzte, die denjenigen, der sie annahm, zu einer bisher unbekannten, ja ungeahnten
Denkfreiheit und Großheit der Gesinnungen berechtigte und aufforderte."[123]

Durchaus befand sich Goethe also in der sentimentalischen Position dessen,
der das geozentrisch-anthropozentrische „Paradies" hinter sich weiß und es
nur im Rahmen präkopernikanischer Weltbilder in Erinnerung zu rufen vermag. Das hinderte ihn aber nicht, gleichsam auf der Ebene einer reflektierten
Naivität präkopernikanisch zu dichten und zu denken und in seinem ‚Winkelmann'-Aufsatz (1808) die Totalität sämtlicher Welten um den alleinigen
Zweck kreisen zu lassen, dass sich „zuletzt ein glücklicher Mensch unbewußt
seines Daseins freut":

„Wenn die gesunde Natur des Menschen als ein Ganzes wirkt, wenn er sich in der Welt als in einem großen, schönen, würdigen und werten Ganzen fühlt, wenn das harmonische Behagen

---

[122] Ebd.
[123] Goethe, *Werke* 14, S. 81.

ihm ein reines, freies Entzücken gewährt – dann würde das Weltall, wenn es sich selbst empfinden könnte, als an sein Ziel gelangt aufjauchzen und den Gipfel des eigenen Werdens und Wesens bewundern. Denn wozu dient alle der Aufwand von Sonnen und Planeten und Monden, von Sternen und Milchstraßen, von Kometen und Nebelflecken, von gewordenen und werdenden Welten, wenn sich nicht zuletzt ein glücklicher Mensch unbewußt seines Daseins freut?"[124]

Die Projektion menschlicher Harmonie und menschlichen Glücks in den denkbar überdimensionierten Bezugspunkt des Weltalls zeugt, wie bereits gesagt, von einer *reflektierten*, nicht etwa unbewussten Naivität: Indem gerade die ‚unbewusste' Daseinsfreude, der ‚unbewusste' Selbstgenuss des Menschen als höchstes Telos des Universums ausgegeben wird, artikuliert sich das Bewusstsein von der Unmöglichkeit solcher Unbewusstheit.[125] Dem entspricht, dass dieser „ins Unendliche" schweifende Sinnfindungsversuch ausdrücklich mit der begrenzten „Behaglichkeit" der „Alten" kontrastiert und dadurch als sentimentalisch-modern gekennzeichnet wird:

> „Wirft sich der Neuere, wie es uns eben jetzt ergangen, fast bei jeder Betrachtung ins Unendliche, um zuletzt, wenn es ihm glückt, auf einen beschränkten Punkt wieder zurückzukehren, so fühlten die Alten ohne weitern Umweg sogleich ihre einzige Behaglichkeit innerhalb der lieblichen Grenzen der schönen Welt. Hieher waren sie gesetzt, hiezu berufen, hier fand ihre Tätigkeit Raum, ihre Leidenschaft Gegenstand und Nahrung."[126]

Auch der Weimarer Klassiker Goethe sehnt sich nach dieser „lieblichen", nämlich unbewussten, durch kein kopernikanisches Wissen um die Pluralität der Welten getrübten Beschränktheit der Alten. Er setzt diese klassische Sehnsucht der ins Unendliche sich verlierenden Sehnsucht der Romantiker entgegen und unternimmt mit einem Gedicht aus dem Jahre 1814 den Versuch, die unwiederbringlich verlorene Idylle[127] mit augenzwinkernder Ironie als ‚neuen', als den recht eigentlichen Kopernikanismus auszugeben:

---

[124] Goethe, *Werke* 12, S. 98.

[125] Diese Deutung bestätigt sich desto mehr, wenn man Nohl (*„Wozu dient alle der Aufwand von Sonnen und Planeten?"*) darin folgt, Goethes Formulierung als direkte Replik auf Christian Garve (1742–1798) zu verstehen. Dieser hatte in ‚Eigene Betrachtungen über die allgemeinsten Grundsätze der Sittenlehre' (1798) geschrieben: „Und wenn in dem unermeßlichen Raume irgend eine Weltkugel schwimmt, auf welcher sich nichts, als Thiere und Pflanzen, und keine Menschen, befinden, so hat diese zwar einen viel niedrigern Zweck, als unsere Erde, aber sie ist doch nicht umsonst erschaffen: denn es wohnen auf ihr Wesen, welche sich ihres Daseyns bewußt sind und sich desselben erfreuen" (Garve, *Gesammelte Werke*, Abt. 2, Bd. VIII, S. 64). Goethe hätte demnach das Wort „bewußt" *bewusst* durch „unbewusst" ausgetauscht und dadurch scheinbar einen naiven, in Wirklichkeit aber einen sentimentalischen Akzent gesetzt.

[126] Ebd., S. 98f.

[127] Die Tendenz zur Idylle hat Goethe mit Garve gemeinsam (vgl. Nohl, *„Wozu dient alle der Aufwand von Sonnen und Planeten"*, S. 170: „Die Garvesche Freude des Daseins ist der Rückzug seiner Generation aus dem Lärm der Welt in die Idylle"). Nur verleiht Goethe dem, was bei Garve prätendierte Naivität ist, einen ironischen und dadurch sentimentalisch distanzierten Anstrich.

„Der neue Copernikus (1814)

Artges Häuschen hab ich klein,
Und, darin verstecket,
Bin ich vor der Sonne Schein
Gar bequem bedecket.

Denn da gibt es Schalterlein,
Federchen und Lädchen,
Finde mich so wohl allein
Als mit hübschen Mädchen.

Denn, o Wunder! mir zur Lust
Regen sich die Wälder,
Näher kommen meiner Brust
Die entfernten Felder.

Und so tanzen auch vorbei
Die bewachs'nen Berge,
Fehlet nur das Lustgeschrei
Aufgeregter Zwerge.

Doch so gänzlich still und stumm
Rennt es mir vorüber,
Meistens grad und oft auch krumm,
Und so ist mir's lieber.

Wenn ich's recht betrachten will
Und es ernst gewahre,
Steht vielleicht das alles still,
Und ich selber fahre."[128]

Vordergründig handelt es sich bei diesen Versen um ein leicht entzifferbares „Rätselgedicht": Der „neue Copernikus", Goethe selbst nämlich, befindet sich am 26. Juli 1814 auf der Reise von Eisenach nach Fulda und schreibt im Wagen dieses Gedicht, das die Kutsche des Reisenden mit der Erde und die vorbeirauschende Landschaft mit dem Weltraum analogisiert.[129] Wäre es Goethe nebenbei aber nicht auch um eine Auseinandersetzung mit der kopernikanischen Lehre zu tun gewesen, hätte er seinem „Rätselgedicht" nicht den programmatischen Titel „Der neue Copernikus" zu geben brauchen. Die humoristische Gemütsruhe, mit der das lyrische Ich die Bewegung des eigenen Planeten bzw. des eigenen Wagens konstatiert und akzeptiert, lässt nicht nur von

---

[128] Goethe, *Gedichte*, S. 478f.
[129] Vgl. ebd., S. 1065: Goethe befand sich auf einer Reise nach Wiesbaden, an diesem Tag auf der Etappe Eisenach – Fulda. Das Gedicht sei als „Rätselgedicht" zu verstehen: Der Sprecher befinde sich im Reisewagen (auch ‚Fahrhäuschen' genannt, vgl. v. 1); mit den „Federchen" seien die „Beschläge zum Verschließen der Kutsche (ebd., S. 1065). Bezüglich der bildlichen Analogisierung von Wagen und Erde ist an das Gedicht von Gryphius zu erinnern.

fern an die „Behaglichkeit" der Alten „innerhalb der lieblichen Grenzen der schönen Welt" denken. In der Manier dieser antiken Beschaulichkeit idyllisiert das Gedicht die Erde bzw. das Kutschengefährt als einen *locus amoenus*, der trotz seiner Geringfügigkeit „bequem" ist und alles bereithält, was das Herz nur begehrt: „mir zur Lust" (*dativus commodi*), so das lyrische Ich mit freudigem Erstaunen, scheint die Natur laufen zu lernen, kreisen, auf die Analogieebene des Rätsels übertragen, die Planeten um den Menschen – ganz im Sinne jenes unbefangenen Anthropozentrismus, den der ‚Winkelmann'-Aufsatz beschworen hatte. Wo Brockes und Klopstock die kopernikanische Wende ins Erhabene und Hyperbolische zu übersetzen suchten, richtet sich der „neue Copernikus" somit desto behaglicher in der Idylle der Verkleinerungsformen ein: der „Schalterlein", „Federchen" und – nicht zuletzt – der „Mädchen".

Dass sich auch im Leben dieses ‚neuen Copernikus' nicht immer alles ihm „zur Lust" gestaltete und weiterhin gestalten sollte, bedarf keiner Erwähnung. Schlug die klassische Heiterkeit aber tatsächlich wieder einmal in die Verzweiflung der Wertherzeit um, so blieb er seinem unangefochteten Anthropozentrismus insofern treu, als er das „All" um sein unglücklich liebendes Herz kreisen ließ: „Mir ist das All, ich bin mir selbst verloren".[130]

„Weltinnenraum": Die kopernikanische Wende der Romantik

Während Goethes ‚Winkelmann'-Aufsatz bedauert, dass die ‚Neueren' sich „fast bei jeder Betrachtung ins Unendliche" verlieren, erheben die Romantiker die progressive Annäherung ans Unendliche zur Programmatik. Dies geschieht nun aber, indem sich die Unendlichkeit des Alls in einer konsequenten Weiterführung der kopernikanischen Wende Kants als Innenraum der romantischen Seele wiederfindet. So heißt es im 16. der ‚Blüthenstaub'-Fragmente von *Novalis* (1772–1801):

„[…] Wir träumen von Reisen durch das Weltall: ist denn das Weltall nicht in uns? Die Tiefen unsers Geistes kennen wir nicht. – Nach Innen geht der geheimnißvolle Weg. In uns, oder nirgends ist die Ewigkeit mit ihren Welten, die Vergangenheit und Zukunft. Die Außenwelt ist die Schattenwelt, sie wirft ihren Schatten in das Lichtreich."[131]

Vorbild für diese Wendung nach innen ist der philosophische Mystiker *Jakob Böhme* (1575–1624). In seinem Prosatext ‚Von den Himmel' schildert Böhme, wie er einmal „den kleinen Funken des Menschen" betrachtet hatte, „für was er doch gegen diesem großen Werke Himmels und der Erden von Gott geach-

---

[130] Goethe, *Werke* 1, S. 385 (Marienbader Elegie, erster Vers der letzten Strophe).
[131] Novalis, *Werke* 2, S. 232/233.

tet sein möchte."[132] Er wird über dieser Betrachtung „melancholisch",[133] erlebt dann aber die Wendung des kopernikanischen Traumas zu einem „Triumphiren in dem Geiste" – einem Triumphieren über die „innerste Geburt der Seele",[134] was Böhmes Begriff für eine Art Verinnerlichung Gottes und des Himmels ist. Als Bilanz seiner mystischen Erleuchtung formuliert Böhme:

> „Wenn du deine Gedanken von dem Himmel fassest, was, wo oder wie er sei, so darfst du deine Gedanken nicht viel tausend Meilen von hinnen schwingen, denn derselbe Locus oder Himmel ist nicht dein Himmel. [...] Denn der rechte Himmel ist allenthalben, auch an dem Orte, wo du stehest und gehest, wenn dein Geist die innerste Geburt Gottes ergreift, und durch die siderische und fleischliche hindurch dringet, so ist er schon im Himmel. [...] Du sollst aber wissen, daß der Locus dieser Welt mit seiner innersten Geburt mit dem Himmel über uns inqualirt, und ein Herz, ein Wesen, ein Wille, ein Gott, Alles in Allem ist."[135]

Vom Weltinnenraum des Protoromantikers Böhme und des Romantikers Novalis lässt sich eine Linie bis zum Neoromantiker *Rainer Maria Rilke* (1875–1926) ziehen. Dieser verkündete in einem Gedicht aus dem Jahre 1914:

> „Durch alle Wesen reicht der eine Raum:
> Weltinnenraum. Die Vögel fliegen still
> durch uns hindurch. O, der ich wachsen will,
> ich seh hinaus, und *in* mir wächst der Baum."[136]

Der Neologismus „Weltinnenraum" löste das Problem der kopernikanischen Kränkung, indem er jegliche Grenzen zwischen Außenwelt und Innenwelt, Mensch und Raum aufhob und in einen ‚psychophysischen Monismus' überführte,[137] der die Frage nach der Position von Sonne und Erde *ad absurdum* führte: Erde und Sonne waren eins – wie Baum, Vogel und Mensch eins waren.[138] In dem Spätwerk der zehnten Duineser Elegie sollte Rilke diese kopernikanische Wende der Innerlichkeit fortführen, indem er einen poetischen Ideenhimmel fingierte, an den er die symbolistischen Sterne elegischer Selbstprädikation versetzte.

Schon der Romantik des 18. Jahrhunderts wurde die Verinnerlichung des Weltraums allerdings problematisch. E.T.A. Hoffmann (1776–1822) etwa übersetzte den subjektiv verzerrten Perspektivismus, der dieser Verinnerlichung zugrunde liegt, in seinen Erzählungen ‚Der Sandmann' und ‚Das öde Haus' in die Metaphern von Augengläsern und Teleskopen, die nichts als die narzissti-

---

[132] Böhme, *Von dem Himmel* (aus: ‚Aurora', *Sämmtliche Werke* 1, S. 212).
[133] Ebd.
[134] Ebd., S. 213.
[135] Ebd., S. 214.
[136] Rilke, *Sämtliche Werke* II, S. 93.
[137] Vgl. Fick, *Sinnenwelt*.
[138] De Man (*Tropen*, S. 69) spricht in bezug auf den Weltinnenraum von einem „Chiasmus", „der die Attribute des Innen und Außen sich kreuzen" lasse und zum „Verschwinden des Subjekts als Subjekt" (S. 68) führe.

schen Imaginationen der Betrachter zu zeigen vermögen. Und spätestens zu dem Zeitpunkt, als sich der philosophische „Idealismus" als „Nihilismus" offenbarte,[139] stürzte der Blick in den nach innen projizierten Weltraum in einen Abgrund. Namentlich bei *Jean Paul* (1763–1825) finden sich hierfür zahlreiche Belege. In der ‚Rede des toten Christus vom Weltgebäude herab, daß kein Gott sei' aus dem Roman ‚Siebenkäs' (erschienen 1796, erster Entwurf der Rede 1789) offenbart sich die kopernikanische Wende, wenn auch unter der Maske des Alptraums, als Wende vom Gottesglauben zum Atheismus und Nihilismus. Jean Paul lässt Christus hier sagen:

> „Ich ging durch die Welten, ich stieg in die Sonnen und flog mit den Milchstraßen durch die Wüsten des Himmels; aber es ist kein Gott. Ich stieg herab, soweit das Sein seinen Schatten wirft, und schauete in den Abgrund und rief: ‚Vater, wo bist du?' aber ich hörte nur den ewigen Sturm, den niemand regiert, und der schimmernde Regenbogen aus Wesen stand ohne eine Sonne, die ihn schuf, über dem Abgrunde und tropfte herunter. Und als ich aufblickte zur unermeßlichen Welt nach dem göttlichen *Auge*, starrte sie mich mit einer leeren bodenlosen *Augenhöhle* an; und die Ewigkeit lag auf dem Chaos und zernagte es und wiederkäuete sich."[140]

Die ‚Vorschule der Ästhetik' (1804) verleiht der gleichen traumatischen Erfahrung Ausdruck. „Wahrer Glaube" am „Aberglauben", so heißt es hier, sei

> „das ungeheure, fast hülflose Gefühl, womit der stille Geist gleichsam in der wilden Riesenmühle des Weltalls betäubt steht und einsam. Unzählige unüberwindliche Welträder sieht er in der seltsamen Mühle hintereinander kreisen – und hört das Brausen eines ewigen treibenden Stroms – um ihn her donnert es, und der Boden zittert – bald hie, bald da fällt ein kurzes Klingeln ein in den Sturm – hier wird zerknirscht, dort vorgetrieben und aufgesammelt – und so steht er verlassen in der allgewaltigen blinden einsamen Maschine, welche um ihn mechanisch rauschet und doch ihn mit keinem geistigen Ton anredet; aber sein Geist sieht sich furchtsam nach den Riesen um, welche die wunderbare Maschine eingerichtet und zu Zwecken bestimmt haben und welche er als die Geister eines solchen zusammengebaueten Körpers noch weit größer setzen muß, als ihr Werk ist."[141]

Die kopernikanische Wende im Kontext der Modernitätskrisen

Zu den „unverdaulichen Wissenssteinen",[142] die der Mensch der frühen Moderne mit sich herumzuschleppen hatte, gehörte nicht zuletzt auch jener schwere Brocken, den die kopernikanische Wende dem menschlichen Narzissmus aufgeladen und den dieser in immer neuen Versuchen von sich abzuwälzen versucht hatte. Dieser Brocken geriet nun in Wechselwirkung mit den

---

[139] *Friedrich Heinrich Jacobi an Fichte in Jena*, S. 245.
[140] Jean Paul, *Sämtliche Werke*, I. Abt., Bd. 2, S. 273.
[141] Jean Paul, *Sämtliche Werke*, I. Abt., Bd. 5, S. 96f. Vgl. zum Bild des Riesen Kühlmann, *Das Ende der ‚Verklärung'*, S. 426.
[142] Nietzsche, Unzeitgemäße Betrachtungen, Zweites Stück, Vom Nutzen und Nachteil der Historie (*Werke* I, S. 232).

anderen „unverdaulichen Wissenssteinen" der Moderne und wurde unter deren Anstoß bald so, bald anders gewichtet.

Karl Marx (1818–1883) etwa übertrug die Metapher der kopernikanischen Wende vor dem Hintergrund der sozialen Frage auf den Atheismus Feuerbachs und schrieb in der Einleitung zu seiner ‚Kritik der Hegelschen Rechtsphilosophie' (1843/44): „Die Kritik der Religion enttäuscht den Menschen, damit er denke, handle, seine Wirklichkeit gestalte wie ein enttäuschter, zu Verstand gekommener Mensch, damit er sich um sich selbst und damit um seine wirkliche Sonne bewege. Die Religion ist nur die illusorische Sonne, die sich um den Menschen bewegt, solange er sich nicht um sich selbst bewegt."[143] *Sören Kierkegaard* (1813–1855) bezeichnete das kopernikanische Prinzip vor dem Hintergrund seiner krisengeschulten Existenzphilosophie als potentiell pathogen.[144] *Friedrich Nietzsche* (1844–1900) aber lotete den nihilistischen Aspekt der kopernikanischen Wende radikal aus, um das auf diese Weise aufgerissene Sinnvakuum durch die Willens-Metaphysik seines Übermenschen zu kompensieren oder – besser gesagt: überzukompensieren. Repräsentativ für den erstgenannten Aspekt ist der Anfang des Fragment gebliebenen Essays ‚Über Wahrheit und Lüge' (1873):

„In einem abgelegenen Winkel des in zahllosen Sonnensystemen flimmernd ausgegossenen Weltalls gab es einmal ein Gestirn, auf dem kluge Tiere das Erkennen erfanden. Es war die hochmütigste und verlogenste Minute der ‚Weltgeschichte': aber doch nur eine Minute. Nach wenigen Atemzügen der Natur erstarrte das Gestirn, und die klugen Tiere mußten sterben. – So könnte jemand eine Fabel erfinden und würde doch nicht genügend illustriert haben, wie kläglich, wie schattenhaft und flüchtig, wie zwecklos und beliebig sich der menschliche Intellekt innerhalb der Natur ausnimmt [...], und nur sein Besitzer und Erzeuger nimmt ihn so pathetisch, als ob die Angeln der Welt sich in ihm drehten. Könnten wir uns aber mit der Mücke verständigen, so würden wir vernehmen, daß auch sie mit diesem Pathos durch die Luft schwimmt und in sich das fliegende Zentrum dieser Welt fühlt. Es ist nichts so verwerflich und gering in der Natur, was nicht durch einen kleinen Anhauch jener Kraft des Erkennens sofort wie ein Schlauch aufgeschwellt würde; und wie jeder Lastträger seinen Bewunderer haben will, so meint gar der stolzeste Mensch, der Philosoph, von allen Seiten die Augen des Weltalls teleskopisch auf sein Handeln und Denken gerichtet zu sehen."[145]

Unverkennbar kommt in diesen Sätzen Nietzsches Kränkung wegen der ‚kläglichen' Stellung des menschlichen Intellekts zum Ausdruck. Auch ein späterer Text, die ‚Genealogie der Moral' (1887), belegt dies: „Seit Kopernikus", so schreibt Nietzsche hier, „scheint der Mensch auf die schiefe Ebene geraten – er rollt immer schneller nunmehr aus dem Mittelpunkte weg – wohin? ins Nichts?"[146] Das letzte, ‚asketische Ideal' des Menschen bestehe in der „*Selbst-*

---

[143] Marx/Engels, *Werke* 1, S. 379.
[144] Kierkegaard, *Die Tagebücher* I, Eintragung vom 20. Juli 1839, S. 205: Es müsse „beinahe mit Irrsinn enden", „wenn einer, jedesmal da er die Sonne, die Sterne usw. sähe, sich dessen bewußt würde, daß sich die Erde dreht."
[145] Nietzsche, *Werke* III, S. 309.
[146] Nietzsche, *Zur Genealogie der Moral* (*Werke* II, S. 893).

verachtung".[147] In gewisser Hinsicht teilt der frühe Essay ,Über Wahrheit und Lüge' diese Selbstverachtung noch, oder anders gesagt: Der Autor sucht sich über das Faktum seiner Kränkung zu erheben, indem er das Bedürfnis des Menschen, im Zentrum des Alls zu stehen, als verächtliche Lächerlichkeit entblößt. Die Pointe, dass der Philosoph sich einbilde, „die Augen des Weltalls teleskopisch auf sein Handeln und Denken gerichtet zu sehen", könnte sich dabei der Lektüre Lichtenbergs verdanken, der ja im Gedankenexperiment erwogen hatte, dass die Erde, mit den „Augen des Weltalls" gesehen, möglicherweise verschimmelt aussähe.[148]

In ,Also sprach Zarathustra' (1883) entwirft Nietzsche dann seinen Übermenschen als Über-Kompensation der kopernikanischen Kränkung und als Erdensinn für die *sub specie universi* so ,zwecklose' menschliche Existenz.[149] Im Grunde genommen geschieht dies aber auf vorkopernikanischer Basis: etwa wenn Nietzsche Zarathustras Weg in seine Einsamkeit bzw. aus seiner Einsamkeit heraus mit dem Aufgang und Untergang der Sonne vergleicht.[150]

Dieser Rückgriff auf das ptolemäische Weltbild fügt sich durchaus in den Rahmen der frühen Moderne: Noch die Dichtung des 19. und 20. Jahrhunderts huldigt bisweilen jenem unbefangenen Anthropozentrismus, den schon Goethe an den Tag legte:[151] Wenigstens die der Romankrise vorausgehenden epischen Werke stellen, wie *Sigmund Freud* (1856–1939) gezeigt hat, einen Helden ins Zentrum ihrer Erzählung, der dank der *providentia* des Autors unbeschadet aus allen Schicksalsschlägen hervorgeht und um den sich alles dreht:

„An den Schöpfungen dieser Erzähler muß uns vor allem ein Zug auffällig werden; sie alle haben einen Helden, der im Mittelpunkt des Interesses steht, für den der Dichter unsere Sympathie mit allen Mitteln zu gewinnen sucht und den er wie mit einer besonderen Vorsehung zu beschützen scheint. Wenn ich am Ende eines Romankapitels den Helden bewußtlos, aus schweren Wunden blutend verlassen habe, so bin ich sicher, ihn zu Beginn des nächsten in sorgsamster Pflege und auf dem Wege der Herstellung zu finden [...]. Ich meine aber, an diesem verräterischen Merkmal der Unverletzlichkeit erkennt man ohne Mühe – Seine Majestät das Ich, den Helden aller Tagträume wie aller Romane."[152]

---

[147] Ebd., S. 894. Vgl. Blumenberg, *Die kopernikanische Wende*, S. 157: Wenn Nietzsche aus der „exzentrischen Verlorenheit" der Erde im Weltall eine Metapher für den „durch die Wissenschaft herbeigeführten Nihilismus des menschlichen Selbstbewußtseins macht, so gab er der Kosmologie eine Funktion und Aussagefähigkeit zurück, die sie gerade durch Kopernikus verloren hatte."

[148] Martin Stingelin führt die im Vergleich zum sonstigen Frühwerk auffällige Radikalisierung des Essays ,Über Wahrheit und Lüge' auf Nietzsches Lichtenberg-Rezeption zurück (*Unsere ganze Philosophie*, S. 79).

[149] Vgl. Nietzsche, *Werke* II, S. 280: „Euer Wille sage: Der Übermensch *sei* der Sinn der Erde!"

[150] Vgl. ebd., S. 277.

[151] Vgl. Usinger, *Tellurium*, S. 130 und 141: Weder bei Goethe noch bei Hölderlin lasse sich von einem „kopernikanischen Bewußtsein" sprechen, und selbst die Naturwissenschaft des 19. Jahrhunderts habe in Deutschland nicht dazu geführt, „daß man sich der kopernikanischen Situation des Menschen deutlicher bewußt geworden wäre." Die Dichtung des 19. Jahrhunderts und selbst noch die der ersten Hälfte des 20. Jahrhunderts lebe noch „aus einem ptolemäischen Weltgefühl" (S. 143).

[152] Freud, *Der Dichter und das Phantasieren* [1908/1907] (*Studienausgabe* 10), S. 176. In seinem 118. ,Athenäum'-Fragment hat Friedrich Schlegel Freuds Beschreibung vorweggenommen: „Es ist nicht einmal ein feiner, sondern eigentlich ein recht grober Kitzel des Egoismus, wenn alle Personen in einem Ro-

Die Formulierung „Seine Majestät das Ich" taucht in abgewandelter Form in Freuds ‚Einführung des Narzißmus' (1914) wieder auf. Die narzisstische Kränkungen der Eltern durch „Krankheit, Tod, Verzicht auf Genuß, Einschränkung des eigenen Willens" sollen durch das Kind kompensiert werden; vor dem Kind sollen die „Gesetze der Natur wie der Gesellschaft [...] haltmachen, es soll wirklich wieder Mittelpunkt und Kern der Schöpfung sein. *His Majesty the Baby*, wie man sich einst selbst dünkte."[153] Der vorletzte Satz zeigt, dass die narzisstische Elternliebe zum Kind nicht zuletzt die kopernikanische Kränkung in Vergessenheit geraten lassen soll: Das Kind, so Freud, ist ein Mittel, sich in jenen „Mittelpunkt und Kern" der Welt zurückversetzt zu sehen, aus dem das kopernikanische Weltbild den Menschen vertrieben hatte. In seinen ‚Vorlesungen zur Einführung in die Psychoanalyse' (1917) bringt Freud diese traumatisierende Erfahrung auf den Begriff der narzisstischen Kränkung, der den Ausgangspunkt vorliegender Ausführungen bildete:

„Zwei große Kränkungen ihrer naiven Eigenliebe hat die Menschheit im Laufe der Zeiten von der Wissenschaft erdulden müssen. Die erste, als sie erfuhr, daß unsere Erde nicht der Mittelpunkt des Weltalls ist, sondern ein winziges Teilchen eines in seiner Größe kaum vorstellbaren Weltsystems. Sie knüpft sich für uns an den Namen Kopernikus, obwohl schon die alexandrinische Wissenschaft ähnliches verkündet hatte. Die zweite dann, als die biologische Forschung das angebliche Schöpfungsvorrecht des Menschen zunichte machte, ihn auf die Abstammung aus dem Tierreich und die Unvertilgbarkeit seiner animalischen Natur verwies. Diese Umwertung hat sich in unseren Tagen unter dem Einfluß von Ch. Darwin, Wallace und ihren Vorgängern nicht ohne das heftigste Sträuben der Zeitgenossen vollzogen. Die dritte und empfindlichste Kränkung aber soll die menschliche Größensucht durch die heutige psychologische Forschung erfahren, welche dem Ich nachweisen will, daß es nicht einmal Herr ist im eigenen Hause, sondern auf kärgliche Nachrichten angewiesen bleibt von dem, was unbewußt in seinem Seelenleben vorgeht."[154]

Interessant ist, dass sich Freud zwar in die Tradition von Nikolaus Kopernikus stellt, nicht jedoch in die Tradition Kants – obschon sein Ansatz mit der kopernikanischen Wende der Transzendentalphilosophie einige Verwandtschaft aufweist. Gilt ihm der Mensch doch durchaus als eine Art ‚Ding an sich', das in seinem eigentlichen Wesen durch Projektionen bzw. – im therapeutischen Prozess – durch Übertragung und Gegenübertragung verstellt ist. Eine ver-

---

man sich um Einen bewegen wie Planeten um die Sonne, der dann gewöhnlich des Verfassers unartiges Schoßkind ist, und der Spiegel und Schmeichler des entzückten Lesers wird" (*Kritische Friedrich-Schlegel-Ausgabe*, Bd. II, Abt. I, S. 183).

[153] Freud, *Einführung des Narzissmus* [1914] (*Studienausgabe* III), S. 57.

[154] Freud, *Vorlesungen zur Einführung in die Psychoanalyse* [1917] (*Studienausgabe* I), S. 283f. Bei der Parallelisierung der kopernikanischen Kränkung und der darwinischen Kränkung mag sich Freud auf Émile du Bois-Reymond bezogen haben, der 1882 von Darwin als dem „Kopernikus der organischen Welt" gesprochen hatte (*Historisches Wörterbuch*, Sp. 1096). Zur kopernikanischen Kränkung vgl. auch Freud, Eine Schwierigkeit der Psychoanalyse, Gesammelte Werke 12, 7: „Die zentrale Stellung der Erde war ihm [dem Menschen] [...] eine Gewähr für ihre herrschende Rolle im Weltall und schien in guter Übereinstimmung mit seiner Neigung, sich als den Herrn dieser Welt zu fühlen."

Abb. 4. Die kopernikanische Wende der Psychologie: Das Objekt der Begierde ist das Subjekt des Begehrens

gleichbare „Psychologisierung bzw. Subjektivierung"[155] der Wirklichkeit hatte aber bereits Kant vorgenommen.

Selbst bei Freud findet sich aber noch eine Art Kompensation jener Kränkung, dass das Ich nicht einmal Herr im eigenen Hause sei: Im Einklang mit Lichtenbergs wissensoptimistischem Motto „Sobald ich es weiß, so ist kein Betrug mehr"[156] setzt auch Freud auf Aufklärung und hofft, die Symptome des Unbewussten im Zuge des analytischen Bewusstwerdungsprozesses überwinden zu können: „Wo Es war, soll Ich werden".[157] Neu an Freuds Ansatz ist jedoch, dass er die Selbstbegrenzung und nicht die triumphale Selbstbehauptung als Bildungsziel der Menschheit ansieht: Die *„kosmologische* Kränkung",[158] die *„biologische* Kränkung"[159] und die *„psychologische"* Kränkung[160] – alle drei seien sie notwendig, ja sogar unverzichtbar für die Herausbildung eines reifen und realistischen Menschenbilds. Mit dieser Einsicht ist die Geschichte der kopernikanischen Kompensationen an ihr theoretisches Ende gelangt.

---

[155] Begemann, *Erhabene Natur*, S. 76.

[156] Ebd.

[157] Freud, *Neue Folge der Vorlesungen zur Einführung in die Psychoanalyse* [1933/32] (*Studienausgabe* I), S. 516.

[158] Freud, *Eine Schwierigkeit der Psychoanalyse* (*Gesammelte Werke* 12), S. 7.

[159] Ebd., S. 8.

[160] Ebd., S. 11.

Literatur

Quellen und Hilfsmittel

Adorno TW (1970) Ästhetische Theorie. In: Ders.: Gesammelte Schriften. Bd. 7. Frankfurt a. M.: Suhrkamp

Bachmann I (1978) Frankfurter Vorlesungen: Probleme zeitgenössischer Dichtung. In: Dies.: Werke. Bd. 4. München: Pieper

Böhme J (1831) Sämmtliche Werke. Hrsg. von Schiebler KW. Erster Band: Der Weg zu Christo. Leipzig: Barth

Brockes BH (1965) Auszug der vornehmsten Gedichte aus dem Irdischen Vergnügen in Gott. Faksimiledruck nach der Ausgabe von 1738. Stuttgart: Metzler

Brockes BH (1970) Irdisches Vergnügen in Gott, bestehend in Physicalisch = und Moralischen Gedichte. Erster Teil. Sechste, neu übersehene und verbesserte Auflage [Nachdruck der Ausgabe von 1737]. Bern: Lang

Fontenelle BL de (1990) Entretiens sur la pluralité des mondes suivi de histoire des oracles. Paris: ed. Martinsart

Freud S (1947) Gesammelte Werke. Chronologisch geordnet. Frankfurt a. M.: Fischer

Freud S (2000) Studienausgabe. Hrsg. von Mitscherlich A, Richards A, Strachey J. Frankfurt a. M.: Fischer

Friedrich Heinrich Jacobi an Fichte in Jena. Im Druck veröffentlichter Brief. In: Fichte JG (1962ff.) Gesamtausgabe der Bayerischen Akademie der Wissenschaften. Stuttgart: Frommann, III. Reihe, Briefe, Bd. 3, 224ff.

Garve C (1986) Gesammelte Werke. Hrsg. von Wölfel K. Zweite Abteilung: Selbstaendig erschienene Schriften. Bd. VIII: Übersicht der vornehmsten Principien der Sittenlehre, von dem Zeitalter des Aristoteles an bis auf unsere Zeiten. Eigene Betrachtungen über die allgemeinsten Grundsätze der Sittenlehre. Hildesheim/New York/Zürich: Olms

Goethe JW von (1988) Gedichte 1756–1799. Hrsg. von Eibl K. In: Goethe JW von: Sämtliche Werke. Frankfurter Ausgabe in 40 Bänden, Bd. I, 1. Frankfurt: Deutscher Klassiker Verlag

Goethe JW von (1986) Werke. Hamburger Ausgabe in 14 Bänden. Bd. 1: Gedichte und Epen I.; Bd. 7: Romane und Novellen II; Bd. 12: Schriften zur Kunst, Schriften zur Literatur, Maximen und Reflexionen; Bd. 14: Naturwissenschaftliche Schriften II. München: Beck.

Gryphius A (1964) Gesamtausgabe der deutschsprachigen Werke. Bd. 2: Oden und Epigramme. Hrsg. von Szyrocki M. Tübingen: Niemeyer

Haller A von (1882) Gedichte. Hrsg. von Hirzel L. Frauenfeld: Huber

Haller A von (1971) Tagebuch seiner Betrachtungen über Schriftsteller und über sich selbst. Zur Karakteristik der Philosophie und Religion dieses Mannes. Hrsg. von Heinzmann JG. Zweiter Theil. Bern 1787. Nachdruck Frankfurt a. M.: Athenäum

Hegel GWF (1990) Wissenschaft der Logik. Erster Teil. Die objektive Logik. Erster Band: Die Lehre vom Sein. Neu hrsg. von Gawoll H-J. Hamburg: Meiner

Hölderlin F (1992) Sämtliche Werke und Briefe. Hrsg. von Schmidt J. Frankfurt a. M.: Deutscher Klassiker Verlag

Jean Paul (1961) Sämtliche Werke. Hrsg. von Miller N. München/Wien: Hanser

Kant I (1983) Werke in sechs Bänden. Hrsg. von Weischedel W. Darmstadt: Wissenschaftliche Buchgesellschaft

Kierkegaard S (1962) Die Tagebücher. Erster Band. Ausgewählt, neugeordnet und übersetzt von Hayo Gerdes. Düsseldorf/Köln: Diederichs

Klopstock FG (1969) Ausgewählte Werke. Hrsg. von Schleiden KA. Darmstadt: Wissenschaftliche Buchgesellschaft

Lichtenberg GC (1960) Gesammelte Werke. Hrsg. von Grenzmann W. Bd. II. Baden-Baden: Holle

Lichtenberg GC (1971) Sudelbücher. Materialhefte, Tagebücher. In: Ders.: Schriften und Briefe. Darmstadt: Wissenschaftliche Buchgesellschaft
Lurker M (1991) Wörterbuch der Symbolik. Stuttgart: Kröner, 5. Aufl.
Marx K, Engels F (1970) Werke. Bd. 1. Berlin: Dietz
Nietzsche F (1955) Werke in drei Bänden. Hrsg. von Schlechta K. München: Hanser
Novalis (1978) Werke, Tagebücher und Briefe Friedrich von Hardenbergs. Hrsg. von Mähl H-J, Samuel R. München/Wien: Hanser
Pascal (1954) Oeuvres complètes. Text établi et annoté par Jacques Chevalier. Bibliothèque de la Pléiade, Éditions Gallimard. Tours: Mame
Pascal (2000) Oeuvres complètes II. Édition présentée, établie et annotée par Michel le Guern. Bibliothèque de la Pléiade, Éditions Gallimard. Tours: Mame
Rilke RM (1955ff.) Sämtliche Werke in sechs Bänden. Frankfurt: Insel
Ritter J, Gründer K (Hrsg.) (1976) Historisches Wörterbuch der Philosophie. Bd. 4. Darmstadt: Wissenschaftliche Buchgesellschaft
Schiller F (1966) Werke in drei Bänden. Hrsg. von Göpfert HG. München: Hanser
Schlegel F (1967) Athenäum-Fragmente. In: Kritische Friedrich-Schlegel-Ausgabe. Hrsg. von Behler E. Paderborn/München/Wien: Schöningh; Zürich: Thomas
Wilpert G von (1989) Sachwörterbuch der Literatur. Stuttgart: Kröner, 7. Aufl.

Forschung

Alt PA (1998) Kopernikanische Lektionen. Zur Topik des Himmels in der Literatur der Aufklärung. In: Germanisch-romanische Monatsschrift 48(2):141–164
Begemann C (1984) Erhabene Natur. Zur Übertragung des Begriffs des Erhabenen auf Gegenstände der äußeren Natur in den deutschen Kunsttheorien des 18. Jahrhunderts. In: Deutsche Vierteljahrsschrift für Literaturwissenschaft und Geistesgeschichte 58:74–110
Blumenberg H (1965) Die kopernikanische Wende. Frankfurt a. M.: Suhrkamp
Blumenberg H (1974) Säkularisierung und Selbstbehauptung. Frankfurt a. M.: Suhrkamp
Blumenberg H (1975) Die Genesis der kopernikanischen Welt. Frankfurt a. M.: Suhrkamp
Böckmann P (1966) Die Sprache des Erhabenen in Klopstocks ‚Frühlingsfeier'. In: Ders.: Formensprache. Studien zur Literaturästhetik und Dichtungsinterpretation. Hamburg: Hoffmann & Campe, 98–105
Böhme G, Böhme H (1983) Das Andere der Vernunft. Zur Entwicklung von Rationalitätsstrukturen am Beispiel Kants. Frankfurt a. M.: Suhrkamp
De Man P (1988) Tropen (*Rilke*). In: Ders.: Allegorien des Lesens. Aus dem Amerikanischen von Werner Hamacher und Peter Krumme. Mit einer Einleitung von Werner Hamacher. Frankfurt: Suhrkamp
Düsing W (1969) Kosmos und Natur in Schillers Lyrik. In: Jahrbuch der deutschen Schillergesellschaft XIII:196–220
Erhart W (1997) Verbotene Bilder? Das Erhabene, das Schöne und die moderne Literatur. In: Jahrbuch der deutschen Schillergesellschaft 41:79–106
Fick M (1993) Sinnenwelt und Weltseele. Der psychophysische Monismus in der Literatur der Jahrhundertwende. Tübingen: Niemeyer
Gabriel N (1992) Studien zur Geschichte der deutschen Hymne. München: Fink
Gehlen A (1962) Der Mensch. Seine Natur und seine Stellung in der Welt. Frankfurt a M./Bonn: Athenäum, 7. Aufl.
Guthke KS (1983) Der Mythos der Neuzeit. Das Thema der Mehrheit der Welten in der Literatur- und Geistesgeschichte von der kopernikanischen Wende bis zur Science Fiction. Bern: Francke
Junker C (1932) Das Weltraumbild in der deutschen Lyrik von Opitz bis Klopstock. Berlin: Ebering

Kaiser G (1976) Aufklärung, Empfindsamkeit, Sturm und Drang. Tübingen/Basel: Francke

Kaiser G (1988) Geschichte der deutschen Lyrik von Goethe bis zur Gegenwart. Ein Grundriß in Interpretationen. Bd. I: Von Goethe bis Heine. Frankfurt a. M.: Suhrkamp

Ketelsen U-K (1974) Die Naturpoesie der norddeutschen Frühaufklärung. Poesie als Sprache der Versöhnung: alter Universalismus und neues Weltbild. Stuttgart: Metzler

Ketelsen U-K (1983) Poetische Emotion und universale Harmonie. Zu Klopstocks Ode ‚Das Landleben‘/‚Die Frühlingsfeyer‘. In: Gedichte und Interpretationen. Bd. 2: Aufklärung und Sturm und Drang. Hrsg. von Karl Richter. Stuttgart: Reclam, 245–256

Kraft W (1964) Der Nahe. Zu Klopstocks ‚Frühlingsfeier‘. In: Ders.: Augenblicke der Dichtung. Kritische Betrachtungen. München: Kösel, 24–29

Kühlmann W (1986) Das Ende der ‚Verklärung‘. *Bibel*-Topik und prädarwinistische Naturreflexion in der Literatur des 19. Jahrhunderts. In: Jahrbuch der deutschen Schillergesellschaft 30:417–452

Neumann E (1997) Die Große Mutter. Eine Phänomenologie der weiblichen Gestaltungen des Unbewußten. Mit 243 Kunstdruckbildern und 77 Textillustrationen. Zürich/Düsseldorf: Walter, 11. Aufl.

Nohl H (1953) „Wozu dient alle der Aufwand von Sonnen und Planeten?“ In: Die Sammlung 8: 166–170

Philipp W (1957) Das Werden der Aufklärung in theologiegeschichtlicher Sicht. Göttingen: Vandenhoeck & Ruprecht

Pilling D (1991) Kopernikus, Gottsched und Polen. Bemerkungen zu Gottscheds Rede auf Nikolaus Kopernikus. In: Deutsche Polenliteratur. Internationales Kolloquium. Red. Gerard Kozielek

Richter K (1968) Die kopernikanische Wende in der Lyrik von Brockes bis Klopstock. In: Jahrbuch der deutschen Schillergesellschaft 12:132–169

Richter K (1972) Literatur und Naturwissenschaft. Eine Studie zur Lyrik der Aufklärung. München: Fink

Rieder B (1991) Contemplatio coeli stellati. Sternenhimmelbetrachtung in der geistlichen Lyrik des 17. Jahrhunderts. Interpretationen zur neulateinischen Jesuitenlyrik, zu Andreas Gryphius und zu Catharina Regina von Greiffenberg. Bern: Lang

Saine TP (1987) Von der Kopernikanischen bis zur Französischen Revolution. Die Auseinandersetzung der deutschen Frühaufklärung mit der neuen Zeit. Berlin: Schmidt

Schultz U (1965) Immanuel Kant. Mit Selbstzeugnissen und Bilddokumenten. Reinbek bei Hamburg: Rowohlt Taschenbuch

Stingelin M (1996) „Unsere ganze Philosophie ist Berichtigung des Sprachgebrauchs“. Friedrich Nietzsches Lichtenberg-Rezeption im Spannungsfeld zwischen Sprachkritik (Rhetorik) und historischer Kritik (Genealogie). München: Fink

Stolle G (1736) Anleitung zur Historie der Gelahrtheit so den Freyen Kuensten und der Philosophie obliegen; in dreyen Theilen. 4. verb. Auflage. Jena: Meyer

Uhlshöfer R (1956) Friedrich Gottlieb Klopstock: ‚Die Frühlingsfeier‘. In: Die deutsche Lyrik. Form und Geschichte. Interpretationen vom Mittelalter bis zur Frühromantik. Hrsg. von Wiese B von. Düsseldorf: Bagel, 168–184

Usinger F (1966) Tellurische und planetarische Dichtung. In: Ders.: Tellurium. Elf Essays. Neuwied und Berlin: Luchterhand

Welsch W (1990) Adornos Ästhetik: eine implizite Ästhetik des Erhabenen. In: Ders.: Ästhetisches Denken. Stuttgart: Reclam, 114–156

Zelle C (1987) Angenehmes Grauen. Literaturhistorische Beiträge zur Ästhetik des Schreckens im 18. Jahrhundert. Hamburg: Meiner

Žmegač V (Hrsg.) (1978) Geschichte der deutschen Literatur vom 18. Jahrhundert bis zur Gegenwart I, 1. Königstein: Athenäum

Abbildungsnachweise

[1] Friedrich Wilhelm Joseph von Schelling. Mit Selbstzeugnissen und Bilddokumenten dargestellt von Jochen Kirchhoff. Reinbek bei Hamburg: Rowohlt Taschenbuch Verlag, 1982, S. 90. Copyright © 1982 by Rowohlt Taschenbuch Verlag GmbH.
[2] Immanuel Kant. Mit Selbstzeugnissen und Bilddokumenten dargestellt von Uwe Schultz. Reinbek bei Hamburg: Rowohlt Taschenbuch Verlag, 1965, S. 27. Copyright © 1965 by Rowohlt Taschenbuch Verlag GmbH.
[3] Uwe Schultz, Immanuel Kant (siehe [2]), S. 43.
[4] Der Spiegel 25/1998, S. 203.

Heidelberger Jahrbuch, Band 47 (2003)
H. Gebhardt/H. Kiesel (Hrsg.): Weltbilder
© Springer-Verlag Berlin Heidelberg 2004

Triumph und Trauma:
Die kopernikanische Wende und ihre Folgen in Brechts „Leben des Galilei"

HELMUTH KIESEL

Die Reaktionen auf die mathematische und teleskopische Plausibilisierung der heliozentrischen Ordnung des Kosmos fielen, wie der voranstehende Aufsatz zeigt, unterschiedlich aus. Während die einen – von Gryphius an – den Fortschritt der Erkenntnis feierten und die metaphysischen Konsequenzen der kopernikanischen Wende verkrafteten, indem sie die Vorstellungen von Gott und Himmel weiter spiritualisierten, reagierten die anderen – bis hin zu Nietzsche – phobisch, interpretierten die Destruktion des geozentrischen Weltbilds gleich auch als Destruktion der theozentrischen Welt und sahen sich im Nihilismus landen –: als völlig unbedeutende Kreaturen eines flüchtigen Moments in einem räumlich und zeitlich unabsehbaren kosmischen Treiben, das nicht eben unter der Obhut eines Gottes zu stehen schien und dessen Sinn nicht auszumachen war. Aber während der Pastorensohn Nietzsche noch einmal den Verlust der Sinn- und Heilsgewissheit beklagte und die nihilistischen Konsequenzen der kopernikanischen Wende eindrucksvoll ausmalte, gewann die positive Wertung der kopernikanischen Wende die Oberhand. Für die Vordenker des späteren 19. Jahrhunderts, für Comte, Marx, du-Bois-Reymond, Dilthey usw., waren die Konsequenzen der kopernikanischen Wende nur positiv: Durchsetzung des wissenschaftlichen Denkens; Befreiung aus den Banden von Theologie und Kirche; Erkenntnis der Autonomie des Menschen.[1] Eine abschließende und wirkungsreiche Kodifikation dieser modernen Wertung der kopernikanischen Wende schuf Bertolt Brecht mit seinem Drama ‚Leben des Galilei', das zwar, wie der Titel anzeigt, Galileo Galilei zum Helden hat, nichtsdestoweniger aber ein Stück über die kopernikanische Wende ist, genauer: über deren wissenschaftliche Plausibilisierung und – nicht unproblematische – gesellschaftliche Fruktifizierung.

Brechts Drama ‚Das Leben des Galilei',[2] das zwischen 1938 und 1956 entstand, umfasst in seiner letzten Fassung, auf die sich die folgenden Ausfüh-

---

[1] Vgl. Dienst, *Kopernikanische Wende*, Sp. 1096.

[2] Zu den wichtigsten literaturgeschichtlichen Aspekten vgl. die umsichtigen Darlegungen von Rainer E. Zimmermann im *Brecht-Handbuch* 1, S. 357–379, und den sehr informativen Kommentar zum *Leben des*

rungen beziehen, 15 Szenen, die Galileis Wirken von 1609 bis 1637 rekapitulieren, also vom Beginn der teleskopischen Himmelsbeobachtung bis zum Abschluss seines wichtigsten Werks, der ‚Discorsi e dimostrazioni matematiche [...]‘, die 1638 in Leiden erschienen. Eröffnet wird das Stück damit, dass Galilei seinem jüngsten Schüler Andrea Sarti, dem zehnjährigen Sohn seiner Haushälterin, anhand eines hölzernen Modells das „ptolemäische System" erläutert:

GALILEI	Das ist ein Astrolab; das Ding zeigt, wie sich die Gestirne um die Erde bewegen, nach Ansicht der Alten.
ANDREA	Wie?
GALILEI	Untersuchen wir es. Zuerst das erste: Beschreibung.
ANDREA	In der Mitte ist ein kleiner Stein.
GALILEI	Das ist die Erde.
ANDREA	Drumherum sind, immer übereinander, Schalen.
GALILEI	Wieviele?
ANDREA	Acht.
GALILEI	Das sind die kristallnen Sphären.
ANDREA	Auf die Schalen sind Kugeln angemacht ...
GALILEI	Die Gestirne.
ANDREA	Da sind Bänder, auf die sind Wörter gemalt.
GALILEI	Was für Wörter?
ANDREA	Sternnamen.
GALILEI	Als wie?
ANDREA	Die unterste Kugel ist der Mond, steht drauf. Und darüber ist die Sonne.
GALILEI	Und jetzt laß die Sonne laufen.
ANDREA	*bewegt die Schalen:* Das ist schön. Aber wir sind so eingekapselt.[3]

Dieses letzte Wort des kleinen Andrea gibt seinem Lehrer Anlass zu einer emphatischen und über zwei Druckseiten sich hinziehenden Replik, mit der Galilei Andreas Eindruck des Eingekapseltseins bestätigt und zugleich den Ausbruch aus der Gefangenschaft im „ptolemäischen System" verkündet:

Ja, das fühlte ich auch, als ich das Ding zum ersten Mal sah. Einige fühlen das. [...] Mauern und Schalen und Unbeweglichkeit! Durch zweitausend Jahre glaubte die Menschheit, daß die Sonne und alle Gestirne des Himmels sich um sich drehten. Der Papst, die Kardinäle, die Fürsten, die Gelehrten, Kapitäne, Kaufleute, Fischweiber und Schulkinder glaubten, unbeweglich

---

Galilei im 5. Band von Brechts *Werken*, S. 331ff., wo auch die Quellen genannt werden (S. 339f.), aus denen Brecht sein Wissen über Galilei und die Astronomie jener Zeit bezog.

[3] Vgl. Brecht, *Werke* 5, S. 189f.

in dieser kristallenen Kugel zu sitzen. Aber jetzt fahren wir heraus, Andrea, in großer Fahrt. Denn die alte Zeit ist herum, und es ist eine neue Zeit.

[…]

Es hat immer geheißen, die Gestirne sind an einem kristallenen Gewölbe angeheftet, daß sie nicht herunterfallen können. Jetzt haben wir Mut gefaßt und lassen sie im Freien schweben, ohne Halt, und sie sind in großer Fahrt. Und die Erde rollt fröhlich um die Sonne, und die Fischweiber, Kaufleute, Fürsten und die Kardinäle und sogar der Papst rollen mit ihr.

Das Weltall hat über Nacht seinen Mittelpunkt verloren, und am Morgen hatte es deren Unzählige. So daß jetzt jeder als Mittelpunkt angesehen wird und keiner. Denn da ist viel Platz plötzlich.[4]

Die Folgen der kopernikanischen Wende, die Galilei hier beschreibt, sind beträchtlich und haben, wie Galileis weiteren Ausführungen zu entnehmen ist, sowohl wissenschaftliche als auch religiöse und soziale Folgen: Die Naturwissenschaften beginnen, die Welt neu zu sehen und zu untersuchen (190f.);[5] die Theologie sieht sich mit der Tatsache konfrontiert, dass „die Himmel […] leer" sind (191); in gesellschaftlicher Hinsicht wirkt das neue Weltbild antihierarchisch, dezentrierend und mobilisierend (191f.). Die Frage ist nur, ob es Galilei gelingt, nicht nur den unvoreingenommenen kleinen Andrea, sondern auch die weltbildmäßig festgelegten Autoritäten seiner Zeit von der Richtigkeit des kopernikanischen Systems zu überzeugen – und ob diese bereit sind, die geistigen und sozialen Folgen der kopernikanischen Wende in ähnlichem

Abb. 1. Galilei und Andrea in Galileis Studio mit dem Astrolab. Szenenfoto aus der amerikanischen Aufführung des Lebens des Galilei. *Vorlage:* Bertolt Brecht, Werke. Große kommentierte Berliner und Frankfurter Ausgabe. Bd. 25: Theatermodelle, S. 27

---

[4] Vgl. ebd., S. 190 und 191f.

[5] Die im Folgenden genannten Seitenangaben beziehen sich auf den Band 5 der Berliner und Frankfurter Ausgabe von Brechts Werken, der das *Leben des Galilei* in allen drei Versionen enthält und im Anhang viele interessante Hinweise bietet.

Maß wie Galilei gutzuheißen. Dass es hier Probleme geben könnte, deutet sich gegen Ende der ersten Szene an, wenn im Gespräch mit dem Kurator der venezianischen Universität die Rede davon ist, dass vor nicht allzu langer Zeit, nämlich vor nicht mehr als neun Jahren, ein Giordano Bruno wegen seines Eintretens für die „Lehre des Kopernikus" in Rom verbrannt worden sei (198), und wenn Galilei, vorsichtig geworden, den kleinen Andrea ermahnt, „nicht zu andern Leuten" von den neuen „Ideen" zu sprechen, da die kopernikanische Lehre von der Obrigkeit verboten und im Übrigen nur eine noch nicht bewiesene „Hypothese" sei (200f.). Die folgenden acht Szenen (2–9) zeigen dann in der Hauptsache dreierlei: (1.) Galileis Versuche, durch geschicktes Verhandeln mit dem Kurator der venezianischen Universität wie mit dem florentinischen Hof eine Position zu finden, die ihm eine Konzentration auf seine Forschungstätigkeit erlaubt, was durch seinen Wechsel nach Florenz auch möglich wird;[6] (2.) die Plausibilisierung des kopernikanischen Weltbilds durch die teleskopische Beobachtung des Himmels, genauer: durch die Neubestimmung des Mondes als erdenähnliches, nicht aus sich selbst leuchtendes Gestirn mit Bergen und Tälern (203 und 205f.), durch die Neubestimmung der Milchstraßen- und Orionnebel als Ansammlungen unzähliger Sterne (208), durch die Entdeckung der Jupitermonde (208f. und 219), durch die Entdeckung der mondähnlichen Venusphasen (228f.), durch die Untersuchung der Sonnenflecken (250ff.) als mögliche Indikatoren einer möglichen Rotation der Sonne (258); (3.) die Auseinandersetzung mit den Gegnern des neuen Weltbilds.

Hier sind zunächst einmal die Gelehrten des florentinischen Hofes zu nennen, die von Galilei zusammen mit dem jungen Herzog eingeladen werden, um einen Blick durch das Teleskop auf die Jupitertrabanten zu werfen (4. Szene). Die Geladenen – ein Theologe, ein Philosoph und ein Mathematiker – schwören, wie fast noch alle Gelehrten jener Zeit, auf Aristoteles und auf dessen Weltbild, das dem ptolemäischen zugrunde liegt: die Erde im Zentrum von 55 (bei Ptolemäus 8) kristallinen Ätherschalen oder -sphären sieht, an denen die Sterne fixiert sind und durch welche die Planeten laufen (220). Galileis Behauptung, dass der Jupiter Trabanten habe, kann von ihnen nicht akzeptiert werden, weil diese um den Jupiter kreisenden Trabanten die Ätherschalen durchschlagen würden (221); die Herren müssten, wollten sie sich dies zu eigen machen, ihr ganzes Weltbild preisgeben und mit dem „göttlichen Aristoteles" (220) die Basis ihres gesamten Wissens wie ihrer daraus resultierenden sozialen Position verwerfen. Den Blick durch das Fernrohr, der sie, wie Galilei meint, bekehren müsste, lehnen sie ab: Gegenüber dem, was bei Aristoteles steht, ist jeder Augenschein – oder jede Empirie – bedeutungslos (219f.), und im Übrigen hegen sie den Verdacht, dass in Galileis Fernrohr

---

[6] Zum historischen Hintergrund vgl. Biagioli, *Galilei der Höfling*.

Abb. 2. Die erste von Galilei gefertigte Mondkarte.
Vorlage: Johannes Hemleben, Galileo Galilei, S. 51

etwas anderes als am Himmel zu sehen sei (220). Im Verhalten der Gelehrten offenbart sich die massive und vorerst nicht überwindbare Resistenz der traditionsfixierten mittelalterlichen Wissenschaft gegenüber dem empirischen neuzeitlichen Forschen und gegenüber dem neuzeitlichen Weltbild.

Nach dem enttäuschenden Besuch der florentinischen Gelehrten (4. Szene) und nach der Pest, der Galilei, um seine Forschungen fortsetzen zu können, in Florenz trotzt (5. Szene), treten die theologisch-kirchlichen Gegner des neuen Weltbilds in Erscheinung. Entsprechend dem Gewicht, das sie haben, und entsprechend den verschiedenen Aspekten, unter denen das neue Weltbild aus theologischer und kirchlicher Sicht zu bedenken ist, bekommen sie drei Szenen.

Die erste dieser drei klerikalen Szenen, also die sechste in der Zählung des Textes, spielt im Jahr 1616 im „Collegium Romanum", dem „Forschungsinstitut des Vatikans" (230), wo Galilei seine Beobachtungen vortragen durfte und wo sie, während die Szene eröffnet wird, noch von Christopher Clavius, dem „größte[n] Astronom[en] Italiens und der Kirche" (231), überprüft und bedacht werden. Es herrscht eine ausgelassene Stimmung, die sich freilich gegen Galilei und seine Lehre richtet: Galilei wird zunächst als unseriöser Schwindler verlacht (230f.), dann aber mit handfesten und durchaus gefährlichen theologischen Vorwürfen bedacht: Ein „sehr dünner Mönch", der „fanatisch" auf die Bibel pocht, behauptet unter Verweis auf eine einschlägige Bibelstelle, dass Galilei der Heiligen Schrift widerspreche, und wirft ihm vor, dass er mit seiner Lehre die hierarchische Ordnung des Universums leugne und den Menschen um seine Würde bringe:

> Da ist kein Unterschied mehr zwischen Oben und Unten, zwischen dem Ewigen und dem Vergänglichen. [...] Wir werden den Tag erleben, wo sie sagen: Es gibt auch nicht Mensch und Tier, der Mensch selber ist ein Tier, es gibt nur Tiere.[7]

Dies erweitert und bekräftigt ein „sehr alter Kardinal", indem er sagt:

> Ich höre, dieser Herr Galilei versetzt den Menschen aus dem Mittelpunkt des Weltalls irgendwohin an den Rand. Er ist folglich deutlich ein Feind des Menschengeschlechts! Als solcher muß er behandelt werden. Der Mensch ist die Krone der Schöpfung, das weiß jedes Kind, Gottes höchstes und geliebtestes Geschöpf. Wie könnte er es, ein solches Wunderwerk, eine solche Anstrengung, auf ein kleines, abseitiges und immerfort weglaufendes Gestirnlein setzen?[8]

Aber die Untersuchung endet mit einer Überraschung: Der päpstliche Astronom Christopher Clavius, der – anders als die florentinischen Gelehrten – Galileis Beobachtungen mit dem Fernrohr überprüft hat, bestätigt sie lapidar und unmissverständlich: „Es stimmt" (234). Galilei sieht darin den Sieg der „Vernunft" (234), von dem er schon immer überzeugt war (vgl. 210). Aber die folgende siebte Szene, die im selben Jahr 1616 im römischen Palais des gelehrten Kardinals Bellarmin spielt, zeigt, dass dies nur ein vorläufiger und punktueller Sieg war: Am 5. März 1616 setzt das Heilige Offizium, das über die kirchliche Lehre wacht und der Inquisition vorsteht, das Werk des Kopernikus auf den Index und verurteilt das aus ihm abgeleitete heliozentrische Weltbild als „töricht, absurd und ketzerisch im Glauben" (239). Die Schroffheit dieser Verurteilung wird dadurch etwas gemildert, dass der gelehrte Barberini seinem Gesprächspartner Galilei bedeutet, als „Hypothese" dürfe die kopernikanische Lehre auch weiterhin bedacht werden (239); aber gleich darauf wird deutlich, dass von nun an die Inquisition ein Auge auf Galilei haben wird, und zwar vermittels seiner Tochter und ihres Beichtvaters (241f.).

Die dritte Szene, die dem Klerus gehört, spielt wenige Tage nach der Indizierung der kopernikanischen Schriften ebenfalls in Rom: Ein „junger Mönch", der neben der Theologie auch Physik studiert hat, sucht Galilei auf, um ihn von der Richtigkeit des antikopernikanischen Dekrets zu überzeugen. Seine Gründe sind allerdings nicht wissenschaftliche, sondern pastorale: Der

---

[7] Vgl. Brecht, *Werke* 5, S. 232.
[8] Vgl. ebd., S. 232f.

junge Mönch ist „als Sohn von Bauern in der Campagna aufgewachsen" (243) und fragt sich, was die Verkündung des kopernikanischen Weltbilds bei seinen Eltern und Geschwistern bewirken würde:

> Es geht ihnen nicht gut, aber selbst in ihrem Unglück liegt eine gewisse Ordnung verborgen. Das sind die verschiedenen Kreisläufe, von dem des Bodenaufwischens über den der Jahreszeiten im Ölfeld zu dem der Steuerzahlung. Es ist regelmäßig, was auf sie herabstößt an Unfällen. [...] Sie schöpfen die Kraft, ihre Körbe schweißtriefend den steinigen Pfad hinaufzuschleppen, Kinder zu gebären, ja, zu essen, aus dem Gefühl der Stetigkeit und Notwendigkeit, das der Anblick des Bodens, der jedes Jahr von neuem grünenden Bäume, der kleinen Kirche und das Anhören der sonntäglichen Bibeltexte ihnen verleihen können. Es ist ihnen versichert worden, daß das Auge der Gottheit auf ihnen liegt, forschend, ja beinahe angstvoll; daß das ganze Welttheater um sie aufgebaut ist, damit sie, die Agierenden, in ihren großen oder kleinen Rollen sich bewähren können. Was würden meine Leute sagen, wenn sie von mir erführen, daß sie sich auf einem kleinen Steinklumpen befinden, der sich unaufhörlich drehend im leeren Raum um ein anderes Gestirn bewegt, einer unter vielen, ein ziemlich unbedeutender. Wozu ist jetzt noch solche Geduld, solches Einverständnis in ihr Elend nötig oder gut? [...] ich sehe ihre Blicke scheu werden, ich sehe sie die Löffel auf die Herdplatte senken, ich sehe, wie sie sich verraten und betrogen fühlen. Es liegt also kein Auge auf uns, sagen sie. [...] Kein Sinn liegt in unserem Elend, Hunger ist eben Nichtgegessenhaben, keine Kraftprobe; Anstrengung ist eben Sichbücken und Schleppen, kein Verdienst. Verstehen Sie da, daß ich aus dem Dekret der Heiligen Kongregation ein edles mütterliches Mitleid, eine große Seelengüte herauslese?[9]

Es versteht sich von selbst, dass sich Galilei der Meinung des jungen Mönches trotz ihrer pastoralen und sozialen Motivierung nicht anschließen kann: Wenn die „Ordnung", nach der die Campagna-Bauern leben, darin besteht, dass sie Armut leiden und sich zu Tode arbeiten müssen, so muss diese Ordnung, wie Galilei zu verstehen gibt, nicht durch illusionäre Welttheater-Vorstellungen verbrämt und affirmiert werden; vielmehr muss den geplagten Bauern durch praktische Mittel (245: „meine neuen Wasserpumpen") und durch die Anleitung zu vernünftigem Denken geholfen werden. Voraussetzung dafür ist – Galilei zufolge – freie Forschung und die ungehinderte Verbreitung ihrer Ergebnisse. Das harte Los der Campagna-Bauern wird nicht durch die Verheimlichung neuen und besseren Wissens gemildert oder beseitigt, sondern durch seine Verkündung. Und in der Tat fürchtet, wie die nächste (neunte) Szene zeigt, der junge Gutsbesitzer, der um Galileis Tochter wirbt,

---

[9] Vgl. ebd., S. 243f.

Abb. 3. Galilei und der junge Mönch. Szenenfoto aus der amerikanischen Aufführung des Lebens des Galilei. *Vorlage:* Bertolt Brecht, Werke. Große kommentierte Berliner und Frankfurter Ausgabe, Bd. 25, S. 41.

dass die Verkündung des neuen Weltbildes seine Bauern aus ihrer Lethargie reißen und rebellisch machen könnte.

Aus heutiger Sicht wirken die Gegner des neuen Weltbildes borniert und lächerlich. Dazu trägt nicht nur ihr tatsächliches Verhalten bei, das zum Teil historisch belegt ist, sondern auch ihre tendenziell satirische Darstellung (vor allem in der vierten und in der siebten Szene). Was aber die Kleriker angeht, so war Brecht selber weit davon entfernt, sie als nur lächerlich zu betrachten. In den Anmerkungen zur dänischen Fassung des ‚Lebens des Galilei' gibt es unter anderem auch einen längeren Abschnitt zur „Darstellung der Kirche". In ihm bemerkte Brecht, es wäre angesichts der großen Bedeutung der Kirche für die Entwicklung der Wissenschaft falsch, die Kleriker, die damals zugleich die weltliche Obrigkeit verkörperten, „Politiker" waren, nur „gehässig" darzustellen oder durchweg „satirisch aufs Korn zu nehmen", und er fügte dem hinzu: „An unsere bürgerlichen Politiker denkend, müßte man die geistlichen (und wissenschaftlichen) Interessen dieser damaligen Politiker rühmen."[10] Auch bemerkt und anerkennt Brecht, dass Christopher Clavius, „der größte Astronom des päpstlichen römischen Kollegs", „Galileis Entdeckungen bestätigte" und dass unter Galileis Schülern auch Geistliche waren.[11] Diese graduelle Salvierung der Kleriker wäre auszubauen und auch auf die weltlichen florentinischen Gelehrten auszudehnen: Was ihnen allen fast schlagartig zu-

---

[10] Vgl. Hecht, *Brechts Leben des Galilei*, S. 51.
[11] Vgl. ebd.

gemutet wurde, war in der Tat eine Revolution nicht nur des Weltbilds, sondern auch des wissenschaftlichen Denkens. Dass sich dagegen Widerstand aufbaute, braucht nicht zu wundern und wird noch verständlicher, wenn man bedenkt, dass diese Weltbild- und Wissensrevolution eine vormoderne Epoche traf, die nicht schon dem Prinzip der Innovation huldigte und begierig auf den nächsten Paradigmenwechsel wartete, sondern auf Tradition fixiert und an Konstanz interessiert war. Ferner ist den Gegnern des kopernikanisch-galileischen Weltbilds zugute zu halten, dass seine Anerkennung um 1616 nicht zwingend war: Die entscheidende mathematische Plausibilisierung durch Kepler stand noch aus. Die optische Zuverlässigkeit und die analytische Bedeutung der teleskopischen Beobachtungen waren umstritten und entbehrten einer Sicherung durch längere Forschungserfahrung; die Weigerung der florentinischen Gelehrten, durch Galileis Fernrohr zu schauen, ist vor dem Hintergrund ihres Wissenschaftsverständnisses zwar nicht zwingend, aber auch nicht unverständlich. In praktischer – etwa nautischer – Hinsicht brachte das neue Weltbild vorerst keinen bemerkenswerten Fortschritt: Weder erleichterte es die Navigation merklich, noch eröffnete es – anders als Brechts Galilei andauernd verkündet – eine Epoche der freien und mutigen Fahrt; Amerika war schließlich schon mehr als ein Jahrhundert zuvor entdeckt worden. Alles in allem: Die Reserviertheit vieler von Galileis Zeitgenossen gegenüber der neuen Astronomie und dem neuen Weltbild ist nicht gleich und nicht nur als Anzeichen von Borniertheit und Verblendung zu bewerten, sondern auch als Ausdruck einer durchaus berechtigten oder zumindest verständlichen Skepsis.[12] Auch wir würden uns doch wohl nicht über Nacht durch Verweise auf (angebliche) Beobachtungen, die sich hochkomplizierten, aber leicht manipulierbaren Observatorien verdanken, und auf Berechnungen, die allenfalls einigen wenigen Experten verständlich sind, davon überzeugen lassen, dass sich das Universum derzeit nicht mit einer Geschwindigkeit von einigen zigtausend Kilometern pro Stunde ausdehnt (wovon wir nichts merken), sondern in einem stabilen Zustand verharrt (wie der Augenschein zeigt) oder sich mit enormer Geschwindigkeit zusammenzieht (wovon wir in den nächsten paar tausend Jahren wohl auch nichts merken würden). In demselben Maß, in dem Galileis Gegner auf uns borniert und lächerlich wirken, mag Galilei auf viele seiner Zeitgenossen, die sich durchaus als informiert und verständig bezeichnet hätten, verrückt und lächerlich gewirkt haben; nicht etwa die Furcht vor der Kirche, sondern vor dem Gelächter der Kollegen hat ihn lange davon abgehalten, öffentlich für die kopernikanische Lehre einzutreten.

Die Zumutung, die Galileis Lehre für dessen Zeitgenossen bedeutete, wird in Brechts Stück noch verschärft, indem aus dem Wandel des Weltbilds weit-

---

[12] Vgl. dazu auch die Ausführungen von Kuhn, *Die kopernikanische Revolution*, bes. S. 169ff.

reichende soziale, metaphysische und anthropologische Konsequenzen gezogen werden:

(1) Von Anfang an vertritt Galilei die Meinung, dass die Revolution des Weltbilds Konsequenzen für die gesellschaftliche Ordnung haben müsse, eine Dezentrierung und Dehierarchisierung der Gesellschaft zur Folge haben müsse (190ff.), und die zehnte Szene, die auf das Jahr 1632 datiert ist, suggeriert, dass auch das Volk zu diesem Schluss kam und umstürzlerische Gedanken entwickelte (259ff.). Für Brecht und seinen Galilei war dies ein Wunschtraum; für Galileis zukünftigen Schwiegersohn Ludovico, dessen Reichtum von einer größeren bäuerlichen Untertanenschaft erwirtschaftet wird, ist dies indessen eine Schreckensvorstellung und ein zwingender Grund, gegen die kopernikanische Lehre und gegen Galileis Plausibilisierungsbemühungen zu opponieren (252ff.). Dies wird verständlich, wenn man sich vor Augen hält, dass zu Galileis Zeit noch jenes Analogiedenken herrschte, das seit der Antike darauf aus war, Entsprechungen zwischen der himmlischen und der irdischen Ordnung herzustellen, und dem die (angenommene) himmlische Hierarchie zur Legitimierung der irdischen diente. Auch Galilei hängt ja noch diesem Denken an, wenn er immer wieder darauf verweist, dass die neue Sicht auf das Universum soziale Folgen haben müsse. – Wie es in Wahrheit damit bestellt ist, zeigt die dritte Szene, in der Galilei die These aufstellt (und demonstrieren will), dass sich im Universum natürlich das Kleine um das Große dreht, die Erde also um die Sonne (und nicht umgekehrt). Als er dann seine Haushälterin fragt, ob ihr das nicht einleuchte, stimmt diese ohne weitere Überlegung zu, da sich ja auch auf der Erde das Kleine um das Große drehe, sie zum Beispiel um Galilei, da dieser sie bezahle (und nicht umgekehrt) (211f.). Galilei darf sich über die Gewitztheit der Frau Sarti freuen; den kognitiven und sozialen Witz ihrer Antwort zu bedenken, erlässt ihm Brecht.

(2) In einer unzeitgemäß groben Weise zieht Brechts Galilei aus seinen teleskopischen Himmelsbeobachtungen metaphysische Konsequenzen. Gleich in der ersten Szene bemerkt Galilei frohgemut, es habe sich herausgestellt, dass „die Himmel [...] leer" seien, und darüber sei „ein fröhliches Gelächter" entstanden (191). Und in der dritten Szene unterstreicht er die Bedeutung seiner teleskopischen Entdeckung, „daß es keinen Unterschied zwischen Himmel und Erde gibt", mit dem geradezu triumphalen Ausspruch: „Heute ist der 10. Januar 1610. Die Menschheit trägt in ihr Journal ein: Himmel abgeschafft." (206) Die zeitgemäße Reaktion kommt von Galileis Mitarbeiter Sagredo, der des Meisters frohe Botschaft mit dem Ausruf quittiert: „Das ist furchtbar." (206) Offensichtlich erkennt Sagredo schlagartig, dass der Mensch mit Galileis Befund in den Zustand der „transzendentalen Obdachlosigkeit" (Georg Lukács, 1916)[13] versetzt wird und die Konsequenz des Nihilismus, des Lebens

---

[13] Vgl. Lukács, *Die Theorie des Romans*, S. 32.

ohne verbürgten Sinn und ohne gesicherte Orientierungswerte, auszuhalten hat. Bis man über diesen Zustand wirklich froh werden mochte, dauerte es lange. Erst der Pastorensohn Gottfried Benn, der von einer geradezu verzweifelten Entschlossenheit war, die moderne Destruktion der väterlichen Glaubenswelt[14] zu positivieren, behauptete um 1930, über Nietzsche hinausgehend: „Nihilismus ist ein Glücksgefühl".[15] – Angemerkt sei, dass sich für Brechts Galilei selbst aus der Destruktion der traditionellen Welt- und Himmelsvorstellungen nicht unbedingt atheistische oder nihilistische Konsequenzen ergeben. Als Sagredo ihn fragt, wo denn Gott sei, wenn die Himmel leer seien, antwortet Galilei: „In uns oder nirgends." (210) Dies deutet auf ein pantheistisches Verständnis von Gott und Welt hin, wie es in der Antike aufgekommen war und im 18. Jahrhundert unter den Gebildeten weite Verbreitung erfuhr. Zu Galileis Zeit war ein solches Verständnis von Gott und Welt freilich eine ungewöhnliche, für einen gläubigen Christen schwer akzeptable und im Übrigen eine überaus gefährliche Ansicht, nämlich die des „Verbrannten", wie Sagredo sofort erkennt, also die des 1600 als Häretiker hingerichteten Giordano Bruno.

(3) Wie Galileis Mitarbeiter Sagredo die – möglichen, nicht nötigen – nihilistischen Konsequenzen der Destruktion des traditionellen Weltbilds erkennt, so ahnen der „sehr dünne Mönch" und der „sehr alte Kardinal" im Collegium Romanum, dass der mit dieser Destruktion verbundenen ersten Degradierung des Menschen – also seiner Vertreibung aus dem Mittelpunkt des Kosmos und seiner Verpflanzung auf einen beliebigen Stern unter unzählig vielen – weitere Degradierungen oder Nivellierungen folgen werden. Galileis Gleichsetzung von Erde, Sonne und Sternen lässt den „sehr dünnen Mönch" die zweite Degradierung des Menschen durch die darwinsche Entwicklungslehre antizipieren: „[…] jetzt ist auch die Erde ein Stern nach diesem da [= Galilei]. Es gibt nur Sterne! Wir werden den Tag erleben, wo sie sagen: Es gibt auch nicht Mensch und Tier, der Mensch selber ist ein Tier, es gibt nur Tiere!" (232) Für den „sehr alten Kardinal" bedeutet dies, dass der Mensch nicht mehr „die Krone der Schöpfung" und „das Ebenbild Gottes" sein kann –: ein Gedanke, der ihn zusammensinken lässt (233) und der für jemanden, der sein Leben im Bewusstsein der Gottesebenbildlichkeit geführt hat, ja doch auch erschütternd sein musste. Auch hier bedurfte es einiger Jahrhunderte Umgewöhnung, bedurfte es der modernen Brutalitäten, die im Ersten Weltkrieg einen ersten Höhepunkt fanden, bevor der Pastorensohn und Militärarzt Gottfried Benn im Frühjahr 1917 den Mut aufbrachte, die anthropologische Konsequenz des neuzeitlichen Weltbilds, die der „sehr dünne Mönch" und der „sehr alte Kardinal" fürchten, schonungslos auszusprechen, indem er

---

[14] Vgl. Benn, *Sämtliche Werke 3*, S. 26 (*Heinrich Mann. Ein Untergang*, 1913).
[15] Vgl. ebd., S. 320 (*Rede auf Heinrich Mann*, 1931). – Das von Benn mehrfach zitatweise verwendete Diktum ist – laut Anmerkung des Herausgebers (S. 545) – bei Nietzsche nicht nachzuweisen.

das zweite seiner ‚Arzt'-Gedichte mit einem Vers eröffnete, den er später selbst als wahrhaft „infernalisch"[16] bezeichnete: „Die Krone der Schöpfung, das Schwein, der Mensch –".[17]

Mit all dem sollen die Kritiker und Gegner Galileis nicht ins Recht gesetzt werden. Es sollte vielmehr verdeutlicht werden, dass der Übergang vom ptolemäischen zum kopernikanischen Weltbild soziale, metaphysische und anthropologische Implikationen hatte oder zumindest zu haben schien, die für viele Zeitgenossen verständlicherweise erschreckend wirkten und ihre Widerstände gegen das neue Weltbild verständlich machen. Brecht selbst hat dies durchaus gesehen und gezeigt, indem er diese Implikationen in anachronistischer oder antizipatorischer Verschärfung benennen ließ. Zugleich hat er aber die historische Berechtigung oder Verständlichkeit verdeckt, indem er Galileis Kritiker als intellektuell borniert (die Gelehrten), als religiös verblendet (der „sehr dünne Mönch" und der „sehr alte Kardinal"), als sozial und pastoral unberaten (der kleine Mönch), als ausbeuterisch (Ludovico) und machtbesessen (Inquisitor und Papst) erscheinen ließ. Unter ihnen steht Brechts Galilei als einsamer Vorkämpfer der wissenschaftlichen Aufklärung und des ökonomischen wie sozialen Fortschritts. Immerhin ist er – durch das oft beschworene Beispiel des 1600 in Rom verbrannten Bruno vorgewarnt – so klug, dass er, wie er neunten Szene zu entnehmen ist, nach der Indizierung der kopernikanischen Lehre schriftlich versichert, in dieser Sache keine weiteren Forschungen zu unternehmen (255), und dass er sich acht Jahre lang daran hält (247). Dann aber wird der Mathematiker Maffeo Kardinal Barberini zum Papst gewählt (Urban VIII.: 1623–44), und Galilei beginnt wieder mit der Beobachtung der Sonnenflecken (254 und 258). Die nächste (zehnte) Szene, die auf Fastnacht 1632 datiert ist, zeigt dann, dass „Galileis Lehre beim Volk Verbreitung" gefunden hat (94) und dass das Volk auch dazu tendiert, das neue Bild vom Universum auf das soziale Leben zu übertragen und von einer Verkehrung oder Revolution der gesellschaftlichen Ordnung zu träumen:

Auf stund der Doktor Galilei
(Schmiß die Bibel weg, zückte sein Fernrohr, warf einen Blick
auf das Universum)
Und sprach zur Sonn: Bleib stehen!
Es soll jetzt die creatio dei
Mal andersrum sich drehn.
Jetzt soll sich mal die Herrin, he!
Um ihre Dienstmagd drehn.[18]

---

[16] Vgl. Benn, *Sämtliche Werke* 6, S. 70 (*Frühe Lyrik und Dramen. Vorbemerkung*, 1952).
[17] Vgl. Benn, *Sämtliche Werke* 1, S. 14 (*Der Arzt II*, 1917).
[18] Vgl. Brecht, *Werke* 5, S. 260.

Der Fortgang der Geschichte ist dann hochdramatisch, aber unter dem hier thematisierten Aspekt des Weltbildwandels rasch zu erzählen: Nach der Publikation seines ‚Gesprächs über das ptolemäische und das kopernikanische Weltsystem' (1632) wird Galilei vom florentinischen Hof fallengelassen und der Inquisition überstellt (11. Szene). Am 22. Juni 1633 widerruft Galilei, durch die Demonstration der „Instrumente" (108 und 123) eingeschüchtert, vor der Inquisition „seine Lehre von der Bewegung der Erde" und rettet damit seine physische und psychische Unversehrtheit, enttäuscht aber seine Schüler (13. Szene). Die folgenden Jahre bis zu seinem Tod 1642 verbringt Galilei als Gefangener der Inquisition in seinem Landhaus bei Florenz und verfasst dort, beaufsichtigt von der Inquisition, sein wichtigstes physikalisches Werk, die ‚Discorsi' oder ‚Unterhaltungen' über Mechanik und Fallgesetze (280) (14. Szene). Und schließlich wird gezeigt, wie eine Abschrift der ‚Discorsi', die Galilei heimlich angefertigt und versteckt hat, von seinem einstigem Schüler Andrea aus Italien herausgeschmuggelt und zum Druck nach Leiden gebracht wird (15. Szene). In der dänischen Fassung des ‚Lebens des Galilei', die 1939 abgeschlossen wurde, nimmt dieser Ausgang triumphale Züge an: Zwar bezichtigt sich Galilei in den Gesprächen mit Andrea, die sich um das Verhältnis von Wissenschaft, Religion und Ethik drehen, des Verrats an der Wissenschaft, aber die Worte, mit denen er Andrea (und die Abschrift der ‚Discorsi') auf den Weg schickt, sind mehr als optimistisch; sie antizipieren eine Zeit, die wissenschaftlich weit fortgeschritten und dadurch ökonomisch beglückt und sozial befriedet ist:

> Ich bleibe auch dabei, daß dies eine neue Zeit ist. [...] Der Einbruch des Lichts erfolgt in die allertiefste Dunkelheit. Während an einigen Orten die größten Entdeckungen gemacht werden, welche die Glücksgüter der Menschen unendlich vermehren müssen, liegen sehr große Teile dieser Welt ganz im Dunkel. Die Finsternis hat dort sogar noch zugenommen! Nimm dich in acht, wenn du durch Deutschland fährst und die Wahrheit unter dem Rock trägst![19] (106)

Es ist deutlich, dass Brechts Galilei nicht nur über die Zeit um 1642 spricht, sondern auch und eigentlich noch mehr über die Zeit um 1939. Nicht nur der Aufruf zur besonderen Vorsicht im faschistisch verdunkelten Deutschland verweist darauf; auch der Satz über jene „Entdeckungen", „welche die Glücksgüter der Menschen unendlich vermehren müssen", verweist auf die aktuelle Situation: Er wurde nachträglich in das Typoskript der dänischen Fassung des ‚Galilei' eingefügt[20] und verdankt sich der Nachricht von der Spaltung eines Uran-Atoms durch Otto Hahn und Fritz Straßmann, von der Brecht am

---

[19]　Vgl. ebd., S. 106.
[20]　Vgl. ebd., S. 340f.

27. Februar 1939 durch ein Interview des dänischen Rundfunks mit dem Institut von Niels Bohr erfuhr.[21] In einem Vortrag ‚Über experimentelles Theater‘, den Brecht am 4. Mai 1939 in Stockholm hielt, berichtet er über dieses Interview und reflektiert zugleich die Bedeutung dieser Nachricht:

> Vor dem Krieg erlebte ich vor dem Radioapparat eine wahrhaft historische Szene: das Institut des Physikers Niels Bohr in Kopenhagen wurde interviewt über eine umwälzende Entdeckung auf dem der Gebiet der Atomzertrümmerung. Die Physiker berichteten, daß eine neue, ungeheure Kraftquelle entdeckt sei. Als der Interviewer fragte, ob eine praktische Ausnutzung der Versuche schon möglich sei, bekam er die Antwort: nein, noch nicht. Im Tone der größten Erleichterung sagte der Interviewer: Gott sei Dank! Ich glaube wirklich, daß die Menschheit für die Übernahme einer solchen Kraftquelle noch absolut nicht reif ist! Es war klar, daß er sofort nur an die Kriegsindustrie gedacht hatte. Der Physiker Albert Einstein geht nicht ganz so weit, aber er geht immerhin weit genug, wenn er in ein paar wenigen Sätzen, die bei der Weltausstellung in New York in einer Kapsel eingegraben werden sollen, als einen Bericht an künftige Geschlechter über unsere Zeit, folgendes schreibt: „Unsere Zeit ist reich an erfinderischen Geistern, deren Erfindungen unser Leben beträchtlich erleichtern könnten. [...] Die Produktion und Verteilung der Waren ist jedoch ganz und gar nicht organisiert, so daß jedermann in Furcht leben muß, aus dem ökonomischen Kreislauf ausgeschieden zu werden. Außerdem morden die Menschen, die in verschiedenen Ländern leben, einander in unregelmäßigen zeitlichen Abständen, so daß jeder, der über die Zukunft nachdenkt, in Furcht leben muß. Dies kommt von der Tatsache, daß Intelligenz und Charakter der Massen unvergleichlich niedriger sind als Intelligenz und Charakter der wenigen, die für die Gemeinschaft Wertvolles hervorbringen.“ Einstein begründet also das Faktum, daß die Beherrschung der Natur, in der wir es so weit gebracht haben, so wenig zu einem glücklichen Leben der Menschen beiträgt, damit, daß es den Menschen im allgemeinen an Belehrung mangelt, wie sie die Entdeckungen und Erfindungen nützlich verwenden können.[22]

Brechts Ausführungen zeigen, dass er sich der destruktiven Potentiale und negativen Perspektiven, die sich aus der Kernspaltung *auch* zu ergeben schienen, durchaus bewusst war. Seinen Galilei lässt er davon aber nichts ahnen; dieser darf nur „unermeßlich“ beglückende Folgen der von ihm mit initiierten wissenschaftlichen Entwicklung antizipieren. Dies entspricht Brechts eigenem Vertrauen in den wissenschaftlich-technologischen Fortschritt, der –

---

[21] Vgl. Brecht, *Werke* 22, S. 523f. und 549f. sowie 1064 und 1073.
[22] Vgl. ebd., S. 549f.

Brecht zufolge – nur durch die richtige – also marxistische – Wissenschaft von der Gesellschaft begleitet werden musste, um der Menschheit Wohlleben zu ermöglichen. Davon schwärmte Brecht schon um 1930 in seinem „Radiolehrstück" ‚Der Flug der Lindberghs', wo in der achten Sequenz unter der Überschrift „Ideologie" zum aufklärerischen Kampf gegen technische und soziale Rückständigkeit aufgerufen wird.[23] Und davon schwärmte er noch in seiner wichtigsten poetologischen Schrift, dem ‚Kleinen Organon für das Theater', das 1948/49 in Ost-Berlin entstand. Auch da zeigt sich Brecht prinzipiell davon überzeugt, dass die Neuzeit durch die Entwicklung der modernen, welterschließenden Naturwissenschaften (§ 14 und 15) und durch die von Marx begründete Gesellschaftswissenschaft (§ 19) die Voraussetzung dafür geschaffen hat, dass der geschichtliche Prozess nicht nur in technischer, sondern auch in sozialer Hinsicht einen fortschrittlichen Charakter erhalten und in jene „große Produktion" (§ 19) einmünden kann, die allen Menschen nicht nur ein auskömmliches und angstfreies, sondern auch und vor allem ein emanzipiertes Leben ermöglicht; mit seinem ‚Kleinen Organon für das Theater' will Brecht auch das Theater in den Dienst dieser Hoffnung stellen und zu einem Instrument des gesellschaftlichen Fortschritts machen. Allerdings ist die Zuversicht im ‚Kleinen Organon' durch die Erfahrung des Zweiten Weltkriegs und des Einsatzes der ersten Atombomben gebrochen. Im Paragraphen 16 heißt es:

> Es war, als ob sich die Menschheit erst jetzt bewußt und einheitlich daran machte, den Stern, auf dem sie hauste, bewohnbar zu machen. [...] Ich, der dies schreibt, schreibe es auf einer Maschine, die zur Zeit meiner Geburt nicht bekannt war. Ich bewege mich in den neuen Fahrzeugen mit einer Geschwindigkeit, die sich mein Großvater nicht vorstellen konnte; nichts bewegte sich damals so schnell. Und ich erhebe mich in die Luft, was mein Vater nicht konnte. Mit meinem Vater sprach ich schon über einen Kontinent weg, aber erst mit meinem Sohn zusammen sah ich die bewegten Bilder von der Explosion in Hiroshima.[24]

Und im Paragraphen 18 wird dem hinzugefügt:

> In der Tat sind die gegenseitigen Beziehungen der Menschen undurchsichtiger geworden, als sie es je waren. Das gemeinsame gigantische Unternehmen, in dem sie engagiert sind, scheint sie mehr und mehr zu entzweien, Steigerungen der Produktion verursachen Steigerungen des Elends, und bei der Ausbeutung der Natur gewinnen nur einige wenige, und zwar dadurch, daß sie Menschen ausbeuten. Was der Fortschritt aller sein könnte, wird zum Vorsprung weniger, und ein immer größerer Teil der Produktion

---

[23] Vgl. Brecht, *Werke* 3, S. 15–17.
[24] Vgl. Brecht, *Werke* 23, S. 71.

wird dazu verwendet, Mittel des Destruktion für gewaltige Kriege zu schaffen. In diesen Kriegen durchforschen die Mütter aller Nationen, ihre Kinder an sich gedrückt, entgeistert den Himmel nach den tödlichen Erfindungen der Wissenschaft.[25]

Diese Erfahrung prägte auch den Schluss der zweiten Fassung des ‚Galilei‘, die zwischen 1944 und 1947 in Kalifornien entstand, und noch mehr derjenigen der dritten Fassung, die Brecht 1955/56 in Ost-Berlin ausarbeitete. In Brechts Arbeitsjournal vom Sommer 1945 und in den Anmerkungen zur amerikanischen Fassung des ‚Galilei‘ dokumentieren sich die Auswirkungen, die der Einsatz der Atombomben auf Brechts Einstellung zu den Naturwissenschaften und auf die Arbeit am ‚Leben des Galilei‘ hatte. So notierte Brecht unter dem Datum des 10. September 1945:

> Die Atombombe, mit der die atomarische Energie sich zeitgemäß vorstellt, berührt die „einfachen Leute“ als lediglich furchtbar. Der Sieg über Japan scheint denen, die ungeduldig ihre Männer und Söhne zurückerwarten, vergällt. Dieser Superfurz übertönt alle Siegesglocken.
> (Für einen Augenblick befürchtet Laughton ganz naiv, die Wissenschaft könne dadurch so diskreditiert werden, daß ihre Geburt – im „Galilei“ – alle Sympathie verlöre. „The wrong kind of publicity, old man.“)[26]

Offensichtlich war sich Brecht an diesem 10. September 1945 der wissenschaftsgeschichtlichen und wissenschaftsethischen Bedeutung des Einsatzes der Atombomben noch nicht bewusst; wie anders wären die vulgäre und zugleich euphemistische Vokabel am Ende des ersten Abschnitts und die Einschätzung Laughtons als „naiv“ zu erklären. Aber spätestens zehn Tage später ist dieses Bewusstsein da, erscheint der Abwurf der beiden Atombomben als gesellschaftliche Traumatisierung. In der nächsten Eintragung unter dem Datum des 20. September heißt es:

> Wir arbeiten die meiste Zeit immer noch am „Galilei“, der bei Laughtons Hörern im Lazarett völlig ungewöhnliches Interesse findet. Die Atombombe hat tatsächlich die Beziehungen zwischen Gesellschaft und Wissenschaft zu einem Leben-und-Tod-Problem gemacht.[27]

Fast dramatisch dann eine der Anmerkungen zur amerikanischen Fassung des ‚Galilei‘, die 1947 niedergeschrieben wurde und als „Vorrede“ dienen sollte. Spätestens jetzt hat die atomare Traumatisierung auch auf Brecht übergegriffen:

---

[25] Vgl. ebd., S. 72.
[26] Vgl. Brecht, *Werke 27*, S. 232.
[27] Vgl. ebd.

Abb. 4. Bertolt Brecht und Charles Laughton in einem Betrieb, der die optischen Geräte und das Astrolab für die amerikanische Aufführung des Leben des Galilei herstellte. *Vorlage:* Leben Brechts in Wort und Bild von Ernst und Renate Schumacher. Berlin: Henschel 1979, S. 221

Das „atomarische Zeitalter" machte sein Debüt in Hiroshima in der Mitte unserer Arbeit. Von heute auf morgen las sich die Biographie des Begründers der neuen Physik anders. Der infernalische Effekt der Großen Bombe stellte den Konflikt des Galilei mit der Obrigkeit seiner Zeit in ein neues, schärferes Licht.[28]

Dies bedeutet aber nicht, dass Brecht plötzlich mehr Verständnis für Galileis Gegner gewonnen hätte; ihnen gegenüber änderte sich seine Einstellung nicht. Wohl aber änderte sich die Bewertung Galileis, dessen Widerruf nun als folgenreiches „Verbrechen" angesehen wurde. In einer Anmerkung, die vom Herbst/Winter 1945 stammen könnte, heißt es:

Galileis Verbrechen kann als die „Erbsünde" der modernen Naturwissenschaften betrachtet werden. Aus der neuen Astronomie, die eine neue Klasse, das Bürgertum, zutiefst interessierte, da sie den revolutionären sozialen Strömungen der Zeit Vorschub leistete, machte er eine scharf begrenzte Spezialwissenschaft, die sich freilich gerade durch ihre „Reinheit", d. h. ihre Indifferenz zu der Produktionsweise, verhältnismäßig ungestört entwickeln konnte.

---

[28] Vgl. Brecht, *Werke* 24, S. 241.

> Die Atombombe ist sowohl als technisches als auch soziales Phänomen das
> klassische Endprodukt seiner wissenschaftlichen Leistung und seines so-
> zialen Versagens.[29]

In diesem Sinn wurden nun die beiden letzten Szenen des ‚Galilei‘ überarbei-
tet. In der amerikanischen Fassung von 1947 und erst recht in der deutschen
von 1955/56 bezichtigt sich Galilei ganz am Ende gegenüber seinem Schüler
Andrea mit einer geradezu testamentarischen Rede einer fundamental be-
deutsamen und folgenreichen Verfehlung: Indem er sich der kirchlichen Obrigkeit unterwarf, so Galilei, anstatt mit seinem Leben für die Freiheit der
Wissenschaft einzustehen, verspielte er die Chance und den Anreiz für die
„Naturwissenschaftler“, „etwas wie den hippokratischen Eid der Ärzte [zu]
entwickeln [...], das Gelöbnis, ihr Wissen einzig zum Wohle der Menschheit
anzuwenden“. Die Folgen seiner Verfehlung und des daraus resultierenden
Versäumnisses der Wissenschaften, sich auf die Entwicklung und Umsetzung
einer humanistischen und dabei sozial akzentuierten Wissenschaftsethik zu
verpflichten, sieht Galilei in einem zuletzt Entsetzen auslösenden Auseinan-
dertreten von wissenschaftlichem Fortschritt und menschlichem Dasein:

> Ihr mögt mit der Zeit alles entdecken, was es zu entdecken gibt, und euer
> Fortschritt wird doch nur ein Fortschreiten von der Menschheit weg sein.
> Die Kluft zwischen euch und ihr kann eines Tages so groß werden, daß euer
> Jubelschrei über irgendeine neue Errungenschaft von einem universalen
> Entsetzensschrei beantwortet werden könnte.[30]

Dementsprechend wurde die letzte Szene, die den geglückten Transfer der
‚Discorsi‘ ins freie und druckbereite Ausland vor Augen führt, mit einem Vorspruch versehen, der dazu aufruft, das „Licht der Wissenschaften“ so zu nutzen, dass es nicht eines Tages wie ein „Feuerfall“ alles verzehre.[31] Dies ist auf
doppelte Weise anachronistisch und kontrafaktisch: Zu Galileis Zeiten konnte man den gemeinten „Feuerfall“ schwerlich antizipieren, und zu Brechts
Zeiten war er eingetreten. Die Vorschaltung des warnenden Spruches vor die
eigentlich erfreuliche letzte Szene zeigt Brechts Dilemma: Galilei rühmen zu
wollen – und vor seinen Folgen warnen zu müssen. Oder anders gesagt: Mit
Galilei für die Annahme des neuen Weltbilds kämpfen zu wollen – und am
Ende fast wie seine Gegner reden zu müssen. Es ist das Dilemma der Neuzeit,
die hinter das, was mit der kopernikanischen Wende begann, selbstverständlich nicht zurück kann, über die Weiterungen, die sich daraus ergaben, aber
nicht nur glücklich sein kann. In der forcierten und gewalttätigen Moderne
des 20. Jahrhunderts begann der neuzeitliche Fortschritt unbehaglich zu wer-

---

[29] Vgl. ebd., S. 240.
[30] Vgl. Brecht, *Werke* 5, S. 284.
[31] Vgl. ebd., S. 286.

den. In eben den Jahren, in denen Brecht im kalifornischen Exil an der zweiten, kritisch werdenden Fassung des ‚Galilei' arbeitete, schrieben Max Horkheimer und Theodor W. Adorno ebendort jene ‚Dialektik der Aufklärung', deren berühmt gewordener Anfang den fatalen Ausgang der menschheitsgeschichtlichen und zumal der neuzeitlichen Aufklärung rekapituliert: „Seit je hat Aufklärung im umfassendsten Sinn fortschreitenden Denkens das Ziel verfolgt, von den Menschen die Furcht zu nehmen und sie als Herren einzusetzen. Aber die vollends aufgeklärte Erde strahlt im Zeichen triumphalen Unheils."[32] Brecht, der nicht nur ein verbissener Aufklärer, sondern auch ein unentwegter Optimist war, konnte die Erfahrungen, die sich im zweiten Satz der ‚Dialektik der Aufklärung' reflektieren, in der zweiten und dritten Fassung des ‚Galilei' nicht übergehen, mochte aber so pessimistisch wie Horkheimer und Adorno doch nicht wirken. So schrieb er, als könne er – mit dem apotropäischen Vorspruch zur letzten Szene des ‚Galilei' – vor dem „Feuerfall", der schon eingetreten war, noch erfolgreich warnen –: in der Hoffnung wohl, einen zweiten Fortschrittsakt dieser Art mit verhindern zu können.

Literatur

Benn G (1986–2003) Sämtliche Werke (in 7 Bänden). Stuttgarter Ausgabe. In Verbindung mit Ilse Benn hrsg. von Schuster G (Bde. 1–5) und Hof H (Bde. 6–7). Stuttgart: Klett-Cotta

Biagioli M (1999) Galilei der Höfling. Entdeckung und Etikette: vom Aufstieg der neuen Wissenschaft. Frankfurt a. M.: Fischer

Blumenberg H (1975) Die Genesis der kopernikanischen Welt. Frankfurt a. M.: Suhrkamp

Brecht B (1989–2000) Werke (in 31 Bänden). Große kommentierte Berliner und Frankfurter Ausgabe. Hrsg. von Hecht W, Knopf J, Mittenzwei W, Müller K-D. Berlin/Weimar: Aufbau; Frankfurt a. M.: Suhrkamp

Dienst K (1976) Kopernikanische Wende. In: Historisches Wörterbuch der Philosophie. Hrsg. von Ritter J, Gründer K. Bd. 4. Darmstadt: Wissenschaftliche Buchgesellschaft, Sp. 1094–1099

Hecht W (Hrsg.) (2001) Brechts „Leben des Galilei" [Materialien und Analysen]. Frankfurt am Main: Suhrkamp

Hemleben J (1969) Galileo Galilei. Reinbek bei Hamburg: Rowohlt

Horkheimer M, Adorno TW (1986) Dialektik der Aufklärung: philosophische Fragmente. Mit einem Nachwort von Jürgen Habermas. Frankfurt a. M.: Fischer

Kuhn, TS (1981) Die kopernikanische Revolution. Braunschweig/Wiesbaden: Vieweg

Lukács G (1981) Die Theorie des Romans: ein geschichtsphilosophischer Versuch über die Formen der großen Epik. Darmstadt/Neuwied: Luchterhand

Zimmermann RE (2001) Leben des Galilei. In: Brecht Handbuch in fünf Bänden. Hrsg. von Knopf J. Bd. 1: Stücke. Stuttgart/Weimar: Metzler, 357–379

---

[32] Vgl. Horkheimer/Adorno, *Dialektik der Aufklärung*, S. 9.

Heidelberger Jahrbuch, Band 47 (2003)
H. Gebhardt/H. Kiesel (Hrsg.): Weltbilder
© Springer-Verlag Berlin Heidelberg 2004

Das Weltbild des christlichen Glaubens

WILFRIED HÄRLE UND CHRISTIAN POLKE

Die biblischen Anfänge

Der biblisch-christliche Glaube beginnt nicht mit einem Weltbild, sondern mit einem Geschichtsbild – genauer gesagt: sein Geschichtsbild ist sein anfängliches Weltbild.

Im Zentrum dieses Geschichtsbilds steht die Überzeugung, dass die Existenz und das Geschick des Volkes Israel bzw. der Nomadenstämme, aus denen es hervorgegangen ist, sich der Erwählung und Berufung durch den Gott verdankt, dessen Name durch das Tetragramm JHWH eher verschwiegen als benannt wird. Am Anfang dieser Geschichte steht die Berufung Abrahams, dem verheißen wird, „das Land" zu besitzen und ein großes Volk zu werden. In der Gestalt des Stammvaters Jakob/Israel wird diese Verheißungslinie so weitergeführt, dass er als der Vater der Stämme dargestellt wird, aus denen dieses Volk zusammenwächst und sich das verheißene Land erobert. In diesem Prozess der Eroberung bzw. Einwanderung spielt die Gestalt Moses als des großen Gesetzgebers, der im Namen Gottes das Bundesgesetz verkündet, eine entscheidende Rolle.

Zugleich wird schon hier sichtbar, was die Geschichte Israels – biblischer Darstellung zufolge – durchzieht wie ein roter Faden: der Wechsel zwischen Hinkehr zu Gott und Abkehr von Gott, zwischen Hilfeschrei und Ungehorsam, zwischen Gottesverehrung und Abgötterei.

Im 7. und 6. vorchristlichen Jahrhundert wurden Israel und Juda von mächtigen Nachbarvölkern überrannt und unterworfen, die das zentrale Heiligtum in Jerusalem, den Tempel, zerstörten und die Oberschicht des Landes deportierten. In dem groß angelegten deuteronomistischen Geschichtswerk der Bibel wird diese Tatsache als die Strafe für den permanenten Abfall von Gott gedeutet.

Spätestens in dieser Exilszeit wird Israel bzw. Juda jedoch so intensiv mit den Naturreligionen der assyrischen und babylonischen Nachbarvölker konfrontiert, dass die Frage unausweichlich wird, wie sich der Gott Israels zu den Göttern der anderen Völker verhält und was Israel selbst den Weltentstehungsmythen und Schöpfungserzählungen anderer Kulturen und Religionen entgegenzusetzen hat. Hier zeigt sich, dass der für den biblischen Glauben zentrale Gedanke von der Einzigkeit der Verehrung und Wirklichkeit JHWHs auf Dauer nicht vereinbar war mit dem Fehlen von Aussagen, die den Bereich der Natur bzw. Schöpfung und damit das Weltbild betreffen. Insofern lag es in der „Logik" des biblischen Gottesglaubens, das Geschichtsbild auszuweiten zu einem umfassenden Weltbild. Das geschah in Gestalt der Schöpfungserzählungen in Gen 1 und 2 – wobei auch noch Gen 9 hinzuzuziehen ist – sowie in Schöpfungspsalmen und in weisheitlichen Texten der biblischen Überlieferung: insbesondere im Hiobbuch, in den Sprüchen und im sogenannten Prediger Salomonis.

Betrachtet man diese Schöpfungstexte, in denen das biblische Weltbild vor allem zum Ausdruck kommt, inhaltlich genauer, so fällt zumindest dreierlei auf:

Zunächst überrascht die Unbefangenheit, in der das Volk Israel bzw. das frühe Judentum zwei miteinander gänzlich unvereinbare Schöpfungserzählungen an den Anfang stellt: eine, die mit der Erschaffung des Lichtes beginnend in sechs Tagesschritten zur Erschaffung des Menschen hinführt und in der Sabbatruhe des siebten Tages ausklingt; die andere, die mit der Bildung des Mannes aus Lehm einsetzt und über die Pflanzung eines Gartens – in Eden – und die Erschaffung der Tiere zur Erschaffung der Frau hinführt und mit der Beziehung zwischen Mann und Frau das Ziel der Schöpfung erreicht sein lässt. Dass das Alte Testament ohne jeden Versuch der Harmonisierung diese beiden ganz unterschiedlichen Schöpfungserzählungen nebeneinander stellt, ist ein deutlicher Hinweis darauf, dass das Interesse sich offensichtlich nicht auf das Wie des Weltentstehungsprozesses richtet, sondern auf die Tatsache seiner Zuordnung zu bzw. Herleitung aus Gott.

Ebenfalls auffällig ist, in welcher Unbefangenheit sowohl Gen 1 als auch Gen 2 bei Gottes Schöpfungshandeln voraussetzt, dass schon etwas da ist, das Gott im Akt der Schöpfung ordnet, gestaltet und aus dem er Neues hervorgehen lässt, dass aber die Frage nach dem schlechthinnigen Ursprung von Seiendem – im Sinne der creatio ex nihilo – offensichtlich noch nicht im Horizont dieser Texte ist. Erst am Rand des Alten Testaments (II Makk 7,29) wird die Lehre von der Erschaffung der Welt durch Gott aus nichts formuliert und ist im Neuen Testament in Röm 4,17 vorausgesetzt. Das Interesse der Bibel richtet sich also offensichtlich nicht auf die Erklärung der Weltentstehung, sondern auf ihre Deutung im Horizont des Glaubens.

Die dritte Auffälligkeit wird erst sichtbar, wenn man die biblischen Texte mit früheren oder gleichzeitigen altorientalischen Kosmogonien oder Weltbildern vergleicht. Dann zeigt sich nämlich, dass die Bibel – trotz zahlreicher Anleihen bei den in drei Stockwerke (Himmel, Erde, Unterwelt) gegliederten Weltbildern aus der Umgebung – zwei dort gängige Wege der Welterklärung vermeidet bzw. durch andere Zugänge ersetzt: Einerseits wird die Welt nicht verstanden als Resultat eines göttlichen Zeugungsaktes, als Gebilde aus göttlicher Substanz oder Resultat aus einem urzeitlichen Götterkampf, sondern die Welt wird von der Wirklichkeit Gottes kategorial unterschieden. Das wird besonders dadurch deutlich, dass die Welt durch Gottes schöpferisches *Wort* ins Dasein gerufen wird und dass die in Israels Umgebung weithin religiös verehrten Gestirne „degradiert" werden zu Lichtern, die den Tag bzw. die Nacht erhellen. Andererseits wird die Welt aber auch nicht Gott entgegengesetzt als eine widergöttliche oder minderwertige Sphäre, die schon mit ihrem Dasein von Gott getrennt wäre. Dieser Deutungsmöglichkeit setzt schon Gen 1 die wiederholte Würdigung der geschaffenen Welt als „gut", ja als „sehr gut" entgegen. Die von Gott kategorial unterschiedene Welt ist gleichwohl von Anfang an Gegenstand göttlicher Bejahung, Zuwendung und Fürsorge.

Fasst man diese verschiedenen, für das biblische Reden von Schöpfung und damit für das biblische Weltbild charakteristischen Elemente zusammen, so lässt sich sagen, dass die Bibel keine Weltentstehungstheorie mit naturwissenschaftlichem oder naturkundlichem Anspruch enthält, sondern dass sie die Welt – soweit sie ihr mittels Beobachtung und Nachdenken zugänglich ist – ihrer Entstehung und Verfassung, also ihrer Konstitution nach so mit Gott in Beziehung setzt, dass die Welt gar nicht ohne Gott gedacht werden kann. Die Bibel beschreibt die Welt als von Gott geordnet, sinnhaft strukturiert und bejaht.

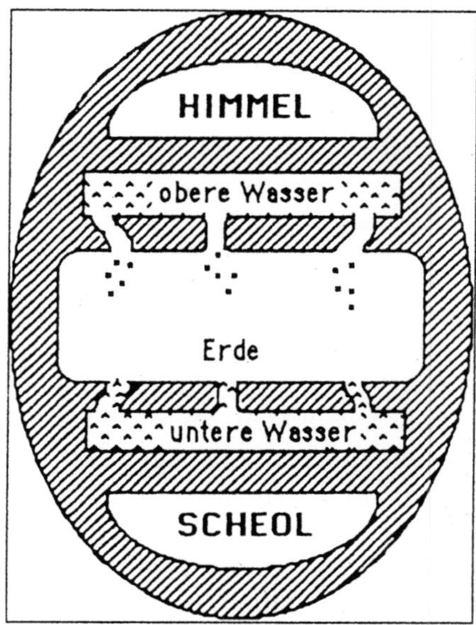

Abb. 1. Theologische Realenzyklopädie, Bd. 35, Berlin 2003, S. 572

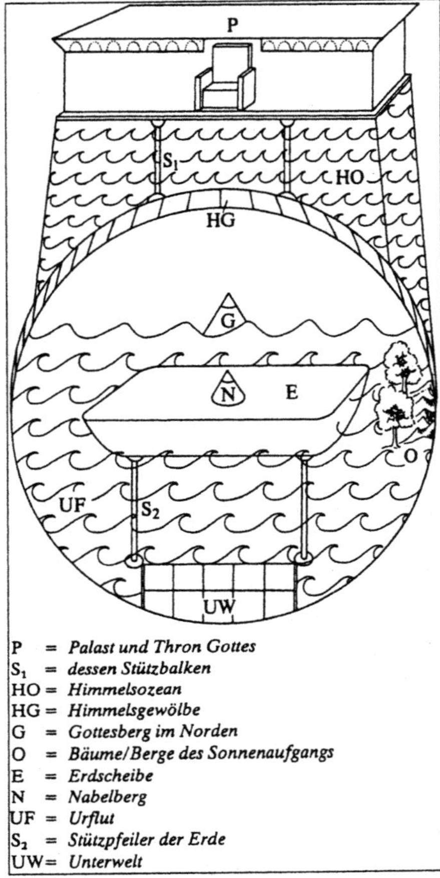

P　= Palast und Thron Gottes
S₁ = dessen Stützbalken
HO = Himmelsozean
HG = Himmelsgewölbe
G　= Gottesberg im Norden
O　= Bäume/Berge des Sonnenaufgangs
E　= Erdscheibe
N　= Nabelberg
UF = Urflut
S₂ = Stützpfeiler der Erde
UW= Unterwelt

Abb. 2. Theologische Realenzyklopädie, Bd. 35, Berlin 2003, S. 575

In dieser geschaffenen Welt hat der Mensch – als Mann und Frau (Gen 1,27f.) – eine herausragende Stellung und Aufgabe: Er ist zum Verwalter dieser Welt durch Gott und an Gottes Stelle eingesetzt und ist als solcher „wenig niedriger gemacht als Gott" (Ps 8,6). Damit wird nach biblischer Vorstellung dem Menschen – und zwar *jedem* Menschen – eine Stellung und Aufgabe zugebilligt, die nach altorientalischer, z. B. ägyptischer, Vorstellung nur dem Pharao zukam: Bild Gottes auf Erden zu sein und damit den Auftrag zum Beherrschen, Bebauen und Bewahren der Erde (Gen 1,28 und 2,15) zu erhalten. Das in den alttestamentlichen Schöpfungserzählungen enthaltene Weltbild ist deswegen und insofern zugleich „Anleitung zur Betrachtung der Welt aus der Perspektive des JHWH-Glaubens und Motivation zur Gestaltung der Welt gemäß diesem Glauben" (Oeming, S. 570).

Der Herrschafts- und Gestaltungsauftrag des Menschen ist demzufolge kein Freibrief für Willkür, Rücksichtslosigkeit oder Ausbeutung der Mitgeschöpfe, sondern an das durch Gott vorgegebene Prinzip der Gerechtigkeit (Ma'at, Sedaqah) gebunden. Diese ist nicht nur zu verstehen als austeilende oder ausgleichende Gerechtigkeit im aristotelischen Sinne, sondern als Prinzip der Gemeinschaftstreue, durch das Jenseits und Diesseits, Vergangenheit, Gegenwart und Zukunft sowie die soziale und die kosmische Ordnung miteinander verbunden sind (K. Koch; H. H. Schmid; J. Assmann).

Veränderungen an der Zeitenwende

Ein bereits beiläufig erwähntes Element des altorientalischen und alttestamentlichen Weltbildes nimmt in der biblischen Überlieferung eine Sonderstellung ein: die Unterwelt. Sie ist der Teil der Welt, in den die Verstorbenen hinunterfahren und in dem die Toten ihren Aufenthaltsort finden. Aber diese Unterwelt wird nicht als Schöpfungswerk Gottes beschrieben – so wenig wie das uranfängliche Chaos oder die Finsternis –, sondern nur als Faktum konstatiert. Sie wird ihrerseits beschrieben als „Land der Finsternis und des Dunkels ..., wo es stockfinster ist und dunkel ohne alle Ordnung" (Prov 10,21 f.). In den älteren Schichten alttestamentlicher Überlieferung wird die Unterwelt dementsprechend verstanden als Ort völliger Gottesferne und des Getrenntseins von Gott, von dem es keine Rückkehr gibt. D. h. aber: Der alttestamentliche Glaube hat über Jahrhunderte hin – bis in die Perserzeit – keine Auferstehungshoffnung entwickelt, die es erlaubt hätte, den Tod und damit auch die Toten in das durch den Glauben bestimmte Weltbild in positiver Weise zu integrieren.

Das ändert sich – möglicherweise durch religiöse Einflüsse aus Persien – in den späten Überlieferungsschichten des Alten Testaments einerseits durch die Überzeugung, dass Gottes Macht und Gegenwart bis in die Unterwelt reicht (Am 9,2; Ps 139,8), andererseits durch die Gewissheit, dass die Gerechten nicht in die Unterwelt kommen, sondern von Gott zum ewigen Leben auferweckt werden (II Makk 7,9 und 14; IV Makk 13,16; Lk 16,22).

Damit bahnt sich – durch die Universalisierung des Gottesgedankens und die Einbeziehung der Auferstehungshoffnung – eine Ausweitung des biblischen Weltbilds an, die im Neuen Testament bereits vorauszusetzen ist, wenngleich Spuren der Auseinandersetzung um diese Ausweitung noch erkennbar werden (Mk 12, 18–27).

In Verbindung mit dieser – wiederum geschichtlich bedingten – Ausweitung des Weltbilds über den Tod hinaus, die man als „apokalyptisches Weltbild" bezeichnet, ist dann der Gedanke entstanden, dass die über Heil und Unheil entscheidende Zukunft bereits jetzt bei Gott – im „Himmel" – aufbewahrt ist, von dort her in die irdische Wirklichkeit einbrechen und sie zu ihrer endgültigen

Bestimmung bringen wird. Diese jetzt noch dem menschlichen Auge verborgene Wirklichkeit wird dem apokalyptischen Seher durch göttliche Offenbarung erschlossen und kann darum von ihm verkündigt werden.

In Aufnahme und Überbietung dieser Vorstellung tritt Jesus von Nazareth auf und verkündigt das Kommen Gottes bzw. der Herrschaft Gottes als bereits jetzt anbrechend. Damit wird sowohl die strikte Trennung zwischen Jenseits und Diesseits als auch die zwischen Zukunft und Gegenwart zumindest durchbrochen, wenn nicht sogar aufgehoben. In der lehrmäßigen Reflexion dessen, die schon im Neuen Testament selbst beginnt und sich dann in der Alten Kirche fortsetzt, kommt dies auf zweierlei Weise zum Ausdruck: einerseits durch das Bekenntnis zu Jesus als dem Christus, Gottessohn und Offenbarer Gottes, in dem und durch den Gott selbst in der Welt gegenwärtig ist; andererseits durch die Überzeugung, dass das von der Zukunft erwartete Heil bereits gegenwärtig erfahrbar ist und so der Mensch im Glauben an Jesus Christus bereits das endzeitliche Gericht hinter sich hat und vom Tod zum Leben durchgedrungen ist (Joh 5,24; I Joh 3,14).

Für das christliche Weltbild hat insbesondere das Verständnis Jesu als Vergegenwärtigung Gottes in der Welt in mehrfacher Hinsicht weitreichende Konsequenzen:

Das Ereignis der Menschwerdung Gottes in Jesus Christus wird verstanden als die Erfüllung der Zeit (Gal 4,4) bzw. als die „Mitte der Zeit" (H. Conzelmann), aufgrund deren die gesamte Geschichtserfahrung geordnet wird in eine Zeit der Erwartung und Verheißung ante Christum und eine Zeit der Erfüllung und Heilserfahrung post Christum natum. Das schließt zwar nicht aus, dass es eine Hoffnung auf eine endgültige Erfüllung gibt, in der die Macht des Bösen nicht nur durchbrochen, sondern überwunden und abgetan ist, und in der auch der Tod aufgehoben ist, aber die entscheidende Zäsur steht aus christlicher Sicht nicht noch aus, sondern ist bereits in Jesus Christus geschehen.

In scheinbarer Spannung zu dieser Geschichtsinterpretation, tatsächlich jedoch in deren theologisch vertiefter Reflexion gelangt das Neue Testament zu der Einsicht, dass Christus, wenn er als Inkarnation Gottes verstanden werden muss, auch schon als *Schöpfungs*mittler zu verstehen ist (Joh 1,3; I Kor 8,6; Kol 1,15-17; Hebr 1,2; Apk 3,14). Das Neue Testament nimmt damit einen Ansatz aus der Weisheitsliteratur auf (Prov 8,22-31; Weish 7,21; 8,6; 9,1 f.), der zufolge die in der Geschichte offenbar gewordene Weisheit bereits die Mittlerin und Ratgeberin Gottes bei der Schöpfung der Welt war. Indem das Neue Testament und das Urchristentum die Sophia- und Logostradition miteinander verbindet und auf Jesus Christus anwendet, wird unübersehbar, dass der Christusglaube selbst ein entscheidendes Element des christlichen Weltbildes ist. Auf ihn hin ist die Welt erschaffen und in ihm kommt die Bestimmung des Menschen zu ihrer Erfüllung.

Dieser selbe Denkansatz führt schließlich zu den Aussagen von Christus als dem Kosmokrator, also dem Herrscher über das Universum, dem im Durchgang durch Tod und Auferstehung „alle Gewalt gegeben" ist (Mt 28,18).

Antikes und mittelalterliches Verständnis der Welt als Kosmos und Ordo

So, wie das alttestamentliche Israel sich erst durch die Begegnung mit den altorientalischen Naturreligionen zur Ausarbeitung seines Verständnisses der geschaffenen Welt in Gestalt von Schöpfungserzählungen, -psalmen und -lehren veranlasst sah, so wurde für das neu entstehende Christentum erst die Begegnung mit der antiken Philosophie – in ihren verschiedenen Spielarten – zur Herausforderung für die Explikation einer christlichen Ontologie und Kosmologie. Beide Vorgänge sind auch insofern nicht nur vergleichbar, sondern gleichartig, als das alttestamentliche ebenso wie das neutestamentliche „Weltbild" dabei sowohl in Anknüpfung und Übernahme zeitgenössischer Elemente, als auch in Abgrenzung von ihnen entwickelt wurde. Das ist insofern von grundlegender Bedeutung, als darin dreierlei zum Ausdruck kommt:

- zunächst die Einsicht, dass der biblische Glaube – alttestamentlicher wie neutestamentlicher Provenienz – um seines Charakters als umfassenden Wirklichkeitsverständnisses willen auch der Entfaltung seiner weltbildhaften, kosmologischen Implikationen bedarf;
- sodann die Einsicht, dass die Erkenntnis der geschaffenen Wirklichkeit grundsätzlich *allen* Menschen aufgegeben und grundsätzlich möglich ist, also kein Spezifikum bloß des biblischen Glaubens darstellt;
- schließlich die Einsicht, dass auch die weltbildhaften Aussagen dem christlichen Glauben gegenüber nicht neutral und von ihm letztlich unabhängig wären, sondern dass nur solche kosmologischen und naturphilosophischen Interpretationselemente vom biblischen Glauben her angeeignet werden können, die mit der in ihm vorausgesetzten bzw. enthaltenen Sicht der Wirklichkeit, insbesondere mit der für sie charakteristischen Verhältnisbestimmung von Gott und Welt vereinbar sind.

Von diesen Grundsätzen her kommt es schon in der Zeit der Alten Kirche einerseits zur positiven Anknüpfung an Elemente der platonischen, aristotelischen und stoischen Philosophie, vor allem hinsichtlich der Ursprungsbeziehung der endlichen Welt zu Gott und im Blick auf die – daraus resultierende – Wohlordnung und Zielgerichtetheit der geschaffenen Welt. Andererseits verhält sich die kirchlich zur Geltung kommende christliche Theologie von

Anfang an ablehnend gegenüber philosophischen Deutungsansätzen, denen zufolge die Welt als Zufallsprodukt, als gottwidrige Sphäre oder als ewiger Kreislauf verstanden wird. Daraus resultierte eine grundsätzlich ablehnende Einstellung zu atomistischen und gnostischen Weltbildern und ein ambivalentes Verhältnis zur stoischen Wirklichkeitsdeutung.

Der im Zentrum des altkirchlichen und mittelalterlichen christlichen Weltbilds stehende Gedanke von der Welt als von Gott geschaffenem und wohlgeordnetem Kosmos, in dem auch das Böse und das Übel seinen Platz hat, forderte geradezu die Ausarbeitung dieses Zusammenhangs in Gestalt von kosmologischen und teleologischen *Gottesbeweisen*, wie sie über das ganze Mittelalter hinweg (siehe insbesondere Anselm von Canterbury und Thomas von Aquin) bis in die Neuzeit (siehe insbesondere Descartes und Leibniz) nicht nur in fast unbestrittener Geltung standen, sondern geradezu als unbestreitbare praeambula fidei galten, die bei gesundem Menschenverstand gar nicht bestritten werden könnten.

Abb. 3. Cosmographia Teologica von Piero de Puccio, Pisa – Camposanto Monumentale, *Copyright:* Opera Primaziale Pisana

Aber im Lauf der Zeit wurde der schöpfungstheologisch fundierte Gott-Welt-Zusammenhang immer stärker auch in Richtung auf naturkundliche und naturwissenschaftliche Impulse fruchtbar. Die wunderbaren Zusammenhänge der Natur – von den Atomen bis zu den Galaxien – zu erforschen, galt nicht nur als legitimer Ausdruck des dem Menschen gegebenen Schöpfungsauftrags, sondern als innere Konsequenz des Schöpfungsglaubens und damit als intellektueller Beitrag zum Lob des Schöpfers. So wurde der Schöpfungsglaube des christlichen – ebenso wie des jüdischen und islamischen – Glaubens zu einem der kräftigsten Motive und Motoren für die seit dem Mittelalter entstehenden und sich entwickelnden Naturwissenschaften.

Trug in alledem der Mensch durch seinen Erkenntnisdrang und seine Forschertätigkeit zur Erhöhung und Vergrößerung der Ehre Gottes bei, so befestigte umgekehrt gerade dieses theozentrische Weltbild zugleich die zentrale Stellung und Bedeutung des *Menschen* in der Welt. Ansatzweise ergab sich dies bereits aus dem alttestamentlichen Verständnis des Menschen als Bild Gottes. Aber erst die für den christlichen Glauben zentrale Erkenntnis, dass Gott um des menschlichen Heils willen in Jesus Christus selbst menschliche Gestalt angenommen hat, erlaubte und erforderte es, an dieser Zentralstellung des Menschen auch angesichts der in die Schöpfung eingebrochenen Macht der Sünde und des Bösen festzuhalten. Was in der Natur schon vorbereitet war, wurde durch die Gnade zur Vollendung gebracht. Und mit diesem soteriologischen Zielpunkt ist zugleich der erkenntnistheoretische Ausgangspunkt benannt, von dem aus die kosmologischen Aussagen des altkirchlichen und mittelalterlichen Weltbildes formuliert bzw. rezipiert und entgegenstehende Aussagen abgelehnt bzw. verworfen wurden.

Die soteriologisch begründete Zentralstellung des Menschen in diesem Weltbild findet ihren Ausdruck auch in der Verhältnisbestimmung von Welt und Mensch im Schema von Makrokosmos und Mikrokosmos. Damit ist nicht nur gesagt, dass der Mensch als ein Kosmos im Kleinen an derselben Ordnungsstruktur partizipiert wie das Weltall im ganzen, sondern auch, dass der Mensch durch seine Teilhabe sowohl an der intelligiblen als auch an der sinnlichen Welt so etwas wie ein Bindeglied darstellt, durch das die göttliche Wirklichkeit mit der materiell-stofflichen Wirklichkeit dieser Welt verbunden ist und durch das sie in ihr wirksam wird (Erst- und Zweitursache).

Von noch größerer Bedeutung und Wirkung ist die Theorie der Zeit, die Augustin im 10. Buch seiner Confessiones entwickelt und dem christlichen Weltbild dauerhaft eingefügt hat. Die epochale Leistung dieser Zeittheorie besteht darin, dass Augustin die physikalisch gemessene Zeit als abkünftigen, sekundären Modus der Zeiterfahrung durchschaut und die ursprüngliche Zeiterfahrung als „distentio animi" zur Geltung bringt, in der die Zeitmodi von Vergangenheit, Zukunft und Gegenwart miteinander verbunden und vermittelt sind. Die am Planetenumlauf orientierte zyklische Zeitwahrnehmung wird auf diese Weise in die lineare, geschichtliche Zeiterfahrung integriert, was sich bis in die großen physikalischen und erkenntnistheoretischen Paradigmenwechsel der Neuzeit hinein als eine der folgenreichsten Erweiterungen und Vertiefungen des Weltbilds erweisen wird.

Umbrüche des Weltbilds in Renaissance und Reformation

Unter Aufnahme platonischer und augustinischer Einflüsse bereiten sich im 14. und 15. Jahrhundert bei Petrarca, Nikolaus von Kues sowie bei Pico della Mirandola die großen Umbrüche im Weltbild vor, die dann für die gesamte Neuzeit charakteristisch werden sollten. Sie sind durch verschiedene, geradezu disparat wirkende Elemente bedingt und beeinflusst: durch die Entdeckung des Naturerlebnisses, die Verabschiedung eines geschlossenen Weltbilds, die Aufnahme des Gedankens der coincidentia oppositorum sowie die Preisgabe der Vorstellung von der Analogie alles Seienden. Mit diesem Aufbrechen des festgefügten mittelalterlichen Weltbildes verliert einerseits der Mensch seinen festen, zentralen Ort im Universum und wird hineingezogen in die zentrifugalen kosmischen und kosmologischen Entwicklungsprozesse, andererseits ist ihm genau dies gar nicht anders als durch seine subjektive Erfahrung und sein begrenztes Denken zugänglich.

Die für die beginnende Neuzeit charakteristische Entdeckung der erkenntnistheoretischen Bedeutung des menschlichen Subjekts auch und gerade für das Weltbild läuft also paradoxerweise parallel zu dem Erkenntnisprozess, durch den die Erde – und mit ihr der sie bewohnende Mensch – immer mehr aus dem Zentrum an den Rand des Weltbilds gerät. Damit verliert zugleich die Vorstellung eines Weltbildes, genauer gesagt: einer „Cosmographia" (s. o. S. 248, Abb. 3) an Präzision und Kontur. An die Stelle der geschlossenen, hierarchisch geordneten Welt tritt die Vorstellung vom unendlichen Universum, das sich zeitlich und räumlich ausdehnt, Prozesscharakter hat und sich deswegen jeder Begrenzung und Grenzziehung – also auch „Definition" – grundsätzlich entzieht. Das hat aber nicht nur Auswirkungen für das menschliche Erkennen und Erfassen der Welt, sondern zugleich für die Bestimmung des Verhältnisses von Gott und Welt.

Im philosophischen und theologischen Denken jener Umbruchszeit wird diese neue Situation auf unterschiedliche Weise bearbeitet: z. B. durch die Aufnahme der Vorstellung von der Weltseele, die den Makrokosmos durchdringt und im Menschen als einem gottähnlichen Geistwesen ihr Erkenntnisorgan und ihre Aufnahme in der Welt findet, von wo aus sich neue, ganzheitliche, geheimwissenschaftliche Zugänge zu den Grundlagen von Medizin, Physik, Chemie und Astronomie ergeben.

Einen ganz anderen Weg beschreitet die reformatorische Theologie, die ihren Ausgang nicht bei der spekulativen Weltbetrachtung und -reflexion nimmt, sondern bei der existenziellen Gott-Mensch-Beziehung, in der es um

Heil und Unheil, Gelingen und Scheitern des menschlichen Daseins geht. Die reformatorische Rechtfertigungslehre wird von daher bei Luther nicht nur zum Zentrum der Anthropologie (Definition des Menschen: „Hominem iustificari fide" WA 39/1,176,34 f.), sondern auch der Kosmologie, genauer gesagt: des Welt- und Wirklichkeitsverständnisses („Von diesem Artikel [sc. der Rechtfertigung] kann man nichts weichen oder nachgeben, es falle Himmel und Erden …" Schmalkaldische Artikel, Teil I).

Von da aus erschließt sich für Luther auch der Zugang zur Schöpfungslehre, die – unter Aufnahme biblischer Ansätze – ihr Zentrum in der Existenz des gegenwärtigen Menschen inmitten seiner Lebenswelt findet („Ich glaube, dass mich Gott geschaffen hat samt allen Kreaturen …", Auslegung des 1. Artikels im Kleinen Katechismus), und sie findet ihren Interpretationshorizont in den soteriologischen Aussagen, die dem Rechtfertigungsgedanken entstammen („… und das alles aus lauter väterlicher, göttlicher Güte und Barmherzigkeit ohn all mein Verdienst und Würdigkeit", a.a.O.). Gerade diese unverdient und unverdienbar, geschenkweise zuteilwerdende Daseinsverfassung wird in der reformatorischen Theologie und Frömmigkeit zum Grund der „Freiheit eines Christenmenschen", die sich einerseits als innere Unabhängigkeit gegenüber allen irdisch-menschlichen Autoritäten, andererseits als umfassende Inanspruchnahme zum Dienst im Interesse des Nächsten erweist. Die bei alledem vorausgesetzte relationale Ontologie, die der reformatorischen Rechtfertigungslehre zugrunde liegt, bringt den amor Dei zur Geltung als den kreativen Grund der geschaffenen Welt, der vom amor hominis kategorial unterschieden ist, aber in der Agape seine geschöpfliche Entsprechung findet. Gerade diese kategoriale Unterschiedenheit ermöglicht es aber – etwa in der lutherischen Abendmahlslehre – die Gegenwart Gottes in der Welt so zu denken und zur Sprache zu bringen, dass Gott nicht nur als ihr kreativer, stets Neues schaffender Grund gedacht werden muss, sondern sich in ihr als die heilsame Wahrheit für den Menschen erfahrbar macht.

Diese soteriologische Konzentration, die weithin dem biblischen Ansatz entspricht, entbindet zugleich eine große Freiheit zur vernunftgeleiteten Welterkenntnis und -gestaltung, die ebenfalls eine Form der „Freiheit eines Christenmenschen" darstellt. Diese Haltung leistet zugleich einen Beitrag zur Pluralisierung, Perspektivierung und Fragmentierung von Weltbildern, wie sie für die neuzeitliche Entwicklung im Allgemeinen und für die naturwissenschaftliche und naturphilosophische Entwicklung des Weltbilds im 20. Jahrhundert im Besonderen charakteristisch werden sollte.

Veränderungen des Weltbilds in der Neuzeit

Das 16. Jahrhundert brachte nicht nur durch die Reformation eine Erneuerung der Kirche mit sich, sondern auch durch neue naturwissenschaftliche

Entdeckungen und naturphilosophische Überlegungen die Verabschiedung des alten geozentrischen Weltbildes, das eine Synthese aus aristotelischer Philosophie und biblischen Schöpfungsberichten darstellte. Kopernikus vertrat in seiner Schrift De revolutionibus orbium coelestium die These, dass nicht die Erde, sondern die Sonne den Mittelpunkt des Universums darstelle. Diese Ansicht wurde in den folgenden hundert Jahren durch Forschungen, u.a. von Kepler und Galilei, untermauert. Damit kam es endgültig zum Bruch mit der mittelalterlichen Vorstellung von der Erde als Zentrum des Universums – und teilweise auch zum Konflikt mit den kirchlichen Autoritäten, die um des biblischen Wortlauts willen oder aus Angst um die Zentralstellung von Erde und Mensch am alten Weltbild festhielten. Die Astronomen selbst betrachteten ihre Erforschungen als lobenden Dienst an der Schöpfung Gottes, der dem christlichen Glauben entsprach. So konnte Kepler auf die kirchlichen Einwände und Ängste tiefsinnig erwidern, dass die Randstellung von Erde und Mensch ein Zeichen dafür sei, dass Gott das Geringste zum Heil auserkoren habe. So konvergieren bei ihm Rechtfertigungsglaube und Naturerkenntnis, ohne ineinander zu fallen.

Ein weiterer Schritt wurde getan, als 1687 der englische Mathematiker und Naturforscher Isaac Newton seine „Mathematische Prinzipien der Naturlehre" veröffentlichte. Das von ihm entdeckte Gravitationsgesetz sowie seine Bewegungsgesetze bilden das Fundament für die Einheit des neuen Weltbildes durch kausale Erklärung. Es wird erst die Entdeckung der Relativität von Raum und Zeit zu Beginn des 20. Jahrhunderts sein, die zu einer Abkehr von der strengen, klassischen Physik im Sinne Newtons zwingt. Auch Newton ist bei seiner Arbeit davon überzeugt, dass er nur die Schöpfungsgedanken Gottes, die sich in den Naturgesetzen ausdrücken, nachdenkt. Mathematik als intellektueller Gottesdienst. Das Weltbild der Neuzeit ist seit den Tagen Newtons geprägt von der mathematischen Methode. Es geht also nicht mehr – wie beim aristotelischen Weltbild – darum, die Wirklichkeit mit Hilfe teleologischen Denkens qualitativ zu beschreiben. Vielmehr gilt als „wirklich" im Sinne der Naturforschung nur das, was sich quantifizieren, also in mathematische Schemata einordnen lässt. Hinzu kommt die neue Bedeutung des Experiments, das seit Francis Bacon die Grundlage der naturwissenschaftlichen Forschung bildet und dessen Ziel die Erklärung sowie die Veränderung der natürlichen Umwelt des Menschen durch Technik ist: die äußere Natur wird zum Zwecke des Menschen und auf Grundlage seiner Erkenntnisse zu seinem Nutzen „ding"fest gemacht. Dabei bildet die christliche Auffassung von der Gottebenbildlichkeit des Menschen die Hintergrundfolie für die Ausbildung zweckrationaler Wissenschaft als Kulturgut. Im „dominium terrae" des Menschen, in seinem Schöpfungsauftrag zur Herrschaft und zum Gebrauch der Natur zu seinem Nutzen (Gen 1,27f.), kommt dies – wie eingangs gesagt – zum Ausdruck.

Der christliche Glaube und sein Weltbild haben also das Aufkommen der modernen Naturwissenschaften in der Neuzeit in erheblichem Umfang ermöglicht und befördert. Naturwissenschaft war zumindest bis zur Zeit der Aufklärung durch und durch eine Angelegenheit, die mit dem christlichen Glauben einherging, ja letztlich aus ihm hervorging. Sie ist selbst ein Kulturgut auf dem Boden des christlichen Weltbildes. Der eigentliche Streit begann erst dort, wo man den Kosmos in seiner kausalen Geordnetheit und Harmonie nicht mehr als Ausdruck des heilvollen Schöpferwillens Gottes betrachtete, sondern Gott lediglich als Welturheber im Sinne des Deismus ansah. Diese deistische Weltbetrachtung bildete oft die Vorhut für die gänzliche „Verabschiedung Gottes aus der Welt". Dies geschah erstmalig mit Breitenwirkung wohl in der materialistisch orientierten Aufklärung der Enzyklopädisten. Bis dahin blieben Konflikte zwischen dem neuzeitlichen Weltbild und dem christlichen Glauben auf die Interpretation und Einordnung von supranaturalen Ereignissen, wie Wunder und Auferstehung, beschränkt.

Dennoch widmete die Theologie gerade im Zeitalter der Aufklärung der Beschäftigung mit den Naturwissenschaften große Aufmerksamkeit. Es bildete sich eine eigene Schulrichtung von „Physikotheologen", welche die durch die Forschung festgestellte harmonische Ordnung von Welt und Natur als Beleg für Gottes Existenz und die Güte seiner Schöpfung deuteten.

Als besonders einflussreich erwies sich die Philosophie von Gottfried Wilhelm Leibniz. Dieser hatte in seiner Theodicée den Versuch unternommen, die bestehende Welt als die beste aller möglichen Welten zu erweisen und damit Gott als ihren Schöpfer zu rechtfertigen. Die harmonische Ordnung der Welt und die Naturgesetze in ihrer Allgemeinheit würden die Güte des Schöpfers und seines Werkes ersichtlich machen. Es waren also gerade Erkenntnisse aus der Mathematik, Astronomie und Physik sowie der aufkommenden biologischen Naturforschung, die dem Christen Leibniz die Aussage von Gen 1,31 („Und siehe, es war sehr gut.") als mit der Wirklichkeit der Welt übereinstimmend erscheinen ließen. Freilich blieb diese Auffassung umstritten.

Spätestens seit dem Durchbruch der kantischen Philosophie geriet die Leibniz'sche Lösung ins Wanken. Immanuel Kant hat die zentrale Bedeutung der stets begrenzten menschlichen Vernunft für alle Erkenntnis herausgestellt. Nach Kant ist der Vernunft sowohl das „Ding an sich", als auch die Erfassung von Gott, Welt und Seele verwehrt. Sie kann nur das einsehen, was sie selbst durch ihre Verstandeskategorien aufgrund des Materials der sinnlichen Erfahrung mit hervorgebracht hat. Wohl aber postuliert die Vernunft notwendigerweise gewisse transzendentale Ideen, die gleichsam den Horizont für die Vernunfterkenntnis bilden. Neben Gott und der Seele ist die Welt als Grenzbegriff für „die absolute Totalität des Inbegriffs existierender Dinge" (KrV A 419/B 447) eine solche transzendentale Idee. So betrachtet ist das Weltbild immer ein durch Erfahrung und Vernunftstruktur bestimmtes und insofern von der menschlichen Vernunft hervorgebrachtes Gebilde. Damit ist der Vernunft aber der Einblick in das Verhältnis zwischen Gottes Weisheit und der Beschaffenheit der Welt verwehrt. Eine „doktrinale Theodizee" – wie Leibniz sie versucht hatte – ist demnach für Kant grundsätzlich unmöglich.

Die Anthropozentrik taucht auch im Bereich der praktischen Vernunft, im Reich der Freiheit auf. Der Mensch findet sich als freies Wesen vor. Man kann sich das an Kants Formulierung vom Menschen, der allein „jederzeit als Zweck an sich selbst betrachtet" werden muss (GMS BA 67), verdeutlichen. Kant wird sich zeit seines Lebens daran abmühen, die Welt des kausal-determinierten Naturzusammenhangs (phainomena) mit der Welt der sittlichen Freiheit (noumena) zu verbinden. Bis in seine Spätschriften (Opus postumum) ringt er um eine solche Synthese angesichts der Tatsache, dass Lebewesen und Organismen in sich eine Einheit bilden, die regelgeleitet ist und eine gewisse teleologische Ausrichtung aufweist.

Es mag wie Ironie anmuten, dass die Erkenntnisse der Naturwissenschaften immer eindringlicher einschärfen, dass Mensch und Erde eine Randstellung im Kosmos einnehmen, zugleich aber die Philosophie entdeckt, dass alle Erkenntnis abhängig ist vom menschlichen Subjekt. Diese nicht einholbare Dialektik tritt insbesondere im Denken Kants scharf hervor.

Friedrich Schleiermacher beschwor – inspiriert durch J.G. Herder – eine „Vollendung der Reformation" (Vgl. 2. Sendschreiben an Lücke, S. 149), die in einem friedlichen Einklang zwischen Glauben und Naturforschung bestehen sollte. Es kam aber gerade aufgrund seiner Wirkungsgeschichte anders. Theologie und Kirche vollzogen für die nächsten 150 Jahre einen regelrechten „Abschied von der Kosmologie" (U. Barth). Das Thema „Welt" wurde in Philosophie und Theologie immer mehr eingeengt auf die menschliche Geschichte, ihre Kultur und Gesellschaftsentwicklung. Für die Natur waren hinfort allein die Naturwissenschaften zuständig. Damit geriet der christliche Schöpfungsglaube in die Gefahr, marginal zu werden. War noch Kants Denksystem zutiefst geprägt durch die christliche Überzeugung von der Sinn- und Zweckhaftigkeit der äußeren, sinnlichen Welt und der Stellung des Menschen in ihr, so konzentrierte man sich nun in der Theologie voll und ganz auf die innere, geistige Welt des Menschen. Deren äußeren Rahmenbedingungen schenkte man kaum Aufmerksamkeit. So musste es fast zwangsläufig zu einem Konflikt kommen, als es durch neueste, diesmal biologische Forschungen ein weiteres Mal zu einer „Kränkung des Menschen" kam.

1859 veröffentlichte Charles Darwin sein berühmtes Werk „Über die Entstehung der Arten". Damit wurde mit guten Gründen die Entstehung der Arten aus einem evolutiven Prozess postuliert. Als treibende, selektive Kräfte der Evolution stellten sich die Größen Mutation und Anpassung heraus. Fortan wusste der Mensch sich in einem unmittelbaren Abstammungsverhältnis zu seinen tierischen Vorfahren. Um seine angebliche Sonderstellung war es also noch schlechter bestellt, als bisher angenommen. Aufseiten christlicher Glaubensgemeinschaften brach ein regelrechter Sturm der Entrüstung angesichts dieser Infragestellung aus. Die heutigen „Kreationisten" in Nordamerika, welche die biblischen Schöpfungserzählungen als naturwissenschaftliche Aussagen über die kosmischen Entstehungsvorgänge betrachten, sind späte Nachfahren dieser Entrüstung. Darwin selbst freilich wertete seine Erkenntnisse in analoger Weise wie seine Vorgänger Galilei und Kopernikus als Zeugnisse für die erstaunliche Präzision der Schöpfertätigkeit Gottes. Dem stimmten auch manche Theologen zu. Prominent wurde eine Gruppe anglikanischer Theologen, die 1889 unter dem bezeichnenden Titel „Lux Mundi" eine Aufsatzsammlung herausgaben, in der es ihnen u.a. um eine positive Rezeption der Evolutionstheorie in der Theologie ging. Ihre These war, dass die weltbildlichen Konsequenzen, die aus Darwins Erkenntnissen zu ziehen waren, durchaus christlich gedeutet werden konnten. Ausgehend vom zentralen Gedanken der Menschwerdung Gottes in Jesus Christus versuchte man erneut, dessen kosmologische Bedeutung herauszustellen. Mehr noch als früher konnte man dabei das christliche Spezifikum des Schöpfungsgedankens in den Mittelpunkt rücken: Die Inkarnation des Logos des Schöpfers bildet den Höhepunkt einer evolutiven Entwicklung. Vor allem in der Rationalität des Menschen und seiner Fähigkeit zur Erkenntnis wird dies paradigmatisch sichtbar. Im christlichen Heilsgeschehen von Kreuz und Auferstehung kommt dann der Sieg des Logos über Sünde und Tod zum Ausdruck. Schöpfung und Erlösung werden hier aufs engste miteinander verbunden. In der Inkarnation Gottes in Christus wird der Sinn der Schöpfung endgültig klar. Angelegt ist dieser Sinn schon in den verschiedenen Stufen der evolutiven Entwicklung hin zu dieser Menschwerdung. Die Evolution ist der Modus, wie Gott den Sinn seiner Schöpfung allmählich aufzeigt.

Die Evolutionstheorie sowie der technische und wissenschaftliche Fortschritt beflügelten im 19. Jahrhundert die Wissenschaftler so sehr, dass mancher, wie z. B. Ernst Haeckel meinte, den Schlüssel für die Welterklärung gefunden zu haben. „Die Welträtsel" schienen bis auf wenige Details gelöst zu sein, konnte man doch den Kosmos wie den Entstehungsvorgang der Lebewesen und Organismen restlos erklären. Das naturwissenschaftliche Weltbild konnte allgemeine Gültigkeit beanspruchen. Die Religion überließ man der Religionskritik zur Destruktion. So betrachtet war das 19. Jahrhundert durch seine weltanschaulichen Paradigmen des Materialismus und Positivismus zutiefst anti-religiös geprägt. Jedoch vergaß man allzu leicht, dass auch diese Paradigmen auf impliziten weltanschaulichen Grundannahmen beruhten, die keineswegs aus ihnen selbst abzuleiten waren. Das positivistische Denken der Naturwissenschaftler ging wie selbstverständlich davon aus, dass Welt und Natur „an sich" für den Menschen erkennbar und damit auch verfügbar waren. Aber für diese Prämissen gab es außer ihrer scheinbaren Plausibilität und weitgehenden Akzeptanz keine stichhaltigen Gründe.

So ist es nur verständlich, dass die bahnbrechenden Umbrüche in der Wissenschaftsgeschichte der ersten Jahrzehnte des 20. Jahrhunderts das ganze klassische Weltbild der Naturwissenschaften ins Wanken brachten. Mit Einsteins Formulierung der Relativitätstheorie und mit der Entdeckung der Quantensprünge im subatomaren Bereich erkannte man plötzlich, dass zahlreiche Grundannahmen der klassischen, Newton'schen Physik in vielen Bereichen der Wirklichkeit keine Gültigkeit besitzen. Raum und Zeit sind keineswegs als absolute Größen zu betrachten, sondern sind voneinander abhängig. Eindeutige Vorhersagbarkeit von Ereignissen aufgrund von kausalen Gesetzmäßigkeiten stellte sich als zu simpel konstruiert heraus. Mehr noch: Selbst Ergebnisse experimenteller Forschung sind entscheidend abhängig von der Art des Beobachtungsvorgangs, damit vom Forschersubjekt selbst. Will man diese Entwicklungen zusammenfassen, dann könnte man sagen, dass die Kontingenz, der Zufallsfaktor, in die bis dahin mit strengen Gesetzmäßigkeiten arbeitende Naturwissenschaften „hereinbrach".

Die Ablösung des statischen Weltbildes der klassischen Physik durch ein Verständnis von Welt als dynamisch-offenes Geschehen wirkte sich auch aus auf das philosophische und theologische Verständnis von Welt. Unter dem Titel „Process and Reality" veröffentlichte 1929 Alfred N. Whitehead eine philosophische Kosmologie, deren Hauptthese ist, dass der Kosmos als Prozess

Abb. 4. Cover von Jean Guitton et al., Gott und die Wissenschaft

zu denken ist. Demnach besteht die Welt auch nicht einfach aus festen Entitäten und Einzeldingen, sondern aus Ereignissen („occasions") und Einzelwesen („actual entities"), die ständig im Werden und Wandel sind und sich im ständigen Austausch miteinander befinden. Auch der Mensch ist in diesen Prozess eingebettet. Ihm kommt insofern keine ausgezeichnete Sonderstellung zu. Seine Eigenart besteht lediglich darin, dass er um diese Prozesse wechselseitiger Bestimmung wissen kann. Whitehead hat auch „Gott" in diesen kosmologischen Rahmen eingezeichnet. Seine Entität unterscheidet sich darin von den anderen, dass sie dauernd und ewig ist. Dabei bestehen in Gott zwei Naturen: Seine „primordial nature" (erste Natur) ist der Grund der Ordnung der Dinge im Kosmos sowie aller ihrer möglichen Ereignisformen. Zudem gibt sie jeder wirklichen Gegebenheit eine ursprüngliche Zielsetzung („initial aim"). Die Folgenatur Gottes („consequent nature") garantiert den wirklichen Dingen, nachdem sie geschehen sind, durch Aufbewahrung ihre „objektive Unsterblichkeit". So wird Gott gleichsam durch die Geschehnisse der Welt angereichert und zugleich besteht ein wechselseitiger Einfluss zwischen Gott und allen anderen Einzelwesen. Gott wird als „fellow-sufferer, who understands" (Process and Reality, S. 351) angesehen.

Von daher wird verständlich, dass Theologen, wie z. B. John B. Cobb, im Anschluss an die Prozessphilosophie das Gott-Welt-Verhältnis als Liebe bezeichnen konnten. Als übereinstimmend mit dem christlichen Weltbild konnte diese metaphysische Kosmologie, die sich auf die neueren physikalischen Erkenntnisse berief, auch deswegen erscheinen, weil sie zugleich ein hohes Maß an Freiheitsräumen für die Schöpfung übrig ließ. Zu ähnlichen Ansichten kamen Denker wie der amerikanische Philosoph Charles S. Peirce und der französische Jesuit und Paläontologe Pierre Teilhard de Chardin. Letzterer sah in der zunehmenden Komplexität der Strukturen in der Evolution eine ziellenkende Wirkung Gottes. Dieser leite immanent die sich evolutiv entfaltende Welt auf ihre letztendliche Konvergenz im Punkt „Omega", dessen Sphäre gekennzeichnet ist durch Geistigkeit und Liebe. Diesen Endzustand alles Werdens kann Teilhard verstehen als Wiederkunft Christi, in dem alle Individuen miteinander zum „Ultra-Ego" des kosmischen Christus verschmelzen.

Peirce dagegen betrachtete Kreativität als eigentliches Prinzip der Evolution: Ständig entstehen in ihr neue Erscheinungen und Strukturen, die sich wiederum einbetten in neue Regelmäßigkeiten („Verhaltensgewohnheiten"), die wiederum neue, unbekannte Stufen hervorbringen. Ein solcher Vorgang aus ständigen Neuschöpfungen und Einbettung derselben in neue Harmonien wird von ihm als Wirkungsweise der Liebe charakterisiert. Teleologisch ausgerichtet ist die Welt dabei auf einen Endzustand absoluter Harmonie, der freilich nicht deterministisch im Vorhinein feststeht. Diese Liebe als die kreative Macht der Evolution ist als personale Ursprungsmacht (Gott) zu verstehen. Die Welt ist damit in ihrem komplexen Geschehen von zunehmender Ordnung und Kreativität ein Zeichen Gottes.

Aus all dem ergab sich für das Verhältnis des christlichen Glaubens und seines Weltbildes zu den Erkenntnissen der Naturwissenschaft eine neue Ausgangslage. Freilich ist diese von der Theologie damals oft nicht rechtzeitig erkannt worden – rühmliche Ausnahmen wie z. B. Karl Heim bestätigen nur die Regel. Das ist umso bedauerlicher, als dadurch unnötigerweise die Überzeugung von einer unüberwindbaren Kluft zwischen christlichem und wissenschaftlichem Weltbild eingeführt bzw. befestigt wurde. Erweist sich doch gerade das aus einem Geschichtsbild entstandene Weltbild des christlichen Glaubens als anschlussfähig für die neuesten Entdeckungen naturwissenschaftlicher Grundlagenforschung. Schließlich ist es ein Charakteristikum schon des biblischen Welt- und Geschichtsbildes mit immer „Neuem", mit nicht vorhersehbaren Kontingenzen im Wirklichkeitsgeschehen zu rechnen, zugleich aber auf die Vollendung der Welt zu hoffen.

Zwei neuere Modelle der Verhältnisbestimmung von christlichem Glauben und Weltbild

In ausdrücklicher Anknüpfung an den theologischen Ansatz der Reformation hat Rudolf Bultmann durch sein so genanntes Entmythologisierungsprogramm die Weltbild-Thematik mit großer – von ihm so nicht beabsichtigter – Öffentlichkeitswirksamkeit zum Thema theologischer Auseinandersetzung gemacht. Die Initialzündung ging dabei von seinem 1941 gehaltenen Vortrag über „Neues Testament und Mythologie" aus. Dessen zentrale These lautete: Das – mythologische – Weltbild des Neuen Testaments, das dieses mit seiner Umwelt teilt, ist weder zu repristinieren noch zu eliminieren, sondern existential, d. h. auf das in der neutestamentlichen Botschaft enthaltene Existenzverständnis hin zu *interpretieren*. Dabei rechnet Bultmann jedoch durchaus mit Elementen dieses mythologischen Weltbildes, die nicht (mehr) zu interpretieren, sondern nur (noch) als „erledigt" zu bezeichnen und zu behandeln sind. Dabei war Bultmann der Auffassung, dass sein methodischer Ansatz sowohl dem Selbstverständnis des Neuen Testaments als auch dem Zentrum reformatorischer Theologie entsprach. Ersteres dadurch, dass das Entmythologisierungsprogramm dem neuzeitlichen Menschen, der sich zu Recht am mythologischen Weltbild stößt, einen Zugang zur Botschaft des Neuen Testaments erschließt, durch die den Menschen aller Zeiten neues Leben aus dem Glauben an Gottes unverfügbare Gnade angeboten und eröffnet wird. Letzteres dadurch, dass das Entmythologisierungsprogramm verstanden werden will als konsequente Durchführung der Rechtfertigungslehre für das Gebiet des Erkennens – ohne die Vorbedingung intellektueller Zustimmung zu einem überholten Weltbild.

In jüngster Zeit hat sich insbesondere Wolfhart Pannenberg dem Verhältnis von Theologie und Naturwissenschaft, christlichem Weltbild und Weltbild naturwissenschaftlicher Forschung zugewandt. Beide sind für ihn komplementär zueinander, indem sie aus unterschiedlicher Perspektive den gleichen Sachverhalt unter einem je spezifischen Gesichtspunkt beleuchten. So kann man in der relativen Gültigkeit der Naturgesetze einen Ausdruck der schöpferischen Treue Gottes sehen und den Schöpfungsprozess im Sinne einer creatio continua denken, also nicht auf den Anfang des Universums beschränken. Pannenberg widmete sich auch einem lange Zeit vernachlässigten Problem, dem der Wirksamkeit Gottes in der Natur. Durch die Geschlossenheit des Systems der klassischen Physik schien die wirkende Gegenwart Gottes des Schöpfers als nicht mehr plausibel. Angeregt durch die zuerst von Faraday begonnenen Erforschungen elektromagnetischer Felder, sieht Pannenberg hier einen Ansatzpunkt. Er stützt sich dabei auf die Vorgeschichte des Feldbegriffes, der sich ihm zufolge bis in die antiken Pneumalehren zurückverfolgen lässt. Wenn es also stimmt, dass physikalische Wirklichkeit sich durch Felder manifestiert, dann ist es nicht zwingend, dass Wirkungen innerhalb des physikalischen Systems nur von Körpern ausgehen können. Die körperlose Gottheit, die im Begriff des Pneumas als Feld gedacht wird, könnte so als das allen physikalischen Feldern zugrunde liegende Feld gedacht werden, das durch letztere wirkt, ohne in ihnen aufzugehen. Gerade an diesem Punkt wird allerdings deutlich, dass solche Versuche einer komplementären Deutung von physikalischen Prozessen und religiösen Vorstellungen sich in einem hohen Maße als spekulativ erweisen. Vorsicht erscheint an dieser Stelle daher dringend geboten. Auf keinen Fall darf es zu einer Vermischung der Ebenen kommen: Der Glaube bezieht sich auf das Verhältnis Gottes zu Welt und Mensch, die Naturwissenschaft beschreibt die empirische Wirklichkeit der Welterfahrung. Und dennoch zeigen solche Bemühungen, dass Religion und Naturwissenschaft sich nicht ausschließen, sondern sich in der Erfassung der gemeinsamen Wirklichkeit gegenseitig befruchten können.

Bei allen Unterschieden zwischen diesen beiden Modellen zeigen sich aber auch fundamentale Gemeinsamkeiten: In Bultmanns Redewendung von der „kritischen Interpretation" des Weltbilds und in Pannenbergs Modell einer komplementären Deutung kommen gleichermaßen zum Ausdruck:

- die Nicht-Identität zwischen Glauben und Weltbild,
- das Angewiesensein des Glaubens auf weltbildhafte Aussagen sowie
- der kriteriengeleitete, selektive Umgang mit Weltbildern.

In diesen drei strukturellen Merkmalen könnte etwas Wesentliches von dem zum Ausdruck kommen, was die Rede vom „Weltbild des christlichen Glaubens" in der Überschrift dieses Beitrags – bei Lichte besehen – meinen kann.

Systematischer Ertrag

In der langen Geschichte der Entwicklung und Veränderung des Weltbildes des christlichen Glaubens wurde sichtbar, dass Glaube und Wissen sich gegenseitig oftmals herausgefordert, mehr noch bedingt und manchmal widersprochen haben. Deutlich wurde aber, dass sich der Glaube als Glaube des Menschen, der sich immer schon in der Welt vorfindet, nicht einfach aus dieser Problemstellung zurückziehen kann. Weicht er angesichts der Forschung nur noch aus ins Reich der Innerlichkeit, dann verliert er mit seinem Weltbezug nicht nur seine Wirklichkeitsangemessenheit, sondern auch seine gestaltende Kraft.

Spätestens seit der Bedrohung durch die ökologische Krise und dem Aufkommen neuer, ungeahnter biotechnischer Möglichkeiten ist die ethische Relevanz und Reichweite von Weltbildern wieder ins Bewusstsein gerückt. Dabei zeigt sich, dass es mit Schlagworten wie „Bewahrung der Schöpfung" oder neuer Naturreligiösität nicht getan ist. Wir werden den Herausforderungen unserer Zeit nur dann gewachsen sein, wenn wir unser Verständnis von Welt rückbeziehen auf einen größeren Rahmen, von dem her wir Orientierung bekommen: nicht nur, wo wir in der Welt stehen und durch sie bestimmt werden, sondern auch wie wir uns in ihr zu ihrem und unserem Wohl zu verhalten haben. Solche Orientierungshilfen können die Religionen mit ihren Vorstellungen des Beziehungsgefüges von Gott-Welt-Mensch geben. In diesem Sinne ist ein christliches Weltbild immer abhängig vom dem ihm korrelierenden Gottes- und Menschenbild.

Von hier aus scheint es sinnvoll zu sein, abschließend in kurzen Thesen notwendige Bausteine für ein heute adäquates Weltbild des christlichen Glaubens zu skizzieren:

1. Der christliche Glaube beschreibt sein Weltbild immer unter Bezugnahme auf sein Gottesbild. Die Einheit des Weltzusammenhanges ist dabei gegründet in der Einzigheit und Einheit ihres göttlichen Ursprungs und Ziels.
2. Die Welt wird im Christentum verstanden als geschaffen. Welt als Schöpfung Gottes bedeutet dabei einerseits ihre relative Eigenständigkeit, andererseits ihren bleibenden Bezug auf ihren sie bejahenden kreativen Grund. Dies gilt auch für den Menschen als Teil der geschaffenen Welt.
3. Die Welt ist voraussetzungs- und bedingungslos erschaffen und erhalten. Dies meint die Theologie, wenn sie von der „Schöpfung aus dem Nichts" (creatio ex nihilo) und von der „fortdauernden Schöpfung" (creatio continua) spricht.
4. Der Mensch gewinnt seine besondere Stellung in der Welt dadurch, dass er zu Gottes Bild geschaffen ist. Diese Gottesebenbildlichkeit findet konkret darin ihren Ausdruck, dass die Welt ihm zur Gestaltung, Beherrschung und

Bewahrung anvertraut ist. Die Vernunft als Wirklichkeit erkennendes und gestaltendes Prinzip ist ihm dafür gegeben.

5. Ziel und Bestimmung der Schöpfung lassen sich nur aufgrund der Offenbarung des Schöpfers in Jesus Christus erfassen. Als Ebenbild des unsichtbaren Schöpfers zeigt sich in seinem Leben und Wirken, was der Sinn der Schöpfung von ihrem Ursprung her ist: die liebende Gemeinschaft des Schöpfers mit seinen Geschöpfen.

6. Sind Welt und Mensch durch ihre Erschaffung zur Gemeinschaft mit Gott als ihrem Schöpfer berufen, so ebnet das nicht die grundlegende Differenz zwischen Geschaffenem und Göttlichem ein. Die Endlichkeit von Welt und Mensch ist Zeichen für ihre bleibende Angewiesenheit auf die Ewigkeit des Unendlichen.

7. Indem der christliche Glaube Welt und Mensch in ihrer relativen Freiheit und letzthinnigen Bezogenheit auf Gott wahrnimmt, widerspricht sie der Absolutsetzung dieser beiden Größen. Zugleich befreit dies zu verantwortungsvollem Leben und Handeln in den Grenzen von Fehlbarkeit und Endlichkeit.

8. Der christliche Glaube erwartet – kontra-faktisch – durch das Ende und den Tod von Welt und Mensch hindurch die Vollendung ihrer schöpfungsgemäßen Bestimmung zur Gemeinschaft mit Gott. Das gibt seinem Weltbild einen weiten Horizont.

Literatur

Die Bekenntnisschriften der evangelisch-lutherischen Kirche (1998) Göttingen, 12. Aufl.

Bultmann R (1985) Neues Testament und Mythologie. Das Problem der Entmythologisierung der neutestamentlichen Verkündigung. hrsg. v. Jüngel E. München

Dürr H-P et al. (Hrsg.) (1997) Gott, der Mensch und die Wissenschaft. Augsburg

Ganoczy A (1998) Unendliche Weiten... Naturwissenschaftliches Weltbild und christlicher Glaube. Freiburg

Gräb W (Hrsg.) (1997) Urknall oder Schöpfung?. Zum Dialog von Naturwissenschaft und Theologie. Gütersloh, 2. Aufl.

Groh D (2003) Schöpfung im Widerspruch. Deutungen der Natur und des Menschen von der Genesis bis zur Reformation. Frankfurt a. M.

Guitton J, Bogdanov G, Bogdanov I (1996) Gott und die Wissenschaft. Auf dem Weg zum Meta-Realismus. München

Janowski B, Ego B (Hrsg.) (2001) Das biblische Weltbild und seine altorientalischen Kontexte. Tübingen

Kant I (1983a) Kritik der reinen Vernunft. In: Kant I, Werke in sechs Bänden. Hrsg. v. Weischedel W. Band II. Darmstadt

Kant I (1983b) Grundlegung zur Metaphysik der Sitten. In: Kant I, Werke in sechs Bänden. Hrsg. v. Weischedel W. Band IV: Schriften zur Ethik und Religionsphilosophie. Darmstadt

Kant I (1983c) Über das Misslingen aller philosophischen Versuche in der Theodizee. In: Kant I, Werke in sechs Bänden. Hrsg. v. Weischedel W. Band VI: Schriften zur Anthropologie, Geschichtsphilosophie, Politik und Pädagogik. Darmstadt

Leibniz GW (1996) Die Theodizee (2 Teile in 2 Bänden), Frankfurt a. M.
Moxter M (2003) Art. „Welt". In: Theologische Realenzyklopädie. Bd. 35. Berlin/New York, 538–544
Oeming M (2003) Art. „Weltbild 2. Altes Testament". In: Theologische Realenzyklopädie. Bd. 35, Berlin/New York, 569–581
Pannenberg W (1991) Systematische Theologie. Bd. 2. Göttingen
Pannenberg W (1995) Mensch und Universum – Naturwissenschaft und Schöpfungsglaube im Dialog. Regensburg
Peirce CS (1991) Naturordnung und Zeichenprozess. Schriften über Semiotik und Naturphilosophie. Hrsg. v. Pape H. Frankfurt a. M.
Peirce CS (1995) Religionsphilosophische Schriften. Hrsg. v. Deuser H. Hamburg
Polkinghorne J (2001) Theologie und Naturwissenschaften. Eine Einführung. Gütersloh
Schleiermacher F (1968) Über seine Glaubenslehre, an Herrn Dr. Lücke, 2. Sendschreiben. In: Schleiermacher-Auswahl mit einem Nachwort von Karl Barth. Hrsg. v. Bolli H. München/ Hamburg, 140–175
Schwöbel C (1991) Art. „Lux Mundi". In: Theologische Realenzyklopädie. Bd. 21. Berlin/New York, 621–626
Scriba A (2003) Art. „Weltbild 3. Neues Testament". In: Theologische Realenzyklopädie. Bd. 35, Berlin/New York, 581–587
Sparn W (2003) Art. „Weltbild 4. Kirchengeschichtlich/5. Systematisch-theologisch". In: Theologische Realenzyklopädie. Bd. 35, Berlin/New York, 587–611
Stolz F (2001) Weltbilder der Religionen. Kultur und Natur, Diesseits und Jenseits, Kontrollierbares und Unkontrollierbares. Zürich
v. Weizsäcker CF (1992) Die Geschichte der Natur. Göttingen, 9. Aufl.
v. Weizsäcker CF (2002) Große Physiker. Von Aristoteles bis Werner Heisenberg. München
Welker M (1997) Art. „Prozeßphilosophie/Prozeßtheologie" in: Theologische Realenzyklopädie. Bd. 27. Berlin/New York, 597–604
Whitehead AN (1978) Process and Reality. New York/London
Wölfel E (1981) Welt als Schöpfung (TEH 212), München

Heidelberger Jahrbuch, Band 47 (2003)
H. Gebhardt/H. Kiesel (Hrsg.): Weltbilder
© Springer-Verlag Berlin Heidelberg 2004

Metaphysik als Denken des Ganzen und des Einen im antiken Platonismus und im deutschen Idealismus

JENS HALFWASSEN

I

Weltbilder sind *Bilder* von der *Welt. Welt* meint dabei das Ganze dessen, was überhaupt ist, das Ganze des Seienden; es ist nicht eingeschränkt auf Natur oder Kosmos, sondern umfasst auch den Geist und seine Hervorbringungen in Kultur, Moral, Kunst, Religion und Wissenschaft sowie deren Geschichte. Das Begreifen dieses Ganzen gilt seit den vorsokratischen Anfängen des europäischen Denkens als die Aufgabe der Philosophie. *Bild* bedeutet, wenn von *Weltbildern* die Rede ist, kein Abbild, denn abbilden lässt sich immer nur Einzelnes, aber niemals das Ganze, sondern Bild meint hier *Sichtbarkeit*. Ein *Weltbild* intendiert die Sichtbarkeit des Ganzen der Wirklichkeit in dem, was die Wirklichkeit im Ganzen eigentlich und wesentlich ist. Wenn das Begreifen des Ganzen die Aufgabe der Philosophie ist, so scheint Philosophie damit als Produktion von Weltbildern bestimmt zu sein. Aber ist das eine angemessene Bestimmung der Philosophie? Und gilt sie für die gesamte Geschichte der Philosophie?

Martin Heidegger hat in einem berühmten Aufsatz die Neuzeit als die *Zeit des Weltbildes* charakterisiert: seit Descartes bemühe sich die neuzeitliche Philosophie und Wissenschaft, ein Bild von der Welt zu entwerfen und dabei verstricke sie sich in ein vorstellendes Zurechtlegen des Seienden, bei dem das wahre Wesen und die eigentliche Aufgabe des Denkens immer mehr verdeckt und vergessen würden.[1] Das Denken in Weltbildern ist Heidegger zufolge eine Verfallsform philosophischen Denkens, die über das *Zurechtlegen* der Welt in einem Bild zu ihrem *Zurechtmachen* durch die moderne Technik führt. Solches Zurechtlegen und Zurechtmachen der Welt ist für Heidegger spezifisch neuzeitlich; es ist der Antike wie dem Mittelalter fremd, weshalb es für Heidegger auch kein antikes oder mittelalterliches Weltbild gibt. Hier drängt sich freilich die kritische Frage auf: Läuft ein Bild von der Welt im Sinne der Sichtbarkeit dessen, was die Wirklichkeit eigentlich und wesentlich ist, wirk-

---

[1] Heidegger, *Die Zeit des Weltbildes*.

lich und unvermeidlich auf ihre vorstellende Zurechtlegung und ihre technologische Zurechtmachung hinaus? Bedeutet Sichtbarkeit nicht gerade das Gegenteil von Zurechtmachen: nämlich das Vernehmen des Wirklichen so, wie
es sich von sich selbst her zeigt? Für Heidegger ist das neuzeitliche Weltbild
eine Spätfolge von Platons Bestimmung des wahren Wesens der Wirklichkeit
als *Idee*, mit der die Geschichte der *Metaphysik* anfängt.[2] Denn *Idea* und *Eidos*
bedeuten eigentlich das Aussehen, die Gestalt, in der sich etwas zeigt und
sichtbar ist. In der Auslegung des Wesens der Wirklichkeit als Idee – und das
bedeutet als Sichtbarkeit für das Denken – erkennt Heidegger einen Zug zur
Vergegenständlichung, der ihm zufolge die gesamte Geschichte der Metaphysik durchherrscht und in seiner letzten Konsequenz zur technologischen Zurichtung der Welt führt. Die Metaphysik besitzt für Heidegger darum
von allem Anfang an die Tendenz zur Vergegenständlichung und damit zum
Weltbild im pejorativen Sinne, auch wenn diese Tendenz erst in der Neuzeit
unverhüllt hervortritt. Die moderne Technologie ist in dieser Sicht die Konsequenz der Metaphysik, die in ihr immer schon angelegt war.

Die kritische Frage nach der Berechtigung von Heideggers Abwertung des
Weltbildes führt also zu der Frage nach der Angemessenheit seiner Kritik an
der Metaphysik als einem vergegenständlichenden Denken. Diese Frage kann
nur im Blick auf die *Geschichte* der Metaphysik beantwortet werden. Nun ist
die Geschichte der Metaphysik aber geradezu die gesamte Geschichte der
europäischen Philosophie von den Eleaten bis zum deutschen Idealismus. Angesichts dieser geschichtlichen Fülle höchst unterschiedlicher Ausprägungen
metaphysischen Denkens ist es sinnvoll, den Blick auf besonders herausgehobene Formationen zu konzentrieren, an denen der Charakter metaphysischen Philosophierens auf paradigmatische Weise deutlich werden kann. Besonders aufschlussreich scheinen mir hierfür die beiden Formationen zu
sein, die am Anfang und am Ende der geschichtlichen Entfaltung der europäischen Metaphysik stehen: also der *Platonismus* und der spekulative deutsche *Idealismus*.

Im Folgenden geht es mir um einen *inneren Zusammenhang* zwischen
Platonismus und Idealismus. Läßt sich nämlich ein solcher Zusammenhang
aufweisen, dann kann man von ihm aus einen geschichtlich begründeten Begriff von Metaphysik entwickeln, der zugleich als Maßstab dient, an dem sich
gängige Urteile über die Metaphysik wie das Heideggers messen lassen. Ein
solcher Zusammenhang von Platonismus und Idealismus besteht meines Er-
achtens noch diesseits aller historisch erforschbaren Rezeptionsvorgänge
darin, dass beide *Vollendungsgestalten metaphysischen Denkens* sind, weil in
ihnen auf je unterschiedliche Weise ein Höchstes und Äußerstes gedacht ist,
das die Vernunft zu denken vermag. Meinem Thema nähere ich mich durch
drei Fragen:

---

[2] Vgl. dazu Heidegger, *Platons Lehre von der Wahrheit.*

1. Was ist eigentlich *Metaphysik*? Genauer: Durch welche Fragen und Themen konstituiert sich metaphysisches Denken *grundlegend*?
2. Was genau sind *Vollendungsgestalten* von Metaphysik und wodurch unterscheiden sie sich von anderen Formationen metaphysischen Denkens, die nicht im gleichen Sinne vollendet genannt werden können?
3. Warum und in welchem Sinne sind gerade *Platonismus* und spekulativer deutscher *Idealismus* solche Vollendungsgestalten?

Eine Antwort auf diese Fragen möchte ich in *fünf* aufeinander aufbauenden *Thesen* vesuchen.[3]

II

Erste These: Metaphysik ist Denken des Ganzen dessen, was überhaupt ist, und nimmt dieses Ganze von einem letzten Grund und Ursprung aus in den Blick. – Mit dieser These greife ich einen Vorschlag von Dieter Henrich zur Bestimmung des Wesens von Metaphysik auf.[4] Ich möchte diese Bestimmung zunächst abgrenzen gegen einige gängige Bestimmungen dessen, was Metaphysik sein soll, und dann auf bestimmte Weise modifizieren.

Weit verbreitet ist ein Verständnis, für das Metaphysik die Annahme der Existenz einer intelligiblen Welt jenseits der lebensweltlich vertrauten wie der empirisch erforschbaren Realität bedeutet. Historisch geht dieses Verständnis auf die spätantiken Aristoteleskommentatoren zurück. Sie erklären, die merkwürdige Bezeichnung der ersten, grundlegenden und höchsten Disziplin der Philosophie als „Metaphysik" komme daher, weil sie sich mit dem befasse, was über die sinnlich erscheinende und veränderliche Wirklichkeit der Natur, die Gegenstand der Physik ist, hinausgeht.[5] Im Horizont dieses Verständnisses von Metaphysik steht noch Nietzsche, wenn er Metaphysik als Annahme einer Hinterwelt oder Überwelt versteht und denunziert. Doch um zu verstehen, was Metaphysik eigentlich und im Grunde ist, ist eine solche Zwei-Welten-Lehre, wie sie der Platonismus vertrat, weder umfassend noch grundlegend genug. Es gibt bedeutende Formen von Metaphysik wie z. B. die Philosophie Spinozas, die ohne eine jenseitige Welt auskommen. Und für Platons Denken selber ist die Ideenlehre und mit ihr die Annahme einer intelligiblen Welt insgesamt sekundär gegenüber der grundlegenden Frage nach *dem Einen*, das das Seiende in seiner Vielheit überhaupt erst ermöglicht und verstehbar macht.[6]

---

[3] Die ersten beiden der im Folgenden vorgetragenen Thesen finden sich auch in: Halfwassen, *Metaphysik und Transzendenz.*

[4] Vgl. Henrich, *Bewußtes Leben*, S. 194–195 und öfter. – Vgl. zu Henrichs Metaphysikkonzept jetzt Theunissen, *Der Gang des Lebens und das Absolute*, bes. S. 348ff.

[5] Vgl. z. B. Simplikios, *In Aristotelis Physicorum libros Commentaria.*

[6] Grundlegend dazu bleibt Krämer, *Arete bei Platon und Aristoteles.*

Abb. 1. Raffaels „Schule von Athen" in der Stanza della Segnatura des Vatikan stellt vielleicht das vollkommenste Bild von der Welt der Philosophie dar, das die Kunstgeschichte kennt. Es zeigt auf eindrucksvolle Weise die Vielfalt wie die Erhabenheit der Philosophie. In einer antikisierenden Prunkarchitektur, die durch Tonnengewölbe, Kuppel und den Triumphbogen im Hintergrund Sakralität suggeriert, sind die bekanntesten Vertreter der antiken Philosophie in Gruppen sachlich zusammengehörender Denker dargestellt, die um das zentrale Zweigestirn Platon und Aristoteles angeordnet sind. Der Blick des Betrachters wird gezielt auf die beiden „Überklassiker" der europäischen Philosophie gelenkt. Über der Szene stehen Apollon und Athena – der Gott und die Göttin der Weisheit, die in der Antike zugleich als Chiffren philosophischer Prinzipien gedeutet wurden: Apollon – auf der Seite Platons rechts stehend – galt als Symbol des Einen, denn sein Name bedeutet „der Un-Viele"; Athena – auf der Seite des Aristoteles links stehend – symbolisiert den Geist

Auch die Bestimmung von Metaphysik als Ontologie, wie sie die aristotelische Tradition beherrscht, scheint mir weder umfassend noch wirklich grundlegend zu sein. Sie setzt voraus, dass das Sein bzw. das Seiende das Umfassendste und das Ursprünglichste ist, was überhaupt gedacht werden kann. Diese Voraussetzung teilt auch Heidegger, wenn er der Metaphysik vorwirft, sie habe immer nur das Seiende als das Seiende gedacht und dabei das *Sein* selbst, das alles Seiende allererst ursprünglich sein lässt, ungedacht gelassen.[7] Die Voraussetzung, das Seiende bzw. das Sein sei das Ursprünglichste, worauf das Denken stoßen kann, lässt sich aber durchaus bezweifeln. Ist nicht der Gedanke der Einheit sowohl ursprünglicher als auch umfassender als der Ge-

---

[7] Vgl. z. B. Heidegger, *Was ist Metaphysik?*

danke des Seins? Denn alles Seiende und auch das Sein selbst muss zugleich als Einheit gedacht werden, aber nicht jede Einheit ist notwendig auch seiend; auch das Nicht-Seiende muss, soll es überhaupt denkbar sein, als Einheit gedacht werden. Und bekanntlich können wir Vieles denken, das bloß darum, weil wir es denken, noch nicht seiend ist, z. B. denken wir Werden als Übergang zwischen Sein und Nichtsein oder das Nichtsein als das vom Sein Verschiedene. Wir können aber nichts denken, ohne es zugleich als Einheit zu denken – auch das Viele, das scheinbare Gegenteil des Einen, denken wir notwendig und immer schon als Einheit, nämlich als geeinte Vielheit oder als ein Ganzes aus vielen elementaren Einheiten. Denn Einheit ist die grundlegende Bedingung von Denkbarkeit überhaupt. Aus derartigen Erwägungen heraus kam schon Platon zu der Überzeugung, das Eine sei ursprünglicher und grundlegender als das Sein und das Seiende; das wahrhaft und schlechthin Ursprüngliche sei das Eine, das wir in allem Denken immer schon voraussetzen müssen, über das wir im Denken zugleich aber niemals hinausgreifen können, weil mit der Aufhebung des Einen das Denken selbst aufgehoben wäre.[8]

Mit dem Gedanken des Einen scheint nun ein Gesichtspunkt gefunden, der für metaphysisches Denken überhaupt und in der ganzen historischen Vielfalt seiner Erscheinungsformen fundamental ist. Es gibt Formen von Metaphysik, die nicht ontologisch verfasst sind wie die Wissenschaftslehre Fichtes oder verschiedene Varianten des Buddhismus; aber es gibt kein metaphysisches Denken, in dem der Gedanke der Einheit nicht fundamental wäre. Das ist nicht nur faktisch so, sondern kann auch gar nicht anders sein, weil Einheit eben die Bedingung von Denken und Gedachtwerden überhaupt ist. Das besagt natürlich nicht, dass metaphysisches Denken generell monistisch verfasst sein müßte. Auch pluralistische Formen von Metaphysik wie die von Leibniz sind aber fundamental auf Einheit bezogen, und dies sogar in doppelter Weise. Denn insofern Metaphysik immer auf das Ganze dessen ausgreift, was überhaupt ist und gedacht werden kann, kann sie gar nicht umhin, dieses Ganze als eine wie auch immer näher bestimmte Einheit aufzufassen. Darüber hinaus ist der Ausgriff auf das Ganze allererst dadurch möglich, dass man nach einen letzten Grund und Ursprung sucht, von dem aus sich das Ganze als solches – und d. h. eben als Einheit – in den Blick nehmen lässt. Auch wo eine Pluralität von Prinzipien angenommen wird, sollen diese Prinzipien ja die Wirklichkeit als ein Ganzes begründen; dazu aber müssen jene Prinzipien selber als aufeinander bezogen und koordiniert gedacht werden, und damit ist das, was sie koordiniert, als das eigentlich Einheitsstiftende und wahrhaft Ursprüngliche vorausgesetzt, wie schon Platon bemerkte.[9] Auch

---

[8] Vgl. besonders den zweiten Teil von Platons *Parmenides* (137 C ff), ferner z. B. Speusipp, *Testimonium Platonicum* 50, in: Gaiser, *Platons ungeschriebene Lehre*, S. 530f.

[9] Vgl. Platon, *Philebos* 23 D. – Zur Frage eines Prinzipienmonismus oder -dualismus bei Platon selbst vgl. Halfwassen, *Monismus und Dualismus*.

Abb. 2. Platon und Aristoteles im Zentrum der „Schule von Athen". Raffael stellt die beiden Gründer der Metaphysik im intensiven Gespräch dar – und die Geschichte der europäischen Metaphysik ist eigentlich nichts anderes als die Fortsetzung des ewigen Dialogs zwischen Platon und Aristoteles. Durch ihre Handbewegungen symbolisieren sie die beiden grundlegenden Bewegungen des metaphysischen Denkens: die des Aristoteles zielt aufs Begreifen, diejenige Platons auf das Transzendieren

historisch ist die Frage nach dem Einen Ursprung älter als jeder Versuch zur Differenzierung der Ursprungsdimension; in Griechenland wie in Indien steht sie am Anfang des Philosophierens überhaupt. Metaphysisches Denken geht also, so scheint mir, immer und notwendig in doppelter Weise auf Einheit aus, insofern es das Ganze des Wirklichen und Denkbaren von einem letzten Grund seiner Einheit her begreifen will. Darum ist Metaphysik in einem ganz grundlegenden Sinne – mit Werner Beierwaltes gesagt – *Denken des Einen*;[10] sie ist als Ausgriff auf das Ganze und den Grund seiner Einheit fundamental *henologisch* verfasst.

III

Zweite – ebenfalls von Beierwaltes und Henrich inspirierte – *These: In höher entfalteten Formen metaphysischen Denkens kommt dem Selbstverhältnis des*

---

[10] Vgl. Beierwaltes, *Denken des Einen*.

Denkens eine Schlüsselrolle zu. – Diese These lässt sich zunächst historisch erläutern. Sobald der das Ganze begründende Ursprung nicht mehr wie in mythischen Kosmogonien und den frühesten Spekulationen der Vorsokratiker in einem Element der Lebenswelt wie dem Wasser oder dem Feuer gefunden wird und d. h. sobald metaphysisches Denken im Hinausdenken über alle Erfahrung zu sich selbst kommt, wird in ihm das Denken selber in seiner Verschiedenheit von aller Wahrnehmung ausdrücklich thematisch. Schon früh, bei Parmenides und in den Upanischaden, wird das Denken selber sogar mit der denkend erschlossenen eigentlichen Wirklichkeit jenseits der erfahrbaren Alltagswelt identifiziert. Und spätestens Platon entdeckt die Selbstbeziehung des Denkens in ihrer eigentümlichen Struktur eines Sich-Unterscheidens von sich selbst, das gleichwohl in Einheit mit sich bleibt, die große Paradoxie des Einsseins mit sich im Unterschied, ohne die kein Verhältnis zu sich selbst möglich ist.

Dieses rätselvolle Selbstverhältnis des Denkens ist zugleich grundlegend für jede Bezugnahme auf „Gegenständliches", weil das Denken in seinem Verhalten zu von ihm selbst Unterschiedenem und Anderem sich allein schon dadurch zugleich auf sich selbst bezieht, dass es jenes Andere *von sich* unterscheidet; und anders als durch solches Unterscheiden kann sich das Denken überhaupt nicht auf Gedachtes beziehen, weshalb es auch sich selbst von sich unterscheiden muss, um sich auf sich selbst beziehen zu können. Diese ebenso komplexe wie fundamentale Selbstbeziehungsstruktur des Denkens, in der sich das *Wissen von sich selbst* oder das *Selbstbewusstsein* konstituiert, wurde noch in der Antike von Plotin nicht nur zum Thema einer eigenen Theorie, sondern auch zum Ausgangspunkt einer umfassenden Metaphysik gemacht, der umfassendsten, die die Geschichte vor Hegel kennt.[11]

Die besondere Aufmerksamkeit, die dem Selbstverhältnis des Denkens in allen hochentwickelten Formen von Metaphysik zukommt, lässt sich nun aus der henologischen Grundverfassung metaphysischen Denkens begreifen. Wenn Metaphysik fundamental auf Einheit ausgeht, dann nicht nur auf die Einheit des als wirklich oder seiend Erfassten, sondern in einem damit auch auf die eigene Einheit des Denkens selber. Diese Einheit ist aber eine Einheit von ganz besonderer und rätselvoller Struktur; denn sie kann weder wie die Einheit eines einzelnen Elements oder eines einfachen Gedankens begriffen werden, noch auch wie die Einheit eines Ganzen aus einander bloß koordinierten Elementen. Die Einheit des Denkens ist vielmehr *einerseits* eine *ursprüngliche* Einheit, die nicht aus einer Synthese der in ihr unterscheidbaren Momente wie Subjekt und Objekt erst hervorgehen kann; denn die Momente dieser Einheit sind nicht von der Art, dass sie unabhängig von ihr überhaupt gedacht werden könnten; Inhalt und Selbst des Denkens, Gedachtes und Den-

---

[11] Vgl. dazu Krämer, *Der Ursprung der Geistmetaphysik*; Volkmann-Schluck, *Plotin als Interpret der Ontologie Platos*; Halfwassen, *Geist und Selbstbewußtsein*.

kendes, „Objekt" und „Subjekt" sowie der beide vereinigende Denkvollzug sind vielmehr ursprünglich aufeinander bezogene Momente, die nicht voneinander abgetrennt werden können. *Andererseits* ist die Einheit des Denkens eben aufgrund dieser in ihm unterscheidbaren Momente aber nicht von ursprünglicher Einfachheit, sondern von in sich komplexer Struktur. Dieser komplexe Einheitssinn des Denkens lässt darum die Frage nach einem Grund aufkommen, dem das Denken selbst seine eigene Einheit verdankt.

Hochentwickelte Formen von Metaphysik haben so nicht nur die Einheit der Welt und ihren Grund zum Thema, sondern ebenso die Einheit des Denkens und *dessen* Grund. Damit aber ergeben sich für sie eine Reihe von Fragen, die sich einem naiven, unmittelbar auf Weltbegreifen ausgerichteten Denken gar nicht stellen: In welchem Verhältnis steht die Einheit der Wirklichkeit zur Einheit des Denkens? Ist etwa die Einheit unseres Selbstbewusstseins der Grund dafür, dass wir alles, was immer wir als wirklich erfassen, als Einheit und in der Einheit einer Welt einbegriffen denken müssen? Oder ist umgekehrt der Einheitsvorgriff des Denkens ursprünglicher als dessen

Abb. 3. Rembrandts „meditierender Philosoph" im Pariser Louvre charakterisiert in seltener Eindrücklichkeit die Tätigkeit des Philosophierens . Der ganz in sich versunkene Denker steht für die Einkehr des Denkens in sich selbst, seine Selbstbeziehung, die Einsamkeit, aber auch Freiheit und Sichselbstgenügen einschließt. Die übrigen Elemente des Bildes machen weitere Wesensmomente des Philosophierens sichtbar. Das Licht, das den Raum vom Fenster her so erfüllt, dass es das Haupt des Philosophen beleuchtet, ist eine uralte Metapher der Wahrheit. Die steile, gewundene Treppe steht für den steilen, schwierigen und umwegigen, aber zugleich stufenhaft geordneten Gang des metaphysischen Denkens – und sie führt wie dieses nach oben, zum Grund des Denkens, der unsichtbar bleibt

Selbstbezug? Und wie verhält sich der Einheitsgrund der Welt zum Einheitsgrund des denkenden Selbstbewusstseins? Ist das Verhältnis des Denkens zu seinem Einheitsgrund von anderer Art als das der Welt zu ihrem Grund? Handelt es sich bei der Einheit der Welt, der Einheit des Sich-Wissens und der Einheit des Ursprungs um verschiedene Weisen von Einheit oder um ein und dieselbe All-Einheit? Und kann der Einheitsgrund des Selbstbewusstseins selber noch von der Art des Geistes sein?

Die Geschichte der Metaphysik kennt auf jede dieser Fragen verschiedene Antworten. Aber dass sie sich überhaupt stellen, führt dazu, dass den hochentwickelten Metaphysiken, in denen sie thematisch werden, eines gemeinsam ist: sie alle entfalten sich aus der spezifischen Konstellation zwischen dem *Einheitsbedürfnis* und dem *Selbstverhältnis* des Denkens und versuchen aus dieser Konstellation heraus, einen Zusammenhang zwischen dem Ganzen der Welt, dem Denken in seinem Selbstbezug wie in seinem Seinsbezug und einem universal einheitsstiftenden Ursprung zu denken. Metaphysik ist dort voll entfaltet, wo dieser Zusammenhang in umfassender Weise begrifflich artikuliert wird; sie gewinnt dann den Charakter einer *Metaphysik des Geistes*, die in einer *Metaphysik des Einen* entweder fundiert ist oder mit ihr zusammenfällt. In Europa ist das zum ersten Mal in der Philosophie Platons der Fall; die umfassendsten Entwürfe solcher Art finden wir im Neuplatonismus und im nachkantischen deutschen Idealismus. Sie verbinden sich mit den Namen Plotin, Proklos, Johannes Eriugena und Nikolaus von Kues einerseits sowie Fichte, Hegel und Schelling andererseits.

Dritte These: *Platonismus und Idealismus sind darum Vollendungsformen von Metaphysik, weil ihnen nicht nur die Konstellation von Geistmetaphysik und Henologie und die sich daraus ergebenden Themen gemeinsam sind, sondern weil sie zur Bearbeitung dieser Themen eine besondere Gedanken- und Begriffsform ausbilden, die man – mit einem Ausdruck Hegels – spekulativ nennen kann.* – Das Selbstverhältnis des Denkens, das Ganze des Seienden und den Ursprung des einen wie des anderen können wir uns nicht in derselben Weise durchsichtig machen wie gegenständlich Seiendes, weil sie immer schon allem, was wir gegenständlich denken und begreifen können, konstituierend vorausgehen. In allem rationalen, unmittelbar gegenstandsbezogenen Denken denken wir immer – und immer nur – ein ganz bestimmtes Etwas in seiner Besonderheit, die es von anderem Bestimmten abgrenzt. Wollen wir Allgemeines rational denken, dann müssen wir von den Besonderheiten absehen. Je universaler dasjenige ist, was wir in dieser abstrahierenden Weise denken, um so inhaltsleerer und bestimmungsärmer ist es darum notwendig auch. Das Ganze des Seienden und Denkbaren ist dann ein vollkommen leerer und unbestimmter Gedanke. Es lässt sich in der Form von Rationalität, mit der wir besondere Weltinhalte begreifen, überhaupt nicht denken. Das gleiche gilt für den Ursprung, wie gerade die Theologie der rationalen Metaphysik beweist. Sie denkt Gott als den Urheber der Welt durch lineare Steigerung der Prädikate besonderer Entitäten als das höchste Seiende. Ein höchstes Seiendes bleibt aber immer noch ein Seiendes unter anderem Seienden, und zwar ein besonderes, einzelnes Seiendes. Wie aber ein einzelnes Seiendes das Ganze des Seins, zu dem es doch selber gehört, begründen soll, bleibt uneinsichtig, vollends dann, wenn man fragt, wie denn ein Einzelnes der Grund der *Einheit* des Ganzen sein kann. Das Selbstverhältnis des Denkens endlich bleibt jedem direkt gegenstandsbezogenen Denken ein undurchdringliches Rätsel. Wir müssen also fragen, ob es eine Form des Denkens geben kann, die von der auf das Begreifen besonderer Weltinhalte ausgerichteten Rationalität abweicht und den Themen der Metaphysik angemessener ist. Tatsächlich kennt die Geschichte der Philosophie mindestens zwei andere Formen des Denkens.

Bereits Platon und Aristoteles unterscheiden systematisch zwischen zwei verschiedenen Vollzugsformen des Denkens, die sie *Nous* (oder *Noesis*) und *Dianoia* nennen.[12] *Dianoia* meint ein *diskursives*, begriffliches Denken, das sich argumentierend und schlussfolgernd von einem Gedanken zum anderen fortbewegt und dabei immer nur *Besonderes* denkt. Dagegen meint *Nous* oder *Noesis* ein geistiges Sehen, eine intellektuelle Schau, in der ein *Ganzes* auf einmal präsent ist und in einem einzigen Hinblick erfasst wird, also ohne zeitliche Sukzession und ohne diskursiven Fortgang von einem zum anderen. Diese Unterscheidung von *noetischem* und *dianoetischem* Denken schreibt sich in der Geschichte der Philosophie fort als die Differenz zwischen *intellectus* und *ratio*, *intellektueller Anschauung* und *diskursivem Denken* oder auch *Vernunft* und *Verstand*.

Platon konzipierte nun in gewisser Weise eine Vereinigung beider Vollzugsweisen des Denkens in dem, was er *Dialektik* nannte. Dialektik versteht Platon als ein argumentierendes, begründendes und insofern diskursiv verfasstes Denken, in dem es um die Bestimmung von Ideen geht, und zwar durch die genaue Ermittlung der Verhältnisse der Ideen untereinander; der Platonischen Dialektik geht es dabei nicht um die Erfassung singulärer Ideen als solcher, sondern stets um ein *Zusammensehen* verschiedener Ideen zu einem *Ganzen*, Dialektik ist somit wesenhaft *Synopsis*, so Platon.[13] Solche *Synopsis* aber ist geleitet durch den Vorblick auf ein Prinzip, das alles Zusammensehen von Ideen allererst ermöglicht: das unversal einheitsstiftende Eine oder Gute selbst, der „unbedingte Ursprung" aller Ideen. Die höchste Aufgabe der Platonischen Dialektik ist darum das denkende Zusammensehen aller Ideen auf das ihre Einheit begründende Eine hin und weiter die Abhebung des Einen selbst in seiner Absolutheit von aller in ihm gründenden Viel-

---

[12] Grundlegend dazu bleibt Oehler, *Die Lehre vom noetischen und dianoetischen Denken*.
[13] Platon: *Politeia* 537 C. – Vgl. zum Folgenden Krämer, *Über den Zusammenhang von Prinzipienlehre und Dialektik bei Platon*.

heit der Ideen. Dialektisches Denken, wie Platon es bestimmt, unterscheidet sich von der noetischen *Schau* der Ideen und ihres Ursprungs durch seine begrifflich-diskursive Verfassung; aber es geht anders als alles gewöhnliche diskursive Erkennen nicht unmittelbar auf die Erfassung eines ganz bestimmten Etwas in seiner spezifischen Besonderheit aus, sondern gerade auf die Erfassung eines Ganzen aus dem Ursprung seiner Einheit; damit *übersetzt* es gewissermaßen den Inhalt der noetischen Schau in die diskursive Denkform. Und indem diese Übersetzung dadurch erfolgt, dass es Unterschiedenes in die Einheit eines Ganzen zusammendenkt, geht ihm daran zugleich die eigentümliche Struktur denkender Selbstbezüglichkeit auf.

Für die spezifische Form *spekulativen Denkens* ist nun *dreierlei* konstitutiv: Zum einen die Unterscheidung von intellektuell anschauendem und diskursivem Denken und der Versuch, sie miteinander zu vermitteln. Zweitens die Absicht, durch diese Vermittlung das Ganze aus dem Ursprung seiner Einheit begrifflich bestimmt zu denken. Und drittens die Erfassung der eigentümlichen Selbstbeziehungsstruktur des Denkens. Bei Hegel finden wir genau diese Momente vereinigt.[14] Hegels Begriff der *Spekulation* meint bekanntlich die Vereinigung von diskursiver Reflexion und intellektueller Anschauung. Hegels entwickelte dialektische Methode zeichnet sich dadurch aus, dass sie begriffliche Bestimmungen so denkt, dass in ihnen niemals nur ein bestimmtes Etwas in seiner Besonderheit, sondern stets die *Einheit* verschiedener und sogar entgegengesetzter Bestimmungen gedacht wird, und zwar so, dass dabei diese Einheit als das Ganze eingesehen wird, das jede besondere Bestimmung in ihrer Abgrenzung von anderem Besonderen sowohl ermöglicht als auch in sich umfasst. Hegels Dialektik ist ein Verfahren zur systematischen *Ent-grenzung* von Begriffsinhalten, das deren Bestimmtheit nicht aufhebt, sondern gerade *anreichert*, und zwar durch den Blick auf die Einheit, die sie als ihr intern begründender Grund umfasst und die in ihnen durchscheint. Genau diese begründende Einheit erweist sich bei Hegel als die Einheit des Denkens selbst, die alle Unterschiede so aus sich hervorgehen lässt, dass sie dabei zugleich in sich selbst und „in die Einheit ihrer Fülle" zurückkehrt,[15] und die darum in der dialektischen Methode sich selbst erfasst. Das in dieser Methode gewonnene Wissen ist darum als Selbsterkenntnis des Absoluten selber *absolutes Wissen*.

Freilich kann gerade der epistemische Status des spekulativen Denkens höchst unterschiedlich angesetzt werden, wie sich beim Vergleich zwischen Platonismus und Idealismus zeigt: die Bandbreite reicht vom absoluten Wissen bis zum wissenden Nichtwissen, von der Selbsterkenntnis des Absoluten bis zur Selbstaufhebung des Wissens vor der Transzendenz des Absoluten. Diese unterschiedliche Einschätzung des spekulativen Denkens besagt nichts

---

[14] Vgl. dazu Düsing, *Das Problem der Subjektivität in Hegels Logik.*
[15] Hegel, *Enzyklopädie der philosophischen Wissenschaften im Grundrisse,* § 566.

Abb. 4. Der Spiegel in Jan van Eycks „Hochzeit Arnolfini" in der Londoner National Gallery ist ein veritables Bild des spekulativen Denkens. Dessen Name leitet sich ja vom Spiegel (lat. Speculum) ab. Wie der Spiegel nicht bloß einzelne Gegenstände, sondern das ganze Bild in verkehrter Perspektive in sich enthält – von van Eyck in atemberaubender Feinmalerei dargestellt –, so ist auch das spekulative Denken eine eigene Totalität, welche das Ganze in je eigener Akzentuierung in sich enthält. In dieser „konkreten Totalität" erfüllt sich die Selbstbeziehung des Denkens, die darin zugleich Seinsbeziehung ist – wie ja auch der Spiegel nichts anderes als die Präsenz der in ihm gespiegelten Welt ist. Auf dem Spiegelrahmen hat van Eyck die Stationen der Geschichte Jesu von der Verkündigung über die Kreuzigung bis zur Auferstehung dargestellt: Bilder für die Befreiung von der Endlichkeit, die im spekulativen Denken methodisch vollzogen wird

über den Grad seiner Ausbildung, sondern hängt ab von der Bestimmung des Verhältnisses zwischen dem Wissen und dem absoluten Grund seiner Einheit.

IV

Vierte These: Platonismus und deutscher Idealismus stellen zwei spezifisch verschiedene Formen spekulativer Metaphysik dar, die die ihnen gemeinsame Konstellation von Geistmetaphysik und Henologie aus zwei verschiedenen Grund-Gedanken heraus artikulieren. Diese das Ganze der metaphysischen Denkbewegung organisierenden Grund-Gedanken sind im Falle des Platonismus die Transzendenz und im Falle des deutschen Idealismus die Totalität. –

Diese These möchte ich dadurch erläutern, dass ich in aller gebotenen Kürze versuche, die spezifischen Denkformen Hegels und Plotins aus diesen beiden Grund-Gedanken heraus zu entwickeln.

Totalität bedeutet in unserem Zusammenhang mehr und anderes als bloß Ganzheit im üblichen Sinne. Totalität meint eine spezifische Form von Ganzheit, in der das Ganze nicht wie ein Haufen Steine als eine nachträgliche Zusammenfügung elementarer Bestandteile aufgefasst wird, sondern als *ursprüngliche Einheit* seine artikulierenden Unterschiede aus sich selbst erst hervorbringt und sich in diesen Unterschieden zu sich selbst verhält; derartige Unterschiede sind keine *Teile*, die auch getrennt voneinander bestehen und begriffen werden könnten, sondern *Momente* eines ursprünglich einigen Ganzen. Solche Momente sind *konstitutiv* auf das Ganze und aufeinander bezogen wie die Glieder eines lebendigen Organismus. Das als Totalität begriffene Ganze ist also im Verhältnis zu seinen Momenten *ursprüngliche* und *umfassende* Einheit. Dieser Einheitssinn der Totalität wird noch verstärkt und intensiviert durch den Gedanken, dass *jedes* Moment der Totalität die anderen Momente zugleich *in sich selbst enthält*, so dass jedes Moment selber wiederum den Charakter der Totalität besitzt.[16] Eine solche Totalitätsstruktur, in der alle Momente selbst Totalitätscharakter haben, nennt Hegel *konkrete Totalität*.[17] Durch sie begreift er das Selbstverhältnis des Denkens in seiner Einheit. Die artikulierenden Momente des selbstbezüglichen Denkens, Subjekt und Objekt oder Wissendes und Gewusstes sowie der beide vereinigende Akt des Wissens sind nicht nur ursprünglich aufeinander bezogen, sondern sie müssen wechselseitig ineinander enthalten sein, wenn Wissen von sich selbst möglich sein soll. Im Selbstbewusstsein ist das Wissende zugleich das Gewusste und als die Einheit beider aktuales Wissen.

Diese selbstbezügliche Struktur konkreter Totalität begreift Hegel als *prozessuale Einheit von Selbstdifferenzierung und Selbstidentifikation*: die Einheit des Sich-Denkens und Sich-Wissens bringt als ursprüngliche Einheit ihre Unterschiede aus sich selbst hervor und differenziert darin sich selbst; dadurch aber, dass die in dieser Selbstdifferenzierung hervorgehenden Momente wechselseitig ineinander enthalten sind, ist die Selbstunterscheidung der Einheit zugleich deren tätige Identifikation mit sich selbst. Diese sich selbst in einem differenzierende und einende Einheit des Selbstbewusstseins denkt Hegel zugleich als die Struktur des Absoluten: sie ist „die allgemeine und *eine* Idee, welche als *urteilend* sich zum System der bestimmten Ideen besondert, die aber nur dies sind, in die eine Idee als in ihre Wahrheit zurückzugehen".[18] Insofern die konkrete Totalität für Hegel sich selbst begründet, also der Grund ihrer eigenen Einheit ist, ist sie selber das *Absolute*, das allbegründen-

---

[16] Vgl. Hegel, *Enzyklopädie*, § 160 und § 164.
[17] Hegel, *Wissenschaft der Logik*, 2. Bd., S. 252.
[18] Hegel, *Enzyklopädie*, § 213.

de ursprüngliche Eine; durch seine Selbstdifferenzierung begründet dieses Eine ferner die begreifbare Struktur alles Wirklichen in Natur und Geschichte, so dass aus ihm nicht nur das Denken, sondern zugleich das Ganze der Welt begriffen wird. Hegels spekulative Metaphysik identifiziert in dieser Weise den Einheitsgrund des Denkens mit diesem selbst und mit dem Einheitgrund der Welt und sie fasst in beiden Fällen das Verhältnis von Grund und Begründetem als ein Verhältnis der Selbstexplikation, so dass der Geist in seiner Einheit nicht nur das *eigentlich* und wahrhaft Seiende, sondern letztlich *alle* Wirklichkeit ist. –

Anders der Platonismus: er denkt das Absolute nicht als Totalität, sondern als *Transzendenz* und meint damit mehr und anderes als bloß ein Jenseits der Welt.[19] Transzendenz bedeutet hier vielmehr die radikale Andersheit des universal einheitsstiftenden Ursprungs gegenüber schlechthin allem Entsprungenen, so dass schlechterdings alle Bestimmungen, in denen sich das Denken auf Wirklichkeit bezieht, auf den absoluten Ursprung unanwendbar sind, einschließlich der Bestimmung des Ursprungs selber. Das Absolute ist so verstanden „das Nichts alles dessen, dessen Ursprung Es ist, in dem Sinne jedoch, dass Es, da nichts von Ihm ausgesagt werden kann, weder Sein noch Wesen noch Leben, das all diesem Transzendente ist“,[20] so Plotin. Diese *absolute Transzendenz* ist darum nur durch *Verneinung* aus allen überhaupt denkbaren Bestimmungen ausgrenzbar, wobei diese Verneinungen zugleich das *Hinaussein* des Absoluten über das von ihm Verneinte anzeigen sollen: das ist die radikale Form negativer Theologie; sie gründet auf einem radikal gefassten Begriff von reiner Einheit. Wenn alles Seiende und Denkbare in all seiner differenzierten Vielfalt nur durch das Eine überhaupt seiend und denkbar ist, dann kann *das Eine selbst*, der universal einheitsstiftende Ursprung, seinerseits keine Form von Vielheit und Differenz mehr in sich enthalten. Als *reine Einheit* muss es vielmehr von absoluter, jede Differenz strikt ausschließender Einfachheit sein. Das absolut einfache Eine weist aber schlechterdings jede Bestimmung von sich ab, da keine Bestimmung ohne Bezug auf Anderes und damit ohne Vielheit gedacht werden kann.[21] Da es aber jede Vielheit *begründet*, ist seine reine Einfachheit keine Leere, kein Mangel aller Bestimmtheit, sondern die transzendente *Über*fülle und *Über*mächtigkeit, aus der alle Bestimmtheit allererst hervorgeht; in diesem Sinne hatte schon Platon gesagt, das Absolute sei *„jenseits des Seins*, an Ursprünglichkeit und Mächtigkeit über das Sein hinaus“.[22]

Das überseiende absolute Eine ist aber nicht nur der Einheitsgrund der Wirklichkeit, sondern ebenso der Einheitsgrund des Denkens. Weil das Den-

---

[19] Vgl. zum Folgenden Halfwassen, *Der Aufstieg zum Einen*.
[20] Plotin, *Enneade* III 8, 10, 28–31.
[21] Vgl. Platon, *Parmenides* 137 C – 142 A.
[22] Platon, *Politeia* 509 B. Vgl. *Testimonium Platonicum* 50.

ken in seinem Selbstverhältnis nicht von ursprünglicher Einfachheit ist, sondern eine in sich komplexe Einheit darstellt, gründet es für Plotin anders als für Hegel nicht in sich selbst, sondern konstituiert sich allererst in seinem *Transzendenzbezug* auf das jenseitige Eine. Das selbstbezügliche Denken bildet und erhält sich in seiner ihm eigentümlichen Einheitsform erst durch seine vorgängige Zuwendung zum Absoluten; diese ursprüngliche Zuwendung zum Einen selbst verleiht dem Denken allererst die Kraft, sich in seiner Selbstunterscheidung als Einheit zu erhalten.[23] Das Absolute begründet also die Einheit des Denkens, ist aber selbst nicht mehr von der Art des Geistes, sondern „jenseits des Geistes";[24] es transzendiert die Einheit in der Entzweiung, die den Geist ausmacht, indem es sie begründet, und es begründet sie gerade *kraft seiner Transzendenz.*[25]

Plotin unterscheidet also den Einheitsgrund in seiner Absolutheit von der Einheit des in ihm gründenden Ganzen wie von der Einheit des Denkens. Der Gedanke der Transzendenz bringt diesen Unterschied zum schärfsten möglichen Ausdruck. Das Verhältnis von Grund und Begründetem, Ursprung und Entsprungenem, Absolutem und Wirklichkeit kann darum bei Plotin anders als bei Hegel auch nicht aus der eigenen Dynamik des Ursprungs begriffen werden, sondern immer nur aus dem Einheitsbedürfnis des Begründeten; es ist für Plotin in letzter Konsequenz ein Verhältnis, das überhaupt nur aus der Perspektive des Begründeten als Verhältnis erscheint, so dass das Eine in seiner relationslosen Absolutheit auch nicht Grund oder Ursprung ist.[26]

Um das Verhältnis von Geist und Welt zum schlechthin jenseitigen Absoluten zu begreifen, bildet der Platonismus ganz eigene Formen nicht-gegenständlichen Denkens aus, die sich von der dialektischen Denkform Hegels unterscheiden, aber nicht weniger spekulativ sind.[27] Dazu gehören neben der negativen Theologie auch eine analogische Dialektik, die das Verhältnis von Grund und Begründetem strikt vom Begründeten aus denkt und dabei mit absoluten, nicht durch den Begriff ersetzbaren Metaphern operiert, und ferner die paradoxale Denkform eines *wissenden Nichtwissens* und in deren Kontext auch der Gedanke der *coincidentia oppositorum.* Aber auch wo innerhalb der Tradition des Platonismus die Einheit der Gegensätze ins Zentrum rückt wie bei Nikolaus von Kues, wird damit kein absolutes Wissen im Sinne Hegels beansprucht. Leitend bleibt vielmehr stets der Gedanke, dass das Absolute als Grund des Wissens selber in keinem Wissen einholbar und begreifbar wird, und d. h. der Gedanke einer *absoluten* Transzendenz.

---

[23] Vgl. dazu im Einzelnen Halfwassen, *Hegel und der spätantike Neuplatonismus*, S. 328–350.

[24] Plotin: *Enneade* I 6, 9, 37; I 7, 1, 20; V 1, 8, 7; V 3, 11–13; V 4, 2, 2 f; vgl. Aristoteles, *Über das Gebet*, fr. 1, S. 57, mit Blick auf Platon; Platon: *Politeia* 508 E f.

[25] Vgl. dazu Beierwaltes, *Selbsterkenntnis und Erfahrung der Einheit.*

[26] Vgl. Plotin, *Enneade* VI 9, 3, 39–54; VI 8, 8, 9ff.

[27] Vgl. dazu im Einzelnen vor allem Beierwaltes, *Proklos*, bes. S. 240–398.

Abb. 5. Der Lichttunnel auf dem rechten Flügel von Hieronymus Boschs „Jüngstem Gericht" im Dogenpalast zu Venedig. Das Bild ist einer der ganz seltenen Versuche zur Darstellung des eigentlich absolut Undarstellbaren: der Transzendenz und des Transzendierens. Der Lichttunnel ist bekannt aus Nahtoderfahrungen, er taucht in ägyptischen, griechischen und tibetischen Jenseitsschilderungen gleichermaßen auf. Bosch veranschaulicht durch ihn die Anschauung Gottes. Er verbindet in seinem Tunnel aus Licht die uralte Bedeutung des Lichtes als Metapher der Wahrheit wie der Gottheit mit dem Bild des Weges, der Metapher für den Vollzug des Denkens wie den Lauf des Lebens. Der Tunnel verengt sich stufenweise und dabei wird das Licht immer heller und intensiver. Am Ende steht ein blendender Glanz, der alles Sichtbare nicht so sehr auslöscht, sondern vielmehr in die eigene Unsichtbarkeit aufhebt. Die von ihrem Engel geleitete Seele des Erlösten strebt zu dem überhellen Licht im Zentrum, vor dem die Seele ganz allein steht, bevor sie in es eingeht, aufgehoben in die Überhelle der Transzendenz.
Alle Bilder sind metaphysische Bilder im Sinne dieses Aufsatzes. Sie machen das an sich Unsichtbare, weil Übersinnliche und Übergegenständliche sichtbar, aber sie vergegenständlichen es nicht, sondern lassen gerade seine Übergegenständlichkeit sehen

Fünfte These: *Platonismus und Idealismus bilden als Vollendungsformen metaphysischen Denkens jeweils auch den Grund-Gedanken der anderen Form in sich aus.* – Diese These mag angesichts des soeben Gesagten überraschen, sie entspricht aber dem historischen Befund. Der Gedanke einer *konkreten Totalität* wird in aller Klarheit und Ausdrücklichkeit von Plotin formuliert, der aus diesem Gedanken heraus die Einheit des Denkens und die einheitliche Struktur seiner Selbstbeziehung begreift;[28] und wie Hegel begründet Plotin

---

[28] Vgl. dazu Halfwassen, *Hegel und der spätantike Neuplatonismus*, S. 357–385; ders.: *Geist und Subjektivität bei Plotin.*

die Welt in der selbstbezüglichen Einheit des Geistes – das absolute Eine ist
nur mittelbar Grund der Welt, und zwar *weil* es Einheitsgrund des Geistes ist.
Gerade Hegel hat dies deutlich erkannt und darin die höchste spekulative Einsicht der gesamten antiken Philosophie gesehen: Es ist die Entdeckung der
konkreten Totalität des Geistes bei Plotin und ihre systematische Entfaltung
bei Proklos, die Hegel im Blick hat, wenn er im Neuplatonismus den Standpunkt erreicht sieht, auf dem sich das Selbstbewusstsein in seinem Denken
als das Absolute weiß, den „Beginn der Welt der Geistigkeit".[29] Trotzdem findet Plotin den *Grund* der Einheit des Geistes nicht in diesem selbst, sondern
er bestreitet vielmehr, dass die Einheitsform der konkreten Totalität rein in
ihr selbst begründet sein könne. Der von Plotin in unüberbotener Konsequenz gedachte Gedanke der reinen Transzendenz lässt sich darum nicht im
Hegelschen Sinne in den Gedanken einer absoluten Totalität überführen und
darin positiv aufheben.[30] Absolute Transzendenz ist vielmehr wesentlich
Transzendenz über die Totalität in jedem Sinne.

Gerade dieser Gedanke einer absoluten Transzendenz findet sich aber
ebenfalls im spekulativen deutschen Idealismus. Nicht zwar bei Hegel, wohl
aber in der späten Wissenschaftslehre Fichtes und in der Philosophie des späteren Schelling, am deutlichsten in der *Philosophie der Mythologie und der Offenbarung*.[31] Schelling insistiert in kritischer Wendung gegen Hegel darauf,
dass das Denken der Vernunft in all seiner spekulativen Vermittlung und
Selbstvermittlung seine eigene *Existenz* stets schon voraussetzen müsse und
sich genau darum nicht in einem absoluten Sinne selbst begründen könne. In
der unvordenklichen Faktizität seiner eigenen Existenz muss das Denken sich
vielmehr als von einem absoluten Grund auf unbegreifliche Weise ins Sein gesetzt hinnehmen – von einem Grund, über den es nicht mehr begreifend verfügt, sondern der ihm in seiner Transzendenz schlechthin entzogen ist. Diesen transzendenten Grund der Subjektivität denkt Schelling unter Berufung
auf die platonische Tradition als das überseiende Eine, das zugleich die absolute Freiheit ist, und zwar darum, weil nur das Überseiende frei ist, das Sein zu
setzen oder nicht zu setzen. Eine prinzipiell gleichartige Konstellation von
Subjektivität und transzendetem Einheitsgrund kennzeichnet auch die späte
Wissenschaftslehre Fichtes. Auch sie denkt das selbstbezügliche Wissen als eine Einheit von Subjekt und Objekt, deren Momente einander in dynamischer
Identität durchdringen, also als konkrete Totalität. Von dieser selbstbezüg-

---

[29] Hegel, *Vorlesungen über die Geschichte der Philosophie*, S. 404 und S. 413. Vgl. dazu insgesamt Halfwassen: *Hegel und der spätantike Neuplatonismus*, Kap. II.

[30] Dazu im Einzelnen Halfwassen, *Hegels Auseinandersetzung mit dem Absoluten der negativen Theologie*.

[31] Vgl. zu Schelling Schulz, *Die Vollendung des deutschen Idealismus in der Spätphilosophie Schellings*; zu
Fichte Janke, *Fichte – Sein und Reflexion*, S. 301–417. – Vgl. zur systematischen Vergleichbarkeit von Fichte und Plotin Baumgartner, *Die Bestimmung des Absoluten*; zu Schelling und Plotin vgl. Beierwaltes,
Platonismus und Idealismus, S. 100–144; ders., *Das wahre Selbst*, S. 182–227 („Plotins Gedanken in Schelling").

lichen Einheit weist Fichte aber auf, dass sie selber begründet ist in einem Grund absoluter und reiner Einheit, der dem Wissen der Subjektivität prinzipiell transzendent bleibt und vor dem es sich darum ekstatisch selbst vernichten und übersteigen muss. Der späte Fichte und der späte Schelling restituieren damit gegen Hegels Ineinssetzung des Einheitsgrundes mit dem Geist Plotins Fundierung des Geistes im transzendenten Einen.

Dass die Transzendenz auch im deutschen Idealismus authentisch gedacht wird, und ebenso, dass die konkrete Totalität auch im Platonismus als Einheitsform des Geistes erkannt wurde, zeigt die innere Verwandtschaft von Platonismus und Idealismus diesseits aller historischer Abhängigkeiten; diese innere Verwandtschaft macht den Vergleich zwischen diesen beiden am höchsten entwickelten Formen europäischer Metaphysik so aufschlussreich für die Struktur metaphysischen Denkens überhaupt. Darum kann aus ihren Übereinstimmungen ein geschichtlich begründeter Begriff von Metaphysik entwickelt werden, der die Möglichkeiten metaphysischen Denkens in seiner Höchstform ausmißt, also nicht bloß angibt, was Metaphysik mindestens oder was sie meistens ist, sondern was sie ist, wenn sie ihre höchsten Möglichkeiten verwirklicht. *Dieser* Begriff von Metaphysik ist darum auch der Maßstab, an dem sich moderne Urteile über die Metaphysik und moderne Kritik an ihr messen lassen müssen. Eine Metaphysikkritik, die sich nur gegen eine bestimmte Form von Metaphysik wendet, die dann mit *der* Metaphysik überhaupt gleichgesetzt wird, ist nicht überzeugend. Das trifft aber auf die meisten modernen Kritiken an der Metaphysik zu, auch auf Heideggers Vorwurf, Metaphysik sei vergegenständlichendes Denken.

V

Ich komme damit zu meiner Ausgangsüberlegung zum Thema *Weltbild* zurück. Wie verhalten sich die Vollendungsformen der Metaphysik zum Denken in Weltbildern? Als Denken des Ganzen, das dieses Ganze in seiner Einheit in den Blick nimmt, ist Metaphysik immer *auch* Produktion von Weltbildern; sie ist dies schon bei den Griechen und nicht erst in der Neuzeit. Freilich sind Weltbilder im Kontext vollendeter Metaphysikformen aufgrund des ungegenständlichen Charakters des Ganzen *keine* Vergegenständlichungen, die das Ganze verfügbar machen und damit seine technologische Zurichtung ermöglichen. Ein Bild von der Welt ist vielmehr nur dann im eigentlichen Sinne metaphysisch, wenn es das Ganze so sichtbar macht, dass sich dabei zugleich das Denken selbst in seinem ungegenständlichen Wesen durchsichtig wird. Ein Bild von der Welt, das diese Bedingung nicht erfüllt, ist keine Sichtbarkeit des Ganzen, sondern nimmt ein abbildbares Einzelnes für das Ganze und verfehlt damit gerade das Ganze.

Als Denken des Einen in seiner radikalen Transzendenz ist Metaphysik ein Transzendieren über alle Bilder und alle Begriffe hinaus. Die im Weltbild intendierte Sichtbarkeit des Ganzen wird im Transzendieren des Ganzen überstiegen, wodurch zugleich ihre unaufhebbare Vorläufigkeit bewusst gehalten wird. Für das Denken des Einen sind Weltbilder wie alle Bilder und Analogien über sich hinausweisende *Metaphern*, die dem Denken als Mittel des Transzendierens dienen, weil sie einen Bezug zum Unbegreiflichen, Undarstellbaren symbolisieren, das alle Versichtbarung transzendiert. Sie sind Leitern, die beim Aufstieg zurückgelassen werden.

Insofern metaphysisches Denken in Vollendung aber sich selbst und das Ganze aus dem transzendenten Grund seiner Einheit *spekulativ* denkt, begreift es die Sichtbarkeit des Ganzen so, dass sie zugleich durchsichtig wird auf seinen unsichtbaren, das Denken transzendierenden Urgrund, der in aller Versichtbarung selbst unsichtbar bleibt. Die Welt – und ebenso ihre Sichtbarkeit im Bild – wird damit zur *Theophanie*, zur Erscheinung des alle Sichtbarkeit transzendierenden Absoluten, das in seiner Erscheinung selbst unsichtbar bleibt, das also nur so erscheint, dass gerade seine Unsichtbarkeit sichtbar wird, als „Erscheinen des Nicht-Erscheinenden", wie Eriugena das nannte.[32] Die Welt selbst – und nicht nur die Bilder von ihr – wird damit zur Metapher, die das Denken über sich selbst hinausweist, und zwar zur absoluten Metapher, die durch den Begriff und das begreifende Denken nicht ersetzt werden kann. Diese Deutung der Welt als Metapher ist zugleich die metaphysische Rechtfertigung einer Bildkunst, in der der Bedeutungsgehalt eines Kunstwerks über das in ihm sichtbar Dargestellte hinausreicht.[33]

Dem metaphysischen Bilden von Weltbildern und Weltbegriffen bleibt aufgrund dieses entgrenzenden, entgegenständlichenden und transzendierenden Charakters des voll entwickelten metaphysischen Denkens Heideggers Vorwurf der Verdinglichung und der dadurch bewirkten Verfügbarmachung ganz unangemessen. Gleichwohl trifft Heideggers Kritik eine allem Denken in Bildern innewohnende Gefahr, die stets droht, wenn die Bilder nicht *als Bilder*, als Versichtbarung des an sich Unsichtbaren begriffen, sondern für die Wahrheit selbst genommen werden. Darin, ob das Bild als Bild erkannt oder für die Wahrheit genommen wird, besteht zugleich eine entscheidende Differenz zwischen den Weltbildern der Metaphysik und anderen, etwa mythologischen oder naiv szientistischen Bildern von der Welt.

---

[32] Johannes Eriugena, *Periphyseon* III 4.
[33] Vgl. dazu Beierwaltes, *Negati Affirmatio: Welt als Metapher*. Vgl. dazu Halfwassen, *Die Idee der Schönheit*.

Literatur

Aristoteles (1955) Über das Gebet. In: Aristotelis Fragmenta Selecta. Ed. by Ross WD. Oxford 1955

Baumgartner HM (1980) Die Bestimmung des Absoluten. Ein Strukturvergleich der Reflexionsformen bei J.G. Fichte und Plotin. In: Zeitschrift für philosophische Forschung 34: 321–342

Beierwaltes W (1965) Proklos. Grundzüge seiner Metaphysik. Frankfurt a. M., 2. Aufl. 1979

Beierwaltes W (1972) Platonismus und Idealismus. Frankfurt a. M.

Beierwaltes W (1985) Denken des Einen. Studien zur neuplatonischen Philosophie und seiner Wirkungsgeschichte. Frankfurt a. M.

Beierwaltes W (1991) Selbsterkenntnis und Erfahrung der Einheit. Plotins Enneade V 3. Frankfurt a. M.

Beierwaltes W (1994) Negati Affirmatio: Welt als Metapher. In: Ders., Eriugena – Grundzüge seines Denkens. Frankfurt a. M.

Beierwaltes W (2001) Das wahre Selbst. Studien zu Plotins Begriff des Geistes und des Einen. Frankfurt a. M.

Düsing K (1976) Das Problem der Subjektivität in Hegels Logik. Systematische und entwicklungsgeschichtliche Untersuchungen zum Prinzip des Idealismus und zur Dialektik. Bonn, 3. Aufl. 1995

Gaiser K (Hrsg.) (1963) Platons Ungeschriebene Lehre. Anhang: Speusipp, Testimonium Platonicum 50. Stuttgart, 2. Aufl. 1968

Halfwassen J (1992) Der Aufstieg zum Einen. Untersuchungen zu Platon und Plotin. Stuttgart

Halfwassen J (1994) Geist und Selbstbewusstsein. Studien zu Plotin und Numenios. Mainz/ Stuttgart

Halfwassen J (1997) Monismus und Dualismus in Platons Prinzipienlehre. In: Bochumer Philosophisches Jahrbuch für Antike und Mittelalter 2:1–21

Halfwassen J (1999) Hegel und der spätantike Neuplatonismus. Untersuchungen zur Metaphysik des Einen und des Nous in Hegels spekulativer und geschichtlicher Deutung. Bonn

Halfwassen J (2002a) Geist und Subjektivität bei Plotin. In: Heidemann DH (Hrsg.) Probleme der Subjektivität in Geschichte und Gegenwart. Stuttgart-Bad Cannstatt, 243–262

Halfwassen J (2002b) Hegels Auseinandersetzung mit dem Absoluten der negativen Theologie. In: Koch AF, Oberauer A, Utz K (Hrsg.) Der Begriff als die Wahrheit. Zum Anspruch der Hegelschen „Subjektiven Logik". Paderborn, 31–47

Halfwassen J (2002c) Metaphysik und Transzendenz. In: Jahrbuch für Religionsphilosophie 1: 13–27

Halfwassen J (i. V.) Die Idee der Schönheit im Neuplatonismus und ihre christliche Rezeption in Spätantike und Mittelalter. In: Khoury RG, Halfwassen J (Hrsg.) Platonismus im Orient und Okzident. Heidelberg

Hegel GWF (1830) Enzyklopädie der philosophischen Wissenschaften im Grundrisse. Heidelberg, 3. Aufl.

Hegel GWF (1970) Vorlesungen über die Geschichte der Philosophie. Theorie-Werkausgabe Bd. 19, hrsg. von Moldenhauer E, Michel KM. Frankfurt a. M., Neuausgabe 1986

Hegel GWF (1981) Wissenschaft der Logik, Zweiter Band. In: Ders.: Gesammelte Werke, Bd. 12, hrsg. von Hogemann F, Jaeschke W. Hamburg

Heidegger M (1947) Platons Lehre von der Wahrheit. Bern/München, 3. Aufl. 1975

Heidegger M (1972) Die Zeit des Weltbildes. In: Ders., Holzwege. Frankfurt a. M., 5. Aufl., 69–104

Heidegger M (1975) Was ist Metaphysik?. Frankfurt a. M., 11. Aufl.

Henrich D (1999) Bewußtes Leben. Untersuchungen zum Verhältnis von Subjektivität und Metaphysik. Stuttgart

Janke W (1970) Fichte – Sein und Reflexion. Grundlagen der kritischen Vernunft. Berlin

Krämer H-J (1959) Arete bei Platon und Aristoteles. Zum Wesen und zur Geschichte der platonischen Ontologie. Heidelberg, 2. Aufl. 1967

Krämer H-J (1964) Der Ursprung der Geistmetaphysik. Untersuchungen zur Geschichte des Platonismus zwischen Platon und Plotin. Amsterdam, 2. Aufl. 1967

Krämer H-J (1972) Über den Zusammenhang von Prinzipienlehre und Dialektik bei Platon. In: Wippern J (Hrsg.) Das Problem der ungeschriebenen Lehre Platons. Beiträge zum Verständnis der Platonischen Prinzipienphilosophie. Darmstadt, 394–448

Oehler K (1962) Die Lehre vom noetischen und dianoetischen Denken bei Platon und Aristoteles. Ein Beitrag zur Erforschung des Bewußtseinsproblems in der Antike. München, 2. Aufl. Hamburg 1985

Schulz W (1955) Die Vollendung des deutschen Idealismus in der Spätphilosophie Schellings. Pfullingen, 2. Aufl. 1975

Theunissen M (2002) Der Gang des Lebens und das Absolute. Für und wider das Philosophiekonzept Dieter Henrichs. In: Deutsche Zeitschrift für Philosophie 50:343–362

Simplikios (1882) In Aristotelis Physicorum libros Commentaria. Hrsg. v. Diels H (Commentaria in Aristotelem Graeca, Bd. 9). Berlin

Volkmann-Schluck K-H (1966) Plotin als Interpret der Ontologie Platos. Frankfurt a. M., 3. Aufl.

Heidelberger Jahrbuch, Band 47 (2003)
H. Gebhardt/H. Kiesel (Hrsg.): Weltbilder
© Springer-Verlag Berlin Heidelberg 2004

Die weltbildende Kraft der Sprache

OSKAR REICHMANN

1 Einführung und das Gegenbild

Zwei Elfjährige streiten über die Existenz bzw. Nicht-Existenz Gottes. Sie können sich nicht einigen und versuchen es deshalb mit einem Beweis. Gott aber rührt sich nicht. Darauf der eine: „Siehst Du, es gibt ihn nicht". Der andere: „Doch, er hat sich nur versteckt". Auf die Thematik des vorliegenden Artikels angewandt bedeutet dies: So lange man von der „weltbildenden Kraft der Sprache" redet, so lange existiert die Auffassung, dass es diese nicht Kraft gebe, und eben so lange existiert die Gegenauffassung, dass es sie doch gebe. Und da man sich über beide Positionen – eigentlich sind es Glaubensbekenntnisse, die etwas über Linguisten aussagen – nicht einigen kann, schreitet man zu einer inzwischen endlosen Reihe[1] vor allem empirischer „Beweise", denn diese haben nun einmal die höchste Überzeugungskraft. Das Ergebnis lautet auch hier: „Siehst Du, es gibt sie nicht, die weltbildende Kraft" bzw. „Doch, wir haben nur den überzeugenden Beweis noch nicht gefunden". Selbstverständlich war mir bei der Konstruktion dieser Analogie bewusst, dass es problematisch ist, eine Vergleichsbeziehung zwischen Gott und einem linguistischen Bezugssachverhalt herzustellen. Diese Problematik wird noch dadurch erhöht, dass alle Nennwörter der Artikelüberschrift, *weltbildend* ebenso wie *Kraft* und erst recht wie *Sprache*, polysem sind.

Die Einführung in die Thematik des Artikels erfolgt am sinnvollsten aus dem Gegensatz zur „weltbildenden Kraft der Sprache" heraus. Die schärfste Form dieses Gegensatzes bildet der rationalistische Sprachbegriff des 18. Jahrhunderts. Dieser geht von vier Größen aus, die hier ohne weitere Differenzierung
a) als Realität,
b) als mentale Repräsentation der Realität im Kopf des Menschen,
c) als sprachliches Zeichensystem und
d) als dessen Realisierung im einzelnen Sprechen und Schreiben

---

[1] Ausführlich beschrieben und beurteilt von Werlen 2002, S. 31–90.

gekennzeichnet werden sollen. Daraus leitet sich, in seiner Richtung durch die Buchstabenfolge von a nach d angedeutet, folgendes Verständnis von Erkenntnis und Sprache sowie ihres Verhältnisses her:

a) Es gibt eine dem naiven Bewusstsein nicht sinnvoll bestreitbare, vorsprachlich und vorkognitiv reale Welt von Gegenständen, Gegenstandseigenschaften und Gegenstands- bzw. Eigenschaftsrelationen.

b) Jeder Mensch verfügt über eine ihm als Menschen angeborene, also anthropologische Ausstattung zur sinnlichen Wahrnehmung der ihm vorgegebenen realen Welt sowie über eine kognitive Fähigkeit zur mentalen, das ist im Rationalismus vor allem begrifflichen Verarbeitung der Wahrnehmungsinhalte; diese Inhalte und ihre Verarbeitung sind die mentalen Repräsentationen.

c) Nachdem solche Repräsentationen geschaffen sind, können sie (müssen dies aber nicht) in Zeichensystemen, von denen die Sprache ein besonders leistungsfähiges ist, bezeichnet werden.

d) Wiederum danach können die Zeichensysteme von Individuen, sofern diese nicht gerade schweigen wollen, sinnlich wahrnehmbar, und zwar entweder oral oder skribal, wie man sagt: „realisiert" werden.

Es spielt bei diesem Sprach- und Erkenntnisverständnis zwar in der zeitgenössischen philosophischen Theoriediskussion eine Rolle, ist im hier vorliegenden Zusammenhang aber eher irrelevant, ob die Realitätsebene unter erkenntniskritischen Aspekten ihrerseits als Projektion des menschlichen Gehirns verstanden wird oder ob man so tut, als gäbe es derartige Implikationen nicht, und die Sachen einfach so nimmt, wie sie sich dem naiven Bewusstsein im alltäglichen Umgang mit ihnen entgegenstellen. Als irrelevant sei auch das genaue Verständnis von mentaler Repräsentation angesehen, innerhalb dieser das Verhältnis von Wahrnehmung und ihrer kognitiven Verarbeitung, damit die genaue Definition von ‚Begriff‘, von ‚Vorstellung‘ und anderen mentalen Gegebenheiten. Es spielt ferner wenigstens keine prinzipielle Rolle, ob man die mentale Repräsentation der Sachen in einem Zeichensystem als passive und dadurch als maximal objektiv angesehene Widerspiegelung versteht, ob man sie durch eine irgendwie subjektiv geleitete Auswahl ausgezeichneter Merkmale aus einer größeren Anzahl nicht interessierender Merkmale bestimmt sieht oder ob man sie als durch den Wahrnehmungs- und Repräsentationsvorgang leicht modifiziert begreift. Schließlich geht es auch nicht um die geradezu toposartig diskutierte, letztlich aber akademische Frage, ob sich das hier holzschnittartig gezeichnete Bild durch interne Differenzierungen bei dem einen oder anderen Autor, etwa bei G. W. Leibniz, bei F. Bacon, Th. Hobbes oder E. B. de Condillac, tendenziell auflöst und einem Gegenbild Raum bietet.[2]

---

[2] Hierzu ausführlich Werlen 2002, S. 91–161, mit Literaturangaben; vgl. ferner Dascal 1996 sowie generell die einschlägigen Artikel im Handbuch Sprachphilosophie.

Entscheidend sind vielmehr die folgenden Annahmen rationalistischer Sprachkonzeption:

1) Der gesamte Erkenntnis- und Sprachprozess geht von der Realität (den Sachen) aus und bezieht auf der Repräsentationsebene jeden seiner Wahrnehmungsinhalte und jedes seiner kognitiven Verarbeitungsergebnisse auf die Sache zurück. Dementsprechend wird auch jede Einheit und jede Regel der Zeichenebene sowie jeder einzelne Realisierungsakt über die Repräsentationsebene auf die Sache zurückbezogen. Die Sache ist das Maß aller Dinge, die letzte Wahrheiten begründende Orientierungsgröße. Man hat zur Charakterisierung dieser Aussage später vom metaphysischen Realismus[3] gesprochen. „Ein metaphysischer Realist ist [...], der darauf besteht, daß wir etwas nur dann Wahrheit nennen dürfen, wenn es mit einer als absolut unabhängig konzipierten, objektiven Wirklichkeit übereinstimmt."

2) Jeder Mensch besitzt denselben Kopf, d. h. dieselbe sinnliche und kognitive Ausstattung wie jeder andere Mensch. Er erkennt infolgedessen bei dem ebenfalls jedem Menschen möglichen richtigen Gebrauch dieser Ausstattung eine Sache der Realität genau so, wie sie jeder andere Mensch erkennt. Mit Bezug auf die Zeichenebene besitzt jeder Mensch Sprachfähigkeit (das ist in etwa die *faculté du langage* F. de Saussures) und damit die Möglichkeit der Bildung sprachlicher Inventareinheiten zur Bezeichnung seiner Erkenntnisse und der Integration solcher Einheiten zu einem System. Sprachsysteme sind äußerlich offensichtlich verschieden, sie stellen aber trotz aller Verschiedenheiten letztlich miteinander kompatible und ineinander übersetzbare Codes dar.

3) Die vorgetragenen beiden Punkte implizieren, dass zwischen Realität, Realitätsrepräsentation, Zeichen und Zeichenrealisierung ein Entsprechungsverhältnis besteht. Dies ist selbstverständlich nicht als Abbildung oder Widerspiegelung in irgendeinem wörtlichen Sinne denkbar, dennoch haben der insbesondere in der marxistisch orientierten Linguistik gebrauchte Terminus *Abbild* und die zugehörigen Wortbildungen (vor allem *abbilden*) einen hohen metaphorischen Veranschaulichungswert, der im Übrigen nicht nur seine Festigkeit, sondern sogar seine Wucherung im Wissenschaftsjargon erklärt. Es geht also darum, dass die Gegenstände der realen Welt eine irgendwie geartete Entsprechung auf der mentalen Ebene, über diese im Inhaltssystem einer Sprache und schließlich in der einzelnen Sprachäußerung finden. Seit K. Bühler (1934) spricht man in diesem Zusammenhang von der *Darstellungsfunktion* der Sprache. Damit verbindet sich der Richtigkeitsgedanke: Entsprechungen verdienen diese Bezeichnung nur dann, wenn sie – letztlich bezogen auf die Sache – richtig, dieser gemäß sind. Die Möglichkeit der Herstellung „richtiger" Entsprechungen wird nun nicht nur als Faktum, sondern mehr

---

[3] Glasersfeld 1985, S. 18; dort auch das Zitat.

noch als Aufgabe verstanden. Dies ist eines der Geburtsmomente normativer Sprachwissenschaft, gleichgültig ob man sie als *Sprachpflege*, als *Sprachnormierung*, *Sprachkritik* oder sonstwie bezeichnet und wie man sie differenziert: Jeder Mensch, vor allem derjenige mit der besseren (das ist im 18. Jahrhundert die vernünftige) Erkenntnis, wie sie insbesondere dem Philosophen, Wissenschaftler, am Rande auch dem dem Entsprechungsgedanken verpflichteten Poeten eignet, hat also die Pflicht zur sachbegründeten Erkenntnis und zu deren *angemessener, genauer, präziser, unterschiedlicher, natürlicher*[4] (usw.) Fixierung im Sprachinhaltssystem sowie zu dessen vorbildlicher Umsetzung im Sprechen und Schreiben.

4) Der zentrale Begriff innerhalb dieses Gedankengebäudes ist die ‚Deutlichkeit‘. Sie gilt selbst in der Rhetorik, einer von Hause aus kommunikativ orientierten Disziplin, als *wesentliche, erste, vornehmste*, sogar solchen Güteeigenschaften wie der *Reinheit* oder bestimmten, typisch poetischen Stilzügen (Inversion, Metaphern) übergeordnete Qualität. Sie beruht auf der Klarheit. Klar wird eine Bezugsgegebenheit dann erkannt, wenn man sie – wie Farben oder Gerüche – von allen anderen Gegebenheiten ähnlicher Art zweifelsfrei *unterscheiden* kann. Deutlichkeit ist über die Klarheit hinausgehend dann gegeben, wenn man einen Bezugsgegenstand hinsichtlich seiner als konstitutiv unterstellten Eigenschaften analysieren und diese Eigenschaften benennen kann. Besteht diese Möglichkeit nur für einige Eigenschaften, so liegt – etwa bei Christian Wolff – *unausführliche* Deutlichkeit vor; bei vollständiger Analyse und entsprechenden Benennungen ist *ausführliche* Deutlichkeit gegeben. Varianten der Wolffschen Stufung der Erkenntnisarten finden sich mehrfach, etwa in der Reihung von *klar, deutlich, adäquat, symbolisch* bei G. W. Leibniz,[5] womit zugleich die zeitgenössische Aktualität solcher Systeme belegt ist. Es passt ins Bild des mehrstufigen Entsprechungsverhältnisses, dass Deutlichkeit nicht nur den Sachen und ihrer mentalen Repräsentation (insbesondere den Begriffen) zugeschrieben wird, sondern auch den Einheiten und Regeln des Sprachsystems und dessen Realisierungen in der Rede und in der Schrift. Wenn man die Sache deutlich erkennt, hat man deutliche Begriffe und deutliche Gedanken; unter der Voraussetzung einer mit der Gütequalität ‚Reichtum‘ ausgestatteten Sprache und einer rational kontrollierten Syntax gibt es idealiter genau ein einziges deutliches Wort mit einer einzigen deutlichen Aussprache und Schreibung und einer einzigen ausgezeichneten Position im Satz. Es ist nur logisch, dass es im Jahrhundert der Aufklärung ausgefeilte lexikologische und lexikographische, grammatische, stilistische und phonetische Programme gibt, die unter der gemeinsamen Aufgabe stehen, das Inventar und die Regeln des Zeichensystems Sprache so zuzubereiten, dass sie dem ihnen

---

[4] Die kursiv gesetzten Ausdrücke spiegeln den typischen Sprachgebrauch des 18. Jahrhunderts.
[5] Vgl. hierzu Schüßler 1992.

gestellten Darstellungsideal maximal gerecht werden. Schon in den Publikationstiteln häufen sich Ausdrücke wie *critisch, gut, Verbesserung* usw. im Unterschied z. B. zu *Missbrauch.* Adelungs „Grammatisch-kritisches Wörterbuch der Hochdeutschen Mundart" enthält bereits in der Attribuierung von *Wörterbuch* einen Teil des rationalistischen Programms.

5) Es wird aufgefallen sein, dass die Sprache (basierend auf der Sprachfähigkeit als anthropologischer Gegebenheit und überwiegend verstanden als Einzelsprache wie Deutsch oder Französisch) in dem vorgetragenen Schema erst auf der dritten Ebene, der Zeichenebene, erscheint. Sprache ist also der Ebene der mentalen Repräsentation – in der Terminologie der Zeit und als Forderung: der vernünftigen Erkenntnis – nachgeordnet, und zwar historisch wie systematisch. Erst nachdem man die Gegebenheiten der Realität erkannt hat, ergibt sich die Möglichkeit (keineswegs die Notwendigkeit), das vorher Erkannte mittels eines Zeichensystems zu fixieren, und zwar so, wie es erkannt worden ist. Diesem Zeichensystem sind dann auf der Realisationsebene (also gleichsam auf einer zweiten Stufe) das Sprechen und das Schreiben, damit das Miteinander-Kommunizieren nachgeordnet. Bezeichnenderweise war von Kommunikation im gesamten bisherigen Teil der Darlegung an keiner einzigen Stelle die Rede. Das Schlagwort schlechthin der Aufklärung lautet denn auch: *cogito,* nicht *dico* oder gar *communico ergo sum* (ich *denke,* nicht *ich spreche / kommuniziere, also bin ich*). Redensarten wie *erst besinnen, dann beginnen* oder *erst denken, dann handeln* entsprechen dem bis auf den heutigen Tag. Das dahinter stehende Bild vom Menschen sähe mit ironisch verdeutlichendem Unterton etwa wie folgt aus: Gerade zum aufrechten Gang fortgeschritten, hebt er seinen Kopf über das ihn umgebende Gebüsch, beugt ihn unmittelbar darauf wieder auf dieses zurück, um es wahrzunehmen, begrifflich zu fassen und dabei etwa den Baum vom Strauch und den Ast vom Zweig und der Dolde genau zu unterscheiden, sprachlich präzise zu benennen und mit Hilfe dieser Benennungen zu kommunizieren. Letzteres natürlich nur dann, wenn es ihm gerade sinnvoll erscheint, denn er *ist* ja schon, indem er *denkt,* warum sollte er sich also noch zur Kommunikation herablassen? Seine Blickrichtung verläuft ohnehin vertikal von oben nach unten auf das ihm objektartig Entgegenstehende, nicht horizontal-interagierend auf die Augen eines anderen Menschen.

Von „weltbildender Kraft der Sprache" kann bei konsequenter Anwendung dieses Modells auch nicht ansatzweise die Rede sein, erst recht nicht (und hier erfährt die Thematik schon eine Ausweitung) von weltbildender Kraft der Kommunikation: Es geht um die Qualität der Erkenntnis; in welchem Zeichensystem diese kodiert wird, ist letztlich irrelevant. Kommunikation ist ohnehin eine sowohl der Erkenntnis wie ihrer sprachlichen Fassung nachgeordnete, als Transport, Zustellungsdienst vom Kopf des einen in den eines anderen gedachte Tätigkeit. Jede Möglichkeit des Chauvinismus, eine bestimmte Sprache oder Sprachgruppe also auf- bzw. abzuwerten, ist dann Kritik am

Symptom, am Nachgeordneten.[6] Qualitätsunterschiede gibt es primär nur auf der Ebene der Erkenntnis, da die Aufklärung in verschiedenen Teilen der Welt bei verschiedenen Menschengruppen nun einmal unterschiedlich weit fortgeschritten ist. Die Übernahme des Erkenntnisstandes des aufgeklärtesten Teils der Menschheit und die Fixierung der jeweils *gewissesten, sichersten* Erkenntnis in der eigenen Sprache sind aber jedem Menschen möglich. Im Ergebnis würde dann ein Zustand entstehen, in dem die Sprachen der Welt in dem Maße ihrer Teilhabe an aufgeklärter Erkenntnis bei aller ausdrucksseitigen Verschiedenheit semantisch aneinander angeglichen wären. Das ist der Zustand, von dem W. von Humboldt (5, S. 428; s. S. 312) sagt, dass dann „alle Würdigung der Sprache" zerstört sei. Analoges gilt für die Verbindung von Sprache und Volk. Es mag zwar bequem sein, wenn alle Angehörigen eines Herrschaftssystems ein und dieselbe Sprache verwenden, aber warum sollte nicht ein Teil der Menschen eines staatlichen Herrschaftsgebildes die eine (etwa Deutsch) und ein anderer Teil eine andere Sprache (etwa Französisch) sprechen, und warum sollten nicht Menschen verschiedener politischer Zugehörigkeit eine einzige Sprache sprechen (usw.)? Die Definition von Größen wie ‚Volk' oder ‚Staat' von der Sprache her wäre jedenfalls eine Definition vom Nachgeordneten her; Sprache bildet weder Welt noch Gruppen/ Gemeinschaften. Dies alles besagt natürlich nicht, dass sich in der Sprachreflexion des 18. Jahrhunderts infolge ihrer Historizität nicht auch zum Teil fundamental entgegengesetzte, insbesondere aus der Barockzeit stammende (deutschsprachiger Raum) oder auf einem absolutistischen Einheitsgedanken beruhende (z. B. Frankreich) Argumentationen finden.

Ich habe dieses Bild des Sprachdenkens der Aufklärung nicht vorgetragen, um abschließend zu sagen, es sei insgesamt oder in Einzelteilen richtig oder falsch. Ich habe es vielmehr vorgetragen, um den Gedanken von der weltbildenden Kraft der Sprache e contrario plausibler zu gestalten. Dabei ging es mir aber auch um das inhaltliche Anliegen, dem sprachlichen Weltbildgedanken und allen damit verbundenen Konsequenzen folgende Aussagen entgegenzuhalten: Allen Menschen dieser Welt ist die gleiche kognitive und die gleiche Ausstattung zur Sprachfähigkeit zuzuschreiben, infolgedessen ist bei aller Verschiedenheit von Sprachsystemen von deren grundsätzlicher Gleichwertigkeit auszugehen. Dies ist gleichsam die Verfahrensgrundlage, auf der ein heute als verantwortlich angesehenes kulturelles Handeln erfolgt. Würde man diese Auffassung nicht teilen, so wäre es kaum möglich, bestimmte Kenntnissysteme, und zwar solche sowohl natur- wie sozial- und geisteswissenschaftlicher Art, mit dem Glauben an den Erfolg der Bemühung an jeden Angehörigen jedes anderen Kultursystems zu vermitteln. Es wäre auch nicht möglich, mit dem Vertrauen auf ein Gelingen jeden Text einer beliebigen Ein-

---

[6] Diese Aussage steht nur scheinbar im Widerspruch zu dem Schaubild, das Werlen 2002, S. 2, zur Wertung von Einzelsprachen im Universalismus und Relativismus gibt.

zelsprache inhaltlich so genau in jede andere Einzelsprache zu transferieren, wie es der Sprecher dieser anderen Sprache verlangt.[7] Dies ist der eine Teil der Wahrheit, nicht ontologisch verstanden, sondern aufgefasst als Wahrhaftigkeit kulturellen Handelns. Der andere Teil folgt.

2 Die sprachliche Wende

Der andere Teil der Wahrheit lautet: Bei aller Anerkennung des dem Menschen von seiner anthropologischen Ausstattung her Eigenen und deshalb Universalen kann nicht geleugnet werden, dass alle Ausprägungen des Universalen, gleichsam dessen Vorkommensform, individuell, im strengen Sinne einmalig, nicht wiederholbar, material und funktional immer etwas Besonderes sind. Schlechthin alles, was dem Menschen entgegentritt, die erste sprachliche Äußerung, die er von seinen Eltern hört, die ersten von ihm erblickten Bilder, die ihn umgebenden Menschen, die Ausstattung seines Lebensraums, erst recht der Kindergarten, die Schule, die Kirche und der Beruf, auch jeder sachliche Gegenstand, findet sich in genau gleicher Weise niemals und nirgendwo wieder. Nimmt man dies ernst, so kehrt sich das in Abschnitt 1 (s. S. 285) über die Entsprechungsebenen ‚Realität‘, ‚deren Repräsentation‘, ‚Zeichensystem‘ und ‚Zeichenrealisierung‘ Gesagte radikal um; man könnte – bezogen auf die Sprache – in diesem Zusammenhang geradezu von einer *sprachlichen Wende* (oft sagt man: *kopernikanische Wende* oder anglisierend: *linguistic turn*) im weiteren Sinne (es gibt Spezifizierungen) sprechen, weil man alles, auch die Kenntnis der Sachen, als letztlich über die individuelle sprachliche Äußerung bzw. über deren Rezeption erworben und damit als genuin sprachgeprägt versteht. Sprache fungiert in diesem Prozess also nicht als Mittel, vorher kognitiv Gefasstes lediglich zu fixieren, sondern als Medium, in dem ein sinnhaltiges Ergebnis konstruiert wird und das für dieses Ergebnis konstitutiv ist. Dabei bleiben die vier für den rationalistischen Sprachbegriff beschriebenen Ebenen erhalten, sie erfahren aber mannigfache Uminterpretationen, Neudefinitionen ihres Status und eine Reihe von Ergänzungen. Dies soll im Folgenden etwas ausführlicher dargelegt werden. Die Argumentation verläuft dabei vom Einzeltext bzw. der textartigen Einzeläußerung über die Varietäten und Einzelsprachen hin zu den Sprachgruppen.

Die prototypische Vorkommensformen geschriebener Sprache sind einzelne Texte, diejenigen gesprochener Sprache mit der Nähe-Situation verwobene, textartig verbundene Einzeläußerungen. Dies kann bei entsprechenden theoretischen, nämlich empiristischen Vorentscheidungen als Stütze besserer Begründbarkeit der Induktion als der Deduktion aufgefasst werden: Wenn

---

[7] Auf das damit angesprochene universale Problem der Übersetzbarkeit von Texten kann in vorliegendem Zusammenhang nicht eingegangen werden.

man beobachtbar nichts hat als geschrieben vorliegende oder hörbare Äußerungen, dann ergibt es einen besonderen Sinn zu sagen, dass man methodisch
gut daran tue, diese Gebilde erst einmal so zu nehmen, wie sie in ihrer sinnlich wahrnehmbaren Qualität begegnen. Mit der so gesehenen methodischen
Priorität von Texten und textartigen Äußerungen können sich nun theoretische Aussagen, gleichsam Hochrechnungen über den Status einer Sprache
oder einer anderen Abstraktion verbinden. Sprache ist dann nichts Anderes
als die Gesamtheit aller Texte oder textartigen Äußerungen, sofern sie jedenfalls einem bestimmten System angehören, sofern man ihre Sinnhaftigkeit
nicht eigens thematisieren will und sofern man von bestimmten formalen Erfordernissen von Definitionen absieht.

Man kann Texte und textartige Äußerungen nach einer Vielzahl von Ähnlichkeiten zusammenfassen, also Generalisierungsabstraktionen bilden. Üblich sind solche nach zeitlichen, räumlichen, sozialen und situativen Gesichtspunkten, wobei man Historiolekte, Dialekte, Soziolekte, situative Register erhalten würde. Andere Gesichtspunkte würden z. B. zu Konzepten wie Literatursprache, Kultursprache, Hochsprache, Standardsprache, Staatssprache, Nationalsprache, Nationalvariante der Standardsprache, zu Nationaldialekt,
auch zu Jugendsprache, zu Sprache des Nationalsozialismus oder der Weimarer Zeit, zu politischer Sprache, zu Sprache der Macht, zu Predigtsprache, Unterrichtssprache, Männer- und Frauensprache, Gruppen- und Geheimsprache, Jargon und vielem mehr führen. Besonders zu erwähnen ist die Möglichkeit der Einteilung nach der medialen Dichotomie in gesprochene und geschriebene Sprache, die sich zu konzeptioneller Mündlichkeit bzw. Schriftlichkeit prototypisieren lassen und dann sehr unterschiedliche Gegebenheiten sein können. Bei Zusammenfassung einzelner Texte einer Person würde
man den Idiolekt (etwa eines Dichters) erhalten. – In den vorliegenden Formulierungen haben all diese Größen der Formulierung nach den Status von
Abstraktionen nach einzelnen, sehr unterschiedlichen, immer interessegeleiteten Aspekten. Die Vielzahl möglicher Aspekte führt zu einer letztlich beliebig hohen Anzahl und zur beliebigen inhaltlichen Bestimmung solcher Abstraktionen, die man dann irgendwie generisch, mehr oder weniger passend
etwa als *Varietäten*, bezeichnen könnte. Dass der Abstraktionsgrad solcher
Größen gleichsam stufenlos z. B. zwischen ganz wenigen Texten oder Äußerungen zweier Personen (Paarsprache) einerseits und den Texten einer
ganzen Generation oder z. B. eines Großraumdialektes wie des Bairischen
schwanken kann, steigert den Grad der diesbezüglichen Möglichkeiten erheblich. Hinzu kommt schließlich noch die Möglichkeit der Verbindung mehrerer Abstraktionskriterien.

Es ist nun weithin üblich, Abstraktionsgrößen des vorgeführten Typs einem transitus ab intellectu ad rem zu unterwerfen, die Abstraktion also zu
ontologisieren und dann schon durch das Reden z. B. von *Literatur-* oder
Frauensprache zu unterstellen bzw. auch zu behaupten, es gebe solche Varian-

ten in so etwas wie der lingualen Wirklichkeit. Schon die Fragestellung, wie man etwa „den" Dialekt, „die" Jugendsprache, im Prinzip alle oben genannten Einheiten „real" zu definieren versucht, setzt voraus, dass man ihnen eine ontische Realität zuschreibt, die in der Definition lediglich zu charakterisieren wäre. Bezeichnenderweise „gibt" es so etwas wie Jugendsprache oder Frauensprache und selbst Standardsprache denn auch erst genau seit dem Augenblick, in dem sie ein Sprachwissenschaftler überzeugend in die Welt linguistischer Gegenstände eingeführt hat (es sei denn, man nehme an, sie seien immer schon da gewesen, aber nicht entdeckt worden). Selbstverständlich weiß man darum, dass die Realität der genannten Größen eine abstrakte ist, dass diese also einen anderen Seinsstatus haben als z. B. ein aufgeschriebener und zum mindesten hinsichtlich bestimmter äußerer Eigenschaften beobachtbarer Text, die Unterstellung von Realität bleibt aber erhalten, auch wenn man sie in die Köpfe von Sprechern verlegt. Termini wie *Existenzform*, ein vor allem in der Linguistik der ehemaligen DDR priorisierter Fachausdruck, spiegeln dies sehr deutlich.

Die hiermit begonnene Argumentation lässt sich nun auf der Abstraktionsskala nach oben weiterführen: Mehrere „Varietäten" (o. ä.) werden üblicherweise abstraktiv zu einer „Sprache" im Sinne von „Einzelsprache" (das ist die Abstraktionsebene der *langue* bei F. de Saussure) zusammengefasst. Aufgrund der Tatsache, dass diese Zusammenfassung nicht nur eine fachlinguistische Operation ist, sondern seit der beginnenden Neuzeit in viel stärkerem Maße auch von den Sprechern der in Frage kommenden Verständigungsmittel vollzogen wird, tendieren Abstraktionen auf dieser Ebene dazu, in der Wissenschaft wie im Sprecherbewusstsein viel selbstverständlicher, als das bei Dialekten oder Soziolekten der Fall ist, ontologisiert, d. h. in diesem Falle als natürliche, durch hohes historisches Alter und eine Reihe weiterer Gütekennzeichen bestimmte Größen aufgefasst und behandelt zu werden. Mit der so verstandenen Einzelsprache wird dann im sog. objektiven Nationsbegriff das ‚Volk' als etwas ebenfalls Natürliches verbunden. Der Linguist, speziell der Sprachhistoriker, weiß natürlich unterschwellig, dass die Abstraktion ‚Einzelsprache' in vielen Fällen ein außerordentlich fragiles Gebilde ist. Redeweisen der Art, dass eine bestimmte Sprache oder auch Sprachvarietät *eigentlich* (so in der Normalsprache) oder z. B. *unter historischem Aspekt* (so in der Wissenschaft und sicher sinnvoll) „Deutsch" sei, oder Erfahrungen der Art, dass innerhalb eines Jahrzehnts eine „Sprache" zu mehreren „Sprachen" wird, dass vorher relativ eindeutig als „Dialekte" eingestufte Verständigungsmittel plötzlich zu „Sprachen" werden (Balkanraum, auch Letzeburgisch) oder dass es im kontinental-westgermanischen Raum großflächige Gebiete gegeben hat, deren Sprecher sich jahrhundertelang um die Zugehörigkeit zur einen (etwa Deutsch) oder anderen Sprache (etwa Niederländisch) nicht recht gekümmert haben, oder dass kleine System- und Inventardifferenzen einmal als eine Sprache begründende Gegebenheit behandelt und ein anderes Mal als irrelevant abgetan wurden, müssten diese historische Fragilität eigentlich jedermann (auch über den Schulunterricht) haben deutlich werden lassen. Die mit der Natürlichkeit, Objektivität der Einzelsprache verbundenen Interessen, mitbegründet durch eine national orientierte Wissenschaft und vermittelt durch die Schule, haben dies zeitweise systematisch verhindert.

Wenn man verschiedene Einzelsprachen zusammenfasst, so erhält man unter genetischem Aspekt Sprachfamilien (wie das Indoeuropäische), unter typologischem Aspekt Sprachbünde (wie den Balkanbund), unter kulturhistorischem Aspekt einzelsprachenübergreifende, aber nicht mit einem festen Terminus belegte Einheiten (wie das SAE = Standard Average European B. L. Whorfs oder das von mir hypothetisch behauptete semantische Europäisch[8]). Man spricht im Falle der Sprachfamilie ohne größere Probleme vom Indoeuropäischen, de facto einer linguistischen Konstruktion des 19. Jahrhunderts mit dem Zweck der Beschreibung genetischer Verwandtschaftsverhältnisse europäischer und vorderasiatischer Sprachen, als einer Sprache oder Sprachgruppe einer bestimmten Zeit und eines bestimmten Raumes und sogar von „den" Indoeuropäern, im deutschsprachigen Raum eher noch von „den" Indogermanen als einem historischen Volk oder einer Völkergruppe. Beim Sprachbund und SAE-ähnlichen Konstrukten ist man deutlich vorsichtiger. – Hinter all diesen Größen – vom Einzeltext bis zu den Sprachgruppen – sieht man die anthropologische Gegebenheit ‚Sprachfähigkeit‘.

Die in der rationalistischen Sprachauffassung zentrale Ebene der mentalen Repräsentation, insbesondere des Begriffs, begegnete in vorliegender Beschreibung von Stufen linguistischer Abstraktion nicht wieder. Deren Beziehung zum Begriff unter Aspekten der „weltbildenden Kraft der Sprache" wird im folgenden Kapitel thematisiert. Ebenso unerwähnt blieb bisher der Bezug von Sprache (in ihren verschiedenen Ausprägungen) zur Sache, auch dieser wird später erläutert.

Das folgende Schema dient der Übersicht über die Sprachausprägungen, auf welche die sprachliche Wende bezogen werden kann, sowie über die wesentlichsten linguistischen Betrachtungskriterien, die man üblicherweise mit der sprachlichen Wende verbindet. Unter „Sprachausprägungen" (linke Spalte des Schemas) wird die Skala linguistischer Gegenstände vom Einzeltext bzw. der textartigen Erläuterung bis hin zur Sprachgruppe verstanden. Betrachtungskriterien (obere Spalte) sollen sein: die einzelnen Abstraktionsebenen der Betrachtung, deren Status, ihr Bezug zu sozialen Gruppen und zur „weltbildenden Kraft", schließlich die Argumentationsschiene.

---

[8] Reichmann 2001, besonders S. 60; vgl. dort Formulierungen wie „europäische Assoziations- und Bildgemeinschaft" sowie den Terminus *Europäismus*.

Tabelle 1. Die sprachliche Wende, Gegenstandsbezüge und Betrachtungskriterien

Betrachtungskriterien / Sprachausprägungen	Abstraktionsebenen der Betrachtung	Status	Bezug zu sozialen Gruppen	Bezug auf „weltbildende Kraft"	Argumentations-Schiene
1. Stufe	Einzeltext bzw. einzelne textartige Äußerung	real	kaum möglich	möglich und üblich (für poetische Texte)	Semantik: Fiktion (für poetische Texte)
	poetische Texte				
2. Stufe	Varietäten / Existenzformen	Abstraktion; bei Ontologisierung besonderer Realitätsstatus	zu Volksteil, Subgruppe u.a. Gruppierungen	möglich, aber je nach Varietät unterschiedlich genutzt	vorwiegend lexikalische Semantik
	Dialekte, Historiolekte, Soziolekte, Frauensprache u.a.		zu Raumgruppe, Zeitgruppe, Sozialgruppe		
	geschriebene / gesprochene Sprache (auch zu 4 stellbar)		zu Bildungsschicht (innerhalb von Einzelsprachen und sprachenübergreifend)		
3. Stufe	Einzelsprache (langue)	Abstraktion; regelhafte Ontologisierung zu einer natürlichen Größe	oft: zu Volk	in europäischer Tradition vielfach angenommen	Grammatik und Semantik
4. Stufe	Sprachgruppen unterschiedlicher Art	Abstraktion; ansatzweise Ontologisierung	Mehrfach zu Volk, Völkergruppe o.ä.	vereinzelt angenommen	Grammatik und Semantik
	Sprachfamilie				
	kulturelle Gruppe				

3 Die Anwendung auf die „weltbildende Kraft der Sprache"

„Weltbildende Kraft der Sprache" besagt in der vorliegenden, nicht näher spezifizierten Formulierung so viel wie: Sprache bildet Welt; etwas komplizierter: Sprache in ihrer jeweils unterschiedlichen Ausprägung bildet Welt; etwas kritischer und differenzierter: Im sprachlichen Handeln werden kognitive Inhalte konstituiert, die insgesamt die Weltsicht im Sinne des sprachlichen Handelns prägen. Ausführlicher: Jedes noch nicht über Sprache verfügende Neugeborene, jeder bereits über Sprache verfügende Lernende, jeder Erwachsene, der sich in ein neues Fachgebiet einarbeitet oder sich überhaupt in neue Lebensverhältnisse begibt, wird vom Augenblick seiner Geburt an bzw. in jeder Verlaufsphase seines Lebens und Lernens immer wieder und im fundamentalsten Sinne des Wortes mit Texten und textartigen Äußerungen[9] und zunächst einmal mit nichts Anderem konfrontiert. Diese je verschiedenen Texte bzw. textlichen Äußerungen gehören in aller Regel einer bestimmten Varietät oder einer Gruppe mehr oder weniger zusammengehöriger Varietäten (im weitesten Sinne) und über diese einer bestimmten Einzelsprache an, die wieder als im Rahmen einer Sprachengruppe stehend aufgefasst werden kann, womit all dasjenige realisiert wird, was in der Sprachfähigkeit des Menschen allgemein angelegt ist; Verschiedenheit (hier: der Texte und textartigen Äußerungen) setzt bekanntlich Einheit (hier: auf verschiedenen Ebenen der Abstraktion) voraus. Zur Unterstreichung der Radikalität des Gesagten sei hinzugefügt: Ein Kleinkind geht nicht, sobald es laufen kann, in den Garten, um alle möglichen Gewächse zu beobachten, als z. B. ‚Bäume' oder ‚Sträucher' zu klassifizieren und voneinander abzugrenzen, und ein Heranwachsender bzw. Erwachsener geht nicht in die Schule oder in den Beruf, um die dort vorkommenden „Gegenstände" selbsttätig und ohne Hilfe von anderen wahrzunehmen und zu erkennen, man hält dem Kleinkind auch nicht ein in bestimmter Weise geformtes Stück Leder vor und sagt ihm „das ist ein Ball, und auf dieses Stück Leder musst Du immer mit dem Wort *Ball* Bezug nehmen und Dir dabei die konstitutiven Eigenschaften, Funktionen des Balls als den Begriff ‚Ball' einprägen (usw.), damit Du später, wenn Du mal Englisch oder Suaheli lernst, die Bezeichnung austauschen kannst", sondern man verfährt ganz anders, nämlich wie folgt: Man redet endlos bereits auf den Säugling und im Beisein des Säuglings auf andere gerade anwesende Situationsbeteiligte ein, wobei in der Regel natürlich auch auf Gegenstände Bezug genommen wird; man erklärt dem Heranwachsenden in der Schule, was der Unterschied zwischen Bäumen und Sträuchern, Hunden und Kötern, Himmel und Wolken, Orient und Okzident ist, man bringt ihm bei, welche Sportarten es gibt und was den Verstand von der Vernunft unterscheidet; man tadelt ihn, wenn er dies alles in

---

[9] Diese Doppelformel soll die Dichotomie von geschriebener und gesprochener Sprache zum Ausdruck bringen.

nicht soziomorpher Weise übernimmt und belobigt ihn, wenn er die gewünschten Klassifizierungen schnell und sozial konform internalisiert; man unterstützt diesen Prozess über Jahre hinweg vor allem durch Bücher und Autoritäten. Ebenso erklärt man dem Berufseinsteiger, in welcher Weise er seine „Gegenstände" zu behandeln und zu klassifizieren hat. Zusammengefasst: Durch die Allgegenwart der Kommunikation, d. h. durch unablässiges Ansprechen von Partnern und unablässiges Sprechen über etwas, das es möglicherweise nur deshalb gibt, weil man darüber redet, werden Kinder, Heranwachsende (usw.) in diese Welt der Kommunikation und ihr entsprechend sozialisiert. Dies ist nun trotz der anthropologischen Grundlage ‚Sprachfähigkeit' nicht eine sich stets gleichbleibende, in allen Zeiten, Räumen und sozialen Formationen identische Verständnis- und Handlungswelt, sondern immer eine historisch und sozial in bestimmter Weise geprägte; auch der Zugang zu den exophorisch irgendwie nachweisbaren Sachen (etwa obigem Köter) ist dann sozial vermittelt, ganz zu schweigen davon, dass sehr viel weniger „Sachen" (und eigentlich eben auch der Köter) exophorisch zeig- und vermittelbar sind, als man üblicherweise annimmt; bei ‚Orient' und ‚Okzident', ‚Vernunft' und ‚Verstand' ist das allerdings unmittelbar einsichtig, auch wenn diesbezügliche Fragestellungen vermutlich zu der verbreiteten Antwort führen würden, dass die Vernunft doch etwas Anderes „sei" als der Verstand, was die Gehirnphysiologie sicherlich nachweisen könne. Vom Rezipienten aus formuliert: Er rezipiert und erwirbt immer eine bestimmte Weise des Redens, und zwar auf Idiolekt-, Varietäten-, Einzelsprach- und Sprachgruppenebene; und er übernimmt mit der je bestimmten Weise des Redens die Art, wie man auf die (vorauszusetzenden) Gegenstände der Welt Bezug nimmt, wie man diese in dem Maße der Rekurrenz bestimmter priorisierter Bezugnahmen zu sozialen Gegenständen konstituiert, wie man durch bestimmte sprachliche Sozialtechniken (z. B. durch die Tropen und Figuren der Rhetorik) ganz neue Welten aufbaut, die dann in dem Maße ihrer gesellschaftlichen Anerkennung objektiv sind, und zwar im Sinne von ‚gesellschaftlich objektiv, gemeinsam gemacht', nicht etwa im Sinne eines „unbedingt Festen".[10] Wenn es aber nichts Anderes gibt als immer in je besonderer Weise bestimmte Texte und textartige Äußerungen, abstraktiv: nur je bestimmte Varietäten, je bestimmte Sprachen und je bestimmte Sprachgruppen, damit auch nur je bestimmte Bildungen sprachlicher Inhalte, dann gerät eine Rationalität und Objektivität atmende Größe wie der Begriff in die Situation, sich nach seiner empirisch und rationalistisch konzipierten Erkenntnisgrundlage, nach seiner gerne implizierten Richtigkeit, nach seiner Übersozialität fragen lassen zu müssen. Und die Sache wird dann in sehr viel mehr Fällen und viel fundamentaler, als selbst der diesbezüglich Sensibilisierte annimmt, zu einer in der Sozialität

---

[10] So W. von Humboldt 7, 1, S. 56.

konstituierten Größe.[11] In dieser Situation drängt alles gleichsam zu der Schlussfolgerung: Begriffe und die Regeln des Sachbezuges sind in normalsprachlicher Sozialisierung erworben; sie haben demzufolge eine soziomorphe Seinsweise, existieren nur in der Kommunikation. Arbeit und Arbeitslosigkeit, Einkommen, Gewinn und Profit, Weißer und Farbiger (und vieles mehr) sind solche soziomorphen Gegebenheiten.

An dieser Stelle sei ein kurzer Einschub über übliche, auch fachliche Redeweisen erlaubt: Man hört und liest oft, Begriffe, Sachbezüge usw. seien immer durch soziale Gegebenheiten „mit"geprägt, „mit"bestimmt, „gefärbt", „modifiziert", durch diese irgendwie (oft wird gesagt: einzelgesellschaftlich subjektiv[12]) „gebrochen", oder sie existierten „so, wie" wir normalerweise mit ihnen handeln, nur in der Sozialität. So sinnvoll derartige Formulierungen im einzelnen sein können, so offensichtlich verschleiern sie doch die Grundsätzlichkeit des Problems: In dem Moment, in dem ich etwas als durch etwas „mit" bestimmt, „gebrochen" (usw.) charakterisiere oder durch ein „so, wie" kennzeichne, setze ich voraus, dass es hinter der Brechung, hinter dem „so, wie" ein eigentliches und als solches fassbares Sein gebe. Dieses wird dann unreflektiert gerne zum Gegenstand der mit Objektivitätsanspruch auftretenden wissenschaftlichen Bemühung, während das eigentlich Transzendentale[13] im Sinne von ‚der Erkenntnis Vorangehendes, sie erst Bedingendes, aber auch Verbürgendes', nämlich das Sprechen, gemäß seinem im rationalistischen Sprachkonzept angenommenen Abstand zu den Sachen zu einem erkenntnisstörenden, -verzerrenden Faktor wird.

Das Gesagte gilt für die Phylogenese (Stammesbildung) des Menschen, so wie man sie sich vorstellt, irgendwie ebenso wie für die Ontogenese (Entwicklung des Individuums). „Irgendwie" soll dabei nur besagen, dass man eine über einige Millionen von Jahren verlaufende und der Beobachtung entzogene Entwicklung nicht unreflektiert mit historisch-sozialen Gegebenheiten wie der Sprachbiographie heute oder in überschaubarer historischer Zeit Lebender gleichsetzen kann. Immerhin wird eine zumindest überwiegend genetische Perspektive in eine transzendentale überführt.[14] Das Gesagte gilt ferner für die gesamte Skala von der einzelnen textartigen Äußerung bzw. vom Einzeltext über alle Varietäten und die Einzelsprache bis zur Sprachgruppe hin. Auf der Ebene des Einzelnen kann systematisch eben nichts Relevantes existieren, was nicht auch auf den verschiedenen Stufen des Allgemeinen existiert; und im Allgemeinen kann es nichts geben, was es nicht im Einzelnen

---

[11] Beispiele hierzu in Fülle bei Searle 1997, schon in der „Einführung" (S. 7): Geld, Eigentum, Ehe, Regierung, Fußball, Wahl, Cocktailparties, Gerichtshöfe.

[12] So geradezu regelhaft in der Sprachwissenschaft der ehemals sozialistischen Länder Mittel- und Ost(mittel)europas.

[13] So Di Cesare 1998, S. 32, und darauf ähnlich mehrmals mit Bezug auf W. von Humboldt: „das Allgemeine [tritt] nur in der Verschiedenheit seiner individuellen Erscheinungsformen" auf.

[14] Di Cesare 1998, S. 40; vgl. zur Projizierbarkeit des zeitlich Späteren auf das Frühere auch Dascal 1996, S. 1025.

gibt. Es ist also die Sprache in allen Bedeutungen des Wortes, und nicht etwa nur die Einzelsprache, von der alles Weitere, Begriffsbildung wie Sachbezug, ausgeht. Ob der Ausdruck *Begriff* und der Begriff „Begriff" wegen ihrer semantischen Festlegungen dann beibehalten, modifiziert oder ersetzt werden sollten, stellt sich als ernsthafte Frage; natürlich kommt an dieser Stelle ‚*Bedeutung*' als Wort und als Begriff (deshalb hier durch Kombination von Kursive und Häkchen gekennzeichnet) ins Spiel.

Es gehört nun zu den geschichtlichen Bedingtheiten der Sprachwissenschaft und aller damit verbundener sonstiger Kulturkonzepte, dass man aus dem weiten Spektrum zwischen Einzeltext bzw. textartiger Äußerung und der Sprachengruppe bestimmte Ebenen herausschneidet und sie passend zum jeweiligen kulturellen Denken bzw. dieses ihrerseits prägend zum zentralen Gegenstand von Ideologien / Weltanschauungen erhebt. Mit anderen Worten: Man könnte jeden Ausschnitt des Spektrums unter die Ideologie stellen, die mit *sprachlicher Wende* bezeichnet wird, tut dies aber nur mehr oder weniger und konzentriert sich auf Ausschnitte; diese sind:

- auf der Ebene des Einzeltextes bzw. der textartigen Einzeläußerung insbesondere die Einheiten, die als *poetisch* klassifiziert werden; die Masse von Gebrauchstexten und alltagssprachlichen Einzeläußerungen bleibt eher unbeachtet,
- auf der Ebene der Varietäten (im weitesten Sinne) die Dialekte, Soziolekte, historischen Sprachstufen (Historiolekte), vor allem die Literatursprache sowohl generell wie bezogen auf bestimmte Epochen, bestimmte Gattungen, bestimmte Dichterwerke, ferner etwa die sog. Frauensprache oder die Jugendsprache, schließlich die Fachsprache,
- unter Aspekten der Medialität neuerdings besonders aktuell Texte konzeptioneller Schriftlichkeit im Gegensatz zu den Äußerungen konzeptioneller Mündlichkeit,
- auf der Ebene der Einzelsprachen z. B. das Deutsche im Gegensatz zu beliebigen anderen Sprachen, etwa zum Französischen oder Tschechischen. Auf dieser Ebene ist das „sprachliche Relativitätsprinzip", wie es üblicherweise verstanden wird – schärfer gefasst: das *einzel*sprachliche Relativitätsprinzip – anzusiedeln. Es wird in diesem Artikel also als Sonderfall der allgemeineren These der „weltbildenden Kraft der Sprache" aufgefasst.[15]
- auf der Ebene von Sprachgruppen etwa das Indoeuropäische, das Standard Average European oder damit kompatible Konzepte,
- Kombinationen verschiedener dieser Spektrumsausschnitte, etwa die Gruppe derjenigen, zum Teil sehr unterschiedlichen Sprachen, die eine konzeptionelle Schriftlichkeit entwickelt haben und deren Mündlichkeit in den System- und Entwicklungssog der Schriftlichkeit einbezogen wurde.

---

[15] Deshalb wird in diesem Artikel so weit sinnvoll und möglich zwischen *Weltbildkonzept* (an die Einzelsprache gebunden) und *Weltbildungskonzept* (an alle anderen Ausprägungen von Sprache gebunden) unterschieden.

Hinzuzufügen ist, dass die in Abschnitt 2 (s. S. 292) vorgenommene und dort möglicherweise als unfunktional erscheinende Unterscheidung von Abstraktion und einer ontologischen Entsprechungsgröße für die historischen Ausprägungen der Weltbildungsthese hier von Bedeutung wird, und zwar im Sinne einer direkten Proportionalität: Je stärker und verbreiteter die Ontologisierung, insbesondere die damit einhergehende Statisierung, desto radikaler und nachdrücklicher, auch desto akzeptierter die Fassung der These. Gleichsam die Speerspitze in dieser Hinsicht bildet das (einzel-)sprachliche Relativitätsprinzip; es lautet in nuce: Einzelsprachen werden als natürliche objektive Gegebenheiten verstanden, die ein Weltbild enthalten und dieses ihren Sprechern aufdrängen. Damit ist gleichzeitig die Verbindung von Sprache und Volk angedeutet: Ein Volk ist ein Sprachvolk und damit per definitionem eine durch ein bestimmtes Weltbild geprägte Erkenntnisgemeinschaft, die von allen anderen solcher Gemeinschaften unterschieden ist. Reduzierte Fassungen dieser These wurden und werden für die ganz unterschiedlichen Gruppen (etwa Raumgruppen, Bildungsschichten) vorgenommen, die man gerne – wie auch immer – mit einer Varietät verbindet, neuerdings auch für die übernationale Großgruppe, der man ein durch konzeptionelle Schriftlichkeit geprägtes Denken zuschreibt. In der vorgenommenen Formulierung bezieht sich die Weltbildungs- wie die speziellere Weltbildthese vorwiegend auf einen sprachlich konstituierten Inhaltskomplex, also auf eine Größe mit semantischem Status. Dies entspricht den Kennzeichnungen in der wissenschaftlichen Literatur wie der wortbildungsmorphologischen Motivation von Ausdrücken wie *Weltbild*, *Seinsbild* usw. Die Träger eines sprachbedingten Weltbildes können gleichzeitig eine Identifikationsgemeinschaft bilden, die sich in gemeinsamen Kennzeichen des Zeichensystems konstituiert und von anderen solcher Gemeinschaften abgrenzt. Sprache bildet dann, so könnte man in Anlehnung an die Titelformulierung dieses Beitrages sagen, nicht nur Welt, sondern auch soziale Gruppen (im Schema in der Spalte „Bezug zu sozialen Gruppen" eingetragen).

Im Folgenden sollen einzelne Ausprägungen der Weltbildungsthese durchlaufen und zum Teil zusammengefasst und kurz, gleichsam nur des besseren Verständnisses und der Systematik halber, zum Teil ausführlicher charakterisiert werden. Das Hauptgewicht der Darstellung liegt auf dem einzelsprachbezogenen Relativitätsprinzip mit seinem Kernstück, der Weltansicht (so A. W. Schlegel und W. von Humboldt) bzw. dem Weltbild (so die Schule L. Weisgerbers).

4 Einzelausführungen

Der poetische Einzeltext

Wie immer man das Attribut poetisch (bezogen auf Einzeltexte, im Schema 1. Stufe) auch bestimmen mag, es ergibt sich in aller Regel eine Absetzung vom Normalsprachlichen, die in der zugehörigen, meist negativen Terminologie wie folgt verläuft:

– Der poetische Text (in pragmatischer Argumentation: poetische Kommunikation) sei weniger auf außersprachliche Bezugsobjekte und bestimmten Wahrheitsbedingungen unterliegende Mitteilungen oder sonstige zweckrationale sprachliche Handlungen, wie sie etwa in den Griceschen Maximen formuliert sind, ausgerichtet als der nichtpoetische Text.
– Er sei hinsichtlich seines Weltbezuges und der Bezüge zu Kommunikationspartnern nicht automatisiert, sondern de-, entautomatisiert.
– Die Aufmerksamkeit des Autors und der Rezipienten poetischer Texte sei in besonderer Weise auf die verwendeten Zeichen und ihre Verknüpfung sowie auf die Bedeutungsaspekte, die sich daraus ergeben, gerichtet. Es liegt auf der Hand, dass in diesem Rahmen die Differenzqualitäten poetischer gegenüber normaler Sprache besondere Beachtung finden. Letztlich ist hier der systematische Ort der Stilistik (in einem sehr weit gefassten Sinne des Wortes).
– Erst die Sprache poetischer Texte sei in natürlich jeweils näher zu erläuternder Weise voll entfaltete Sprache, in eigener Formulierung (1996): „Sprache, wo sie am sprachlichsten ist."
– Poetische Texte entstünden innerhalb eines eigenen, pragmatisch zu beschreibenden sozioästhetischen Codes und würden darin in der Weise rezipiert, wie sie gemeint seien.
– Sie seien durch Fiktionalität gekennzeichnet. Üblich sind Redeweisen der Art, die Mitteilung sei auf sich selbst bezogen, poetische Texte seien oder enthielten eine Welt sui generis; sie meinten eine Welt, die sie selber schaffen.

Die Behandlung dieser Liste in der einschlägigen Literatur verläuft in einem Höchstmaß lexikalischen, wortbildungsmorphologischen, syntaktischen und textlichen Jargons. Die einzelnen Punkte werden vorgetragen, um modifiziert oder widerlegt zu werden. Bei alledem scheint sich als der am überzeugendsten vorgetragene Fluchtpunkt der Argumentation die unter dem letzten Spiegelstrich genannte Fiktionalität zu ergeben. Es geht bei deren Erläuterung[16] um den Gegensatz zum Abbildgedanken, zur Nachahmung, zur Mimesis, positiv ausgedrückt: um die *Poiesis* als das *Bilden*, das *Machen* von Inhalten, die *Schaffung* einer *unwirklichen*, z. B. *wunderbaren*, spätestens seit dem 18. Jahrhundert nicht mehr zum Gegenstand der Wissenschaften gerechneten Welt, um die „gnoseologische Funktion im Hinblick auf das grundlegende Verhältnis zur Realität"[17], um *potentielle* Sinngehalte.

---

[16] Die folgende Montage beruht u. a. auf der Durchsicht der Artikel linguistischer und literaturwissenschaftlicher Wörterbücher/Fachlexika unter den Stichwörtern *Fiktion, Literatur, Poetik* (jeweils einschließlich der zugehörigen Wortbildungen).

Ein Problem dabei betrifft die Frage, wo denn nun eigentlich die Fiktion liege, im Textinhalt oder im soziokulturellen Beziehungsgefüge (in obiger Ausdrucksweise: in der Identifikationsgemeinschaft) derjenigen, die Literatur schaffen oder beschreiben. Bei aller Anerkennung der Versuche, poetische Texte von einer breiteren Liste mehr oder weniger gültiger Eigenschaften her zu definieren, meine ich doch – und das liegt in der Konsequenz alles bisher Gesagten – dass der Prototyp poetischer Texte von der Auffassung ihrer Inhalte als Fiktionen bestimmt sein müsse, wobei mit *Auffassung* der soziopragmatische Rahmen angedeutet sein soll, innerhalb dessen Fiktion überhaupt erst gebildet und als solche verstanden werden kann. Poetische Texte sind insofern ein Handlungsfeld und gleichzeitig ein Gegenstandsbereich wissenschaftlicher Bemühung, an dem der Gedanke der „weltbildenden Kraft der Sprache" beispielhaft demonstriert werden kann.

Der Bezug dieses Gedankens auf das einzelsprachliche Relativitätsprinzip ist keinesfalls zwingend, widerspricht ihm sogar in einer bestimmten Weise; er kann sich aber dennoch leicht ergeben (und hat sich ergeben), wenn man die oben unter dem dritten Spiegelstrich angegebenen sprachlichen Gestaltungsmöglichkeiten als spezifisches Inventar einer Einzelsprache begreift. In diesem Falle erscheint die Einzelsprache nicht nur als Fiktionalität ermöglichendes Symbolsystem, sondern kann zu einer Vorgabe werden, die den *kategorialen, konstitutiven* Rahmen der Fiktionsbildung festlegt, bei Verknüpfung des Nationalgedankens mit dem Sprachgedanken sogar eine nationale poetische Semantik vorspiegelt.

An dieser Stelle müsste der fachliche Sprachgebrauch der Literaturwissenschaft, der die Fiktionalität der Inhalte poetischer Texte herausstellt, belegt werden. Vor allem aber die zuletzt angesprochene Verknüpfung des National- und Sprachgedankens bedürfte der Belegung. Dies ist hier nicht einmal ansatzweise zu leisten, da man dabei auf die unterschiedlichen Schulen der Literaturwissenschaft seit dem 19. Jahrhundert mit all ihren Differenzierungen Bezug nehmen müsste. Dennoch seien einige typische Formulierungen (tendenziell Konventionen) der älteren, oft als *idealistisch* bezeichneten, stark werkimmanent orientierten Literaturwissenschaft[18] zitiert, die das Gesagte belegen[19] (die Kursive stammt von mir und dient der Hervorhebung):

---

[17] Wörterbuch der Literaturwissenschaft, Art. *Literatur*, S. 301; in diesem Artikel beißt sich eine fiktional motivierte Terminologie mit der darstellungsfunktional orientierten der herrschenden Literaturideologie.

[18] Speziell zur sog. idealistischen Philologie am Beispiel von B. Croce, L. Spitzer, K. Vossler vgl. Aschenberg 1984, z. B. S. 42f., 53, 67.

[19] Die folgende Sammlung von Zitaten entstammt Enders 1967; deshalb werden die betreffenden Artikel im Literaturverzeichnis nicht aufgeführt.

- „Texte verschiedener Zeit gleichen *nationalen* Ursprungs und annähernd gleicher *nationaler* Inspiration" (L. Spitzer 1931).
- „Grundhaltung gegen die sinnliche Leidenschaft [...], die durch sittliche Vernunft und Willen gebändigt werden muß [...], das [...] ist zugleich ein wichtiger Teilausdruck der Geschichte der Humanitätsidee in *Deutschland*" (K. May 1932, über Goethes „Novelle").
- „Wirklichkeit erscheint im Wort nur durch das Medium der Bedeutung [...], hier findet jener entscheidende Vorgang der *kategorialen* Formung der Wirklichkeit statt, den Humboldt mit seinem Begriff der *inneren Sprachform* zu beschwören suchte. Der junge Mensch, der die *Sprache seines Volkes* lernt, *wächst* damit in eine bestimmte *Weltsicht* hinein" (W. Kayser 1936, über die Heidebilder).
- „[...] die ausgezeichnete Stellung des Dichtwerks, zu dem die *klare Einheitlichkeit der kategorialen Struktur wesensmäßig* gehört. Wir dürfen wohl sagen, daß jeder, der *in die Sprache seines Volkes hineinwächst*, damit in eine *Weltsicht wächst*, aber gerade unsere Geschichte beweist zur Genüge, daß das noch nicht zu übereinstimmender Weltanschauung, Meinung, Überzeugung *bei allen die deutsche Sprache Sprechenden* führt" (ebd.).

Mit dem zuletzt Vorgetragenen wurde der Bereich des poetischen Einzeltextes bereits in Richtung auf Literatursprache als eine Art Varietät verlassen. Dieser Pfad soll hier nicht weiter verfolgt werden, da in der Abstraktion nicht mehr vorhanden sein kann als in den Texten.

Einzelne Varietäten

Die klassische Varietätentrias Dialekt, Soziolekt, Historiolekt ist von dem Konzept der Weltbildung durch Sprache teils eher peripher (Dialekte) und nur zeitweilig, teils in einem bestimmten Gewande geradezu konstitutiv (Soziolekte) betroffen.

Die Einsicht in die Inkongruenz der Inhaltssysteme dialektaler Lexika sowie in die Inkongruenz dieser Systeme mit denjenigen der Hochsprache führten insbesondere in der Dialektologie der ersten Hälfte des 20. Jahrhunderts immer wieder zu einer Anwendung der Weltbildungsthese auf die Dialekte. Unter Rückgriff auf L. Weisgerber wurde der Dialekt trotz aller lingualer und kulturhistorischer Verflechtungen mit der Gesamtsprache letztlich als eine – wie die Einzelsprache – einmalige, individuelle, spezifische Gliederungseinheit mit einem eigenen, nach W. von Humboldts „innerer Form" (in der poetologischen Terminologie, s. oben W. Kayser) *kategorial* gestalteten Inhaltssystem betrachtet. Die Gesamtheit der Klassifizierungen, Generalisierungen, Differenzierungen, Konnotationen dieses Systems ist dann nichts anderes als ein Weltbild, das den Trägern eines Dialekts das Muster vorgibt, nach dem die chaotische Fülle vorsprachlich gegebener Umweltreize, wie man sich auszudrücken pflegte, zu einer jeweils *sonderartigen*,[20] dem Sprechenden verfügbaren Wirklichkeit konstituiert wird. Aussagen dieser Art begegnen häufiger in Vorwörtern und dialektologischen Programmtexten als in empirischen Arbeiten; sie dürften teils einer Formulierungsmode und deren Zählebigkeit zuzuschreiben sein, dienen oft aber der Herausstellung der Größe des Gegenstandes im alten rhetorischen Sinne der magnitudo rerum, haben damit offensichtlich die Funktion der Selbstlegitimation einer sich ihrer Daseinsberechtigung schon damals nicht mehr sicheren Teildisziplin der Sprachwissenschaft. Umgekehrt belegt natürlich die Tatsache, dass man die Weltbildthese zu Legitimationszwecken heranzog, deren damalige Allgegenwart.

Zur Veranschaulichung seien wieder einige typische Formulierungen zitiert. Dies geschieht wie oben bei den poetischen Texten (s. S. 303) nicht zur wissenschaftsgeschichtlichen Darstellung des Konzepts und auch nicht unter kritischen, Differenzierungen und Kontextualisierungen verlangenden Aspekten, sondern ausschließlich zur Vorführung üblicher fachtextlicher Konventionen:

- die „besondere Art des Sehens, Denkens und Schließens" der Mundart (Weisgerber 1935, S. 50).
- „Mundart als geistige Gestaltung"; das „in den Mundarten niedergelegte Weltbild" (Bach 1950, S. 264; 267),
- „Mundart ist die sprachliche Erschließung der Heimat"; der „Kern des Mundartlichen, jene ganz lebens- und sachnahe geistige Bewältigung eines abgerundeten Lebenskreises [...]"; „inhaltliche Eigenzüge der Mundart [...], Dinge, die das Weltbild der Sprache angehen"; „die Mundart als geistige Gestaltung"; das „Weltbild der Mundart"; der „geistig-seelische Gehalt der Mundart"; dies alles dann demonstriert in Formulierungen wie: „Zurücktreten des Abstrakten in der Mundart"; „Pessimismus der Mundart"; man beachte hier wie überhaupt in der einschlägigen Redeweise den Genitivus subjectivus (Weisgerber 1956/1976, S. 96ff.),
- „Sehweisen der Mundart" (Schwarzenbach 1969, S. 33),
- die „Sprachhaftigkeit unseres Denkens"; das „Ineinander von Sprache und Wirklichkeit" (jeweils mit Bezug auf die Mundart; Zinsli o. J., S. 14).

Hinsichtlich der Historiolekte sei hier nur das Faktum aufgerufen, dass der Basisunterricht in historischer Sprachwissenschaft bei aller Betonung der Phonologie und Grammatik das Ziel verfolgt, die Wortbedeutungen der jeweils betroffenen Sprachstufe in ihrer kulturtypischen Eigenprägung zu erläutern. Nicht nur die Lehrbücher zum Alt- und Mittelhochdeutschen enthalten in aller Regel ausführliche lexikologische Teile, nicht nur gibt es Legionen von Wortmonographien (z. B. zu *arbeit*, *vröude*, *minne*; zu *Buße*, *Gnade* und

---

[20] Dieser Ausdruck begegnet nahezu regelhaft; vgl. Bach 1950, S. 267: „Sprachen sind jeweils der Aufbau einer sonderartigen, einem Volke eigenen Wirklichkeit."

Freiheit, zu *Sonderling, Langeweile, Gemüt* und *Melancholie*), die ausnahmslos zu beschreiben versuchen, wie es um die Semantik dieser Ausdrücke in mittelhochdeutscher, frühneuhochdeutscher oder älterer neuhochdeutscher Zeit bestellt war, sondern dieser gesamte Bereich der historischen Semantik steht (in der Regel affirmativ) unter dem Diktum J. Triers, dass alle Inhalte ihre Bestimmung erst aus dem Stellenwert in einem gegliederten Ganzen erhalten, eben demjenigen Gefüge, das man als *Weltbild* zu bezeichnen pflegt. Auch jede Sprachstufe „schafft intellektuelle Symbole, und das Sein selbst, das heißt, das für uns gegebene Sein, ist nicht unabhängig von Art und Gliederung der sprachlichen Symbolgefüge."[21] Je nach der besonderen Inhaltsform, in der die Sprache ihre Setzungen, Trennungen und Verknüpfungen vornimmt, entsteht ein jeweils einzelsprachlich und sprachstufenbedingtes Weltbild, das Trier bezeichnenderweise auch *Seinsbild* (1934b, S. 429/14) nennt und stilistisch später mit *Denkbahnen* (1972, 930/14) variiert (so dass Sein, Denken und Sprachinhalt gleichsam in eins gesetzt werden). Die Sprachgemeinschaft weiß auf einer Stufe C um Anderes, „als sie in A wußte" (1934a, S. 179/117). Bis in die Formulierungen Triers ist der Einfluss E. Cassirers erkennbar, nach dem „kein Inhalt gesetzt werden [kann], ohne daß schon, eben durch den einfachen Akt des Setzens, ein Gesamtkomplex anderer Inhalte mitgesetzt wird."[22] Diese Verpflichtung reicht selbst in die historische Lexikographie hinein, die sich insgesamt zwar eher durch eine realistische (dazu später, s. S. 317) darstellungsfunktionale Orientierung kennzeichnet,[23] besonders in den idiolekt- und textbezogenen Wörterbüchern aber dazu tendiert, das lexikalische Inhaltssystem der zugrundeliegenden Texte in idealistischer Weise als spezifische inhaltliche Fiktion und damit Schaffung von Welt zu verstehen. Immerhin ist sogar im Goethe-Wörterbuch von einem „Sprachkosmos", einer „Wortwelt", die „auch weitgehend seine [Goethes] Sprachwelt, die Welt der Ideen und Gedanken" ist (dort S. 8*), ferner von der hervorstechenden „Sach- und Wirklichkeitsgemäßheit" seines Wortschatzes die Rede (was allerdings auch realistisch gelesen werden kann, aber nicht so gemeint ist). Bei J. Grimm erscheinen die von ihm rekonstruierten etymologischen Grundbedeutungen als „Urbegriff" und vereinzelt als „Ursinn", auf deren Basis sich jede bedeutungs- und begriffsgeschichtliche Differenzierung erst vollziehen kann.[24]

Die am Beispiel der Dialekte und Historiolekte aufgewiesene Auffassung der Vorgeordnetheit sprachlicher Varietäten vor dem Denken und der Weise der Bezugnahme auf die Realität zeigt sich in analoger, aber selbstverständ-

---

[21] Trier 1931, S. 2 / 41. Die erste der Seitenzahlen bezieht sich auf die Originaltexte, die zweite auf die Ausgabe von A. van der Lee/O. Reichmann 1973.

[22] Cassirer 1923, S. 31.

[23] Beleg z. B. bei E. Karg-Gasterstädt/T. Frings 1, 1968; vgl. dort S. VII die typische (realistische) Formulierung: „so können die Wörter die in der Sprache sich ausdrückende geistige und kulturelle Umgestaltung […] erkennen lassen"; Weiteres bei Reichmann 1984, S. 476–479.

[24] Dazu Näheres bei Reichmann 1991.

lich je unterschiedlicher Weise auch für andere Varietäten. Auf eine diesbezügliche Kennzeichnung der Jugendsprache, des Genderlekts,[25] der Fachsprache, der Literatursprache und ihrer einzelnen Ausprägungen kann deshalb verzichtet werden, weil der Kern der Argumentation gleich bleiben würde. Lediglich der Soziolekt ist noch kurz anzusprechen.

Soziolekte werden, insbesondere bedingt durch die Schriften des britischen Soziologen Basil Bernstein, als zunächst einmal durch die soziale Gliederung der Gesellschaft bestimmt angesehen und hinsichtlich einiger ihrer Merkmale gekennzeichnet. Die Korrelation von Sprache (Code, Sprechweise) und sozialer Zugehörigkeit wurde aber nicht nur beschrieben, sondern mit der Behauptung ihrer unterschiedlichen Bewertung durch die kulturell ausschlaggebenden Gruppen verbunden. Was die Thesen Bernsteins dann über etwa zwei Jahrzehnte die Diskussion in Deutschland bestimmen ließ, war die Herstellung eines Zusammenhangs zwischen jeweiliger sozialsprachlicher Varietät einerseits und den dieser Varietät zugeschriebenen, je besonderen verbalen Planungsstrategien zur Organisation von Welt und sozialem Handeln andererseits. Damit nämlich werde der Soziolekt, nachdem er wie auch immer durch die gesellschaftliche Formation bedingt vorhanden ist, für denjenigen, der in ihm aufwächst, zum organisierenden Zentrum einer bestimmten, für die Unterschichten defizitären Art des Denkens und über dieses zirkelartig wieder zum Verstärker der gesellschaftlichen Gliederung. Elaboriertes Sprechen fördere mit seiner komplexen Strukturiertheit ein entsprechend komplexes logisches Denken, restringiertes Sprechen führe zu kognitivem Defizit.[26] Die engagierte Rezeption dieser Thesen mag durch die politische Stimmung der sechziger und siebziger Jahre bedingt sein, sie mag einen zusätzlichen Schub durch die Anwendbarkeit auf die Dialekte des Deutschen und damit auf die schulische Chancengleichheit ausschließlich dialektsprechender Schüler erfahren haben,[27] sie wird aber auch dadurch erklärbar sein, dass man in ihnen trotz ihres soziologischen Kleides eine gewisse Parallelität zu den verbreiteten Theorien der Beeinflussung oder gar Abhängigkeit des Denkens und der Weltsicht von der Sprache erkannte.

Geschriebene vs. gesprochene Sprache

In den vergangenen Jahrzehnten hat sich in der Sprachwissenschaft ein Forschungsbereich entwickelt, der die mediale Dichotomie von Mündlichkeit

---

[25] Hier ist die Affinität zum Weltbildungsgedanken besonders offensichtlich: Wenn bestimmte grammatische und wortbildungsmorphologische Eigenschaften des Deutschen das maskuline Genus unsymmetrisch heraustreten lassen und die Frauen dadurch unsichtbar werden, wenn ferner Genus und Sexus bei aller Klarheit ihres sprachlichen bzw. natürlichen Status doch verwischt werden können, dann kann das die Sicht der Realität prägen.

[26] Hierzu generell das Handbuch Soziolinguistik von Ammon et al., insbesondere mit den Artikel der Kapitel II und III; vgl. ferner B. Schlieben-Lange 1973, S. 56–67.

[27] Vgl. hierzu die Reihe Dialekt/Hochsprache 1976ff.

und Schriftlichkeit als zentrales Thema versteht und sich teils offen, teils versteckt mit Weltbildthesen verbindet. Die Argumentation verläuft (wenn man alle Differenzierungen ausblendet) wie folgt: Es gibt ein phylo- wie ontogenetisch primäres, logischerweise orales Sprechen, und es gibt von einer bestimmten Zeitzone der Menschheitsgeschichte an Möglichkeiten zu schreiben. Diese Möglichkeiten selbst unterliegen der Historizität/Kulturalität. Zu unterscheiden sind z. B. Bilderschriften, Silbenschriften und sog. Buchstabenschriften (dominant phonologische Schriften). Sie alle bewegen sich von einfachsten Anfängen auf bestimmte heutige historische Stufen hin. Man kann die Differenz zwischen oralem, sich akustisch vollziehendem Sprechen/Hören und sich stärker linear, in optischer Wahrnehmung vollziehendem Schreiben/Lesen skalar hinsichtlich ihrer linguistischen Kennzeichen beschreiben und kommt dann zu Listen folgenden Aussehens (es geht hier nur um den Typ):

Sprechen	*Schreiben*
eher Parataxe	eher Hypotaxe
geringere Kohäsion	höhere Kohäsion
situative Angemessenheit	situationsenthobene Korrektheit
Dominanz der Pragmatik	Dominanz der Systematik
viele Leerstellen	geringe Anzahl von Leerstellen
stärker analogisch	stärker digital
[...]	[...].

Es kommt hier nicht darauf an, die heuristischen Reduktionen, die Schwachstellen, die teilweise auch vorhandenen inneren Widersprüche, auch nicht die Unvergleichbarkeit einiger der angesetzten Positionen zu kritisieren (dies alles ist den Autoren selbst bewusst); es geht auch nicht um die Frage, wo in der heutigen Kommunikation die eher sprechaffinen und wo die eher schreibaffinen Äußerungsweisen begegnen und wie sie miteinander verbunden werden; dies sind rein linguistische Fragen. Entscheidend sind vielmehr folgende, nicht mehr auf die Fachlinguistik beschränkte theoretische und zutiefst ideologische Aussagen:

1) Nachdem sich die Schrift (welcher Art auch immer) mit ihrer eigenen Medialität (Optik) erst einmal neben dem Sprechen mit dessen Medialität (Akustik) etabliert hat, werden Konsequenzen für die Art des Denkens im Sinne des Weltbildungsgedankens angenommen. In diesem Fall ändern sich die Überschriften der Listen des vorgeführten Typs: Statt *Sprechen* versus *Schreiben* heißt es dann *orales Denken* versus *literales Denken*,[28] ohne dass die

---

[28] So bei Ágel 2003, S. 12; ich habe dies in einem eigenen Aufsatz (2003, S. 46) übernommen.

Formulierungen der einzelnen Punkte eine Änderung erfahren würden. Offensichtlich wird mit der sprachlichen Charakterisierung die kognitive so eng verknüpft, dass sich eine prinzipiell neue Terminologie nicht als Aufgabe stellt.

2) Man behauptet von geschichtlichen Entwicklungen in der Regel, dass sie nur anders als andere seien, und verwirft in diesem Zusammenhang Teleologie und Fortschrittsglauben als selbst historische Konzepte. Tatsache ist dennoch, dass insbesondere die Kulturgeschichtsschreibung, wozu ich die Schreibung von Sprachgeschichte rechne, in aller Regel eine Linie von ‚primitiv/einfach/ursprünglich‘ zu ‚entwickelt/komplex‘ impliziert. Die gesamte Sprachgeschichtsschreibung des Deutschen ist mit ihrer positiven Bewertung der mittelhochdeutschen Dichtung, der Entstehung einer Schrift- und Hochsprache, der Sprache der Aufklärung und der Klassik, der sog. Sprachkultivierungsbewegung des 17. bis 19. Jahrhunderts nur eine von vielen möglichen Belegungen dieser Aussage. Das heißt aber, dass man die Ausbreitung und Vorherrschaft der Schriftlichkeit seit Beginn der Neuzeit, wie schon die regelhaft gebrauchte positiv konnotierte Terminologie (*Literalität*, *Schrift-*, *Hoch-*, *Kultursprache*) beweist, als qualitative Überlagerung der konzeptionellen Mündlichkeit, als Entwicklung zu Höherwertigkeit, wenn auch nicht aussagt, so doch impliziert und wahrscheinlich auch implizieren muss, weil jede kulturelle Tätigkeit ohne den Glauben an die Möglichkeit von Höherwertigkeiten nicht denkbar ist. Diese Höherwertigkeit gilt nun auf verschiedenen Ebenen; sie betrifft die historisch jüngere Sprache vor der älteren, die schreibsprachlich überlagerte vor der ursprünglicheren Sprechsprache, die Schriftlichkeit vor der Mündlichkeit und schließlich – das ist das hier Entscheidende – das sog. literale Denken vor dem oralen. Der auf das Medium ‚Schrift‘ bezogene Weltbildungsgedanke verbindet sich also bei aller Betonung der bloßen Andersartigkeit mit dem tendenziell kulturchauvinistischen Gedanken der Höherwertigkeit. Die Brücke zum (Sprach-)Nationalismus liegt auf der Hand.

3) Nicht nur die Schriftlichkeit als solche, sondern speziell diejenige, die auf dem phonologischen, übereinzelsprachlich anwendbaren, höchst abstrakten, keinerlei Ähnlichkeit mit den dargestellten Gegenständen aufweisenden Schreibprinzip beruht, tendiert zur Höherbewertung gegenüber denjenigen Schriftsystemen, die – obwohl hochgradig standardisiert – letztlich noch Bezüge zum Gegenstand erkennen lassen. Da nun das phonologische Schreibprinzip an die mediterrane Antike und deren Nachfolgekulturen gebunden ist, ergibt sich eine nach meinem Urteil deutlich eurozentrische Abwertung z. B. der ostasiatischen Schriftsysteme: Die neue Medialität führt zu einem neuen, erst einmal nur anderen Denken; speziell die Phonemschrift führt zu kulturell offensichtlich als überlegen angesehenem Denken; der Weltbildungsgedanke erfährt gegenüber 2) eine nochmalige Verstärkung.

Diese Aussagen, vor allem die unter 2) und 3) referierten, sind so brisant bzw. – dies gilt für 3) – hinsichtlich ihrer politisch-kulturellen Korrektheit so verdächtig, dass sie durch einige Details und einige Zitate näher veranschaulicht und vor allem darauf überprüft werden sollen, ob sie sich tatsächlich aus der Logik der medialen Dichotomie ergeben. Zwei Antworttypen werden vorgetragen:

a) P. Koch und W. Oesterreicher (1994, S. 600) erklären zu den üblichen Bewertungen schriftlicher und mündlicher Sprache, dass diese „einer sprachtheoretisch fundierten Überprüfung nicht [standhalten]", und begründen ihr Urteil logisch plausibel. Die fachsprachliche Beschreibung der Schriftlichkeit erfolgt dann allerdings mit Termini wie *Ausbau, Wohlgeformtheit, Differenzierung, Verfeinerung* usw. für die Literalität, während die Oralität in negativer Terminologie mit Ausdrücken wie *Kongruenzschwäche, Fehlstart, Anakoluth* usw. (ebd., S. 591) oder mit so verräterischen Charakterisierungen wie *Zurückfallen* in den *Nähebereich* belegt wird. Die Höherwertigkeit der konzeptionellen Schriftlichkeit liegt also höchstens zwischen den Zeilen; ein Bezug zu so etwas wie literalem Denken wird nicht hergestellt. Ähnlich argumentiert W. Raible. Er unterscheidet für seine Junktion zwischen den Dimensionen ‚Aggregation' und ‚Integration'. Erstere liegt dann vor, wenn zwei Äußerungseinheiten hintereinander gestellt werden und ihre Verknüpfung die Aufgabe des Rezipienten bleibt; bei der Integration werden die wichtigsten Relationen (etwa die des Verursachers, des Zieles) „als feste semantische Rollen in syntaktische Planstellen wie diejenigen des Subjekts, Objekts, des Dativ-Objekts integrierbar" (1992, S. 28). Diese beiden Möglichkeiten verbinden sich nun mit einem unterschiedlichen Grad an z. B. Assertiertheit und Finitheit; sie gestalten sich als tendenziell universale Entwicklungen phylo- und ontogenetisch in der Weise, dass der jeweils spätere Zustand derjenige mit eher reduzierter Finitheit und reduzierter Assertion und zugleich derjenige mit stärkerer Integration ist. Der mediale Ort dafür ist die Schriftlichkeit, und zwar die konzeptionelle. Die gesamte Argumentation liest sich als Fortschrittsgeschichte, allerdings verbleibt Raible streng im linguistischen Bereich; ein Bezug zum Denken ist nicht einmal in Ansätzen erkennbar.

b) Es gibt Auffassungen, die die Höherwertigkeit der Literalität gegenüber der Oralität und speziell des phonologischen Schriftsystems über andere Systeme offen aussagen und diese Höherwertigkeit auch für das Denken behaupten: „Formales, logisches Denken kann nicht ohne Schrift entstehen, es ist dem Vorgang des Schreibens selbst immanent."[29] J. Goody und I. Watt (1986, S. 86) schreiben gezielter, „daß die Idee der Logik [...] erst zur Zeit der ersten Kultur, in der eine alphabetische Schrift allgemein verbreitet war, entstanden zu sein scheint." Chr. Stetter formuliert noch radikaler: Die Alphabetschrift (also das phonologische Schriftsystem) habe einen „einzigartigen Abstraktionsgrad" erreicht, und an diesem Punkt komme „die Grammatik ins Spiel" (1999, S. 10). Und dann weiter: Das „in der Idee der Grammatik sozusa-

---

[29] Schlaffer 1986, S. 22, bezogen auf das klassische Griechenland.

gen kondensierte Weltbild [sei] nur ein Aspekt unseres formalen Weltverständnisses [...], dessen Genese gleichfalls mit der Evolution des Alphabets
zusammenhängt" (ebd., S. 11). „Zwischen formalem Denken und Alphabetschrift [gebe] es einen intrinsischen Zusammenhang" (ebd., S. 13), so dass es
nur als logisch erscheine, „daß sich im Kulturkreis der chinesischen Schrift
weder eine formale Logik noch eine Grammatik in ‚unserem' westlichen Sinne ausgebildet" habe (ebd., S. 12). Der Schluss von einer bestimmten medialen
Ausprägung von Sprache nicht nur auf einzelne Denkinhalte, sondern sogar
auf das gesamte Denksystem ist ebenso offensichtlich wie die kulturpolitisch
brisante Höherbewertung[30] des westlichen Schriftsystems. Teilhaber an der
„Errungenschaft" sind bezogen auf die Einzelsprache die Literalisierten, unter sprachenübergreifenden Gesichtspunkten die Träger all derjenigen Sprachen, die den Quantensprung in die Schriftlichkeit, innerhalb dieser in das
phonologische Schreibsystem geschafft haben.

Sprachgruppen

Sprachgruppen sind in Verbindung mit dem Weltbildungsgedanken durch
das sog. SAE-Konzept B. L. Whorfs ins Spiel gekommen. Whorf geht zwar
zunächst davon aus, „dass das linguistische System (mit anderen Worten, die
Grammatik) jeder Sprache (also: Einzelsprache, O. R.) nicht nur ein repro-
duktives Instrument zum Ausdruck von Gedanken ist, sondern vielmehr die
Gedanken selbst formt" (1963, S. 12). Anlässlich der Beschreibung der Besonderheiten des Hopi-Indianischen richtet sich sein Blick dann aber auf mehrere, und zwar die westlichen europäischen Sprachen und deren „Grammatik",
versteht sie also als eine zumindest im Vergleich anzunehmende Einheit und
behauptet, dass durch die Wechselbeziehungen der Einzelsprachen dieser
Einheit „Einordnungen der Erfahrungen" stattgefunden hätten, die in den Begriffen ‚Zeit', ‚Raum', ‚Substanz', ‚Materie' vorlägen. Er fährt dann fort: „Da sich
das Englische, Französische und Deutsche und die anderen europäischen
Sprachen [...] kaum unterscheiden, habe ich sie zu einer Gruppe zusammen-
gefaßt, die ich kurz mit SAE für ‚Standard Average European' (Standard
Durchschnitts-Europäisch) bezeichne" (1963, S. 78). Zugespitzt formuliert ist
das der Ansatz eines sprachlichen Systems ‚Europäisch', verstanden als einzel-
sprachenübergreifendes grammatisch-semantisches System der Weltbildung,
das demjenigen des amerikanischen Hopi-Indianischen mit seinen vor allem
tempusgrammatischen und -semantischen Spezifika (wie Whorf sie sieht) als
Kontrast entgegengehalten werden kann.

　　Auf einer hinsichtlich der sprachtheoretischen Grundlegung ganz anderen,
nämlich kulturhistorischen Ebene, entfernt aber dennoch vergleichbar ist das

---

[30] Diese wäre nicht notwendig gewesen, denn die gemeinten ostasiatischen Schriftsysteme haben ebenfalls
die für Stetters gesamte Literalitätstheorie als konstitutiv erachtete Bildung formal und inhaltlich fest-
gelegter Einheiten.

von mir in mehreren Artikeln als Hypothese in Anschlag gebrachte semantische Europäisch (am ausführlichsten 2001). Die Begründung lautet: Bedingt durch die relative Einheit der Kulturgeschichte Europas, insbesondere durch seinen Überlieferungskanon sei quer zu den genetischen Verwandtschaftsverhältnissen der Einzelsprachen und quer zu etymologischen Zusammenhängen eine europäische Assoziations- und Bildgemeinschaft entstanden. Diese schlage sich in hochgradig ähnlichen semasiologischen Feldern insbesondere des Kulturwortschatzes europäischer Sprachen nieder. Wenn man will, kann man diese lexikalisch-semantischen Verhältnisse, darunter vor allem die Ähnlichkeiten in der Metaphorik, als Vorgaben für den kognitiven Zugriff auf die Realität verstehen.

Trotz Ansätzen dieser Art ist festzustellen, dass die Sprachgruppe ihre linguistische Behandlung in der historisch-vergleichenden, genetischen Sprachwissenschaft hat, nicht in einer Linguistik, die (wie die Weltbildungsthese) ihre Faszination prinzipiell aus der Inhaltsseite von Sprachen und Sprachgruppen herleitet.

5 Das sprachliche Relativitätsprinzip

Das sprachliche Relativitätsprinzip wurde in diesem Artikel bereits mehrfach als die schärfste Ausprägung des Konzepts der „weltbildenden Kraft der Sprache" bezeichnet. Es ist gleichsam dessen prototypische, seine Stärken und Schwächen wie in einem Brennspiegel aufweisende, auf die Einzelsprache gerichtete Anwendung; insofern bedürfen die oben gebrachten Kennzeichnungen lediglich des Bezuges auf die Einzelsprache. Zur eingängigeren Erläuterung seien aber einige ausgewählte klassische Formulierungen des Prinzips zitiert, die sich bei den Autoritäten des Weltbildgedankens finden, und einige modernere Formulierungen in Lexikon- und Handbuchartikeln angefügt. Dass W. von Humboldt (und einigen Vertretern der Sprachkonzeption der Romantik) hierbei ein besonders breiter Raum gegönnt wird, hängt damit zusammen, dass er die Weiterungen seiner These der sprachlichen *Weltansicht* ausführlicher, tiefer und komplexer gesehen hat als alle, die sich auf ihn berufen.

„In dieser [Eigenthümlichkeit], als der eines Sprachlauts, herrscht notwendig in derselben Sprache eine durchgehende Analogie; und da auch auf die Sprache in derselben Nation eine gleichartige Subjectivität einwirkt, so liegt in jeder Sprache eine eigenthümliche Weltansicht. Wie der einzelne Laut zwischen den Gegenstand und den einzelnen Menschen, so tritt die ganze Sprache zwischen[31] ihn und die innerlich und äusserlich auf ihn einwirkende Natur" (W. von Humboldt 7, 1, S. 60).

---

[31] In dieser Formulierung liegt die Basis der sog. sprachlichen Zwischenwelt im Sinne Weisgerbers.

„Das Denken ist aber nicht bloss abhängig von der Sprache überhaupt, sondern, bis auf einen gewissen Grad, auch von jeder einzelnen bestimmten. Man
hat zwar die Wörter der verschiedenen Sprachen mit allgemein gültigen Zeichen vertauschen wollen [...]. Allein es lässt sich damit nur ein kleiner Teil
der Masse des Denkbaren erschöpfen, da diese Zeichen, ihrer Natur nach, nur
auf solche Begriffe passen, welche durch blosse Construction erzeugt werden
können, oder sonst rein durch den Verstand gebildet sind.[32] Wo aber der Stoff
innerer Wahrnehmung, und Empfindung zu Begriffen gestempelt werden
soll, da kommt es auf das individuelle Vorstellungsvermögen des Menschen
an, von dem seine Sprache unzertrennlich ist" (ders. 4, S. 22).

„Obschon [...] grösstenteils das Werk der Nationen, beherrschen die Sprachen sie [die Nationen] dennoch, halten sie in einem gewissen Kreis befan-
gen" (ders. 4, S. 247).

„Jede [Sprache] zieht um das Volk, welchem sie angehört, einen Kreis, aus
dem es nur insofern hinauszugehen möglich ist, als man zugleich in den Kreis
einer andren hinübertritt. Die Erlernung einer fremden Sprache sollte daher
die Gewinnung eines neuen Standpunkts in der bisherigen Weltansicht seyn
und ist es in der That bis auf einen gewissen Grad, da jede Sprache ganze Gewebe der Begriffe und die Vorstellungswelt eines Theils der Menschheit enthält. Nur weil man in eine fremde Sprache immer, mehr oder weniger, seine
eigene Welt-, ja seine eigene Sprachansicht hinüberträgt, so wird dieser Erfolg
nicht rein und vollständig empfunden" (ders. 7, 1, S. 60).

„Insofern es [das Wort] den Begriff durch seinen Laut hervorruft, erfüllt es
allerdings den Zweck eines Zeichens, aber es geht dadurch gänzlich aus der
Classe der Zeichen heraus, dass das Bezeichnete ein von seinem Zeichen unabhängiges Daseyn hat, der Begriff aber erst selbst seine Vollendung durch
das Wort erhält, und beide nicht voneinander getrennt werden können. Dies
zu verkennen, und die Wörter als bloße Zeichen anzusehen, ist der Grundirr-
tum, der alle Sprachwissenschaft und alle Würdigung der Sprache zerstört"
(ders. 5, S. 428).

„Muttersprache als Energeia umschließt *drei Formen des Wirkens* [...]. Jede Muttersprache ist eine *geistschaffende Kraft*, insofern sie aus den Grundlagen des ‚Seins‘ und des menschlichen Geistes die gedankliche Welt ausformt,
in deren geistiger Wirksamkeit das menschliche Tun sich abspielt. Jede Muttersprache ist eine *kulturtragende Kraft*, insofern sie als notwendige Bedingung in allem Schaffen menschlicher Kultur darinsteht und deren Ergebnisse
mitprägt. Jede Muttersprache ist eine *geschichtsmächtige Kraft*, insofern sie
im Vollzug des Gesetzes der Sprachgemeinschaft eine Gruppe von Menschen
geschichtlich zusammenschließt" (Weisgerber 1964, S. 33). Die „Daseinsform
der Sprache" sei weder die eines „realen Gebildes" und schon gar nicht eine

---

[32] Diese Sätze enthalten bis in die Einzelformulierungen hinein das Gegenbild zur Sprachkonzeption des
Rationalismus, insbesondere des Leibnizschen Universalismus.

Abstraktion von Grammatikern, sondern die eines „sozialen Objektivgebildes" (ebd. S. 31f.) und damit einer „Tatsache"; Sprache sei nicht nur (wohl aber auch) „ein Mittel des Ausdrucks, der Mitteilung, der Verständigung" (ebd. S. 34); sie enthalte ein „Weltbild" als „wirkliches Bestandstück" (ebd. S. 44).

„Linguistic relativism is basically a metaphysical theory, but also one which involves questions of epistemology and logic. According to Benjamin Lee Whorf [...], „the world is a kalaedoscopic flux of impressions" which is organized mainly by our language. Since this claim is backed by a further claim that the organizing categories used vary from language to language, or at the very least they vary from language family to language family, speakers of different languages or different language families perceive a different world. The world perceived is relative to the structure of the language spoken" (W. Barriman 1996, S. 1057).

„We explored in our study the impact of two particular language models, Mandarin and English, on hearing children's expression of motion events at the early states of language learning. We found that [...] the language model to which children are exposed does indeed effect the way those children describe motion events. Importantly, the differences that we found [...] appear to stem from the language-models to which they [the children] are exposed, and not from other cultural differences" (M. Theng/S. Goldin-Meadow 2002, S. 171).

Diese Zitate bzw. Erläuterungen des Prinzips enthalten Aussagen, Andeutungen, Implikationen, die etwas näher ausgeführt werden sollen.

Es ist durchgehend von *Sprache/language* die Rede, so wie man sie in Europa versteht (etwa als Deutsch, Niederländisch, Italienisch); Sprachfamilien (s. S. 310) tauchen nur hin und wieder, überdies zufällig auf (s. o. Berriman). Sprachen werden damit als Gegensatz zu wissenschaftlichen Abstraktionen in einer Art Existenzpräsupposition als Fakten, Tatsachen, soziale Objektivgebilde (s. o. Weisgerber), welchen genauen Status diese auch haben mögen, vorausgesetzt bzw. behandelt oder gar behauptet. Ohne dass den Sprachen eine besondere „Daseinsform" abgesprochen werden könnte, fällt doch auf, daß sie relativ zu den Einzeltexten bzw. zu einzelnen textartigen Äußerungen als immerhin sinnlich existenten (wenn auch nicht aus dieser Eigenschaft heraus beschreibbaren) Gegebenheiten einen hohen Abstraktionsgrad aufweisen. Dazu stimmt, dass sie in den zitierten Äußerungen stilistisch vielfach in Subjektsposition erscheinen, und zwar mehrfach als Agenssubjekt: Sprache *tritt zwischen [...], zieht einen Kreis, beherrscht die Nationen* (so W. von Humboldt), sie *formt aus, prägt mit, schließt zusammen* (so L. Weisgerber) und sie *affects* (so Theng/Goldin-Meadow); löst man die typischen Wortbildungen Weisgerbers auf, so *schafft sie Geist* (s. o.: „geistschaffend"), *trägt Kultur* (s. o. „kulturtragend"), hat *Macht über die Geschichte* (s. o. „geschichtsmächtig"). Das sind Formulierungen, die isoliert gesehen kaum interpretierbar sind, da sie (wie bei W. von Humboldt) durch den Kontext systematisch konterkariert werden können. Bei Weisgerber aber treten sie mit einer so signifikanten Häufung auf, dass sie dem intuitiven, freilich von der Aufklärung geprägten Sprachdenken widersprechen. Sie zeigen damit den Grad an, in dem die Einzelsprache ontologisiert, hypostasiert, zu einer eigenen, geschichtlich zwar nicht überzeitlich und überräumlich gültigen, aber doch historischer Konstanz nahe kommenden, mit einem bestimmten *Wesen*, einer festen *Art*, *Eigentümlichkeit, Beschaffenheit* ausgestatteten Größe wird und ihre Sprecher letztlich zu einer Erkenntnisgemeinschaft zusammenschweißt. Diese Enthistorisierung eines genuin historischen Gebildes ist um so erstaunlicher, als die Vertreter der Weltbildthese im deutschsprachigen Raum selbst Sprachhistoriker sind und insofern der Geschichtlichkeit der Sprache, darunter dem Begriff ‚Einzelsprache‘ selbst, ein größeres Gewicht zubilligen müssten: ‚Deutsch‘ im heutigen Sinne existiert trotz der Bezeichnung *Althoch„deutsch"* (statt der zeitgenössischen Eigenbezeichnungen *Fränkisch, Bairisch, Alemannisch*) und des neueren Terminus *Altnieder„deutsch"* (statt *Altsächsisch*) frühestens seit dem 11./12. Jahrhundert. Noch bis ins 16. Jahrhundert kann man mit dem Blick auf den Norden und den Nordwesten des Alten Reiches der Meinung sein, es gebe auf dessen zentralem Raum mehrere, dann irgendwie zu bezeichnende kontinentalwestgermanische Sprachen. Auf jeden Fall verlieren die sog. Varietäten in dem Maße an wissenschaftlichem und allgemeinem Interesse, in dem die Sprache hypostasiert und ihr damit unterschwellig eine Einheitlichkeit zugeschrieben wird, die sie nicht besitzt.

Die hierarchischen Ränge, an denen die Weltbildthese erläutert und zu plausibilisieren oder zu verifizieren versucht wird, sind die Morphologie, die Lexik und die Syntax. Innerhalb der Linguistiken, die ihren Gegenstand im Vergleich vollständig anderer Sprachen sehen, findet, wenn man von den allgegenwärtigen Farbstudien und dem Typ der Schneewörter-Beobachtungen einmal absieht, die Morphologie, speziell die Tempusmorphologie, besondere Aufmerksamkeit (schlagendes Beispiel ist Whorfs Tempusanalyse des Hopi-Indianischen);[33] innerhalb der vorwiegend einzelsprachlich orientierten Sprachwissenschaft wie der Germanistik liegt das Schwergewicht des Interesses zweifellos auf der Lexik, ohne dass andere Ränge unbeachtet blieben. Die Beschäftigung mit diesen erfolgt dann im Übrigen eher unter Aspekten, die nicht von der Weltbildthese her motiviert sind, so die genuin linguistische Beschreibung der Inhaltsstrukturen der Morphologie und Syntax. Wegen des Gewichtes der lexikbezogenen Weltbildthese soll dies etwas näher erläutert, außerdem noch ein kurzer Blick auf die Syntax geworfen werden.

Die Einzelsprachlichkeit der Inhaltsseite des Wortschatzes gehört zu den relativ unbestrittenen Lehren der Linguistik und wird demnach den lingualen Fakten zugerechnet. Dies schließt keineswegs aus, dass man in der Sprach-

---

[33] Über die Gegenstände der von Whorf motivierten Relativitätsstudien, darunter über ihren hierarchischen Status im Sprachsystem, orientiert zusammenfassend Werlen 2002, S. 31–90.

kontaktforschung der Bedeutungsentlehnung ein hohes Gewicht beimisst, dass man innerhalb kulturgeschichtlich eng verbundener Sprachen wie der europäischen hochgradige semantische Wechselbeziehungen zugesteht und sogar der These des Whorfschen SAE speziell mit dem Blick auf das Lexikon nicht jede Plausibilität absprechen würde. Dennoch ist die sog. Sprachinhaltsforschung (J. Trier, L. Weisgerber) als die in der Germanistik engagierteste Vertretung des Weltbildgedankens stark auf die Lexik zentriert und mit griffigen Formulierungen wie dem „Worten der Welt" (seit 1954), das ist der einzelsprachlich je besondere Zugriff, der lexikalische „Beitrag, den die Sprachkraft zum Aufbau" der einzelsprachlichen Welt leistet (Weisgerber 1964), gefasst worden.

Die Einzelsprachlichkeit lexikalischer Inhalte, wie sie auch außerhalb der Sprachinhaltsforschung vertreten wird, kann mit einer Legion von Beispielen belegt werden. Auszugehen wäre dabei jeweils von polysemen lexikalischen Einheiten, deren einzelne Bedeutungen (Sememe) nachvollziehbar voneinander abgrenzbar sind. Angenommen werde sodann, dass erstens der Ausschnitt der Beispieleinheit aus dem Wortschatz, zweitens jedes ihrer Sememe im Verhältnis zu ihren anderen Sememen, drittens die meist vorhandenen Sememüberlappungen unter quantitativen und qualitativen Gesichtspunkten einzelsprachspezifisch sind, also keine hundertprozentige, im Grund überhaupt keine Entsprechung in einer anderen Sprache finden. So werden etwa dem deutschen Wort *Arbeit* selbst in Langenscheidts Großem Schulwörterbuch Deutsch-Englisch, das die Verhältnisse mit Sicherheit nicht komplizierter darstellt, als sie sind, 9 Sememe (ohne Unterteilungen) zugeschrieben, das englisch-deutsche Gegenstück des gleichen Verlages enthält für *work* zwar (wohl zufällig) ebenfalls 9 Bedeutungseinheiten erster Ordnung, von denen sich aber die Ansätze 1 und 4 in insgesamt 7 Untereinheiten aufgliedern. Dass sich die meisten Einheiten (sowohl erster wie zweiter Ordnung) qualitativ nicht decken, ergibt sich schon äußerlich aus der Tatsache, dass *Arbeit* keinesfalls in allen Bedeutungen mit *work* ins Englische übersetzt werden kann und dass zumindest *labour*, aber auch andere Ausdrücke hinzukommen und umgekehrt. Zu einem entsprechenden Bild hätte auch bereits ein oberflächlicher Blick auf franz. *travail* mit dem Ansatz von 5 Sememen geführt. Rechnet man diesen Fall hoch, dann stellt die Einzelsprache mit ihren etwa 100.000 relativ bekannten lexikalischen Einheiten vor allen weiteren Differenzierungen dieser Aussage in der Tat ein System oder Systemoid zur Verfügung, das ihren Sprechern den Zugang zur Welt vorgibt, eben weltbildend ist. Jede Seite eines zweisprachigen Wörterbuches liefert hierfür Belege.

Die gerade angedeuteten Differenzierungen werden von den Vertretern der Weltbildthese gerne unterlassen. Man argumentiert lieber mit einzelnen, gezielt ausgewählten Sememen als mit ganzen semasiologischen (und onomasiologischen) Feldern. Selbst wenn man dies täte, wäre (antirelativistisch) einzuwenden, dass der Inhalt (die Bedeutung) lexikalischer Einheiten insgesamt und pro Semem kommunikativ auch durch andere als lexikalische Mittel, etwa durch Worthäufungen, Syntagmen, Wortbildungen, umschrieben werden kann, und zwar so genau, wie es der Sprecher für notwendig hält. Allerdings erfordert dies gleichsam eine gezielte semantische Konstruktion. Hier setzt dann wieder das Gegenargument gegen die Differenzierungen ein: Es ist ein Unterschied, ob man in einer Sprache bestimmte (auch grammatische) Vorprägungen hat, auf die man nicht nur zurückgreifen kann, sondern auf die man automatisch zurückgreift und sogar zurückgreifen muss, oder ob solche Vorprägungen nicht vorhanden sind. Dies alles wusste schon W. von Humboldt: Das Wort „besitzt Einheit und bestimmte Gestalt" und deshalb ist es „schlechterdings nicht gleichgültig, ob eine Sprache umschreibt, was eine andere durch Ein Wort ausdrückt" (4, S. 20 und Anmerkung 2).

Innerhalb der Grammatik ist im Grunde jede Konstruktion mit dem Weltbildgedanken kompatibel. Die diesbezügliche Argumentation lautet: Grammatische Konstruktionen enthalten eine, wie W. Admoni durchgehend formuliert, „verallgemeinerte grammatische Bedeutung", oder, wie es in der deutschsprachigen Literatur oft heißt: eine „Kategorialbedeutung".[34] Das sind Gegebenheiten der Inhaltsseite der Grammatik einer Einzelsprache, die demzufolge in keiner anderen Einzelsprache in genau gleicher Weise begegnen. In der Ausdrucksweise L. Weisgerbers liest sich dies wie folgt: Die „Dreischichtung: Wortlaut – geistige Zwischenwelt – ‚reales' Sein" gilt nicht nur für den Wortschatz, sondern ebenso für die Redefügung. Deren Haupteinheiten sind die Satzbaupläne, „Grundformen möglicher Satzgestaltung, die jede Muttersprache für die Gesamtheit ihrer Angehörigen bereitstellt", sie haben Teil an den „Formen muttersprachlicher Welterschließung" (1964, S. 41/2). Hier ist der systematische Ort für Weisgerbers „Akkusativierung des Menschen" (1957).

Im gesamten bisherigen Teil des Artikels blieben zwei Varianten des Weltbild- bzw. des allgemeineren Weltbildungsgedankens unerwähnt. Gemeint ist eine als *idealistisch* und eine als *realistisch* zu bezeichnende Variante. Erstere wäre trotz gewisser Vorbehalte der Sprachauffassung Wilhelm von Humboldts zuzuschreiben, sicher aber der Tradition, die sich auf ihn beruft, darunter E. Cassirer mit seinem der Sprache einen prominenten Platz zuweisenden Konzept der *symbolischen Formen*,[35] sodann wohl auch F. de Saussure, und der Sprachauffassung L. Weisgerbers und seinem Einflusskreis. Der Realismus wäre der Sprachkonzeption der Aufklärung und allen ihr verpflichteten linguistischen Theorien zuzuschreiben, darunter dem Großteil der marxistisch orientierten Sprachwissenschaft wie auch all denjenigen in der „westlichen" Linguistik, die meinen, ohne explizite sprachphilosophische Grundlage

---

[34] Hierzu Admoni 2002, passim; vgl. auch das Nachwort von Reichmann, S. 390ff., mit Angaben zu ähnlichen Konzepten in der Grammatikschreibung des Deutschen.

[35] Vgl. den Titel seiner drei Bände „Philosophie der symbolischen Formen".

auskommen zu können und dabei einem oft naiven Realismus verfallen. Die soeben gebrauchten Vorsichtsklauseln *gewisse Vorbehalte, wohl auch, wäre zuzuschreiben* erklären sich aus dem Bemühen, spätere Klassifikationen nicht unreflektiert auf Personen anzuwenden, die sich selber in ihnen nicht auf Anhieb wiedererkennen würden. Dies würde schon deshalb Schwierigkeiten bereiten, weil sie sich über ihre diesbezügliche Zugehörigkeit erstens keine besonderen Gedanken gemacht haben, und weil zweitens *Idealismus* und *Realismus* im hier gemeinten Sinne in aller Regel in Mischungen auftreten, innerhalb deren einmal das eine und einmal das andere vorherrscht. Beide Richtungen unterscheiden sich durch die Art ihres Apriori. Für den Idealismus sind lexikalisches Inventar und Grammatik der Einzelsprache sprachontische Gegebenheiten, die als solche historisch-sozial nicht hergeleitet werden, die im Extremfall dem Status eines transzendentalen Apriori für das Denken und das Wirklichkeitsbild nahekommen, die insofern auch nur beschrieben und vielleicht bestaunt werden können. Für den Realismus sind Grammatik und Lexik Gegebenheiten, die sich in Abhängigkeit von der sich jeweils historisch und sozial vollziehenden Kulturbildung oder in Wechselwirkung mit ihr entwickelt haben, deshalb per definitionem durch Einflussnahme der Sprechenden umkehrbar sind, überhaupt nur durch Sprachgeschichtsschreibung und Sprachsoziologie im Zusammenspiel mit der Kulturgeschichte beschrieben werden können, um sinnvoll erfassbar zu sein. Da sie Vorgaben für das Denken und die Sicht der Realität bilden, haben sie ebenfalls apriorischen Status, allerdings den des sozial-historischen Apriori, sofern man jedenfalls diese Metaphorisierung (und Verwässerung) des Kantschen Begriffs mitzuvollziehen bereit ist. Die Mischung beider Ansätze kann zu Überlappungen führen: Es gibt z. B. bei W. von Humboldt, aber auch bei L. Weisgerber und selbst bei B. L. Whorf Formulierungen, die überaus realistisch klingen, und es gibt in der realistischen Sprachphilosophie (auch marxistischer Prägung) Formulierungen, die das Anliegen des Idealismus, nämlich die „Verschiedenheit des menschlichen Sprachbaus" und die Abhängigkeit des Denkens von „jeder einzelnen bestimmten" Sprache (W. von Humboldt 4, S. 21), wegen der unterstellten Festigkeit bestimmter lexikalischer Inhalte und grammatischer Strukturen und ihrer Auffassung als Vorgaben für Denken und Wirklichkeitssicht deutlicher vertreten als manche der als idealistisch einzustufenden Arbeiten. In diesem Zusammenhang ist zu erwähnen, dass es dem genannten Mischungsverhältnis entsprechend eine radikale (das Denken als fundamental sprachdeterminiert auffassende) und eine gemäßigte, von *Mit*beeinflussung des Weltbildes durch Sprache ausgehende Fassung der Relativitätsthese gibt; analog dazu gibt es einen *naiven* und einen *kritischen* Realismus: Ersterer sieht das Verhältnis von Realität zu mentaler Repräsentation (z. B. in Begriffen) und Sprachinhalten als einseitig verlaufende Entsprechung, letzterer behält zwar die angegebene Reihenfolge bei, kann die Sprachinhalte aber, nachdem sie einmal gebildet sind, als kulturelle Fakten auffassen, die in dialektischer Rückwirkung ganze Denksysteme konservieren bis fixieren und selbst die sozialhistorische Entwicklung retardieren können. Im Übrigen wird an solchen Gedanken deutlich, wie sehr das alte und nirgendwo bestrittene Humboldtsche Verständnis von Sprache als *Energeia* (im Unterschied zu *Ergon, totem Gerippe*, so 6, 1, S. 148) in der ideologischen Realität, in der auch die Sprachwissenschaft steht, beiseitegeschoben wird.

In den Theorie- und Fachtexten der Linguistik spiegeln sich diese Verhältnisse in prototypischen Formulierungen folgender Art (hier auf Normalformen zurückgeführt und stichwortartig kommentiert; besondere Berücksichtigung der Werke W. von Humboldts, da sich die Problematik in ihnen schlaglichtartig zeigt):
- die Gedankenwelt in die Sprache hinüberführen (W. von Humboldt 4, S. 9): zuerst Gedanken, dann Sprache, realistisch,
- Einwirken der Individualität der Nationen auf die Sprache und Zurückwirken der Sprache auf die Nationen (ebd.): Wechselwirkung,
- Einfluss der Verschiedenheiten des menschlichen Sprachbaus auf die Denkkraft, Empfindung und Sinnesart der Sprechenden (ders. 6, 1, S. 11): idealistisch,
- in die geistige Entwicklung der Menschheit von Stufe zu Stufe verschlungene und diese begleitende Sprache (ebd.): eher realistisch,
- Vollendung des Begriffs durch das Wort (ders. 5, S. 428): gemischt idealistisch / realistisch,
- Sprache als Abdruck des Geistes und der Weltansicht der Redenden über das Hilfsmittel der Geselligkeit (ders. 6, 1, S. 23): realistisch,
- Einheit von intellektueller Tätigkeit und Sprache; erstere nicht schlechthin das Erzeugende und letztere nicht schlechthin das Erzeugte (ders. 5, S. 374): eher idealistisch,
- Sprache nimmt Verwandlung mit den Gegenständen vor (ders. 5, S. 387): eher idealistisch,
- Der vielzitierte Satz „Die Sprache ist das bildende Organ des Gedanken" (ders. 5, S. 374) ist ebenfalls nicht vollständig eindeutig. Versteht man *des Gedanken* als Genitivus objectivus, läge die idealistische Interpretation nahe und so wird in der Regel wohl zutreffend interpretiert; falls ein Genitivus subjectivus vorliegt, müsste realistisch interpretiert werden; beides spielt im Kontext offensichtlich zusammen.

Die folgenden Formulierungsbeispiele sind großenteils krass realistisch; sie lassen sich zusammenfassend so beschreiben: Das logische Subjekt bilden sprachliche Größen, also etwa *Adjektiv, Objekt;* das logische Objekt bildet eine affizierte Größe der Realität oder der Repräsentationsebene. Dann ergibt sich als Prototyp realistischer Redeweise der Satz: *Ein Ausdruck bezeichnet/drückt aus/gibt einen Gegenstand der Realität oder eine Größe der Repräsentationsebene an.* In der fachstilistischen Formulierung treten dazu alle möglichen

Transformationen auf. Auf Belegnachweise wird hier aus Raumgründen verzichtet (vgl. Reichmann 1998, S. 22):
- Adjektive, die eine Ausdehnung im Raum bezeichnen,
- das Genitivobjekt bezeichnet ein loseres Abhängigkeitsverhältnis als das Akkusativobjekt,
- verfeinertes seelisches Geschehen in Worte fassen,
- Verben beschreiben verschiedene Arten von Tätigkeiten (wobei die Tätigkeitsart vorsprachlich gegeben ist).

Die idealistische Redeweise erfolgt prototypisch in der Weise, dass das logische Subjekt ebenfalls eine sprachliche Größe ist, das logische Objekt dagegen eine (durch „die weltbildende Kraft der Sprache") effizierte Größe mit bei strenger Sicht sprachinternem Status und das Verb ebenfalls einer anderen Kategorie angehört als obiges *bezeichnen*. Der prototypische Satz würde lauten: *Ein Ausdruck effiziert einen einzelsprachinternen Inhalt*. In der fachstilistischen Realisierung zeigen sich wieder verschiedenste, aber auf den Prototyp beziehbare Transformationen.

Die in Abschnitt 4 (s. S. 306) für die mediale Version des Weltbildungsgedankens stark betonte Höherbewertung der konzeptionell schriftsprachlichen Variante literalisierter Sprachen soll hier mit dem Blick auf die Einzelsprache wieder aufgegriffen werden. Man kann das einzelsprachliche Relativitätsprinzip sprachideologisch unter Wertungsgesichtspunkten auf zweierlei Weise instrumentalisieren:

1) Jede Einzelsprache ist von jeder anderen Einzelsprache nur verschieden, auch nicht im Ansatz höher- oder geringerwertig; sie verbindet sich nur mit einem jeweils spezifischen Weltbild. Die Verschiedenheit dieser Weltbilder kann sogar als „eine unschätzbare Gabe", als „das eigentlich zu erstrebende Ziel" betrachtet werden (Di Cesare 1998, S. 52), eine Auffassung, die z. B. W. von Humboldts Tätigkeit als Kultusminister bestimmte, im Grund die ideologische Begründung der eigen- und fremdsprachlichen Bildungsidee des Gymnasiums lieferte: „Die Erlernung einer fremden Sprache sollte daher die Gewinnung eines neuen Standpunkts in der bisherigen Weltansicht seyn" (7, 1, S. 60). Jede Inanspruchnahme Humboldts für eine nationalistische Interpretation von Sprache hat nicht einmal eine Spur von Berechtigung, im Gegenteil: „Das anscheinend verwirrte und wilde Durcheinander der Völkerstämme der Urzeit brachte [...] eine neue Blüthe der Rede [...] hervor" (4, S. 19). Immer dann, wenn Humboldt die Beziehung von Sprache und Nation betont, folgt ein relativierendes *aber*, das auf die *Verbindung* mit anderen Nationen, auf das *Allgemeinere und Höhere*, auf die *Basis*, auf das *Urwesen* und die *letzte Bestimmung* usw. weist (6, 1, 124 f). Das Formulierungsmuster möge folgendes Zitat veranschaulichen: „Die Sprachen trennen allerdings die Nationen, aber nur um sie auf eine tiefere und schönere Weise wieder inniger zu verbinden" (ebd.). Oder: Sprachen mögen zwar als Individuen aufgefasst

werden können, aber sie sind nur individualisiert „in Beziehung auf idealische Totalität"; *Vereinzelung* ohne den Hintergrund dieser Totalität bedeutet *Entartung* (6, 1, 125).

2) Die Betonung des Spezifischen der Einzelsprache kann in besonderen historischen Situationen zur Begründung kultureller, patriotischer, sog. nationaler Identitäten genutzt werden. Eine solche wiederum gewinnt an Durchschlagskraft, wenn es ideologisch gelingt, die Spezifik der eigenen Sprache durch Zuschreibungen besonderer Gütekennzeichen in eine Höherwertigkeit umzudeuten. In der Sprachgeschichtsschreibung des Deutschen vollzieht sich dieser Prozess in einem Zusammenspiel zweier Geschichtsmodelle, des Entwicklungs- und des Einheitsmodells: Die allgemeine kulturelle Höherentwicklung führt zu einem dieser direkt proportionalen quantitativen und qualitativen, in die literarische Hochsprache mündenden einheitlichen Deutsch mit seiner Idealrealisierung in literarischen, wissenschaftlichen, bildungssprachlichen Texten der bildungssoziologisch führenden Schichten und Gruppen. Dieses hohe Deutsch tendiert dazu, als das nationalsprachliche Identifizierungsinstrument schlechthin für Größen wie das deutsche Volk und alles, was man damit in Zusammenhang bringen kann, in Anspruch genommen zu werden. Der Buchtitel „Sprache als Bildnerin der Völker" (von G. Schmidt-Rohr 1932) fasst das Programm in einem Schlagwort zusammen (vgl. obiges: „Sprache bildet Gruppen"; S. 300). Selbst wo die Argumente dieser Konstruktion dem kritischen Realismus zugerechnet werden müssen und selbst wenn Aussagen des ontologisch-patriotischen Sprachdenkens der Barockzeit in sie eingegangen sind, kann nicht geleugnet werden, dass der sog. Sprachidealismus schon durch die monotone Herausstellung von *Sprachkraft* (auch in Verbindungen wie *geistschaffende Sprachkraft*), *Muttersprache*, *Sprachgemeinschaft, Volk, Geist*[36] in bestimmten politisch-ideologischen Konstellationen in innerer Affinität mit dem Gedanken der Höherwertigkeit steht. Vergleichbare Verhältnisse finden sich selbstverständlich, wenn auch mit anderem ideologischem Hintergrund, auch anderswo; man vgl. die französische Formel *une nation, une loi, un roi*!

Wie alt oder jung, wie eng oder wie locker die Verbindung von Einzelsprache und Volk aber auch sein mag, mit dieser Verbindung ist eine Eigenschaft verbalsymbolischer Handlungsmittel angesprochen, die bereits in den ersten Ursprüngen sprachlichen Handelns vorhanden gewesen sein muss und sich über die gesamte Skala der Verständigungsmittel von Kleingruppen, Sozialschichten und -gruppierungen bis hin zur Einzelsprache und über diese hinaus zur Sprachengruppe oder zu den sog. literalen Ausprägungen einer Sprache erstreckt. Die Einzelsprache bildet dabei lediglich den Haltepunkt, an dem sich die gemeinte Qualität am offensichtlichsten zeigt. Dieses Sich-Zeigen an der Einzelsprache ist aber weniger systematisch als historisch bedingt.

---

[36] Als Beispiel dieser Redeweise möge wieder Weisgerber (1964) stehen.

Zur Erläuterung sei wieder auf W. von Humboldt zurückgegriffen:

„Im Menschen [...] ist das Denken wesentlich an gesellschaftliches Daseyn gebunden, und der Mensch bedarf, abgesehen von allen körperlichen und Empfindungsbeziehungen, zum blossen Denken eines dem Ich entsprechenden Du. Der Begriff erreicht seine Bestimmtheit [...] erst durch das Zurückstrahlen aus einer fremden Denkkraft. Er wird erzeugt, indem er sich aus der bewegten Masse des Vorstellens losreisst, und dem Subjekt gegenüber zum Objekt bildet. [...]. Die Objektivität ist erst vollendet, wenn der Vorstellende den Gedanken ausser sich erblickt, was nur in einem andren, gleich ihm vorstellenden und denkenden Wesen möglich ist" (5, S. 380). An dieser Stelle kommt dann die Sprache, es sei hinzugefügt: durch ihren Zeichencharakter als „einzige Vermittlerin" [...] „zwischen Denkkraft und Denkkraft" ins Spiel.

Dieses Zitat bildet den Anlass, einige für das Thema dieses Artikels relevante Aspekte der Bildung von Zeichen (1), von Sprachwelten (2), des Bewusstseins von Individualität (3) und von Gemeinschaft (4) besonders herauszustellen.[37] Ich beziehe dabei auch die Frühromantiker (hierzu umfassend Bär 1999) ein.

(1) Nimmt man an, dass die ersten Sprachanfänge phylogenetisch in irgendeiner Weise in ein Situationsverhalten nicht weiter bestimmbarer Art eingebettet waren, dann muss es irgendwann Momente gegeben haben, in denen sich irgendwelche situationsgebundene Artikulationen – auf welche Weise auch immer – von der Situation gelöst haben und im reziproken Zusammenspiel mehrerer Individuen als neue, zunehmend freie, verfügbare, sowohl der Erinnerung dienende wie für die Zukunftsplanung brauchbare, kulturelle Größen eigenen Rechtes, nämlich Zeichen, etabliert wurden. Ein so vorgestellter Vorgang verläuft über eine zunehmende artikulatorische Verfestigung (nicht natürlich: über eine definitive Festlegung) der Schall- oder Ausdruckskomponente desjenigen, was einmal ein Zeichen werden könnte, und damit konstitutiv wechselseitig verbunden über eine zunehmende Verfestigung des Inhalts der im Zeichenbildungsprozess befindlichen Größe. Es gibt also keinen Zeichenausdruck ohne Zeicheninhalt und keinen Zeicheninhalt ohne Zeichenausdruck. Die Wechselseitigkeit der Bildung beider Zeichenkonstituenten schließt jede Phasierung aus, d. h. die Vorstellung, das eine (in der Regel so etwas wie der Begriff) gehe dem anderen (z. B. der Artikulation oder der Mitteilung) zeitlich voraus. Eine solche Vorstellung wäre im Kern aufklärerisch, obwohl sie auch bei den Romantikern hin und wieder begegnet; man vgl. A.W. Schlegel (1798/99, S. 6): „zum Mitteilen müssen wir Gedanken und Begriffe haben, die aber nur durch Zeichen festgehalten werden können" (ähnlich 1801/2, S. 399); Adverbien wie *vorher, zunächst, (zu)erst* im textlichen Umfeld belegen den Gedanken der zeitlichen Folge.

---

[37] Hierzu in mehreren Arbeiten (vgl. das Literaturverzeichnis) ausführlich L. Jäger.

(2) Die Zeichenkonstitution wird bei den Vertretern der Romantik[38] gleichsam in Vorwegnahme aller Ausprägungen des späteren Weltbild- und Weltbildungsgedankens und in Parallele zum Fiktionsbegriff der Literaturwissenschaft (vgl. Abs. 4.1) als Poiesis[39] konzipiert. Poiesis schließt *Zusammenhänge*
des Zeichens mit dem *Bezeichneten,* überhaupt Abhängigkeiten des Zeichens
von *Gegenständen, Gegenstandsmerkmalen, physischen Ursachen, Ähnlichkeiten* usw.[40] nicht aus, sie *bildet* aber nicht *nach,* sondern *bildet, bildet um, glied-
bildet, artikuliert, modelt, symbolisiert,* ist *freitätig, allgemeines Sprachen-
recht, schafft* sich ihre *Gegenstände* selbst. Dabei verlieren die in der Sprachtheorie der Aufklärung mit Skepsis beurteilten Mittel der Tropik ihren In-
strumentcharakter zur Darstellung von *Nützlichem, Vernünftigem* und werden zur Existenzform (zu dem *dem poetischen Ausdruck Wesentlichen*) nicht
nur desjenigen, was wir in heutiger Sprache als *Literatur* bezeichnen, sondern
aller Sprache überhaupt. Man beachte die Charakterisierungen bzw. Seinsaus-
sagen mittels *ist* in Sätzen wie: „die früheste Sprache ist im höchsten Grade
tropisch und bildlich", „Im Ursprung ist die Sprache poetisch" oder „Poesie ist
[...]", auch Doppelformeln wie *die Sprache, die Poesie* (A.W. Schlegel 1798/9,
S. 9f.; ders. 1801/2, S. 250; 387; 402). Jede Vorstellung einer Zweischichtigkeit
von einerseits Wirklichkeit und darauf bezogener *eigentlicher* sprachlicher
Fassung andererseits wird damit obsolet; sie findet sich ersetzt durch Konzepte der Art *Zeichen von Zeichen, Poesie der Poesie, figürliche Unerschöpf-
lichkeit, ununterbrochene Kette von Vergleichungen,* nicht nur des *Sinnlichen
mit dem Sinnlichen,* sondern auch des *Sinnlichen mit dem Unsinnlichen* (A.W.
Schlegel 1801/2, S. 249f.). Das Ergebnis bezeichnet schon A. W. Schlegel als
„sprachliche Weltansicht" (ebd., S. 388). Der dies alles auf einen Nenner brin-
gende, natürlich mit weiteren Bestimmungen versehene Begriff lautet bei F.
Schlegel „progressive Universalpoesie" (1798, S. 204); er enthält ein umfassen-
des Konzept von Sprachursprung, Sprachgeschichte und gegenwärtigen Exi-
stenzformen der Sprache (auch unter Einbezug z. B. von Fachprosa, die de-
poetisiert ist und nur noch grenzwertig als poietisch betrachtet wird). – Bei
aller (hier betonten) Kompatibilität des Poiesis-Gedankens mit dem Welt-
bild(ungs)gedanken gibt es aber eine entscheidenden Unterschied: Die romantische Poiesis ist eine transzendentale Gegebenheit; Weltbilder, vor allem
ihre nationale Instrumentalisierung sind deren zweckgebundene Historisie-
rungen; auch poetische Fiktionen werden im allgemeinen in ihrer kulturellen
Einbindung gesehen.

(3) Mit dem Gedanken der Zeichenbildung verbindet sich, und zwar ebenfalls im Wechselbezug, die Ausbildung des Bewusstseins von Individualität.
Sie gestaltet sich für Humboldt (Bd. 7, 2, S. 581) als ein *Entgegensetzen, Entge-*

---

[38] Weniger explizit bei W. von Humboldt.
[39] Bezeichnet als Poesie, Poetik, (Dicht)kunst; hierzu wieder Bär 1999, Anhang.
[40] Vgl. A.W. Schlegel 1801/2, passim.

genstellen, Gegenüberstellen des Zeichens und damit der zeichenhaft gefassten Gegenstände gegen das Individuum, als *Reflektieren* im etymologischen Sinne des Wortes, als *Act der Reflexion,* als *Erwachen* des *Selbstbewusstseins.* Vergleichbar konzipiert F.W.J. Schelling den Vorgang als Trennung des Subjekts vom Objekt mittels Abstraktion über die Objekte, als deren Ablösung von der Seele (so 1800, Abt. I, Bd. 3, S. 507; vgl. auch A.W. Schlegel 1801/2, S. 399).

(4) Wichtiger noch im vorliegenden Zusammenhang ist die Bildung des Bewusstseins von Gemeinschaft, von „gesellschaftlichem Daseyn". Wenn der Begriff seine Bestimmtheit tatsächlich erst durch das über das Zeichen verlaufende „Zurückstrahlen aus einer fremden Denkkraft", aus der Feststellung des eigenen Gedankens bei einem anderen „vorstellenden und denkenden Wesen" empfängt, dann ist die Konstitution einer Zweiergruppe, bei Voraussetzung mehrerer Individuen größerer gesellschaftlicher Gruppen bis hin zum Volk oder zur Völkergruppe erfolgt. Bei F. Schlegel (1798, S. 204; 1800, S. 59) erscheint dieser Gedanke in Ausdrücken wie *die Poesie gesellig* und die *Gesellschaft poetisch machen.* Setzt man weiter voraus, dass diese wiederum transzendentale Gegebenheit sich immer in einer bestimmten gesellschaftlichen Gruppierung realisiert, dann kann Gruppenkonstitution gar nicht anders gedacht werden, als das sie auch (aber nicht nur) Abgrenzung ist. In dem dargelegten Vorgang liegt die Geburtsstunde der Identifikation von Zeichenbenutzern mit den von ihnen gebrauchten, zunehmend reflektierten und bereits in den Anfängen ihrer Bildung gepflegten/genormten Zeichen. Die gesellschaftliche Ebene, auf der dies erfolgt, kann skalar von sehr klein zu sehr groß gedacht werden. In Betracht kommt etwa die Sprache von Familien, Raumgruppen, sozialen Schichten, Berufsgruppen, Geheimgruppen aller Art, literal Sozialisierten, nationalen Großgruppen, dies alles nicht in der Weise, dass erst die Familie, die Berufsgruppe, die Nation usw. da sei und dann die für sie als kennzeichnend erachteten Eigenschaften der Verständigungsmittel, sondern in einem Zusammenspiel des einen mit dem andern: Bestimmte sprachliche Kennzeichen werden sowohl gesellschaftskonstituiert wie gesellschaftskonstituierend in der Folge von Produktion und erfolgreicher Rezeption zu neuer Produktion und Rezeption, zu wechselseitigem Erkennen und zur Abgrenzung von Außenstehenden gleichsam emporgeschraubt. Angelegt bereits im ursprünglichsten sprachlichen Handeln und dessen rein pragmatischem Status können sie in bestimmten historischen Situationstypen zum Gegenstand besonderer ideologischer Pflege durch interessierte Gruppen werden. Einer der markanten Punkte, gleichsam Schübe in diesem Prozess ist mit der Entwicklung der Schrift verbunden: Dem Literalisierten liegt das Schreibprodukt sinnlich vor Augen, er steht seinem stärker Werkcharakter als gesprochene Sprache aufweisenden Gebilde gegenüber, er kann es wie einen handwerklichen Gegenstand verändern und sich selbst dabei als Individuum oder Gruppenangehörigen wahrnehmen. Der wohl markanteste Haltepunkt

in diesem Prozess liegt aber auf der Ebene der Einzelsprache, an dem das sprachliche Relativitätsprinzip denn auch seine konsequenteste Ausprägung findet. Es ist eine Ebene auf relativ hohem Abstraktionsniveau; sie ist im Vergleich zur Ebene der Varietäten, etwa der Dialekte oder Fachsprachen, nicht durch eine besondere Dichte der Kommunikation aller Sprachangehörigen ausgezeichnet, sondern verdankt ihre herausgehobene Stellung der von einem bestimmten gesellschaftlichen Organisationsstand an bestehenden Allgegenwart von Kulturinstanzen. Zwei Komponenten sind dabei von besonderer Bedeutung: erstens das Inhaltssystem der Einzelsprache als Beschreibungsaufgabe der Semantik, von dem die Vertreter des Relativitätsprinzips aussagen, es diene als inhaltliche Vorgabe, auf der sich tendenziell das gesamte Denken und das Wirklichkeitsbild der in eine Sprache Hineingeborenen erst entfalten könne, zweitens das Identikationspotential einer Sprache als Gegenstand der Sprachsoziologie.

6 Schluss

Es sind bzw. waren Sprachwissenschaftler (Lexikologen, Grammatiker, Dialektologen, Soziolinguisten, auch Sprachphilosophen usw.) bzw. ihnen Nahestehende (Theologen, Soziologen, Ethnologen, vor allem auch Literaturwissenschaftler), die den Gedanken der „weltbildenden Kraft der Sprache" entwickelt haben, ihn vertreten oder praktizieren. Sie taten dies aus mehreren, auf den ersten Blick zwar verschiedenen, aber unterschwellig vergleichbaren Forschungskonstellationen und damit verbundenen Motiven heraus. Gemeint ist erstens die staunende Wahrnehmung des Ausmaßes, das die „Verschiedenheit des menschlichen Sprachbaus" in den Einzelsprachen annehmen kann und das etwa in den dem Europäer sehr fremden indianischen Sprachen oder in der Kawi-Sprache Indonesiens vorliegt (W. von Humboldt, B. L. Whorf und alle in ihrer Folge Stehenden); es war zweitens die tägliche Erfahrung der Inkongruenz des Lexikons und der Grammatik bekannter, oft benachbarter Einzelsprachen (sog. idealistische Sprachforschung etwa L. Weisgerbers und seiner Schule, mit anderer theoretischer Basis der kritische Realismus), die zum Erlebnis wurde. Es war drittens die Motivation, die sich aus der Beobachtung einzelsprachinterner Gliederungseinheiten bzw. unterschiedlicher Gebrauchsweisen der Gestaltungsmittel der Einzelsprache herleiten lässt (etwa Dialektologen, Sprachhistoriker, Sprachsoziologen, auch Literaturwissenschaftler u. a.). Dass es Überschneidungen zwischen diesen drei Ausgangspunkten der Forschung gibt (etwa bei der sprachenübergreifenden Dichotomie von ,gesprochen/geschrieben', bei der allgemeinen und vergleichenden Literaturwissenschaft), ist offensichtlich.

Wie die Verschiedenheiten so ist auch das Interesse an ihnen unterschiedlicher Natur: Derjenige, der Sprache(n), Sprachvarietäten praktisch beschreibt, braucht einen theoretischen Rahmen für seine Darstellung; der theoretisch Interessierte löst aus den ihm bekannten Fakten dasjenige heraus, was ihn zum Staunen bringt, und verarbeitet es zu einer Theorie, die er dann mit bestimmten Ansprüchen an die Praxis heranträgt. Der Praktiker hat nun als grundsätzlichen Gegenstand aller seiner Beschreibungen die spracheninterne und sprachenübergreifende Verschiedenheit. Dies ist – wenn es dabei bleibt – theoretisch ohne Brisanz. Der Theoretiker kann sich auf die Lieferung eines konsistenten Rahmens für die Beschreibung beschränken und entzieht sich dann ebenfalls möglichen ideologischen Konsequenzen. Es zeigt sich aber und liegt in der Natur der Sache, dass dies in der Regel nicht geschieht. Dann geht es letztlich um die Frage, ob man andere Menschen, wohlgemerkt Menschen sowohl anderer Sprachzugehörigkeit (sprachenübergreifend gedacht) wie anderer Varietäten- oder Sprachgebrauchszugehörigkeit (sprachenintern gedacht), in dem Maße anders behandelt, wie ihre Sprache differiert oder ob man sie trotz aller Verschiedenheiten als letztlich gleich behandelt (so der kritische Realismus seiner Grundhaltung nach); dies ist ein sprachpädagogisches, soziologisches, theologisches (etwa die Mission betreffendes), überhaupt ein allseitig kulturelles Problem. Entscheidet man sich für die Behandlung als verschieden, so kann dies mit der Haltung der Anerkennung und Pflege der Verschiedenheit (so deutlich bei W. von Humboldt), mit der Haltung der Überwindung der Verschiedenheit (so in der Aufklärung und im kritischen Realismus) und mit der Haltung erfolgen, das Eigene (wieder sprachenintern und sprachenübergreifend gesehen) nicht nur als etwas Besonderes herauszustellen, das gleichwertig neben anderen Besonderheiten steht, sondern es als etwas tendenziell Höherwertiges zu propagieren. In diesem Fall gerät man leicht in die Nähe innersprachlicher und sprachübergreifender kultureller Chauvinismen und von Nationalismen. Besonders, aber nicht nur in diesem Falle gewinnt die Hypostasierung (und Ontologisierung) einzelner Varietäten und Sprachgebräuche, mehr noch der konzeptionell geschriebenen Sprache und der Einzelsprache, weniger wieder besonderer Sprachgruppen eine ideologische Instrumentfunktion. Anders ausgedrückt: Die Enthistorisierung, Entpragmatisierung und Entsoziologisierung von Sprache steht im Gegensatz zu der Betonung von Sprache als kontinuierlichem, *grenzenlosem, unendlichem, ewigem, ununterbrochenem* Werden in der Romantik und in nahezu allen neueren Sprachkonzeptionen; sie eignet sich in geradezu idealer Weise zur Konstruktion und Propagierung sprachlich begründeter Weltbilder als semantischer Gebilde wie zur Konstruktion von Identifikationsgruppen verschiedensten Umfangs und verschiedenster Abstraktion als sprachsoziologisch relevanter Gebilde.

Abschließend ist festzuhalten: Bei aller Ausdifferenzierung von Positionen, Gegenpositionen, Modifikationen und Nuancierungen des Weltbild(ungs)gedankens kommt man um die Einsicht nicht herum, dass es sich nicht um eine abschließend beantwortbare Erkenntnisfrage handelt, sondern, wie eingangs bereits gesagt, um ein Glaubensbekenntnis. Damit verschiebt sich die Problematik in den kulturellen Handlungsbereich: Unabhängig davon, ob alle Menschen gleich *sind* oder verschieden, mit ihnen ist als sowohl gleichen wie als verschiedenen zu *kommunizieren*.

Literatur

Adelung JC (1793–1801) Grammatisch-kritisches Wörterbuch der Hochdeutschen Mundart, mit beständiger Vergleichung der übrigen Mundarten, besonders aber der Oberdeutschen. Zweyte vermehrte und verbesserte Ausgabe. 4 Teile. Leipzig: Breitkopf

Admoni W (2002) Sprachtheorie und deutsche Grammatik. Aufsätze aus den Jahren 1949–1975. Hrsg. von Pavlov V, Reichmann O. Tübingen: Niemeyer

Ágel V (2003) Prinzipien der Grammatik. In: Lobenstein-Reichmann A, Reichmann O (Hrsg.) Neue historische Grammatiken des Deutschen. Zum Stand der Grammatikschreibung historischer Sprachstufen des Deutschen und anderer Sprachen. Tübingen: Niemeyer, 1–47

Ammon U, Dittmar N, Mattheier KJ (Eds.) (1987/88) Sociolinguistics. Soziolinguistik. An International Handbook of the Science of Language and Society [...]. 2 Halbbände. Berlin/New York: de Gruyter

Aschenberg H (1984) Idealistische Philologie und Textanalyse. Zur Stilistik Leo Spitzers. Tübingen: Niemeyer

Bach A (1950) Deutsche Mundartforschung. Ihre Wege, Ergebnisse und Aufgaben. 2. Aufl. Heidelberg: Winter

Bär JA (1999) Sprachreflexion der deutschen Frühromantik. Konzepte zwischen Universalpoesie und Grammatischem Kosmopolitismus. Mit lexikographischem Anhang. Berlin/New York: de Gruyter

Berriman W (1996) Pro and contra linguistic relativism. In: Dascal M et al., Sprachphilosophie 1:1057–1068

Besch W, Löffler H, Reich HH (Hrsg.) (1976ff.) Dialekt/Hochsprache kontrastiv. Sprachhefte für den Deutschunterricht. Düsseldorf: Schwann

Besch W, Reichmann O, Sonderegger S (Hrsg.) (1984/85) Sprachgeschichte. Ein Handbuch zur Geschichte der deutschen Sprache und ihrer Erforschung. 2 Teilbände. Berlin/New York: de Gruyter

Bühler K (1965) Sprachtheorie. Die Darstellungsfunktion der Sprache. 2. unveränd. Aufl. Stuttgart: Fischer (Original: Jena 1934)

Cassirer E (1956) Philosophie der symbolischen Formen. Erster Teil: Die Sprache. Darmstadt: Wissenschaftliche Buchgesellschaft (Original 1923)

Dascal M (1996) The dispute on the primacy of thinking or speaking. In: Dascal M et al. Sprachphilosophie 2, 1024–1041

Dascal M, Gerhardus D, Lorenz K, Meggle G (Hrsg.) (1992/96) Sprachphilosophie. Ein internationales Handbuch zeitgenössischer Forschung. 2 Halbbände. Berlin / New York: de Gruyter

Di Cesare D (1998) Einleitung. In: Humboldt W von 1998, 11–127

Enders H (Hrsg.) (1967) Die Werkinterpretation. Darmstadt: Wissenschaftliche Buchgesellschaft

Glasersfeld E von (1994) Einführung in den radikalen Konstruktivismus. In: Watzlawick P (Hrsg.) Die erfundene Wirklichkeit. Wie wissen wir, was wir zu wissen glauben?. München/Zürich: Piper, 8. Aufl.

Goethe-Wörterbuch. Hrsg. von der Akademie der Wissenschaften der DDR, der Akademie der Wissenschaften in Göttingen und der Heidelberger Akademie der Wissenschaften. Stuttgart: Kohlhammer 1957ff.

Goody J, Watt I, Gough K (1997) Entstehung und Folgen der Schriftkultur. Frankfurt a. M.: Suhrkamp, 3. Aufl.
Goody J, Watt I (1997) Funktionen der Schrift in traditionalen Gesellschaften. In: Goody J, Watt I, Gough K, Entstehung und Folgen der Schriftkultur, 25–62
Humboldt W von (1903–1936) Werke. Hrsg. von Leitzmann A. 17 Bände. Berlin: Behr (Wilhelm von Humboldts Gesammelte Schriften. Erste Abt.: Werke)
Humboldt W von (1998) Über die Verschiedenheit des menschlichen Sprachbaues und ihren Einfluß auf die geistige Entwicklung des Menschengeschlechts. Hrsg. von Di Cesare D. Paderborn et al.: Schöningh
Jäger L (2002) Medialität und Mentalität. In: Krämer S, König E (Hrsg.) Gibt es eine Sprache hinter dem Sprechen?. Frankfurt a. M.: Suhrkamp, 45–75
Jäger L (2003) Sprache und Denken. In: Gehirn und Geist 3 : 36
Jäger L (2004) Vom Eigensinn des Mediums Sprache. [demnächst in: Der Eigensinn von Medien. Übertragen oder erzeugen Medien Sinn? Hrsg. von Krämer S. Frankfurt a. M.: Suhrkamp 2004]
Karg-Gasterstädt E, Frings T (Hrsg.) (1968) Althochdeutsches Wörterbuch auf Grund der von Elias von Steinmeyer hinterlassenen Sammlungen. Berlin: Akademie-Verlag
Koch P, Oesterreicher W (1996) Schriftlichkeit und Sprache. In: Günther H, Ludwig O (Hrsg.) Schrift und Schriftlichkeit. Ein interdisziplinäres Handbuch internationaler Forschung. Hrsg. von Günther H, Ludwig O. 2 Teilbände. Berlin/New York: de Gruyter 1994/96, 587–604
Langenscheidts Großes Schulwörterbuch Englisch-Deutsch [und] Deutsch-Englisch [sowie] Französisch-Deutsch [und] Deutsch-Französisch. Berlin/München: Langenscheidt 1963ff.
Raible W (1992) Junktion. Eine Dimension der Sprache und ihre Realisierungsformen zwischen Aggregation und Integration. Heidelberg: Winter
Reichmann O (1984) Historische Lexikographie. In: Besch W, Reichmann O, Sonderegger S (Hrsg.) Sprachgeschichte 1 : 460–492
Reichmann O (1991) Zum Urbegriff in den Bedeutungserläuterungen Jacob Grimms (auch im Unterschied zur Bedeutungsdefinition bei Daniel Sanders). In: Kirkness A, Kühn P, Wiegand HE (Hrsg.) Studien zum deutschen Wörterbuch von Jacob Grimm und Wilhelm Grimm. Tübingen: Niemeyer, 299–345
Reichmann O (1996) Der rationalistische Sprachbegriff und Sprache, wo sie am sprachlichsten ist. In: Alte Welten – neue Welten. Akten des IX. Kongresses der Internationalen Vereinigung für germanische Sprach- und Literaturwissenschaft (IVG). Bd. 1. Plenarvorträge. Hrsg. von Batts MS. Tübingen: Niemeyer, 15–33
Reichmann O (1998) Sprachgeschichte: Idee und Verwirklichung. In: Besch W, Reichmann O, Sonderegger S (Hrsg.) Sprachgeschichte 1 : 1–41
Reichmann O (2001) Das nationale und das europäische Modell in der Sprachgeschichtsschreibung des Deutschen. Freiburg (Schweiz): Universitätsverlag
Reichmann O (2002) Nachwort. In: Admoni 2002, 377–398
Reichmann O (2003) Die Entstehung der neuhochdeutschen Schriftsprache: Wo bleiben die Regionen? In: Berthele R, Christen H, Germann S, Hove I (Hrsg.) Die deutsche Schriftsprache und die Regionen. Entstehungsgeschichtliche Fragen in neuer Sicht. Berlin/New York: de Gruyter, 29–57
Schelling FWJ (1800) System des transcendentalen Idealismus. In: Schelling, Werke I, 3. Stuttgart/Augsburg, 327–634
Schelling FWJ (1803/04) Philosophie der Kunst. In: Schelling, Werke I, 5, 353–763
Schelling FWJ (1858) Sämmtliche Werke. Hrsg. von Schelling KFA. I. Abt., Bd. 3. Stuttgart/Augsburg, 327–634
Schlaffer H (1997) Einleitung. In: Goody J, Watt I, Gough K 1997, 7–24
Schlegel AW (1989) Kritische Ausgabe der Vorlesungen. Hrsg. von Behler E. Bd. 1: Vorlesungen über Ästhetik. Paderborn u. a.

Schlegel AW (1989a) Vorlesungen über philosophische Kunstlehre. In: Schlegel AW, 1, 1–177

Schlegel AW (1989b) Vorlesungen über schöne Literatur und Kunst. Erster; Zweiter Teil. In: Schlegel AW, 1, 181–472; 473–781

Schlegel F (1798) Fragmente. In: Athenäum 1, 2. Berlin. Nachdruck Darmstadt 1992, 179–322

Schlegel F (1800) Gespräch über Poesie. In: Athenäum 3. Berlin. Nachdruck Darmstadt 1992, 58–128; 169–187

Schlegel F (1975) Über die Sprache und Weisheit der Indier. [...]. In: Kritische Friedrich-Schlegel-Ausgabe. Hrsg. von Behler E. Bd. 8: Studien zur Philosophie und Theologie. München u. a., 105–433

Schüßler W (1992) Leibniz' Auffassung des menschlichen Verstandes (intellectus). Eine Untersuchung zum Standpunktwechsel zwischen „système commun" und „système nouveau" und dem Versuch ihrer Vermittlung. Berlin/New York: de Gruyter

Schwarzenbach R (1965) Die Stellung der Mundart in der deutschsprachigen Schweiz. Studien zum Sprachgebrauch der Gegenwart. Frauenfeld: Huber

Searle JR (1997) Die Konstruktion der gesellschaftlichen Wirklichkeit. Zur Ontologie sozialer Tatsachen. Reinbek: Rowohlt

Stetter C (1999) Schrift und Sprache. Frankfurt a. M.: Suhrkamp

Teng M, Goldin-Meadow S (2002) Thought before language: how deaf and hearing children express motion events across cultures. In: Cognition 85:145–175

Trier J (1973) Aufsätze und Vorträge zur Wortfeldtheorie. Hrsg. von Lee A van der, Reichmann O. The Hague/Paris: Mouton

Weisgerber L (1935) Deutsches Volk und deutsche Sprache. Frankfurt a. M.

Weisgerber L (1957) Der Mensch im Akkusativ. In: Wirkendes Wort 8:193–205

Weisgerber L (1964) Das Menschheitsgesetz der Sprache als Grundlage der Sprachwissenschaft. Zweite, neubearb. Aufl. Heidelberg: Quelle und Meyer

Weisgerber L (1976) Die Leistung der Mundart im Sprachganzen. In: Göschel J, Nail N, Elst G van der (Hrsg.) Zur Theorie des Dialekts. Aufsätze aus 100 Jahren Forschung. Wiesbaden: Steiner, 89–108 (Original 1956)

Werlen I (2002) Sprachliche Relativität. Eine problemorientierte Einführung. Tübingen/Basel: Francke

Whorf BL (1988) Sprache – Denken – Wirklichkeit. Beiträge zur Metalinguistik und Sprachphilosophie. Reinbek: Rowohlt

Zinsli P (o. J.) Grund und Grat. Die Bergwelt im Spiegel der schweizerdeutschen Alpenmundarten. Bern: Franke

Wörterbuch der Literaturwissenschaft. Hrsg. von Träge C. Leipzig: Bibliographisches Institut 1986

Heidelberger Jahrbuch, Band 47 (2003)
H. Gebhardt/H. Kiesel (Hrsg.): Weltbilder
© Springer-Verlag Berlin Heidelberg 2004

Landscape and Memory in Papua New Guinea

JÜRG WASSMANN

Prelude: Debating the Ownership of a Name

Amongst the Iatmul of the Sepik River, in the event of a conflict about the rightful possession of a name, the opponents and their supporters meet in the men's house, in the center near the ceremonial stool, *pabu*, for the name debate. This is their most revered social form of intellectual discussion. For the Iatmul, the names are the centre of their ramified mythological system. Conflicts about land use, fishing rights, or rights to names are always about names or mythology.

Each speaker wants to prove that the name in dispute belongs to him or to his clan. He wants to prove in public to all the "old crocodiles" (big men) present that he knows the mythological background of the name. He, therefore, has to be able to mythologically "locate" the name in the landscape. This location, however, is a secret and that is why the two litigating parties find themselves in a contradictory situation: on the one hand, as proof, they have to point towards a connection, on the other hand, they do not want to expose their mythological knowledge. As a consequence, only veiled hints are dropped which test the participant's mythological knowledge. The result is an enigmatic and dynamic play of suggestions and interpretations, which are either accepted or rejected. These mythological suggestions are not only presented verbally but are also partly staged and may be, in turn, interpreted with dramatic actions by the opposing party: by a speaker suddenly adorning himself with a red hibiscus flower (which may point to an ancestor) or by something being represented mimically (a bird, the movement of a crocodile). The atmosphere is heated; the event takes place in a public arena, where moods are likely to change quickly. Political alliances and dependencies through kinship ties and social and financial debts, but also the prestige of the speakers, their rhetoric, and the ability to stage surprising changes, are decisive and may result in a specific opinion among the public – without necessarily having this effect every single time.

The issue which is going to be analyzed here is the dispute about the name Sisalabwan. The word *sisal* means to tease, to pull somebody's leg, and contains reference to the hopeless and helpless situation of the person who is teased; *abwan* is a typical name-ending. It is symbolically connected to the powerful and aggressive crocodile Wanimeri, which teases people by bringing rain and causing wind and storms.

The two litigants in my case, Kandim and Angrimbi, as well as their clan members are from two related clan groups, whose mythology partly overlaps. Kandim believes that the name Sisalabwan belongs to the stock of names of his own clan. When Angrimbi's clan relatives hear Kandim's sister calling her son by this name, they protest. Angrimbi, the senior mythologist, contests the claim that Kandim is the rightful owner: the latter intends to prove that the name belongs to him (which, however, in the end he cannot do).

Excerpts from a verbal exchange in the men's house which is from Stanek[1]:

Kandim: Now we are talking about Sisalabwan. ... A crocodile moves in the swamp, its tail forcefully beats the surface of the water, a sound is heard – and the birds *wundan* and *mbarak* which have their nests in the grass swamp, are crying: wa-la! wa-la! ... It is about this *sisal*, this is what I am thinking about when I use the name Sisalabwan.

Angrimbi: So, you are using it?

Kandim: There is no other thing which could be connected with this name. This is enough! You cannot insist on having the sole right to this name.

Angrimbi: ... If you cannot connect another thing with this name, your claim is lost, over, the end! You may soon stop using the name, brother! Because it is really about a truly big and important *sisal* (of the crocodile Wani) ... Do you know about its (mythical) dwelling place?

Angrimbi: ... I now want to recite his string of names. ... Yes, the string of names of the ancestor. Mevembitabwan, Kambiambitabwan; Wanimeri, Punsanmeri ...

Kandim: It is enough if you have recited the string of names; it is the same issue.

Angrimbi: No, not at all! My elder brother, you cannot talk like that. First you have to recite your line of names, first we want to hear it!

Kandim: It is enough if you have already recited Wani's string of names.

Angrimbi: No, not at all! Well then, your point is about the .... this crocodile which lays eggs! He! Is this what you are going on about? ...

Kandim: Indeed!

Angrimbi: ... That is not enough! It is about the children who go swimming and when they jump into the water, there is a sound *pi pi*? ... It is

---

[1] Stanek, *Sozialordnung und Mythik in Palimbei.*

	about this crocodile of yours which kills a snake and eats – what is it again it eats? … Is this your point?
Kandim:	Hm. That is what it is about.
Angrimbi:	No, not at all … If you cannot state another point, your claim is lost …
Angrimbi:	Now I have listened to your string of names. Like a frog which every night clings to a different branch, you have put it together from different pieces! …
Angrimbi:	He does not know anything! Come on, tell us the place where the *sisal* was! Name this place if you have learnt something about it from your fathers. … Come here and tell us this place where they will build a village. I will not define the ancestral being, I will not recite the list of names of this place, do not count on it that I will enlighten you …
Kandim:	Mevimbitandimangi, Kambiambitandimangi (Kandim lists the names of the village of Yamil or Yamik near Gaikorobi which is imagined as an ancestress).
Angrimbi:	Let it be, leave my Yamil in peace…
Angrimbi:	So you wanted to talk about my Yamil? O, sorry, it is all wrong! … This is about a completely different village …

The dominant lines of this debate are demands such as "connect another thing with the name", "you have to recite your line of names", but most significantly, "tell us the place". Obviously, it is expected that the true owner of the name can relate it to a mythological setting by referring of the name-line of the 'crocodile' in relationship to specific places. Kadim fails to defend his case successfully because he is incapable of placing the name Sisalabwan within mythology and landscape.

Memory I: Localised Representations

Within the context of cognitive theory, human experiences and thought are understood as information processing. In addition to perception, mental representations, and memory, it is important to render evident those processes through which people are enabled to acquire a mother tongue and to internalise the socio-cultural specificities of the particular society in which they are enculturated. The latter themes are elementary to anthropological knowledge as a central concept within the discipline. According to Bloch[2], "anthropologists' concerns place them right in the middle of the cognitive sciences,

---

[2] Bloch, *Language, anthropology, and cognitive science.*

whether they like it or not, since it is cognitive scientists who have something to say about learning, memory and retrieval".

In everyday interaction with our environment we experience a constant flow of new impressions that increase our efficiency in processing further information. This position assumes an information-processing mind by means of which information that we require to be part of our environment is encoded, stored and retrieved.

"Without the possibility to process information there cannot be life nor evolution, no understandable perception of objects or situations, no conceptual understanding, no language, no culture, and also no identity. ... Without memory we could not even think, since without internalised schemata, concepts and categories, there is no basis for mental representation" (Reimann[3] [my translation]).

Memory is, therefore, a central aspect of cognition. Theories of memory within cognitive science entail two main aspects: a system of structures and the process of operating within these structures – the two building blocks for the process of encoding, storage and retrieval.

Within this context there are two contrasting frameworks (Eysenck, Keane)[4] An older one, based on symbolic processing theory of A. Newell[5] and a more recent one, based on the connectionism theory developed by McClelland[6].

Our memory is not uniformly organised. Different tasks are performed by different systems: the modal, the short-term memory and the long-term memory. Atkinson & Schifrin, who were the first to formulate a cognitive psychological model of memory, proposed that these three elements correspond to three distinct locations in the brain. Insofar as culture is a phenomenon of memory, through which we organise our knowledge of the world, we are interested in exploring the concept of long-term memory. In turn, we understand long-term memory as containing several sub-systems. E. Tulving[7] organises these sub-systems into several linked categories:

Long-term memory

Processual (implicit) memory   Declarative (explicit) memory

Episodic memory

Semantic memory

The processual memory contains knowledge in form of implicit rules of behaviour which cannot be expressed through language but rather are enacted

---

[3] Reimann, *Der Schamane sieht eine Hexe – der Ethnologe sieht nichts.*
[4] Eysenck/Keane, *Cognitive Psychology.*
[5] Newell/Simon, *Computer Science as Empirical Inquiry.*
[6] Rumelhart/McClelland, *Parallel distributed processing.*
[7] Tulving, *How Many Memory Systems are there?.*

through practice (e.g. try to explain someone how to ride a bicycle). Implicit memory is constituted by abstract principles which organise an array of perceptions into seemingly coherent patterns. The origin of these patterns emerges from repeated associations of closely related everyday experiences (Schacter)[8]. These experiences are habitual, embodied, and they match Bourdieu's[9] notion of *habitus* of the body (habitual set of dispositions). Squire[10], who has studied the underlying structures of the brain, contends that:

"Non-declarative memory includes information that is acquired during skill learning (motor skills, perceptual skills, cognitive skills) habit formation, simple classical conditioning including some kind of emotional learning, the phenomenon of priming and other knowledge that is expressed through performance rather than recollection."

The anthropologist Borofsky[11] speaks of 'knowing' (how to do) that is contrasted to 'knowledge', the so-called declarative knowledge (knowing that)[12]. According to Tulving[13], the declarative memory consists of episodic and semantic memory, where information stemming from personal experience and universal knowledge are stored.

We can later retrieve or think about this knowledge. The episodic memory contains knowledge of personal events which are always linked to a place and time (Can you explain how the accident happened? How were your holidays?). The semantic memory, on the other hand, includes abstract and general knowledge of the world. Its contents are kept stable in the long term. It contains the largest part of used knowledge.

We receive information from recurring daily episodes that develop and solidify through time into mental models and schemata. Schemata are mental models which organise our knowledge in stereotypical and prototypical sequences of actions.

Through their conceptual structure, mental schemata enable the identification of objects and events. They are clearly stylised and are provided with slots, which depending on context and available information are filled up. They are of two kinds, analogical or propositional. The classic analogical representation is the visual image, although it is important to remember that we can form images based on other modalities; auditory, olfactory, tactile or kinetic. Propositional representations are more abstract, more language-like (but they are not words), they are meant to capture the conceptual content of situations and things and have the form of e.g. ON (TABLE, BOOK).

---

8   Schacter, *Understanding implicit memory.*
9   Bourdieu, *Outline of a Theory of Practice.*
10   Squire, *Declarative and Nondeclarative Memory.*
11   Borofsky, *On the Knowledge and Knowing of Cultural Activities.*
12   Ryle, *The Concept of Mind.*
13   Tulving, *How Many Memory Systems are there?.*

In the 1930 the concept of schema found its way, via Nead's neurophysiology, into Bartlett's research at Cambridge. Bartlett[14] was struck of the way people's understanding and remembrance of events was shaped by their expectation. He suggested that these expectations were mentally represented in a schematic form. In one famous experiment, he gave English subjects a North American Indian folktale to memorise and recall later at different intervals. The folktale had many "strange" attributions and causal structures that were contrary to Western expectations. He found that subjects reconstructed the story rather than remembering it verbatim, and this reconstruction was consistent with a Western world-view. Piaget[15] has also used the schema idea to understand changes in children cognition. Schema theories re-emerged as a dominant interest in the 1970s: Schank[16] introduced the term 'script', Minsky[17] the concept of 'frame'.

Memory II: Distributed Representations

The theoretical proposition of connectionism or PDP (parallel distributed processing) for memory models comes from neurobiology. The human brain and its composition of billions (10^{10}) of nerve cells, so-called neurons, serve as a model for neuronal networks. A neuron (or cell similar to a neuron) is regarded as a kind of additive with stimulus threshold. The connections (synapses) of a neuron take up activations of particular strength from other neurons, sum them up and create an activity at the exit of the neuron (axon), if the sum has exceeded a stimulus threshold. This network of neurons, organised into three layers of processing (input, output and organisation of information), enables information processing.

The connections contain the possibility of activation between the layers. Each connection has a specific relevance (load) which qualifies the strength of the connection itself. This model of neurological networks also allows for multiple layers of connectivity.

How does this model operate? Let us take one's grandmother as an example and the problem of how to address her correctly. One can imagine that the person 'grandmother' activates a specific neurological pathway. As for the problem of how to addressing her, other attributes must be considered, such as kinship, age, social status, familiarity, closeness and the relevant context. Depending on the person who is the trigger of the particular input, the first step is a specific activation of input neurons. Here, the attributes of kinship

---

[14] Bartlett, *Remembering*.
[15] Piaget, *Child's Conception of Space*.
[16] Schank,/Abelson, *Scripts, Plans, Goals, and Understanding*.
[17] Minsky, *A Framework for Representing Knowledge*.

and familiarity would play an important role, one's own age vis-a-vis the grandmother's age would be less relevant; other attributes would not trigger any activity. In order to transfer these facts into a model, one could attribute different values to the degree of relevance: an attribute that has a strong activation effect is given the number 1, a weak effect is given the number 0.5, and no activation is given the number 0.

After this step by step explanation of the model's functioning a question arises: where is the knowledge in the model – that is a prerequisite for the decision-making – situated? The (perhaps surprising) answer is this: in the way the connections are prioritized. The neurons at different levels are not that important since they only send and receive.

But how does it occur that some connections become prioritized? To answer this we must imagine a pristine network.

During a learning period the network is confronted with different inputs. However, since it has not yet developed any priorities of connections, with regards to problem-solving, there are no valid outputs (and thus no feedback). Therefore, there must be certain factors which influence the strength of particular neuronal connections so that a feedback is sent. Depending on the appearance of the feedback, the prioritized connections of the network are adjusted accordingly. There must be a significant number of social interactions and positive assessments in order that the prioritized connections of the network become stabilized for a period of time.

Establishing the Landscape

Let us return to the Sepik river. The process of creation of the Iatmul world and the ancient migration created a space-time grid. Before creation, there was water everywhere. Then a crocodile appeared and split in two parts, its lower jaw becoming the earth, its upper jaw the sky. This cleavage explains the subsequent division of society into earth and sky moieties. Next, the first pair of brothers came into existence, and from them descended additional pairs of brothers by repeated processes. These pairs of brothers were the founders of the present clan associations. The first brother of the pair is the founder of the first clan group of an association, the second brother that of the second clan group. Their sons and grandsons founded the numerous individual clans one or two generations later.

The locale of these events is an area to the north of the Middle Sepik near the village of Gaikorobi. In the beginning, all the ancient people were gathered there. Then the founders of the clan groups and their relatives left the village, following in the tracks of crocodiles, which cleared the way for them. And thus came about the most important event of ancient times: the severance from the place of origin and the migration into the area of the present settlements. The paths of the migrations were through the bush around Gaikorobi to the Sepik River and across it through the district of the present Central Iatmul into villages now occupied by the Nyaura or West-Iatmul. During this journey, always following the tracks of the crocodiles, which through their moves shaped the until-then-nondescript landscape, the people took possession of tracts of land, parts of the bush, lakes, and watercourses, and villages and hamlets were founded. The land taken and the villages founded at that time determine present claims of possession. The scraps of food and the excrement left behind on the migration were the origin of the water spirits *wanjimout*.

Two points are of crucial importance. The two brothers of a pair behaved in different ways, and the migrations of the various clan associations had their own typical patterns. The second brother of each pair was the dynamic one, the one who first crossed the Sepik. The first brother, by contrast, initially remained close to the bushland and the place of creation. This contrast is expressed with the fixed terms "by canoe" and "on foot", both brothers ultimately covering the same route. A further point: The ground covered by the migration of a clan association (that is, of two brothers) centered on a particular area, in which it founded a particularly large number of villages, and that was either not touched at all by the other pairs of brothers or was explicitly used only as a "transit corridor". Each pair of brothers, and thus each clan association, had its own area. It is typical that the regions of the fraternal pairs of the earth moiety lay mainly above (to the west of) the Middle Sepik and those of the sky moiety mainly below (to the east). These two features explain the correspondence between the earth moieties and the upper course of the river and the sky moiety and the lower course and, ideally, that between the first clan groups and the areas on the left bank of the Sepik and the second groups and the areas on the right bank.

If the relationship between the past, as the period of ancient migrations, and the present can be conceived as a spatial continuum, the following interrelationship can readily be visualized: In the past, the world and its people came into being; the latter gave themselves their specific social order. According to the system, the present is nothing but a precise reflection of the situation created at that time. In other words, the landscape and the present social order are legitimatized simply and solely by the fact that they originated and were established in ancient times. All present members of the clans are direct progeny of the people of ancient times, and it is this genealogical link alone that confers on them the right to represent their ancestors in ceremonies and to narrate their actions in contemporary myth and to use and settle in particular parts of the environment.

The Annulment of Time

A clear distinction exists between past and present time, but the flow of time within each period is not particularly important; interest is focused on the precise spatial (geographical), not the temporal positions of events. For the past, in particular, actual duration hardly plays any part at all. Nor does the image of the succession of past and present, reasonable enough in our eyes, characterize their relationship in all respects. Inquiry into the historical accuracy of the system in its temporal aspects shows that there is no equivalence between the ancient and a postulated historical migration. The distant past, on the one hand, is distinguished from the present, but, on the other, is not only carried up to the present but carried into it as well. Mythological events are extended into the present. Therefore there is no "floating gap" but rather a kind of foot and head without a body.

If we look at names, we obtain a similar picture. At each place visited during migration (and, as I have explained, the places vary with the clan association), the clan group founder leaves behind a few men and women. He assigns to them an animal, plant, or some other object into which they can transform themselves; thus each place has its own "totem" or, more precisely, "mask" or "frame" into which they can slip. This totem and all the objects of the place receive proper names of their own, which are arranged in pairs in long strings. These name-strings can be either public or secret. The inhabitants of the village are also given names: the names of the totem of the village. The totems assigned in this way form the basis of the present totem system. Most important of all, the names used at that time form the stock of present names. The whole stock of names from the past is used for the present; persons, men's houses, dwellings, canoes, dogs and pigs – all bear names drawn from this stock. Thus there is a close identification between all persons and things of the present with those of the past; furthermore, both are associated with specific places on the mythological tracks. The person of today is defined by his (ancient) name in the sense that he figures as a reincarnation – albeit a frail one – of the primal being of the same name. He also has the responsibility for each totem into which his ancestor could change himself in the past. The use of names causes the two periods to coincide and expunges the linear-genealogical succession.

Every individual name is polysyllabic. It is composed of two, three or even four common nouns strung together and followed by a suffix, an ending which is feminine or masculine. The nouns of a name pair in turn also form pairs. Etymology shows that the name in a general way refers to the totem it designates or gives detailed information about the primal events around that totem at its place. The nouns of which the name is composed form a semantic reference similar to that which occurs in the song texts. Each name "tells" a story in a sort of "telegraphese".

Cultural Memory

There is no doubt that every human being has a memory. This is, however, also culturally imprinted. It is supported by 'outside dimensions' that are external to the brain. Each culture develops something that could be termed its 'connective structure' (Assmann)[18]. This structure links people together, promoting a space of shared experiences, expectations and practices which leads to trust and orientation through its binding force. It connects past and present by incorporating images and stories from other times into the present – as the Iatmul example has shown. This aspect of culture resides in the mythological and historical narratives: Both aspects, the normative and the narrative, the aspect of directive and the aspect of narration ground belonging and identity (Assmann)[19].

The notion of "cultural memory" goes beyond the notion of tradition, belonging to an external dimension of human memory. The cultural memory can be stored externally and intermediately. Such as in specialists, experts, shamans, griots, priests, 'old crocodiles' or in systems of notations such as knotted chords (see belove), *churingas*, or in writings. This must be seen as separate from the "communicative memory". It only contains memories that relate to the recent past and goes back for only about four generations. People's relations to this last memories are diffuse, but are highly differentiated to the cultural memories.

Here, memory works as data storage. Experts need to be instructed and control the diffusion of knowledge. Certain people can be excluded from this knowledge or receive only parts of it – remember the debate on names between Kadim and Angrimbi. Thereby, emplacement is the most basic medium of mnemotic. There are memory places and even landscapes can serve as a medium for cultural memory.

Ideas must be made sensual before they can be memorised. Image and concept are blended, often in relation to time and space. The same grounding of memory occurs in the experience of lived space. Every society tried to create and secure places through which are symbols of identity and clues for remembering.

Thus the question is how a place is perceived and experienced, how an impersonal geography (at home or abroad) gains significance and can become "home" (Myers)[20]. In this struggle to find one's roots a sense of place is not so much about residence in a locale as about belonging (Feld & Basso)[21]. It is also based in the knowledge of names of places or the power to name them.

---

[18] Assmann, *Das kulturelle Gedächtnis.*
[19] Ibid.
[20] Myers, *Pintupi Country, Pintupi Self.*
[21] Feld/Basso, *Wisdom Sits in Places.*

"A landscape based cosmology is one way in which Aboriginal identity has been maintained, especially since the European colonists and the Aboriginals created such divergent landscapes out of the same pieces of geography. Landscape is a mnemonic for past generation." (Morphy)[22].

In the past 'landscape' in anthropology has been seen either from an outsider's perspective as 'setting' or from an insider's perspective of 'what the locals see'. The examples that Hirsch & O'Hanlon[23] use to illustrate this point are Malinowski's famous ethnographic opening "Imagine yourself suddenly set down ... alone on a tropical beach" (Malinowski)[24] and Keesing's "To the Kwaio eye, this landscape is not only divided by invisible lines into named land tracts and settlement sites, it is seen as structured by history" (Keesing)[25].

One could present more examples. P. Gow[26] notes about the Piro in the Amazon region "... what the Piro 'see' when they look at the land is kinship"; J. Weiner [27] describes the topography where "a society's place names schematically image a people's intentional transformation of their habitat from a sheer physical terrain into a pattern of historically experienced and constituted space and time ... The bestowing of place names constitutes Foi existential space out of a blank environment" (Fox)[28].

The landscape of the Middle Sepik is flat, monotonous and quite amphibious, the river is prominent and only a few hills emerge. Let us imagine that the 'old crocodiles' are assembling on a hill. They would see a landscape that is mythological charged, somewhat similar to what T. Strehlow[29] has described in his writings about the Aranda of Australia. They perceive the Sepik River as the original sea of creation, the gras islands as the contemporary world, the small surrounding creeks as carved by the original crocodiles, the Palingawi mountain as erected by two cannibalistic eagles. They see places and parts of the bush as connected to animals and plants for each place enacts their myths.

But there are also other aspects that must be taken into consideration. Gell[30] and Feld[31] draw attention to the fact that hearing can dominate vision in perception of places for people who live in densely forested areas where one can not gain an overview of a village. Sounds become primary indicators of orientation, direction, time of day, distance from water sources etc. Also

---

[22] Morphy, *Aboriginal Art.*
[23] Hirsch/O'Hanlon, *The Anthropology of Landscape.*
[24] Malinowski, *Argonauts of the Western Pacific.*
[25] Keesing, *Kwaio Religion.*
[26] Gow, *Land, People, and Paper in Western Amazonia.*
[27] Weiner, *Afterword.*
[28] Fox, *Genealogy and Topogeny.*
[29] Strehlow, *Central Australian Religion.*
[30] Gell, *The Language of the Forest.*
[31] Feld, *Waterfalls of Song.*

sound, together with smell, feelings, taste, rather than vision can be the ultimate proof of reality.

In his book "The Sorrow of the Lonely and the Burning of the Dancers", E. Schieffelin[32] describes how the Kaluli are caused to grieve when hearing place names sung in a Gisaro ceremony. For the listeners these place names are connected to past personal (not mythological) experiences. Place names remind them of past activities with deceased kin for whom they now grieve. Often these places are connected to food, for example planting, harvesting, hunting or processing food. Singing place names in a particular order creates imaginary journeys in the mind of the listeners.

In a creation myth from Tanna moving stones are said to be the ancestors of men (Bonnemaison)[33]. They draw attention to the gender difference of rootedness in Vanuatu's virilocal society. Men are compared to trees, firmly rooted in the land. Women are either compared to canoes or branches of *nanggalat*, a local nettle tree that grows wherever it is planted. Both idioms symbolise movement.

Among the Yolngu of Australia, in contrast, the landscape is already in existence and place has precedence over time in Yolngu ontogeny. This structured and frozen world of the ancestors is only re-created in personal experience through the movements made by persons between places, following mythological tracks through the totemic geography created by ancestral beings or brought into a presentational field through narratives, songs, marriage practices and rituals (Morphy)[34].

Song Cycles and Knotted Cords

Once more let us return to the Iatmul. The events that took place in the past are represented visually as well as orally. These are the external dimensions of memory discussed by J. Assmann[35]. The visual representation takes the form of the *kirugu*, "knotted cords". Each cord is between 6 and 7 meters long and has knots of different sizes at regular intervals. Each *kirugu* represents one of the ancient migrations; it is that migration and bears the name of the crocodile which cleared the path for the clan group founder. Each of the large knots in a *kirugu* represents a place along the migration route; the smaller knots contain the secret names of the totem associated with each spot.

Orally, the past intended for the public is recited in song cycles (*sagi*). Each cycle consists of a fixed sequence of songs and lasts between twelve and six-

---

[32] Schieffelin, *The sorrow of the Lonely and Burning of the Dancers*.
[33] Bonnemaison, *L'arbre et la pirogue*.
[34] Morphy, *Colonialism, History and the Construction of Place*.
[35] Assmann, *Das kulturelle Gedächtnis*.

teen hours. Each song relates a short tale in which the totem of the place accomplishes a particular act. The texts recited in the song are simple, small, harmless extracts from the secret myths. For example, the third song about the creation (at the later first place and first knot on the cord) bears the title "The Song to the Crocodile that Split in Two". The contents revolve around the primeval crocodile rising to the surface of the water with a rotary motion, bringing with it a piece of earth, and later splitting in two, its upper jaw becoming the sky while its lower jaw becomes the earth. Extracts of the text of the song are as follows:

> Father, your upper jaw,
> Father, your upper jaw,
> Ancestor, your lower jaw,
> father, your jaw
> …
> Father, you Lisinyombundemi,
> Lisinyombundemi, Kasinyombundemi, O you,
> my water spirit!
> Father, in this place,
> in the place Lililipma,
> near the coconut palm Kwakwalipma,
> you lay down,
> and then your upper jaw became the sky
> …

The third song about the creation (at the subsequently created place Gaikorobi) mentions twenty-two public names for the primeval crocodile, twenty names for the first place to come into existence (Gaikorobi or Mivimbit), and eight names for the first woman of ancestral times. Let's look at some of the primeval crocodiles (equated with the primeval earth).

1. Lisi-nyo-mbu-ndemi and 2. Kasi-nyo-mbu-ndemi (*lisi, kasi*: shake, earthquake; *nyo*: mother of pearl, seashell; *mbu*: break open or to pieces; *ndemi*: masculine ending; meaning: The crocodile or the earth has just emerged from the sea and is rocking to and fro)

3. Pat-nawi-gumbangi and 4. Nganga-nawi-gumbangi (*pat*: spittle; *nganga*: lower jaw; *nawi*: masculine ending; *gumbangi*: masculine ending; meaning: The crocodile has spittle in its throat)

5. Lili-lipma and 6. Kwakwa-lipma (*lili*: slip away; *kwakwa*: stand up and fall down; *lipma*: coconut palm, metaphor for place; meaning: The newly created place still rocks)

The total interconnected pattern can only be understood once the events which in the past took place at this subsequent first place are known. At present, they are described in the following myth (only extracts of which are presented here). The passages forming the background of the song are in italics; those relating to names are underlined as well.

"Once, there were no men, there were no women, there were no things of any kind on the earth, the earth had not yet come to be, there was only an endless empty stretch of water, only water. Only water, ngu (water), kongu (the water from which everything emerged). The stretch of water lay there and did not move. Suddenly the water foamed, it foamed for a long time, and a small thing was washed up, it was a tiny crocodile. Only a tiny thing, only rubbish. Some time passed and it grew legs, it grew arms, it grew a tail, it grew jaws, it grew eyes, it was a proper crocodile. There it lay, and its skin, its back and its legs were those of a crocodile, but its face was that of a man, its head was that of a man. … It wanted to be so and thus it happened: its _spittle_ (cf. Names 3 and 4) sank below, its spittle sank down, it did not drift upwards, no, its spittle sank below to the bottom of the sea, this spittle sank and sank and then rose again, rose up, rose and stuck to its breast, such a little thing. … Then (the crocodile) moved and together with the little thing it floated up, it floated up, it reached the surface of the water, and there everything was lit up with the light of day. Day has dawned, it was bright daylight, and the earth had come up, the _earth had come up_ (cf. names 1 and 2), only a little piece, it is true, but this little piece lay there.

The crocodile slid back into the water and it swam round it, it swam round this little piece of earth and circled round it, and the earth grew in size. And so it continued for a time and the earth became fairly big, like an island, a _little island_ (cf. Names 5 and 6) … The crocodile had come up together with the water, and, after a short time, it opened its jaws, the upper jaw rose up, the earth rose up, a man rose up, it was the sun Nyagonduma (which had come into being). It opened its jaws, 'Ahhhhh!' it went and _split in two parts_ (cf. song); the sun Nyagonduma was thrown up, and it became light. It was Nyagonduma, and the day broke. And so it remained. Nyagonduma was the child of the water spirit Wanjimoutnagwan. The crocodile looked around, around about it looked, and all the mountains, the parts of the bush, the grass, the plants, all things of the earth came into being. It went on looking, and the insects and all other things came into being and were there. All things came into being and were there …" (Wassmann)[36].

Sharing

Let us imagine how a clan group performs the _sagi_ cycle. The knotted cord is followed. All the (let us say one hundred) participants sitting in a men's house can see the owner of the knotted cord and observe how he takes the cord

---

[36] Wassmann, _The Song of the Flying Fox._

down from the roof beam at regular intervals, slips it through his fingers and murmurs something at each of the little knots; they can also see that when he comes to one of the big knots he hangs the cord up again. All present hear the songs and hear many little stories about the totems and hundreds of names occurring in these tales. However, parts of the performance remain arcane to the majority of those present. The actual and efficacious names of the totem hidden in the knotted cord are secret – what are concealed are the connections between the various totems and their role in primal times and, most importantly, the places figuring in the migration of the clan founder made manifest only through the myth. What is secret is not primarily knowledge about individual events in primal times but rather insight into the interconnections which actually make up the system. It is only the synoptic view of the pattern of primal events which gives the individual event its meaning and makes it available. Unless the real names of the primal protagonists and the place of the event are given, a myth is ineffectual; it is only the additional knowledge which makes it available for, say, magic or as ammunition in the name debates. The very core of the esoteric knowledge is the knowledge about the interconnections between the myths, the proper names and the place names.

The secrecy in public reveals the dilemma: on the one hand, to preserve the secrets of the clan in public as well, and, on the other hand, to also represent the worldly part for which the clan is responsible, to captivate one's own clan relatives emotionally and intellectually and thus allow them to participate on the cultural memory. The irony is that the process of proving ownership through demonstrations of knowledge may become the context for the loss of control over knowledge. In a worst case scenario, proof of ownership could become the opportunity for raids and thefts.

The protection of secrecy is achieved through the ambiguity, condensation, metonymy and metaphor of the visible "signs", through cryptic language use and restricted access to information about the "true" meanings. But a strict separation of knowledge into a public and a secret domain would be an over-simplification (Morphy, Herdt,[37] Lattas)[38], and yet (official) access to knowledge is reserved for the men who pass through various stages of knowledge and competence from initiation on until old age and who are thereby able to manipulate and amass political power. Knowledge is organized as intellectual property which is not freely available to all. Personal authority, personal achievement, the authority of seniors, and the integrity and autonomy of local groups depend of the control of knowledge through restrictions on its dissemination. Performance of knowledge (through songs, dances, stories, debating names, playing of particular melodies on flute or slit drum, ritually performing ancestor roles, woodcarving, and so on) is a performance of own-

---

[37] Herdt, *Intimate Communications.*
[38] Lattas, *Cultures of Secrecy.*

ership: it identifies the person as one with rights and responsibilities to that totem or site.

Such a body of knowledge, however, is neither a complete whole nor fixed for ever in memory. There is an inevitability of leakage (Weiner)[39]. But what happens in the case of a failure of transmission? "Old crocodiles" are not isolated figures but act on the basis of shared knowledge. Myths are widely known as tales, e.g. as bedtime stories; what is secret are the links between the protagonists which supply their true identity as well as their names and localization. These connecting links, however, can be redefined again and again. Also, no single "old crocodile" has the whole system in his head but only parts of it, mainly those of which his own clan is in charge – gaps can be filled.

So how is knowledge transmitted? Let us imagine a young man. As a child he has certainly heard how drums are beaten, flutes are played, or a cycle of songs is performed. Later, when during a several week long seclusion related to his initiation, he acquires knowledge of how these instruments are played, he must memorise particular melodies and rhythms, he is shown secret objects and taught the secret names of some objects. It is also possible that he is told parts of particular myths and where they are localised. For myths are not just simply told but rather transmitted by the 'old crocodiles' in small bits. From his grandfather he is informed of the name strings of his own totem which he will later pass on to his own grandson. It is in this way that he acquires mythological information. Later, he will be keen to actively participate in the rituals and to sing some of the songs, usually receiving loud criticism by the 'old crocodiles' during his first few performances. Through time, he will try to pick up on verbal clues that allow him to link ritual objects and situations. He can also 'purchase' mythological knowledge in exchange for other desired items or labour.

In the beginning, nothing makes much sense in his connectivism model of memory. However, the connections in his brain become stronger as he repeatedly perceives sacred objects and their names, when names, especially his own, are successively connected with certain narratives and places, when he is listening to the same songs over and over again (a song is repeated as many times as there are pairs of names which is about 10 times). He will also probably try to sing along, to listen to the old men's conversations in the men's house, to actively participate in the rituals such that he also acquires bodily knowledge, he becomes more emotionally involved with his totems, places and names, and the cultural memory of his group.

Cognitive science draws our attention to a further point: it is impossible to store in one's memory long mythological texts and thousands of names as such, i.e. propositionally. A person rather memorizes prototypes of sequences in his schemata from which the actual story is then built up, and names

---

[39] Weiner, *Afterword*.

(which after all paraphrase myths in 'telegraphese') then have to be reconstructed. It is as if one were to look upon the real events surrounding the ancestral wandering, as if one were to see image-schemata with the help of which what has been seen can then be verbalized in texts, songs, names and staged in ritual performances.

But what happened to our two litigants in the meantime? What would actually have happened if not Angrimbi but Kandim had won the name debate? Of course he would have been allowed to continue using the disputed name Sisalabwan – but maybe then a new localization of the crocodile Wanimeli would have had to be made and a reinterpretation of the Wanimeli songs, mainly a reinterpretation of Middle Sepik landscape. We do not know.

Bibliography

Assmann J (1999) Das kulturelle Gedächtnis. München: Beck

Baddeley A (1990) Human Memory. Hove: Lawrence Erlbaum

Bartlett FC (1932) Remembering. An experimental and social study. Cambridge: Cambridge University Press

Basso KH (1996) Wisdom Sits in Places. Notes on a Western Apache Landscape. In: Feld S, Basso KH (Eds.) Senses of Place, 53–91

Bloch M (1991) Language, Anthropology, and Cognitive Science. In: Man 26:183–198

Bonnemaison J (1986) L'arbre et la pirogue. Paris: Edition de l'Orstom

Borofsky R (1994) On the Knowledge and Knowing of Cultural Activities. In: Borofsky R (Ed.) Assessing cultural Anthropology. New York: McGraw-Hill, 331–347

Bourdieu P (1977) Outline of a Theory of Practice. Cambridge and New York: Cambridge University Press

Eysenck MW, Keane MT (Eds.) (1997) Cognitive Psychology. Hove: Psychology Press

Feld S, Basso KH (Eds.) (1996) Senses of Place. Santa Fe, N.M.: School of American Research Press

Feld S (1982) Sound and Sentiment. Philadelphia: University of Philadelphia Press

Feld S (1996) Waterfalls of Song. An Acoutemomology of Place Resounding in Bosavi, Papua New Guinea. In: Feld S, Basso KH (Eds.) Senses of place, 91–137

Fox J (Ed.) (1993) Inside the Austronesian houses: Perspectives on domestic designs for living. Canberra: Australian National University

Fox J (1997) Genealogy and Topogeny. Towards an ethnography of Rotinese ritual place names. In: Fox J (Ed.) The Poetic Power of Place. Canberra: Australian National University, 92–103

Gell A (1995) The Language of the Forest. Landscape and phonological iconism in Umeda. In: Hirsch E, O'Hanlon (Eds.) The anthropology of landscape, 232–254

Gow P (1995) Land, People, and Paper in Western Amazonia. In: Hirsch E, O'Hanlon M. (Eds.) The Anthropology of Landscape, 43–62

Herdt GH, Stoller RJ (Eds.) (1990) Intimate Communications. Erotics and the study of culture. New York: Columbia University Press

Hirsch E, O'Hanlon (Eds.) (1995) The Anthropology of Landscape. Hrsg. von E. Hirsch, M. O'Hanlon. Oxford: Clarendon

Keesing R (1982) Kwaio Religion. New York: Columbia University Press

Lattas A (1998) Cultures of Secrecy. Reinventing race in bush Kaliai cargo cults. Madison, University of Wisconsin Press

Malinowski B (1922) Argonauts of the Western Pacific. An account of native enterprise and adventure in the Archipelagoes of Melanesian New Guinea. London: Routledge & Kegan Paul

Minsky M (1975) A Framework for Representing Knowledge. In: Winston P (Ed.) The Psychology of Computer Vision. New York: McGraw-Hill, 211–277

Morphy H (1993) Ancestral Connections. Art and an Aboriginal System of Knowledge. Chicago: Chicago University Press

Morphy H (1995) Colonialism, History and the Construction of Place. The Politics of Landscape in Northern Australia. In: Bender B (Ed.) Landscape: Politics and Perspective. Oxford: Berg, 205–244

Morris B (1994) The Anthropology of the Self. The Individual in Cultural Perspective. London: Pluto Press

Myers F (1986) Pintupi Country, Pintupi Self. Washington: Smithsonian Institution Press

Newell A, Simon H (1972) Human Problem Solving. Englewood Cliffs (N.J.): Prentice Hall

Piaget J, Inhelder B (Eds.) (1967) Child's Conception of Space. London: Routledge and Kegan Paul

Reimann R (1998) Der Schamane sieht eine Hexe – der Ethnologe sieht nichts. Menschliche Informationsverarbeitung und ethnologische Forschung. Frankfurt a. M.: Campus

Rodman M. (1992) Empowering place: Multilocality and multivocality. In: American Anthropologist 94:640–656

D.E. Rumelhart DE, McClelland JL (Eds.) (1986) Parallel distributed processing. Explorations in the microstructure of cognition.. Cambridge (Mass.): MIT Press

Ryle G (1949) The Concept of Mind. Hammondsworth: Penguin

Schacter D (1992) Understanding implicit memory. A cognitive neuroscience approach. In: American Psychologist 47:559–569

Schank R, Abelson R (Eds.) (1977) Scripts, Plans, Goals and Understanding. Hillsdale (N.Y.): Erlbaum

Schieffelin E (1976) The Sorrow of the Lonely and the Burning of the Dancers. New York: St. Martin's Press

Squire L (1992) The Neuropsychology of Human Memory. In: Annual Review of Neuroscience 5:241–273

Stanek M (1983) Sozialordnung und Mythik in Palimbei. Basel: Wepf

Strehlow T (1995) Central Australian Religion. Bedford Park: Australian Association for the Study of Religions

Strehlow C (1910) Die Aranda- und Loritja-Stämme in Zentral-Australien. Frankfurt a. M.: Joseph Baer

Tulving E (1985) How Many Memory Sytems are there?. In: American Psychologist 80:253–273

Wassmann J (1998) Pacific answers to Western hegemony. Cultural practices of identity construction. Oxford: Berg

Wassmann J (1991) The Song to the Flying Fox. Port Moresby: The National Research Institute, 1991

Weiner J (2001) Afterword. In: Rumsey A, Weiner J (Eds.) Emplaced Myth. Honolulu: University of Hawaii Press

Heidelberger Jahrbuch, Band 47 (2003)
H. Gebhardt/H. Kiesel (Hrsg.): Weltbilder
© Springer-Verlag Berlin Heidelberg 2004

Doppelter Mythos – Das moderne Weltbild
zwischen Partikularismus und Universalismus

JULIA LOSSAU

Einleitung

Im Jahr 1992 noch konnte Benedict Anderson die politisch-geographische
Verfasstheit der Welt als „New World Disorder" beschreiben, in der, nach dem
Zusammenbruch des real existierenden Kommunismus, um nicht weniger als
eine neue Weltordnung gerungen wurde.[1] Zehn Jahre später scheint dieses
Ringen zu einem (vorläufigen) Ende gekommen zu sein. An die Stelle der
ideologisch-politischen Koordinaten des Kalten Krieges, so heißt es, seien zi-
vilisatorisch-kulturelle Unterschiede getreten. Ob Bassam Tibi den „Krieg der
Zivilisationen" diagnostiziert oder ob Francis Fukuyama von einem „Konflikt
der Zivilisationen" spricht:[2] die Idee eines neuen kulturellen Koordinatensystems erfreut sich großer Popularität. Den entscheidenden Impuls dürfte
der Politikwissenschaftler Samuel Huntington gegeben haben, der die neue
Wirklichkeit der internationalen Beziehungen bereits 1993 ebenso apodiktisch wie öffentlichkeitswirksam auf den Punkt brachte.[3] Nach dem Ende des
Kalten Krieges, so Huntington, sei diejenige Bruchlinie wieder relevant geworden, die bereits um 1500 das westliche vom orthodoxen Christentum und
vom Islam getrennt habe. Der Samtene Vorhang der Kultur habe den Vorhang
der Ideologie ersetzt, der allerdings keineswegs buchstäblich „samten" sei:
„As the events in Yugoslavia show, it is not only a line of difference; it is also at
times a line of bloody conflict".[4] So sei abzusehen, dass große Konflikte künftig entlang den kulturellen *fault lines* aufträten, die die großen Zivilisationen
voneinander trennen.

Wirft man einen Blick auf die neue globale Ordnung, so hat es in der Tat
den Anschein, als treffe Huntingtons Diagnose ins Schwarze. Denn es ist nicht
nur der Blick auf das ehemalige Jugoslawien, der sieht, dass die neuen Bruch-
linien tatsächlich kultureller Art sind; dass die Kultur tatsächlich an die Stelle

---

[1] Anderson, *The New World Disorder*.
[2] Tibi, *Krieg der Zivilisationen*; Fukuyama, *Konfuzius und Marktwirtschaft*.
[3] Huntington, *The Clash of Civilizations?*.
[4] Ebd., S. 31.

der Ideologie getreten ist. Auch anderswo auf der Welt scheint diese Diagnose die objektiv richtige zu sein. Sei es im Kongo oder auf Ground Zero, sei es an der indisch-pakistanischen Grenze oder in Indonesien, sei es im Sudan oder in Nigeria: täglich scheinen kulturelle Identitäten entlang blutiger Konfliktlinien aufeinander zu prallen. So nimmt es schließlich kaum wunder, dass latente und manifeste Konflikte seit dem Ende des Kalten Krieges zunehmend in kulturellen Begrifflichkeiten gefasst werden. Das entsprechende Vokabular reicht von der scheinbar harmlosen und wertneutralen Bezeichnung des „ethnischen Konflikts" über die Wiederbelebung des Bildes vom abendländischen „Kreuzzug" bis hin zur drastischen, Assoziationen an die *Lingua Tertii Imperii* hervorrufenden Katachrese der „ethnischen Säuberung".

Zwar vermag gerade die Rede von der Notwendigkeit eines Kreuzzugs den Eindruck, dass wir in einer Welt von aufeinander prallenden Kulturen leben, noch zu verstärken. Dennoch bleibt das kulturell fragmentierte Weltbild, d. h. das Bild von der konflikthaften Reorganisation gesellschaftlicher Einheiten entlang (national-)kulturellen Demarkationslinien, nicht unumstritten. Die Ausführungen Huntingtons haben ebenso wie die kulturkämpferischen Untertöne der jüngsten von den USA und ihren Alliierten geführten Kriege eine breite und kritische Diskussion hervorgerufen. Zwar kann von den Kritikerinnen und Kritikern der These vom *Clash of Civilizations* kein homogenes Bild gezeichnet werden; die Erwartungen reichen von einem verstärkten internationalen bzw. interkulturellen Austausch, d. h. von der Versöhnung, der Geselligkeit und der harmonischen Reziprozität zwischen einzelnen Nationen und Kulturen, über die tendenzielle bis hin zu einer absoluten Auflösung kultureller Unterschiede im globalen Dorf der Weltgesellschaft. Aber das tendenziell grenzenlose Weltbild des Ausgleichs bzw. der Vernetzung, wie es u. a. im Rahmen der Globalisierungsdebatte gezeichnet wird, kann ebenso wenig überraschen wie das konflikthafte Weltbild aufeinander prallender Kulturen. Schließlich sind Prozesse der Entgrenzung und des Ausgleichs auf den ersten Blick ebenso evident wie solche der Fragmentierung.

So hat es etwa in ökologischer Hinsicht den Anschein, als sei mittlerweile offensichtlich geworden, was mindestens zwei Generationen von Ökologiebewegten vergeblich zu vermitteln suchten: dass sich Umweltprobleme weder auf nationalstaatliche Territorien noch auf einzelne Kontinente beschränken lassen. Gleiches gilt für den Bereich der (elektronischen) Kommunikation. Auch hier spekulierte der Medientheoretiker Marshall McLuhan bereits zu Beginn der 6oer Jahre über das kommunikationsbedingte Zusammenwachsen der Erde zum globalen Dorf.[5] Aber erst heute, in Zeiten von Handy und Modem, wird sichtbar, „wie klein die Welt doch ist". Am offensichtlichsten scheinen schließlich die ökonomischen Formen globaler Vernetzung. Zumindest sind sie es, die am intensivsten diskutiert werden. Dies mag damit zu-

---

[5] McLuhan, *The Gutenberg Galaxy*.

sammenhängen, dass die wirtschaftliche Globalisierung für solche Probleme verantwortlich gemacht wird, deren Lösung bzw. Unlösbarkeit als besonders dringlich bzw. schmerzlich erachtet wird.

Interventionen gegen die These vom „Kampf der Kulturen" werden demnach überall dort artikuliert, wo es um mögliche Zukünfte politischer, gesellschaftlicher und ökonomischer Welt-Ordnung geht. Gerade sozialwissenschaftliche Beiträge sind dabei vielfach von der Hoffnung gekennzeichnet, die Welt wachse im Zuge der Globalisierung zu derjenigen „Einen Welt" zusammen, deren Bild bereits in den 70er Jahren von den Ökologie- und Dritte-Welt-Bewegungen gezeichnet wurde.[6] Doch so schön das Bild einer Welt, in der die Kulturen im Dialog begriffen sind, auf den ersten Blick auch sein mag: Es stellt sich die Frage, ob diejenigen, die Huntington und den US-amerikanischen Strateginnen und Strategen vorwerfen, sie legten kulturelle Arroganz an den Tag, wo eigentlich Verständnis und Ausgleich herrschen sollten, letztlich über die Thesen des von ihnen Kritisierten hinauskommen können. Damit sei nicht angedeutet, die Kritikerinnen und Kritiker Huntingtons argumentierten nicht besser im Sinne einer universalistischen, aufgeklärten Moral. Im Gegenteil: Ihre Einwände beruhen oft auf den Grundsätzen einer universalistischen Liberalität, die eine an partikularistischen (national-)kulturellen Interessen orientierte Machtpolitik ausschließen und ihr die wohlwollende Achtung anderer ethnischer Traditionen entgegensetzen möchte – ganz im Sinne der Gleichheit und Freiheit aller Menschen.

Dennoch besteht das Ziel dieses Beitrags darin, aufzuzeigen, warum die Konzepte des Ausgleichs zwischen Kulturen letztlich nicht dazu beitragen können, jene (national-)kulturellen Grenzen zu überwinden, die in ihrem Alter Ego, der These des *Clash of Civilizations*, fest angelegt sind. Um zu verdeutlichen, dass beiden Konzepte letztlich die beiden Seiten ein- und derselben Medaille darstellen, hinter der sich der doppelte Mythos des modernen Denkens verbirgt, gehe ich in vier Schritten vor. Zunächst wird auf theoretischer Ebene expliziert, wie Weltbilder entstehen; wie sie funktionieren und wozu sie dienen. Auf dieser Grundlage wird das derzeit wohl wirkungsmächtigste Weltbild untersucht: dasjenige der in vermeintlich selbstgenügsame kulturräumliche Entitäten zerfallene, in dessen Mittelpunkt das partikulare Eigene steht. Daran anschließend analysiere ich das tendenziell grenzenlose Weltbild, wie es von den Apologetinnen und Apologeten des kulturellen Ausgleichs gezeichnet wird. Obwohl (oder gerade weil) in seinem Mittelpunkt die universelle Menschheit steht, kommt auch das hoffnungsvolle Bild der „Einen Welt" nicht ohne die Existenz unterschiedlicher Kulturen aus; unterstellt auch die „Eine Welt", dass die jeweiligen Kulturen, Zivilisationen oder Gesellschaften wesenhafte Einheiten darstellen: identitätsstiftende, normativ stärker oder schwächer integrierte, letztlich aber durch gesellschaftliche Gemein-

---

⁶ Vgl. Nassehi, *Die Weltfremdheit der Globalisierungsdebatte.*

schaft integrierte Zusammenhänge. Gegen den, wie Roland Barthes ihn nennt,[7] „doppelten Mythos von der menschlichen ‚Gemeinschaft‘„ wird abschließend nach der *conditio sine qua non* einer Repräsentation gefragt, die ohne Mittelpunkt auskommt. Damit lädt der Beitrag zu einer Reise ein, die über die beiden Seiten des modernen Weltbildes hin zu einer *anderen* Geographie führt. Eingeladen zu dieser Reise sind nicht nur Geographinnen und Geographen, sondern all diejenigen, die sich für die vielfältigen Strategien interessieren, mittels derer das Soziale und das Politische verräumlicht und in Weltbilder gegossen wird.

Die Politik der Verortung

„Wenn Jemand ein Ding hinter einem Busche versteckt, es eben dort wieder sucht und auch findet, so ist an diesem Suchen und Finden nicht viel zu rühmen: so aber steht es mit dem Suchen und Finden der ‚Wahrheit‘ innerhalb des Vernunft-Bezirkes. Wenn ich die Definition des Säugethieres mache und dann erkläre, nach Besichtigung eines Kameels: Siehe, ein Säugethier, so wird damit eine Wahrheit zwar ans Licht gebracht, aber sie ist von begrenztem Werthe, ich meine, sie ist durch und durch anthropomorphisch und enthält keinen einzigen Punct, der ‚wahr an sich‘, wirklich und allgemeingültig, abgesehen von dem Menschen, wäre“.[8]

Mit diesen Worten spottet Nietzsche über ein Erkenntnisprinzip, das sich durch eine „Paradoxie der Sichtbarkeit“ auszeichnet;[9] durch den Glauben an die „Wirklichkeit“ bzw. „Wahrhaftigkeit“ evidenter Dinge, die, in eine bestimmte Ordnung gebracht, sichtbar gemacht und folglich so und nicht anders gesehen werden. Mit dem Philosophen Michel Foucault kann argumentiert werden, dass sich dieses Prinzip im 17. Jahrhundert etablierte, als sich insbesondere innerhalb des naturgeschichtlichen Feldes eine nicht anders als naiv zu bezeichnende „Benennung des Sichtbaren“ vollzog.[10] Das, was gesehen wurde, wurde durch das, was gesagt wurde, auf eine bestimmte Art und Weise sichtbar gemacht, auf dass es so und nicht anders gesehen wurde. Denn die Naturgeschichte hatte, wie Foucault schreibt, die Aufgabe, „die Sprache dem Blick sehr nahe zu bringen und die betrachteten Dinge möglichst in die Nähe der Wörter zu rücken“.[11] Dies ist der Kontext, in dem sich der frühe geographische Diskurs und letztlich das moderne geographische Weltbild ent-

---

[7] Barthes, *Mythen des Alltags*, S. 16.
[8] Nietzsche, *Ueber Wahrheit und Lüge*, S. 883.
[9] Nassehi, *Die Paradoxie der Sichtbarkeit*.
[10] Foucault, *Die Ordnung der Dinge*, S. 173.
[11] Ebd.

wickeln sollten.[12] Es manifestierte sich jener Blick, der die vermeintlich natürliche Welt mittels Beschreibung, Klassifikation und Vergleich vor sich ausbreitete und so eine panoptische Position konstruierte, von der aus geordnet und objektiviert werden konnte. Der naturalisierende Blick richtete sich aber nicht nur auf Natur, sondern auch auf Völker und Gesellschaften – und erfuhr damit jene Ausweitung, die die Formierung des klassischen geographischen Gegenstands der „Raumgestalten" möglich machte, in denen, wie der Sozialgeograph Benno Werlen schreibt, „‚Natur', ‚Kultur' und ‚Gesellschaft' zu einer Einheit zusammengewachsen" sind.[13]

In einer Kritik dieses Blicks und der von ihm produzierten vermeintlich natürlichen Landschaften, Länder oder Kulturräume hält der Schriftsteller und Literaturwissenschaftler Adolf Muschg, wenn auch ohne Nietzsches ironischen Unterton, fest, dass „Raum – Raumverteilung, Raumzuweisung – [...] unter allen Umständen kulturell definiert [bleibt]".[14] Diese konstruktivistische Perspektive, die den Raum nicht als natürlich und damit als voraussetzungslos, sondern im Gegenteil als erklärungsbedürftig ausweist, wird mittlerweile von vielen Geographinnen und Geographen geteilt. Wie für Muschg, so ist auch für sie Raum nicht mehr, aber auch nicht weniger als ein Bild, das sich „ein vorwaltender kultureller Konsens von der Welt gemacht hat".[15] Sie halten fest, dass es sich bei den vermeintlich natürlichen Landschaften, Ländern oder Kulturräumen, die (zusammen mit den darin lebenden Menschen) das Weltbild der traditionellen Geographie bestimmten, um Räume „konstruierter Sichtbarkeit" handelt,[16] die durch den spezifisch geographischen Blick erst erfunden wurden.

Dieser Blick blieb freilich nicht auf die fachwissenschaftliche Geographie beschränkt. Er bestimmt im Gegenteil auch die Weltbilder des populären geographischen Diskurses,[17] der auf den verschiedensten gesellschaftlichen Ebenen zahllose Togographien von Macht und Wissen hervorbringt.[18] Als Klassiker in Bezug auf die Dechiffrierung populärer Geographien gilt das Buch „Orientalism"[19], in dem der Literaturwissenschaftler Edward Said in Anlehnung an Foucaults Untersuchungen zum Diskursbegriff aufzeigt,[20] wie das „Morgenland" in den Diskursen des französischen und britischen Imperialismus als das Andere Europas erst produziert wurde. Wie Muschg, so beraubt

---

[12] Vgl. Gregory, *Geographical imaginations*; Stoddart, *On geography and its history*.

[13] Werlen, *Sozialgeographie alltäglicher Regionalisierungen*, 44; vgl. auch Stoddart, *On geography and its history*.

[14] Muschg, *Der Raum als Spiegel*, S. 50.

[15] Ebd.

[16] Rajchman, *Foucault's art of seeing*; zit. n. Gregory, *Power, knowledge and geography*, S. 23; Übersetzung JL.

[17] Vgl. Gregory, *Geographical imaginations*.

[18] Vgl. Lossau, *Anders denken*.

[19] Said, *Orientalism*.

[20] Foucault, *Überwachen und Strafen*; Foucault, *Archäologie des Wissens*.

also auch Said den traditionellen geographischen Blick, d. h. den Blick auf die vermeintlich natürliche geographische Wirklichkeit, seiner vermeintlichen Objektivität. Er fasst ihn umgekehrt als Bestandteil einer diskursiven Praxis, mit deren Hilfe diese Wirklichkeit erst produziert wird. Als entscheidendes Moment dieser Praxis gilt die Fixierung und Normalisierung der vermeintlich homogenen Kategorien des Eigenen und der Anderen: „its political function being to incorporate and regulate ‚us‘ or ‚the same‘ by distinguishing ‚us‘ from ‚them‘, the same from the ‚other‘".[21]

In diesem Licht betrachtet stellen Weltbilder „spannungsgeladene Konstellationen von Macht, Wissen und Räumlichkeit [dar], die in einem ‚Hier‘ zentriert sind und auf ein ‚Dort‘ projiziert werden".[22] Dahinter steckt die von Said in Anlehnung an den Ethnologen Claude Lévi-Strauss formulierte Überlegung, dass das geistige Verlangen nach Ordnung in dem bestreben resultiert, allen Objekten und Identitäten einen bestimmten Platz zuzuweisen. Dieser Prozess der *Verortung* vermag nicht nur die Überzeugung herzustellen, die verorteten Objekte und Identitäten, das Eigene und das Andere, existierten in einem objektiven Sinn. Er sorgt auch dafür, dass die gesamte Ordnung als eine Ordnung erscheint, die so und nicht anders ist. Dennoch (oder gerade deshalb) existiert die Welt für uns letzten Endes lediglich in Weltbildern; als Konstruktion, die insofern nicht unabhängig von ihrer Beobachtung und Bezeichnung existieren kann, als nichts gedacht werden kann, was „nicht mindestens noch durch seine Bezeichnung bedingt wäre, durch seine kulturelle sprachliche oder auch nicht-sprachliche Repräsentation".[23]

Insofern er die vermeintlich natürliche geographische Wirklichkeit auf diese Weise als fiktionale Repräsentation oder, in seiner eigenen Terminologie, imaginative Geographie entlarvt, bezieht Said Stellung gegen eine Haltung, die man als „geographischen Essentialismus" bezeichnen kann:[24] „the notion that there are geographical spaces with indigenous, radically ‚different‘ inhabitants who can be defined on the basis of some religion, culture, or racial essence proper to that geographical space".[25] Und auch der vorliegende Beitrag wendet sich gegen die Verortung essentialistischer Entitäten auf vermeintlich natürlicher Grundlage. Denn die Politik der Verortung, sei sie nun (sicherheits-)politischer, (politik-)wissenschaftlicher, geographischer oder „ganz alltäglicher" Art, führt dazu, dass die Kontingenz der Wirklichkeit, die Vielfalt möglicher Wirklichkeiten, auf überschaubare Weltbilder, auf geographische Abstraktionen reduziert und in eine bestimmte Ordnung gebracht wird. Dabei handelt es sich jedoch um eine Ordnung, deren empirische Evidenzen „den Makel jenes Privilegs der Bezeichnung vor der vermeintlich em-

---

[21] Dalby, *Critical geopolitics*, S. 274.
[22] Gregory, *Between the book and the lamp*, S. 29; Übersetzung JL.
[23] Nassehi, *Die Paradoxie der Sichtbarkeit*, S. 355.
[24] Driver, *Geography's empire*, S. 31.
[25] Said, *Orientalism*, S. 322.

pirischen Wahrheit, die selbst wiederum nur bezeichnet werden kann, nicht loswerden" können.[26] Und nicht zuletzt handelt es sich um eine Ordnung, die andere Ordnungen ausschließt und andere Wahrheiten marginalisiert.

Das Mittelmeer als „Mare Securum": zum partikularistischen Weltbild

Ist von der Wirkungsmacht des ethnisch fragmentierten Weltbildes die Rede, so wird gerne auf die Ereignisse des 11. September 2001 und deren Folgen verwiesen. Man braucht aber nicht auf „Nine Eleven" zurückzugreifen, um Brisanz und Reichweite des partikularistischen Weltbildes, in dessen gedachter Mitte die partikularen Interessen des Eigenen stehen, zu verdeutlichen. Die dahinter stehende Logik kann auch an weniger „spektakulären" Beispielen nachvollzogen werden. Bei den Politikwissenschaftlern Andreas Jacobs und Carlo Masala etwa ist in Anlehnung an den Historiker Theodor Schieder zu lesen,[27] dass Europa von drei „Vorfeldern" umgeben sei: dem eurasischen, dem atlantischen und dem mittelmeerisch-afrikanischen.[28] Zunächst habe Letzteres die europäische Geschichte bestimmt, und die verschiedenen Versuche, die politische Hegemonie über das Mittelmeer zu gewinnen, seien unter dem Begriff „Mare Nostrum" in die Geschichtsbücher eingegangen. Nach 1945 habe sich die weltpolitische Position Europas jedoch grundlegend verändert. Nicht mehr das mittelmeerisch-afrikanische, sondern die beiden anderen „Vorfelder" seien für die europäische Geschichte bestimmend gewesen. Das Mittelmeer sei als „Mare Divisum" in diese Macht- und Ordnungspolitik einbezogen und ihr untergeordnet worden. Heute allerdings schicke sich das Mittelmeer erneut an, die Geschichte des alten Kontinents mitzubestimmen: „Die Zunahme ethnischer und zwischenstaatlicher Konflikte an Europas mittelmeerischer Peripherie, Probleme mit dem islamischen Fundamentalismus und Terrorismus aus dem Maghreb und dem Nahen Osten, die Verbreitung von Massenvernichtungswaffen und unkontrollierte Migrationsbewegungen – all dies sind Herausforderungen, denen sich Europa gegenwärtig in zunehmender Weise aus dem Mittelmeerraum ausgesetzt sieht und auf die es erste Antworten zu geben versucht".[29] Diese ersten Antworten zielten darauf ab, das Mittelmeer in ein „Mare Securum" zu transformieren, „also in ein Vorfeld [...], von dem in absehbarer Zeit keine Sicherheitsrisiken für die gesellschaftliche Eigenentwicklung der europäischen Staaten [...] ausgehen".[30]

---

[26] Nassehi, *Das stahlharte Gehäuse*, S. 191.
[27] Schieder, *Einheit in der Vielfalt*.
[28] Jacobs/Masala, *Vom Mare Nostrum zum Mare Securum*.
[29] Ebd., S. 29.
[30] Ebd., S. 37.

Der Beitrag von Jacobs und Masala zeigt zunächst, dass das aktuelle „sicherheitspolitische Mittelmeer", das man im Anschluss an die beiden Autoren wohl noch als „Mare Insecurum" bezeichnen muss, als eines der Anderen Europas fungiert. In dieser Eigenschaft unterscheidet es sich allerdings nicht von seinen Vorgängern – machen Jacobs und Masala doch gleichermaßen deutlich, dass auch sie „Vorfelder" darstellten, gegenüber denen sich Europa, wenn auch auf unterschiedliche Art und Weise, als eine vermeintlich homogene Entität erst erfinden bzw. imaginieren konnte. Daraus folgt, dass das heutige Mittelmeer nicht mehr oder weniger anders als seine Vorgänger, sondern vor allem gefährlicher geworden zu sein scheint. Sprich: Die aktuelle Alterität des sicherheitspolitischen Mittelmeers liegt insbesondere in den Risiken, die Jacobs und Masala zufolge von ihm ausgehen. Nun gibt es die Rede von zwischenstaatlichen Konflikten, Massenvernichtungswaffen und Migrationsbewegungen aber nicht erst „seit heute". Dies bedeutet, dass sich das aktuelle Mittelmeerbild weniger einer neuen Realität als vielmehr einer kognitiven Verschiebung verdankt, und es stellt sich die Frage nach deren Ursachen. Auch hier helfen Jacobs und Masala insofern weiter, als sie mit dem „Mare Divisum" das Stichwort geben.

Nach dem Ende des real existierenden Sozialismus ergab sich insofern ein Ordnungsvakuum, als die dominanten Koordinaten Kommunismus und Kapitalismus obsolet geworden waren. Die damit verbundene Frage nach neuen Ordnungsparametern stellte sich (gerade) auch im Bereich der Sicherheitspolitik: „Mit dem Austritt der Sowjetunion aus der Weltgeschichte", schreibt Werner Ruf, „entfiel für den Westen die Bedrohung der Warschauer Vertragsorganisation und damit der einzige potentiell existenzbedrohende Feind. Hiermit stellte sich gleichzeitig die Frage nach einer neuen Legitimation der weiter bestehenden Militärbündnisse. Diese Legitimationsfrage ist eng verbunden mit der Entwicklung des Sicherheitsbegriffs [...]".[31] Tatsächlich hat der offizielle Sorgenkatalog seit 1989 eine erhebliche Ausweitung erfahren. Zwar wurde das traditionelle Risiko der militärisch-territorialen Bedrohung schon im Anschluss an die Ölkrise von 1973 um ökonomisch-industrielle Aspekte ergänzt. Doch erst mit dem Ende der Bipolarität, in der neuen sicherheitspolitischen Diskussion, wurde der Sicherheitsbegriff um die sog. neuen Risiken erweitert.[32] Um just jene Risiken also, die das Mittelmeer zum „Mare Insecurum" haben werden lassen. Oder anders ausgedrückt: Um just jene Risiken, die bis dato hinter der dominanten Codierung des Ost-West-Gegensatzes verborgen waren und keiner breiteren Diskussion wert erschienen.

Welche neue Ordnung hat dazu geführt, dass diese Risiken verstärkt ins Blickfeld geraten sind und heute breit diskutiert werden? Da an die Stelle des Ost-West-Konflikts mittlerweile die Rede von kulturell-zivilisatorischen De-

---

[31] Ruf, *Demokratie in der arabischen Welt*, S. 118.
[32] Vgl. ebd.

markationslinien getreten ist, liegt die Vermutung nahe, dass auch die Konstruktion des „Mare Insecurum" eine kulturelle Codierung aufweist. Trifft diese Vermutung zu, dann ist das „eigentliche" Andere Europas hier der islamische Fundamentalismus – „wenn nicht der Islam schlechthin".[33] In diesem Sinne stellt Ruf fest, dass sich der neue Sicherheitsbegriff in besonderem Maße als geeignet erweist, „die fundamentale Bedrohung des Westens durch den Islamismus zu beschwören".[34] Dabei mögen, je nach Sicherheitsrisiko, unterschiedliche Islambilder in den Vordergrund treten, so dass einmal das Bild des wirtschaftlich schwachen, ein andermal das Bild des politisch unberechenbaren oder des militärisch aggressiven Islam dominieren kann. Letztlich aber ist anzunehmen, dass hinter den Diskussionen um die Sicherheitsrisiken, die (vermeintlich) vom Mittelmeer ausgehen – von „unkontrollierten Migrationsbewegungen" über die „Verbreitung von Massenvernichtungswaffen" bis hin zum „Terrorismus" –, die Vorstellung vom bedrohlichen fremden Islam steht. Die kulturelle Codierung des Diskurses zeigt sich insbesondere dort, wo, wie bei Jacobs und Masala, auf die „einzelnen Subregionen des Mittelmeerraums (Maghreb, Naher Osten, Balkan und die Türkei)" verwiesen wird.[35] An diese „Subregionen" sind spätestens seit 1989 Assoziationen islamischer Alterität geknüpft.[36] Letztere fügen sich wie selbstverständlich zusammen „zum Bild einer ‚Unruhezone Mittelmeer' und einer islamischen Bedrohung, gegen die sich Europa schützen müsse".[37] Die damit verbundenen Vorstellungen bedrohlicher Fremdheit kulminieren schließlich im Bild des „‚Krisenbogen Mittelmeer', [...] dessen Turbulenzen Europa unmittelbar berührten".[38]

Leider kommt das Bild des neuen, bedrohlich-fremden Mittelmeers nicht nur in sicherheitspolitischen Grundsatzpapieren zum Tragen. Zwei Beispiele sollen deutlich machen, dass sich das simplifizierende Weltordnungs-Denken, das das „Mare Insecurum" hervorgebracht hat, vom Klassenzimmer bis zum Kanzleramt auf unterschiedlichen gesellschaftlichen Ebenen wiederfindet. Zunächst zum Kanzleramt bzw. zu einer zentralen Strategie staatlicher Politik. In Anbetracht der neuen Risiken aus dem „Mare Insecurum" hat die Europäische Union 1995 die „Euro-mediterrane Partnerschaft" ins Leben gerufen. Im Rahmen des „Barcelona-Prozesses" haben sich die Teilnehmerstaaten auf ein Konzept verpflichtet, das neben zwei Partnerschaften im (sicherheits-)politischen und im wirtschaftlichen Bereich eine Zusammenarbeit im sozialen bzw. kulturellen Bereich vorsieht. Die entsprechenden europäischen Finanzhilfen wurden, ebenso wie die vorgesehene Wirtschaftskooperation,

---

[33] Krämer, *Fremde Nachbarn*, S. 159.
[34] Ruf, *Demokratie in der arabischen Welt*, S. 230.
[35] Jacobs/Masala, *Vom Mare Nostrum zum Mare Securum*, S. 30.
[36] Für das Beispiel Türkei vgl. Lossau, *Die Politik der Verortung*, S. 131-146.
[37] Schlotter, *„Euro-mediterrane Partnerschaft"*, S. 235.
[38] Schlotter, *Das Maghreb und Europa*, S. 3.

„an Fortschritte bei der Demokratisierung sowie an die Respektierung der Menschenrechte" geknüpft.[39]

Angesichts des berechtigten Verlangens marginalisierter Menschen, soziale oder politische Menschenrechte einzuklagen, muss sich jede Kritik an dieser Verknüpfung auf ein heikles Terrain begeben. Dennoch sollte nicht vergessen werden, dass der westliche Blick die ursprünglich mehrdeutigen Menschenrechtsbegriffe auf einen einzigen Begriff reduzieren konnte, dessen Allgemeinheit die Abstraktion von jeglicher Besonderheit zugrunde liegt.[40] Die darin schon immer implizierte Ungleichheit und Unfreiheit wird aber auf der eigenen Seite kaum wahrgenommen, sondern in einem Akt kultureller Arroganz auf das mittelmeerische Andere projiziert. Diese Projektion hat zur Folge, dass Defizite ausschließlich auf mediterraner, sprich: islamischer Seite gesehen werden – wobei nur allzu leicht übersehen wird, dass die eigene, sprich: europäische Politik selbst mehr als fragwürdige Züge annimmt. Erwähnt seien hier nur die unter der Überschrift „Schlepperkriminalität" stehenden Konferenzen, die bislang noch nie mit dem Beschluss endeten, die europäischen Grenzen für alle zu öffnen, um menschliche Tragödien an den Toren der „Festung Europa" zukünftig zu verhindern.

Doch die exklusive Realität kultureller Demarkationslinien zeigt sich nicht nur an den Grenzen der Europäischen Union. Sie kommt auch im Inneren der Gemeinschaft und nicht zuletzt in den dortigen Klassenzimmern zum Ausdruck. Dies sei an einer Metapher aufgezeigt, deren Karriere der Erziehungswissenschaftler Kunz untersucht hat.[41] Kunz zeigt auf, dass die Metapher vom „Sitzen zwischen zwei Stühlen", die die komplexen Realitäten der in der Bundesrepublik lebenden Migrantinnen und Migranten auf eine binäre Formel reduziert, zu einem exponierten Moment in deutschen Schulbüchern avanciert ist und dort eine bildliche Vereinfachung gefunden hat (vgl. Abb. 1). Die Festschreibung auf ein Sitzen zwischen zwei Stühlen zeigt, dass auch diejenigen, die die Grenzen der „Festung Europa" überwunden haben, niemals „ganz" in Europa ankommen können, sondern immer „halb" im „Krisenbogen Mittelmeer" verortet bleiben. So wissen auch „die Kinder der dritten Migrantengeneration (…) nach zehn Schuljahren, wie sie zu sein haben, um akzeptiert zu werden – als ‚Fremde'".[42]

Die Konstruktion des „Krisenbogens Mittelmeer" im Rahmen des partikularistischen Weltbildes hat zur Folge, dass die dort verorteten Menschen, selbst wenn sie seit Generationen in Deutschland leben, auf die Abstraktion islamischer Fremdheit, wenn nicht Bedrohung reduziert werden. Vor diesem Hintergrund soll nun nach einem Weltbild gesucht werden, das – jenseits des Denkens in Hier-Dort-Polaritäten – die Vielfältigkeit und Komplexität der je-

---

[39] Schlotter, *„Euro-mediterrane Partnerschaft"*, S. 235.

[40] Vgl. Narr, *Die behauptete Allgemeinheit*.

[41] Kunz, *Zwischen zwei Stühlen*.

[42] Ebd., S. 252.

Abb. 1. „Ausländerkinder zwischen zwei Stühlen". *Quelle:* Bünstorf, Jochen et al.: TERRA Geographie 5/6, Ausgabe für Hessen. Stuttgart 1993, S. 168

weils Anderen anzuerkennen versucht und die Homogenität des Eigenen in Frage zu stellen bereit ist.

Auf der Weltausstellung: zum universalistischen Weltbild

Die Suche nach einem Bild der Welt, in dessen Mitte kein vermeintlich homogenes Eigenes steht, gestaltet sich auf den ersten Blick einfach. Können nicht auf allen gesellschaftlichen Feldern Prozesse der Entgrenzung und der Dezentrierung beobachtet werden? Täglich wird daran gearbeitet, politische Bündnisse über nationalstaatliche Grenzen hinweg zu intensivieren, Handelsrestriktionen zu beseitigen und staatliche Protektionismen im Sinne des freien Welthandels zu überwinden. Und spiegeln sich diese strukturellen Prozesse nicht auch auf der individuellen Ebene wider? Wir arbeiten in multinationalen Unternehmen oder in internationalen Forschungsverbänden, nehmen via Kabel und Satellit Anteil an noch so weit entfernten Schicksalen und kennen uns im *World Wide Web* besser aus als in Wittstock, Wolfsburg oder Wesel. Haben wir folglich nicht längst begonnen, die uns umgebenden nationalen und kulturellen Grenzen zu überschreiten?

Ein zweiter Blick sieht jedoch, dass die harmonischen Bilder der globalisierten Welt letztlich nicht ohne die Konflikthaftigkeit des fragmentierten Weltbilds, wie es im letzten Kapitel untersucht wurde, auskommen können. Dies sei im Folgenden anhand eines Spaziergangs über die letzte Weltausstellung nachvollzogen. Das Ziel dieses Spaziergangs besteht freilich nicht darin, alle Exponate eingehend zu betrachten und sich „vor Ort" in den Details der Ausstellung zu verlaufen. Dazu wäre es auch zu spät – sind die Pforten der EXPO, die von Juni bis Oktober 2000 in Hannover stattfand, doch längst geschlossen. Das Ziel besteht vielmehr darin, die dem Projekt Weltausstellung zugrunde liegende Logik zu erlaufen. Dabei trifft es sich gut, dass der französische Literaturkritiker, Soziologe und Philosoph Roland Barthes in seinem Essay „Die große Familie der Menschen" über ein ganz ähnliches Terrain spaziert.[43] Da auch der von ihm besuchten „große[n] Photoausstellung, deren Ziel es war, die Universalität der menschlichen Gesten im alltäglichen Leben in allen Ländern der Welt zu zeigen",[44] das universalistische Weltbild der modernen Vernunftaufklärung zugrunde lag, können seine Ausführungen als Orientierungshilfen bzw. Wegweiser gelesen werden.

„Auf der Photoausstellung", so lautet einer der ersten Hinweise Barthes', „werden wir unverzüglich auf den doppelten Mythos von der menschlichen ‚Gemeinschaft' verwiesen, der einem ganzen Teil unseres Humanismus das Alibi liefert. Dieser Mythos funktioniert in zwei Zeiten: zunächst bekräftigt man die Unterschiede der menschlichen Morphologien, man unterstreicht den Exotismus, hebt die Unendlichkeit der Variationen der Art hervor [...], man ‚babelisiert' nach Belieben das Bild von der Welt".[45] Nach dieser ersten „Zeit des Mythos" brauchte auf der EXPO 2000 nicht lange gesucht zu werden. Sie begegnete hauptsächlich in Form der Nationenpavillons. Zwar wurden dort nicht unbedingt die Unterschiede „der menschlichen Morphologien" ausgestellt. Aber es ging doch immer um die jeweiligen nationalen und kulturellen Besonderheiten oder – aus der Perspektive der Nationenpavillons insgesamt – um die reiche Vielfalt der Nationen und Kulturen dieser Erde.

„Dann", so schreibt Barthes weiter, „gewinnt man auf magische Weise aus diesem Pluralismus eine Einheit: der Mensch wird geboren, arbeitet, lacht und stirbt überall auf die gleiche Weise, und wenn in diesen Akten noch irgendeine ethnische Besonderheit steckt, so gibt man zumindest zu verstehen, dass hinter ihnen eine identische ‚Natur' liege und dass die Verschiedenartigkeit nur formalen Charakters sei und der Existenz einer gemeinsamen Materie nicht widerspreche".[46] Nun ist unschwer zu erkennen, wo diese zweite „Zeit des Mythos" ausgestellt wurde: in den elf Einzelausstellungen des The-

---

[43] Barthes, *Mythen des Alltags*.
[44] Ebd., S. 16.
[45] Ebd.
[46] Ebd.

menparks, die „unter dem Leitthema der ‚nachhaltigen Entwicklung' inhaltlich eng verknüpft" waren.[47] Ob „Mensch" oder „Umwelt", ob „Arbeit" oder „Gesundheit", ob „Basic Needs" oder „Ernährung": alle Ausstellungen des Themenparks stellten „allgemein menschliche" Fragen und präsentierten „allgemein menschliche" Lösungen für „allgemein menschliche" Probleme. So stand der Themenpark im Zeichen der *conditio humana*, die von Barthes folgendermaßen charakterisiert wird: „Der Mythos von der *conditio humana* stützt sich auf eine sehr alte Mystifikation, die seit jeher darin besteht, auf den Grund der Geschichte die Natur zu setzen. Der klassische Humanismus postuliert, dass man, wenn man ein wenig an der Geschichte der Menschen kratzt, an der Relativität ihrer Institutionen oder der oberflächlichen Verschiedenartigkeit ihrer Haut [...], sehr schnell zur tieferen Schicht einer universal menschlichen Natur gelange".[48]

Die „universal menschliche Natur" ist es denn auch, die in den Ausstellungen des Themenparks präsentiert wurde. Dabei wurde es offensichtlich als nicht weiter störend empfunden, dass diese Natur durch die Entwicklungen auf dem Feld des dritten Teils der EXPO-Trilogie „Mensch-Natur-Technik" längst unterminiert worden ist. Der Gentechnik ist, was Barthes nicht wissen konnte, „gelungen, was inzwischen zwei Generationen postmoderner und poststrukturalistischer Expertendiskurse nur für ein ausgewähltes Fachpublikum verständlich machen konnten: den Mythos der unverfügbaren Natur und der frei gestaltbaren Kultur zu dekonstruieren".[49] Aber da das technisch induzierte Ende der „Natur des Menschen" die Macherinnen und Macher des Themenparks nur wenig beeindruckt zu haben scheint, vermochte seine „100.000 Quadratmeter große Erlebnislandschaft", auf der „mit spektakulären Vorführungen und atemberaubenden Simulationen Einblick in die Welt des 21. Jahrhunderts" gegeben wurde,[50] den Eindruck zu erwecken, sie stelle die Apotheose eines von Barthes wie folgt beschriebenen Reiches dar: „Es ist das Reich der gnomischen Wahrheiten, die Verbindung der Zeitalter der Menschheit im neutralsten Grad ihrer Identität, dort, wo die Evidenz des Gemeinplatzes nur noch Wert im Gehäuse einer rein ‚poetischen' Sprache hat".[51] Auch im Themenpark schienen „Bildinhalt und Bildwirkung" darauf abzuzielen, „das determinierende Gewicht der Geschichte" aufzuheben.[52] Folglich wurden auch die Besucherinnen und Besucher der EXPO 2000 – durch spektakuläre Vorführungen und atemberaubende Simulationen – nur allzu oft „an der Oberfläche einer Identität festgehalten und durch Sentimentalität gehindert, in den späteren Bereich der menschlichen Verhaltensweisen

---

[47] EXPO 2000 HANNOVER GmbH, *Die Entdeckung einer neuen Welt.*
[48] Barthes, *Mythen des Alltags*, S. 17f.
[49] Nassehi, *Die Paradoxie der Sichtbarkeit*, S. 354.
[50] EXPO 2000 HANNOVER GmbH, *Die Entdeckung einer neuen Welt.*
[51] Barthes, *Mythen des Alltags*, S. 17.
[52] Ebd.

einzudringen, wo die historische Entfremdung jene ‚Unterschiede' schafft, die wir schlicht und einfach ‚Ungerechtigkeiten' nennen".[53]

Der letzte Satz deutet an, dass Barthes' Kritik am klassischen Humanismus, an dessen Idee der „universal menschlichen Natur", die uns im „neutralsten Grad" unserer Identität (vermeintlich) zusammenhält, nicht darauf hinausläuft, marginalisierten und von struktureller Ungerechtigkeit betroffenen Menschen das Recht zu verwehren, Gleichheit im Sinne des Humanismus einzufordern. Ebensowenig geht es hier darum, denjenigen, die den Humanismus für gut und die Humanismuskritik für schlecht halten, zu unterstellen, sie wollten den Menschen schaden – gründen deren Einwände gegen humanismuskritische Positionen doch vielfach in der hoffnungsvollen Überzeugung, die nicht zuletzt im Rahmen der EXPO 2000 diagnostizierten globalen Probleme seien lösbar, wenn nur alle an einem Strang zögen. Ihnen gerät jedoch aus dem Blickfeld, dass die Konstruktion des universalistischen „Alle" nicht der Schlüssel zur Lösung dieser Probleme, sondern Teil des Problems ist und dass die wohlmeinende Konstruktion dieses „Alle", wie Wolf-Dieter Narr betont, letztlich „schlechter – das heißt missbrauchbarer – Idealismus" bleiben muss.[54] Dies wurde auch auf der Abschlussveranstaltung der EXPO 2000 deutlich, die am 31. Oktober 2000 unter dem programmatischen Titel „Aus Fremden werden Freunde" stattfand.

Im Rahmen der Abschlussveranstaltung sollte nicht nur die gelungene Weltausstellung gefeiert, sondern auch demjenigen Phänomen gegenüber Flagge gezeigt werden, das die bundesdeutsche Öffentlichkeit während der Sommerpause des „EXPO-Jahres 2000" beschäftigt hatte: der Fremden- oder Ausländerfeindlichkeit. Gerade im Wunsch, im Raum des Eigenen Flagge zu zeigen, kommt die bittere Ironie des „doppelten Mythos von der menschlichen ‚Gemeinschaft'," unverblümt zum Ausdruck. Aus diesem Wunsch spricht nichts anderes als die Hoffnung, latente und manifeste Fremden- bzw. Ausländerfeindlichkeit stelle ein akzidentelles Problem dar, das mit geeigneten Maßnahmen – vom Verbot rechtsradikaler Parteien bis hin zu Großveranstaltungen wie der EXPO im Allgemeinen und ihrer Abschlussveranstaltung im Besonderen –, wenn nicht aus der Welt, so doch zumindest aus dem Raum des Eigenen zu schaffen sei. Was der Blick durch diese „hoffnungsvolle Brille" allerdings nicht sieht, ist, dass es sich bei dem diagnostizierten Problem nicht um ein akzidentelles Problem, sondern um einen strukturellen Aspekt des modernen Denkens handelt, der, und darin liegt die Ironie, gerade mittels des Blicks durch die „hoffnungsvolle Brille" immer wieder aufs Neue (re-)produziert wird. Denn dieser Blick sieht zweierlei: Er sieht sowohl die kulturelle Vielfalt der Erde als auch die Gleichheit aller. Damit (re-)produziert er den zentralen Widerspruch des humanistischen Idealismus, den Roland Barthes

---

[53] Ebd.
[54] Narr, *Die behauptete Allgemeinheit*, S. 22.

als dessen Funktionieren in zwei Zeiten bezeichnet und der darin besteht, Ethnizität zugleich überwinden und ermöglichen zu wollen.[55] Wie alt dieser Widerspruch ist, zeigt sich nicht zuletzt daran, dass er in einem der grundlegenden Dokumente der modernen Welt-Ordnung nachgezeichnet werden kann: der „Erklärung der Menschen- und Bürgerrechte" vom August 1789.

Die ersten beiden Artikel dieses Dokuments zielen auf einen universellen Menschheitsbegriff, aus dem die Gleichheit und Freiheit aller abgeleitet wird. Doch schon der dritte Artikel schränkt die Rechte des Menschen zugunsten der Rechte des Staatsbürgers ein. Seitdem klafft zwischen „dem Menschen und dem Bürger eine Wunde: der Fremde";[56] und das Bemühen, „die Universalität der Idee der Menschenrechte und einer Vernunftethik mit der Partikularität empirischer politischer Verbände zu versöhnen",[57] hält die Denkerinnen und Denker der Moderne bis heute in Atem. Oder besser: Dieses Bemühen muss sie bis heute in Atem halten, weil die beiden Pole, die im Anschluss an Alain Finkielkraut als liberale Universalität des Naturrechts und als ethnischer Partikularismus des historischen Rechts gefasst werden können, ebenso konstitutiv für das Projekt der Moderne wie unversöhnlich sind.[58]

Die Hoffnung auf Versöhnung kennzeichnete auch die Abschlussveranstaltung der EXPO 2000 – was zur Folge hatte, dass sie nicht über einen Multikulturalismus hinauskommen konnte, der, böse formuliert, „vor allem die ‚exotische' Küche schätzt".[59] Damit sei nicht gesagt, wohlmeinende „Fremdenfreundlichkeit" sei schlechter als faschistoide Fremdenfeindlichkeit, die auf „anal fixierte[n] Obsessionen kultureller und nationaler Reinheit" beruht.[60] Nach den Maßstäben der humanistischen Moral ist sie, im Gegenteil, ganz entschieden besser. Allerdings ist genau diese Moral auch ihr Problem: Auch diejenigen, die für harmonischen Austausch zwischen den Kulturen plädieren, perpetuieren unter der Hand „die identitätsstiftende Funktion der kulturellen Gemeinschaften".[61] Auch diejenigen, die für harmonischen Austausch zwischen den Kulturen plädieren, gestatten letztlich niemandem, sich seiner „kulturellen Livree" zu entledigen.[62] Auch diejenigen, die für harmonischen Austausch zwischen den Kulturen plädieren, können „Menschen nicht anders wahrnehmen [...] als durch die Brille des *stahlharten Gehäuses der Zugehörigkeit*".[63] Damit ist die Möglichkeit eines „kulturellen Konflikts" unter der Hand bereits angelegt, und die Verfechterinnen und Verfechter des inter-

---

[55] Barthes, *Mythen des Alltags*, 16; vgl. Nassehi, *Zum Funktionswandel von Ethnizität*, S. 278.
[56] Kristeva, *Fremde sind wir uns selbst*, S. 106.
[57] Nassehi, *Der Fremde als Vertrauter*, S. 451.
[58] Finkielkraut, *Die Niederlage des Denkens*.
[59] Höller, *Terrains der Verstörung*, S. 55.
[60] Nassehi, *Die Paradoxie der Sichtbarkeit*, S. 357.
[61] Radtke, *Lob der Gleich-Gültigkeit*, S. 82.
[62] Finkielkraut, *Die Niederlage des Denkens*, S. 111.
[63] Nassehi, *Das stahlharte Gehäuse*, S. 193. Hervorhebung im Original.

kulturellen Ausgleichs müssen sich als Bestandteil desjenigen Problems erweisen, das zu lösen sie angetreten sind.

Fazit

Auch das tendenziell grenzenlose Weltbild, das in Teilen der Globalisierungsdebatte gezeichnet wird, kann nicht über das in vermeintlich homogene Raumblöcke fragmentierte Weltbild des kulturräumlichen Denkens hinauskommen. Mit diesem Urteil wird den Kritikerinnen und Kritikern Huntingtons keine Verfehlung humanistischer Ansprüche unterstellt. Was ihnen unterstellt wird, ist folgendes: Obwohl, oder, besser noch, gerade weil sie vor dem Hintergrund einer universalistisch-humanistischen Folie argumentieren, können sie nicht über die Rede von konflikthaften kulturellen Differenzen hinauskommen. Denn auch das Bild des *space of flows*[64], in dessen gedachter Mitte das „Idealsubstrat" Mensch steht,[65] reproduziert wie selbstverständlich die wesenhafte Existenz verschiedener Kulturen; geht wie selbstverständlich davon aus, dass die jeweilige Kultur, Nation oder Gesellschaft einen identitätsstiftenden, durch gesellschaftliche Gemeinschaft gekennzeichneten Zusammenhang darstellt. Erst auf dieser Basis rückt dann die Gleichheit aller ins Blickfeld, wird im Namen der *conditio humana* für universellen Ausgleich plädiert und zunehmende Entgrenzung konstatiert. Es dürfte jedoch auf der Hand liegen, dass Konzepte, die „einerseits" den Mythos gesellschaftlicher Gemeinschaft und Integriertheit transportieren, „andererseits" nicht dazu beitragen können, (national-)kulturelle Grenzen zu überwinden. Da sie die Möglichkeit eines kulturellen Konflikts unter der Hand immer schon vorsehen, müssen sie im Gegenteil dazu beitragen, kulturelle Demarkationslinien aufrechtzuerhalten: „Wie die alten Lobsänger der Rasse", schreibt Finkielkraut, „halten die gegenwärtigen Fanatiker der kulturellen Identität den Einzelnen im Gewahrsam seiner Zugehörigkeit".[66]

Damit erweisen sich die Konzepte des Ausgleichs zwischen den Kulturen letztlich als Komplemente jener Konzepte, die vom Kampf der Kulturen ausgehen. Dennoch können sie, sozusagen invers und zusammen mit dem in ethnische Blöcke zerfallenen Weltbild, dazu beitragen, *andere* Weltbilder zu skizzieren. Denn im „Zwischenraum" des in ethnisch homogene Blöcke zerfallenen Weltbildes einerseits und des harmonischen, auf universalistischen Ausgleich bedachten Weltbildes andererseits kann eine Repräsentationspraxis entwickelt werden, die ohne Mittelpunkt auskommt.[67] Diese Praxis zeichnet

---

[64] Massey, *Imagining globalisation*.
[65] Diederichsen, *Kritik? Konsequenzen!*.
[66] Finkielkraut, *Die Niederlage des Denkens*, S. 111.
[67] Zum Konzept des Zwischenraums vgl. auch Lossau, *Für eine Verunsicherung des geographischen Blicks*.

sich dadurch aus, dass sie konsequent mit – und an – den beiden unversöhnlichen Polen des modernen Denkens arbeitet. So macht sie sich am Pol des Partikularismus gegen die Durchsetzung (national-)kultureller Eigeninteressen auf Kosten Anderer stark, indem sie die vermeintliche Wesenhaftigkeit kultureller Gemeinschaften, die Grundlage unvereinbarer Differenzen zwischen den Kulturen also, als Mythos entlarvt. Am Pol des Universalismus hingegen erinnert sie an den inklusiv-exklusiven, den falsch universalisierenden Charakter großer Erzählungen im Sinne der *conditio humana*. Damit gerät sie freilich in einen Widerspruch – setzt sie doch am Pol des Universalismus auf genau jene Unvereinbarkeit, die sie am Pol des Partikularismus zu dekonstruieren gedenkt. Allerdings versucht sie erst gar nicht, die Kluft zwischen Universalität und Partikularismus zu überbrücken, sondern bemüht sich, die Widersprüchlichkeit, der sie sich durch ihre Interventionen aussetzt, auszuhalten.

Durch ihren bewussten Verzicht, Einheit und Unvereinbarkeit versöhnen bzw. auf das Eine hinwenden zu wollen, beansprucht die besagte Praxis keinen eigenen, exklusiven Raum, sondern bewegt sich kontinuierlich zwischen ihren beiden Anderen. Im Rahmen ihrer permanenten Ortswechsel, die einem unablässigen Hin und Her gleichkommen, scheinen immer wieder *andere*, vorläufige und auch bessere Weltbilder auf. Diese Momentaufnahmen der „Ei(ge)nen Welt" unterscheiden sich oft nur um Haaresbreite von ihren jeweils Anderen – dem universalistischen Weltbild einerseits und dem partikularistischen Weltbild andererseits – und entziehen sich dennoch (oder gerade deshalb) allen Versuchen der Stabilisierung. Vexierbildern gleich sind sie das Ergebnis taktischer Schließungen, die die Fähigkeit voraussetzen, „an einem gewissen Punkt zu einem erforderlichen Zeitpunkt halt zu machen",[68] auf dass ein vorläufiger, instabiler und immer wieder anderer Ort gefunden wird, von dem aus kommuniziert und interveniert werden kann. Die dieser Art durch permanentes „Markieren und Neumarkieren von Positionen innerhalb eines [...] diskursiven Systems" entstehenden Bilder verzichten nicht nur auf den Anspruch, allgemeingültig oder objektiv zu sein, sondern kommen auch ohne die fixierende Verortung eines essentialistisch gedachten Eigenen und Anderen – und damit letztlich ohne Mittelpunkt – aus.[69]

Wenn diese Bilder zudem das Adjektiv „besser" für sich in Anspruch nehmen, dann ist damit kein absolutes „Besser" gemeint, wie es etwa mit der universalistischen Moral der Aufklärung verbunden ist. In ihrer Betonung des Vorläufigen, Lokalen und Situierten macht eine *andere* Geographie vielmehr darauf aufmerksam, dass der Traum einer universellen Moral als ausgeträumt zu betrachten ist. So strebt sie schließlich danach, jenen Wahrheiten und Identitäten zu ihrem Recht zu verhelfen, die vom Universalitätsanspruch des

---

[68]	Bloedner, *Differenz, die einen Unterschied macht*, S. 78.
[69]	Hall, *Wann war „der Postkolonialismus"?*, S. 236.

modernen Denkens unter der Hand immer wieder aufs Neue ausgeschlossen
werden. Dabei kommt sie freilich nicht umhin, den vorläufigen, partiellen
und fiktionalen Charakter der von ihr verhandelten (und letztlich aller)
Wahrheiten und Identitäten zu betonen – ist es doch die widersprüchliche Bewegung zwischen Identität und Differenz, denen diese Geographie ihre Potentiale überhaupt nur verdankt. Anders ausgedrückt: So wichtig es einerseits
ist, das Denken in vorläufigen (nicht: essentiellen) Identitäten nicht zu verler-
nen, so wichtig ist es andererseits, das Denken in immer wieder anderen
(nicht: kategorischen) Differenzen zu üben. Denn würde die Differenz vernachlässigt, dann täte eine *andere* Geographie letztlich nichts anderes als das,
was sie dem geographischen Blick zum Vorwurf macht: Sie würde die Welt
von einem erhabenen Mittelpunkt aus beobachten und in eine vermeintlich
natürliche Ordnung bringen, ohne zu bedenken, dass sie damit die Perspektive Gottes einnimmt, „dem allein das Privileg zusteht, eine Perspektive des
Nirgendwo einzunehmen, und der deshalb ohne Perspektive auskommt".[70]

Vor diesem Hintergrund richtet eine *andere* Geographie ihr Interesse auf
die produktiven Kräfte der Repräsentation, d. h. sie geht der Frage nach, auf
welche besondere Art und Weise und durch welchen spezifischen Blickwinkel
die Welt – auch innerhalb des eigenen Arbeitens – jeweils beobachtet und
(re-)produziert wird. Damit lädt sie dazu ein, vertraute Ordnungen in Frage
zu stellen, felsenfeste Überzeugungen zu überdenken und unhinterfragt gebliebene Weltbilder zu hinterfragen.

Literatur

Anderson B (1992) The New World Disorder. In: New Left Review 193 : 3–13
Barthes R (1964) Mythen des Alltags. Frankfurt a. M.: Suhrkamp
Bielefeld U (Hrsg.) (1992) Das Eigene und das Fremde. Neuer Rassismus in der Alten Welt?
    Hamburg: Junius
Bloedner D (1999) Differenz, die einen Unterschied macht. Geschichtlicher Pfad und Abweg der
    Cultural Studies. In: Engelmann J (Hrsg) Die kleinen Unterschiede, 64–79
Dalby S (1991) Critical Geopolitics: discourse, difference, and dissent. In: Environment and
    Planning D, Society and Space 9 : 261–283
Diederichsen D (2000) Kritik? Konsequenzen! In: Jungle World 4 : 28–29
Engelmann J (1999) (Hrsg) Die kleinen Unterschiede. Der Cultural Studies Reader. Frankfurt a.
    M.: Campus
Driver F (1992) Geography's empire: histories of geographical knowledge. In: Environment and
    Planning D: Society and Space 10 : 23–40
EXPO 2000 Hannover GmbH (2000): Die Entdeckung einer neuen Welt.
    <http : //www.expo2000.de/deutsch/themenpark/>
Finkielkraut A (1989) Die Niederlage des Denkens. Reinbek b. Hamburg: Rowohlt
Foucault M (1974) Die Ordnung der Dinge. Eine Archäologie der Humanwissenschaften. Frank-
    furt a. M.: Suhrkamp

---

[70] Nassehi, *Die Paradoxie der Sichtbarkeit*, S. 354.

Foucault M (1977) Überwachen und Strafen. Frankfurt a. M.: Suhrkamp
Foucault M (1981) Archäologie des Wissens. Frankfurt a. M.: Suhrkamp
Fukuyama F (1995) Konfuzius und Marktwirtschaft. Der Konflikt der Kulturen. München: Kindler
Gebhardt H, Meusburger P (Hrsg.) (1998) Explorations in critical human geography. Hettner-Lecture 1997 with Derek Gregory. Hettner-Lectures 1. Heidelberg: Universität Heidelberg, Institut für Geographie
Gebhardt H, Meusburger P (Hrsg.) (1999) Power-geometries and the politics of space-time. Hettner-Lecture 1998 with Doreen Massey. Hettner-Lectures 2. Heidelberg: Universität Heidelberg, Institut für Geographie
Gregory D (1994) Geographical imaginations. Cambridge: Blackwell
Gregory D (1995) Between the book and the lamp: imaginative geographies of Egypt, 1849–50. In: Transactions of the Institute of British Geographers 20 NS: 29–57
Gregory D (1998) Power, knowledge and geography. In: Gebhardt H, Meusburger M (Hrsg) Explorations in critical human geography, 9–40
Hall S (1997) Wann war „der Postkolonialismus"? Denken an der Grenze. In: Bronfen E, Marius B, Steffen T (Hrsg.) Hybride Kulturen, 219–246
Höller C (1996) Terrains der Verstörung. Interview mit Stuart Hall. In: Texte zur Kunst 6, 24: 47–57
Huntington S (1993) The Clash of Civilizations?. In: Foreign Affairs 72, 3: 22–49
Bronfen E, Marius B, Steffen T (1997) (Hrsg.) Hybride Kulturen. Beiträge zur anglo-amerikanischen Multikulturalismusdebatte. Tübingen: Stauffenburg
Jacobs A, Masala C (1999) Vom Mare Nostrum zum Mare Securum. Sicherheitspolitische Entwicklungen im Mittelmeerraum und die Reaktionen von EU und NATO. In: Aus Politik und Zeitgeschichte B 17/99: 29–37
Jäger S, Schobert A (Hrsg.) (2000) Weiter auf unsicherem Grund. Faschismus, Rechtsextremismus, Rassismus. Kontinuitäten und Brüche. Duisburg: DISS
Kaiser K, Maull HW (Hrsg.) (1995) Deutschlands neue Außenpolitik. Bd. 2. München: Oldenbourg
König F, Rahner K (Hrsg.) (1983) Europa. Horizonte der Hoffnung. Graz: Styria
Krämer G (1995) Fremde Nachbarn: Der Nahe und der Mittlere Osten. In: Kaiser M, Maull HW (Hrsg) Deutschlands neue Außenpolitik, 157–173
Kristeva J (1990) Fremde sind wir uns selbst. Frankfurt a. M.: Suhrkamp
Kunz T (2000) Zwischen zwei Stühlen. Zur Karriere einer Metapher. In: Jäger S, Schobert A (Hrsg.) Weiter auf unsicherem Grund, 229–252
Lossau J (2000a) Anders denken. Postkolonialismus, Geopolitik und Politische Geographie. In: Erdkunde 54: 157–168
Lossau J (2000b) Für eine Verunsicherung des geographischen Blicks. Bemerkungen aus dem Zwischen-Raum. In: Geographica Helvetica 55: 23–30
Lossau J (2002) Die Politik der Verortung. Eine postkoloniale Reise zu einer anderen Geographie der Welt. Bielefeld: transcript
Massey D (1999) Imagining globalisation: power-geometries of space-time. In: Gebhardt H, Meusburger P (Hrsg.) Power-geometries and the politics of space-time, 9–23
McLuhan M (1962) The Gutenberg Galaxy: The Making of Typographic Man. Toronto: University of Toronto Press
Muschg A (1996) Der Raum als Spiegel. In: Reichert D (Hrsg.) Räumliches Denken, 47–55
Narr WD (1998) Die behauptete Allgemeinheit. Menschenrechte in Geschichte und Gegenwart. In: Informationszentrum Dritte Welt 232: 21–23
Nassehi A (1990) Zum Funktionswandel von Ethnizität im Prozess gesellschaftlicher Modernisierung. Ein Beitrag zur Theorie funktionaler Differenzierung. In: Soziale Welt 41: 261–282

Nassehi A (1995) Der Fremde als Vertrauter. Soziologische Beobachtungen zur Konstruktion von Identitäten und Differenzen. In: Kölner Zeitschrift für Soziologie und Sozialpsychologie 47:443–463

Nassehi A (Hrsg.) (1997a) Nation, Ethnie, Minderheit. Beiträge zur Aktualität ethnischer Konflikte. Köln u.a.: Böhlau

Nassehi A (1997b) Das stahlharte Gehäuse der Zugehörigkeit. Unschärfen im Diskurs um die „multikulturelle Gesellschaft". In: Nassehi A (Hrsg.) Nation, Ethnie, Minderheit, 177–208

Nassehi A (1998) Die „Welt"-Fremdheit der Globalisierungsdebatte. Ein phänomenologischer Versuch. In: Soziale Welt 49:151–166

Nassehi, A (1999) Die Paradoxie der Sichtbarkeit. Für eine epistemologische Verunsicherung der (Kultur-) Soziologie. In: Soziale Welt 50:349–362

Nietzsche F (1988) Ueber Wahrheit und Lüge im aussermoralischen Sinne. In: Nietzsche N, Sämtliche Werke. Kritische Studienausgabe. Hrsg. von Colli G, Montinari M. Bd. 1. Berlin: de Gruyter, 2. Aufl., 873–890

Radtke FO (1992) Lob der Gleich-Gültigkeit. Die Konstruktion des Fremden im Diskurs des Multikulturalismus. In: Bielefeld U (Hrsg.) Das Eigene und das Fremde, 79–96

Reichert D (1996) (Hrsg.) Räumliches Denken. Zürcher Hochschulforum 25. Zürich: vdf

Rajchman J (1991a) Foucault's art of seeing. In: Rajchmann J (Hrsg) Philosophical events, 68–102

Rajchman J (1991b) (Hrsg.) Philosophical events: essays of the 80s. New York: Columbia University Press

Ruf W (1998) Demokratie in der arabischen Welt. Ein Widerspruch in sich selbst? In: Entwicklung und Zusammenarbeit 39:228–231

Said E (1978) Orientalism. New York: Vintage

Schieder T (1983) Einheit in der Vielfalt. In: König F, Rahner K (Hrsg.) Europa, 87–108

Schlotter P (1998) „Euro-mediterrane Partnerschaft" und Demokratisierung. Zur Maghreb-Politik der Europäischen Union. In: Entwicklung und Zusammenarbeit 39:235–237

Schlotter P (1999) Das Maghreb und Europa. Perspektiven des Barcelona-Prozesses. In: Aus Politik und Zeitgeschichte B 17/99:3–10

Stoddart DR (1986) On geography and its history. Oxford: Blackwell

Tibi B (1995) Krieg der Zivilisationen. Politik und Religion zwischen Vernunft und Fundamentalismus. Hamburg: Hoffmann u. Campe

Werlen B (1997) Sozialgeographie alltäglicher Regionalisierungen. Bd. 2. Globalisierung, Region und Regionalisierung. Erdkundliches Wissen 119. Stuttgart: Steiner

Heidelberger Jahrbuch, Band 47 (2003)
H. Gebhardt/H. Kiesel (Hrsg.): Weltbilder
© Springer-Verlag Berlin Heidelberg 2004

Geopolitische Weltbilder als diskursive Konstruktionen – Konzeptionelle Anmerkungen und Beispiele zur Verbindung von Macht, Politik und Raum

PAUL REUBER UND GÜNTER WOLKERSDORFER

„Hat es mit Bergson angefangen oder vorher? Raum wurde als etwas Totes, Fixiertes, Undialektisches, Unbewegliches begriffen. Im Gegensatz dazu stand Zeit für Reichtum, Fruchtbarkeit, Leben, Dialektik."
(FOUCAULT, zit. nach Soja 1991, s. 74)

Das Ende des Kalten Krieges hat die altvertrauten Kategorien der globalen Geopolitik einschneidend verändert. Die damals konstruierten, sehr eingängigen Gegensätze wie „West" vs. „Ost" oder „Kapitalismus" vs. „Kommunismus" waren über Nacht verschwunden und machten einem Geflecht differenzierterer politischer Zusammenhänge Platz. Neue Leitbilder entwickelten sich, die sich als Denkschablonen für diese geopolitische Unübersichtlichkeit auf der Weltbühne anboten. „Vereinfachte Landkarten sind für das menschliche Denken und Handeln unentbehrlich", meinte beispielsweise Samuel Huntington, dessen Vorstellungen vom „Kampf der Kulturen" sich seit Mitte der neunziger Jahre zu einem zentralen Leitbild der Weltpolitik entwickelte. Doch wie problematisch und verführerisch die Konstruktion eines solch einfachen Weltbildes sein kann, zeigte sich spätestens wieder nach den Anschlägen von New York und Washington (vgl. Reuber/Wolkersdorfer 2002). Gerade die daran anschließenden Kriege in Afghanistan und im Irak machten deutlich, wie wichtig die Konstruktion geopolitischer Leitbilder für die Ordnung von Gesellschaften ist, und welche Bedeutung dem Raum, oder besser gesagt der räumlichen Repräsentation, bei der Strukturierung von Gesellschaften zukommt. In diesem Beitrag werden nun verschiedene Aspekte des Nexus von Macht, Politik und Raum betrachtet und die jeweiligen Folgen für die Konstruktion geopolitischer Weltbilder debattiert.

Geopolitische Leitbilder: ein historischer Überblick

Die Erkenntnis, dass Weltbilder diskursiv entwickelt und vermittelt werden, ist letztlich schon alt, und in anderen Ländern (z. B. in England, Frankreich,

USA) stoßen geopolitische Fragestellungen auf eine breite Resonanz innerhalb und außerhalb der Scientific Community. In Deutschland war dies lange
Zeit nicht so. Das Thema wurde größtenteils tabuisiert und das, obwohl der
Gründer der Forschungsrichtung Politische Geographie, Friedrich Ratzel, Ende des 19. Jahrhunderts in München und Leipzig lehrte.

Die Blütezeit dieser klassischen Form der Geopolitik entwickelte sich am
Ende des 19. Jahrhunderts. Als wissenschaftliche Unterstützung für Imperialismus und Flottenpolitik fielen ihr ganz konkrete hoheitliche Aufgaben zu. In
der Folge wurde der Erdraum aufgeteilt, erobert und vermessen. Die Quan-
tifizierung der Welt entlang exakter Raumeinheiten, z. B. Breitenkreisen und
Längengraden, war nur möglich durch die Sicht „… as a differentiated, in-
tegrated, hierarchically ordered whole" (Gregory 1994, S. 36). Die geopolitische Konstituierung erfolgte durch die Dichotomisierung dieser so gewonnenen Raumeinheiten. Jedes Ende dieses dichotomen Modells konstruierte
sich darüber, was es im Gegensatz zum anderen nicht ist. West gegen Ost,
Nord gegen Süd, Morgenland gegen Abendland, Seereich gegen Kontinentalreich bezeichnen nur einen kleinen Ausschnitt geopolitischer Territorialisie-
rungen.

Der Antagonismus zwischen Meer und Land, zwischen Kontinentalreich
und Seemacht führte zur einflussreichen Heartland-These Mackinders. Die
von ihm 1904 vor der Royal Geographical Society vorgestellte Machtdichotomie der Welt in Staaten des Seebesitzes und Staaten des Landbesitzes lieferte
die Grundlage für viele bis heute gültige geopolitische Modelle. Im räumlichen Erklärungsmodell dominiert der Dualismus zwischen Land und Ozean.
Machtpolitisch virulent werden die von ihm vorgenommenen Konkretisie-
rungen im bestehenden System der Nationalstaaten. Russland stellt hier das
klassische Machtzentrum des Kontinentalreiches, das sogenannte Herzland
(Pivot Area) ohne direkten Zugang zur See dar. Rund um dieses herum dra-
piert findet sich ein Saum von Gebieten, die Zugänge zu den Weltmeeren
haben. Sie zeichnen sich durch eine konflikthafte Zwitterstellung des gleichermaßen ozeanischen und kontinentalen Einflusses aus. Um diesen Saum
herum ist die restliche Welt angeordnet. Diese äußeren Gebiete Japan, Großbritannien und die Vereinigten Staaten sind rein ozeanisch geprägt. Das
Machtgleichgewicht (Balance of Power) bzw. die Machtverschiebungen innerhalb dieser dualen Weltstruktur sind für Mackinder Triebfedern jeglicher
Entwicklung, wobei die Austragung der Konflikte in der Übergangs- bzw.
Saumzone stattfindet (vgl. Abb. 1).

Die von Mackinder vorgestellte Aufteilung der Welt in ein eurasisches
Herzland und ein seegestütztes Amerika legte so den Grundstein zu einer bis
heute wirksamen geopolitischen Doktrin (vgl. Fröhlich 1998).

In Deutschland war der Einfluss des geopolitischen Diskurses besonders
bedeutsam. War bei den geopolitischen Vorstellungen Mackinders noch die
statische räumliche Lage das entscheidende Kriterium, so dynamisierten

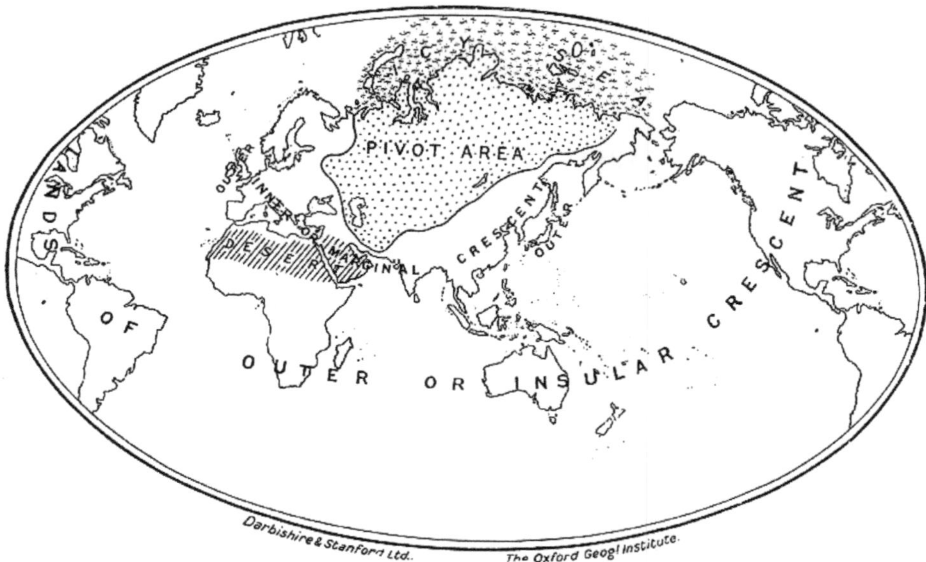

Abb. 1. The Natural Seats of Power nach Mackinder. *Quelle:* Mackinder (1904), zit. nach Ó Tuathail 1996

deutsche Geopolitiker den Lagebegriff zusätzlich mit einem aus dem Darwinismus entlehnten „Kampf der Völker um den Raum". Die Geschichte der deutschen Geopolitik ist eingebettet in die sogenannte „Sonderstellung des Deutschen Reiches" und somit natürlich auch selbst die Repräsentation eines spezifischen Diskurses. Die historische Besonderheit ist als „Deutscher Sonderweg" breit besprochen: „Deutsches Denken und deutsches Empfinden äußert sich zunächst einmal in der einmütigen Ablehnung all dessen, was auch nur von ferne englischem oder insgesamt westeuropäischem Denken und Empfinden nahe kommt" (Sombart, zit. nach Sprengel 1996, S. 162). Die darin implizierte Negativbeschreibung galt dem Liberalismus, dem Positivismus und dem Subjektivismus, denen die Ideen der Gemeinschaft, der Ganzheit und des Organismus entgegengestellt wurden.

In diesem geistigen Klima entwickelten die deutschen Protagonisten der Geopolitik ihre Ideen. Den Weg der geopolitischen Entwürfe der Geographen Friedrich Ratzel und Karl Haushofer zu Hitlers Lebensraumpolitik war folglich nicht sehr weit. Karl Haushofers wichtige Position im Dritten Reich wurde durch die tiefe Beziehung zu Rudolf Heß und durch die politische Macht seiner Söhne Heinz und Albrecht im nationalsozialistischen Apparat geschaffen (vgl. Wolkersdorfer 2001).

Der mögliche Einfluss, den Haushofers Konstruktionen auf Hitler hatten, wird häufig im Hinblick auf seine Mitarbeit an der konzeptionellen Basis

Hitlers, der Lebensraumforderung und dem Führermythos, wie sie in „Mein Kampf" zum Ausdruck kommen, thematisiert. „Während der Zeit von Hitlers Gefangenschaft auf der Festung Landsberg besuchte der General Haushofer den Gefangenen jeden Mittwoch Nachmittag auf der Festung, überbrachte ihm eine große Zahl politischer Werke und führte ihn in diejenige Art von deutscher Außenpolitik oder besser gesagt: deutscher Politik zur Eroberung der Welt ein, die dann die Grundlage für alle außenpolitischen Aktionen Hitlers geworden ist. Es ist also ganz falsch, Hitlers große Unternehmung als den Dilettantenstreich eines Abenteurers zu betrachten. Hinter jener Unternehmung stand die ganze wissenschaftliche Weltkenntnis des Generals Haushofer, und hinter Haushofer stand die ganze pangermanische Literatur der letzten Jahrzehnte und die ganze pangermanische Mannschaft der deutschen politischen Eliten" (Foerster 1953, zit. nach Hippler 1996, S. 219, vgl. Abb. 2).

Nach dem Zweiten Weltkrieg war in Folge der inhaltlichen und personellen Verstrickung in die Lebensraumideologie des Nationalsozialismus die Geopolitik und damit auch die Politische Geographie in Deutschland im universitären Umfeld zu einem Paria geworden.

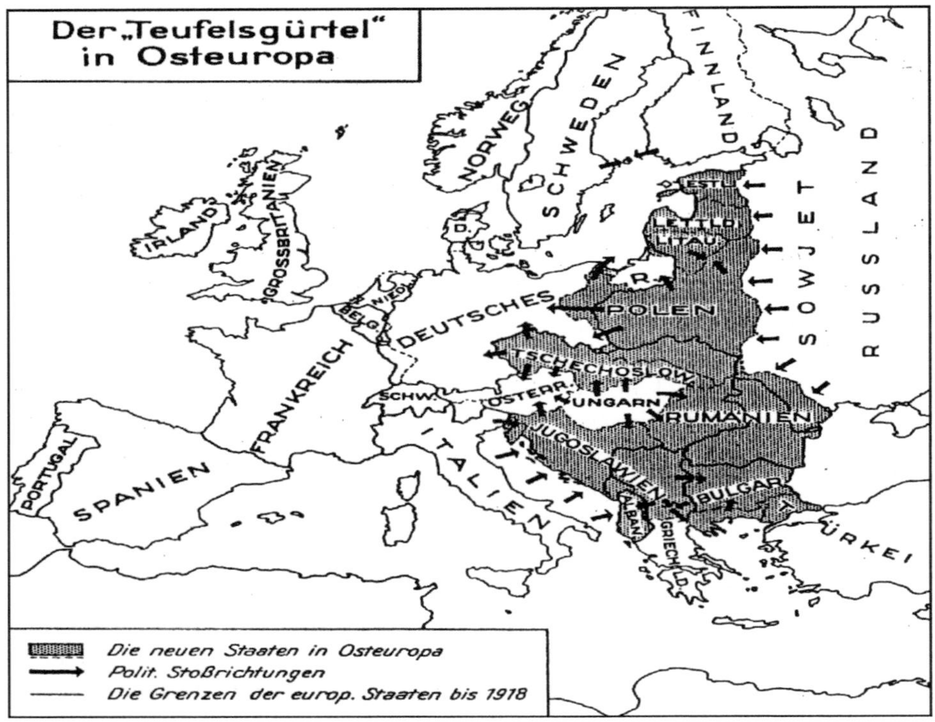

Abb. 2. Geopolitische Regionalisierungen in Deutschland.
Quelle: Ziegfeld Hillen A, Braun F (1934) Geopolitischer Geschichtsatlas

Die Bedeutung des Raums für die Geopolitik

„Es liegt im Wesen der Geopolitik,
dass sie dem Raume vor der Zeit Rechnung trägt …"
(SCHEPERS 1937, zit. nach Sprengel 1996, S. 37)

Dass die Geopolitik eine „Wissenschaft des Raumes" (Haushofer 1934) ist, scheint für die meisten Betrachter offensichtlich zu sein. Eine nähere Betrachtung dieser Beziehung macht jedoch deutlich, dass der Nexus von Raum und Geopolitik durchaus widersprüchlich repräsentiert wird.

Nach Kant soll durch den Raum die Idee des Ganzen, der zusammengefügten Einheit, ermöglicht werden. Deshalb dient für ihn die Geographie in ihrer Rolle als Wissenschaft vom Raum der Erkenntnis der Welt. Dieser Suche nach der Einheit fühlen sich Wissenschaftler auch heute wieder verpflichtet. „Wir stehen heute wieder dort, wo Kant uns verlassen hat, unfähig den Raum, den die irdischen Dinge erfüllen, mit irdischen, globalen Kriterien zu beschreiben" (Farinelli 1996, S. 295). Für Kant bilden die Kategorien Raum und Zeit die Grundlagen der Erkenntnismöglichkeit. In der „Kritik der reinen Vernunft" (Kant 1994) beschreibt er Raum und Zeit als Form der reinen Sinnlichkeit a priori. Ohne die Kategorien Raum und Zeit ist die Möglichkeit der sinnlichen Wahrnehmung deshalb unmöglich. Nur die Kategorien Raum und Zeit ermöglichen so den Zugang zur Welt.

Die Festlegung, Raum und Zeit als eigenständige Kategorien zu entwickeln, führte jedoch zu einer Trennung zwischen zeitorientierter und raumorientierter Konstruktion. Als Formen der reinen Sinnlichkeit liefern die Kategorien Raum und Zeit nach Kant den menschlichen Zugang zur Welt. Der Mensch als „sinnliches" Wesen erhält auf diesem Weg die Möglichkeit, sowohl mit der Außenwelt in Kontakt zu treten als auch diese auf sich wirken zu lassen.

Obwohl Kant selbst eine symmetrische Fassung von Raum und Zeit anstrebte, entwickelte sich auf der Basis seiner Überlegungen eine „… zeitorientierte Asymmetrie von Raum und Zeit" (Sprengel 1996, S. 37). Diese kann als grundlegend für die Entwicklung der „aufgeklärten" Moderne gelten und hat deshalb weitreichende Konsequenzen. „Charakteristisch für diese Tradition der Aufklärung ist eine Sicht auf die Ordnung der Dinge, die von einer zeitprivilegierenden Asymmetrie im Verhältnis von Raum und Zeit regiert wird" (Sprengel 1996, S. 38).

Dabei trennt Kant die Anschauungsformen. Zeit wird für ihn zur Anschauungsform des inneren Sinns, Raum die Anschauungsform des äußeren Sinns. Durch diese Trennung ist die Überhöhung der Zeitdimension gegenüber der Raumdimension festgeschrieben, denn für Kant war die innere Anschauungsform die zentrale Kategorie, da auch die Zustände des äußeren Sinns zum inneren Zustand gehörten.

Gegen diese „Verzerrung" begehrten Geopolitiker der Jahrhundertwende auf. Für die klassischen Geopolitiker war deshalb der Bezug zur Raumdimension der philosophische Ankerpunkt ihrer Überlegungen. Sie versuchten, die Kategorien Raum und Zeit so zu trennen, dass diesmal die Kategorie des Raumes die Herrschaft über die Kategorie der Zeit erwerben würde. Als „Erdgebundenheit alles Politischen, raumüberwindende Mächte" (Haushofer 1934), „Gesetze des räumlichen Wachstums der Staaten" (Ratzel 1896) oder „Raum als Schicksal" (Grabowsky 1933) tritt die Hinwendung zur Raumkategorie an die zentrale Stelle. Diese Orientierung war jedoch nur vordergründig; im Gegensatz zu Betrachtungsweisen, die die räumliche Repräsentation ins Zentrum stellen, wurde die grundlegend evolutionistische, d. h. zeitorientierte Betrachtung weiterhin zur Basis der geopolitischen Dynamik. Die Verwirrungen und Inkonsistenzen, die der geopolitischen Hinwendung zur Raumkategorie eigen waren, liegen letztlich in der Vieldeutigkeit des Raumbegriffes und seiner widersprüchlichen Nutzung begründet.

Die von Sprengel als „zeitorientierte Asymmetrie von Raum und Zeit" beschriebene Aufklärungstradition nimmt ihren Ausgangspunkt in den Kategorisierungen Kants. Für ihn wird aus dem Gegensatz von Raum und Zeit der Gegensatz von Natur und Freiheit.

„Das die Welt, sei es erkennend, sei es handelnd, ergreifende Subjekt eignet die Räumlichkeit der Welt seiner Zeitlichkeit zu. Das narzisstische Programm der Beherrschung der Natur, ob von Bacon, Descartes oder dem Alten Testament aufgegeben, wird so lesbar als die Unterwerfung der äußeren Welt als Raum unter die Ansprüche des sich zeitigenden Subjekts" (Sprengel 1996, S. 46).

Sämtliche Errungenschaften des selbstbewusst gewordenen Subjekts lagen somit auf der Ebene der Zeitkategorie. Was den Menschen bestimmen sollte, war die persönliche Freiheit und der Fortschritt, der Raum war somit zum Ausgangspunkt geworden, zur äußeren Natur, von der man sich zu emanzipieren glaubte.

Die großen Erzählungen der Moderne, die dialektischen Hegemonialtheorien Hegels und Marx', insofern für Liberalismus und Marxismus konstitutiv, zeichnen sich nachfolgend durch die Basis einer apriorischen Zeitkategorie bei Vernachlässigung der Raumkategorie aus. Kennzeichnend ist die lineare Orientierung an einer chronologisch verlaufenden Entwicklung, die die Makroentwürfe des Kommunistischen Manifests ebenso wie die Metatheorien der Transformationsforschung und in der Folge den Glauben an die Planbarkeit der gesellschaftlichen Entwicklung prägen. Angelegt ist die Idee der Dialektik bei Hegel, der die Geschichte als Geistesgeschichte begreift, in der sich jede nächst höhere Stufe aus der Synthese der früheren Gegensätze bildet.

Die dialektische Geschichtsschreibung des Marxismus-Leninismus entwickelt durch die Formierung des Klassenkampfs zusätzlich den Rückgriff auf das zentrale „Freund-Feind-Schema" der Moderne. Die unterdrückte

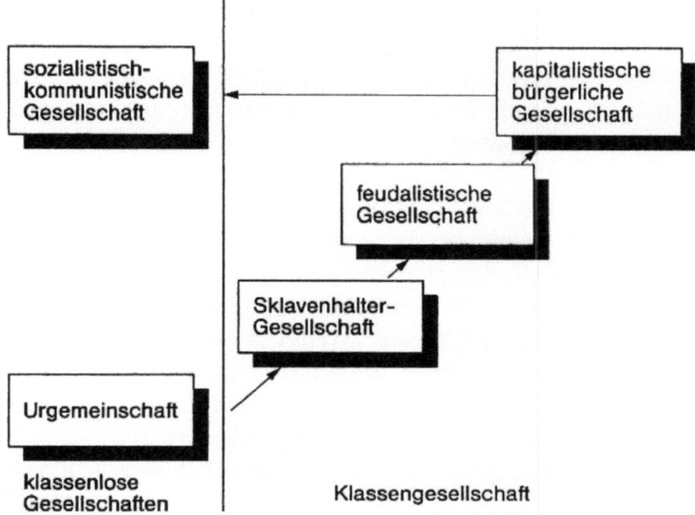

Abb. 3. Marxistische Vorstellung der gesellschaftlichen Entwicklung.
Quelle: Wiswede 1985, S. 265

Klasse befreit sich von ihren Unterdrückern in Form einer revolutionär-evolutionären Entwicklung. Aus den Trümmern der alten Gesellschaftsstruktur entsteht eine neue Gesellschaftsformation, die sich wieder in antagonistische Klassen spaltet, deren Kampf den geschichtlichen Fortschritt weitertreibt. Die Vernichtung des Feindes wird somit an zentraler Stelle in die linear-evolutionistische Theoriebildung eingebaut. Selten wird diese Dichotomisierung so hervorgehoben, wie dies in Carl Schmitts Staatslehre geschieht. Für ihn besteht das Wesen des Politischen in der Unterscheidung zwischen Freund und Feind (vgl. Schmitt 1963). Dagegen zielen die meisten anderen modernen Ansätze auf diese Dichotomisierung nur implizit ab. Häufig geschieht dies in der Letztbegründung durch den Nationalstaat, der ja als zentraler „Freund-Feind-Generator" der Moderne gelten kann.

In verschiedenen Zitaten lässt sich diese Sichtweise in komprimierter Form nachweisen:

- „Zeit ist der Raum zu menschlicher Entwicklung" (Marx 1973, S. 144).
- „Die Wahrheit des Raumes ist die Zeit, so wird der Raum zur Zeit; wir gehen nicht so subjektiv zur Zeit über, sondern der Raum geht selbst über. In der Vorstellung ist Raum und Zeit weit auseinander, da haben wir Raum und dann auch Zeit; dieses ‚Auch' bekämpft die Philosophie" (Hegel 1970, S. 48).
- „Institutionalisierte Reflexivität überwindet raum-zeitliche Barrieren, da das dialogische Expertenwissen sich in Raum und Zeit ausbreitet" (Lash 1996, S. 346).

- „Die Moderne kommt in so vielen Bedeutungen daher, wie es Denker oder
  Journalisten gibt. Dennoch verweisen alle diese Definitionen in der einen
  oder anderen Form auf den Lauf der Zeit. Mit dem Adjektiv ‚modern‘ bezeichnet man ein neues Regime, eine Beschleunigung, einen Bruch, eine
  Revolution der Zeit" (Latour 1996, S. 18).

Die in den Zitaten zum Ausdruck kommenden Grundpfeiler des semantischen Codes des Modernismus bezeichnen den Siegeszug der Zeit als Geschichte über den Raum. Im sicheren Glauben an den Fortschritt und die
Machbarkeit kulminieren diese Grundpfeiler in einem zentralen Kern.

Bei Hegel heißt es beispielsweise: „Weltgeschichte wandert von Ost nach
West. Europa bildet den absoluten Anfang der Geschichte, Asien seinen Beginn, die Philosophie der Geschichte. Deshalb liegt die Wahrheit des Raumes
in der Zeit, die Wahrheit der Geographie in der Geschichte" (Hegel 1970).

Das Fortschreiten der Entwicklung hin zur größeren Differenz vollzieht
sich somit in verschiedenen Formen. In den Konzepten werden die entstehenden strukturellen Spannungen im linearen System aufgefangen, welches
sich dabei gleichzeitig auf eine neue Entwicklungsstufe begibt. Auf der Basis
dieser zeitkategorialen Grundkonstruktion entwickelten sich nahezu alle
Großtheorien der Moderne.

Für Gregory (1994) bieten diese Überlegungen in Verbindung mit Hegels
Territorialisierung den Ausgangspunkt für seine Dekonstruktion der daraus
abgeleiteten geographischen Weltbilder. In Bezug auf die angebliche Raum-
orientierung der Geopolitik bedeutet dies, dass sie sich mit ihrem Verweis auf
die Raumabhängigkeit der Entwicklung letztlich als „Chronopolitik" konsti-
tuierte. Die Systematisierung entlang der Lage erfolgte auf der Basis der hi-
storisch-zivilisatorischen Entwicklung (vgl. Abb. 4).

Gregory (1994) macht deutlich, wie sich die Einteilung der nachfolgenden
geographischen Imagination von der Welt entlang der zeitgerichteten Achsen
entwickelte. Mit Hilfe des semiotischen Quadrates versucht er die moderne
Aufteilung zu verdeutlichen (vgl. Abb. 5)

Diese Abbildung transportiert das diskursive Konzept, das auf der Basis
der sprachlichen und kartographischen Repräsentation die Bedeutung der
Kontinente kennzeichnet. Der Bezug auf die Entwicklung (die Geschichte)
wird durch die Oppositions- bzw. Gegenüberstellung, vermittelt durch S, -S,
-S, S, der jeweiligen diskursiven Konzepte gegeben. Den Ankerpunkt der Entwicklung bildet Europa. Sämtliche weitere Kontinente werden dazu in Beziehung gesetzt. Während Asien zu Europa die Opposition bildet, erscheint Afrika als Europas Negativbild und Australien und Amerika werden zur „Terra Incognita".

Die Oppositionsstellung Asiens wird durch das Bild „Morgen- vs. Abendland" gestützt. Eine lange zivilisatorische, der europäischen Entwicklung entgegengesetzte Historie erschafft die Vorstellung von der eigenständigen, „an-

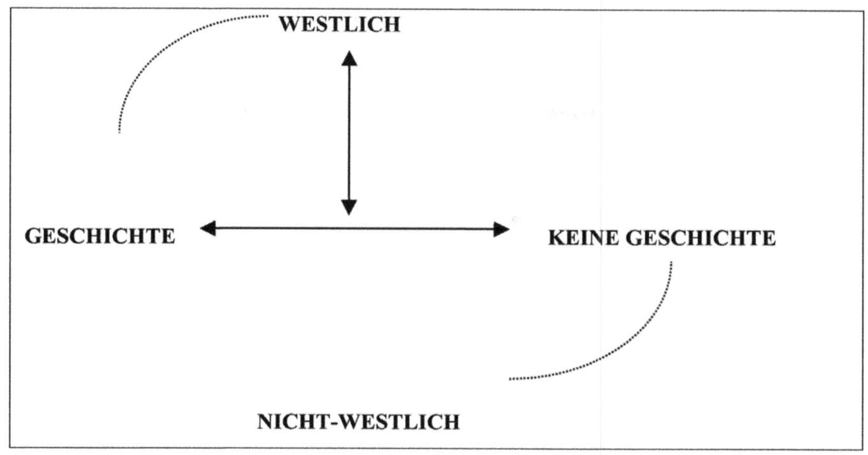

Abb. 4. Die zivilisatorisch-räumliche Entwicklung im Zeitverlauf.
Quelle: nach Gregory 1998, S. 17

deren" Entwicklung, die die geopolitischen Vorstellungen von Asien bis in die heutige Zeit prägt. Demgegenüber zeigt Gregory, wie Afrika als negatives Gegenbild konstruiert wird. Der „schwarze Kontinent" bleibt von jeglicher Entwicklung entfernt, schon bei Hegel gilt er als statischer Kontinent ohne eigene Entwicklung. Die aktuellen Vorstellungen von Afrika als „bürgerkriegs- und krankheitszerfressenem" Kontinent, dem langfristig keine Entwicklungsperspektive gegeben wird, rekurrieren auf diese Konstruktion (vgl. Huntington 1996, Rufin 1993, Landes 1999).

Amerika und Australien versinnbildlichen dagegen Europas Zukunft, das Bild des Westens ohne den Ballast der Geschichte. Als Beispiel dient die verbreitete Idee einer Pax Americana am „Ende der Geschichte" (Fukuyama 1998). Der Gipfelpunkt der politischen Evolution des Menschen, die universale Ausbreitung der westlichen Demokratie als endgültige Staatsform, kurzum:

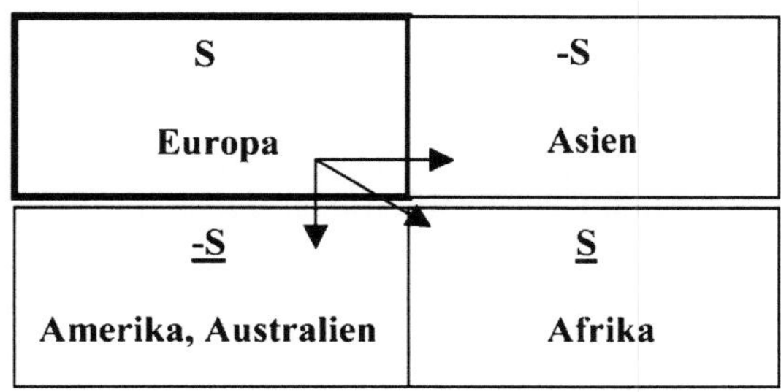

Abb. 5. Die europäische Vorstellung von der Welt. *Quelle:* nach Gregory 1998, S. 19

„the triumph of the western idea: the ineluctable spread of consumerist Western culture. … an unabashed victory of economic and political liberalism …" (Fukuyama 1998, S. 114).

Fukuyama stellt in seinem universalistischen Leitbild die USA und ihre verbündeten westeuropäischen Nationen als humanistisch-demokratische Klimaxstaaten der Weltzivilisation dar. Er bezieht sich dabei konzeptionell ganz konkret auf die vorgestellte idealistische Philosophie Hegels einer Stufenentwicklung der Menschheit, deren Endzustand der demokratisch-humanistische Staat ist. Aus dieser Perspektive kann er dann das „Ende der Geschichte" als Ende der solcherart postulierten Entwicklung ausrufen – die Konstruktion eines Leitbildes, das in seinen verschiedenen Variationen die alltäglichen Nachrichten dominiert.

Die Beschreibungen dieser idealistischen Form der Territorialisierung dienen der Darstellung der diskursiven Kraft, die aus einer zeitdeterminierenden Geopolitik entsteht. Die typischen modernen Konstruktionsweisen sind hier in Form einer Subjektivierung des eigenen Standpunktes (Europa), in Form der Gegenüberstellung des „Anderen" (Afrika, Asien) und durch die Fixierung geographischer Repräsentationen zur Schaffung einer Machtbasis gegeben. Eine Repräsentationsform, die uns allgegenwärtig empfängt und die eher selten reflektiert wird.

Ganz im Gegenteil sind diese Argumentationsweise und die darin enthaltene bewusste Bevorzugung der Zeitdimension geradezu konstitutiv für die Betrachtung gesellschaftlicher und politischer Ereignisse in der Moderne. In seiner weiteren Ausprägung wird dieser Vergleich dann als „vergessener Punkt der Konstruktion" zunehmend trivialisiert. Er findet sich in Begriffen wie „Realpolitik" oder in den die Politikwissenschaften prägenden Realistischen oder Neorealistischen Theorien. Sie kennzeichnen häufig die Arbeitsweise moderner Wissenschaft. Die basale Konstruktion wird hier nicht hinterfragt, archimedische Punkte werden einfach gesetzt oder innerhalb eines probabilistischen Modells weiter generiert. Ein Beispiel für diese Sichtweise kann das folgende Zitat bieten:

„In einer Perspektive, in der Modernisierung als evolutionärer Prozess von scheiternden und erfolgreichen Reformen und Innovationen gesehen wird, haben auch Basisinstitutionen, Konkurrenzdemokratie, Marktwirtschaft und Wohlstandsgesellschaft keine ewige Bestandsgarantie. Aber ich sehe gegenwärtig keine leistungsfähigere Alternative für diese Institutionen. Die Größe von Problemen, z. B. die ökologische Krise, ist allein noch kein Argument für einen Systemwandel. Auch Großprobleme lassen sich durch räumliche, zeitliche, sachliche und soziale Teilung in Aufgaben transformieren, die man mit Reformen und Innovation bewältigen kann. [...] In diesem Zusammenhang spreche ich von weitergehender Modernisierung als dem Wandel im einzelnen, bei genereller Richtungskonstanz in absehbarer Zukunft" (Zapf 1992, zit. nach Beck 1996, S. 49).

Von diesem linearen Modell unterschieden gibt es allerdings in den Geistes-, Sozial- und Kulturwissenschaften in den letzten Jahren eine breite Strömung, die als Spatial Turn bezeichnet wird.

Der Spatial Turn in den Geistes-, Sozial- und Kulturwissenschaften

Die konzeptionellen Innovationen des Spatial Turn zeichnen sich in handlungs- und strukturorientierten Ansätzen durch eine neue Sensibilität für die regionalen Unterschiede des Politischen aus. Johnston (1997) sieht diesen Trend mit Doreen Masseys plakativem Aufruf „Geography Matters" (1984) beginnen und findet hier den Ausgangspunkt für eine ganze Reihe von Konzepten, die die Bedeutung von Place, Regional Identity, Culture, Localities usw. wieder stärker in den Mittelpunkt der politikwissenschaftlichen und politisch-geographischen Betrachtungen rücken (vgl. z. B. Corbridge 1996, Watts 1988, Gebhardt/Reuber/Wolkersdorfer 2003). Das passte in eine allgemeine Zeitströmung der Kulturwissenschaften, die darauf aufmerksam machte, dass „spatial structure is now seen not merely as an arena in which social life unfolds but rather as a medium through which social relations are produced and reproduced" (Gregory, Urry 1985, S. 3; vgl. auch Giddens 1988, Dangschat 1996 u. a.). Massey (1984) und Cooke (1989) entwickelten daraus das Konzept der Localities; Agnew, Duncan (1989) sprachen ganz dezidiert von „the Power of Place". Dieser „Cultural Turn" bildet die Basis für eine konzeptionelle Integration der regionalen Eigenheiten sozialer und politischer Regulationsweisen (z. B. spezifische Aushandlungsprozesse und Konfliktstile bei der Auseinandersetzung um räumlich lokalisierte Ressourcen). So zeigt Routledge mit seinem Konzept des „Terrain of Resistance", wie sehr „social movements are affected by, and respond to, historical, economic, political, ecological and cultural processes and relations that are themselves place-specific. Regionalist and separatist movements have their origin in specific places or regions. ... Conflicts are grounded in particular places" (1997, S. 221). Routledge stellt damit die regionale Spezifik von Raumnutzungskonflikten auf der Basis einer eigenständigen regionalen Identität und Kultur, fallweise Ethnizität, in den Mittelpunkt des politisch-geographischen Forschungsinteresses. Sein Ziel besteht darin, „to exemplify the importance of the spatial perspective" (ebd., S. 219f.).

Die metatheoretische Basis kann – oft mitbestimmt durch die wissenschaftliche Sozialisation der Autoren – fallweise stärker struktur- oder handlungsbezogen angelegt sein. Dabei sahen die strukturorientierten Analysen der 8oer Jahre die Bedeutung des Räumlichen oft entweder in Form eines regionalen bzw. lokalen Schmelztiegels von Einflüssen aus unterschiedlichen Maßstabsebenen (vgl. z. B. Taylors Political Geography 1992) oder – darauf aufbauend – in der spezifischen Herausbildung regional einzigartiger Kommunikations- und Politikstile (Routledge 1997). Die handlungsorientierte Politische Geographie baut aufgrund ihres methodologisch stärker auf die Mikroebene gerichteten Ansatzes eine etwas andere Argumentationsweise auf: Sie stellt sich konzeptionell in die Nähe des „methodologischen Individualismus", der ja auch die Grundlage für Werlens Sozialgeographie alltäglicher Regionalisierungen bildet (1995, 1997). Dagegen öffnet der konstruktivistische, relationale Blick die Möglichkeit, die Rolle physisch-materieller Strukturen als bewertete Ressource und als Zeichen und Symbol sozialen und politischen Handelns zu verstehen. Räumliche Strukturen werden aus dieser Perspektive zu Geographien der Macht, zu Codes politischer und sozialer Kommunikation. In der Rekonstruktion raumbezogener Auseinandersetzungen geht es der Geographischen Konfliktforschung dann nicht nur um Fragen der Ressourcenverteilung und -kontrolle, sondern auch um deren Funktion als Machtmittel.

Entsprechend richtet auch die empirische Forschung ihre Aufmerksamkeit hier nicht auf einen vermeintlich objektiven Raum, sondern – wie Dangschat es formuliert – auf den „gelebten Raum, der eine subjektive und situative Ausdehnung [...] und eine sinnhafte Bedeutung hat, subjektiv bewertet und erst durch die untrennbare Einheit mit den dort handelnden Menschen sozial wirksam wird" (Dangschat 1996, S. 105). Es geht darum, wie politische Akteure mit Hilfe geopolitischer „Geographical Imaginations" oder „Strategischer Raumbilder" (Reuber 1999), d. h. mit der Konstruktion und Instrumentalisierung geographischer Zusammenhänge, Geopolitik machen. Für die empirische Forschung gilt es entsprechend „jene Geographien (zu untersuchen), die ... von den handelnden Subjekten von unterschiedlichen Machtpositionen aus gemacht und reproduziert werden" (Werlen 1995, S. 6).

Die neue Rolle von Raum und Zeit

Die Verbindung von Raum und Zeit wird häufig nur in der oben schon dargestellten Form als zeitlich repräsentiert. Beispielsweise redet man davon, dass Regionen mit einem niedrigeren Pro-Kopf-Einkommen „zurückgeblieben" bzw. „rückständig" sind oder dass Länder mit einem niedrigeren „Entwicklungsgrad" als „unterentwickelt", „sich entwickelnd" oder „kürzlich industrialisiert" thematisiert werden (vgl. Massey 2003). Bei dieser Vorgehensweise werden räumliche Differenzen in Form einer zeitlichen Reihung gedacht.

Will man dagegen auch eine räumliche Differenz akzeptieren, dann dürfen wir die „Anderen" nicht nur als Variation von uns selbst sehen. Länder des „Südens unseres Planeten" müssen uns dann nicht einfach nur folgen, sondern können auch ihren eigenen Weg finden, und die Transformationsprozesse in anderen Regionen müssen nicht zwangsläufig als „nachholende Modernisierung" nach westlichem Vorbild erfolgen. Somit existieren verschiedene Entwicklungslinien, die sich nicht nur an der linearen Erzählung der Moderne ausrichten.

Das Verhältnis von Raum und Zeiten (nach Massey 2003)

Dies macht das Bestehen von (zuvor) unabhängigen Entwicklungspfaden, also einer Vielzahl von Narrativen in der Definition von Raum unabdingbar. Mit anderen Worten bringt dieses Raumverständnis auch die Anerkennung mit sich, dass mehr als nur die eine Erzählung in der Welt existiert, und dass die vielen Narrative eine, zumindest relative, Eigenständigkeit besitzen. Die Betonung liegt hier auf relativ, denn der Verweis auf unabhängige Entwicklungspfade impliziert nicht ein totales Fehlen von Verbindungen. Vernetzungen und relative Selbstständigkeit müssen sich nicht ausschließen. Was vielmehr abgelehnt wird, ist die simple Teleologie von der einzigen Erzählung. Leider erkennen jedoch nicht alle Raumkonzeptionen den Raum als Bereich einer koexistenten Vielfältigkeit an. Häufig wird sogar die Vorstellung von Differenz eher mit dem zeitlichen Aspekt in Verbindung gebracht und als ‚Unterschiedlichkeit zu verschiedenen Zeitpunkten' verstanden. Folglich wird Raum nicht als Ort lebendiger Interaktionen anerkannt. Für eine ganze Generation von Philosophen stellte Raum das Gebiet der Stagnation, ein Totenreich, dar. Für Bergson z. B. (der u. a. auf Deleuze einen bedeutenden Einfluss ausübte) ist die Zeit diejenige Dimension, die Innovation und Neuerungen symbolisiert, während der Raum den Bereich der Statik und der Beständigkeit verkörpert.
Warum liegt in der Zeit diese ‚Kreativität'? Und wie läuft sie ab? Sie kann schließlich nicht einfach aus dem immanenten Entfalten einiger einheitlicher und undifferenzierter Identitäten hervorgehen. Denn in dem Fall wären die Bedeutungen bereits in den frühen Entstehungsstadien vergeben worden. Mehr noch, diese Interpretationsweise wäre völlig essentialistisch. Für eine nicht-essentialistische Auslegung von einer ‚Differenz-als-Veränderung' muss der Wandel aus den Wechselbeziehungen heraus entstehen. Und um mögliche Interaktionen zu erhalten, benötigen wir die Differenz. Bergson mag vielleicht Recht haben mit seiner Feststellung, dass Zeit die Gleichzeitigkeit aller Gegebenheiten beendet, aber er geht mit seinen Ausführungen zu weit. Denn um Zeitlichkeit (Veränderung) zu erlangen, müssen auch Interaktionen und, mit Bergsons Worten gesprochen, mehr als nur das ‚Eine' existieren. Und für das Entstehen von mehr als nur dieses ‚Einen' (nämlich Vielfältigkeit) ist der Raum unentbehrlich. Raum und Zeit (Raum-Zeit) müssen gemeinsam existieren.

Geopolitik einmal anders: das Konzept der Critical Geopolitics

Eine derartige Sichtweise bietet die Basis für eine Neuausrichtung im Bereich der Geopolitik. Es basiert auf einem Forschungsprogramm, das sich im angloamerikanischen Sprachraum unter dem Begriff der „Critical Geopolitics" entwickelt hat (Ó Tuathail 1996, Ó Tuathail/Dalby 1998, Dodds/Sidaway 1994, Lossau 2002, Reuber 2002, Wolkersdorfer 2001). Der Ansatz ist postmodern, konstruktivistisch und diskursiv. Er dekonstruiert geopolitische Sprachspiele und Karten nicht, um am Ende wissenschaftlich „bessere" oder gar „richtige" geopolitische Regionalisierungen abzuleiten, sondern vielmehr, um solche Konstruktionen als „Machtdiskurse" zu enttarnen und zu offenbaren. So formuliert es auch Ó Tuathail, der dieser Schule die wesentlichen Impulse gab: „Geography is about power. Although often assumed to be innocent, the geography of the world is not a product of nature but a product of histories of struggle between competing authorities over the power to organize, occupy, and administer space" (Ó Tuathail 1996, S. 11). Eine solche Sichtweise zeigt, wie durch die sprachliche oder auch kartographisch-symbolische Verkopplung von Religion, Kultur, Ethnizität etc. mit einem Territorium Geopolitik gemacht wird, wie im Diskurs Regionen, Nationen etc. konstruiert werden, in denen bestimmte Eigenschaften erwünscht sind und andere nicht, in denen die einen Menschen leben dürfen und die anderen ausgegrenzt oder vertrieben werden.

Im Gegensatz zur objektivistisch denkenden Geopolitik will die Critical Geopolitics als taktische Form von Wissen verstanden werden. Critical Geopolitics will aktiv in die globale Politik intervenieren und diese kommentieren, jedoch immer ausgehend von einem bestimmten Standpunkt, bestimmten Kontexten und partialen Realitäten (nach Ó Tuathail 1996, S. 68–69). Critical Geopolitics verspricht die Möglichkeit einer neuen und radikalisierten Rekonzeptualisierung von traditionellen Konzepten, Anliegen und Gedankenmustern, welche die Analyse von Geopolitik für fast ein Jahrhundert geprägt haben.

Konzeptionell verlangt die Dekonstruktion geopolitischer Leitbilder eine Veränderung des erkenntnistheoretischen Blickwinkels. Im Zentrum stehen die in der Sprache über Raum kodierten Archäologien der Macht, die der gesellschaftlichen Strukturierung und der Produktion und Reproduktion von Loyalitäten und Herrschaftsverhältnissen dienen (vgl. z. B. Foucault 1976, 1999). Je mehr geopolitische Auseinandersetzungen in den Medien weltweit und fast zeitgleich präsent sind, desto bedeutender werden geopolitische Bilder, Zeichen und Diskurse mit ihrer vergröbernden, komplexitäsreduzierenden Wirkung für die Herstellung von Bündnissen und Massenloyalitäten in den jeweiligen Bevölkerungen.

Diese Dekonstruktion darf allerdings auch vor der kritischen Reflexion lieb gewordener Leitbilder der eigenen, westlichen Wertegemeinschaft nicht halt machen. Wer konsequent die geopolitische Begründungsrhetorik für die global orientierte Expansion wirtschaftlicher, politischer und normativer Modelle dekonstruiert, muss prinzipiell auch die geopolitischen Implikationen der westlichen Demokratien und einer universalistischen Pax Amerikana zur Diskussion stellen, denn sie sind ebenfalls – konzeptionell gesehen – nur eine von mehreren „großen Erzählungen" (Lyotard 1999) mittlerer Reichweite in einem spezifischen, historischen und geographisch-geopolitischen Kontext. Eine solche Abkehr vom Universalismus schärft auch in der Politischen Geographie den Blick für den Konstruktionscharakter jeglicher geopolitischer Weltbilder und Machtkonstellationen.

Geopolitische Weltbilder der Gegenwart

Verschiedene geopolitische Leitbilder versuchten, die Lücke zu schließen, die sich im Diskurs durch den Verlust der Vorstellung einer bipolaren Weltordnung aufgetan hatte (vgl. Reuber 2002) . Vorgestellt wird nun jenes, das imstande ist, zu einer neuen Hegemonialerklärung der weltpolitischen Zusammenhänge zu werden.

„Kampf gegen den Terror", so lautet der neue geopolitische Diskurs, der sich im Zuge des terroristischen Anschlags auf das Pentagon und das World Trade Center weltweit etabliert hat. Was die Terroristen am 11. September 2001 zerstören wollten, waren nicht zwei besonders hohe Hochhaustürme und ein fünfeckiger Funktionsbau. Auch die fast 3000 Menschen, die sie getötet haben, und der Schmerz, den sie ihren Angehörigen zugefügt haben, standen nicht im Mittelpunkt ihres Anschlags. Ihr Ziel war gleichsam sichtbar-unsichtbar und deswegen umso gewaltiger. Ihr Ziel war der symbolische Gehalt der beiden Gebäude, das weltweite Markenzeichen der World Society, das längst zu einem „Global Landmark" geworden war: Sie vernichteten mit dem World Trade Center das Aushängeschild einer ökonomischen Globalisierung westlich-abendländischen Zuschnitts, und sie trafen im Pentagon die symbolische Machtzentrale der militärischen Garantie- und Durchsetzungsmacht dieser neuen Weltordnung, den „Weltpolizisten" (Chomsky/Galeano/Roy 2001) Amerika und seine westlichen Verbündeten.

Dass seither in der politischen und medialen Repräsentation des Anschlages kaum noch vom Pentagon, aber umso mehr vom World Trade Center die Rede war, zeigt, wie subtil sich im Fluss des Diskurses eine sprachlich-territoriale Umdeutung als „Anschlag auf Amerika" verfestigt hat. Während das Pentagon als Kern des militärisch-industriellen Komplexes die Gemüter durchaus hätte spalten können, bot sich das WTC als gemeinsames Symbol der Empörung nicht nur für ganz Amerika, sondern für die gesamte „freie" Welt an. Erst in dieser Form ließ sich der zunächst in keiner Weise territorial-nationalstaatlich verfasste Angriff in ein nationales und international anschlussfähiges geopolitisches Projekt umdeuten. Wichtiger noch: Erst in dieser Form erhielt der Kampf gegen den Terror ein geopolitisch gerahmtes Format. In der Installation der „Achse des Bösen" und eines ersten Hauptgegners Afghanistan entstand dann folgerichtig der ebenso territoriale und in den klassischen Kriegs-Chiffren nationalstaatlicher Gegnerschaft verortbare „Andere". Die in diesen wenigen Tagen akzentuierte Metapher vom weltweiten „Kampf gegen den Terror" (und gegen Regimes, die Terroristen unterstützen) wurde schneller als man denken konnte zu einer der wirkungsmächtigsten neuen Doktrinen der internationalen Geopolitik, mit der politisch Mächtige um den ganzen Erdball, von Russland bis Indonesien, die Räume und Grenzen der Macht im neuen Jahrtausend jenseits der zerfallenden Nationalstaaten neu konzeptionieren, repräsentieren und mit militärischen Mitteln disziplinieren konnten. Selbst der Krieg gegen den Irak wurde von den Regierungen der USA sowie deren Verbündeten auf der Basis eines „Krieges gegen den Terror" legitimiert.

Durch den Terroranschlag von New York und Washington und seinen Folgen für die weltweite Geopolitik tritt einmal mehr hervor, wie wenig eine objektivistisch-funktionalistische Betrachtungsweise die Motivationen und Verläufe von geopolitischen Auseinandersetzungen zu erfassen vermag. Wer nachvollziehen will, wie die geopolitischen Konflikte des neuen Jahrtausends ablaufen, wer zu verstehen versucht, welche besondere Rolle dabei die räumlichen Strukturen, Zeichen und Diskurse spielen, der muss – jenseits von „objektiven" Analysen – stärker denn je die symbolischen Bedeutungen und geopolitischen Repräsentationen offen legen. In der räumlichen Repräsentation oder in der Sprache über Raum ist eine „Archäologie der Macht" kodiert, die je nach Kontext Ziel, Transmissionsriemen, Manipulationsinstrument und anderes sein kann und die sich nicht in Physiognomie und Funktion, sondern in Symbolisierung und Bedeutungszuschreibung äußert.

An der Verhandlung der Anschläge von New York und Washington in den Medien und an der Berichterstattung über die nachfolgenden Ereignisse kann man beispielhaft verfolgen, wie sehr die Auseinandersetzungen in den Medien weltweit und fast zeitgleich präsent sind, und wie bedeutend daher die Diskurse sind, die sie über die Ereignisse in die Welt setzen. Das gilt für die Rezeption und Repräsentation des Konfliktes in der Öffentlichkeit, aber auch für die Herstellung der entsprechenden Bündnisse und Massenloyalitäten. Schon wenige Tage nach der weltweiten Trauer um die Opfer des Terroranschlages von New York wurden die Ereignisse in Politik und Medien genutzt, um die Rhetorik einer neuen dualen Geopolitik aufzubauen. Huntingtons Thesen vom „Kampf der Kulturen" waren plötzlich wieder hoffähig, und die Karten von den „Schurkenstaaten" geisterten mitsamt ihrer territorialen Pauschalisierung durch Zeitungen und Fernseher (vgl. Abb. 6). Für mindestens einen Monat waren jegliche Plädoyers für Toleranz und Differenz tabu. Wer den Pfad dieses Diskurses verließ, und etwas seinerzeit „Unsagbares" zu sagen

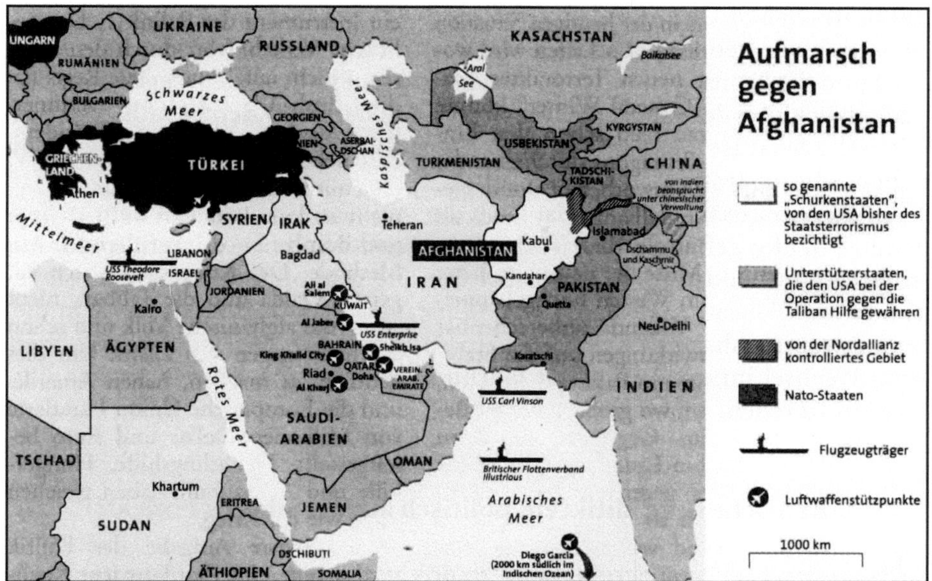

Abb. 6. Die von der amerikanischen Administration ausgemachten Schurkenstaaten. Die geopolitische Karte in Abb. 6 ist im Anschluss an den Anschlag auf das World Trade Center und das
Pentagon entstanden. Sie stellt den Versuch dar, das Ereignis mit den gewohnten Chiffren des
Denkens in nationalstaatlichen Kategorien zu erfassen. Durch die Benennung von Schurkenstaaten sollte es möglich werden, einen Angriff durch ein transnational organisiertes Netzwerk
auf die in den traditionellen Denkmustern der internationalen Geopolitik etablierte realpolitische Auseinandersetzung zwischen Staaten zu übertragen. Erst diese Transformation bildete
den Nährboden für den späteren Gegenschlag gegen einen jetzt klar definierbaren Feind.
Quelle: Die Welt, 15.11.2001

wagte, bezahlte mit einer öffentlichen Medienschelte, wie sie seit den Tagen
des deutschen Herbstes nicht mehr zu hören war.

Was sich nach „nine-eleven" verändert hat, sind nicht in erster Linie die
geopolitischen Machtkonstellationen selbst, sondern die Art und Weise, wie
die internationale Geopolitik sprachlich-rhetorisch verfasst wird. Was sich
verändert hat, ist das Feld des Sagbaren und vice versa dessen, was nicht gesagt werden darf. Waren Anfang und Mitte der 1990er Jahre noch eher offene
Formationen der internationalen geopolitischen Diskursfelder zu finden, bewirkten diese Ereignisse die bisher massivste Schließung der „post-cold-
war"-Periode. Sie führten zu einem neuen globalen geopolitischen Leitbild.
Dieses entstand aber – Foucaults Theorie vom Wirken der Diskurse folgend –
nicht völlig neu, sondern akzentuierte und polarisierte eine bis dahin eher
differente, facettenreichere Situation, in der unterschiedliche Diskursstränge
und Leitbilder koexistierten. Es basiert auf einer Melange der vorgestellten
raum- und zeitzentrierten Ordnungskategorien. Gerade die aktuellen Kon-

flikte im Nahen Osten und in Afrika zeigen beinahe idealtypisch die Konstruktion von geopolitischen Antagonismen (z. B. die Idee der Schurkenstaaten) und die Transformation der idealistischen Philosophie Hegels einer Stufenentwicklung der Menschheit, deren Endzustand der demokratisch-humanistische Staat ist (versinnbildlicht im missionarischen Eifer der amerikanischen Administration).

In diesem Zusammenhang ist auch der von den Medien nach dem 11. September häufig gefallene Begriff des Epochenwechsels eher irreführend. Aus einer dekonstruktivistischen Perspektive, die geopolitische Machtkonstellationen mit Foucault als sprachliche Konstruktionen begreift, wäre es in diesem Zusammenhang richtiger, von einem Diskurswechsel, oder besser noch: vom Wechsel innerhalb der seit Jahrhunderten etablierten diskursiven Formation zu reden.

Kritische Geopolitik: ein politisch ambitioniertes Projekt?

„Diskurswechsel" zu begreifen und zu dokumentieren, ist ein Hauptanliegen einer postmodernen Politischen Geographie, und wohl kaum ein Ereignis der letzten Jahrzehnte stellte die Macht und Abhängigkeit von Diskursen deutlicher heraus als der Anschlag vom 11. September.

Eine Möglichkeit, sich diesem Themenfeld sensibel und gleichzeitig fast in der Unmittelbarkeit des Ereignisses zu nähern, bietet eine diskursanalytische Forschungsperspektive. Die hier grundgelegte philosophische Wende zur Sprache bedeutet, dass Diskurse direkt Macht ausüben und dass eine diese Macht dekonstruierende Forschung auch einen direkten Bezug zu Friedensforschung und Friedenssicherung für eine partizipative Zivilgesellschaft liefert. Indem sie so vordringlich auf die schnellen und oft polarisierenden „Schließungen", Zuschärfungen und Pauschalisierungen im Diskurs hinweist, schafft sie gleichzeitig Raum für ein Denken in Differenz: Wer offen legt, wie die geopolitischen Dichotomien in der Sprache über den Konflikt konstruiert werden, der öffnet damit Möglichkeiten für das Infragestellen solch kategorialer Verkopplungen sozialer Eigenschaften mit territorialen Zuschreibungen.

„Es geht somit um die ‚Erschütterung' des Glaubens an geographische Evidenzen, um (Dekonstruktions-)Arbeit auf zentralen Terrains, ohne dabei neue Grundüberzeugungen, neue Konstruktionen an deren Stelle zu setzen. Räumliche Muster, Grenzen und symbolische Codes sind aus dieser Perspektive eine diskursiv-soziale Konstruktion von (Macht-)Beziehungen, die in der Alltagspraxis hergestellt werden und gleichzeitig in die Reproduktion der gesellschaftlichen Institutionen eingebunden sind" (Gebhardt/Reuber/Wolkersdorfer 2003).

Das bedeutet jedoch nicht das Ende der Verbindlichkeiten. Allerdings muss die Suche nach einer politischen Positionierung (vgl. auch Lossau 2002) fortan im Angesicht der Unsicherheit über verbindliche Werte geschehen: „Ich denke nicht, dass Wissen abgeschlossen ist, aber ich glaube, dass Politik unmöglich wird ohne das, was ich als arbiträre Schließung bezeichnet habe. Es ist eine Frage von Positionierungen" (Hall 1994:278).

Ein diskursanalytischer Zugriff dekonstruiert in diesem Forschungskontext die Kraft geopolitischer „Zwangs-Logiken". Er zeigt, wie sehr hier mit den sprachlichen „Zwängen der Lage" aktive Geopolitik gemacht wird. Der Lagebegriff wird dabei zu einem zentralen Ordnungsbegriff hochstilisiert, mit dem sich die Politik in eine „territoriale Falle" (Territorial Trap, Agnew 1994) manövriert. Dieser strategische Charakter geopolitischer Diskurse kennzeichnet auch die Berichterstattung der Medien nach den Anschlägen von New York und Washington in massiver Weise. Hier werden die rhetorisch-territorialen Schließungen in der Sprache der Politiker, Kommentatoren und Experten eingeschliffen, auf denen dann die anschließende Territorialisierung des Konfliktes (Schurkenstaaten, Afghanistan, Irak etc.) stattfinden konnte, wie sie zur argumentativen Vorbereitung einer kriegerischen Auseinandersetzung in den territorialen Chiffren eines Konfliktes zwischen Nationalstaaten unabdingbar war.

Mit einer wissenschaftlichen Dekonstruktion dieser geopolitischen Leitbilder ist es mitunter möglich, gerade die Aktualität und Brisanz der Ereignisse einzufangen und in der Unmittelbarkeit der Ereignisse von politisch-geographischer Seite eine andere Perspektive der Betrachtung und Konstruktion zu ermöglichen. Unterstützung auf einer grundlegenderen Ebene bietet hier das in diesem Beitrag erörterte Verständnis für die spezifische Form der Repräsentation des Räumlichen in unterschiedlichen Kontexten.

Literatur

Agnew JA (1994) The Territorial Trap: The Geographical Assumptions of International Relations Theory. In: Review of International Political Economy 1:53–80
Agnew JA, Duncan JS (1989) Introduction. In: Agnew JA, Duncan JS (Eds.) The power of place. Boston, 1–8
Beck U (1996) Die Erfindung des Politischen. Zu einer Theorie reflexiver Modernisierung. Frankfurt a. M.
Chomsky N, Galeano N, Roy A (2001) Angriff auf die Freiheit? Die Anschläge in den USA und die Neue Weltordnung. Grafenau
Cooke PN (Ed.) (1989) Localities: The changing face of urban Britain. London
Corbridge S (1996) Review Essay: „The merchants drink our blood": peasant politics in farmers movements in post-Green-Revolution India. In: Political Geography 16(5):423–434
Dangschat J (1996) Raum als Dimension sozialer Ungleichheit und Ort als Bühne der Lebensstilisierung? – Zum Raumbezug sozialer Ungleichheiten und von Lebensstilen. In: Schwenk OG (Hrsg.) (1996) Lebensstil zwischen Sozialstrukturanalyse und Kulturwissenschaft. Opladen, 99–135
Dodds KJ, Sidaway JD (1994) Locating critical geopolitics. In: Environment and Planning D: Society and Space 12:515–524

Farinelli F (1996) Von der Natur der Moderne: eine Kritik der kartographischen Vernunft. In: Reichert D (1996) Räumliches Denken. Zürich

Fröhlich S (1998) Amerikanische Geopolitik. Von den Anfängen bis zum Ende des Zweiten Weltkrieges. München

Foucault M (1976) Überwachen und Strafen. Die Geburt des Gefängnisses. Frankfurt a. M.

Foucault M (1999) Botschaften der Macht. Reader Diskurs und Medien. Berlin

Fukuyama F (1998) The End of History and the Last Man. In: Ó Tuathail G, Dalby S, Routledge P (Eds.) Re-Thinking Geopolitics. Towards a critical geopolitics. London. Reprint from The National Interest (1989), 114–124

Hall S (1994) Rassismus und kulturelle Identität. Hamburg

Grabowsky A (1933) Raum als Schicksal. Das Problem der Geopolitik. Berlin

Gebhardt H, Reuber P, Wolkersdorfer G (Hrsg.) (2003) Kulturgeographie. Aktuelle Ansätze und Entwicklungen. Heidelberg

Gregory D (1994) Geographical imaginations. Cambridge

Gregory D (1998) The geographical discourse of modernity. In: Gebhardt H, Meusburger P (Hrsg.) Explorations in critical human geography. Heidelberg (= Hettner-Lecture 1), 45–70

Gregory D, Urry J (1985) Introduction. In: Gregory D, Urry J (Hrsg.) Social Relations and Spatial Structures. London, 1–8

Haushofer K (Hrsg.) (1934) Raumüberwindende Mächte. Leipzig, Berlin

Hegel GWF (1970) Vorlesungen über die Philosophie der Geschichte. Frankfurt a. M.

Hippler B (1996) Hitlers Lehrmeister – Karl Haushofer als Vater der NS-Ideologie. St. Otilien

Huntington S (1996) The Clash of Civilizations and the Remaking of World Order. New York

Kant I (1994) Kritik der reinen Vernunft. Nachdruck der zweiten Auflage. Köln

Landes DS (1999) Armut und Wohlstand der Nationen. Berlin

Latour B (1996) On actor-network theory. A few clarifications. In: Soziale Welt 4:369–381

Lossau J (2002) Die Politik der Verortung – Eine postkoloniale Reise zu einer ANDEREN Geographie der Welt. Bielefeld

Lyotard J-F (1999) Das postmoderne Wissen. Ein Bericht. Wien

Marx K (1973) Grundrisse der Kritik der politischen Ökonomie. Berlin

Massey D (1984) Introduction: geography matters. In: Massey D, Allen J (Hrsg.) Geography matters! A reader. Cambridge

Massey D (1999) Imaging globalisation: Power-geometries of time-space. In: Gebhardt H, Meusburger P (Eds.) Power-geometries and the politics of space-time. Heidelberg (= Hettner-Lecture 2), 9–27

Massey D (2003) Spaces of Politics – Raum und Politik. In: Gebhardt H, Reuber P, Wolkersdorfer G (Hrsg.) Kulturgeographie. Aktuelle Ansätze und Entwicklungen. Heidelberg

Ó Tuathail G (1996) Critical Geopolitics: the Politics of Writing Global Space. Minneapolis

Ó Tuathail G, Dalby S (1998) The Geopolitics Reader. London

Ratzel F (1896) Die Gesetze des räumlichen Wachstums der Staaten (Petermanns Geographische Mitteilungen, 42)

Reuber P (1999) Raumbezogene politische Konflikte: Geographische Konfliktforschung am Beispiel von Gemeindegebietsreformen. Stuttgart

Reuber P (2002) Die Politische Geographie nach dem Ende des Kalten Krieges. In: Geographische Rundschau (7–8)54:4–9

Reuber P, Wolkersdorfer G (2002) Clash of Civilizations aus der Sicht der kritischen Geopolitik. In: Geographische Rundschau (7–8)54:24–29

Rufin J-C (1993) Das Reich und die neuen Barbaren. Berlin

Routledge P (Ed.) (1997) Terrains of resistance: nonviolent social movements and the contestation of place in India. Westport (Conn.)

Schmitt C (1963) Der Begriff des Politischen: Text von 1932 mit einem Vorwort und drei Corollarien. Berlin

Soja EW (1991) Geschichte: Geographie: Modernität. In: Wentz M (Hrsg.) Stadt-Räume. Die Zukunft des Städtischen. Frankfurt a. M.

Sprengel R (1996) Kritik der Geopolitik. Ein deutscher Diskurs 1914–1944. Berlin

Taylor PJ (1992) Political Geography. London

Watts M (1988) Deconstructing determinism. In: Antipode 20:142–168

Werlen B (1995) Sozialgeographie alltäglicher Regionalisierungen. Bd. 1: Zur Ontologie von Gesellschaft und Raum. Stuttgart

Werlen B (1997) Sozialgeographie alltäglicher Regionalisierungen. Bd. 2: Globalisierung, Region und Regionalisierung. Stuttgart

Wiswede G (1985) Soziologie. Hamburg.

Wolkersdorfer G (2001) Politische Geographie und Geopolitik zwischen Moderne und Postmoderne. Heidelberg

Heidelberger Jahrbuch, Band 47 (2003)
H. Gebhardt/H. Kiesel (Hrsg.): Weltbilder
© Springer-Verlag Berlin Heidelberg 2004

Weltbilder in Karten – Abbild oder Konstruktion der Welt?

Eine Analyse anlässlich der Berichterstattung
über den Krieg in Afghanistan

JÜRGEN CLEMENS

Aufgrund der weiten Verbreitung der Massenmedien ist davon auszugehen, dass auch die Vorstellung von Regionen abseits gängiger Touristenpfade überwiegend aus Printmedien und Fernsehsendungen gespeist wird. Viele Regionen bleiben so lange „Weiße Flecken" auf den „Mental Maps" der Menschen, bis sie in die weltpolitischen Schlagzeilen geraten und Interessen der „westlichen" Welt direkt berühren. Vor dem Hintergrund der von Huntington (1997, S. 32) für das menschliche Denken und Handeln als unentbehrlich erachteten „vereinfachte[n] Paradigmen oder Landkarten" stellt sich die Frage, ob die Kartendarstellungen von Entwicklungsländern in Massenmedien tatsächlich zu einer sachlichen und „objektiven" Berichterstattung beitragen oder verzerrte Perspektiven, „Weltbilder", direkt oder indirekt vermitteln.

Karten gelten gemeinhin als exakt und verlässlich und seit den ältesten Zeiten dienen sie dem Menschen als praktische Hilfsmittel (nach Kupcik 1989, S. 9; vgl. u. a. Monmonier 1996, S. 87). Ein Blick in die Disziplingeschichte der Kartographie zeigt jedoch, dass schon die ersten Weltkarten, mit wenigen antiken oder islamischen Ausnahmen, und insbesondere solche im europäischen Mittelalter „allerdings vom Horizont des damaligen Weltbildes begrenzt [waren] und [...] eher philosophische Anschauungen als wahre Kenntnisse von der Gestalt der Erde [widerspiegelten]" (Kupcik 1989, S. 9). Bis zur Renaissance und zu den neuzeitlichen technischen und wissenschaftlichen Erkenntnissen waren die Kartenzeichner gezwungen, die topographischen Kenntnisse den Interessen der geistlichen und weltlichen Obrigkeit unterzuordnen (nach Kupcik 1989, S. 11). So wurde etwa der Begriff der „Christlichen Topographie" für künstlerische und kontemplative Ausdrucksformen vorherrschender Weltbilder eingeführt, welche in der Regel Jerusalem als Zentrum der Darstellung der bewohnten Welt, der Ökumene, in radförmigen Karten aufweisen und die Aufmerksamkeit der Kartenleser mit dem oberen Kartenrand nach Osten „orientieren".

„Seit dem 16. Jahrhundert kennt man Atlanten als Sammlungen von Karten, Schaubildern und Graphiken, auf denen die Entdeckungen und die Einflussbereiche der Territorialmächte ‚sichtbar wurden'. Geographie ist mithin nicht nur die Königsdisziplin der Strategen und Eroberer, sondern auch die Kunst, die Welt zu enthüllen, verborgene Tendenzen und verdeckte Veränderungen fassbar zu machen." (Ramonet 2003, S. 5).

Ein Beispiel dieser Epoche ist der Atlas von Mercator (1585), welcher im Nachhinein als „erster Ausdruck des geographischen Weltbildes im Zeitalter des Kolonialismus" bewertet wird (Peters 1990). Aus der Kritik am seither vermeintlich bestimmenden eurozentrischen Weltbild entwickelte Peters die Forderung „eines neuen geographischen Weltbild[es], das auf der Gleichrangigkeit aller Völker der Erde beruht" (ebd.). Die hierzu publizierten Kartennetzentwürfe sind in der wissenschaftlichen Kartographie jedoch sehr umstritten und werden in einem Journalismus-Handbuch gar als Produkt eines „Gerechtigkeitsfanatikers" bewertet.[1]

Spätestens mit postmodernen Ansätzen in den kritischen Sozialwissenschaften wurden die Kenntnisse der Kartographie-Historiker über verschiedene Bedeutungen der Karten und Kartographie aufgegriffen und mit der Einforderung der „Dekonstruktion" der Karte (vgl. Harley 1989) in einen erweiterten wissenschaftlichen und politischen Diskurs eingebracht. Demnach gilt es, die nach rationalistischer Perspektive als (möglichst) „wahre" Abbilder der Erde oder der Wirklichkeit verstandenen Karten, ähnlich wie Texte oder andere Artefakte der Wissenschafts- und Alltagskultur, als soziale Konstrukte aufzufassen.[2] Diese unterliegen jeweils spezifischen Konzepten oder Interessen, letztlich „Bildern über die Welt" und Vorstellungen, wie „die Wirklichkeit" repräsentiert werden sollte. Solche verzerrten Abbilder gilt es hinsichtlich ihrer „versteckten Agenda" – oder nach Harley (1989, S. 9) „dem zweiten Text in der Karte" – zu hinterfragen oder zu entmythologisieren, wie es etwa Scheer (2003, S. 8) in seinem Vorwort zum „Atlas der Globalisierung" aufgreift.

Von besonderer Bedeutung für diesen Beitrag ist die Diskussion um die Beziehungen zwischen Wissen und Macht einerseits und deren Einbindung in die Kartographie andererseits sowie über die verschiedensten Bedeutungsebenen von und in Karten.[3] In der disziplingeschichtlichen Literatur wird hierzu neben dem Beispiel der Kolonialkartographie (s.o.), auch auf die allgemeine Problematik von Grenzziehungen und letztlich auch auf „Propagandakarten" etwa zum Versailler Vertrag, des Nationalsozialistischen Regimes oder auch zum „Kalten Krieg" verwiesen (s.u.).

---

[1] Vgl. u. a. Dt. Ges. f. Kartographie (1985), Monmonier (1996, S. 96–99), Wilhelmy (1996, S. 71), Knox/Marston (2001, S. 31) sowie Liebig (1999, S. 233).

[2] Vgl. Mac Eachran (1995), Vujakovic (1997), Cosgrove (1999), Crampton (2001), Schlögel (2003) sowie zur „territorialen Rhetorik" Reuber (2002) und Reuber/Wolkersdorfer (2003). Karten ohne Konnotationen sind prinzipiell nicht konstruierbar und selbst „neutrale Übersichtskarten" gelten nach Wood (1992, S. 188; vgl. auch Mac Eachran 1995, S. 340) als Mythen. Jansen/Scharfe (1999, S. 96) stellen heraus, dass von Infographiken keine absolute Objektivität erwartet werden kann (vgl. auch Liebig 1999, S. 236).

[3] Vgl. u. a. Harley (1988), Mac Eachran (1995), Monmonier (1996), Cosgrove (1999) sowie Crampton (2001).

In aktuellen politischen Diskursen haben zudem Metaphern aus der Kartographie eine Renaissance erfahren: mit einer im „Westen" erstellten „Roadmap" werden vermeintlich zielgerichtete und exakt geplante Projekte sowohl für den Konflikt zwischen Israel und Palästina als auch für den Wiederaufbau Afghanistans oder des Iraks in die Diskussion gebracht. Doch genauso wie die Medienberichterstattung wiederholt Fehlschläge des Wiederaufbaus aufzeigt, muss auch die Frage erlaubt sein, ob solche „Straßenkarten" nicht vom Prinzip her unzureichende Metaphern sind (vgl. u. a. Steinbach 2003). Wer hat sich nicht schon mit einer Straßenkarte verfahren?

Somit stellt sich die Frage nach dem praktischen, alltäglichen Nutzwert von (Medien-)Karten im Allgemeinen, das heißt, ob sie eine ausreichende und zuverlässige Orientierung über Ereignisse und Entwicklungsprozesse in fremden Regionen bieten? Oder sind sie eher Projektionsebenen für Vorstellungen oder Ideen der „realen" beziehungsweise wünschenswerten Welt? Sind solche (Medien-)Karten somit implizit, oder gar explizit, auch Instrumente für bestimmte „geopolitische Bilder" oder gar „territoriale Rhetorik" (vgl. Reuber 2002)?

Normen, kartographische Manipulationen und Propagandakarten

Bei einer disziplingeschichtlichen Annäherung an die Kartographie zeigen sich wiederholt vielfältige Beispiele für normative Setzungen, welche die vermeintlich objektiven und „naturgegebenen" oder mathematisch verfassten Grundlagen kartographischer Darstellungen unmittelbar und mittelbar beeinflussen. So weisen deutschsprachige Kartographie-Lehrbücher durchaus darauf hin, dass die Entwicklung der Kartographie nicht nur in die „Technik-Geschichte", sondern auch in die „Kultur-Geschichte" der jeweiligen Epochen eingebunden ist (vgl. Hake, Grünreich, Meng 2002, S. 528–529).

Ein nahe liegendes Beispiel für – oft lange strittige – Konventionen ist die der Festlegung des Null- oder Anfangsmeridians, welcher anders als der Äquator, die Bezugsebene für die Breitenkreise, auf dem Globus nicht geometrisch bestimmt werden kann. Wurde der Nullmeridian in der Antike in den äußersten Westen der damals bekannten Welt – Ferro auf den Kanaren – gelegt, um einzig positive Koordinatenwerte zu erhalten, wurden in späteren Epochen konkurrierende Nullmeridiane etwa für Paris, Rom, Berlin oder das russische Pulkowo verwendet (vgl. Wilhelmy 1996, S. 43f.; Hagel 1998, S. 23). Die internationale Konvention des Meridians durch die Sternwarte von Greenwich bei London (1883/84 bzw. 1911) wurde in zahlreichen Staaten nur mit deutlichem Zeitverzug übernommen und stellt in vielen – auch aktuellen – Weltkarten das westliche Europa in das Bild- und damit in das vermeintliche Weltzentrum. Potentaten des britischen Empires schätzten dies besonders und stellten London als politisches Zentrum zusätzlich heraus, indem Australien und Neuseeland oftmals sowohl am rechten als auch am linken Kartenrand dargestellt wurden (vgl. Monmonier 1996, S. 96).

Im Zeitalter der Entdeckungen und der Kolonialisierung der Welt durch europäische Mächte wurde sowohl in Karten Macht ausgedrückt als auch mittels Karten Macht instrumentalisiert. So teilte der Vertrag von Tordesillas (1494) die Einflusssphären der konkurrierenden Seemächte Portugal und Spanien auf der Südhalbkugel entlang eines Meridians etwa 1.850 Kilometer westlich der Kanaren (vgl. Knox/Marston 2001, S. 87).

Aus der Vielzahl der oftmals willkürlichen und tradierte Siedlungs- und Wirtschaftregionen durchtrennenden kolonialen Grenzziehungen sei an dieser Stelle einzig auf britisch-russische Vereinbarungen, wie die anglo-russische Konvention von 1907, in Zentral- und Südasien verwiesen, welche in der erstmaligen Festlegung der Grenzen Afghanistans als „Pufferstaat" des „Great Game" mündeten (vgl. u. a. Kreutzmann 2001; 2002). Nach Schetter (2003, S. 219) ist das afghanische Staatsgebiet somit „ein Produkt der Kolonialpolitik *par excellence*". Die Zerschneidung der pashtunischen Stammesgebiete dies- und jenseits der „Durand-Line", welche 1893 einzig auf kleinmaßstäbigen Karten, mit nur wenigen eindeutigen topographischen Details, festgehalten und über weite Strecken nicht vor Ort durch Grenzmarkierungen fixiert worden ist (vgl. Clemens 2003), wird auch als „ethnischer Horror" bezeichnet (Wakil 1989, zit. in Schetter 2003, S. 219).

Bis in die jüngste Vergangenheit ist die Manipulation von Karten und damit von „geographischem Wissen" der Öffentlichkeit offensichtlich und lässt sich leicht anhand des Beispiels des Einflusses militärischer Interessen nachvollziehen. So erfolgte die so genannte topographische Landesaufnahme des 19. Jahrhunderts in den deutschen Staaten, vergleichbar mit europäischen Nachbarn, primär durch militärische Dienststellen und noch heute sind ältere Bezeichnungen wie „Generalstabskarte" oder „Generalkarte" für die Maßstäbe 1:100.000 und 1:200.000 durchaus geläufig.[4] „Die Anforderungen des Militärs beschleunigten die Entwicklung der Kartographie, vor allem nachdem der Siebenjährige Krieg die Bedeutung brauchbarer Karten (auf der Seite der Preußen) deutlich gemacht hatte und schließlich Napoleon begonnen hatte, Feldzüge nach der Karte zu planen." (Großjean 1996; zitiert in Hagel 1998, S. 18). Damit geht nahezu zwangsläufig die Geheimhaltung topographischer Informationen einher:[5] „Wenn Wissen Macht ist, dann ist das Wissen eines Feindes über die eigenen Schwächen eine Bedrohung" (Monmonier 1996, S. 113; Übersetzung JC). Noch heute sind in einigen Entwicklungsländern, wie Pakistan oder Indien, detaillierte topographische Karten in großen Maßstäben nicht öffentlich erhältlich.

---

[4] Vgl. Wilhelmy (1996, S. 141–143), Hagel (1998, S. 21) und Zögner (1999, S. 56f).
[5] Vgl. Monmonier (1996, S. 113f.), Wilhelmy (1996, S. 141–143), Hagel (1998 S. 21) und Zögner (1999, S. 57f).

In der Deutschen Demokratischen Republik wurden sogar parallele Kartenwerke in großen Maßstäben geführt. Die detaillierte und genaue „Ausgabe für den Staat" (AS) galt als „vertrauliche Verschlusssache" und streng geheim, während die stark generalisierte und oftmals auch in ihren Eintragungen verfälschte „Ausgabe für die Volkswirtschaft" (AV) als „vertrauliche Dienstsache" klassifiziert wurde und ebenfalls nicht öffentlich zugänglich war (vgl. Schirm 1992; Hagel 1998, S. 24). Darüber hinaus verweist Monmonier (1996, S. 115–118) auf verschiedene Beispiele bewusster Desinformation in international zugänglichen sowjetischen Quellen. Mit der in verschiedensten kartographischen Quellen wechselnden Darstellung oder Verortung strategisch wichtiger Lokalitäten sollte im Kalten Krieg verhindert werden, dass nutzbare Lagekoordinaten für die Auswertung etwa von Spionage-Luftbildern bekannt wurden.

Allerdings sind Retuschierungen oder das Fortlassen topographischer Details auch in bundesdeutschen Karten bis in die Gegenwart üblich. So sind Militäreinrichtungen in topographischen Karten oftmals durch Zäune, Zufahrtsstraßen etc. zu identifizieren, auch wenn beispielsweise Rollbahnen von Flugplätzen nicht dargestellt werden dürfen (vgl. Hüttermann 1975, S. 108–109; Hagel 1998, S. 43; 117).

Als separate Kategorie sind in diesem Zusammenhang die „Propagandakarten" anzuführen, deren Aufgabe Schumacher (1934) unter dem Oberbegriff „geopolitischer Karten" wie folgt umreißt: „Propagandistisches Moment kennzeichnet jede geopolitische Karte, nicht stofflicher Inhalt." (zitiert in Wilhelmy 1996, S. 324). Somit wird die Karte ausdrücklich zum Mittel eines politischen Zweckes und dieser über den Karteninhalt gestellt. Nach Wilhemy (ebd.; Hervorhebungen i. Orig.) sind dies „propagandistische Erzeugnisse, d. h. [...] *fingierte* Karten, die häufig der Wirklichkeit nicht entsprechende Sachverhalte und Raumvorstellungen veranschaulichen wollen." Aus journalistischer Perspektive wird hierbei der „ohne Zweifel schmale Grat zwischen verantwortungsvoller Zuspitzung und suggestiver Propaganda [...] überschritten." (Jansen/Scharfe 1999, S. 42).

In der gängigen Literatur wird dieser Typus in seiner Reinform der nationalsozialistischen Propaganda zugeschrieben.[6] Die hierbei zugrunde liegenden Ziele und graphischen Werkzeuge, beispielsweise Zeichensprache oder Symbole wie der Pfeil, werden beispielsweise von Monmonier (1996, S. 99–107) sowie Wilhelmy (1996, S. 325–326) ausführlich dargelegt. Weitere kritische Analysen von Propagandakarten untersuchen aber auch vergleichend frühere französische und deutsche Kartendarstellungen zum Versailler Vertrag (vgl. Bendick 1999). Als weiteres propagandistisches Bei-

---

[6] Vgl. hierzu Monmonier (1996, S. 99–107) mit zahlreichen Beispielen aus der englischsprachigen Zeitschrift des NS-Regimes „Facts in Review" sowie Liebig (1999, S. 233–234) und Jansen/Scharfe (1999, S. 42–43; 48–49).

spiel ist auf den gezielten Einsatz nicht-flächentreuer Kartennetzentwürfe, vor allem die so genannte „Mercator-Projektion", hinzuweisen, welche die empfundene kommunistische Bedrohung durch die ehemalige Sowjetunion und die Volksrepublik Chinas gegenüber Europa und Nordamerika unterstreichen sollten (Monmonier 1996, S. 94–96). Darüber hinaus werden die jeweiligen nationalen Interpretationen von strittigen Grenzverläufen oder Gebietsansprüchen häufig auch in populären Medien wie Tourismuskarten oder offiziellen Briefmarken transportiert, wie Monmonier (1996, S. 90–94) stellvertretend für den Kashmirstreit zwischen Indien und Pakistan oder für die argentinischen Ansprüche auf die Falkland-Inseln beziehungsweise Malvinas dokumentiert.

Medienkarten – „Kurzzeit"-Karten

Im Kontext der aktuellen internationalen Konflikte und ihrer „Arenen" im Vorderen Orient (Afghanistan, Irak) wird wiederholt über die Manipulation der Öffentlichkeit durch die Medienberichterstattung – insbesondere im Fernsehen – diskutiert.[7] Verzerrungen ergeben sich dabei nicht nur durch die Wortwahl in den Berichten, sondern auch durch die benutzten Darstellungen oder Repräsentationen der Territorien in „Medienkarten".[8] Menschen in Europa und den USA haben meist keine genaueren räumlichen Vorstellungen der Welt, diese entstehen entsprechend erst mit den Medienberichten. Somit tragen die Medien nicht unwesentlich zum Aufbau eines räumlichen Weltverständnisses, das heißt von Weltbildern, bei.

Eventuelle Fehler oder Ungenauigkeiten, aber auch unbewusste oder gar bewusste Verzerrungen der inhaltlichen und graphischen Darstellungen spielen daher eine nicht zu unterschätzende Rolle bei der Bewertung einer vom allgemeinen Anspruch her möglichst „wahrheitsgemäßen" oder „objektiven", zumindest aber sachlichen Berichterstattung. Als ein zentrales Anliegen der „Vierten Gewalt" gilt: „Informieren, die Mitsprache und Kritikfähigkeit des Bürgers zu erhöhen, ist ein hehres Ziel der westdeutschen Presse. Der Leser soll durch die Zeitung in die Lage versetzt werden, über Themen zu reflektieren, ohne Spezialist [...] zu sein." (Everling 1997, S. 124).

---

[7] Vgl. etwa die Artikelserie „Der Krieg und die Medien" in: die tageszeitung, Berlin.

[8] In deutschsprachigen Lehrbüchern zur Kartographie finden Medienkarten nur eine rudimentäre Behandlung (vgl. Hake, Grünreich & Meng 2002: Massenmedienkarten bzw. Presse-/Zeitungskarten oder Fernsehkarten). Einzig von Scharfe (1997) und Monmonier (1999) liegen separate Abhandlungen über Massenmedienkarten oder Nachrichten- und Zeitungskarten (news maps) vor, welche wiederum aufgrund der begrenzten Nutzungsdauer von Massenmedien auch als „Kurzzeit"-Karten bezeichnet werden (Jansen & Scharfe 1999). Für die Informationsgraphik wurden seit den späten 1990er Jahren mehrere Handbücher aufgelegt, welche auch „Pressekarten" und kartographische Grundlagen für den Journalismus umfassend behandeln (vgl. Liebig 1999, Jansen & Scharfe 1999 sowie verschieden Beiträge in Scharfe 1997).

Demgegenüber widmen sich kritische Analysen auch eventuell verborgenen Funktionen der Medien. Aus der Sicht der Kritischen Theorie dienen diese nicht primär der sozialen Reproduktion zum Wohle der gesamten Gesellschaft, sondern vielmehr den Interessen dominanter und einflussreicher Akteure (vgl. Vujakovic 1997, S. 56)

Hinsichtlich der Funktion von Medienkarten wird der räumlichen Orientierung zu einem thematischen Sachverhalt eine zentrale Bedeutung beigemessen: „Der Leser soll möglichst auf einen Blick in die Lage versetzt werden zu sehen, *wo* der im dabeistehenden Text angesprochene Ort liegt." (Richter 1997, S. 150; Hervorhebung JC). Somit sind Übersichtskarten neben einfachen thematischen Karten die häufigsten Medienkarten insgesamt sowie auch der im Folgenden vorgestellten Stichprobe:[9] Bei thematischen Medienkarten ist der Übergang zu „reißerischen" oder überzeichneten Darstellungen mit rein illustrativen Ergänzungen, wie etwa Bilder von Waffensystemen oder Truppenverbänden, oftmals fließend (s. u.; vgl. Abb. 2 u. 3.a). Dabei ist der Grat zwischen einer „kartographischen Infographik" und einer Propagandakarten sehr schmal und weniger an der graphischen Form als an den inhaltlichen Zielsetzungen festzumachen (vgl. Jansen/Scharfe 1999, S. 48). In Nachrichtenmagazinen und Boulevardzeitungen werden zudem seitenfüllende Karten – separat oder als Collagen – abgedruckt, die wiederholt nur den Hintergrund für Schlagzeilentexte oder Fotos liefern.

Die Botschaft von Karten, beziehungsweise deren gegebenenfalls versteckter Aussageebenen, wird oftmals mit diesen zusätzlichen Illustrationen vermittelt, welche nicht direkt zur rein räumlich-kartographischen Information dienen. Nach Harley (1988) geben in „alten" Karten insbesondere die so genannten Randzeichnungen (Marginalia) einen direkten Hinweis auf politische Absichten bei der Produktion von Karten, sie sind somit ein wichtiger Ansatzpunkt zum Erkennen und zur Dekonstruktion der meist nicht offen erklärten Kartenaussage. So werden etwa rassistische Stereotype innerhalb oder am Rand von Karten der Kolonialzeit aufgegriffen. Diese gelten vor dem kulturellen Hintergrund der Kartenhersteller als Konnotationen der Überlegenheit gegenüber den Eroberten, welche zu zivilisieren waren (vgl. Mac Eachran 1995, S. 347).

Ähnlich wie bei den zuvor dargestellten Manipulationen und normativen Setzungen sind auch für die Analyse von Medienkarten einige formale und inhaltliche Kriterien von genereller Bedeutung. Auch wenn die Reduktion auf die wirklich wichtigen und zentralen Informationen zum journalistischen Alltag und somit auch zur Herstellung von Medienkarten zählt (vgl. u. a. Everling 1997), sollte die Berücksichtigung zentraler kartographischer Grundla-

---

[9] Zur oftmals unterschiedlichen Typologie und relativen Häufigkeit der verschiedenen Medienkarten vgl. verschiedene Beiträge in Scharfe (1997), Jansen & Scharfe (1999), Liebig (1999) und Monmonier (1999).

gen ebenso zum Handwerkszeug der Mediengraphiker gehören.[10] Hierzu zählt beispielsweise die Angabe des Verkleinerungsverhältnisses, um den Lesern die Erfassung der räumlichen Dimensionen zu ermöglichen, Noch entscheidender, zumindest bei weltweiten Darstellungen, ist die Auswahl des Kartennetzentwurfs beziehungsweise der Projektion, da kein Kartennetzentwurf zugleich die Längen-, Winkel- und Flächenverhältnisse der Erdoberfläche korrekt darstellen kann. Aufgrund der ausführlichen Literatur zu diesen Grundlagen, auch in journalistischen Handbüchern, sowie den vorhandenen Alternativen, sollten solche kartographischen „Verzerrungen", wenn etwa in der „Mercator-Projektion" – geometrisch bedingt – die Tropen und Subtropen und damit die meisten Entwicklungsländer in ihrer Flächenausdehnung verkleinert dargestellt werden, in den Medien vermieden werden. Deren weiterhin praktizierte Verwendung unterstützt letztlich – beabsichtigt oder unbeabsichtigt – euro-zentristische Weltbilder.

Besondere Sorgfalt erfordert auch die kartographische Behandlung umstrittener Grenzverläufe oder Gebietsansprüche. Dies betrifft nicht alleine die möglichst sachgerechte Information der Leserschaft; wiederholt hat etwa die der indischen Lesart widersprechende Darstellung Kashmirs den Vertrieb von Büchern und Publikation in Indien unmöglich gemacht.

Von potenziell großem Einfluss auf die Bilder der Welt in den Köpfen der Leserschaft und Entscheidungsträger sind auch die Darstellungen von Siedlungsgebieten ethnischer Gruppen. Werden diese zeichnerisch vereinfacht und homogenisiert, das heißt allein nach der jeweils zahlenmäßig größten Gruppe in Flächenfarben dargestellt, liegt der Schluss nahe, etwa eine auf ethnischen Faktoren basierende Aufteilung von Verwaltungsgebieten durchzuführen. Dies wurde etwa anlässlich der „Petersberg-Konferenz" im Dezember 2001 in die internationale Diskussion um eine mögliche Föderalstruktur Afghanistans eingebracht. Allerdings bleibt immer zu fragen, wie verlässlich einerseits die Daten selber sind und andererseits – und dies ist letztlich entscheidender – ob dieses Verfahren der homogenen Flächendarstellung der Situation angemessen ist. Tatsächlich sind homogene Siedlungsgebiete einer Ethnie, Volks- oder Religionsgruppe die Ausnahme, wofür Afghanistan ein Beispiel darstellt.

Letztlich bleibt noch zu untersuchen, welche redaktionellen Ziele mit dem Einsatz von Karten verfolgt werden, beziehungsweise welche Personen und/oder Instanzen innerhalb der Medien darüber allgemein und im Detail entscheiden.

---

[10] Nach übereinstimmenden Angaben haben die wenigsten Zeitungs- oder Infographiker eine kartographische Ausbildung oder zumindest ausreichende Fachkenntnisse, vgl. u. a. Everling (1997), Liebig (1999) und Monmonier (1999). Zur Bedeutung kartographischer Grundlagen bei der Erstellung von Infographiken vgl. Liebig (1999, S. 231–234; 239), Jansen/Scharfe (1999, S. 144; 162).

Medienkarten zum Afghanistankrieg – ein Fallbeispiel

Vor dem Hintergrund des von Oktober bis Dezember 2001 geführten Krieges gegen den Terrorismus in Afghanistan wird im Folgenden eine Stichprobe deutscher Printmedien nach den zuvor aufgeführten Aspekten untersucht.[11]

Im Widerspruch zu vereinfachenden Aussagen wie der, dass durch Kriege in Entwicklungsländern auch neue „Terrae Incognitae" entstünden, da ein Bereisen oder eine intensive Berichterstattung in solchen Regionen kaum oder gar nicht mehr möglich sei (vgl. Rufin 1993, S. 31–38), geht der vorliegende Beitrag von der These aus, dass Kriege und ihre kartographische Behandlung in populären Medien gerade zum Gegenteil – zu einer verbesserten Kenntnis über betroffenen Gebiete – führen können. Als Beispiel werden in dieser Untersuchung Medienkarten zum Afghanistankrieg analysiert, die trotz aller Mängel zuvor weitestgehend unbekannte Orte und Regionen darstellen (vgl. Abb. 1).

Abb. 1. Afghanistan-Übersichtskarte. *Entwurf:* J. Clemens

---

[11] Diese Stichprobe schließt 13 Tages- und Wochenzeitungen bzw. Nachrichtenmagazine ein und umfasst die Hauptphase der Kämpfe in Afghanistan bis zur „Petersberg-Konferenz" (11.9.–30.11.2001). Ausgewählt wurden wichtige überregionale Tageszeitungen, verbreitete Boulevardzeitungen sowie regionale Tageszeitungen aus Nordrhein-Westfalen. Insgesamt werden 255 Medienkarten und kartenverwandte Darstellungen untersucht; kombinierte und inhaltlich zusammenhängende Darstellungen, etwa Montagen von Haupt- und Nebenkarten mit Satellitenbildern oder Fotografien, sind zu jeweils einem Fall zusammengefasst. Die Materialsammlung wurde um eine schriftliche Befragung der Redaktionen der ausgewählten Medien erweitert, vgl. Clemens/Dittmann (2003).

Betont werden muss jedoch, dass nicht kriegerische Handlungen per se, sondern vor allem die Involvierung „westlicher" Interessen zur Berichterstattung führen.

Für die Auswertung stehen neben formalen kartographischen Kriterien insbesondere die verschiedenen – expliziten oder impliziten – Bedeutungsebenen in Karten sowie die bewusste oder unbewusste Desinformation der Leserschaft im Vordergrund.

Ausgangssituation der Untersuchung war die rasche Fokussierung der Berichterstattung auf Osama bin Laden und das „Al-Qaida"-Netzwerk, mit ersten Übersichtskarten zu Afghanistan schon ab dem 14.9.2001. Vor dem Hintergrund der Erfahrungen aus dem Golfkrieg von 1990/91 über die Informationskontrolle der USA wird die Frage aufgegriffen, inwieweit Medienkarten tatsächlich zur sachlichen Information über Kriegsregionen und -ereignisse beitragen können.

Formale Aspekte und Darstellungsformen in Medienkarten

Die Analyse formaler Kriterien zeigt für die Stichprobe deutlich, dass sowohl in der allgemeinen Kartographie als auch in Handbüchern zur Infographik als erforderlich betrachtete Elemente häufig fehlen. Dies betrifft die Maßstabsangabe, Quellenangaben zu dargestellten Daten und Inhalten sowie Angaben zur Autorenschaft der untersuchten Karten. Demgegenüber werden die von externen Agenturen übernommenen Karten, analog zu Pressefotos, immer mit Herkunftsangaben versehen. Somit fehlt den interessierten Kartenlesern oftmals eine Bewertungsmöglichkeit der Qualität dieser Informationen, wie sie etwa bei Presseartikeln in der Regel direkt oder indirekt möglich ist, indem beispielsweise auf Interviews, eigene Recherchen, Agenturmeldungen oder zugrunde liegende Presseerklärungen verwiesen wird.

Selbst bei komplexen thematischen Karten, wie solchen zur ethnischen Differenzierung Afghanistans, fehlen Quellenangaben entweder gänzlich oder es wird auf den Hinweis verzichtet, dass diese Bevölkerungsdaten auf Schätzungen aus der Zeit vor der sowjetischen Besatzung (seit 1979) beruhen. Zudem ist allgemein die Repräsentation der ethnischen Siedlungsgebiete als homogene Areale verbreitet, wobei die kleinräumige Überlappung und Vielfalt weder mit Textelementen erwähnt noch zeichnerisch – etwa als verzahnte Arealsäume, mit Mischfarben oder Schraffuren – angedeutet wird. Weitere formale Untersuchungsmerkmale sind darüber hinaus der Einsatz von Farben, die Darstellungsform und -größe sowie die Layout-Gestaltung.

Zum Afghanistankrieg druckten insbesondere Boulevardzeitungen, Wochenzeitungen und Nachrichtenmagazinen überwiegend Farbkarten, wobei für Boulevardzeitungen bezeichnend ist, dass diese bei halb- oder ganzseitigem Druck vor allem als Blickfang („Eye-Catcher") eingesetzt werden und

Abb. 2. „Ziel Afghanistan" – Typische Überzeichnung einer Medienkarte in der Boulevard-presse. *Quelle:* Express (Köln), 19.10.2001

der Karteninhalt gegenüber der Schlagzeile zurücktritt. Mehrheitlich ergänzen in der untersuchten Stichprobe jedoch kleinformatige Medienkarten mit ein- bis zweispaltiger Breite die Texte der jeweiligen Seite.

Die Bedeutungsebenen von Medienkarten – Fakten oder „Weltbilder"?

Mit den zuvor behandelten formalen Aspekten korrespondiert die Frage, inwieweit die untersuchten Medienkarten zusätzliche Bedeutungsebenen enthalten, welche über rein kartographische und an Fakten gebundene Informationen hinaus gehen. In der vorliegenden Stichprobe wird eine nicht zwingend objektive Unterscheidung zwischen „sachlichen" und „reißerischen" oder überzeichneten Darstellungsarten vorgenommen. Das wichtigste Kriterium ist hierbei die Ergänzung der Karten mit zusätzlichen, nicht an die Lokalisierung von Fakten gebundenen Illustrationen, wie Personenporträts, Kampfverbände oder Waffensysteme der beiden Seiten. Im vorliegenden Fall wird für die Ausweisung als „reißerische Karte" insbesondere die Verwendung fotorealistischer Bilder gegenüber abstrakten, kartenüblichen Symbolen sowie deren Darstellungsgröße herangezogen. Häufig übertrifft die Darstellungsgröße einzelner moderner westlicher Waffensysteme, wie Flugzeugträger, Kampfjets oder Marschflugkörper, deutlich die Kartengröße Afghanistans. Somit wird die Grenze der sachlichen und wertfreien Berichterstattung überschritten und zumindest als indirekte Bedeutungsebene ein Paradigma vermittelt: die „westliche" Waffenüberlegenheit gegenüber einem islamischen Entwicklungsland.

Die Verbreitung solcher überzeichneten Karten zeigt überdurchschnittliche Häufungen in der Boulevardpresse und in einem Nachrichtenmagazin sowie leichte Häufungen bei je einer regionalen und überregionalen Tageszei-

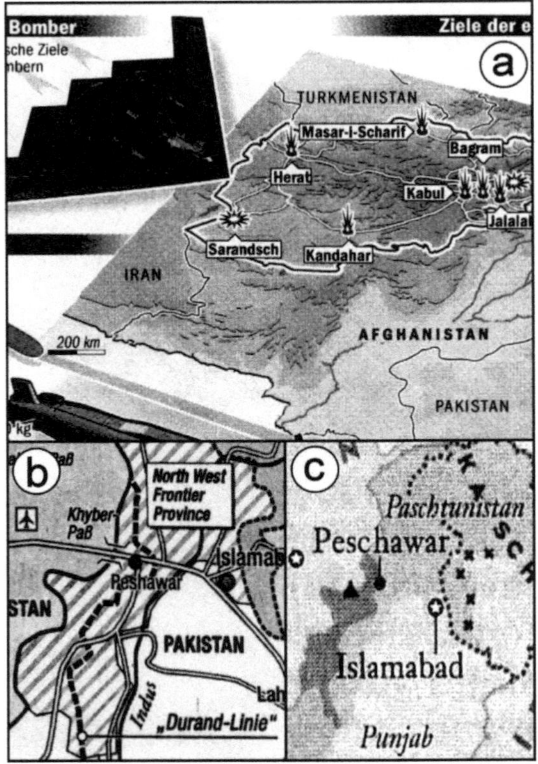

Abb. 3 a–c. Collage typischer Medienkarten zum Afghanistan-Konflikt – 1. *Zusammenstellung der Zeitungsausrisse:* J. Clemens. **a** Kölner Stadt-Anzeiger, 9.10.2001, S. 6. Eine als „reißerisch" eingestufte Darstellung – mit photorealistischen Abbildungen von Waffensystemen (ohne kartographische Relevanz), die mehr Druckfläche beanspruchen als das Territorium von Afghanistan; Afghanistan im pakistanischen und Pakistan im indischen Territorium dargestellt. **b** Frankfurter Allgemeine, 23.10.2001, S. 9. Falscher Verlauf der „Durand-Linie". **c** Die Woche, 28.9.2001, S. 6. „Paschtunistan" und Kaschmir in verfälschender Lagezuordnung

tung sowie einem weiteren Nachrichtenmagazin (vgl. Abb. 4). Das Bild der „westlichen Überlegenheit" wird zusätzlich in vereinzelten Weltkarten vermittelt, indem vor allem Boulevardzeitungen weiterhin flächenverzerrende Kartennetzentwürfe nutzen.

Kriegskarten, wie in dieser Stichprobe, vermögen zudem bei Kartenlesern rasch die Interpretation aufkommen lassen, dass bei den dargestellten Kämpfen allein Territorien, und nicht auch und vor allem Menschen, bombardiert und kontrolliert werden (vgl. Muehrcke 1974 zitiert in Mac Eachran 1995, S. 347; vgl. Abb. 3.a). Opfer und Flüchtlinge werden nur in wenigen der untersuchten Pressekarten thematisiert.

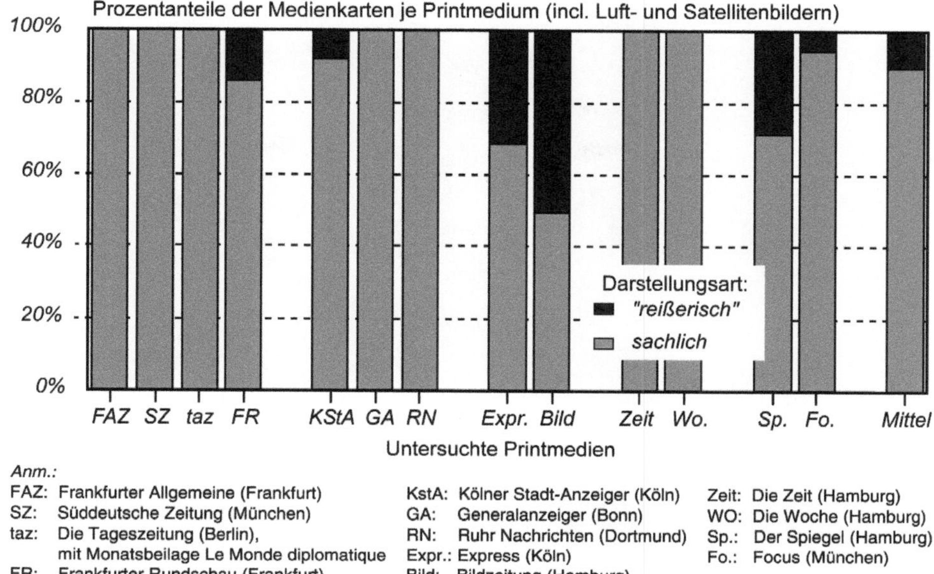

Abb. 4. „Reißerische" und sachliche Afghanistan-Medienkarten. *Entwurf:* J. Clemens. N = 255

Grenzdarstellungen, Lokalisierungen, Toponyme und Karteninhalte

Bei genauer Durchsicht der vorliegen Medienkarten sind zudem wiederholt falsche Lokalisierungen von Orten oder gar Staaten zu finden, wie die Verwechslung von Pakistan mit Indien und Afghanistans wiederum mit Pakistan (vgl. Abb. 3.a) oder die von Russland mit Kasachstan (vgl. Abb. 5.a). In anderen Fällen wird die „Durand-Line", die faktische Grenze zwischen Afghanistan und Pakistan, mitten durch die pakistanische North-West Frontier Province dargestellt (vgl. Abb. 3.b) oder in Pakistan „Paschtunistan" neben den Provinzen (vgl. Abb. 3.c), unter Einschluss nichtoriginär pashtunischer Siedlungsgebiete aufgeführt.

Darüber hinaus fällt auf, dass trotz der in der Redaktionsbefragung aufgeführten Mechanismen des Korrekturlesens häufig uneinheitliche Schreibweisen und Lagefehler unkorrigiert bleiben oder solche Fehler erst in später publizierten Karten erfolgen (vgl. Abb. 5.b/c). Dies betrifft insbesondere kleinmaßstäbige Übersichtskarten, in denen die Lage von Städten über die notwendige Generalisierung hinaus verzerrt wird, etwa Kabul, Jalalabad und Kandahar zu grenznah oder zu weit im Norden oder Süden (vgl. Abb. 5.a/b).

Auch wenn es zutreffen mag, dass die Fehlerquote in Pressekarten nicht höher ist als in der gesamten Zeitung (vgl. Richter 1997, S. 150), sind viele dieser Fehler keine Flüchtigkeitsfehler unter Zeitdruck, sondern müssen als un-

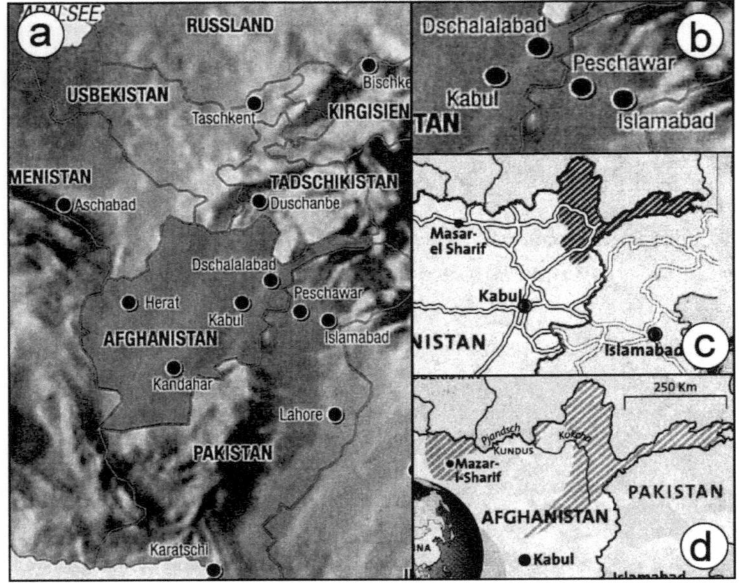

Abb. 5 a–d. Collage typischer Medienkarte zum Afghanistan-Konflikt – 2.
Zusammenstellung der Zeitungsausrisse: J. Clemens. **a** Süddeutsche Zeitung, 17.9.2001, S. 6.
Falsche Zuordnung von Russland/Kasachstan, Kirgisien statt Kirgistan. **b** Süddeutsche Zeitung, 17.9.2001, S. 6 und 8.10.2001, S. 8. Vergrößerter Ausriss; Nachdruck mit identischen Lagefehlern von Kabul, Jalalabad und Peshawar. **c** die Zeit, 20.9.2001, S. 9 und 27.9.2001, S. 14. Ungewöhnliche Schreibweise von Mazar-i-Sharif: Mazar-el Sharif, alleinige Darstellung der Nordallianz-Territorien im Nordosten Afghahistans. **d** Die Zeit, 18.10.2001, S. 19. Korrektur der Schreibweise von Mazar-i-Sharif, veränderte, aber weiterhin unvollständige Darstellung der Nordallianz-Territorien

zureichende Recherche der Journalisten und Zeitungsgraphiker bewertet werden. Monmonier (1996) und Everling (1997) verweisen in diesem Zusammenhang zusätzlich auf die Verführung moderner Grafiksoftware – gerade für kartographisch ungeübte Anwender –, ungewollt fehlerhafte Darstellungsformen zu wählen. Vor dem Hintergrund der offensichtlichen Praxis, Grundkartenbestände zu pflegen, erscheinen solche wiederholten Lage- und Darstellungsfehler um so unverständlicher und sollten im Redigierprozess sowie bei der Beobachtung der Konkurrenzprodukte recht leicht auffallen.

Die Weltkarte zum Islam in einem Nachrichtenmagazin ist ein besonders krasses Beispiel für die mangelnde Sorgfalt beim Umgang mit Datenquellen und Statistiken im Allgemeinen sowie mit thematischen Karten im Besonderen. Während die Legende beispielsweise eine Klasse zwischen einem und neun Prozent der Muslime an der Gesamtbevölkerung ausweist, bleibt Sri Lanka mit 7,6 Prozent Muslimen (vgl. v. Baratta 2001) ohne Darstellung und Indien mit derzeit ca. elf Prozent Muslimen ist in dieser Karte mit höheren

Werten (35–74 Prozent) dargestellt. Genauso falsch oder irreführend ist die Darstellung schiitischer Siedlungsgebiete beispielsweise in Pakistan und in Kashmir. Diese Karte weist zudem entgegen der Eigenwerbung des Magazins („Fakten, Fakten, Fakten") keine Quellenangaben auf. Darüber hinaus zeigt die weitergehende Recherche, dass diese Pressekarte auf einer zuvor publizierten Atlaskarte in Kettermann (2001, S. 172–173) beruht. Hierbei wurden jedoch sowohl bestehende Fehler (z.B. Sri Lanka, schiitische Schwerpunkte) übernommen, als auch neue (z.B. Indien) integriert. Laut Liebig (1999, S. 234) ist der „Kartenklau", das heißt das Kopieren vorhandener Karten, eher die Regel, und deren Überarbeitung, das heißt die thematische Auswahl und Ergänzung, sei hinsichtlich der speziellen Erfordernisse und des Zeitdrucks der Printmedien auch geboten.

Das Beispiel einer überregionalen Tageszeitung zeigt mit einer in das Textlayout – ohne besondere Kommentierung – eingebundenen Weltkarte („Die Welt des Islam") ein weiteres Manko auf. Der Artikel mit der Überschrift „CSU stellt Zuwanderungsgesetz in Frage" behandelt allein die innenpolitische Kontroverse um das „Zuwanderungsgesetz" in Deutschland; diese inhaltlich unverbundene Kombination kann bei der Leserschaft durchaus eine „islamische Bedrohung" Deutschlands suggerieren und ist somit zu den impliziten Konnotationen zu zählen. Die vermeintliche Bedrohung von Vertrautem, oder dem „Eigenen", wird in anderen Kartentiteln wiederholt durch Anführungszeichen oder Fragezeichen angedeutet (vgl. Tabelle 1). Hierbei

Tabelle 1. Auswahl charakteristischer Titel der Medienkarten. (Zusammengestellt von J. Clemens)

Medien	Datum / Quelle	Titel
Express (Köln)	13.11., dpa	Nordallianz erobert weitere Provinzen
Frankfurter Rundschau	28.11., dpa/FR	Jagd auf Bin Laden
Focus (München)	39/2001, 278f.	Der Aufmarsch der Weltmacht
	40/2001, 254	Die Globalisierung des Terrors
	48/2001, 278	Gefährliches Völkergemisch
Spiegel (Hamburg)	39/2001, 17	„Weltfront des Islam"
	39/2001, 152f.	Brutstätten des Terrors?
	47/2001, 138f.	Rückzug zum Guerillakrieg
Süddeutsche Zeitung (München)	26.9.	Die Welt des Islam
	22.11.	Einflussgebiete in Afghanistan
Zeit (Hamburg)	11.10.	Auf der Flucht
	25.10.	Der Flickenteppich der Völker
	25.10.	Opium – Geldquelle der Armen

dürfte auch in den Redaktionen bekannt sein, dass „wertende Überschriften [...] eine Scheinrealität [produzieren]." (Jansen/Scharfe 1999, S. 42).

Ziel der vorliegenden Analyse ist es weniger, die Pressekarten systematisch mit den zugehörigen Artikeln und deren Inhalten zu vergleichen. Einzelne Stichproben zeigen jedoch, dass die sinnvolle und inhaltlich passende Ergänzung von Text und Karte nicht selbstverständlich ist, auch wenn dies wiederholt als wichtiger Anspruch herausgestellt wird (vgl. Everling 1997; Liebig 1999).

Eine weitere Quelle der unzureichenden oder gar fehlerhaften Information stellt das übermäßige Generalisieren und Fortlassen von Karteninhalten dar. Dies betrifft in der untersuchten Stichprobe beispielsweise die Handelsrouten für Drogen aus Afghanistan nach Westeuropa sowie Pipelinepläne durch Afghanistan. Im Extremfall werden nur einzelne und zudem ungenaue beziehungsweise falsche Routen oder Trassen dargestellt oder die Gesamtsituation und Planung wird nur unvollständig wiedergegeben. Keine der untersuchten Medienkarten zeigt ein annähernd vollständiges Bild, wie jene Pipelinekarte in Rashid (2001), dessen Buch jedoch in der deutschen Presse umfassend besprochen wurde.

Positiv fällt demgegenüber eine Kartenserie in einer regionalen Tageszeitung auf, welche ansonsten nur wenige Pressekarten zum Afghanistankrieg druckte. Die auf einer Agenturkarte basierende und in der Stichprobe einzigartige Serie von vier Inselkarten stellt – kompakt und doch übersichtlich – die territoriale Dynamik der Geländegewinne der Nordallianz gegenüber den Taliban für vier verschiedene Daten im November 2001 dar. Allerdings zeigt die Ausgangskarte die wiederholt festzustellende Tendenz, dass für die ursprünglich von der Nordallianz kontrollierten Gebiete nur die Provinz Badakhshan und Teile des Panjshir-Tales dargestellt werden. Gebiete um Mazar-i Sharif sowie im Westen oder im Zentrum Afghanistans werden in der Stichprobe nur vereinzelt gezeigt (vgl. Abb. 5.c/d). In der hier vorgestellten Karte werden die Geländegewinne der Nordallianz im November 2001 in Rot-Tönen dargestellt. Hierbei ist zu hinterfragen, ob Rot aufgrund seiner im europäisch-abendländischen Kontext verbreiteten kulturellen und politischen Farbassoziationen (Rot als Warnfarbe oder stellvertretend für Kommunismus und Sozialismus) eine günstige Wahl darstellt oder allenfalls aufgrund seiner Signalwirkung, ein vor allem für Boulevardzeitungen wichtiger Aspekt (vgl. Liebig 1999), ausgewählt wurde?

Die Praxis der Redaktionen – die Macht über die Karte

Eine wichtige Schlussfolgerung der Untersuchung ist, dass nicht nur die Themen- sondern auch die Kartenauswahl der Medienberichterstattung häufig allein aus der heimischen, deutschen Interessenlage erfolgt. So zeigt eine regionale Tageszeitung mit insgesamt geringer Kartenfrequenz im Oktober 2001 – der Zeit heftiger Luftangriffe und erster Bodenkämpfe in Afghanistan – einzig eine Karte zur Nahost- und Asienreise von Außenminister Fischer sowie in einer weiteren Karte die Flugroute der Bundesluftwaffe mit Versorgungsgütern in die Türkei.

Dass unter dem alltäglichen Termindruck Karten durchaus mit Fehlern und Ungenauigkeiten gedruckt werden (vgl. Monmonier 1996 sowie verschiedene Beiträge in Scharfe 1997) soll nicht weiter betont werden, dies geschieht durchaus auch in geographischen Fachzeitschriften oder in Karten renommierter Verlage (vgl. Clemens/Dittmann 2003). In der vorliegenden Studie sind aber trotz der von den Redaktionen selber herausgestellten Korrekturleseprinzipien wiederholt Diskrepanzen beim Redigieren von Karten festzustellen. Ein besonders deutliches Beispiel ist das allgemeine Problem der zwischen und innerhalb der Medien variierenden Schreibweise asiatischer Toponyme, welche sicherlich zur Verwirrung der Leserschaft führt.[12]

Zur Frage von Hintergründen und Zielen beim Einsatz von Medienkarten geben die Antworten von acht der insgesamt 13 angeschriebenen Redaktionen Aufschluss: mit deutlicher Mehrheit werden neben der „Aktualität" die „Ergänzung" und die „topographische Übersicht" zu Text und Thema, als „häufiger" Grund identifiziert, einzig zwei Redaktionen nennen auch die Verwendung von Karten als Schlagzeilen als einen „häufigen" Grund. Als generelle Auswahlkriterien für den Abdruck der Pressekarten werden als „sehr wichtig" und „wichtig" mit hoher Übereinstimmung die Kriterien „zuverlässige Quellen", „kurzfristige Verfügbarkeit" und die „Konzentration auf wesentliche Inhalte" genannt. Die „farbige Gestaltung" ist nur für Boulevardzeitungen sowie die Wochenzeitungen und -magazine „wichtig" oder „sehr wichtig", „zusätzliche Illustrationen" sind einzig für die Boulevardzeitungen „sehr wichtig" sowie für zwei wöchentliche Medien „wichtig".

Die Kartenauswahl erfolgt nach dieser Befragung durch die zuständigen Ressorts oder Redaktionen, gegebenenfalls in Abstimmung mit den Foto- oder Kartenredaktionen. Auch für das Korrekturlesen der Karten werden mehrheitlich die Redaktionen und gegebenenfalls die Schlussredaktion oder Dokumentationsabteilung genannt. Entgegen der Praxis in wissenschaftlichen Medien werden die Autoren in diesem Prozess aber nicht einbezogen und selbst externe, fach- und regionskundige Autoren werden nicht nach Kartenvorschlägen gefragt (vgl. Monmonier 1999). So wurde dem Text eines Geographen zur Ethnisierung des Afghanistan-Konfliktes eine in mehreren Ausgaben der entsprechenden überregionalen Tageszeitung abgedruckte Agenturkarte hinzugefügt, wobei der Verfasser eine detailliertere und zudem quel-

---

[12] Zu Beispielen unterschiedlicher und variierender Schreibweisen vgl. Clemens und Dittmann (2003, S. 64), allgemein zur Schreibweise geographischer Namen vgl. StAGN (1993), Stani-Fertl (1997) und Jansen/Scharfe (1999).

lenkritische Karte entworfen und publiziert hatte (vgl. Schetter 2001). In der Praxis wird letztlich beim Einsatz von Karten nicht anders verfahren als mit Pressefotos. Diese Verfahrensweise wurde durch die schriftliche Befragung der Redaktionen bestätigt. Vielfach gelten Medienkarten auch als Ersatz für nicht verfügbare Pressefotos (vgl. Monmonier 1999), wobei andererseits auch beklagt wird, dass Infographiken und Medienkarten nach einer ersten Euphorie zunehmend wieder durch Fotos ersetzt würden (Jansen/Scharfe 1999).

Fazit – Der „Nutzwert" von (Medien-) Karten

Inhaltliche und technische Fehler sind nicht allein in den eigentlichen Medienkarten der Tages- und Wochenmedien verbreitet, sie stellen aber in der festgestellten Häufung eine wichtige Funktion der Karten im Allgemeinen – die der Rauminformation und möglichen Orientierung im Raum – in Frage. Trotzdem haben Karten einen potenziellen und durchweg anerkannten Nutzwert – auch in den Massenmedien. Hierbei sollte aber dem selbst gewählten Anspruch der Medien, die Öffentlichkeit mit Fakten zu informieren und Wertaussagen oder Meinungen, etwa in Kommentaren, gesondert darzustellen, ebenso im Rahmen einer ebenfalls allgemein anerkannten journalistischen Sorgfaltspflicht Rechnung getragen werden.

Basierend auf dem Rückblick und der Gegenüberstellung der Entwicklungen traditioneller kartographischer Ansätze, mit der Forderung nach „funktionalen" und „besseren" Karten im Rahmen des „graphischen Kommunikationsprozesses" und dem „Dekonstruktionsprojekt" der kritischen Sozialwissenschaften sieht Mac Eachran (1995) keinen wirklichen Dissens. Vielmehr sollte die Analyse von oftmals komplexen kartographischen Bedeutungsebenen als Kombination beider Ansätze erfolgen, um die vielfältigen Machtverhältnisse, welche einerseits die Kartographie beeinflussen und andererseits auch Karten als Darstellungsmittel wählen, erkennen zu können. Wirkliche Objektivität oder Wahrheit kann nicht von Karten allgemein, und damit auch nicht von Medienkarten erwartet werden. Selbst „einfache Übersichtskarten" werden aufgrund der notwendigen Selektion von „Wichtigem" gegenüber „Weniger-" oder „Unwichtigem" als prinzipiell verzerrte Abbilder der Natur angesprochen.

Für den alltäglichen sowie den wissenschaftlichen Umgang mit Raum-Repräsentationen und Weltbildern ist demnach das Wissen über die jeweiligen sozialen und politischen Rahmenbedingungen sowie deren Transparentmachen erforderlich. Der etwa von Vertretern der „Kritischen Geopolitik" vorgeschlagene Perspektivenwechsel (vgl. Reuber/Wolkersdorfer 2003), um Akteursgruppen und deren „geopolitische Bilder" und Diskurse (vgl. Reuber 2002) identifizieren zu können, steht jedoch in einem unmittelbaren Zielkonflikt mit der Presseberichterstattung. Aufgrund der meist nur einmaligen und zudem sehr kurzen Betrachtung von Medienkarten ist deren Potenzial für umfassende inhaltliche oder zeichnerische Differenzierungen nur gering. Dies begründet oder gar „entschuldigt" jedoch nicht die in der untersuchten Stichprobe – und nicht nur in Boulevardblättern – festzustellende Tendenz zahlreicher „Kurzzeit"-Karten, westliche Stereotypen – wie die Fortschreibung von Freund/Feind-Schemata am Beispiel der waffentechnischen Überlegenheit gegenüber dem Entwicklungsland Afghanistan und den Taliban – „The West is the best" oder „the West against the Rest" zu vermitteln. Dies ist zwar nicht als gezielte Desinformation oder gar „Propaganda" zu deuten, stellt aber den oftmals herausgestellten alleinigen und an Fakten orientierten Informationsanspruch der Medien in Frage.

Aufgrund der bislang wohl unerreicht umfangreichen Berichterstattung über Afghanistan dürften die entsprechenden Medienkarten sicherlich zuvor allgemein verbreitete „Weiße Flecken" der Regionalkenntnisse über diese Region zumindest teilweise ausgefüllt haben. Ob solche „Kurzzeit"-Karten jedoch auch die Revision oder Dekonstruktion tradierter oder durch politische Akteure neu besetzter Weltbilder bewirken oder zumindest ermöglichen, bleibt ungewiss und bedarf gesonderter Wirkungsanalysen unter Zeitungs- und Kartenlesern. Dieses emanzipatorische Potenzial ist letztlich auch von den jeweils genutzten Medien sowie den Interessen und der Quellenkritik der Kartenleser abhängig sowie insbesondere von der Sorgfalt der Kartenproduzenten und Entscheidungsträger in den Redaktionen.

Auch für Historiker ist der Raum nicht nur Arena der Geschichte und somit die politische Bedeutung von Raumkonzepten und Karten – auch mit Bezug auf die hier untersuchten Massenmedien – sehr wichtig: „Immer wenn eine Welt zu Ende geht und eine neue initialisiert wird, ist Kartenzeit. Kartenzeiten stehen für den Übergang von einer Raumordnung zu einer anderen. Im Zeitalter der Massengesellschaft und der Massenproduktion von Karten spielt sich dies vor aller Augen ab, ja umgekehrt: ohne die Massen, ohne die Öffentlichkeit geht es nicht. Die Massenmedien [...] werden zur großen Wand, auf die die wechselnden Bilder von der Ordnung der Welt geworfen werden [...]" (Schlögel 2003, S. 87).

Anmerkung

Die Recherchen zu dieser Studie erfolgten in der Studentenbücherei der Universität Bonn sowie im Institut für Zeitungsforschung (Dortmund). Deren Personal sei an dieser Stelle für die vielfältigen Hilfestellungen herzlich gedankt. Zudem dankt der Autor Dr. Andreas Dittmann (Bonn) für zahlreiche Kommentare sowie Prof. Dr. Hans-Georg Bohle und Prof. Dr. Hans Gebhardt (beide Heidelberg) für ihre konstruktive konzeptionelle Kritik an einer früheren Manuskriptfassung.

Literatur

v. Baratta M (Hrsg.) (2001) Der Fischer Weltalmanach 2002. Zahlen, Daten, Fakten. Frankfurt a. M.

Bendick R (1999) Nationale Geschichtsbilder. In: Praxis Geschichte, Themenheft „Kartenarbeit", 12(4):46–50

Clemens J (2003) Die „gepunktete Grenzlinie". Neue Grenzkämpfe um „Pashtunistan". In: Südasien 23(3):54–56

Clemens J, Dittmann A (2003) Kriege und „weiße Flecken" auf Karten von Entwicklungsländern – eine kritische Durchsicht von Medienkarten zum Afghanistankonflikt. In: Petermanns Geographische Mitteilungen 147(1):58–65.

Cosgrove D (1999) Mapping Meaning. In: Cosgrove D (Ed.) Mappings. London, 1–23

Crampton JW (2001) Maps as Social Constructions: Power, Communication and Visualization. In: Progress in Human Geography, 25(2):235–252

Deutsche Gesellschaft für Kartographie und Verband der Kartographischen Verlage und Institute (Hrsg.) (1985) Ideologie statt Kartographie. Die Wahrheit über die „Peters-Weltkarte". Dortmund/Frankfurt a. M.

Everling H (1997) Landkarten in westdeutschen Presseprodukten. Eine Einführung in das Berufsfeld des Pressegrafikers. In: Scharfe W (Ed.), International Conference on Mass Media Maps, 124–142

Hagel J (1998) Geographische Interpretation topographischer Karten. Leipzig

Hake G, Grünreich D, Meng L (2002) Kartographie. Visualisierung raum-zeitlicher Informationen. Berlin/New York, 8. Aufl.

Harley JB (1988) Maps, Knowledge, and Power. In: Cosgrove D, Daniels S (Eds.) The Iconography of Landscape. Cambridge, 277–312

Harley JB (1989) Deconstructing the Map. In: Cartographica 26(2):1–20

Harley JB (1992) Deconstructing the Map. In: Barnes TJ, Duncan JS (Eds.) Writing Worlds: Discourse, Text and Metaphor in the Representation of Landscape. London, 231–247

Huntington SP (1997) Kampf der Kulturen. Die Neugestaltung der Weltpolitik im 21. Jahrhundert. München, 6. Aufl. (Original: The Clash of Civilizations, 1996)

Hüttermann A (1975) Karteninterpretation in Stichworten. Kiel

Jansen A, Scharfe W (1999) Handbuch der Infografik. Visuelle Information in Publizistik, Werbung und Öffentlichkeitsarbeit. Berlin

Kettermann G (2001) Atlas zur Geschichte des Islam. Darmstadt

Kreutzmann H (2001) Politik und Pakistan. Neue Zerreißprobe für ein krisengeschütteltes Staatswesen. In: Geographische Rundschau 53(12):50–54

Kreutzmann H (2002) Great Game in Zentralasien – eine neue Runde im „Großen Spiel"?. In: Geographische Rundschau, 54(7–8):47–51

Kupcik I (1989) Alte Landkarten. Von der Antike bis zum Ende des 19. Jahrhunderts. Hanau, 5. Aufl.

Liebig M (1999) Die Infografik. Konstanz

Mac Eachran AM (1995) How Maps work. Representation, Visualization and Design. New York, London

Monmonier M (1996) How to lie with Maps. Chicago, 2. Aufl. (dt.: Eins zu einer Million. Die Tricks und Lügen der Kartographen. Basel 1996)

Monmonier M (1999) Maps with the News. The Development of American Journalistic Cartography. Chicago, 2. Aufl.

Peters A (1990) Vorwort. In: Peters Atlas, Vaduz

Ramonet I (2003) Im Labyrinth der Gegenwart. In: Le Monde diplomatique (Hrsg.): Atlas der Globalisierung. Berlin, 5

Rashid A (2001) Taliban. Afghanistans Gotteskrieger und der Dschihad. München. (Original: Taliban. Islam, Oil and the New Great Game in Central Asia. London, 2. Aufl., 2001)

Reuber P (2002) Die Politische Geographie nach dem Ende des Kalten Krieges. Neue Ansätze und aktuelle Forschungsfelder. In: Geographische Rundschau 54(7–8): 4–9

Reuber P, Wolkersdorfer G (2002) *Clash of Civilizations* aus der Sicht der kritischen Geopolitik. In: Geographische Rundschau, 54(7–8): 24–28

Reuber P, Wolkersdorfer G (2003) Geopolitische Leitbilder und die Neuordnung der globalen Machtverhältnisse. In: Gebhardt H, Reuber P, Wolkersdorfer G (Hrsg.) Kulturgeographie. Aktuelle Ansätze und Entwicklungen. Heidelberg, Berlin, 47–65

Richter G (1997) Warum braucht die Zeitung die Karte? In: Scharfe W (Ed.) International Conference on Mass Media Maps, 50–152

Rufin J-C (1993) Das Reich und die neuen Barbaren. Berlin (Orig.: L'empire et les nouveaux barbars. Paris 1991)

Scharfe W (Ed.) (1997): International Conference on Mass Media Maps. Berlin, June 19–21, 1997, Proceedings. Berlin

Scheer H (2003) Globalisierung. Zur ideologischen Transformation eines Schlüsselbegriffs. In: Le Monde diplomatique (Hrsg.): Atlas der Globalisierung. Berlin, 6–8

Schetter C (2001) Afghanistan in der ethnischen Sackgasse. In: Südasien 21(4): 7–10

Schetter C (2003) Ethnizität und ethnische Konflikte in Afghanistan. Berlin

Schirm W (1992) Die topographischen Kartenwerke der DDR. In: Dodt J, Herzog W (Hrsg.) Kartographisches Taschenbuch 1992/93. Bonn, 13–30

Schlögel K (2003) Im Raume lesen wir die Zeit. Über Zivilisationsgeschichte und Geopolitik. München

Ständiger Ausschuss für Geographische Namen (StAGN) (Hrsg.) (1993) Schreibweisen der Staatennamen. Frankfurt a. M., 3. Aufl.

Stani-Fertl R (1997) Geographical Names and Mass Media Maps. How to find the Correct Spelling for a Geographical Entity. In: Scharfe W (Ed.), International Conference on Mass Media Maps, 173–178

Steinbach U (2003) Der Nahe Osten als „roadmap". In: Orient-Journal, Frühjahr 2003: 3

Vujakovic P (1997) Toward the Millennium: Mass Media Map Research in the United Kingdom. In: Scharfe W (Ed.), International Conference on Mass Media Maps, 53–64

Wood D with Fels J (1992) The Power of Maps. New York/London

Zögner L (1999) „Daß keine Gegenden ohne königliche Erlaubnis in Charten gebracht werden sollen". Karten und Kartenutzung unter der Regierung Friedrichs II. In: Praxis Geschichte, Themenheft „Kartenarbeit", 12(4): 56–58

Verwendete Karten

Afghanistan und Pakistan. Maßstab 1:3.363.300. Beilage zu National Geographic Magazine, deutsche Ausgabe, Dezember 2001

Iran und Afghanistan. Relief, Gewässer und Siedlungen. Maßstab 1:4 Mio., hrsg. vom Sonderforschungsbereich 19 „Tübinger Atlas des Vorderen Orient" (TAVO), Blatt A I 3. Wiesbaden, 1991

Physical and Political Map of Afghanistan. Maßstab 1:1,5 Mio., hrsg. von „Afghan Cartographic Institute". Ohne Ort [Kabul], 1968

Political Map of Afghanistan. Maßstab 1:2 Mio., hrsg. von „Afghan Cartographic & Cadastral Survey Institute". Kabul, 1976

Heidelberger Jahrbuch, Band 47 (2003)
H. Gebhardt/H. Kiesel (Hrsg.): Weltbilder
© Springer-Verlag Berlin Heidelberg 2004

Globale Herausforderung an die westliche Medizin

CHRISTIAN HERFARTH

Humanmedizin und Globalisierung sind nicht ohne weiteres vergleichbar und deckungsfähig. Trotzdem gehören sie zusammen: die humane Medizin hat durchaus einen globalen Auftrag. Aber die Weltkarte mit ihren über 170 Ländern birgt größte Widersprüche, Kontraste und Inkompatibilitäten. Gefordert wurde daher eine „New Map of the World".

Mit dem Ende des Kalten Krieges verloschen nach und nach die ideologischen Grenzen. Praktisch alle Länder erhoben Anspruch auf Teilhabe am globalen Markt und seinen Gewinnmöglichkeiten, und ebenso entwickelte man Vorstellungen, Standards und Regeln für Gesundheit, die global gelten sollten. Schnell wurde aber klar, dass dies etwas „weltfremd" war. Ein großer Anteil von Ländern existiert mit ihrer Produktivität, ihren landwirtschaftlichen Leistungen und ihrem Verhalten gegenüber der Umwelt, d. h. mit ihrer Zivilisation und Technologie, weit abgeschlagen und ungleichwertig. Daraus ergab sich zwingend der Ruf nach einer generell anwendbaren Gesundheitsfürsorge (Public Health), Umweltschutz und größeren technologischen Hilfen. Die Instrumente hierfür sollten die globale Ausstrahlung westlicher Hochschulen und der ordnende Einfluß multinationaler Firmen in Verbindung mit den Vereinten Nationen (UN), der Weltbank und dem Internationalen Währungsfond (IMF) bringen.

Euphorische Vorstellungen, diese Probleme durch staatliche Regulierungen lösen und überwinden zu können, wurden enttäuscht. Es zeigte sich schnell, dass trotz hohen akademischen Einsatzes führender Universitäten und ebenso hohen Engagements von Großfirmen kaum ausreichend Leitideen und Leittechnologien, Überzeugungs- und Handlungskraft transferiert und wirkungsvoll eingesetzt werden können. Eine nüchterne Analyse der riesigen zivilisatorischen Aufgaben einer Globalisierung speziell für die Humanmedizin wird notwendig. Denkweisen, Verhalten, Planungen und Visionen klaffen weit auseinander und fordern zunächst zur Definition die Begriffe Humanmedizin und Globalisierung heraus:

Humane Medizin

Humanmedizin steht für Gesundheit. Heilkunst, Arzneikunst und das chirurgisch-praktische Handwerk sollen Gesundheit sichern. Im Fokus befindet sich zunächst der einzelne Mensch mit seinem gesundheitlichen Problem. Gesundheit ist aber gleichzeitig auch ein vielschichtiger, vieldeutiger Begriff für das „Normale", d. h. nicht „Krankhafte". Gesundheit ist nichts anderes als das Fehlen von der Norm abweichender Befunde – seien es ärztliche Untersuchungsbefunde, laborchemische Ergebnisse, Bilddarstellungen wie Röntgenbilder, Computertomogramm, Kernspintomographie oder Ultraschall, aber auch Störungen im Verhalten. Vor über 50 Jahren hat die World Health Organization (WHO) Gesundheit mit hohem idealistischem Anspruch beschrieben: „Gesundheit als Zustand des vollkommenen körperlichen, seelischen, geistigen und sogar sozialen Wohlbefindens. Für den einzelnen Menschen wird das erreichbare Höchstmaß an Gesundheit als eines der menschlichen Grundrechte anerkannt". Diese Definition der Gesundheit ist in den letzten Jahrzehnten immer wieder benutzt worden – aber mehr ideologisch als praktisch, z. B. Schweden mit seinem „Volksheim" von der Geburt bis zum Grabe „gesund, sicher und wohlauf". In den letzten zehn Jahren sind die schwedischen Prinzipien mehr und mehr verlassen worden, gleichzeitig wird Schweden ein Schrittmacher für eine verantwortungsbewusste und moderne Gesundheitspolitik. Mit Gesundheit meint man jetzt pragmatisch das „Fehlen von Krankheit und Gebrechen"[1].

Gesundheit mit all ihren Facetten bleibt aber auch ein idealistisches Ziel der reichen, wohlhabenden und wirtschaftlich starken Staaten. Frank Schirrmacher, einer der Herausgeber der Frankfurter Allgemeinen Zeitung (FAZ), hat Gesundheit schon als Ersatzreligion der modernen Menschen bezeichnet. Die Antiaging-Bewegung entwickelt sich als eine Art Sekte, wenn man bei dem Bild „Religion" bleibt. Äußeres Zeichen des neuen Werteschubs ist die Tatsache des täglichen journalistisch präparierten wissenschaftlichen Beitrags in der überregionalen Zeitung. Die New York Times führte alltägliche Medizinbeiträge vor einigen Jahren ein, und die FAZ bringt solche seit September 2001 als laufende tägliche Mitteilungen im Feuilleton, unabhängig von den regelmäßigen Wissenschaftsseiten einmal in der Woche.

Noch eines spiegelt die intensive Beschäftigung mit der Gesundheit und Wissenschaft wider. Die Gesellschaft erwartet durch die Wissenschaft sozialen und gesundheitlichen Fortschritt. Schirrmacher spricht von der großen Gesundheit, die erhofft und versprochen wird. Doch gesellschaftspolitischer Sprengstoff steht dahinter: nahezu Unsterblichkeit für die alten Generationen und Kraft, Genuss und Freude den jüngeren Generationen. So wie einst die

---

[1] Häfner, *Gesundheit unser höchstes Gut*.

Maschine des 19. Jahrhunderts das Leben veränderte, verwandelt heute die Biologie unser Weltbild. „Und die neuen Technologien sind nicht abschaltbar wie Atomkraftwerke. Wir werden mit ihnen leben müssen – und wahrscheinlich auch leben wollen"[2].

Beschreibung und Dechiffrierung des menschlichen Genoms definiert einige Krankheiten. Aber generell können Gesundheit und Krankheit nicht klassifiziert werden. Die Ebene des Genoms mit ca. 30.000 Genen reicht für eine allgemeine Krankheitscharakterisierung nicht aus. Daher nimmt man an, dass erst nach Erforschung der Arbeit der Proteome in der Zelle Krankheitsabläufe eher erkennbar und damit auch mehr an ihrer Wurzel, d. h. frühzeitig und ursächlich, behandelbar werden. Proteome sind Eiweiße, die in den Zellen für den Funktionsablauf als Boten benützt werden. Aufgrund der geschätzten Zahl von über 1 Millionen Proteomen werden eine erhebliche biologische Informationsverarbeitung mit grenzensprengender Bioinformatik und Biocomputing notwendig. Gigantische Rechenleistungen und ausgedehnte Analysen stehen an, um klinisch-therapeutische Folgerungen ziehen zu können. Zwischen Biologie, Bioinformatik und Humanmedizin ergeben sich faszinierende strategische Verbindungen durch die Systembiologie (Systemsbiology). Neue Forschungswege eröffnen sich zwischen den Disziplinen. Unter Nutzung der Informatik und Mathematik können nun Fragen der Lebenswissenschaften beantwortet werden.

Während molekularbiologische Erkenntnisse und Systembiologie die Medizin und damit die Heilkunst revolutionieren können, steht nach wie vor im Alltag die überbrachte Arzneikunst und Kunst der Wundbehandlung im Vordergrund. Durch zunehmende Spezialisierung von mehr und mehr Teilgebieten in der Medizin wird ein hoher Kenntnis- und Perfektionsgrad erreicht. Die Definition und Klassifizierung der medizinisch-relevanten Wissenschaften umfasst ca. 80 Gebiete, Bereiche und Untergruppen. Hauptgruppierungen sind die Klinische Medizin, die Grundlagen-, die Lebenswissenschaften und die Biomedizinische Wissenschaft. Es lohnt sich, die Tabelle 1 mit den Untergruppen und Gebieten und Bereichen anzusehen, um sich die Vielfalt klarzumachen.

Vergessen werden dürfen nicht die Einflüsse auf Lebensstil und Empfindung durch das psychosoziale Umfeld, Sozialstruktur, Glaubenshintergründe und tradierte Werteempfindungen. Während vor Jahrhunderten noch übernatürliche Ursachen für Gesundheit und Krankheit gesehen wurden, ist der Blick jetzt auf den individuellen Menschen und sein Schicksal gerichtet, immer auch im Verhältnis zu seiner Konstitution, seinem Erbgut und seiner Umwelt. Begrenzt erscheint die Gesundheit allein durch die anstehenden finanziellen Lasten und logistischen Aufwände.

---

[2] Schirrmacher, *Schöne und neue Welt.*

Tabelle 1

Klinische Medizin

Allergologie
Allgemeinmedizin
Anaesthesiologie
Chirurgie (Allgemein, Gefäß, Unfall, Thorax, Herz, Kinder, plastische, Hand,
            minimal-invasive, endoskopische, experimentelle, septische Chirurgie)
Dermatologie und Geschlechtskrankheiten
Diabetologie
Drogen und Sucht
Endokrinologie und Stoffwechsel
Gastroenterologie
Geriatrie und Gerontologie
Gynäkologie und Geburtshilfe
Hämatologie
Hepatologie
Herz- und kardiovaskuläres System
Humangenetik
Innere Medizin
Intensivpflege
Kardiovaskuläres System
Klinische Chemie
Klinische Neurologie
Medizininformatik
Medizinische Labortechnologie
Nephrologie
Notfallmedizin und Intensivmedizin
Onkologie
Ophthalmologie
Orthopädie
Otorhinolaryngologie
Pädiatrie
Periphere Gefäßkrankheiten
Psychiatrie
Pulmonologie
Radiotherapie
Rheumatologie
Sportmedizin
Transplantation
Tropenmedizin
Urologie

Grundlagen-Lebenswissenschaften (Basic Life Sciences)

Biochemie und Molekularbiologie
Biophysik
Biotechnologie und angewandte Mikrobiologie
Entwicklungsbiologie
Genetik
Mikrobiologie

Reproduktionsbiologie
Zellbiologie

Pharmakologie
Pharmakologie und Pharmazie
Toxikologie

Ernährungswissenschaften und Ernährung
Ernährungswissenschaften und Technik
Ernährung und Diätetik

Gesundheitswissenschaften
Hygiene und Gesundheitsfürsorge
Pflege
Rehabilitation
Suchterkrankung
Umwelt und Arbeitsmedizin

Gesundheitsfürsorge (Public Health, Social Welfare)

Biomedizinische Sozialmedizin
Drogenabusus
Gesundheitsfürsorge und Sozialfürsorge
Geriatrie und Gerontologie
Gesundheitsfürsorge
Hygiene und Gesundheitsfürsorge
Pflege
Seelische Gesundheit
Sozialmedizin
Sozialarbeit

Biomedizinische Wissenschaften

Anatomie und Morphologie

Andrologie
Embryologie
Zytologie und Histologie

Experimentelle Medizin
Gewebeaufbau (Tissue-Engineering)
Immunologie
Infektionskrankheiten
Neurowissenschaften
Parasitologie
Pathologie
Radiologie und Nuklearmedizin
Radiotherapie
Physiologie
Virologie

Globalisierung

Die globale Sichtweise umschreibt die Erde als Ganzes bezüglich verschiedener Charakteristika: Klima, Vegetation, Landschaftszonen, Wirtschaft bzw. wirtschaftliche Leistung, Umweltveränderungen sowie soziale, ideologische, weltanschauliche Einflüsse etc. Immer ist das Weltumspannende, Umfassende und Gesamte mit den sich dabei ergebenden gegenseitigen Beeinflussungen und Abhängigkeiten gemeint. Gesundheit ist aber nicht global umgreifend, sondern nur ein selektiv auf den einzelnen Menschen oder eine umschriebene Gruppe anwendbarer Begriff. Meist steht auch weltweit nicht die Gesundheit des Einzelnen im Vordergrund, sondern epidemiologische Beurteilungen und Klassifizierungen wie Infektionskrankheiten und Seuchen, Mangelerkrankungen wie Unterernährung und allgemeine hygienische Fragen. Eine wesentliche Rolle spielt Kalkulation und Wertung der Gesundheit im Gegensatz zur Invalidität (Disability) durch Krankheit in Jahren. Beurteilt wird nach Gesamtüberleben, Frühüberleben, Sterblichkeit zwischen 15 und 60 Jahren und Art des Überlebens nach 60 Jahren neben ökonomischen, sozialen und qualitativen Daten.

Im Jahr 2000 erschien in „The Economist" ein hochinteressanter Übersichtsartikel über die globale Weltsicht, der von Jeffrey Sachs[3] primär für einen Bericht der United Nations zum Jahrtausendwechsel verfasst wurde[4]. Eine „New Map of the World" wurde entworfen und die Erdbevölkerung in drei Gruppen unterteilt. Quintessenz ist dabei, die Welt nach technologischen und zivilisatorischen Kriterien zu klassifizieren. Jeffrey Sachs hatte nach dem Zusammenbruch der sozialistischen bzw. kommunistischen Länder kalkuliert, dass das Hauptkriterium für die Vitalität der Völker, für wachsende Wirtschaft, für Wohlbefinden und für eine allgemeine Gesundheit zivilisatorische und technologische schöpferische Kraft ist. Er hatte hierbei noch nicht das stark kontrapunktische Aufkeimen der Weltreligion des Islam geahnt bzw. berücksichtigt. Eher vermutete er Aufstand, kriegerische Auseinandersetzung als Guerillakampf und Terror aus der örtlichen Verzweiflung sowie aus Armut und Wut der laufend durch Fernsehen, Kommunikation und ggf. Touristen Informierten und so fühlbar Benachteiligten. Dass aber religiöser Fanatismus der geistige Führer wird und die notwendige globale Infrastruktur für den Kampf abgibt und gebildete Schichten den entsprechenden Rückhalt stellen,

---

[3] Jeffrey Sachs ist Professor of Economics, International and Public and Social Health Policy and Management und Head des Columbia Earth Institute New York University, New York. Er ist spezieller Berater von UN-Generalsekretär Kofi Annan. Er war Direktor des Center of International Development und Professor of International Trade in Boston sowie Direktor des Harvard Institute for International Development. Er berät den IMF, die Weltbank, die OECD und die UN. Er hat vielfach südamerikanische, osteuropäische, praktisch alle Staaten der ehemaligen Sowjetunion, vor allem die Mongolei, beraten. Sein Buch über „Macroeconomics in the Global Economy" wurde vielfach übersetzt.

[4] Sachs, *A new map of the world*.

war nicht vorausgesehen. Die westliche Gemeinschaft hat inzwischen erkannt, dass neben zivilisatorischen und technologischen Gesichtspunkten religiöse, psychologische und tradierte Strömungen hohe Beachtung verdienen.

Globale Sicht auf Medizin und Gesundheit

An die Stelle von Einteilungen in „entwickelte", „Schwellen-" und „unterentwickelte Länder" oder der allgemeinen Umschreibung eines Nord-Süd- oder West-Ost-Gefälles tritt eine Klassifizierung bezogen auf das jeweilige Bruttosozialprodukt (General Domestic Productivity = GDP) des Landes. Eindeutig erlaubt die Sachs'sche Systematik der „New Map of the World" praktische Folgerungen für Medizin bzw. Gesundheit und ihre globale Erfassung, indem anhand des Vergleichs zwischen Gesundheit und wirtschaftlicher Kraft des Landes eine Assoziation nachgewiesen wird[5] (Abb. 1). Drei Ländertypen werden von J. Sachs klassifiziert (Abb. 2):
- Länder mit technologischer Innovation und entsprechender schöpferischer Kraft durch ihre wirtschaftliche Macht,
- Länder als Übernehmer und Nutzer technologischen Fortschritts (also nicht nur Schwellenländer, sondern auch fortgeschritten zivilisierte Länder),
- von der modernen Zivilisation und Technologie Ausgeschlossene.

Mit dieser Länderklassifizierung lassen sich hinsichtlich der Gesundheit die drei Gruppen annäherungsweise herausheben und damit global eine Reihe von Grundaussagen über allgemeine Gesundheitsdaten anstellen (entsprechende graphische Darstellungen Abb. 3, 4, 5):
Rund 15 Prozent der Erdbevölkerung gehört zur glücklichen ersten Gruppe: weitgehend West- und Mitteleuropa, USA und Kanada, Japan, Südkorea und Australien (ca. 800 Millionen Menschen insgesamt). Kriterium dieser Gruppe ist ein hoher Gesundheitsstandard: hohes Überleben (Frauen 80 bis 84 Jahre, Männer 73 bis 75 Jahre), Sterblichkeit zwischen 15 und 60 Jahren unter 10 Prozent, ein hoher Bevölkerungsanteil über 60 Jahren mit langer Aktivität und hoher Lebensqualität. Bei hohem Bruttosozialprodukt gleichzeitig hohe allgemeine Aufwendungen für die Gesundheit (geringe direkte Eigenbeteiligung!). Es ist interessant, dass manche stark zivilisierten kleineren Länder mit den Daten ihrer Gesundheit an die westlichen heranreichen; sie sind aufgrund ihrer Kleinheit oder Insellage und des Tourismus verwestlicht (Jamaika, Costa Rica, Panama, Malta, Zypern).

---

[5] *World Health Chart 2001.*

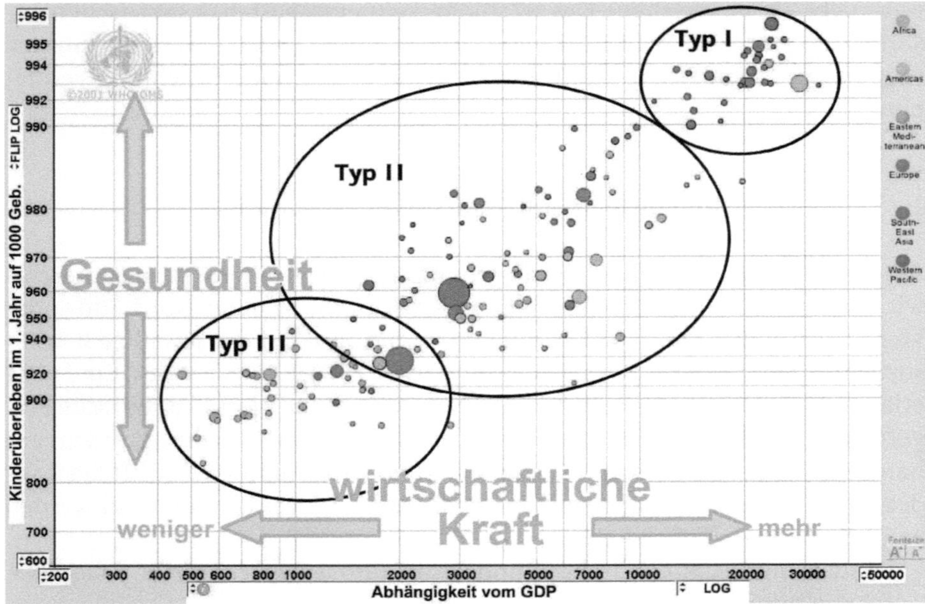

Abb. 1. Korrelation der „Gesundheit" in Abhängigkeit von der wirtschaftlichen Kraft (GDP vergleichbar mit dem Bruttosozialprodukt in internationalen Dollars pro Kopf der Bevölkerung) anhand des Beispiels der Kindersterblichkeit in dem ersten Lebensjahr pro 1.000 Geburten als charakteristischen Marker für Gesundheit. Die wirtschaftlich starken Länder haben den höchsten Gesundheitswert. Mit sinkender wirtschaftlicher Kraft sinkt auch die Gesundheit (logarithmische Darstellung)*. Annähernde Einteilung in drei Typen entsprechend J. Sachs.**
* World Health Chart 2001 (Public beta 0.1) (modifiziert). ** Sachs, A new map of the world (modifiziert)

Der Anteil der Erdbevölkerung mit der Fähigkeit, neue Technologien zu übernehmen, zu produzieren und zu gebrauchen (Typ II), macht ca. die Hälfte der Weltbevölkerung aus: Ost-Europa[6], Argentinien, Chile, Süd-Afrika, China, Indien, die Philippinen und Indonesien (nach der UN werden auch noch Spanien und Portugal dazugerechnet). Das Gesundheitskriterium dieser Gruppe heißt: Lebenserwartung ca. 10 Jahre geringer als in der ersten Gruppe, Sterblichkeit zwischen 15 und 60 Jahren drei- bis fünfmal höher als in der Gruppe 1, hohe Rate an Gesundheit über 60 mit einem hohen Aktivitätsindex bzw. weniger Invalidität als Zeichen früheren Sterbens aus voller Aktivität heraus und Überleben der kleineren Gruppe konstitutionell Begünstigter. Das Bruttosozialprodukt liegt bei einem Zehntel bis einem Viertel der Grup-

---

[6] Die Bildung eines größeren vereinigten Europas mit westlicher Technologie und Zivilisation steht erst am Anfang. Die Beeinflussung des Gesundheitssystems durch die EU ist noch offen. Von einer Angleichung ist auszugehen, obwohl der wirtschaftliche Entwicklungsstand noch sehr differenziert und die Gesundheitssysteme unterschiedlich ausfallen.

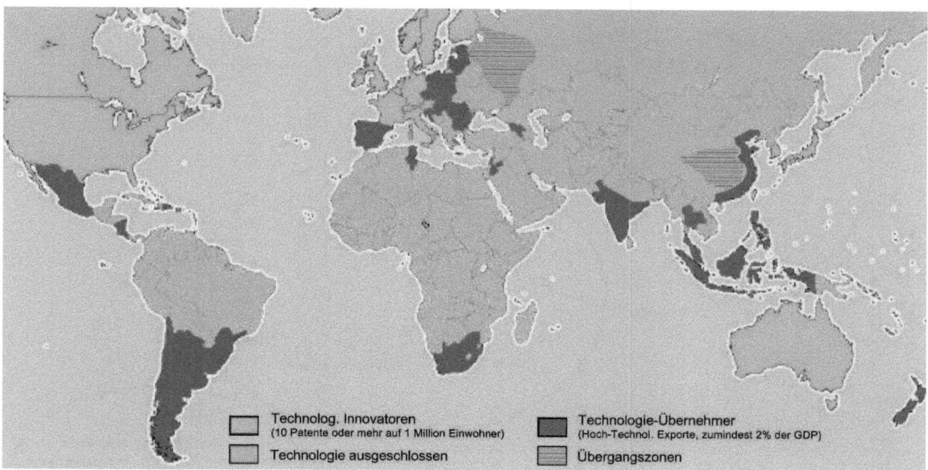

Abb. 2. New Map of the World: Einteilung der Technologieeinschätzung in drei Gruppen (mittlere Gruppe mit Übergangszone), modifiziert nach Sachs 2000. Untersucht sind die Regionen Nord- und Südamerika (26 Länder), Europa (45 Länder), Afrika (40 Länder), östliche mediterrane Region (14 Länder), westliche Pazifikregion (18 Länder), Süd-Ost-Asienregion (8 Länder). Bei der Länderanalyse von 151 Nationen sind 20 Länder wegen fehlender Daten nicht berücksichtigt

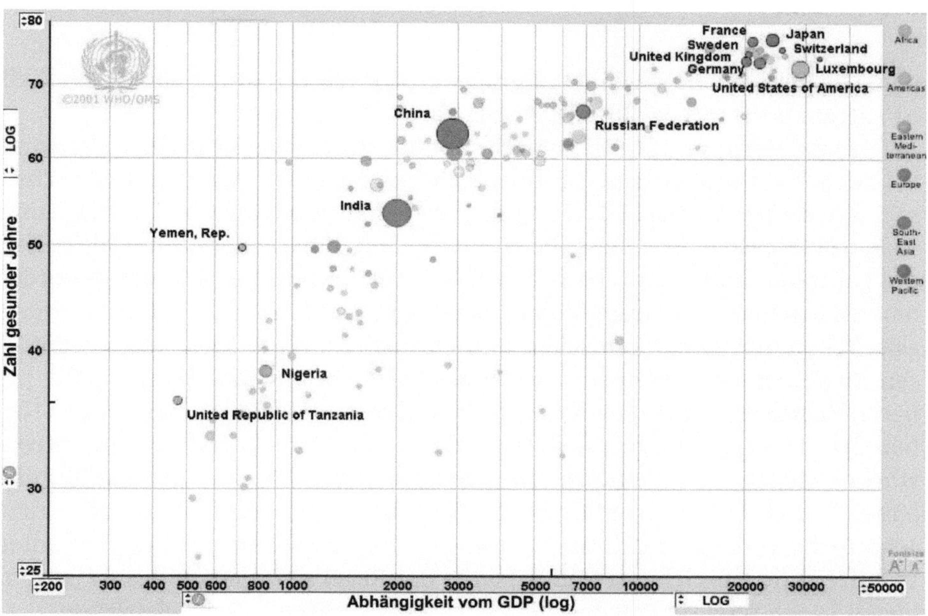

Abb. 3. Zahl der gesunden Jahre für den Durchschnitt der Bevölkerung bezogen auf GDP (logarithmische Darstellung)

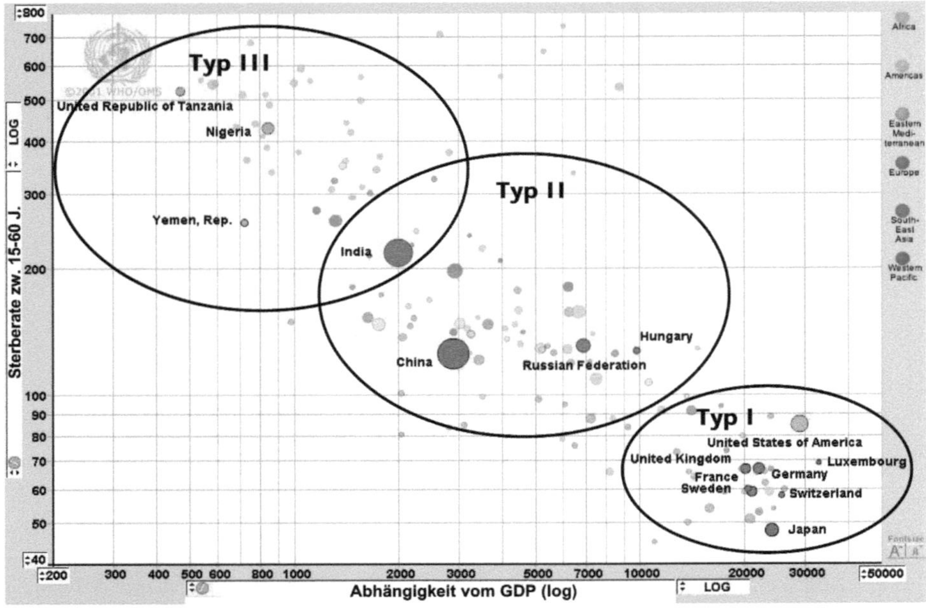

Abb. 4. Sterberate zwischen 15 und 60 Jahren (Beispiel männliche Bevölkerung) in Abhängigkeit vom GDP (logarithmische Darstellung). Die verschiedenen Landesgruppen sind den Typen I, II und III annähernd zugeordnet. Die Abhängigkeit der Sterblichkeit zwischen 15 und 60 Jahren korreliert mit dem GDP (logarithmische Darstellung)

pe 1. Die persönliche Eigenbeteiligungsrate für die Erhaltung der Gesundheit ist extrem hoch (60 bis über 80 Prozent).

Die letzte Gruppe (Typ III) umschreibt die armen Länder in der Armutsfalle (ca. 1,5 bis 2 Milliarden). Zu ihnen gehören nach den Analysen des Sachs'schen Institutes und der UN das südliche Mexiko, das tropische Zentral-Amerika, das tropische Brasilien, die tropische Sub-Sahara-Zone, ein großer Teil des zentralen und asiatischen Teils Russlands und die selbständig gewordenen asiatischen Sowjetrepubliken; außerdem Landstriche, die fern von den asiatischen, nordamerikanischen und europäischen Märkten liegen. Zu diesen Regionen gehören auch das Ganges-Tal, Laos und Kambodscha, die inneren Regionen Chinas sowie küstenferne Gebiete wie die Anden-Länder. Neben der niedrigen Landwirtschaftsproduktion und hochgradiger Umweltzerstörung stellen die Infektionskrankheiten in diesen Ländern die Hauptprobleme, wobei Leistungsunfähigkeit (Disability) und Krankheit das wirtschaftliche Versagen noch beschleunigen. Die Überlebenszeit liegt bei unter 55 Jahren, die Überlebensraten liegen in der Regel zwischen 40 bis 50 Jahren. Sierra Leone zeigt den niedrigsten Wert mit 36 Jahren Gesamtüberleben.

Die Ausgaben für die Gesundheit, sei es durch Selbstfinanzierung bzw. über allgemeine staatliche Gesundheitsausgaben, differieren extrem (Abb. 6 und

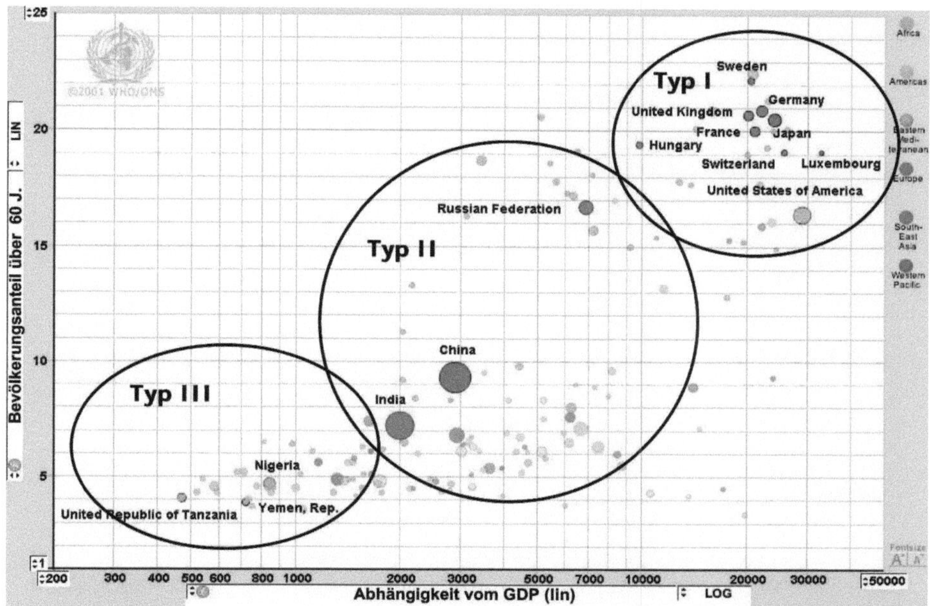

Abb. 5. Der Bevölkerungsanteil der über 60-Jährigen (Beispiel weibliche Bevölkerung) korreliert mit dem GDP (lineare Darstellung)

7). Der Anteil der Selbstbeteiligung ist in den Ländern vom Typ I besonders niedrig. Durch die Höhe der allgemeinen Gesundheitsausgaben wird dieser Anteil kompensiert. Die staatlichen Gesundheitsausgaben fallen in diesen Ländern hoch aus, während bei der Majorität der Länder die allgemeinen staatlichen Gesundheitsausgaben extrem niedrig sind. Nimmt man die Lebenserwartung allein als Kriterium, so ist nicht direkt eine kontinuierliche Korrelation erkennbar. Die Gesundheitsdaten scheinen mehr von Gesundheitsorganisationen als von den Haushalten abhängig zu sein, wenn das Gesamtüberleben betrachtet wird. Bereits bei den Ländern mit nur geringen Gesundheitsausgaben ist allein durch die Maßnahmen einer allgemeinen Gesundheitsfürsorge eine deutliche Verbesserung der Lebenserwartung nachweisbar. Die Kurven vermitteln, dass die allgemeinen Gesundheitsausgaben bei Typ II und III sehr niedrig liegen und durch die Selbstbeteiligung kompensiert werden. Zumindest haben die Länder von Typ II eine erstaunlich gute Lebenserwartung. Dies verwundert letzthin aber auch wieder nicht, da die Länder vom Typ II definitionsgemäß als gute Technologieverwerter der Länder von Typ I gelten. Hohe Differenzen der Einkommenshöhe in den einzelnen Ländern sorgen für erhebliche Ungleichheiten (Gini Index Income Inequity) (Abb. 8). Diese wirtschafts- und sozial-orientierten Daten üben offensichtlich keinen Einfluss auf die Gesundheitskriterien aus.

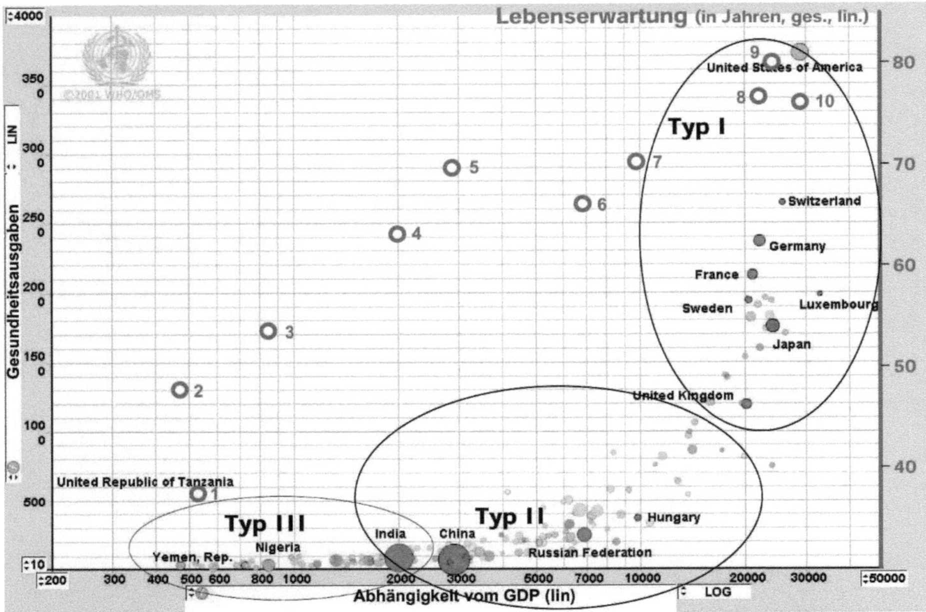

Abb. 6. Staatliche Gesundheitsausgaben in Abhängigkeit vom GDP (lineare Darstellung). Nur bei den Ländern des Typs I hohe allgemeine Gesundheitsausgaben. Die gleichzeitig eingetragene mittlere Lebenserwartung der einzelnen Länder als Beispiel für Typ I bis III zeigt auch beieiner niedrigen Berücksichtigung im nationalen Haushalt relativ gute Überlebensdaten in Ländern Typ II (Auswirkungen einer guten allgemeinen und billigen Gesundheitsfürsorge ?).

O Beispiele Lebenserwartung (männlich/weiblich):

1	Sierra Leone	37,20
2	Tansania	47,54
3	Nigeria	53,48
4	Indien	63,14
5	China	69,76
6	Russische Föderation	66,12
7	Ungarn	70,32
8	Deutschland	76,62
9	Japan	80,18
10	USA	76,07

Abb. 8. Einkommenshöhe und Ungleichheiten im Sinne des Gini Index Income Inequity verglichen mit dem GDP (logarithmische Darstellung)*. Tendenziell liegt die Einkommensungleichheit in den Gruppen II und III höher. Die soziale Ordnung in den Ländern der Gruppe I läßt bei einem größeren Teil eine geringere Ungleichheit erkennen. * Ebd.

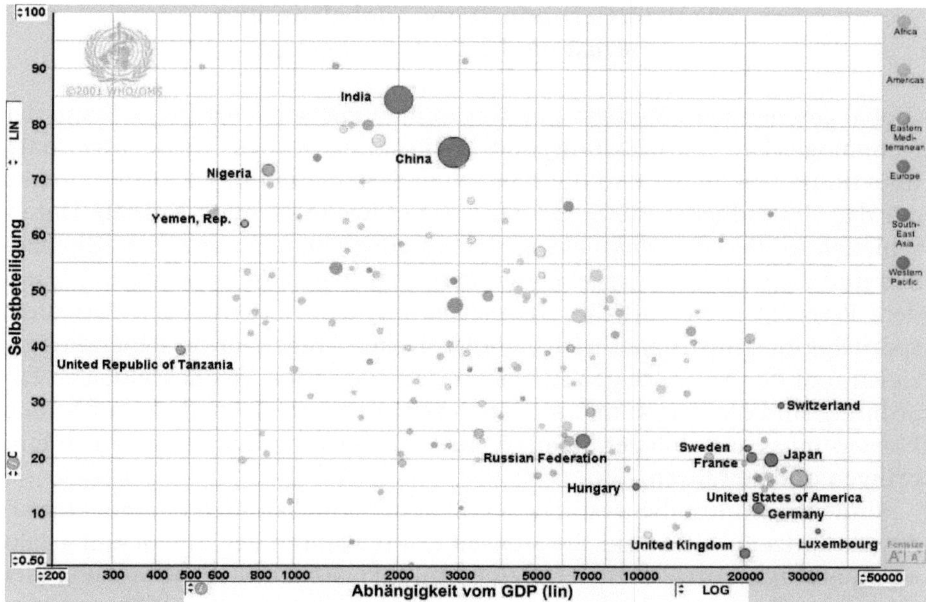

Abb. 7. Rate der Selbstbeteiligung für Gesundheitsleistungen in Abhängigkeit vom GDP (lineare Darstellung)*. Die Selbstbeteiligung ist in den Ländern Westeuropas und Nordamerikas gering, ebenso in den ehemaligen Staaten des Ostblocks, während Länder wie Indien und China extrem hohe Selbstbeteiligung aufweisen. * Tijssen, Mapping the scientific performance (modifiziert)

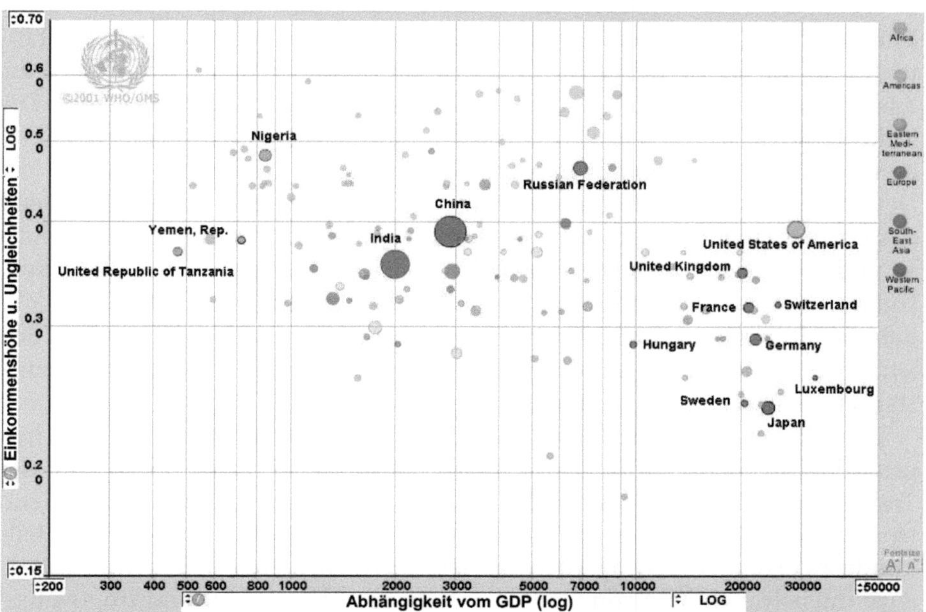

Medizin, Gesundheit und Globalisierung –
eine fast unlösbare Gemengelage

Global gesehen wird Medizin und Gesundheit vielfach beeinflusst. Stand der technologischen Entwicklung und Zivilisation, Klima, Wasserwirtschaft, Infektionskrankheiten und die staatlichen Systeme mit ihren Auswirkungen auf das Gesundheitssystem gehören zu den bestimmenden Kräften. Unterschieden werden die *Makroebene*, d. h. die Regionen, Landstriche, Klimazonen und die sich daraus ergebenden wirtschaftlichen Konsequenzen. Die andere Perspektive betrifft die *Mikroebene* mit dem individuellen Patienten, speziellen diagnostischen und therapeutischen Fragen sowie Behandlungszielen und den so wichtigen Aufgaben der Prävention. Je nach globaler Zuordnung sind die Fragen und Aufgaben komplett unterschiedlich. Auf beiden Ebenen muss aus globaler Sicht Wissen und Leistung der Medizin sich einbringen und bewähren.

Eindeutig nimmt die westliche Medizin im aktuellen Wissen eine internationale Spitzenposition ein. Sie gibt seit fast 150 Jahren den Entwicklungstakt an. Gewaltige Fortschritte erfolgten mit gleichzeitiger Verschiebung der führenden Zentren im Verlauf von Halb-Jahrhundertschritten. Während Mitteleuropa am Ende des 19. und Anfang des 20. Jahrhunderts eine führende Rolle einnahm, verschob sich – durch Isolierung und Abschottung Deutschlands und die systematische Vertreibung und Ausrottung der in der Medizin eine wesentliche Rolle spielenden jüdischen Ärzte und Wissenschaftler – der Schwerpunkt der fortschrittlichen Medizin nach England und Skandinavien, um schließlich seit dem Zweiten Weltkrieg in den USA und Kanada eine hohe Blüte zu erreichen. Folgende Meilensteine seien genannt: In der zweiten Hälfte des 19. Jahrhunderts brachten die Zellularpathologie von Virchow und die Asepsis-Lehre von Lister und Semmelweis einen Paradigmenwechsel. Die Mikrobiologie wurde von Paul Ehrlich und Robert Koch vorangetrieben. In den zwanziger und dreißiger Jahren des letzten Jahrhunderts standen die Neukonzeption der Pathophysiologie (künstliche Organe) und anschließend das Aufblühen der Biotechnik und Biomedizin mit Einführung der Antibiotika und der Eroberung neuer Organgebiete in der Chirurgie im Vordergrund, sodann die Transplantation und neue Werkstoffe (Biomaterialien), schließlich die Molekularbiologie. Auch hier waren primär die USA führend. In den letzten drei Dekaden wurde schließlich ein zunehmend gleicher Wissensstand in den westlichen Nationen erreicht.

Der Wissensfortschritt beschleunigt sich, und der Brückenbau zwischen grundlagenwissenschaftlichem Labor und Klinik verdichtet sich mit der Transfer- bzw. Translationsforschung („from bench to bedside"). Zunehmend werden klinische Studien zur Objektivierung des Fortschritts für die Heilkunde zwingender Auftrag –der Ruf nach „Evidence Based Medicine" (EBM) wird intensiver. Zahlen von Überlebensjahren – theoretisch sind 110, 120 und mehr Jahre durchaus denkbar – treten gegenüber Daten zur Lebensqualität in den Hintergrund. Vitalität, geistige Präsenz und Schöpfungskraft des Einzelnen werden zum Hauptziel des medizinischen Fortschritt.

Eine neue Gefahr wird jetzt aber mehr und mehr offensichtlich: Weiterentwicklungen infolge neuer wissenschaftlicher Erkenntnisse können einmal nicht mehr generell verfügbar sein. Diejenigen sind privilegiert, die gesundheitsbewusst ihr Leben gestalten (z. B. nicht Rauchen) und die sich den wirtschaftlichen und medizinischen Fortschritt materiell leisten können. Ein Schichtensystem tut sich auf. Der Verlust des Solidaritätsprinzips in der Gesundheitsfürsorge kann zum explosiven Konfliktpotential zwischen einzelnen Gruppen, Schichten und Ländern werden. Zwei Problemebenen tun sich auf:

1. in den wohlhabenden Ländern die Frage nach dem, was man sich allgemein im eigenen Land leisten kann;
2. die Frage der globalen Verpflichtung zwischen den wohlhabenden und den meisten Schwellenländern auf der einen Seite und den Ländern, die Energie und wirtschaftliche Kraft für den Aufbau einer Gesundheitsfürsorge nicht aufbringen können, auf der anderen.

Im ersten Fall zeichnen sich bei rationaler Betrachtung vertretbare Entwicklungen ab, im zweiten Fall steht gezielte Unterstützung bzw. Anleitung zur Selbsthilfe im Vordergrund.

„Die Scientific Community" der Mediziner und der Lebenswissenschaftler sowie die globale Verpflichtung

Die wissenschaftliche Produktivität und ihre praktische klinische Umsetzung treibt die westliche Medizin voran (Abb. 9). Publikationen in einer Unzahl von wissenschaftlichen Zeitschriften sorgen für den Wissenstransfer. Als Beispiel soll die Analyse gelten, die zehn Länder der westlichen Hemisphäre umfasst und die medizinisch-wissenschaftlichen Leistungen vergleichend bezogen auf Einwohnerzahl und GDP auswertet[7]. Jetzt haben die elektronischen Medien die Wissensverbreitung zusätzlich beschleunigt. Schon beginnt der Kampf um die primäre Position – Journal oder WWW-online –, die Zukunft liegt im fruchtbaren Miteinander.

Nur eine Sprache herrscht: die Lingua franca der Wissenschaft – Englisch. Die Möglichkeiten des weltweiten Informationsnetzes haben den Zusammenschluss noch beschleunigt und gefestigt. Wissenschaftlich durch Peer-Review qualifizierte Publikationsorgane und gemeinsame Sprache, dauernder Fluss von Daten und damit Wissen, enger Erfahrungsaustausch, Besuchspro-

---

[7] Tijssen, *Mapping the scientific performance*.

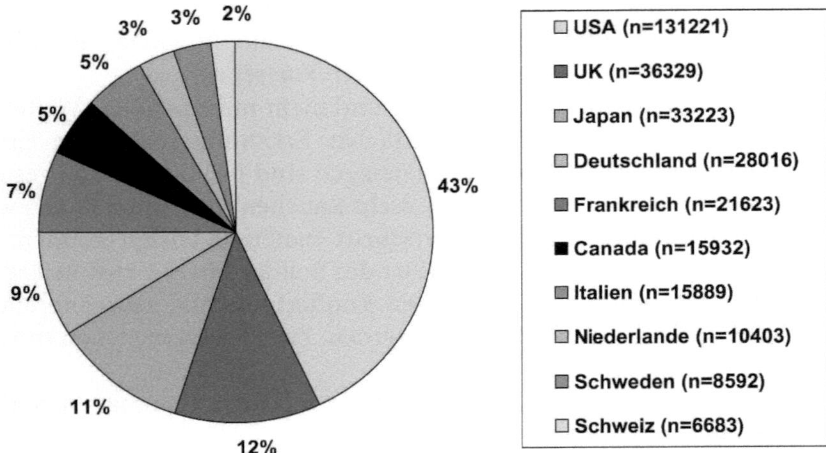

Abb. 9. Produktion wissenschaftlicher Zeitschriften, Publikationen aller medizinischer Bereiche aus den Ländern der westlichen Hemisphäre mit vergleichbaren wirtschaftlichen Ausgangsbedingungen*. In dem Fenster ist die Zahl der Publikationen pro Land berechnet (für 1998). Es sind alle medizinischen Publikationen einbezogen (englische und National-Sprache).
* Ebd.

gramme medizinisch-akademischer Experten ohne Grenzen bilden den Mutterboden für eine fruchtbare Wissenschaftskultur. Als Beispiel kann die Zahl der Gastprofessoren angeführt werden, die an unseren führenden Kliniken arbeiten bzw. an führende Kliniken der westlichen Welt gesandt werden. Das gleiche gilt für die vielfachen Forschungsstipendien an den grundlagenwissenschaftlichen Instituten und klinisch forschenden Hospitälern, die initiativ und beispielgebend für den klinisch-wissenschaftlichen Wissenstransfer arbeiten. Triebkräfte sind aber nicht nur Kollegialität und akademische Freundschaft oder die Freude am Gedanken- und Erfahrungsaustausch, sondern auch der harte Wettbewerb um Erfolg, gute Positionierung in der Scientific Community, wirtschaftliche Fundierung durch „Grants" (Forschungsbewilligungen) und nicht zuletzt öffentliche Anerkennung. Die westlichen Länder haben erkannt, dass wissenschaftlicher und klinischer Erfolg wirtschaftliche Festigung bedeutet. Wirtschaftliches Wachstum fördert gleichzeitig den Fortschritt in der Wissenschaft[8].

Der Kern der Scientific Community liegt in den angelsächsischen Ländern, zusammen mit Skandinavien. Diese Länder gaben den Erfolgsweg nach Ende des Zweiten Weltkriegs bis Anfang der siebziger Jahre an. Deutschland, Österreich, Italien und Japan waren in diesem Zeitraum mehr oder weniger Empfänger für neues Wissen und neue Methoden aus dem angelsächsischen, ame-

---

[8] May, *The scientific wealth of nations.*

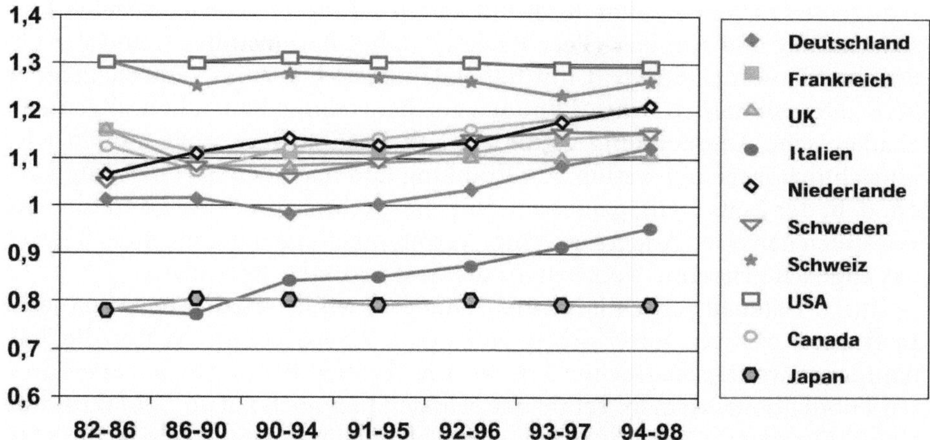

Abb. 10. Angabe der wissenschaftlichen Ausstrahlungskraft in der klinischen Forschung anhand des Zitationsimpakt-Faktors*. Entwicklung der Durchschnittswerte im Vergleich zwischen 10 Ländern der westlichen Hemisphäre. Berücksichtigt sind nur die englisch-sprachigen Publikationen. Der weltweite Durchschnittsindex ist 1. Die Analyse bezieht sich auf die jeweils 5 Jahres-Zitationsfenster (1982 bis 1998). * Ebd.

rikanischen und skandinavischen Raum. Von den anderen europäischen Staaten hat am ehesten die Schweiz im vergangenen Jahrhundert stets mit den westlichen Ländern Schritt gehalten. Frankreich war wegen der nach dem Krieg sehr gepflegten Sprachbarriere zunächst isoliert. Erst in den siebziger Jahren ging es zunächst halbherzig und ab den neunziger Jahren voller Kraft mit ins Rennen (Abb. 10).

Nichts charakterisiert die Entwicklung mehr als das Beispiel kleiner, sich elitär fühlender wissenschaftlicher Gesellschaften und Gruppen, die sich in den fünfziger Jahren bildeten. Die Gründer und Mitglieder kamen primär aus den USA, Kanada, dem Vereinigten Königreich und den skandinavischen Ländern. Mit ins Boot wurden dann in den siebziger Jahren streng selektioniert aktive klinische wissenschaftliche Forscher aus anderen Ländern genommen. Der globale Gedanke präsentiert sich als Zusammenschluss der Akzeptierten und Ebenbürtigen in der akademischen Medizin – letzthin handelt es sich um eine Art akademischen „Nord-Atlantik-Pakt".

Wissenschaftliche Qualitäts- und Erfolgskontrolle als Triebfeder

Der laufende Wissenstransfer aus dem Labor zur Überprüfung in der klinischen Medizin und die Kultur der klinischen Studien werfen immer wieder die Frage nach den Besten bzw. nach einer Rangliste auf. Als Maß gelten die eingeworbenen Forschungsgelder, Publikationen und ihre Ausstrahlung. Ein stringentes Review-System, Kontrolle durch mindestens gleichgestellte Wissenschaftler und Kliniker (Peer Review), d. h. Citationsimpact, und der Ort der Publikation (Zeitschrift mit hohem Impact) liefern die entscheidenden Maßstäbe. Bibliometrische Methoden zur Beurteilung haben hier allgemeine akademische Anerkennung gefunden. Die Qualität der Publikationen wird hinsichtlich ihrer Innovation, Ausstrahlung und nach dem Ort der Publikation, d. h. der Zeitschrift, gemessen. Nur die englischsprachige Literatur wird verläßlich gewertet. Anderssprachige Veröffentlichungen fallen einfach durch das englisch genormte Netz bzw. finden erst sekundär Beachtung.

Durch Datenaustausch ist Stand, Rang und wissenschaftlicher Wert jeder Institution weltweit durchsichtig geworden. Voraussetzung ist nur die Teilnahme am wissenschaftlichen System, d. h. Veröffentlichung in den anerkannten Publikationsorganen. Vergleiche erfolgen hier auch auf einer Makro- und einer Mikroebene. Die Makroebene vergleicht Länder oder Regionen, die Mikroebene Universitäten und Institute. Sie kann bis zum Produzenten selbst, dem Autor, verfolgt werden. Es reizt immer wieder der Vergleich zwischen den Ländern. Eine schlüssige Gegenüberstellung setzt eine vergleichbare Ausgangsbasis von wirtschaftlicher Kraft voraus. Deutschland gehört zu der Gruppe mit den USA, Kanada, der Schweiz, Schweden, dem Vereinigten Königreich, Frankreich, Italien, Japan und den Niederlanden.

Fair ist die bibliometrische Wertungsmethode nur dann, wenn die wissenschaftliche Produktion durch die Zahl der jeweiligen Einwohner eines Landes mit dem Bruttosozialprodukt (GDP) und evtl. der akademischen Humankapazität relativiert wird. Für Deutschland hat sich seit Ende der achtziger Jahre trotz eines gewissen Einknickens mit der Wiedervereinigung (1990 bis 1992) die Position ständig verbessert. Die Länder Italien und Japan folgen. Jetzt ist weitgehend ein Gleichstand zwischen den einzelnen Ländern eingetreten. Kein Zweifel besteht an der führenden Rolle der eben erwähnten westlichen Länder in der medizinischen Wissenschaft.

Wesentlich aus forschungspolitischen Erwägungen und für Förderungsplanungen wird der Vergleich zwischen den Universitätsklinika eines Landes, wie z. B. in jüngster Zeit für Deutschland durch ein Bibliometrisches Holländisches Institut erfolgt (Abb. 11). Grundsätzlich gilt die Regel, dass die erfolgreichen Klinika auch weiter gefördert werden. Für schwächere sind andere Wege der klinischen Forschung möglich. Das werdende Evaluationssystem sollte weiter die Basis abgeben.

Unter dem Aspekt der Globalisierung muss man sich jedoch auch nach den Zielen der westlichen Gesundheitsbemühungen fragen und gleichzeitig den Bedarf der anderen Länder berücksichtigen.

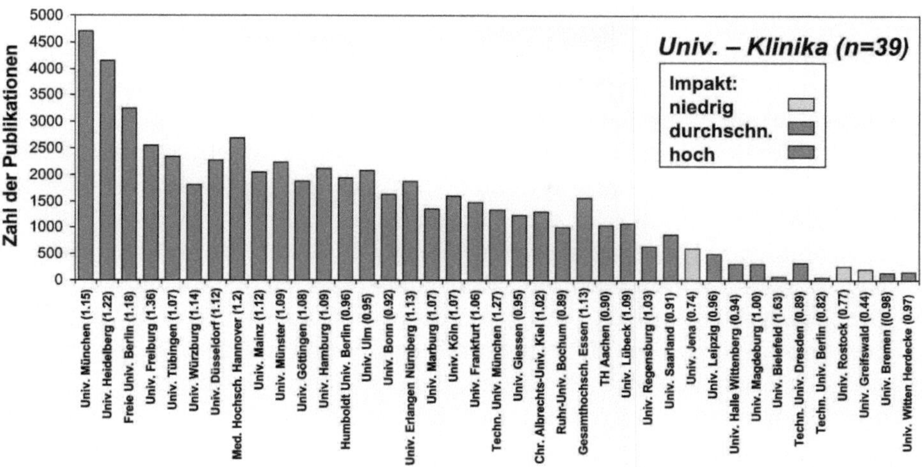

Abb. 11. Leistungsvergleich zwischen den Universitätsklinika in Deutschland anhand der englischsprachigen Publikationen und ihres Zitationsimpaktfaktors am Beispiel der klinischen Medizin (1989 bis 1998)*. Unterteilt ist in drei Gruppen: Zitationsimpakt durchschnittlich: 0,8 bis 1,2, niedrig: unter 0,8, hoch: über 1,2. Arbeiten aus selbständigen Forschungsinstituten wie Großforschungseinrichtungen oder Max-Planck-Instituten sind nur dann berücksichtigt, wenn sie als kooperative Projekte mit Universitätsklinika ausgewiesen sind. Angabe des Zitationsimpaktfaktors anhand der einzelnen Universitätsklinika ohne Relation zur Zahl der Professoren. * Tijssen, Mapping the scientific performance

Ziele westlich orientierter medizinischer Forschung

Im Zentrum der westlichen medizinischen Forschung stehen zum einen die typischen Zivilisationserkrankungen, zum anderen die Infektionskrankheiten, die nach wie vor gerade in den Schwellen- und Entwicklungsländern eine große Rolle spielen.

Bei den Erkrankungen *der älteren Menschen* handelt es sich um neurologische Krankheiten, Herz- und Gefäßerkrankungen, bösartige Neubildungen, degenerative Veränderungen, chronisch-entzündliche Krankheiten und Stoffwechselstörungen. Praktisch die gesamte Forschungsintensität richtet sich auf diese Krankheiten aus. Die Daten über das Überleben und die geringe Rate an „Disability" in den westlichen Ländern sprechen für den Fortschritt, den man mit der Behandlung dieser Erkrankungen erreichen konnte.

Die Forschung geht entweder von der Grundlagenforschung aus, um damit dann grundsätzliche Fragen über Erkrankungsentstehen zu klären, oder vom eigentlichen Krankheitsproblem mit konsekutiven klinischen Fragestellungen zur Vorbeugung, Diagnose und Therapie. Rein methodisch gesehen gibt es drei Typen von Forschung:

1) die grundlagenorientierte Forschung, deren Mittelpunkt der Erkenntnisgewinnung in biologischen Systemen erfolgt: Molekularbiologie, Genetik, Biochemie, Immunologie, Physiologie etc. Die Folgen sind dann krankheitsrelevante Fragestellungen.

2) die krankheitsorientierte Forschung, die an Modellsystemen, z. B. im Tierversuch oder in in-vitro-Systemen, mit den Methoden der modernen Biologie einen Einblick in die Pathophysiologie und die genetische Ursachen von Krankheit zu gewinnen versucht und Ansätze für mögliche therapeutische Maßnahmen erprobt. Krankheitsorientierte Forschung hat zum Ziel, die Pathogenese und die Behandlung von Krankheiten zu verstehen. Sie benötigt dazu aber nicht den direkten Kontakt mit dem Patienten.

3) die patientenorientierte Forschung, die direkt am und mit dem Patienten oder Probanden durchgeführt wird. Hierunter fallen klinische Studien aller Phasen und auch epidemiologische und Fallkontroll-Studien sowie weite Bereiche der Versorgungsforschung. Patientenorientierte Forschung erfordert den direkten Kontakt zwischen den Wissenschaftlern und den Patienten/Probanden (Denkschrift der DFG 1999).

Die Infektionskrankheiten sind zurückgedrängt, jedoch nicht in den Schwellen- und Entwicklungsländern. Trotzdem hat die Antibiotikaforschung ihren Gipfel überschritten. Die großen Seuchen[9] Tbc, Malaria, Hepatitis B und AIDS sind zusammen mit den Atemwegserkrankungen und den dysenterischen Erkrankungen das Problem der Länder mit niedrigem Zivilisationsgrad. Dies betrifft Entwicklungs- und Schwellenländer. Grundsätzlich sind mit Ausnahme von AIDS prophylaktische Therapie und Vakzination entscheidend. Eine interessante Analyse[10] zeigt, dass von der pharmazeutischen Industrie weitaus der geringere Anteil der Kosten für Vakzination im Vergleich zur pharmazeutischen Forschung und Produktion anfällt (Abb. 12).

Die Medizin wird gleichzeitig in die Bewegung zur Erhaltung der Umwelt einbezogen[11].

---

[9] Sachs, *A new global effort to control malaria.*
[10] Rappuoli, *The intangible value of vaccination.*
[11] Leshner, *Science and sustainability.*

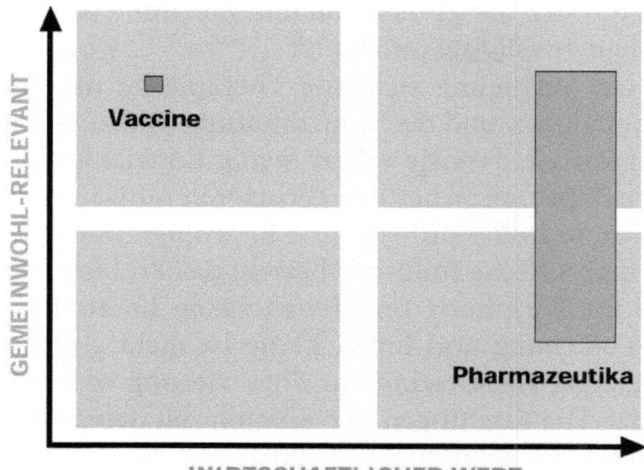

Abb. 12. Korrelation zwischen Auswirkungen auf das Gemeinwohl (Gesundheit) und auf den wirtschaftlichen Wert (Investitions- und Produktionswert) in der Forschung und Anwendung für Vakzinationen und Pharmazeutika*. Die Flächenbildung für Vakzine und Pharmazeutika entspricht ihrem Wert. Vakzine sind hinsichtlich ihres gesundheitlichen Wertes hoch eingeschätzt. Sie repräsentieren jedoch nur 2 Prozent des globalen pharmazeutischen Marktes.
* Rappnoli, the intangible value of vaccination

Ausrichtung der globalen westlichen Sicht auf die technologisch innovativen und technologisch adaptiven Länder – die Randrolle der armen Regionen

Die Schwellenländer bzw. die Länder mit der Möglichkeit, die technologische Innovation und damit den medizinischen Fortschritt zu übernehmen, kümmern sich zunehmend um die gleichen medizinischen Gebiete bzw. Probleme, die mit Lebensverlängerung und Zivilisation anstehen: entzündliche Darmerkrankungen, Dickdarmkrebs, Brustkrebs, Gefäßverkalkung etc. Wichtiges Bindeglied zwischen allen Gruppen ist der Leberkrebs (HCC), der durch den Hepatitis-Virus wesentlich mitverursacht wird, und natürlich die HIV-Infektion.

Ganz anders sieht es jedoch in der Gruppe der vom Fortschritt vollkommen ausgenommenen Länder mit mehr als 1 Milliarde Menschen aus. Sie existieren von der zivilisatorisch-technischen Entwicklung abgekoppelt. Sie können kaum von der westlichen Medizin profitieren. Im Vordergrund stehen die Infektionskrankheiten, Malaria, Tbc, Dysenterie und AIDS. Die unbeschreiblich hohe humane Ausfallrate in Form von Tod, Invalidität und Leistungsunfähigkeit schwächt die wirtschaftliche Kraft und verstärkt die Armut. Analysen haben ergeben, dass die Armut in diesen Ländern in den letzten 20 bis 30 Jahren deutlich zugenommen hat: ein Circulus vitiosus bzw. eine Abwärtsspirale mit immer weiterem Nachlassen der schon so geringen wirtschaftlichen

Produktivität, Einbruch der Zivilisation und Zunahme von früher Krankheit, frühem Gebrechen, Invalidität und Tod[12].

Die einzige zur Verfügung stehende Therapie ist die Prävention durch hygienische Maßnahmen und die Schutzimpfung (Vakzination). Die Impfung hat den großen Vorteil, dass sie relativ wenig Entwicklungskosten benötigt und in der Herstellung wirtschaftlich geringeren Aufwand erfordert. Es wird kalkuliert, dass ca. 10 Dollar pro Jahr und Einwohner notwendig sind.

Für die pharmazeutische Industrie besteht das Problem, dass die weiteren Aufwendungen für Forschung und Entwicklung bedroht sind. Das Eigentumsrecht der Forschung und Entwicklung ist nicht gesichert. Eine Patentierung und Nutzung von Gewinn zur Finanzierung weiterer Forschung erscheint gefährdet. Die Leistungen der Kolonialzeit, wie z. B. der Einsatz des Germanins, sind jetzt nicht mehr denkbar, da die Nutzung des Arbeitsfähigkeitsgewinns durch die Vitalität der Bevölkerung einfach nicht mehr gegeben ist. Andere Finanzierungen sind notwendig. Die UN z. B. hat schon vor vielen Jahren eine sehr geringe Ökosteuer auf Brennstoffe vorgeschlagen, um damit die armen Länder aus der Krankheits- und Armutsfalle zu befreien. Die Einführung einer internationalen Ökosteuer könnte durch gezielte Überführungen in die betroffenen Länder großen Segen bringen. Der UN-Begriff der Ökosteuer hat nichts mit der in Deutschland eingesetzten Ökosteuer zu tun, die allein das Ziel einer zusätzlichen Rentenfinanzierung hat.

Versuche zur Problemlösung

Globalisierung relativiert die Erfolge der westlichen Medizin mit den großen weltweiten Defiziten ihrer Verbreitung und Anwendung. Es gibt genügend erfolgversprechende und verwirklichbare Hilfsmaßnahmen. Den betroffenen verarmten und verseuchten Bevölkerungsgruppen können Gesundheits- und Schutzprogramme helfen. Selbständige Hilfe in dem Land durch öffentliche Gesundheitsfürsorge („Public Health", „Volksgesundheitspflege") wird die Kernstrategie für die Verbesserung der Situation. „Public Health" mit ihren vielfachen Facetten (siehe Tabelle 1) muss nicht zuletzt aus diesen Gründen auch an unseren Universitäten zu einem Lehrfach werden. Auch unser medizinisches Gesundheitssystem braucht wahrscheinlich in zunehmendem Maße die Nutzung der allgemeinen Gesundheitsfürsorge entsprechend dem „Public Health"-Konzept, da die Kosten der individuellen Therapie laufend steigen.

---

[12] Die Sterblichkeit für Malaria und Tbc beträgt jeweils pro Jahr 2 bis 3 Millionen. Die Schätzung für AIDS liegt teilweise höher. Hier addieren sich neben AIDS auch die Infektionskrankheiten, vor allen Dingen Tbc. Hinzu kommen Masern und die dysenterischen und Atemwegskrankheiten mit ähnlichen Sterberaten.

Die großen Fortschritte der Medizin der letzten Jahrzehnte in den westlichen Staaten legen wirtschaftliche Engpässe für die Logistik und Anwendung frei. Ein rationales Prinzip wäre „Public Health", d. h. Sorge für die allgemeine Gesundheit in Form von präventiven Maßnahmen und Versorgung mit einer Basismedizin, auf der gezielt und rationell Sonderleistungen aufgebaut werden. Vielleicht ist der Aufgabenbogen, der sich jetzt zwischen Reich und Arm spannt, ein Mittel zur Erkenntnis, dass Ressourcen für Gesundheit als knappes Gut mit Bedacht zu behüten und zu verteilen sind: im Westen durch mehr persönliche Verantwortung für die eigene Gesundheit und mit vertretbarer Kostenbeteiligung der Einzelnen, in den armen Ländern durch kluge und ausreichende Hilfe zur Selbsthilfe. Zu beachten ist, dass die Gesundheitssysteme in den Schwellen- und sich dem Westen adaptierenden Ländern das allgemein harte Prinzip des Einsatzes persönlicher Verantwortung weit mehr einfordern.

Die westliche Welt kann sich selbst und global durch eine Gesundheitsfürsorge im Sinne von „Public Health" helfen. In den USA ist eine große Zahl von Medizinischen Hochschulen schwerpunktmäßig auf das Gebiet „Public Health" angesetzt. In Deutschland mit seinen 39 Medizinischen Hochschulen gibt es vielfältige Möglichkeiten, vermehrt die Hauptforschungsrichtung auf die Lehre der öffentlichen Gesundheitsfürsorge auszurichten. Gleichzeitig muss eine „Grundmedizin" vermittelt werden. Gerade für Hochschulen, die nur zu einem geringen Anteil grundlagenwissenschaftliche Verbundforschung betreiben können, liegen hier lohnende und weiterführende Forschungsaufgaben. Den großen forschenden theoretischen und klinischen Gesundheitseinrichtungen mit systematischer Zentrumsbildung („hot spots")[13] kommt die Aufgabe weiterer differenzierter Basis-, Transfer- und klinischer Anwendungsforschung zu.

Literatur

Häfner H (Hrsg.) (1999) Gesundheit – unser höchstes Gut? (Schriftenreihe der mathematisch-naturwissenschaftlichen Klasse der Heidelberger Akademie der Wissenschaften, Nr. 4). Berlin u.a.: Springer
Leshner A (2002) Science and sustainability. In: Science 297:897
May R (1997) The scientific wealth of nations. In: Science 275:793–796
May R (1998) The scientific wealth of nations. In: Science 281:49–51
Rappuoli R, Miller HI, Falkow S (2002) The intangible value of vaccination. In: Science, 297:937–939
Sachs J (2000) A new map of the world. In: The Economist 6:24
Sachs J (2002) A new global effort to control malaria. In: Science 298:122–124
Schirrmacher, F (2001) Schöne und neue Welt. In: FAZ v. 1.9.01

---

[13] Bezeichnung der EU für Forschungszentren mit hoher Dichte und Austausch zwischen Basisforschung und Transfer in die Klinische Forschung.

Tijssen JW, van Lauwen TN, van Raan AFJ (2002) Mapping the scientific performance of German Medical Research – An international comparative bibliometric study. Stuttgart/New York: Schattauer
World Health Chart 2001 (public beta 0.1)

Heidelberger Jahrbuch, Band 47 (2003)
H. Gebhardt/H. Kiesel (Hrsg.): Weltbilder
© Springer-Verlag Berlin Heidelberg 2004

Weltbilder der Physik zu Beginn des 21. Jahrhunderts

HANS J. PIRNER

Bilder in Bewegung

„Das Weltbild (der Physik) steht überhaupt nicht fest. Wir haben gerade erst begonnen, darüber nachzudenken", so bemerkt der bedeutende Quantenphysiker A. Zeilinger auf dem Umschlag seines Buchs mit dem Titel „Einsteins Schleier"[1]. S. Hawking beginnt den Aufsatz „Das Universum in einer Nussschale" mit einem Zitat aus Shakespeares Hamlet: „O Gott, ich könnte in einer Nussschale eingesperrt sein und mich für einen König von unermesslichen Gebieten halten …".[2] Das erste Zitat gibt die Dynamik der Physik am Beginn dieses neuen Jahrhunderts wieder. Alles ist in Umordnung. Im zweiten Zitat relativiert der Shakespearesche Satz aus dem Munde eines Physikers die großartigen Leistungen der Physik des letzten Jahrhunderts. Er erlaubt nachzudenken und zu fragen: Was für ein Bild der Welt haben die Physiker? Ist es nur ein Bild? Zu Beginn des 20. Jahrhunderts haben die Erneuerer der Physik ihre Weltsicht und ihre Weltbilder gerne in philosophischen Artikeln erzählt. Das Ende des vergangenen Jahrhunderts war dagegen mehr von einer gegensätzlichen Haltung „Against Philosophy" geprägt, wie ein Kapitel in S. Weinbergs populärwissenschaftlichem Werk „Dreams of a Final Theory"[3] überschrieben ist. Der folgende Aufsatz will eine Mittelstellung einnehmen und versuchen, die Bilder der Physik zu präsentieren, die den augenblicklichen Zustand der Physik charakterisieren, aber er erhebt keinen Anspruch auf Vollständigkeit. Empirie, Berechenbarkeit und Ästhetik sind eigenständige Phänomene der Physik. Die Auswahl ist geprägt von meinem Detailwissen, das ich als theoretischer Physiker, dem viele neuere Entwicklungen der angewandten Physik entgehen, besitze, genauso wie ich die schnell vor sich gehenden Entwicklungen in der Kosmologie nur verfolgt und nicht aktiv mitgestaltet habe. Die Bilder sollen Ausschnittsvergrößerungen sein, die dem Leser den gegenwärtigen Stand des wissenschaftlichen Prozesses zeigen und gleichzeitig aber auch den freien Raum beschreiben, der offen ist für Spekulationen.

---

[1] Zeilinger, *Einsteins Schleier*, Umschlag hinten.
[2] Hawking, *Das Universum in einer Nussschale*, S. 77.
[3] Weinberg, *Dreams of a Final Theory*, Kap. 7.

Der Besuch dieser Bildergalerie der Physik gleicht deshalb mehr der Besichtigung einer Baustelle. Überall arbeiten Physiker und Techniker an den Bildern, verfeinern Details, nehmen eine andere Farbe, um den Ton der Naturwiedergabe besser zu treffen, oder übermalen eine wichtige Figur, für die es an der Zeit ist, in den Hintergrund zu treten. Dieses Museum hat keinen bestimmten Ort. In der Antarktis werden Detektoren in das ewige Eis versenkt, in den Fernen des Weltalls lauschen Satelliten auf Signale aus der Frühzeit des Universums und im Labor des Instituts um die Ecke wird ein Quantencomputer zusammengesetzt. In diesem Aufsatz will ich als drei Beispiele die Elementarteilchenphysik, Quantenmechanik und Kosmologie benutzen, um die Weltbilder der Physik zu zeigen. Beginnen Sie mit mir diesen Rundgang in dem Saal, in welchem die kleinsten Bausteine des Universums zur Schau gestellt werden.

Wie elementar sind die Elementarteilchen?

Die Mikrophysik beschäftigt sich mit den elementaren Bausteinen der Materie, aus denen alles weitere zusammengesetzt ist. Im Lauf der letzten 50 Jahre ist die Mikrophysik mit immer besseren Mikroskopen zu immer kleineren Dimensionen vorgedrungen, in der Hoffnung, dass auf dieser Ebene des Kleinsten das grundlegend Einfachste mit den größten Symmetrien zu sehen ist (siehe Abb. 1). Während das Auge bis auf die Hälfte eines Millimeters Objekte auflösen kann, erweitern normale Lichtmikroskope unsere Anschauung auf den Bereich von mikrometergroßen Bakterien (1 Mikrometer = 10^{-6} m). Elektronenmikroskope zeigen mit ihrer kleineren Wellenlänge Goldatome, die auf einer Oberfläche regelmäßig im Abstand von Nanometern (= 10^{-9} m) angeordnet sind. Das Ergebnis dieser Suche nach den elementaren Bausteinen hat eine Folge von „theoretischen Matrjoschkas" produziert. Eine Puppe enthält in sich eine kleinere Puppe, die sich bei näherer Beschäftigung als Mutter einer weiteren kleineren entpuppt. Wenn die Physiker die Elektronen des Atoms abstreifen, finden sie den Atomkern, in dem wiederum Nukleonen aufbewahrt sind, d. h. positiv geladene Protonen und neutrale Neutronen. Durch Erhöhung der Energie der Elektronen um einen Faktor von 100 Millionen ist es möglich, die Bestandteile der Nukleonen selber zu analysieren. Obwohl die Kräfte immer stärker werden, geschieht auf dieser Ebene etwas Überraschendes: Die Bestandteile der Nukleonen, die Quarks, lassen sich nicht mehr isolieren. Wenn die zwei Antagonisten, Quark und Antiquark, weit voneinander getrennt werden, produzieren sie ein weiteres Antiquark-Quark-Paar und vermählen sich zu zwei neutralen mittelschweren Teilchen, die Mesonen genannt werden. Die Natur hat eine neue Art der Zusammensetzung erfunden, die nicht mit der Bindung der Erde an die Sonne durch die Schwerkraft oder mit der elektrischen Bindung der negativ geladenen Elektronen an

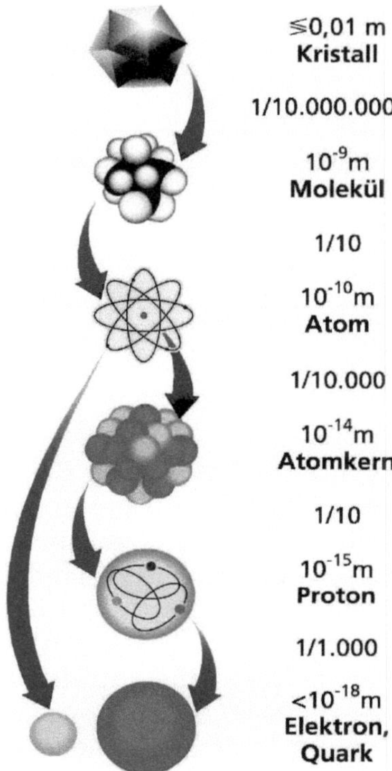

Abb. 1. Aufbau der Materie.
Die Längenskala ändert sich um einen Faktor 10^{16} = 10 000 000 000 000 000

die positiv geladenen Protonen vergleichbar ist. Solche aus Quarks zusammengesetzte Teilchen hat man Hunderte gefunden, die oft nur eine sehr kurze Lebensdauer haben. Das Experimentieren mit hochenergetischen Teilchen hat uns ein Fenster in die Innenwelt der Bestandteile der Materie geöffnet. Die Physiker benutzen dazu Nachweisgeräte, welche auch die natürliche und kosmische Strahlung bis in kleinste Details messbar machen. Erst in der letzten Zeit sind neutrale extrem leichte und sehr schwach wechselnde Teilchen, die Neutrinos, besser verstanden worden. Sie entstehen z. B. beim Beta-Zerfall von Neutronen in Protonen zusammen mit negativ geladenen Elektronen und waren schon lange bekannt. Eigenschaften ihrer Massen können wir erst seit den vergangenen zwei Jahren messen.

Die Physiker haben ein Modell entwickelt, das alle Daten in der Mikrophysik mit hoher Genauigkeit beschreiben kann. Dieses Standardmodell der Teilchenphysik besteht aus drei Familien von elementaren Teilchen (siehe Tabelle 1). Jede Familie enthält zwei Arten von je drei verschiedenen, sogenannten „farbigen" Quarks, und zwei leichte Teilchen, z. B. das Elektron und sein zu-

Tabelle 1. Materieteilchen (Fermionen) des Standardmodells
in den drei Familien

	Teilchen		
Fermionen	**Familie**		
	1	2	3
Neutrino	ν_e	ν_μ	ν_τ
Elektron, Muon, Tau	e	μ	τ
Quarks	u	c	t
	d	s	b

gehöriges Neutrino, die in einer besonderen Kombination auftreten. Die
zweite und dritte Familie sind ähnlich organisiert wie die erste Familie. Sie
enthalten aber Teilchen, die erheblich schwerer sind. Mit Hilfe des Standardmodells haben die Physiker nicht nur die Bestandteile dieses Teilchenzoos
isoliert, sondern auch die Kräfte analysiert, mit denen die Teilchen untereinander wechselwirken. Man kann sich das so vorstellen, dass sich bei der
Wechselwirkung die Materieteilchen Bälle zuspielen und miteinander austauschen. Diese Bälle sind die Photonen, $W^\pm Z^\circ$-Bosonen und Gluonen. Das Spiel
mit den Photonen bindet gegensätzlich geladene Teilchen elektrisch aneinander. Wenn es zu hart zugeht, sehen wir Licht, z. B. wenn angeregte Atomzustände zerfallen. Die $W^\pm Z^\circ$-Bosonen vermitteln den schwachen Beta-Zerfall,
der die Lebensdauer von langlebigen Isotopen bestimmt, welche z. B. in der
Medizin als Diagnosemittel verwendet werden. Die Gluonen mit ihrer extrem
starken Farbkraft halten die Quarks im Nukleon zusammen. Zwanzig Millionen Z-Bosonen sind an den beiden Elektron-Positron-Beschleunigern in
Genf und Stanford erzeugt worden. Die Intensität ihrer Produktionsrate
hängt mit der Anzahl der Familien zusammen, insbesondere mit der Anzahl
der Neutrinogenerationen. Gibt es ebenso viele Neutrinogenerationen wie
Quarkgenerationen? Das Standardmodell sagt drei Arten von Neutrinos voraus. Wie in Abb. 2 zu sehen ist, stimmt die Vorhersage des Standardmodells
von drei Neutrinogenerationen mit dem Experiment überein. Messungen haben die Rechnungen des Standardmodells mit hoher Präzision bestätigt. Die
Berechnungen schließen sogenannte virtuelle Prozesse ein, die für kurze Zeit
als Fluktuationen zwischen den wohldefinierten Partnern im Anfangs- und
Endzustand auftreten können. Es ist die Kontrolle dieser sogenannten Schlei-
fenkorrekturen, die das Standardmodell so erfolgreich machen. Ein ausgeklügeltes System von Symmetrien erlaubt es, divergierenden Integralen endliche
Werte zuzuordnen.

Das Bild der Materie, das aus dem Standardmodell resultiert, ist äußerst
vielfältig. Die Suche nach dem Urstoff hat die Physiker dazu gebracht, neben

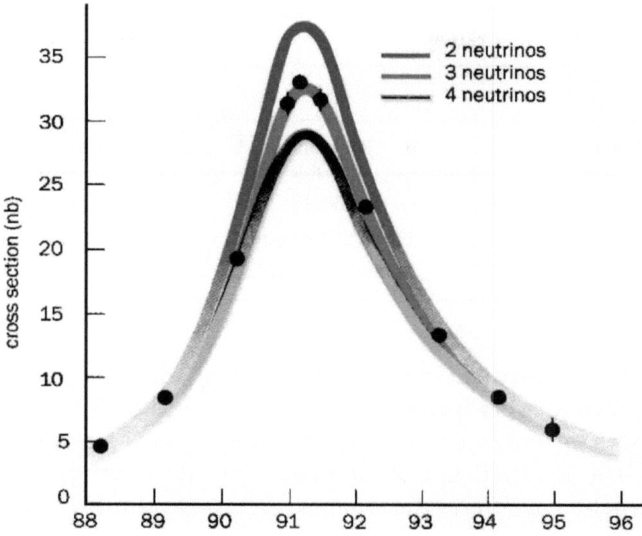

Abb. 2. Der Wirkungsquerschnitt für Elektron-Positron-Annihilation als Funktion der Energie in der Nähe der Z-Resonanz

den auf der Erde vorhandenen Teilchen weitere andere Teilchen in das Modell einzubeziehen, die nur künstlich produziert werden und die Erklärung des Urstoffs zur Zeit eher komplizieren. Schon W. Pauli hat bei der Entdeckung des schweren Partners des Elektrons aus der zweiten Familie gefragt, warum der „Schöpfer" dieses Teilchen geschaffen hat. Dieselbe Frage stellt sich nach der Entdeckung von drei sehr ähnlichen Familien mit noch größerer Dringlichkeit. Ein ungelöstes Problem des Standardmodells ist die Erzeugung der Masse. Neben Ausdehnung ist Masse eine charakteristische Eigenschaft von Materie. Sie bestimmt, mit welcher Stärke das Objekt durch das Schwerefeld eines anderen Teilchens angezogen wird. In der symmetrischen Formulierung des Standardmodells würden alle Teilchen masselos sein. Nur durch die Wechselwirkung mit einem hypothetischen Teilchen (Higgsmeson) erhalten sie ihre Masse. Genau dieses Higgsteilchen ist der letzte noch unentdeckte Stein im Brett des Standardmodells und soll an dem nächsten großen Hadronbeschleuniger in Genf mit den höchstmöglichen Energien produziert werden.

Eine charakteristische Eigenschaft des Standardmodells ist die Symmetrie zwischen Materie und Antimaterie, welche nur durch die schwache Wechselwirkung verletzt wird. Gleichzeitiger Teilchen-Antiteilchen-Austausch und Ortsspiegelung (rechts – links) ist eine noch schwächer gebrochene Symmetrie, deren Verständnis notwendig ist, um den geringen Anteil von Antimaterie im Vergleich zur Materie im Universum zu erklären. Der Urstoff hat zwei

Tabelle 2. Austauschteilchen (Bosonen) des Standardmodells für die starke, elektromagnetische und schwache Wechselwirkung

Kräfte		
Wechselwirkung	**Koppelt an**	**Austauschteilchen**
Stark	Quark	8 Gluonen (g)
Elektromagnetisch	Elektrische Ladung	Photon (γ)
Schwach	Schwache Ladung	$W^{\pm}, Z^{\circ}$

grundsätzlich verschiedene Formen, die man als Materie (Tabelle 1) mit Erhaltungsgesetzen für verallgemeinerte Ladungen und als Strahlung (Tabelle 2) bezeichnet, welche in der paarweisen Vernichtung von Materie und Antimaterie entsteht. Die Kraftteilchen Photonen, $W^{\pm}Z^{\circ}$-Bosonen und Gluonen sind Strahlungsteilchen, während die Quarks, Elektronen und Neutrinos Materieteilchen sind. Symmetrien im Standardmodell spielen eine wichtige Rolle, insbesondere in der besonderen Art ihrer Verwirklichung. Physiker definieren eine Wechselwirkung, z. B. die Kraft zwischen zwei Magneten, als drehsymmetrisch, wenn sie unabhängig ist von der Wahl des räumlichen Koordinatensystems. Viele solcher Elementarmagnete bilden ein magnetisierbares Stück Eisen. Bei tiefen Temperaturen tritt das Phänomen der spontanen Magnetisierung auf: Alle Magnete ordnen sich in einer Richtung an, da die gemeinsame Ausrichtung die Gesamtenergie absenkt und die thermische Unordnung bei niedrigen Temperaturen immer unwichtiger wird. Die spontane Magnetisierung entspricht einer spontanen Symmetriebrechung. Die Drehsymmetrie des Systems wird gebrochen, der Grundzustand hat einen Zustand gewählt, der nicht mehr symmetrisch unter Drehungen ist. Im Standardmodell wird angenommen, dass die spontane Symmetriebrechung des Vakuums die schweren $W^{\pm}Z^{\circ}$-Strahlungsteilchen von den masselosen Photonen unterscheiden lässt.

Das Standardmodell enthält mindestens zwanzig freie Parameter. Wo ist die gesuchte Einfachheit? In der Tat vermutet die Mehrheit der Physiker, dass unter der Vielfalt der Teilchen vielleicht eine noch mehr gebrochene Supersymmetrie vorhanden ist, welche Materieteilchen und Kraftteilchen ineinander überführt. Diese Hypothese braucht den Nachweis von neuen Symmetriepartnern, die erst bei einer höheren Energieschwelle produziert werden können. Die Supersymmetrie mag mit einer neuen Raumstruktur mit mehr als drei Dimensionen verbunden sein. Wie im dritten Abschnitt gezeigt werden wird, ist das Weltbild der elementaren Konstituenten eng mit der Entstehung des Kosmos in seiner Anfangsphase verbunden. Die jetzige Kosmologie kann nur drei Prozent der notwendigen Materie/Energie mit den bekannten Elementarteilchen in Verbindung bringen.

Das Bild des Mikrokosmos ist das angeordnete System der elementaren Teilchen. Die Konstituenten sind nur zusammen mit Gesetzen sinnvoll, welche ihr Verhalten bestimmen. Die Form der Wechselwirkung ist mindestens ebenso wichtig wie die Materiebestandteile. Alle fundamentalen Wechselwirkungen und die Gravitation sind nach demselben mathematischen Prinzip aufgebaut. Es geht auf Weyl zurück und wird als Eichprinzip bezeichnet. Es besagt, dass nur in einer flachen Geometrie die Geschwindigkeit einer Ortskurve als einfaches Verhältnis der Ortsdifferenz zu der zugehörigen Zeitdifferenz bestimmt werden kann. In gekrümmten Räumen muss der Ortsvektor zur späteren Zeit erst parallel verschoben werden, um ihn mit dem Ortsvektor zur früheren Zeit zu vergleichen. Ähnliche geometrische Operationen müssen in den Räumen durchgeführt werden, die den Symmetrien des Standardmodells entsprechen, um diese Symmetrien in Rechenvorschriften umzuwandeln. Der Physiker kann das Verhalten der Materie nur indirekt mit Hilfe der Gesetze entschlüsseln. Aristoteles hat in diesem Zusammenhang den passenden Begriff der Substanz geprägt, in dem Form und Materie sich vereinigen. Der Begriff Substanz ist in der Philosophie umstritten und kommt in der Physik nicht vor. Es gibt aber eine Lagrangefunktion, in der symbolisch, d. h. mit Hilfe von mathematischen Zeichen, die einzelnen Materie- und Kraftfelder und ihr Zusammenhang kodiert sind. Der Erkenntnistheoretiker A. March[4] hat einen anderen Begriff von Substanz, wenn er sagt: „Die Physik geht also darauf aus, die tote Materie aus ihrem Weltbild zu tilgen und durch ein lebendiges Spiel von Formen zu ersetzen. Einen ersten Schritt hat die Relativitätstheorie unternommen, als sie die Masse für äquivalent mit der Energie erklärte. … Ungleich schwieriger war es, die Erzeugung und Vernichtung eines Elektronenpaares mit der Annahme einer substantiellen Natur des Elektrons zu vereinbaren." In der Erkenntnistheorie ist die alte Diskussion zwischen Materialismus und Idealismus einer Auseinandersetzung[5] zwischen Realismus und Antirealismus gewichen. Die Frage ist, ob diese Elementarteilchen wirkliche Objekte sind oder nur Konstrukte, die es ohne unsere Gleichungen gar nicht gibt. Die Mehrzahl der arbeitenden Physiker ignoriert jedoch diese Diskussion. Sie sind naive Realisten, denn sie wissen, dass die Elektronen nur wirklich sein können, da ohne Elektronen keine bunten Bilder über den Fernsehschirm flimmern würden.

Eine Besonderheit charakterisiert das Gebiet der elementaren Wechselwirkungen. Obwohl unsere Welt eine Minkowski-Metrik hat, in der die Zeit eine andere Rolle als der Raum spielt, ist es in der mathematischen Formulierung möglich, in eine sogenannte Euklidische Welt zu transformieren, in welcher Raum und Zeit gleich behandelt werden. Die virtuellen Prozesse der Vernichtung und Entstehung von elementaren Teilchen sind in dieser Euklidischen

---

[4] March, *Das neue Denken der modernen Physik*, S. 121.
[5] Pirner, *Semiotics of „Postmodern" Physics*, S. 211.

Welt viel einfacher zu beschreiben als in der komplizierteren Minkowski-Welt. In der Thermodynamik, der Wärmelehre, ist die vierte Koordinate auch mit einer imaginären Zeit zu beschreiben – wirkliche Zeit gibt es im Wärmegleichgewicht nicht. Vorgänge in dieser vierten Koordinate sind periodisch und führen zu einer gewissen Ähnlichkeit zwischen euklidischen und thermischen Feldtheorien. In einer bestimmten Behandlung der Quantentheorie schwarzer Löcher kommt auf diese Weise auch der Begriff der Temperatur eines schwarzen Lochs ins Spiel. Schwarze Löcher sind unter dem Einfluss der Schwerkraft kollabierte Sterne, deren Schwerkraftpotential so stark ist, dass Licht nicht mehr das schwarze Loch verlassen kann. Deshalb erscheint dieses Objekt am Sternenhimmel als schwarz. Die Analogie zwischen Euklidischen Feldtheorien und elementarer Wechselwirkung erlaubt die Computersimulation von Quantentheorien. Dies hat zu einem gemeinsamen Verständnis der Physik der kondensierten Materie bei tiefen Temperaturen wie dem oben besprochenen Magneten und dem Vakuum des Standardmodells geführt. Der Prozess der spontanen Symmetriebrechung kann so berechnet werden. Der Computer simuliert den Effekt des Ausfrierens des Vakuums bei Erniedrigung der Temperatur in einen gebrochenen Zustand, der zur Bildung der schweren $W^\pm Z^\circ$-Bosonen führt, deren große Masse die extrem schwachen Zerfälle in Atomkernen produziert. Insofern ist das Standardmodell auch ein computerisierbares Modell des Mikrokosmos.

Wenn man Physiker fragt, wie elementar die Elementarteilchen sind, wird man verschiedene Antworten erhalten. Im Allgemeinen akzeptieren die Physiker die mikrophysikalischen Bausteine der physischen Welt als funktionale Objekte, die bis zu einer Energieskala bekannt sind, deren Wert sie gerne immer weiter nach oben schieben, was allerdings mit der existierenden Beschleunigertechnologie zunehmend schwerer wird. Unser Wissen über den Urstoff ist zeitabhängig. Das heißt nicht, die gefundenen Teilchen müssten widerrufen werden, es bedeutet aber, dass sie nur intermediäre Erscheinungsformen anderer Gebilde sind, deren mathematisch-physikalische Grundlagen erst noch erforscht werden müssen. Stringtheorien z. B. ersetzen eine Theorie von punktförmigen Objekten (Teilchen), die sich auf Raumzeitlinien bewegen, durch eine Theorie von fadenförmig ausgedehnten Objekten. Sie werden diskutiert als mögliche Theorien, die unsere jetzige Vielfalt von elementaren Teilchen erklären können.

Quantenwirklichkeit in der mesoskopischen Welt?

Das Weltbild der Physik des 20. Jahrhunderts war geprägt von der Quantenmechanik. Ursprünglich wurde diese Theorie erfunden, um das Spektrum eines heißen Strahlers zu beschreiben, insbesondere um die Frage zu beantworten: Welche Intensitäten haben verschiedene Wellenlängen von Licht im

Spektrum der heißen Quelle? In der Sonne z. B. ist das sichtbare Licht am stärksten; wahrscheinlich hat die Evolution unser physiologisches Auge gerade so optimiert. Die Mechanik der Quanten macht die Physik der Atome berechenbar, die noch zu Beginn des 20. Jahrhunderts so geheimnisvoll waren. Seit ihrer Entdeckung haben die Theoretiker ein physikalisches Begriffssystem entwickelt, welches in allen Gebieten der Physik erfolgreich ist. Zu Beginn des 21. Jahrhunderts erleben wir eine Wiederbelebung der ursprünglichen Diskussion, die am Anfang der Quantenmechanik stand: Die Diskussion zwischen den Verfechtern der neuen Quantenmechanik, Niels Bohr und Erwin Schrödinger auf der einen Seite, und ihren skeptischen Kritikern, Albert Einstein oder David Bohm, auf der anderen Seite. Das gänzliche Neue an dieser Renaissance der Quantenmechanik ist freilich, dass die experimentelle Atomphysik jetzt technische Möglichkeiten erworben hat, eine wichtige Rolle bei der Beantwortung vieler Fragen zu spielen, die früher als philosophisch eingestuft wurden. In diesem Abschnitt möchte ich den Schritt von der Mikrophysik zur mesoskopischen Physik machen, der Physik auf mittleren Längenskalen, zwischen dem extrem Kleinen und dem Großen. Viele dieser Experimente benutzen mikroskopische Objekte, einzelne Atome, Photonen oder Moleküle, um Zustände zu konstruieren, die auf makroskopischen Dimensionen von Kilometern quantenmechanisches Verhalten zeigen. Die Tendenz geht dahin, immer größere Objekte zu wählen; zur Zeit sind Fullerene, fußballähnliche Moleküle mit 60 Kohlenstoffatomen, die größten Gegenstände solcher Experimente.

Das Bild hinter diesen neuen quantenmechanischen Forschungen ist eng mit der Frage nach der Welt und ihrer Darstellung in unseren Theorien, mit der Dualität von Materie und Geist oder – moderner ausgedrückt – mit dem Unterschied zwischen der Wirklichkeit und der Information über diese Wirklichkeit verbunden. Die Experimente von A. Aspect, N. Gisin, A. Zeilinger, S. Haroche und J. M. Raimond, die ungefähr vor zwanzig Jahren begannen, gehen auf Einstein-Podolski-Rosen und Schrödingers Katzen-Paradox im Jahr 1935 zurück. Sie betreffen ein System mit mindestens zwei Untersystemen, die durch die experimentelle Anordnung so miteinander verschränkt sind, dass wir den individuellen Subsystemen, z. B. den Teilchen, keine Eigenschaften zuordnen können, die sie für sich allein besitzen. Um diese Idee der „Verschränkung" etwas genauer zu definieren, verwende ich den quantenmechanischen Drehimpuls eines Teilchens, der auch Spin genannt wird. Der Drehimpuls beschreibt anschaulich den Schwung, mit der sich ein Körper um seine Achse dreht. Die Erhaltung des Drehimpulses macht die Pirouette einer Eisläuferin schneller, wenn sie die ausgestreckten Arme anzieht. Das Elektron hat den Drehimpuls $1/2$, deshalb ergibt eine Messung des Drehimpulses entlang einer Achse entweder $+1/2$ oder $-1/2$. Der allgemeinste (unnormierte) Quantenzustand eines Elektrons ist gegeben durch eine Amplitude $S(n)$, wobei der Vektor n die Richtung angibt, in welcher sich die Messung $+1/2$ ergibt.

Ein quanten-mechanisch „verschränkter" Zustand ist z. B. ein Zustand mit dem totalen Drehimpuls gleich Null, welcher aus einem Elektron mit Spin in Richtung n und einem Elektron mit Spin in entgegengesetzter Richtung –n gebildet wird.

$$|A> = [S_1(+n)\,S_2(-n) - S_1(-n)\,S_2(+n)]$$

Falls der Spin des Teilchens 1 mit +1/2 gemessen wird, ist das Teilchen 2 notwendigerweise in einem Spinzustand mit –1/2 oder umgekehrt. Wie man dem symbolischen Ausdruck oben ansieht, kann man dem individuellen Teilchen 1 nicht die Eigenschaft zuschreiben, den Spin +1/2 zu haben. Die individuellen Teilchen des Zustandes |A> haben keine Eigenschaften für sich. J. Bell ist es gelungen nachzuweisen, dass eine lokale klassische Theorie mit trennbaren Eigenschaften für die einzelnen Teilchen und die Quantentheorie zu verschiedenen experimentellen Ergebnissen führen. In der lokalen klassischen Theorie hat jedes Teilchen seine eigenen Variablen und die Messung des Spins 1 entlang jeder Achse wird nur von den Eigenschaften des Teilchens 1 bestimmt. In der Quantentheorie ist das Messergebnis am Teilchen 1 mit dem Ergebnis am Teilchen 2 verbunden. Die in den letzten Jahren durchgeführten Messungen haben der Quantentheorie Recht gegeben.

Die Eigenschaft „verschränkter" Zustände führen zu Schrödingers Paradox. Man wähle für Teilchen 1 eine Katze, deren Eigenschaft, tot oder lebendig zu sein, den Spinzuständen +1/2 und –1/2 entsprechen soll. Der für uns unwahrscheinliche Zustand einer halb lebendigen und halb toten Katze sei realisiert, indem man die Katze zusammen mit einem radioaktiven Kern in eine Kiste bringt, in welcher der Kern durch seinen Zerfall von M*–>M eine Giftlösung verstreut. Dann haben wir folgenden (unnormierten) Zustand:

$$|A> = [\,|M^*> \,|Katze\ lebendig> + |M> \,|Katze\ tot>]$$

Wenn wir die Kiste aufmachen, ist die Katze entweder tot oder lebendig, d. h. in einem der beiden Zustände. Bei dieser Ausdehnung von mikrophysikalischen Symbolen in das Gebiet der makroskopischen Welt kommen wir zu einer anderen Interpretation unserer Wirklichkeit. Der Satz, „Die Welt ist alles, was der Fall ist", mit dem Wittgenstein in seinem Tractatus Logico-Philosophicus die Welt einschränkt, muss ersetzt werden durch eine Erweiterung unseres Wirklichkeitsbegriffs, welche Zeilinger[6] so formuliert: „Die Welt ist alles, was der Fall ist und auch alles, was der Fall sein kann." Die Katze kann sowohl tot als auch lebendig sein, bevor wir sie im Experiment analysieren. Der Messprozess wird so zu einem wichtigen Kriterium für Wirklichkeit, und damit wird der Beobachter Schöpfer von physikalischer Wirklichkeit. Eine sol-

---

[6] Zeilinger, *Einsteins Schleier*, S. 231.

che Interpretation entspricht der Ansicht des Relativismus, der physikalische Realität außerhalb menschlicher Intervention leugnet. Dieser Meinung kann ich mich nicht anschließen. Jede externe Ankopplung des Systems an seine Umgebung, die auch unbelebt und ohne Bewusstsein sein kann, führt zu einer Dekohärenz der Phasenbeziehung des Zustandes $|A\rangle$, die Beziehung zwischen den beiden Summanden des Zustandes geht verloren, ein statistisches Gemisch mit Wahrscheinlichkeiten für die beiden Zustände stellt sich ein. Diese Auflösung der Verschränktheit der Zustände in $|A\rangle$ braucht eine gewisse Zeit, die von der Größe des umgebenden Systems und der Stärke seiner Ankopplung abhängt. Haroche und Raimond haben in Experimenten bis zu zehn Photonen angekoppelt und diese Dekohärenz präzise mit Photonen als Beobachtern nachgewiesen.

Was soll man mit den möglichen Zuständen, die nicht gemessen werden, anfangen? Verschiedene Schulen haben diese nichtrealisierten Möglichkeiten in unterschiedlicher Weise interpretiert; die extremste Schule vertritt die Hypothese, dass viele Welten existieren. Durch jeden Messvorgang wird eine spezifische Welt selektiert, die anderen entwickeln sich in der Zeit weiter, verschwinden aber für uns und sind unzugänglich. Eine andere Schule erwägt, dass die Quantenmechanik eine unvollständige Theorie ist, deren tieferen Hintergrund wir erst noch erkunden müssen.

Im Jahr 1995 hat Shor eine Rechenvorschrift entworfen, die mit einem hypothetischen Quantencomputer in viel kürzerer Zeit als mit einem normalen digitalen Computer ausgeführt werden kann. Man kann sich vorstellen, dass durch die Realisierung verschränkter Zustände neuartige Rechenoperationen möglich sind, die der Projektion eines verschränkten Zustandes auf einen anderen entsprechen und dadurch viele Phasenrelationen in einem Schritt testen. Die Projektion eines Zustandes auf einen anderen ist geometrisch der Projektion des Stabes einer Sonnenuhr auf die Ziffertafel ähnlich, die einen Schatten erzeugt. Dieser Schatten enthält die Information über die Position der Sonne, also mehr Information als die Länge des Stabes und seine Orientierung allein. Seit der Entdeckung Shors hat sich das Gebiet der Quantencomputer und der Quanteninformation entwickelt, welches sowohl die grundsätzlichen Rätsel der Quantenmechanik als auch deren Anwendung zum Ziel hat. Neben weiteren Fortschritten in der Quantenkryptografie ist eine Sprache entstanden, die auf Wheeler und Weizsäcker zurückgeht und die Welt als einen Quantencomputer beschreibt. „The it from bit", das Sein aus der Information, heißt einer der Schlüsselsätze von Wheeler.[7] Elementare Einheiten der Wirklichkeit sind Bits, Ja-Nein-Entscheidungen, die auf einem sub-submikroskopischen Niveau nicht mehr teilbar sind. Zeilinger[8] behauptet: „Wirklichkeit und Information sind dasselbe". Dies ist eine Hypothese, die

---

[7] Wheeler/Ford, *Geons, Black Holes and Quantum Foam*, S. 323.
[8] Zeilinger, *Einsteins Schleier*, S. 229.

zwar diese Entwicklung in prägnanter Weise resümiert, aber kaum einer philosophischen Analyse standhält. Vielleicht ist sie als Arbeitshypothese für weitere experimentelle Ausflüge in das Reich der Quantenphänomene insbesondere in makroskopischen Bereichen nützlich. Die Information als Urstoff des Universums scheint allerdings (noch) nicht zum allgemeinen Weltbild der Physiker an der Schwelle zum 21. Jahrhunderts zu gehören.

Kosmologie oder Warum verstehen wir so wenig von der Entstehung des Universums?

Das Weltbild der Physik ist schon immer ein Bild der ganzen Welt gewesen, der sichtbaren Alltagswelt und der sichtbar gemachten mikroskopischen Welt. Als physikalische Methode hat es sich bewährt, verwirrende Vorgänge in einzelne Phänomene zu zerlegen und sie mit experimentellen Methoden kontrolliert zu untersuchen. Die gleiche experimentelle Methode ist auf astronomische Objekte nicht anwendbar. Weit von uns liegt unerreichbar in kosmischen Distanzen von 10^{30} m das Universum. Hypothesen und Theorien müssen durch lang dauernde Beobachtungen erhärtet werden. Die Astrophysiker des 20. Jahrhunderts haben aktiv Kontakt zum Weltraum aufgenommen, indem sie Satelliten ins All schicken, welche mit spezifischen Messgeräten versehen sind, die optische Messungen der Teleskope in vielfacher Weise ergänzen. Beobachtungen des Kosmos heute zeigen die Vergangenheit des Universums, die uns erst jetzt wegen der endlichen Geschwindigkeit des Lichts erreicht. Sie erlauben uns, eine Zeitreise zum Ursprung des Kosmos zu machen. Die Hypothese eines Anfangs, des Big Bang, in dem Zeit und Raum entstanden sind, gehört zum Bild der Physik. Die Religionen haben aufgehört, unsere Phantasie zu beschäftigen, während die Maschine Wissenschaft sich unablässig vorwärts arbeitet und alte Mythen durch neue Konstrukte ersetzt. Newton und Galilei haben mit den ersten Teleskopen die Positionen der Gestirne und die ihnen zu Grunde liegenden Gesetze erklärt. Sie sind gleichzeitig die Erfinder der modernen Physik und Astronomie. Sie haben gezeigt, dass die Erde nur ein Planet unter acht Planeten ist, welche um unsere Sonne kreisen. Das heliozentrische Weltbild hat die Bedeutung des Menschen relativiert. Die Sonne ist ein Teil der Milchstraße an ihrem äußeren Arm. Unsere Galaxie selbst ist wiederum nur eine von Milliarden Galaxien, welche in Haufen „homogen" über das ganze Universum verstreut sind. Die neuen Teleskope in den Satelliten entdecken alle Strahlung aus dem All, nicht nur den sichtbaren Bereich der elektromagnetischen Strahlung. Mit diesen Augen hat die Astronomie einen Reichtum neuerer Phänomene, wie Radiogalaxien, Quasare, Neutronsterne und Doppelsterne mit einem Neutronenstern vermessen. Sogar schwarze Löcher machen ihre Präsenz kund durch die Rotation ihrer Begleitsterne.

Die moderne Kosmologie beginnt im Jahr 1929 mit der Entdeckung der Expansion des Weltalls durch Hubble. Spektrallinien vom Zerfall angeregter Atomzustände in heißen Sternen verändern ihre Wellenlänge, wenn die Sterne sich von uns wegbewegen. Hubbles fundamentale Entdeckung ist, dass die Geschwindigkeit der Sterne mit ihrer Distanz zunimmt – als ob wir alle auf einem Ballon säßen, der kontinuierlich aufgeblasen wird. Die Hubble-Konstante charakterisiert damit eine Zeitskala für das Alter des Universums, welches auf 10.000 Millionen Jahre abgeschätzt werden kann.

Das kopernikanische Prinzip wurde von Robertson, Walker und Friedmann in der Weise verallgemeinert, dass niemand von sich sagen kann, er befinde sich im Zentrum des Universums. Das Universum ist homogen und isotrop, d. h. gleichförmig in alle Richtungen und unbeeinflusst von den Dichteschwankungen auf kleineren Skalen, die durch die Galaxienhaufen verursacht werden. Die Theorie Einsteins beschreibt dieses Universum mit Hilfe von zwei Größen, einem Skalenfaktor, welche die Größe der Raumzeit angibt, und einer Krümmung, die sagt, ob das Universum flach, positiv oder negativ gekrümmt ist (Abb. 3). In drei Dimensionen ist eine Ebene flach, eine Kugel positiv gekrümmt und ein Hyperboloid negativ gekrümmt. Die allgemeine Relativitätstheorie beschreibt die zeitliche Änderung des Skalenfaktors des expandierenden Universums, genauer sowohl die Geschwindigkeit als auch die Beschleunigung der Ausdehnung des Weltalls. Die Geschwindigkeit hängt von der Energiedichte (inklusive einer möglichen kosmologischen Konstanten) und der Krümmung ab. Die Beschleunigung wird von der Zustandsgleichung der Materie/Energie-Form bestimmt, die sich im Universum befindet. Ein Gas von masselosen Photonen hat eine andere Relation zwischen Energiedichte und Druck als ein System von schweren, langsamen Atomkernen. Jede Art von Flüssigkeit oder Gas mit einem positiven Druck führt dazu, dass

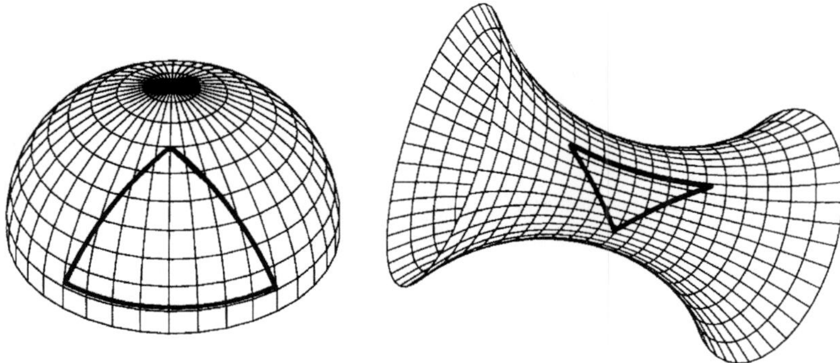

Abb. 3. Dreidimensionale Bilder von zweidimensionalen gekrümmten Mannigfaltigkeiten. Die Oberfläche einer Kugel (links) hat eine positive Krümmung, die Oberfläche des Hyperboloids (rechts) hat eine negative Krümmung

die Expansion des Weltalls langsam zum Stillstand kommt; die gegenseitige Anziehung der Materie verlangsamt die Ausdehnung.

Der Skalenfaktor des Universums ist experimentell messbar anhand der Rotverschiebung des Lichts. Aufgrund der Ausdehnung des Weltalls wird die Wellenlänge von Photonen in einem expandierenden Universum länger. Wegen der Expansion wird nicht nur die Energie der Photonen kleiner, auch die Energie von massiven Teilchen verringert sich. Ein Gas von Teilchen kühlt sich bei der Ausdehnung ab. Deshalb muss das Universum früher kleiner und heißer gewesen sein. Beim Urknall war es unendlich dicht und energiereich. Nur wenige der existierenden Theorien verneinen, dass es einen Urknall gegeben hat.

Der Physik ist es gelungen, eine Archäologie des Universums zu begründen, die schlüssig bis zu einer Sekunde nach dem Urknall zurückgeht (Abb. 4). Das Universum war 1000 Millionen Jahre alt, als unsere Galaxie sich form-

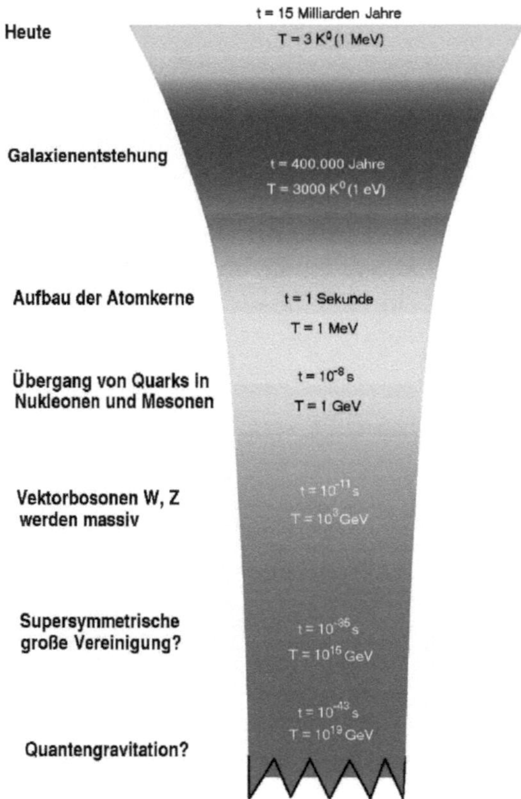

Abb. 4. Geschichte des Universums mit den Zeiten nach dem Big Bang und den dazugehörigen Temperaturen

te. Nach 400.000 Jahren bildeten sich Atome, als sich die Strahlung, d. h. Licht, von der Materie abkoppelte und damit das Universum transparent für diese Strahlung wurde. Es hatte zu dieser Zeit eine Temperatur von 3000°K, tausendmal heißer als die jetzige Temperatur des Weltalls (0° Celsius ist 273°K). Das Weltall bestand zuvor aus einem heißen Plasma von Protonen, Elektronen und Photonen mit ein paar Heliumkernen und vielleicht noch Lithiumkernen und war undurchsichtig, das heißt die freie Weglänge von Licht war viel kleiner als die Ausdehnung des Weltalls. Wenn die Temperatur später unter 3000°K gefallen ist, verbinden sich die Protonen und Elektronen in neutrale Atome, zuerst Heliumatome und dann Wasserstoffatome. Nach dieser Vereinigung wächst die freie Weglänge des Lichts bis auf die Dimension des Universums, da die Energie des Lichts nicht mehr ausreicht, Atome zu ionisieren. Das Universum wird transparent. Beim Zeitpunkt der Atombildung haben die Photonen das Spektrum der Wärmestrahlung eines heißen Körpers mit einer charakteristischen Spektralverteilung ähnlich der Sonne, aber einer Temperatur von 3000° Kelvin. Wenn wir diese elektromagnetische Strahlung jetzt messen, finden wir sie im Mikrowellenbereich, bei einer Temperatur von 3° K. Der Faktor Tausend erklärt sich durch die tausendfache Ausdehnung des Weltalls seit der Zeit der Produktion dieser Strahlung. Diese so genannte kosmische Hintergrundstrahlung ist wahrscheinlich das überzeugendste Fundstück für die Archäologie des frühen Universums.

Seit der Entdeckung der Mikrowellenstrahlung durch Penzias und Wilson sind neuere und sehr empfindliche Satellitenmessungen gemacht worden von COBE (Cosmic background explorer) and WMAP (Wilkinson microwave anisotropy probe), die eine sehr homogene Verteilung der Hintergrundstrahlung in allen Richtungen nachgewiesen haben. Die Temperatur der kosmischen Hintergrundstrahlung ist konstant bis auf Abweichungen von einem Teil in 100.000 und gibt damit sehr genaue Informationen über die Dichtefluktuationen des Universums im jugendlichen Alter von 300.000 Jahren. Aus diesen Dichtefluktuationen sind unsere Galaxien entstanden. Das frühe Universum dokumentiert seine Entstehungsgeschichte in der Anisotropie der 3°K-Strahlung. Unter dem Einfluss der anziehenden Schwerkraft verdichten sich Materiewolken. Das Plasma aus Protonen, Elektronen und Photonen reagiert auf diesen Kollaps der Protonen in dichtere Regionen, indem sich die Protonen durch die elektrische Abstoßung wieder abstoßen. Es entstehen Dichteoszillationen ähnlich den Dichteschwankungen der Luft, wenn wir miteinander sprechen. Zu laute Sprache führt zu einer lokalen Erwärmung, die sich im Spektrum der Hintergrundstrahlung widerspiegelt. Der Öffnungswinkel dieser Fluktuationen hängt mit der Geometrie des Universums zusammen. Objekte einer gegebenen Winkelgröße sind kleiner in einer sphärischen (positiv) gekrümmten Raumzeit als in einer flachen Raumzeit.

Die Details sind kompliziert, aber das Resultat ist von großer Bedeutung für unser Bild des Weltalls. Die Mikrowellenmessungen deuten auf ein flaches

Universum ohne Krümmung hin. Damit stellen sich zwei Probleme in der Kosmologie, die unsere jetzige Forschung beschäftigen. Wie kann eine flache Lösung der Einstein-Gleichungen existieren, obwohl sie besonders instabil ist und einen sehr sorgfältig gewählten Anfangswert für die Energiedichte des Universums verlangt? Auch die Uniformität des Mikrowellenhintergrunds ist nicht leicht zu verstehen. Wenn wir die Struktur von verschiedenen räumlichen Teilen des Universums zum Zeitpunkt der Entkopplung anschauen, stellen wir fest, dass sie zum Zeitpunkt des Big Bangs nur schwer in kausalem Kontakt miteinander gewesen sein können. Es überrascht, dass Teile des Universums, die nichts voneinander wissen, die gleiche Temperatur haben sollen.

Wie ein deus ex machina erscheint die Idee eines inflationären Universums. Die Einstein-Gleichungen erlauben einen exponentiell ansteigenden Skalenfaktor des Universums, falls es ein skalares Feld gibt, welches mit extrem kleiner kinetischer Energie evolviert, so dass seine überwiegende potentielle Energie die Expansion treibt. Die Expansion ist extrem schnell. In $10^{(-35)}$ Sekunden vergrößert sich das Universum um viele Größenordnungen. Dieser inflationäre Stoff bläst das Universum so rasant auf, dass selbst die entlegensten Teile des Mikrokosmos bei der Entkopplung noch miteinander in Kontakt gewesen sein können.

Nun kann eine solche deus-ex-machina-Lösung zu Anfang des Universums nicht so leicht in das Lehrbuch der Physik hineingeschrieben werden. Die Astroarchäologen haben noch die andere Strategie weiterverfolgt und sich von der Entkopplung der Photonen 400.000 Jahre nach dem Big Bang langsam rückwärts auf den Big Bang zurückgearbeitet. Nach ihren Rechnungen haben sich die Atomkerne eine Sekunde nach dem Urknall bei Temperaturen von 10^{10} °K gebildet. Die Neutrinos spielen in dieser nuklearen Synthese eine wichtige Rolle und die Existenz von drei leichten Neutrinospezies des Standardmodells stimmt gut mit der Verteilung der Elemente im Weltall überein. Wie schließt sich überhaupt im frühen Universum der Kreis von der makroskopischen Physik zur mikroskopischen Physik? Je früher wir das Universum betrachten, desto heißer ist es, d. h., desto höhere Energieskalen werden wichtig (Abb. 4). Bei 10^{-6} Sekunden, d. h. bei Mikrosekunden wird die Bindung der Quarks und Gluonen in Nukleonen aufgehoben, bei 10^{-12} Sekunden wird die Erzeugung der Masse durch das hypothetische Higgsfeld annulliert. Wir sind dann schon bei Temperaturen von 10^{15} °K.

Hier verlässt die Theorie die entscheidende Vorhersagekraft, welche durch kontrollierte Experimente mit Beschleunigern bestimmt ist. Die Teilchenphysik weiß nicht weiter. Insbesondere die Verletzung der Materie- Antimaterie-Symmetrie ist immer noch unbeantwortet. Es gibt Spekulationen, dass in einer Theorie der großen Vereinigung schwere Neutrinos eine Verletzung der Leptonzahl und damit später eine Verletzung der Baryonenzahl verursacht haben. Bei der Skala der großen vereinigten Theorie von 10^{16} GeV oder 10^{26} °K kommen die Spekulationen über die Inflation ins Spiel. Sie sind also weit von einer experimentellen Nachprüfung im Labor entfernt. Das war der Stand der Forschung bis vor einigen Jahren, als die aufregende Botschaft aus dem Weltall kam, dass weder die sichtbare Materie noch die sichtbare Energie ausreichen, um die kritische Energiedichte für ein flaches Universum zu bilden. Falls das Universum eine Energiedichte größer als die kritische Energiedichte hat, ist das Universum positiv gekrümmt und abgeschlossen (siehe Abb. 3). Bei einer positiven Raumkrümmung ergibt sich aus den Einstein-Gleichungen, dass das Universum eine endliche zeitliche Lebensdauer hat. Es kollabiert nach langer Zeit wieder in einem großen Anti-Big Bang oder Big Crunch. Wenn das Universum dagegen eine kleinere Dichte als die kritische Dichte hat, ist seine Geometrie einem offenen Hyperboloid ähnlich (Abb. 3) und hat eine unendliche Lebensdauer. Dazwischen liegt das flache Universum. Wenn Energie und Materie nicht mehr existieren, hören Raum und Zeit noch nicht auf zu existieren. Deshalb gibt es kein Ende des Universums. Die Kosmologen schätzen aus den Massen der Spiralgalaxien, dass die Energiedichte des Universums nur 2–3 Prozent der kritischen Massendichte ausmacht. Optimistisch kann man daraus folgern, dass die Gravitationstheorie und die beobachtende Astronomie nicht ganz divergieren. Trotzdem beunruhigt die Diskrepanz. Schon im Jahre 1930 hat Zwicky bemerkt, dass die Gravitationskraft der sichtbaren Materie im Virgo Cluster nicht ausreicht, um die fern außen liegenden Sonnensysteme ans Zentrum zu binden. Ebenfalls in der Peripherie unserer Galaxie sehen wir Randsterne, die um das Zentrum der Galaxienscheibe mit einer so großen Geschwindigkeit kreisen, dass sie aus der Galaxie herausfliegen müssten. Die Anziehungskraft an die sichtbaren Sterne in unserer Galaxie ist zu gering, um diese Randsterne auf ihren Bahnen zu halten. Es muss deshalb dunkle Materie geben. Sie heißt dunkel, weil sie selbst nicht Licht aussendet oder reflektiert. Sie würde auch die Bewegung von Sternen im Zentrum der Milchstraße beeinflussen, nur ist sie wahrscheinlich so gleichmäßig verteilt, dass sich ihr Effekt ausbalanciert. Dies trifft für Sterne am Rand der Milchstraße nicht mehr zu. Auch die Galaxienentstehung selber braucht solche sich langsam bewegende dunkle Materie, um den kritischen Zusammenhalt zu bekommen, für welchen bei der Zeitskala ihrer Entstehung die nukleonische Materie nicht ausreicht. Parallel zu der astrophysikalischen Suche nach Kandidaten für die kalte dunkle Materie haben sich die Mikrophysiker bemüht, in ihren Theorien Elementarteilchen aufzuspüren, die schwer und schwach wechselwirkend sind. Experimente dazu werden in tiefen Tunnels unter der Erde durchgeführt, um die störenden Einflüsse der kosmischen Höhenstrahlung auszuschalten. Das Energiefenster der kosmischen Höhenstrahlung selbst wird kontinuierlich erweitert, indem große Detektoren von 10 km mal 10 km Fläche oder mehr das All nach besonders energiereichen Strahlen absuchen, die dann einen weiten Kegel von sekundären Teilchen produzieren, welche in der riesigen Fläche auf der Erde aufgefangen werden. Aus der kombinierten Analyse von Galaxienklustern, Supernovae (Abb. 5)

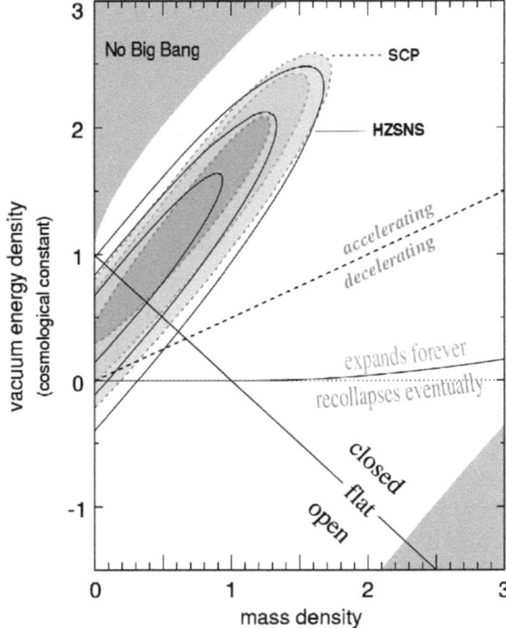

Abb. 5. Vakuumenergie ($\approx$ 0.7) und Materiedichte ($\approx$ 0.3) in Einheiten der kritischen Dichte und Supernova Ia-Messungen

und dem Mikrowellenhintergrund kann der Prozentsatz von kalter Materie begrenzt werden, der zur kritischen Dichte beiträgt. Die kalte dunkle Materie trägt 30 Prozent zur kritischen Dichte bei.

Supernovae vom Typ Ia erreichen eine charakteristische maximale Luminosität. Sie dienen deshalb als Standardkerzen, mit deren Hilfe Abweichungen vom Hubble-Gesetz gemessen werden, nach welchem die Expansionsgeschwindigkeit der Galaxien im Universum linear mit der Entfernung anwächst. Diese Experimente messen die Beschleunigung der Expansion, indem uns Objekte mit einer großen Entfernung schwächer erscheinen als das lineare Gesetz es vorhersagen würde. Sie bilden den Schlussstein in einer Kette von Messungen, welche ausgehend von der Mikrowellenstrahlung den Rest der kritischen Dichte einer postulierten neuen dunklen Energie zuordnen (Abb. 5). Diese Energie soll 70 Prozent der kritischen Dichte des Universums ausmachen. Sie ist ebenfalls unsichtbar, d. h. sie hat keine Wechselwirkung mit Licht und macht sich hauptsächlich in einer der anziehenden Gravitation entgegengesetzten Abstoßung bemerkbar, welche die Expansion des Kosmos beschleunigt. Einstein hatte in seinen ursprünglichen Gleichungen eine kosmologische Konstante eingeführt, welche exakt die Rolle dieser dunklen Energie spielen könnte. Es gibt zum Zeitpunkt der Abfassung dieses Artikels (2003) verschiedene Theorien, um diese dunkle Energie zu erklären. Zu den vier Wechselwirkungen, die wir kennen: Elektromagnetische und schwache Wechselwirkung, starke Wechselwirkung und Gravitation kommt vielleicht als eine fünfte Kraft die Quintessenz. Ähnlich hat es Aristoteles schon gemacht, als er zu den vier Elementen auf der Erde in der Himmelssphäre eine quinta essentia einführte, welche die ewig unveränderliche Bewegung der Himmelskörper bestimmt. Im Gegensatz zur kosmologischen Konstante verändert sich die Quintessenz mit der Zeit. Eine der wichtigen Größen dieser dunklen Energie ist ihre Zustandsgleichung. Wie hängt ihr Druck mit ihrer Energie zusammen?

„Only five years ago, breakthroughs in technology and astronomical technique led to the discovery that the expansion of the universe is accelerating. The future holds promise of even greater technological advances that will uncover further cosmological surprises", lautet das Ende eines Artikels[9] mit dem Titel „Precision Cosmology? Not just yet …". In gleicher Weise wie in der Elementarteilchenphysik versuchen die Physiker jetzt mit Hilfe dieser neuen technologischen Möglichkeiten eine konsistente Theorie zu entwickeln, d. h. ein Standardmodell der Kosmologie zu konstruieren. Nach dem heutigen Stand haben Raum und Zeit einen definierten Ursprung, den Big Bang, mit fast unendlicher Temperatur. Das Universum dehnt sich aus, kühlt ab und verdünnt sich bis in unendliche Zeiten, folgend den Einsteinschen Gesetzen, aber mit fast 97 Prozent unbekannten Bestandteilen aus dunkler Materie und Energie. Vielleicht zu Recht regen sich hier und dort Opponenten, die als Gegenmodell ein zyklisches Universum mit unendlich vielen Zyklen von Ausdehnung und Kontraktion, Abkühlung und Erhitzung vorschlagen. Ihre Hauptkritik ist, dass alle Modelle ein extrem feines Einstellen von vielen adhoc-Parametern brauchen, um zum Erfolg zu kommen. Im zyklischen Modell gäbe es keine Singularität am Anfang. Der Big Bang wäre ein Wiederauferstehen eines Universums, welches sich zu maximaler Dichte und Temperatur zusammengezogen hat und jetzt wieder expandiert. Die frühe Expansionsphase und die jetzt beobachtete beschleunigte Expansion sind vom gleichen Mechanismus erzeugt und alles geht viel langsamer vor sich. Die Gravitationswellen in der Inflation hätten deswegen eine viel kleinere Amplitude als im Standardmodell. Leider sind die jetzigen Detektoren nicht empfindlich genug, um die Gravitationsstrahlung aus dem frühen Universum nachzuweisen. Verschiedene Modelle versuchen, die Erkenntnisse der Stringtheorie mit mehr als vier Dimensionen in ihre Kosmologie einzubauen. Extradimensionen können die Schwachheit der Gravitation plausibel machen, indem sie fordern, dass die Wechselwirkungen des Standardmodells auf unsere 3+1-Dimensionen beschränkt sind und nur die Gravitation zusammen mit anderen Feldern in die

---

[9] Bridle et al., *Precision Cosmology*.

restlichen 6 Dimensionen hineinwirkt. Sie verteilt sich dadurch und wird schwächer. Auf Distanzen, die groß sind im Vergleich zur Skala der Extradimensionen, erscheint die Gravitation in ihrer gewohnten Form. In dieser magischen Theorie (M-Theorie) erscheint neben unserem Universum, das eine 3-dimensionale Unterfläche in der 10-dimensionalen Welt darstellt, eine zweite Unterfläche getrennt von unserer Welt durch einen zeitlich veränderlichen Abstand in einer der Extradimensionen. Die Teilchen auf dieser Geschwisterwelt wirken durch ihre Gravitation auf unsere Welt und spielen die Rolle der dunklen Energie. Das deus-ex-machina-Inflatonfeld wird zu einer Komponente in der M-Theorie und hängt mit dem Abstand der Welten in der Extradimension zusammen. Ein Zyklus ergibt sich durch ein Auseinanderlaufen der verschiedenen Welten und ein Wiederzusammenkommen.

Einer der Gurus der Quantenkosmologie, Hawking, hat sich zu der Formulierung durchgerungen: „This means that the histories of the universe depend on what is being measured contrary to the usual idea that the universe has an objective, observer independent, history. The Feynman path integral allows every possible history of the universe, and the observation selects out the sub class of histories that have the property that is being observed."[10] Er behauptet, dass, ähnlich dem Gödelschen Theorem in der Mathematik, die Physik von der Selbstreferenz in eine Situation getrieben werden kann, in der auch die Theorie von Allem (dies ist ein anderer Werbename für die Stringtheorie) nicht mehr ein vollständiges Bild der Wellenfunktion des Universums herstellen kann.

Ausblick in zukünftige Bilderwelten

An drei Beispielen habe ich versucht, das bewegte physikalische Bild unserer Welt darzulegen. Gesicherte Kenntnisse vermischen sich an den Grenzen unseres Wissens mit wilden Spekulationen, die zu neuen Experimenten oder Beobachtungen führen, welche die Grenze unseres Wissens erweitern. Neu an diesem Weltbild ist, dass eine viel größere Zahl von Menschen als jemals zuvor es teilen. Die Gemeinde der Naturforscher und ihrer Interessenten hat sich vergrößert und internationalisiert. Populäre Bücher zur Kosmologie werden in weiten Kreisen gelesen. Ein ausgeklügeltes Informationssystem speichert und verbreitet alle neuen Entwicklungen in der Physik auf der ganzen Welt in Sekundenschnelle.[11] Unsere erweiterten Sinnesorgane haben sich in den Weltraum hinausgestreckt. Dieser Schritt ist ein mindestens ebenso bedeutender Schritt für die Forschung wie der erste Mensch auf dem

---

[10] Hawking, *Cosmology from the Top Down*.
[11] Das elektronische Archiv in der Physik, Mathematik und Computerwissenschaft ist erreichbar unter http:/de.arxiv.org/. Alle Internetreferenzen in diesem Artikel können dort eingesehen werden.

Mond. Die Wissenschaft vom extrem Kleinen, symbolisiert durch die Physik der Elementarteilchen, hat sich mit der Physik des maximal großen Kosmos vereinigt, um das Rätsel der Urentstehung zu lösen. Der unablässige Drang in der Physik, disparate Erscheinungen zu vereinheitlichen, d. h. auf eine gemeinsame Basis zu stellen, manifestiert sich hier neu in einer anderen Gestalt. Die mesoskopische Physik der mittleren Dimensionen erscheint dazwischen wie ein Mittler, die bizarren Wege der Quanten auf immer größeren Längenskalen zu erforschen. Der Physiker kann das Verhalten der Materie nur indirekt mit Hilfe der Gesetze entschlüsseln. Ich habe vorgeschlagen, der Substanz, zu dem sich beide, Form und Materie, vereinigen, einen höheren Stellenwert zu geben. In der Tat ist es die Dreiheit von Materie, mathematischer Form und experimentellen Daten, auf welcher die physikalische Zeichenwelt gründet.[12] Realismus und Antirealismus reichen als Kategorien nicht aus, um die Konstruktion physikalischer Wirklichkeit mit Hilfe von empirischen Forschungsergebnissen zu diskutieren. Das Experiment hat durch die verfeinerte technische Entwicklung Möglichkeiten erworben, eine wichtige Rolle bei der Beantwortung vieler Fragen zu spielen, die früher als philosophische oder religiöse Fragen eingestuft wurden. Am Beispiel der Atomphysik, Quantenmechanik und Kosmologie habe ich versucht darzustellen, dass sich unser Wirklichkeitsbegriff auf eine Welt erstreckt, in der „verschränkte" Quantenzustände aus dem Reich der symbolischen Formen eine eigene Daseinsberechtigung erlangen. Das Verständnis der Weltentstehung geht auf die ersten Mikrosekunden zurück, dahinter ist die Unsicherheit groß, da wir Experimente im Labor nicht bei beliebig hohen Energien durchführen können. Wir verstehen trotzdem nur 3 Prozent der kritischen Energiedichte, die nach der allgemeinen Relativitätstheorie nötig ist, um ein flaches Universum zu haben, welches die Messungen der Mikrowellenstrahlung verlangen. Der größte Teil der kritischen Dichte ist dunkel und entzieht sich direkter Beobachtung durch elektromagnetische Strahlung; davon werden 27 Prozent dunkler Materie und 70 Prozent dunkler Energie zugerechnet, die verschiedene Zustandsgleichungen besitzen.

Ich habe nicht versucht, die ersten Schritte der Physik in Richtung auf den Menschen, seine Biologie, sein Bewusstsein zu beschreiben, welche in den letzten 40 Jahren in den biophysikalischen und kognitiven Wissenschaften begonnen hat. Hier wurde das Gebiet zwischen dem Bewusstsein und der neuronalen Hardware mit Hilfe von sehr empfindlichen neuen Experimenten analysiert und mit statistischen und Computermodellen beschrieben. In bisher wenig überzeugender Weise wurde sogar die Quantenhypothese der vielen Welten mit dem Bewusstsein in Verbindung gebracht[13]. Dies mag der Anfang einer anderen Entwicklungslinie der Physik sein, deren Verlauf in die-

---

[12] Pirner, *Semiotics of „Postmodern" Physics*, S. 219.
[13] D. N. Page, *Mindless sensationalism, a quantum framework for consciousness*.

sem Jahrhundert nicht vorhersagbar ist. Die Physik ist eine offene Wissenschaft, und weitere Überraschungen sind zu erwarten.

Literatur

Bridle SL, Lahav O, Ostriker JP, Steinhardt PJ (2003) Precision Cosmology? Not just yet ... In: astro-ph/0303180
Hawking S (2003a) Cosmology from the Top Down. In: astro-ph/0305562
Hawking S (2003b) Das Universum in einer Nussschale. München
March A (1957) Das neue Denken der modernen Physik. Hamburg
Page DN (2002) Mindless sensationalism, a quantum framework for consciousness. In: Page DN, Consciousness: New Philosophical Essays. Oxford (quant-ph/0108039)
Pirner HJ (2001) Semiotics of „Postmodern" Physics. In: Ferrari M, Stamatescu IO (Eds.) Symbol and Physical Knowledge. On the Conceptual Structure of Physics, Berlin/Heidelberg
Weinberg S (2002) Dreams of a Final Theory. New York
Wheeler JA with Ford K (1998) Geons, Black Holes and Quantum Foam. New York
Zeilinger A (2003) Einsteins Schleier. Die neue Welt der Quantenphysik. München 2003

Heidelberger Jahrbuch, Band 47 (2003)
H. Gebhardt/H. Kiesel (Hrsg.): Weltbilder
© Springer-Verlag Berlin Heidelberg 2004

ANHANG

Weltbild als Bildwelt

Die Lancelot-Fresken von Frugarolo bei Alessandria

Auswahl, Anordnung und Inhalt der dargestellten Szenen aus dem französischen Prosaroman[1]

FRITZ PETER KNAPP

Im Jahre 1971 wurden auf dem Gebiet der einstigen karolingischen *curtis regia de Urba* (ital. Orba) im ligurisch-piemontesischen Grenzbereich im ehemaligen Wohnturm eines spätmittelalterlichen adeligen Ansitzes und späteren großen (nach diesem Turm benannten) päpstlichen Bauernhofs La Torre nahe Frugarolo Fresken entdeckt, abgenommen, mit großem Aufwand restauriert und in der Städtischen Bildergalerie von Alessandria im Rahmen einer großen Ausstellung 1999 der Öffentlichkeit präsentiert. Die Entstehung lässt sich einigermaßen rekonstruieren: Der Condottiere Andreino aus der alessandrinischen Stadtadelsfamilie der Trotti erhielt zum Dank für seine militärischen Dienste 1391 vom Herzog von Mailand, Giangaleazzo Visconti (gest. 1402), unter anderem dieses Gut, ließ den Wohnturm um ein drittes Stockwerk erhöhen und dieses von einem lombardischen Maler mit (ca. 2,20 Meter hohen) Fresken ausstatten.[2]

Der Bilderzyklus stellt Szenen aus dem bedeutendsten mittelalterlichen Prosaroman, dem *Lancelot*, dar, der um 1215–1230 in Nordfrankreich geschaffen und alsbald in mehrere europäische Sprachen, darunter ins Deutsche, übertragen wurde. Zur ersten Orientierung des Lesers hier ein knappes Resümee der Handlung des gewaltigen, mehrbändigen Werkes:[3]

---

[1] Zu danken habe ich Lieselotte Gräfin Saurma und den Teilnehmern ihres kunsthistorischen Oberseminars, wo ich meine Beobachtungen zur Diskussion stellen durfte. Daraus habe ich wichtige Anregungen und Einwände in diese Studie übernommen.

[2] Vgl. *Le Stanze di Artù. Gli affreschi di Frugarolo e l'immaginario cavalleresco nell'autunno del Medioevo*, hg. v. Enrico Castelnuovo, Milano 1999, S. 19 u.ö.

[3] Ausgabe des ‚eigentlichen' *Lancelot* (Teil A und B) von Alexandre Micha, 9 Bände, Paris/Genf 1978–1983, der *Queste del saint Graal* von Albert Pauphilet, Paris ²1980, der *La Mort le roi Artu* von Jean Frappier, Paris ³1964.

Lancelot (Teil A und B)

In der Technik des sog. *entrelacement* geschrieben, d. h. der komplizierten parallelen Führung der mit den einzelnen Artusrittern verknüpften Handlungsstränge, wird die Geschichte der Liebe Lancelots zu der Königin Guenièvre von Anfang an erzählt. Als Sohn des Königs Ban von Benoic wird Lancelot geboren, dann von der »Dame du Lac«, der Fee Ninienne, aufgezogen, schließlich am Artushof von Camaalot zum Ritter geschlagen. Auf den ersten Blick verliebt er sich in die Königin, deren Höflichkeitsfloskel (»schöner, süßer Freund«) er als Minnegeständnis missversteht. Dieses Wort beflügelt ihn zu allen Leistungen, die ihn zum besten Ritter seiner Zeit erheben werden. Nach seiner Ritterweihe durch König und Königin zieht er auf Abenteuer aus. Er erlöst das unter einem bösen Zauber liegende Schloß Douloureuse Garde und verwandelt es in die Joyeuse Garde. Galehot, der Herrscher der Lointaines Îles, fordert Artus heraus. Lancelot kämpft für den König, versöhnt diesen aber mit dem Gegner, dem er dafür die erbetene Freundschaft schenkt. Galehot ist es, der die beiden Liebenden, Lancelot und die Gattin des Königs, zum ersten Mal zusammenführt. Während Galehot und Lancelot sich in Sorelois im Reich Galehots aufhalten, taucht am Artushof eine falsche Guenièvre auf, die behauptet, die Königin habe widerrechtlich ihre Stellung eingenommen. Der wankelmütige Artus neigt sich der falschen Guenièvre zu und verbannt seine rechtmäßige Frau. Lancelot macht sich zu ihrem Verteidiger, kündigt Artus den Dienst auf und nimmt die Königin mit nach Sorelois, wo die Liebenden zweieinhalb Jahre wie Bruder und Schwester leben, bis die Usurpatorin am Artushof an einer schrecklichen Krankheit dahinsiecht. Nach Guenièvres Rückkehr an den Hof macht Lancelot sich Morgain, die Schwester des Königs, zur Feindin, da er im »Tal ohne Wiederkehr«, das von Morgain aus Rache an einem ihr untreuen Ritter verzaubert wurde, die dort gefangenen »treulosen« Liebhaber befreien kann. Morgain rächt sich, indem sie Lancelot gefangen nimmt und ihm im Tiefschlaf Guenièvres Ring abnimmt. Diesen schickt sie mit Anschuldigungen gegen die Liebenden an den Hof und spiegelt Lancelot ein Bild von vermeintlicher Untreue Guenièvres vor, der darauf völlig von Sinnen umherirrt und erst wieder zu sich kommt, als er hört, dass Guenièvre von Méléagant entführt worden sei. Er folgt ihr auf der *charrete* (einem Schandkarren) und gelangt zu einem Friedhof, auf dem er den ersten Hinweis erhält, dass er wegen seiner Leidenschaft zu Guenièvre nicht den Gral erringen kann. Über die Schwertbrücke kommt er in Baudemagus' Reich und kämpft mit Méléagant. Wie bei Chrétien de Troyes, dem Verfasser des ersten Lancelotromans, folgen einander nun viele Missverständnisse, die in der Liebesnacht ihre Auflösung finden. Beim zweiten Kampf in Camaalot tötet Lancelot Méléagant.

Später kommt infolge eines Rüstungstausches das Gerücht von Lancelots Tod auf. Viele Artusritter brechen auf, um ihn zu suchen. Unabhängig voneinander kommen Gauvain, Lancelot und sein Vetter Bohort nach Corbenic zur Gralsburg, können aber dieses größte Abenteuer nicht bestehen. Bei seinem Aufenthalt in der Burg zeugt Lancelot, durch einen Zaubertrank getäuscht, mit Brisane, der Tochter des Gralskönigs Pellès, seinen Sohn Galaad, den späteren Gralsritter. Lancelot kehrt an den Artushof zurück, und Guenièvre macht sich bittere Vorwürfe, dass sie ihn durch ihre Liebe unwürdig für das Gralsabenteuer macht. Inzwischen mehren sich die Hinweise auf den Gral und wird das schreckliche Ende der Artusrunde prophezeit. Die Mutter Galaads kommt an den Artushof, und Lancelot kann durch Betrug erneut dazu gebracht werden, die Nacht mit ihr zu verbringen. Als Guenièvre davon erfährt, verjagt sie ihn, und er verfällt wieder in Wahnsinn, von dem ihn, nachdem er lange umhergeirrt und schließlich zur Gralsburg gelangt ist, der Gral heilt. Mit der Tochter des Königs Pellès und seinem Sohn Galaad zieht Lancelot auf eine Insel in der Nähe der Gralsburg. Dort finden ihn Perceval und Hector, die zur Suche nach ihm ausgezogen waren, und von dort bricht der inzwischen fünfzehn Jahre alt gewordene Galaad auf, um den Gral zu suchen.

La Quête du Saint Graal

Zu Pfingsten des Jahres 487 nimmt Galaad, der Sohn Lancelots, auf dem Gefährlichen Sitz an der Artusrunde Platz und zeigt sich so als der beste Ritter der Welt. Der Gral (altfranzösisch: Graal) schwebt herein, spendet Speisen und entschwindet. Alle Ritter verlassen Artus, um den Gral zu suchen. Im Artusreich herrschen die Verzauberungen Britanniens, im Gralsreich Schrecken und Trauer. Zeit und Raum sind aufgehoben. Nur von Gott Berufene, Bohort, Perceval und Galaad, können sich bewähren, nicht die der Welt verhafteten Artusritter Gauvain, Yvain, Lionel etc. Den rechten Weg weisen Mönche und Einsiedler. Der reuige Lancelot unterwirft sich harter Buße, darf seinen Sohn ein Stück begleiten und einer Gralsmesse von ferne beiwohnen. Der Erlöser Galaad beendet alle Schrecken des Gralsreichs. In seinem Beisein feiert der selige erste Gralshüter mit Engeln als Ministranten die Eucharistie, bei der sich die erhobene Hostie über dem Gralskelch in das leibhaftige Christuskind verwandelt. Der Gral kehrt auf dem Schiff Salomons mit Galaad, Bohort und Perceval ins Heilige Land zurück. Galaad erschaut im Gral Gottes Herrlichkeit, erbittet und erhält den Tod. Der Gral wird in den Himmel erhoben. Perceval stirbt als Eremit. Bohort kehrt als Berichterstatter zu Artus zurück.

La Mort le roi Artu

Nach der Rückkehr der Gralsritter an den Artushof flammt die Leidenschaft zwischen Lancelot und der Königin erneut auf. Ein Missverständnis – Guenièvre glaubt, Lancelot habe sich in das Fräulein von Escalot verliebt, das den nach einem Turnier Verletzten gesund pflegte – trübt nur vorübergehend das Verhältnis. Inzwischen aber hat Artus im Schloß seiner Schwester Morgain die Bilder entdeckt, die Lancelot einst während einer Gefangenschaft an die Wände eines Saals malte und die seine Liebe zur Königin darstellen. Gemeinsam mit Gauvain, dessen Bruder Gaheriet von der Hand Lancelots fiel, tritt der König zum Kampf gegen den Frevler an. Der Herausgeforderte verwundet Gauvain tödlich, scheut aber aus Ritterlichkeit vor einem direkten Angriff gegen seinen König zurück. Dieser wird bald darauf in eine große Schlacht gegen die Römer verwickelt, die er siegreich besteht. Bei seiner Rückkehr muss Artus erfahren, dass Mordret – wie sich nun herausstellt, sein eigener, ihm von einer Schwester geborener Sohn – durch die Vorspiegelung seines, des Königs, Tod Guenièvre, die er beschützen sollte, für sich zu gewinnen trachtete. Ohne die tapfersten Ritter der Tafelrunde – Gauvain und Lancelot, mit dem sich der König nicht versöhnen will – zieht Artus in die schicksalhafte Schlacht von Salisbury. In einem Traum am Vorabend des Kampfes sieht er sich vom Rad der Fortuna herabstürzen, und der nächste Tag bringt den Gegnern, Vater und Sohn, den Tod. Die Zauberin Morgain holt ihren sterbenden Bruder mit einem Schiff ab und lässt den Leichnam in der Noire Chapelle beisetzen. Lancelot, der die Absicht hat, seinen König zu rächen, erfährt vom Tod Guenièvres und zieht sich daraufhin in ein Kloster zurück. Die Heere seiner Anhänger führen den Kampf fort, in dem Lancelots Vetter Bohort siegt. Lancelot selbst stirbt im Kloster. Sein Körper wird in der Joyeuse Garde beigesetzt, während Engel seine Seele gen Himmel tragen.

Selbstverständlich konnte ein Bilderzyklus nur kleine Ausschnitte aus dieser Erzählfülle erfassen.

Nach der graphischen Rekonstruktion der Anordnung des Freskenzyklus von Giorgio Rolando Perino[4] sind die Bilder in der oberen Wandzone an den vier Wänden des Raumes angeordnet, durchgehend bis auf zwei Stellen. Die Ost- und Westseiten sind fast doppelt so lang wie die Nord- und Südseiten (ca. 11,5 × 6,5 m). Im Norden unterbrach eine einstige Holztreppe die Bilder, im Westen ein großer Kamin. Das Bild unter der ehemaligen Holztreppe an der Nordwand ist dieser im Format angepasst, also erst nach deren Einbau gemalt. Rechts neben der Treppe ging aber offenbar ein Bild verloren.[5] Im schematischen Grundriss würde sich die Bildanordnung vereinfacht so darstellen:

---

[4] Ebenda, S. 66–72.
[5] Ich bezeichne es unten mit der Nummer Xa.

XV	Kamin	XIV	XIII	XII
I				XI
		Westen		
II Süden				Norden
III		Osten		X
IV	V	VI + VII	VIII	IX

Uns interessiert hier ausschließlich der Inhalt und die Anordnung der Fresken. Die diesbezüglichen Ergebnisse im Ausstellungskatalog von Maria Luisa Meneghetti[6] scheinen, soweit mir ein Urteil ohne Autopsie der Bilder in situ zusteht, zwar in den meisten Punkten richtig, in einigen aber ergänzungsbedürftig oder problematisch, in einem Punkt rundweg verfehlt. Keinem Zweifel kann es unterliegen, dass die Bilder gegen den Uhrzeigersinn angeordnet, also vom herumgehenden Beschauer von rechts nach links zu betrachten (deshalb aber noch lange nicht die Einzelbilder innerhalb ihrer selbst so zu lesen) sind. Den Anfang des Zyklus findet Meneghetti ganz rechts an der Südwand gegenüber dem Stiegenaufgang. Im Süden befinden sich danach die Bilder I–III, im Osten die Bilder IV–IX, im Norden die Bilder X–XI, schließlich im Westen die Bilder XII–XV.

Als Hilfsmittel der ikonographischen Identifikation standen Meneghetti erstens die allgemeine Topik spätgotischer weltlicher Wandmalerei, zweitens individuelle rekursive Züge der Darstellung innerhalb des Zyklus – Guenièvres blonder langer Zopf, die mit einem Band aufgebundenen Haare der Dame von Malohaut, Galehots vorne gespitzter Hut, sein und Lancelots modisches blondes gespaltenes Bärtchen, König Artus' Langbart[7] und anderes –, drittens die Bildaufschriften und viertens der überlieferte Romantext zur Verfügung. Bei den ersten beiden Kriterien muss ich mich auf die Kompetenz der Kunsthistoriker verlassen. Auch die schwer lesbaren Aufschriften wird man wohl am Original besser als auf den Fotos erkennen können. Ein neuerlicher Blick in die Textvorlage mag sich aber allemal lohnen, ohne im geringsten verkennen zu wollen, dass sich der Maler einige künstlerische Freiheit für sein Medium genommen hat.

In den folgenden Kästchen stelle ich Meneghettis Ergebnisse kurz vor und schließe jeweils darunter meine Kommentare an.

---

[6] M. L. Meneghetti, *Figure dipinte e prose di romanzi. Prime indagini su soggetto e fonti del ciclo arturiano di Frugarolo*, in: Ebenda, S. 75–84.

[7] Vgl. Elena Rosetti Brezzi, *Storie di amori e di battaglie. Gli affreschi arturiani die Frugarolo*, in: Le stanze di Artù, S. 57–65, hier S. 62.

Bild I

Das Bild I zeigt die Einkleidung des jungen Lancelot zum Ritter durch Guenièvre, wie auch die Beischrift deutlich sagt: *come la royne G ceint l'espee a L quand il fu / novea<u>s ch[evalie]r[s].*[8] Das Bild zieht die Teile des *adoubemant* zusammen und enthält nur die Aktion der Königin, obwohl sie nur vollendet, was Artus selbst begonnen hat (XXIIa,7–XXIIIa,17). Die Szene spielt im Garten des Hofes von Camaalot, vor dem ganzen Hofstaat in Festkleidung, wovon die meisten Kränze im Haar tragen.

Gleich die erste Szene, die durch die übrigen Kriterien inhaltlich einwandfrei gesichert ist, gibt es so nicht im Roman. Artus vollzieht zwar die Ritterweihe Lancelots und anderer Edelknappen in der Kirche, kommt aber nicht dazu, Lancelot das Schwert umzugürten. Bereits mitten in seinem ersten Kampfesabenteuer lässt Lancelot der Königin die Bitte ausrichten, ihm ein Schwert zu senden. Ein Bote bringt es, *et li baille l'espee de par la roine, ›et si vous mande,*

---

[8] „Wie die Königin das Schwert Lancelot umgürtet, da er eben Ritter geworden war." – Meneghetti setzt ihre Ergänzungen unlesbarer Buchstaben in spitze, die Auflösungen von Abbreviaturen in eckige Klammern. Das <u> in *noveaus* ist allerdings Korrektur. Ich gebe ihre Lesungen hier buchstabengetreu wieder, abgesehen von den Namen G[uenièvre] und L[ancelot], die immer so abgekürzt werden.

fait il, que vous le cheingies.‹ Et il si fait moult volontiers (XXIIIa,17).[9] Lancelot
gürtet es sich also selbst um, weit ab vom Hofe und der Spenderin, die er trotzdem von nun an als seine gnädige Minneherrin in Anspruch nimmt. Es ist daher auch müßig, vom Text her nach der näheren Bedeutung der von Meneghetti nicht erwähnten Ritter zu Pferde und der ledigen, von Knappen gehaltenen Pferde rechts auf dem Bilde zu fragen. Es handelt sich wohl um eine typische Szene, welche den Aufbruch der Ritter zu einer Aventüre darstellen soll.

Bild II

Bild II: Lesbar von der Beischrift ist gerade einmal halbwegs *de chace* („von
der Jagd"). Der Bildrahmen ist durch das große Fenster darunter stark beengt. Es könnte sich um so etwas wie einen „Lückenbüßer" handeln, der Bezug auf die Jagdlehre bei der Dame vom See (IXa,2) nimmt, aber an den Artushof übertragen erscheint, da die linke Person Ähnlichkeit mit Artus auf
anderen Bildern aufweist. Auf jeden Fall zeigt diese Person auf Vögel auf
der Stange und scheint sie der jüngeren Person (wohl Lancelot) rechts zu
erklären.

---

[9] „und gibt ihm das Schwert im Namen der Königin, ‚und sie trägt Euch auf‘, sagt er, ‚es umzugürten.‘"

Ich würde die Funktion des kleinen Bildes II rein topisch auffassen. Es illustriert die für das adelige Leben so zentrale Beizjagd ohne Bezug auf die Romanvorlage. Diese spricht an der von Meneghetti herangezogenen Stelle (IXa,2) nur von der Pfeiljagd auf Vögel, nicht von der Beizjagd.

Bild III

Bild III: Die Bildlegende ist verloren. Es dürfte sich aber um die Eroberung von Douloureuse Garde (XXIVa,1–29) handeln. L. erscheint zweimal in der weißen Rüstung der Dame vom See, erringt den Sieg gegen zehn Ritter mit übernatürlichen Kräften (auch dank der drei magischen Schilde, wovon einer sichtbar ist), und zwar unten rechts über die noch übrigen vier. Im Hintergrund rechts erscheint die prachtvolle Burg.

Hier muss ein direkter Bezug zur Romanhandlung angenommen werden, und der zur Eroberung von Douloureuse Garde (XXIVa,1–29) liegt ohne Zweifel am nächsten. Vielleicht lässt sich dafür zusätzlich geltend machen, dass das (nicht dem Roman entnommene) ummauerte städtische Areal im Vordergrund kirchliche Gebäude zeigt. Sie könnten zumindest indirekt auf den sakralen Charakter der zentralen Friedhofsszene (XXIVa,31f.) deuten.

Bild IV

Bild IV: Die Legende lautet: *<co>me me[ssires] <L> venqui l'a/sa[m]blee del / haut p[rin]ce Ga/leot et le sou/mist a roy Ar/tus.*[10] Das entspräche Kapitel LIIa,74. Links reitet Galehot ohne Waffen in höfischer Kleidung heran. Rechts aber wird die Vorgeschichte der Ergebungsszene nachgeholt. Lancelot in schwarzer Rüstung versperrt Galehot den Weg. Gauvain, im Kampf verwundet, hat sich, weil er beim weiteren Kampfgeschehen dabeisein will, seine Lagerstatt auf einer Holzloggia *(bertesque, breteche)* aufschlagen lassen, wo er deutlich sichtbar zwischen Artus und Guenièvre (die auf Lancelot zeigt) auf der einen und den Hofdamen auf der anderen Seite erscheint.

Bei Bild IV gibt uns die Beischrift wiederum eine direkte Inhaltsbeschreibung, die jedoch abermals vom Text bedeutsam abweicht. Es hilft dabei nur bedingt, mehrere zeitlich divergierende Szenen zu unterscheiden, da gemäß dem Romantext Lancelot in der dargestellten Form Galehot gar nie aufhält.

---

[10] „Wie Herr Lancelot das Treffen für den Fürsten Galehot entscheidet und ihn dem König Artus unterwirft."

Im Roman kämpft der namenlose „gute Ritter" in der schwarzen Rüstung, um dessen Freundschaft sein Bewunderer Galehot heftig wirbt, zuerst auf der einen, dann auf der anderen, zuletzt eben auf Galehots Seite, schlägt die Artusleute in die Flucht und bittet gerade im Augenblick des Sieges Galehot um die freiwillige Unterwerfung des Überlegenen unter König Artus. Galehot reitet zum König unter der Standarte, der eben die Flucht ergreifen will. Auch die Königin soll eben weggebracht werden. Nur Gauvain auf der Bahre will alles miterleben, fällt aber in Ohnmacht. Galehot beugt vor Artus das Knie und bittet um Vergebung. Artus, Guenièvre, Gauvain und alle Leute des Königs sind glücklich darüber. Dann befiehlt Galehot seinen Leuten, Frieden zu halten, und reitet auf Wunsch seines neuen Freundes wieder zu Artus. Dieser reitet ihm mit seiner Gemahlin, der Dame von Malohaut und vielen Hofdamen entgegen, hierauf begeben sich alle zu Pferde zu der Loggia, auf der sich Gauvain befindet (LIIa,67–73). Das Bild zieht in teilweise emblematischer Verdichtung die Bewunderung Galehots für die unüberwindliche Kampfkraft des unbekannten Ritters, seine Unterwerfung und seine Begegnung mit Gauvain in eins zusammen. Lancelots Schwerthaltung zeigt keinen folgenden Schwertstreich, sondern eine Art Abwehrgestus an. Galehot ist offenbar (entgegen Meneghettis Meinung) noch gepanzert, hat aber schon seinen höfischen Hut statt des Helms auf.

Bild V

Bild V: Von der Bildlegende ist zu entschlüsseln: *<come L et> G s'aconterent de mentena[n]t ensam<ble> <…> voiant Ga<leos> <et> la <dame> de Maroauts s'en aparceut.*[11] Szene A rechts zeigt den ersten Kuss von Lancelot und Guenièvre. Der Helfer Galehot wäre in der unteren Zone ganz rechts anzunehmen. Szene B links präsentiert Galehot und die Dame von Malohaut, mit einer Rose, einem Zeichen der Liebe, in der Hand. Guenièvre (rechts) wendet sich ihr zu, überredet sie also wohl, ihr Herz Galehot zu schenken (vgl. LIIa,111–126). Die Szenen spielen in einem Baumgarten vor den Mauern von Carduel.[12]

Bild V lässt sich nicht einmal problemlos mit der Beischrift in Einklang bringen, welche Meneghetti bis auf ein Wort (statt *de mentena[n]t* muss es *premeremant* heißen) wohl richtig gelesen hat, denn die Dame von Malohaut ist auf dem Bild, soweit dieses erhalten ist, nicht in dem Moment dargestellt, wo sie die erste Liebesbegegnung von Lancelot und Guenièvre bemerkt, sondern nur im Gespräch mit Galehot und der Königin. Ein Widerspruch zum Romantext hingegen besteht darin, dass bei der berühmten Kussszene nicht die beiden Liebenden zur Tarnung mit Galehot die Köpfe zusammenstecken (LIIa,115), sondern Galehot entweder nicht dabei ist oder sich von den beiden abwendet, falls ich den links von ihnen noch sichtbaren Hut trotz seiner dunkleren Färbung richtig als den seinen deute. Galehots Gestalt weiter unten im verlorenen Teil anzunehmen, brächte zur Herstellung der Romanszene wenig.

Bilder VI und VII. Beide Bilder bildeten ursprünglich eine Szene, die in der magischen Vereinigung des Schildes nach der Liebesnacht der beiden Paare während Arthurs Gefangenschaft im Turm des Sachenfelsens gipfelt (LXXa,35). Die Dreiteilung durch die Architektur ist aber markant. Unterhalb des Schildes umarmen sich die vier Personen. Guenièvre hebt als Regisseurin der Szene den Schild empor. Die Legende, kaum lesbar, enthält in VI aber oben die Namen der beiden Damen, unten der Herren.

Die Bilder VI und VII schildern zweifellos die Liebesnacht der beiden Paare aus LXXa,35, wie auch aus der Beischrift halbwegs erschlossen werden kann.[13] Aber die Erotik ist ausgespart. Die vier Personen schlummern selig, während es im Roman heißt: *et orent toutes les joies que amant peuent avoir.*[14] Noch

---

[11] „Wie Lancelot und Guenièvre zum ersten Mal zusammenkamen unter den Augen Galehots, und die Dame von Malohaut es bemerkte."

[12] Nach Rosetti Brezzi, *Storie di amori e di battaglie*, S. 61, hat der Maler hier für Carduel Pavia als Vorbild genommen.

[13] Vielleicht ist zu lesen: *come la royne G et L <…> lor nuet prem[iere] <…>*.

[14] „Sie hatten alle Freuden, die Liebende haben können."

Bild VI   Bild VII

größer ist die Diskrepanz zur Erzählung aber in Bild VII. Der Maler hebt hier seinem Metier gemäß alles ans Licht der – allerdings auf die vier Liebenden beschränkten – Öffentlichkeit, während sich in seiner schriftlichen Vorlage die Königin nächtens allein vom Lager erhebt und im Finstern nach dem Schild tastet, den sie auf magische Weise geschlossen findet. Die nächtliche Szenerie deutet aber auch der Maler durch die schwarze Farbe des Hintergrundes an.

Bild VIII hat ein recht allgemeines Thema. Auch die Legende, soweit lesbar, weist nur auf Kampf. *come mess[ire]s L venqui la ba<taille> <...> et proys et q[uan]d ocist <...>*[15] Links wendet sich Lancelot nach hinten, wie um sich der Solidarität der Gefährten zu versichern. Rechts tötet er einen Gegner vom Sachsenfelsen (LXXIa,31–33).

Bild IX: Lancelot tötet Gadrasolain, den Freund der Zauberin Camille, hierauf befreit er rechts im Bild Artus (LXXa,34–35). Zu lesen von links nach rechts. Rest der Legende: <...> *le chastel* („die Burg").

---

[15] „Wie Herr Lancelot im Kampf siegte […] und plünderte und als er tötete […]".

Bild VIII

Bild IX

Die Bilder VIII und IX können nur das Kampfgeschehen, das der Liebesnacht folgt, darstellen. Eine Spekulation, was konkret in Bild VIII gemeint sein könnte, scheint aber müßig. Es handelt sich wohl, wie Meneghetti vermutet, um zwei getrennte Szenen mit derselben Hauptperson, auch wenn Lancelot das Waffenhemd dazwischen getauscht haben müsste und das ihn kennzeichnende L. links nur erahnt werden kann (ebenso wie die Konturen des Gegners in der rechten Szene).

Umso textgetreuer wirkt Bild IX. Die linke Szene lautet im Roman (XXIa,34):

Et Lancelot [...] va ou il seit que la dame converse, si l'a trovee en une couce et son ami les lui qui avoit non Gadrasolains [...]; si estoit iluec tot desarmez [...]. Et Lancelos hauche l'espee, si fiert Gadrasolain par mi la teste [...], puis cort as autres, si les decolpe tos la ou il les ataint. [...] Et il fuient as cambres amont et aval et il les cache e decolpe, et li plusor se lanchent a terre par mi les fenestres.[16]

Ob die Zauberin hinter ihrem Liebhaber abgebildet ist, lässt sich freilich nur vermuten. Ebenso wie dieses Gemetzel wird die Befreiung des Königs auf der rechten Bildhälfte getreulich ins andere Medium umgesetzt.

Bild X

---

[16] „Und Lancelot [...] geht dorthin, wo er weiß, dass die Dame sich aufhält, fand sie auf einer Liegestatt und bei ihr ihren Freund, der den Namen Gadrasolain trug; er war dort ganz unbewaffnet [...]. Und Lancelot hebt das Schwert, schlägt Gadrasolain mitten durch den Schädel, läuft dann zu den andern, massakriert sie, wo er sie erreicht. [...] Und sie fliehen in die Zimmer hinauf und hinunter, und er jagt und massakriert sie, und die meisten stürzen aus den Fenstern zur Erde.“

Bild X (gegenüber von Bild III): Kampf Lancelots gegen drei Ritter der falschen Guenièvre (VIII,22–45). Die Legende wiederum kaum lesbar bis auf *fere le quarre<l>*, bezogen auf einen Speerwurf Lancelots, der den Gegner tötet. Der Speer ist zuerst links in der Luft, dann im Herzen des Gegners rechts sichtbar. Ganz links zeigt sich ein Ritter ohne Waffen auf einem ruhigen Pferd, vielleicht der Kampfrichter, der ins Horn bläst. In der Burg sieht man links zwei männliche Figuren mit Handzeichen. Sie strecken zwei Finger einer Hand aus, wohl um die Nr. 2 des Kampfes zu signalisieren. Daneben zeigt sich im nächsten Arkadenbogen eine Frau, ähnlich Guenièvre, mit abwehrenden Händen ebenso wie der bärtige Artus, dann eine zweite Frau, wieder mit zwei erhobenen Fingern.

In Bild X macht sich der mediale Unterschied wieder deutlich bemerkbar. Den Hornbläser (im Roman Gauvain) wird Meneghetti wohl richtig identifiziert haben. Die Deutung der Fingergesten, Lesung und Übersetzung von *fere le quarre<l>* scheinen dagegen fraglich. Da die Finger der zweiten Hand beider Gestalten ausgestreckt sind, ergäbe sich jeweils eher die Zahl 7. Zudem sind die Handhaltungen der beiden Personen nicht identisch. Aus dem Wort *quarrel* („Quader, Bolzen") auf einen völlig unritterlichen Kampf mit einem Wurfspieß – wie der junge Parzival einen verwendet – zu schließen, geht wohl gar nicht an.[17] Im Roman ficht Lancelot hier wie stets nur mit Stoßlanze und Schwert. Den zweiten Gegner trifft er durch den Schild auf den Brustpanzer und „stößt ihn über die Kruppe des Pferdes und bringt ihn zur Erde" (*l'empaint par desore la crope del cheval et le porte a terre*: VIII,32). Dass wir hier nicht Phasen eines Wurfes vor uns haben, wird schon dadurch offensichtlich, dass Lancelot links eindeutig sein Schwert in der erhobenen Hand hält. Ich vermag also den quer über die Bildmitte gezogenen (abgebrochenen?) Schaft nur als abstraktes Symbol des Lanzenkampfes zu verstehen, passend zu den anderen auf dem Boden liegenden gebrochenen Schäften. Die links abgebildete Lancelotgestalt könnte zur Fortsetzung der Szene gehören: *Et Lancelot tint l'espee qu'il avoit traite et fiert cheval des esperons* („und Lancelot hielt das Schwert, das er gezogen hatte, und gab dem Pferd die Sporen"), wie es im selben Paragraphen des Textes heißt. Oder soll sie, abweichend vom Text, den demonstrativen Einritt zum Zweikampf mit erhobenem Schwert symbolisieren?

---

[17] *quarrel = carrel* bezeichnet im *Lancelot* nie den Wurfspieß, sondern den vom Bogen abgeschossenen Pfeil (vgl. *Lancelot do Lac. The Non-Cyclic Old French Prose Romance*, hg. v. Elspeth Kennedy, Oxford 1980, Bd. II, Glossar, S. 411.) Vielleicht ist an unserer Stelle *carré* zu lesen, was den viereckigen Platz des Kampfes meinen könnte.

Das verlorene Bild [Bild Xa] könnte nach Meneghettis Meinung vielleicht den Aufenthalt von Guenièvre in Sorelois geschildert haben (VIII,46–61 – IX,1–52).

Bild XI

Bild XI wurde unter der Treppe, die zum Dachgeschoss hinauf führte und später entfernt wurde, angebracht. Meneghetti hält es für eher nebensächlich. Es ist kaum erkennbar und ohne Legende; vielleicht gab es das Abenteuer von Escalon le Ténébreux wieder (XX,16–21). Links scheint eine Wendeltreppe sichtbar. Der Krieger in der roten Rüstung, mit einem Schild um den Hals gehängt, wird am ehesten Lancelot sein. Ist jener einer der magischen Schilde?

Von Bild XI ist wohl zu wenig erhalten, als dass sich halbwegs Sicheres über den Inhalt sagen ließe.

Bild XII

Bild XII ist nur noch zur Hälfte vorhanden und durch Hammerschläge beschädigt. Erkennen lässt sich jedoch eine Lehnshuldigung (*immixtio manuum*). Ein junger Mann kniet und legt seine Hand in die einer männlichen, kaum sichtbaren, aber wohl bärtigen Person. Daneben steht links eine Frau, die auf den bärtigen Mann weist. Es sind offenbar Lancelot, Artus und Guenièvre in der Szene IX,51–52 gemeint. Die Handlungsfolge des Romans wäre hier aber ebensowenig eingehalten wie bei I–II.

Bild XII steht dem Text sogar noch näher, als Meneghetti meint. Wohl kniet offenbar Lancelot vor Artus. Doch er legt nicht wie beim Lehnseid die gefalteten Hände zwischen die Hände des Königs, sondern dieser fasst nur mit seiner Linken die Linke des Helden. Und genauso steht es in IX,51: Lancelot *s'agenoille et crie merci molt simplement [...]. Et li rois l'en lieve par la main*

[...] („kniete nieder und flehte ganz einfach um Gnade [...]. Und der König hob ihn an seiner Hand empor").

Bild XIII

Bild XIII ist ebenfalls halb verloren. Von der Legende lässt sich aber mehr lesen: *come Meliegant emena la <royne G> /... Keu <le senes>/caus et mess[ires] L ... / l'abaty ... / ... de coy la royne G ot gr<ant> yoye.*[18] Es handelt sich um den ersten der drei Kämpfe Lancelots gegen Méléagant. Dieser wird in die Brust getroffen und aus dem Sattel geworfen (XXXIX,11). Man sieht neben Guenièvre einen Bewaffneten mit Verzweiflungsgeste.

Bild XIV: Lancelot hat Méléagant besiegt und schlägt ihm den Kopf ab, obwohl Artus für ihn bittet (XLII,10). Guenièvre signalisiert daneben gerade heftig das Gegenteil. Die Legende ist wieder stark fragmentarisch: *le conquist e le roy Artus.*

---

[18] „Wie Méléagant die Königin Guenièvre entführte [...] Keu den Seneschall, und Herr Lancelot [...] ihn zu Fall brachte [...] worüber die Königin Guenièvre große Freude hatte."

Bild XIV

Die Bilder von den Kämpfen gegen Méléagant geben weniger Probleme auf, obwohl Nr. 13 in recht schlechtem Zustand ist. Es könnte wirklich den Moment festhalten, da Méléagant die Lanzenspitze in der Schulter stecken bleibt (XX–XIX,11). Bild XIV hält sich genau an den Wortlaut des Romans: *Et li rois li crie qu'il ne l'ocie pas et la roine li fet signe que il li trenchast la teste. [...] Meleagans se relieve et Lancelos fiert, si li fet la teste voler [...]* (XLII,10).[19]

Bild XV: Rechts oben als Reste der Zivilisation sind noch Burgmauern mit Zinnen, darunter Hüttchen zu sehen. Sonst spielt die Szene in einem Wald: in der linken oberen Mitte eine junge Männergestalt mit bloßem Haupt, betend auf den Knien, links davon ein ausgestreckter Mann, mit dem Schwert zur Seite, offenbar tot. Weiter unten ragt aber noch eine Frauenbüste mit einer Krone ins Bild. Die Legende links neben der Frau lautet: *come la dame / au lac m<...> / p[er?] coy la ...* Nach Meneghetti könnte der Tote Lancelot sein. Das Bild würde sich also auf den Schluss des Lancelot-Grals-Zyklus beziehen. Artus wäre schon von Morgain nach Avalon entführt. Nach Lancelots Tod in Reue würde es der Dame vom See zukommen, Lancelot ebenfalls in ein Märchenreich zu entrücken.

---

[19] „Und der König rief ihm zu, ihn nicht zu töten, und die Königin gab das Zeichen, ihm den Kopf abzuhauen. [...] Méléagant richtete sich auf, und Lancelot schlug zu und ließ den Kopf weg fliegen [...]".

Bild XV

Diese Deutung befriedigt in keiner Hinsicht. Meneghetti hat selbst schon einige Argumente dagegen angedeutet. Es würde sich um einen völlig abrupten Schluß handeln, genommen aus einem sonst vollständig unberücksichtigten Teil des Zyklus. Im Übrigen beschränkt sich die gesamte Bilderzählung auf den ‚Lancelot propre'. Ja, die Szenenfolge scheint aus diesem so ausgewählt, dass sie von Erfolg zu Erfolg aufsteigt bis zum wichtigsten Kampf mit Méléagant, vergleichbar den Iweinfresken in Rodeneck und den Tristanfresken in Runkelstein. Die dunkleren Elemente der Handlung bleiben ausgeblendet.

Der wichtigste Einwand muss aber sein: In Meneghettis Deutung würde vorausgesetzt, dass sich der Maler vom Roman nicht nur leicht umdeutend oder ins Topische ausweichend entfernen, sondern den Schluss komplett umdeuten wollte. Das widersprach den Erwartungen des Publikums, das den Roman ja kennen musste, um den Zyklus der Bilder zu verstehen, gewiß diametral.

Diese Annahme wird aber sofort entbehrlich, wenn man das Bild nicht als letztes, sondern als erstes zählt. Es war ja durch den monumentalen Kamin so deutlich von Bild XIV getrennt, dass hier der Zyklus beginnen und sich dann an der Südwand nahtlos fortsetzen konnte.[20] Dann zeigt es die berühmte An-

---

20 Als wichtige Parallele bietet sich etwa der *Garel*-Zylus in Runkelstein an, der rechts neben dem Kamin beginnt und links davon endet. Vgl. Schloß Runkelstein. Die Bilderburg, Bozen 2000, S. 112.

fangsszene aus der Lancelotbiographie: rechts oben die Stadt Trèbe, links oben den vor Schmerz verschiedenen König Ban, den Vater Lancelots, rechts unten eines der Pferde, bei denen das Knäblein Lancelot zurückgelassen und von der Dame vom See gefunden wird, und links unten die Dame selbst, ehe sie mit dem Knäblein Lancelot in den See springt. Differenzen zur Romanvorlage fehlen hier natürlich ebensowenig wie in vielen anderen Bildern. Dass die Stadt Trèbe in Flammen steht (IIIa,1–2), dafür würde ich meine Hand nicht ins Feuer legen. Aber auch die vielleicht unzerstörte Stadt reicht wohl, um den Grund für den tödlichen Schmerz des Stadtherrn anzudeuten. Der Tote liegt textgemäß (IIIa,5) mit den Augen zum Himmel gerichtet auf der Erde, aber mit einer Hand auf der Brust, die andere ausgestreckt, während der Text von *ses mains estendues en crois* („seine Hände kreuzweise ausgestreckt") spricht.[21]

Hier wird auch erzählt, dass Bans Pferd scheut, zu den anderen Pferden läuft und von Bans Knappen eingefangen wird, der dann auf den Hügel steigt, dort den toten Herrn findet und sich mit einem Schrei des Entsetzens über den Toten wirft. Der Schrei ruft die Königin herbei, die über dem Toten ohnmächtig zusammenbricht (IIIa,5–6). Wieder bei Bewusstsein, bricht sie in unendliche Klagen aus, erinnert sich aber endlich ihres bei den Pferden allein gelassenen kleinen Sohnes, läuft dorthin, sieht ihn aber schon von der Dame du Lac geraubt (IIIa,6–8). Laut Vorlage sollte diese das Knäblein freilich nackt zwischen den Brüsten halten, ehe sie mit ihm in den See springt. Auch dieser Zug fehlt. Doch besteht an der Identität der Person kein Zweifel. Auch der See ist wohl gut erkennbar, wo die Beischrift angebracht ist. Die vierte Protagonistin der Szene, Lancelots Mutter, ist freilich der Zerstörung des Bildes ganz zum Opfer gefallen. Wir müssen sie vermutungsweise ganz rechts unten ansetzen.

Das Hauptproblem der Interpretation liegt in der so ziemlich in der oberen Bildmitte knienden, betenden, offenbar gepanzerten Gestalt. Die prominente Position spricht gegen die Identifikation mit dem Knappen, der am Leichnam seines Herrn Totenwache hält. Vor allem aber ähnelt die – freilich nur undeutlich erkennbare – Kopfbedeckung keinem aufgeklappten Helm, auch keinem Hut, sondern einer Krone. Es wird sich also eher um König Ban selbst handeln, der entsprechend dem Romantext in Erwartung des Todes gen Himmel blickt *(regarde vers le ciel)* und Gott um Erbarmen mit seiner Seele und um Hilfe für seine Frau und sein Kind bittet, worauf er sich schuldbewusst an die Brust klopft, Tränen der Reue vergießt und tatsächlich an gebrochenem Herzen stirbt (IIIa,3–5). Davon, dass er dabei ein dunkles Gewand angelegt hätte, ist freilich keine Rede. Ein solches trägt er hier aber als Toter. Das mag

---

[21] Alexandre Micha konjiziert hier in seiner Ausgabe, nach der ich hier sonst zitiere, aus *est. en crois* der Handschriften nur *estendues*, Elspeth Kennedy wohl richtiger *estendues en crois* (Lancelot do Lac, I, S. 14 Z. 17).

einen gewissen Symbolwert haben, erschwert aber die Identifikation der beiden Gestalten doch um einiges. Dennoch scheinen mir die anderen genannten Bildelemente auszureichen, um die berühmte Romanszene hier wiederzufinden. Sicherheit könnte nur die Entzifferung der oberen Bildlegende bringen, von der offenbar auch Meneghetti nichts zu lesen vermag. Lässt sich hier nicht aber doch einmal (oder gar zweimal) der Name *Ban* erkennen?

Damit würde sich der Zyklus auf weit befriedigendere Weise runden. Er umfasst dann wesentliche Stationen des gesamten Teils A des ‚eigentlichen' *Lancelot* bis auf die Karren-Suite, die Fortsetzung des Karrenabenteuers, konzentriert aber alles auf den Haupthelden und seine Liebesgeschichte. Ausgeblendet ist zuerst einmal die gesamte Claudas-Handlung bis eben auf Bans Tod und den Raub des Knäbleins (Bild XV). Dann wird uns der Moment vor Augen geführt, da Lancelot der Ritter der Königin wird (Bild I). Von seinen ersten großen Abenteuern ist die Eroberung von Douloureuse Garde ausgewählt (Bild III). Dann rettet er die Herrschaft des Königs Artus vor dem Zugriff Galehots (Bild IV). Dessen tragische Geschichte wird bildlich auf seine Mittlerrolle bei der Liebe des Protagonistenpaares und seine eigene Verbindung mit der Dame von Malohaut reduziert. Der Schwerpunkt liegt auf dem ersten Kuss von Lancelot und Guenièvre und deren erster Liebesnacht, wodurch sich ihre Liebe, symbolisiert im zusammengewachsenen Schild, vollendet (Bilder V–VIII). Eng damit verbunden erscheinen der neuerliche Sieg des Helden für Artus und dessen Befreiung aus der Gefangenschaft auf dem Sachsenfelsen (Bilder VIII und IX). Dann aber muss Lancelot die verleumdete Geliebte auch noch gegen den König selbst verteidigen und vor dem Tode auf dem Scheiterhaufen retten (Bild X). Der Aufenthalt der Liebenden in Sorelois könnte in der Lücke des Zyklus verloren gegangen sein (Bild Xa). Erst der Wiedereintritt Lancelots in die Tafelrunde auf Wunsch Guenièvres scheint wiederum erhalten (Bild XII). Entführung und Befreiung der Königin beschließen den Zyklus (Bild XIII und XIV). Die Tötung des böswilligen Entführers Méléagant auf Wunsch Guenièvres setzt den markanten Schlußpunkt. Die Karren-Suite hatte dagegen schon im Roman eher den Charakter eines Ausklanges oder Übergangs zum *Lancelot B*. Zudem konzentrierte sie sich stark auf Bohort, dessen Abenteuer den Maler aber ebensowenig interessieren wie die anderer Helden wie Gauvain oder Hector.

Meneghetti hat Recht, „che il tratto dominante del ciclo sia la valorizzazione del *côté* laico ed ‚euforico' del *Lancelot-Graal*"[22] – wobei der Maler allerdings den ganzen Zyklus überhaupt gar nie im Auge gehabt zu haben scheint. Denn den Gral gibt es hier nicht, ebensowenig wie den Untergang des Artus-

---

[22] „dass der dominierende Zug des Zyklus die Akzentuierung der laikalen und ‚euphorischen" Seite des *Lancelot-Graal* sei": Meneghetti, S. 83. Sie muss in Klammern einschränkend hinzusetzen: „salvo, come già si diceva, l'ultima scena, che ha però tutta l'aria di una sorta di palinodia obbligata, di devuto messaggio moralmente rassicurante". Nach unserer Deutung erübrigt sich das.

reichs. Hier beschwört keineswegs das Spätmittelalter seinen Untergang und seine Erlösungsbedürftigkeit, sondern die italienische Frührenaissance feiert die überkommene hochmittelalterliche und nun neu ergriffene Tradition des romanhaften Ideals von Heldentum und Liebe. Was liegt näher, als mit Meneghetti[23] anzunehmen, dem Maler habe ein Codex, der die ersten drei Teile des Romans umfasste und vielleicht schon mit Bildrubriken versehen war, aus dem Besitz der Visconti als Vorlage gedient? Dagegen spricht auch nicht, dass es die erhaltene Prachthandschrift aus der Burg in Pavia (jetzt Paris Ms. fr. 343) nicht gewesen sein kann und offenbar auch keine andere, die auf uns gekommen ist.

Die ideologische Rolle dieser Bilderreihe im Rahmen der norditalienischen Kultur um 1400 zu beschreiben war nicht Aufgabe der vorangehenden Ausführungen. Es galt nur, ein herausragendes Zeugnis für das Nachleben des bedeutendsten mittelalterlichen Prosaromans vorzustellen, das eine ganz spezielle, der sonst eher dominierenden Tendenz zur Allegorisierung, Vergeistlichung und einseitigen Moralisierung ganz zuwiderlaufende Lesart dieses Textes sehen lässt. Wenn es zudem einmal mehr die viel größere Wirkungsmächtigkeit des Romans in Italien[24] als in Deutschland unter Beweis stellt, so kann man doch den auffallenden rezeptionsästhetischen Gleichklang mit den Fresken nach deutschen Romanvorlagen auf Burg Runkelstein schwerlich überhören. Anderswo als in Südtirol, dem Tor nach Italien, wären diese Fresken in ihrer Art also offenbar kaum denkbar gewesen.

---

[23] Meneghetti, S. 82. Kein so großes Gewicht würde ich dagegen auf den Namen des Herzogs, Galeazzo, legen. Zwar ist die Verwechslung von Galeotto und Galeatto = Galeazzo gut belegt. Doch sollte man eine wichtigere Rolle Galehots in den Bildern erwarten, wenn sich der Herzog darin gespiegelt sehen sollte.

[24] Dazu vgl. allgemein Daniela Delcorno Branca, *Tristano e Lancilotto in Italia*, Ravenna 1998; Marco Villoresi, *La letteratura cavalleresca. Dai cicli medievali all'Ariosto*, Rom 2000.

Heidelberger Jahrbuch, Band 47 (2003)
H. Gebhardt/H. Kiesel (Hrsg.): Weltbilder
© Springer-Verlag Berlin Heidelberg 2004